历史与社会学文库

中國江南水鄉建築文化

（增订本）

周学鹰　马　晓　/　著

Architectural Culture of
Jiangnan Water Town
in China

华东师范大学出版社
·上海·

图书在版编目（CIP）数据

中国江南水乡建筑文化 / 周学鹰，马晓著. —增订本. —上海：华东师范大学出版社，2023
（历史与社会学文库）
ISBN 978-7-5760-4252-8

I. ①中… II. ①周… ②马… III. ①建筑艺术一研究一华东地区 IV. ①TU-862

中国国家版本馆CIP数据核字（2023）第205998号

历史与社会学文库

中国江南水乡建筑文化（增订本）

著　　者　周学鹰　马　晓
特约策划　汪　燕
责任编辑　曾　睿
责任校对　江小华
装帧设计　金竹林

出版发行　华东师范大学出版社
社　　址　上海市中山北路3663号　邮编 200062
网　　址　www.ecnupress.com.cn
电　　话　021-52713799　行政传真 021-52663760
客服电话　021-52717891　门市（邮购）电话 021-52663760
地　　址　上海市中山北路3663号华东师范大学校内先锋路口
网　　店　http://hdsdcbs.tmall.com

印 刷 者　上海商务联西印刷有限公司
开　　本　889×1194　16开
印　　张　29.75
字　　数　687千字
版　　次　2024年6月第1版
印　　次　2024年6月第1次
书　　号　ISBN 978-7-5760-4252-8
定　　价　239.00 元

出 版 人　王　焰

目录

序

走进江南水乡　感受建筑文化[①]

——评《中国江南水乡建筑文化》一书

束有春

江南水乡，气候润明，泽国万流，经济发达。千百年来，秀美的自然地理环境孕育出柔美的水乡地域文化。尤其是唐宋以降，江南水乡更是引领华夏经济文化之潮流，成为全国人居环境最佳所在。长期以降，有关江南水乡经济地理、民俗民风、文学艺术、宗教信仰等方面的研究论著可谓汗牛充栋，关于江南水乡城镇、乡村等聚落、环境景观、园林、住宅、亭桥、塔幢等建筑类型研究也著述极丰，但从区域建筑文化发展的角度，对江南水乡建筑文化进行全面、系统探究，尚乏善可陈。近读《中国江南水乡建筑文化》一书，始觉在这一学术领域又增添了一道风景，其研究填补了从区域角度研究江南水乡建筑文化的空白。

该书共分八章，作者通过对浩瀚文献的梳理、相关考古资料的甄别汲取，加以大量的实际调查研究与测绘，分别从江南水乡历史概述、地域文化研究、聚落体系研究、生活情态与建筑形态、园林、建筑营造文化、建筑装饰文化以及江南水乡建筑文化之未来等不同角度与层面，对江南水乡建筑文化进行立体式研究。在时间跨度上，追根溯源，上至新石器时代，下至民国时期，首次对江南水乡地域文化的产生、发展、演变等进行系统的整理，指出水乡地域文化同源吴越，经历了从“尚武的吴越”到“崇文的江南”，再到“崇商重文的江南”的嬗变，从而揭示出江南水乡发达的经济文化、迥异的乡风民俗、独特的地域环境、创新的思想观念等，与孕育江南水乡建筑文化之间的内在联系。

江南水乡地域广阔，水乡建筑特色鲜明、异彩纷呈，作者从聚落研究角度入手，通过周庄、同里、角直、南浔、苏州、杭州等个案的分析，分别就江南水乡的村落、市镇、城市等进行研究，指出江南水乡聚落具有沿水布置、动态变化的空间特征，河流、街市、水栅成为江南水乡空间结构的主要标识。

江南水乡建筑与江南人的生活形态是分不开的。在《中国江南水乡建筑文化》一书中，作者提出“建筑是生活的建筑、建筑艺术是生活的艺术”的观点，引领读者从审美的角度对江南水乡建筑文化进行审视。从建筑功能上来讲，作者将江南水乡建筑功能划分为

① 该文原先发表于《华中建筑》2007年第8期第13页。

居住、行业、服务、娱乐、文教等各种建筑形式，而对散布其间的与水乡民众思想、习俗、生活息息相关的园林、祠堂、寺庙道观等建筑，作者又进行了深入的研磨与刻画。一方面为我们描摹出了水乡建筑多彩的画卷，一方面又从理性分析的角度，将江南水乡建筑的盛衰、建筑形式的多寡与地方人文的变迁与发展进行分析，使江南水乡建筑在文化分析中得到内涵的彰显，建筑是水乡文化的载体，文化是水乡建筑的灵魂。

具体到建筑方面，又与江南水乡俊彦辈出、能工巧匠众多有关。关于这一点，《中国江南水乡建筑文化》一书又作了专章分析。书中较完整地概括了江南水乡历代知名匠师及他们的代表作，强调了1923年创立的江苏公立苏州工业专门学校的历史地位与贡献——不仅开江南水乡建筑文化教育之先，更是我国高等建筑学科教育的发源地，作者用“苏工精神”进行概括，说明该校在江南水乡建筑文化发展、培育水乡建筑人才方面所起的重要作用。全书以史为据，对在江南水乡产生的主要建筑论著及匠师们进行了罗列与分析，重点对《鲁班经》《园冶》《长物志》《营造法原》进行了分析与评述，对喻浩、蒯祥等匠师进行了介绍。江南水乡正是拥有了一大批建筑人才，并且是理论与实践相结合的人才，才使江南水乡建筑在一般意义上的居住功能基础上，更具备了技术的精细与审美的愉悦。书中从建筑的平面、梁架、牌科、提栈、屋顶等细部对江南水乡建筑的技术进行分析，通过对水乡建筑中的木装饰、砖装饰、石装饰、金属装饰等装饰艺术手法及装饰图案的分析，深入细致地向人们展示了江南水乡建筑的形式美与丰富的文化内涵。作者把地域文化现象与建筑实体、建筑空间紧密结合起来进行考察审视，既有理论上的概括提炼，又有具体建筑形式的分析比较，为我们勾勒出了一幅幅富有立体感的江南水乡建筑美丽画卷。

江南水乡建筑是美的，但对江南水乡建筑文化遗产的保护与抢救是任重道远的。本书作者深刻地认识到了这一点。作者深入实地进行调查研究，抢救整理了部分传统建筑仪式资料，使建筑文化遗产中的“非物质”内容得到了记录。对于江南水乡建筑文化的未来发展，作者并没有简单地提供某种模式，而是希望通过个体的道德自律以及人格完善来约束资源的过度开发，虽然有书生意气，但也足以发人深思，对做好江南水乡建筑文化遗产保护有一定的启发意义。

当然，该书也存在不足。从书名来看，是应该包括对江南传统建筑与现代建筑文化的研究，但作者的着眼点显然是江南水乡的传统建筑，而没有包含水乡的现代建筑。事实上，江南水乡传统建筑与现代建筑是密切关联的，书中应该对这一方面交代得更清楚些。

其次，江南水乡不仅仅只是局限于江苏的苏南与浙江两地，如果以长江为界，安徽的皖南地区以及上海等地的建筑文化也可以纳入考察视野。但全书主要是考察江苏的苏州、无锡地区，浙江杭州等地次之，因此，在内容上与“江南水乡”这一非常宽泛的概念存在着差距。这可能与作者长期生活在江苏，对江浙一带的情况比较了解、资料占有比较充分有关。但这些不足并不影响本书在中国建筑文化史研究方面的价值。

该书图文并茂，除配有大量照片外，还有大量线描图，除对高等院校、科研院所人士有借鉴作用外，对从事古建筑保护与研究、从事文化遗产保护与研究的广大文物工作者也有一定的参考价值。

绪 论

改革开放以降，区域研究在众多学科中得到日益广泛的应用，其最有成效者，首推考古学和文化史[①]。尤其是21世纪以降，各地考古学新成果不胜枚举[②]，对推进地域文化研究大有裨益。

我国疆域广阔，历史悠久，自古存在着风格明显的地域文化特征，如齐鲁文化、三秦（关中）文化、中原文化、荆楚文化、吴越文化等。因此，作为各地文化重要载体之一的各区域建筑，相应有鲜明的地域性。而我国自古及今存在的因地制宜的优良传统，又使得这种地域性越发彰显，明清以降越发得以加强。

因多种原因，地域建筑文化的研究原初并未受到应有的重视。可喜的是，近些年来，有关各地丰富多彩的地域建筑论著，精彩纷呈。因此，研究江南水乡建筑文化，是为适时之举。

江南，可谓文化发达、经济富裕的代名词。她风光旖旎、景色秀丽，更是人杰地灵。区域内宜人的气候环境，优美的自然山水，茂密的果树林木，点缀着古朴淡雅的宅园祠庙、亭桥楼阁等各类建筑，加之悠久的历史文化，使得江南水乡恍如人间仙境（见图0–0–1）。诗人们更是“把江南视作归隐意义上的桃花源和精神故乡。‘诗意江南’，是由文学艺术创造出来的理想境界”[③]。

图0–0–1 苏州山塘街（杭磊摄）

“江南好，风景旧曾谙。日出江花红胜火，春来江水绿如蓝。能不忆江南？”“江南忆，最忆是杭州。山寺月中寻桂子，郡亭枕上看潮头。何日更重

① 李学勤：《丰富多彩的吴文化》，载高燮初主编《吴文化资源研究与开发》，江苏人民出版社，1994年，第43页。

② 譬如：上山遗址、顺山集遗址、双槐树遗址、良渚遗址、芦山峁遗址、陶寺遗址、石峁遗址、三星堆遗址等。

③ 小海：《从“哀江南”到“忆江南”——中国古典诗词中诗意江南的概念构建》，《江苏地方志》2019年第10期第34–38页。

游！”“江南忆，其次忆吴宫。吴酒一杯春竹叶，吴娃双舞醉芙蓉。早晚复相逢！”[①]唐代诗人白居易的三首《忆江南》小令，写尽了江南的山、水、人物，成为传诵千古的绝唱（见图0–0–2、图0–0–3）。或认为“这一簇簇腾跃跳动的火红的浪花，才是以杭州为代表的江南水乡最为独特的风景”[②]。

唐末，词人韦庄有一首《菩萨蛮》是这样描写江南的：“人人尽说江南好，游人只合江南老。春水碧于天，画船听雨眠。垆边人似月，皓腕凝霜雪。未老莫还乡，还乡须断肠。”这首词深切地描写了江南水乡的风光美和人物美，表现了诗人欲去还留的依恋之情。

北宋著名词人、婉约派代表人物柳永《望海潮》云：“东南形胜，三吴都会，钱塘自古繁华。烟柳画桥，风帘翠幕，参差十万人家。云树绕堤沙，怒涛卷霜雪，天堑无涯。市列珠玑，户盈罗绮，竞豪奢。重湖叠巘清嘉，有三秋桂子，十里荷花。羌管弄晴，菱歌泛夜，嬉嬉钓叟莲娃。千骑拥高牙，乘醉听箫鼓，吟赏烟霞。异日图将好景，归去凤池夸。”堪称无数唐宋诗词中描摹江南风物名篇之代表[③]。

图0–0–2 水乡角直（左）
图0–0–3 常州东下塘水巷（右）

南宋以后的江南水乡，更以其迅速发展的经济、丰厚的地域文化，成为了人人向往的“人间天堂”（见图0–0–4、图0–0–5、图0–0–6）。古典诗词中，有关此时的江南水乡环境，尤其是对江南园林的描绘，举目可见。“这些江南古典园林中都少不了诗词歌赋的影子，它们不单单只体现在匾额楹联上，更多的是隐藏在江南古典园林的布景之中，为江南古典园林带来无限的意蕴。”[④]

清初沈朝初在《忆江南》一词中曾写道：“苏州好，载酒卷艄船。几上博山香篆细，

① [唐]白居易撰，[清]汪立名编著：《白香山诗集》，武汉大学光盘版文渊阁本《四库全书》第403卷第12册第49页。

② 方然：《唐宋诗词名句新解》，《辽宁大学学报（哲学社会科学版）》1997年第6期第65–67页。

③ 辛晓娟：《唐宋诗词中的江南》，《博览群书》2015年第4期第77–81页。

④ 陈璇：《载客江湖孤艇稳 冶诗天地一炉宽——江南硕儒胡石予诗词创作刍议》，《名作欣赏》2020年第20期第13–16页。

筵前冰碗五侯鲜，稳坐到山前。”这几句描写了江南文化之一的船菜，独具水乡风味。历代文人骚客有关江南的诗词歌赋，不胜枚举。

图0–0–4 无锡荡口镇京杭大运河河道

图0–0–5 无锡运河公园处河道

图0–0–6 杭州淳安县千岛湖

近年来，有关江南水乡经济地理、历史文化的研究，不但吸引了众多的国内学者，还引起了越来越多的国外专家学者的关注。在建筑学领域，依据西方现代科学研究法，对江南水乡的各类型建筑，如民居、园林、桥梁、塔，或某种专门建筑，或园林中的厅堂、亭子等，进行分门别类的探讨。或针对水乡市镇、城市，甚至针对某一较大的区域，如长江三角洲地区等，都有众多的专家学者投身其中，取得了较多的研究成果。

区域文化传统的江南文化在当下越来越重要①。然而，从区域建筑文化发展的角度，对江南水乡的建筑文化进行专门探究，似乎还没有人进行过。毕竟，建筑不仅仅是一种有形的实体，它更是一种深层的文化现象，其产生、发展、演化都离不开它所处的自然地理环境、经济环境和文化氛围，地域文化是地域建筑文化生长的丰厚的原始土壤。

区域建筑文化的研究，便是立足于地域文化的视野，深入了解地域建筑的区系风格特征，对我国古代建筑整体发展过程中的某一特定区域进行系统、全面的思考。如此，汇点成面、集腋成裘，必将有助于我们更加清晰地理解中国建筑文化的发展脉络，进而加深我们对中华文化的整体认识。

地域建筑作为直接反映人与地域环境、社会环境、经济环境等种种作用力互动关系的物质载体，应具有普遍的研究意义。“地域建筑的特征识别与提取，是营造地方特色与传承地域文化基因的基础。”②对于历史上地域环境明确、文化特色明显、风格特征鲜明的江南水乡建筑，进行整体的研究与考察，对其建筑文化特征的分布规律、现象，及其建筑风格成因与历史文化背景之关系，具有重要意义。

“研究历史之目的岂有他哉，明白若斯之复杂因果而已。”③或许研究历史之目的，不仅是了解过去，更在于关注未来。一般治史者，“通常所注重的，似乎是历史长河中那些活跃的、显而易见的东西……我相信，在将近20年的对‘环境’事业的支持之后，那些绿色命题已经不再仅仅是自然界的状态问题，也必须包括像对资源和能源的使用、财富的分配、人们如何对待他人，以及人们如何看待他们所继承下来的这个世界等这类核心问题”④。江南水乡原有的建筑环境，似乎与此较为切合（见图0–0–7）。

图0–0–7 苏州光福鸟瞰

① 刘士林：《文化江南的当代传承与开发》，《南通大学学报（社会科学版）》2012年第1期第27–31页。

② 陆邵明：《基于视觉认知的地域建筑特征语言识别与评价——以怒江地区少数民族住屋为例》，《新建筑》2021年第1期第110–115页。

③ 葛懋春：《中国现代史论选·上》，广西师范大学出版社，1990年，第607页。

④ [英]克莱夫·庞廷：《绿色世界史——以环境与伟大文明的衰落》，王毅，张学广，译，上海人民出版社，2002年，前言第2页。

因此，本著立足于江南水乡独特的地理与人文环境的宏观背景之中，深入研究江南水乡社会与文化积淀的脉络，结合实地考察，探究江南水乡建筑所具有的地域区系风格，进而探讨该地区建筑文化现象与社会发展之内在关系，较为清晰、完整地说明江南水乡建筑文化的发展脉络，阐述建筑文化是与全部社会文化发展协调一致的文化现象，为江南水乡地域未来建筑文化的发展，提供一点理论上的探讨，或许亦对人类建筑与环境的未来发展，提供一点点理性的思考。

一、江南水乡建筑文化研究对象

吴良镛先生等在《发达地区城市化进程中建筑环境的保护与发展》一书中提到："遵循了可持续发展思想、区域整体化发展和城乡协调发展思想以及经济、社会、文化、环境综合发展思想三条基本理论原则"，并进一步认为是"找到了解决区域整体协调发展问题的三大理论基础"①。

20世纪美国建筑理论家和城市规划家刘易斯·芒福德（Lewis Mumford），提出了区域整体性发展的观念。他深刻地指出："城市最终的任务是促进人们自觉地参加宇宙和历史的进程。城市，通过它自身复杂和持久的结构，大大地扩大了人们解释这些进程的能力并使其积极参加来发展这些进程，以使城市舞台上上演的每台戏剧，都具有最高程度的思想上的光辉、明确的目标和爱的色彩。通过感情上的交流、理性上的传递和技术上的精通熟练，尤其是通过激动人心的表演，从而扩大生活的各个方面的范围，这一直是历史上城市的最高职责。它将成为城市连续存在的主要理由。"②

江南水乡城镇的保护与发展中，要注重建筑文化的研究及建设③。本著着重研究江南水乡建筑文化，从剖析地域文化出发，研究江南水乡这一特定地域环境中的特定建筑文化，对其产生、发展、演变的历史进程，进行系统、专门的研究，并探讨其未来走向。

二、江南水乡建筑文化研究内容

宋以降，江南水乡经济、文化越显发达，是近代中国最先遭遇现代化冲击的地区之一。20世纪70年代以降更是我国全面改革开放的先行地。历代以降，在特定的地域环境、不同时期历史文化的孕育下，江南水乡建筑文化渐渐塑造成型。在当前城乡一体化进程中，"处理好城市与乡村的关系，切实保护好城乡生态，特别是具有典型意义的江南水乡，具有深远的历史意义与现实价值"④。

吴良镛先生指出："江南地区经济与文化相互促进，推动了城市的大规模建设，也因此造就了大量的建筑工匠，吸引了众多的文化名人参与。文人的意匠经营和工匠的制作技术相结合，使得江南地区的城市在规划设计，风景名胜、园林、街巷、民居的构建，以及

① 吴良镛等：《发达地区城市化进程中建筑环境的保护与发展》，中国建筑工业出版社，1999年，前言第4页。

② [美]刘易斯·芒福德：《城市发展史——起源、演变和前景》，宋俊岭，倪文彦，译，中国建筑工业出版社，1989年，第422页。

③ 孙洪刚、严为：《江南水乡文化意境浅析》，《华中建筑》1996年第2期第26–30页。

④ 钱家荣：《江南水乡的历史地位及其保护——以苏州城乡一体化进程为分析视角》，《苏州教育学院学报》2014年第2期第74–76页。

建筑的装修与陈设等方面，从宏观到微观，从整体到细节，都体现着江南建筑深邃的文化内涵。”①

因之，本书欲从解剖社会结构、经济模式、日常行为方式与物质环境之间的互动关系入手，研究江南水乡之空间特色及其形成与演变轨迹，品味江南水乡建筑形式与当地人生活的密切关系，说明“建筑是生活的建筑”“建筑艺术是生活的艺术”这一永恒的真谛。此外，简略探讨在当今社会转型期，在保护与发展的冲突中，江南传统建筑与聚落所面临的问题与挑战。

本著首先研究了江南水乡建筑文化形成与发展的历史背景，内容包括自然地理环境、经济环境、人文环境等。

其次，在简述远古水乡聚落的基础上，对江南水乡地域范围内的乡村、市镇、城市等聚落形态，住宅、茶馆、会馆、会所、祠庙、园林等各建筑文化类型，江南水乡建筑营造文化以及室内外建筑装修文化等进行分门别类的研究。

最后，探讨江南水乡建筑文化的未来走向。

三、江南水乡建筑文化研究方法

图0–0–8 水乡西塘

因宋元之前的江南水乡建筑实物遗存较少，故宋元以前以文献典籍占优，辅以数量有限的各种建筑遗存。

建筑实物上，以明清时期为主。因之，本著对江南水乡建筑文化的研究着力于宋代之后，此为江南水乡现存建筑传统之主流（见图0–0–8）。

诚如吴良镛先生所言：“地理环境的沿革与人文、物质环境的变迁，作用于大自然，作用于我们所处的环境，形成了特有的区域聚居环境，因此需要从历史和现状两个方面来研究区域的交通网络、区域的城镇网络、城乡一体化的城镇模式和开敞的空间系统等。……因此，我们对地区建筑学的关心不仅在于它的文化传统的延续，更在于创造人工与自然环境相融合，城与乡相融合，园林、建筑、城市相融合的整体环境，在混沌中创造整体的协调美。”②

---

① 吴良镛：《吴良镛城市研究论文集——迎接新世纪的来临（1986—1995）》，中国建筑工业出版社，1996年，第178页。

② 吴良镛等：《发达地区城市化进程中建筑环境的保护与发展》，中国建筑工业出版社，1999年，前言第11页。

第一章

江南水乡历史概述

“江南”一词最早见于《左传》①。历代以降，史不绝书，然所指不一。例如：

“（舜）践帝位三十九年，南巡狩，崩于苍梧之野。葬于江南九疑，是为零陵。”②江南为“大江之南，五湖之间”③。“江南出棻、梓、姜、桂、金、锡、连、丹沙、犀、玳瑁、珠玑、齿革……”④“余至江南，观其行事，问其长老，……”⑤“黥布军败走渡淮，数止，战不利，与百余人走江南。”⑥“江南卑湿，丈夫早夭。”⑦三国时，辅吴将军张昭，本彭城人，“避难江南”⑧等。这些典籍所记载的江南，泛指广大的长江流域以南地区。

又秦“取巫郡及江南为黔中郡”⑨。“江南、泗上不足以待越矣。”⑩“衡山、九江、江南、豫章、长沙，是南楚也，其俗大类西楚”⑪等。这里的江南，似指代具体而特定的地域，若类秦汉时的郡县。而“刘备之奔江陵……杜预克定江南，罢华容置之”⑫。这里的江南，又指此时统治长江中下游的东吴政权。

“江南曰扬州。”⑬“今国家亦未能一举而定江南，宜遣人吊祭，存其孤弱，恤其凶灾，布义风于天下，令德之事也。若此，则化被荆扬，南金象齿羽毛之珍，可不求而自至。”⑭此处的江南，又与荆扬同义。

由此可见，基于政治统治的辖区，与传统的经济地理区域，以及文化、思想范畴等之间，并非完全叠合。因之，随历史变迁、朝代更迭、文化演绎等，“江南”这一概念的地域与文化范围，屡有所变。“若是以江南区域为视野，吴文化与越文化在保持江南文化趋同性的同时，也不乏差异性。”⑮“江南文化时要注意吴越文化的不可分割。”⑯值得注意的是，“江南文化”是一个重要的传统思想资源⑰。

---

① 《左传》昭公三年（前539）“既享，子产乃具田备，王以田江南之梦”，昭公四年（前538）“复田江南，许男与焉”，宣公十二年（前597）“其俘诸江南，以实海滨，亦唯命”。见张兴龙：《江南在何处？——从小学必背古诗词中的“江南”谈起》，《语文建设》2019年第6期第60–63页。

② 《二十五史·史记·五帝本纪》，浙江古籍出版社，1998年百衲本，第10页。

③ 《二十五史·史记·三王世家》，浙江古籍出版社，1998年百衲本，第180页。

④ 《二十五史·史记·货殖列传》，浙江古籍出版社，1998年百衲本，第292页。

⑤ 《二十五史·史记·龟策列传》，浙江古籍出版社，1998年百衲本，第288页。

⑥ 《二十五史·史记·黥布列传》，浙江古籍出版社，1998年百衲本，第228页。

⑦ 《二十五史·史记·货殖列传》，浙江古籍出版社，1998年百衲本，第293页。

⑧ [唐]许嵩撰：《建康实录》卷2，武汉大学光盘版文渊阁本《四库全书》第214卷第2册第8页。

⑨ 《二十五史·史记·秦本纪》，浙江古籍出版社，1998年百衲本，第25页。

⑩ 《二十五史·史记·越王勾践世家》，浙江古籍出版社，1998年百衲本，第145页。

⑪ 《二十五史·史记·货殖列传》，浙江古籍出版社，1998年百衲本，第293页。

⑫ [北魏]郦道元：《水经注·江水又东迳公安县北条注》，时代文艺出版社，2001年，第261页。

⑬ 迟文浚等：《尔雅音义通检·释地》，辽宁大学出版社，1997年，第119页。

⑭ 《二十五史·魏书·崔浩传》，浙江古籍出版社，1998年百衲本，第116页。

⑮ 陈宝良：《明清时期的绍兴及其地域文化——兼及江南区域视野下之吴越比较》，《安徽史学》2020年第3期第19–32页。

⑯ 胡晓明：《江南·中原·吴越》，《苏州科技大学学报（社会科学版）》2019年第1期第50–52页。

⑰ 夏雪飞：《当代江南文学与江南文化研究的重要对象与方法问题》，《甘肃社会科学》2020年第2期第222–228页。

历史上的江南，大体有长江中下游或长江下游两种说法，后世或仅指苏南及杭嘉湖平原。前者多着眼于政治，后者则注目于经济。

而“所谓南方经济赶上、超过北方，主要就是指长江下游经济”[①]，应是明清以降的情况，是商品经济加速发展以后，波及文化习俗演变，在该地域造成新的小区域失衡，而凸现出来[②]。近世学者则以长江下游为江南者居多，如钱大昕云：“今人所谓江南，古之江东也。”[③]或认为秦时，“东南”一词似主要指江浙地区。[④]

有研究者认为，区域地理的形成与划分，通常要以地理的自然环境所蕴含的不同特征，物质、精神的不同基础和形态，由此构成区域的性格与局面为标准[⑤]。

第一节 江南水乡的空间界定

1999年出版的《辞海》曰：“江南（一）地区名。泛指长江以南，但各时代的含义有所不同：春秋、战国、秦、汉时指今湖北的长江以南部分和湖南、江西一带；近代专指今苏南和浙江一带。（二）道名。唐贞观十道之一。辖今浙江、福建、江西、湖南等省及江苏、安徽的长江以南，湖北、四川江南一部分和贵州东北部地区。开元二十一年（733）分为东、西二道：东道治苏州（今苏州市），辖今江苏南部和浙江、福建两省；西道治洪州（今南昌市），辖今湖南洞庭湖、资水流域以东和东道以西地域。其沅江流域以西则分置黔中道。（三）路名。宋至道十五路之一。治江宁府（今南京市）。辖今江西全省、江苏长江以南，镇江市、大茅山、长荡湖一线以西和安徽长江以南部分及湖北阳新、通山等县地。天圣八年（1030）分东、西两路；东路治江宁府，辖今安徽、江苏的镇江市、大茅山、长荡湖一线以西的长江以南及江西鄱阳湖以东地区。西路治洪州，辖今江西鄱阳湖、鹰夏铁路线以西全部，及湖北阳新、通山等县地。（四）古省名。清顺治二年（1645）改明南直隶置。治江宁府（今属南京市）。康熙六年（1667）分为江苏、安徽两省。但此后习惯上仍合称这两省为江南。”[⑥]

当今学者，基本上依据区域来划分江南，然而界定不一，且未达成共识。

黄今言先生等认为，江南“通常是泛指岭南以北，长江流域及其以南的广大地区”[⑦]。

严耀中先生认为，江南的“基本范围是浙、赣、闽三省以及苏南、皖南，淮南的沿江

---

① 王炎平：《略论三世纪以来长江下游经济持续稳定增长的原因》，载江苏省六朝史研究会、江苏省社科院历史所编《古代长江下游的经济开发》，三秦出版社，1989年，第58页。

② 严耀中：《江南佛教史》，上海人民出版社，2000年，第2页。

③ [明]钱大昕：《十驾斋养新录·江南》，上海书店，1983年影印本，第245页。

④ 苏文：《历史上“东南”地域简考》，《东南文化》1987年第3期第122–125+121页。

⑤ 陆振岳：《吴文化的区域界定》，载高燮初主编《吴文化资源研究与开发》，江苏人民出版社，1994年，第75页。

⑥ 《辞海》编辑委员会：《辞海·中》，上海辞书出版社，1989年，第2320页。

⑦ 黄今言主编：《秦汉江南经济述略》，江西人民出版社，1999年，第2页。

部分也可算在内。其中除福建外都在长江三角洲。它们自然条件相似，经济联系紧密，文化习俗上至少隋唐时人们就把它们视为一体”①。

范金民先生认为：“江南，在历史上为《禹贡》扬州城。春秋属于吴，战国属越，秦时属于会稽郡、彰郡，汉时属丹阳郡、会稽郡等。三国、吴、晋、南朝及隋属丹阳郡、吴兴郡、吴郡。唐属于江南道，辖有升、润、苏、常、杭、湖六州。北宋属于江南东路和两浙路，包括江宁、平江、镇江三府和杭、湖、常、秀四州。南宋属于江南东路和浙江西路，包括建康、临安、平江、镇江、嘉兴五府和安吉、常州二州及江阴一军。元代属于江浙行省的江南浙西道和江南诸道御史台，包括杭州、湖州、嘉兴、平江、常州、镇江、松江、江阴和集庆九路府州。明代属于南直隶和浙江布政史司，包括应天、镇江、常州、苏州、松江和杭州、嘉兴、湖州八府。清太仓州由苏州府州上升为直隶州，为八府一州。”②范先生在《江南丝绸史研究》一书中，界定江南为“北界长江，南临杭州湾，东濒海，浩瀚的太湖镶嵌其中，大体相当于长江三角洲范围，包括今南京、镇江、常州、无锡、苏州、上海、嘉兴、湖州和杭州等一个直辖市、八个省辖市的区域，面积四万多平方公里”③。

洪焕椿先生认为历史上通称的江南，“主要是指长江三角洲地区，即明清时代的苏、松、常、镇、杭、嘉、湖七个府所属地，以太湖流域为中心的三角地带”④。

刘石吉先生界定江南“是指长江以南属于江苏省的江宁、镇江、常州、苏州、松江各府及太仓直隶州，以及浙西的杭州、嘉兴、湖州三府所属各县”⑤。

樊树志先生在《明清江南市镇探微》一书中，仅论及了苏、松、杭、嘉、湖五府，但附录列表统计明清时期江南市镇分布时则涉及应天、苏州、镇江、太平、宁国、池州、徽州、杭州、嘉兴、湖州、绍兴、宁波、金华等⑥。

陈学文先生在《明清时期太湖流域的商品经济与市场网络》一书中，综合研究了国内外专家学者对江南的界定⑦。他认为：“所谓的太湖流域实指狭义的江南，即苏、松、常、杭、嘉、湖六府，清代从苏州府中划出太仓州，实为六府一州。……太湖流域与江南两个概念在这个特定的范围内有时会重叠，所以在行文上太湖流域与江南就通用了。而其地理范围也就是长江下游三角洲，即今之上海经济开发区。史学界在研究江南区域史时并不严格，常用江南、太湖流域、长江三角洲三个概念来涵盖江南。”⑧

我国著名历史文化名城保护专家、同济大学阮仪三教授，在《江南古镇》一书中指

① 严耀中：《江南佛教史》，上海人民出版社，2000年，第2页。
② 范金民、金文：《江南丝绸史研究》，农业出版社，1993年，前记第1页。
③ 同上。
④ 洪焕椿、罗仑：《长江三角洲地区社会经济史研究》，南京大学出版社，1989年，第286页。
⑤ 刘石吉：《明清时代江南市镇研究》，中国社会科学出版社，1987年，第1页。
⑥ 陈学文：《明清时期太湖流域的商品经济与市场网络》，浙江人民出版社，2000年，绪论第3页。
⑦ 陈学文：《明清时期太湖流域的商品经济与市场网络》，浙江人民出版社，2000年，第3页。陈学文先生所论国内学者的有关内容，本书基本上也都引用。陈学文先生列举了国外学者（如日本学者）有关内容是：“国外学者如森正夫《明代江南土地制度的研究》（同朋舍，1988年）和《关于江南市镇研究》（名古屋大学出版会，1992年），滨岛敦俊《明代江南农村社会的研究》（东京大学出版会，1982年），川胜守《明清江南农业经济史研究》（东京大学出版会，1992年），其对江南的研究主要是限于苏州、松江、常州、嘉兴、湖州五府。”
⑧ 陈学文：《明清时期太湖流域的商品经济与市场网络》，浙江人民出版社，2000年，绪论第2页。

出，江南“近代专指江苏省南部和浙江省北部一带，即通常所谓的苏（苏州）、锡（无锡）、常（常州）地区和杭（杭州）、嘉（嘉兴）、湖（湖州）地区。本书对‘江南’的划定是基于三个因素：相似的自然环境条件、密切关联的经济活动和同一的文化渊源。大致由太湖平原、杭嘉湖平原和宁绍平原三部分组成”①等，不胜枚举。

综上各家论，其研究侧重点不同，则所定义的江南就存在或多或少的差异。中国人的“南方”观念，越到后来越往南移，这与全国经济文化中心的南移相吻合。唐宋时期，一般以淮河、汉水为南方，即后来常用的“秦岭—淮河”一线。明代取士所定的南北界线，已南推至长江，长江已成为官方批准认定的南北界线。现代的中国人更进一步向南，推到岭南为界，以为南岭以南才是真正的南方②。

我们认为的江南水乡，不仅地属江南，更是处于平原地带、水网纵横的地区，此区域在经济、文化上更具有相似性，故地理范围比起江南地域又有所缩小，可谓狭义上的江南。毕竟，江南地域内有平原水网，也有山地丘陵。更何况，在现代人的心目中，江南水乡恐怕就是江浙的代名词了。

因之，本著界定的江南水乡，与阮仪三先生所论颇为接近，是以太湖流域为中心的区域，涵盖江苏南部、浙江东北部等地，大致上由太湖平原、杭嘉湖平原和宁绍平原三部组成。

第二节 江南水乡历史沿革

一、远古寻踪

江南水乡地属远古的吴越。目前，学界关于句吴的族源，归集于以下几种认识：周人的一支和当地居民融合说；土著湖熟文化的荆蛮说；土生土长的吴族说；土著苗人说和越族说等，以“周人的一支”及土著越族两说为主。③

最近研究表明，中国东部沿海从晚第四纪更新世以降曾发生过三次海侵，即星轮虫、假轮虫和卷转虫海侵。其中，假轮虫海侵开始于距今40万年前，于2.5万年以前海退。其后，越族的祖先就在宁绍平原上繁衍生息。卷转虫海侵始于距今1.5万年前，至距今7000—6000年前，整个宁绍平原就沦为浅海。居住在这片平原上的越族先民，分崩流散。

他们流散的道路，主要有三条。其一越过今杭州湾，向浙西、苏南的丘陵地迁移，这就是后来称为句吴的一族，是马家浜文化、崧泽文化和良渚文化的创造者。

另一批人，随着海水的不断侵入而向宁绍平原南部迁徙，河姆渡遗址就是他们南移过程中的一个聚落。在会稽、四明山麓以北，这样的原始聚落今后还将陆续被发现。

第三批人在宁绍平原环境恶化的过程中，运用长期积累的漂海技术，利用简单的独

① 阮仪三：《江南古镇》，上海画报出版社，2000年，第13页。

② 陈正祥：《中国文化地理》，生活•读书•新知三联书店，1983年，第11页。

③ 蒋炳钊等：《百越民族文化》，学林出版社，1988年，第34页。

木舟或木筏漂洋过海，足迹可能遍及中国台湾、琉球，日本南部以及印度支那等地[①]。当然，也有人认为，距今6500—6000年间，太湖平原已基本形成，人类活动的足迹遍及整个平原；距今5000—4000年，才形成今天湖泊形态的太湖平原[②]。

总之，句吴与于越同属于一个部落的两个分支。吴越文化的研究，肇始于20世纪30年代[③]。或认为“句吴的源流，根据有文字可考的历史，它出现于商末周初，灭亡于前473年，前后约有600年左右的历史”[④]。“从考古发掘看，吴文化中包含了多种文化成分，如青铜器渊源于周族文化，土墩墓渊源于荆蛮文化，石室构筑渊源于夷族文化，几何印纹陶渊源于越族文化。”[⑤]越国范蠡早有断言：“吴、越二邦，同气共俗。”[⑥]谭其骧教授认为吴与越是语系相同的“一族两国”[⑦]。

句吴地处长江三角洲地区的平原、边缘的丘陵地及沿海岛礁，这里江河纵横、湖泊密布、气候湿润、土地肥沃，有利于农业、林业、渔业的发展[⑧]。

于（於）越，又称“大越”“内越”，百越中较著名的一支，是“古代分布在今江浙到两广、云贵这一弧形地带的百越集团”[⑨]，是“百越中较早与中原的华夏族发生关系的支族，因而较早为华夏族所了解”[⑩]。

有关于越族源，学术界有三种代表性观点：（1）汉族祖先从西南出发的外迁与驻留；（2）“越为夏裔”说；（3）“越为土著”说。[⑪]“从现有文献及考古发现看，‘越为土著’应是代表观点。”[⑫]越国王族应来自夏代之前有虞氏，或与越王无余之母为夏代有虞氏之女有关[⑬]。其名称最早见于《竹书纪年·周成王二十四年》（前1040）“于越来宾”[⑭]。“夏，归粟于蔡。于越入吴。”[⑮]早期越人的活动范围，“南至于句无（今诸暨），北至于

---

① 陈桥驿：《吴越文化论丛》，中华书局，1999年，第58–60页。

② 王德庆：《从原始遗址的发现和分布试论太湖平原的海侵和成陆演变》，载《吴文化论丛》，中央民族大学出版社，1999年，第43页。

③ 徐吉军：《五十年来吴越文化研究综述》，《浙江学刊》1986年第5期第152–160+131页。

④ 辛土成：《句吴族源族属初探》，《中南民族学院学报（社会科学版）》1986年第S1期第11–18页。

⑤ 殷伟仁：《释“句吴”与“工虞”——兼论吴文化起源的特色》，《铁道师院学报》1991年第1期第68–77页。

⑥ [东汉]袁康、吴平辑录：《越绝书·越绝外传记范伯》，乐祖谋点校，上海古籍出版社，1985年，第49页。

⑦ 邹逸麟：《谭其骧论地名学》，《地名知识》1982年第2期第3–7页。

⑧ 蒋炳钊等：《百越民族文化》，学林出版社，1988年，第38页。

⑨ 徐杰舜：《越民族形成简论》，《中央民族学院学报》1987年第5期第23–26页。

⑩ 辛土成、严晓辉：《于越族源探索》，《厦门大学学报（哲学社会科学版）》1984年第3期第124–130页。

⑪ 叶岗：《论于越的族源》，《浙江社会科学》2008年第10期第88–93+128页。

⑫ 余晓栋：《于越族源问题及“越为禹后”说新论》，《绍兴文理学院学报（哲学社会科学）》2017年第2期第23–30页。

⑬ 熊贤品：《〈墨子〉“越王繄亏，出自有遽”和越之族源》，《苏州科技大学学报（社会科学版）》2019年第1期第67–73页。

⑭ [旧题梁]沈约注：《竹书纪年·周成王二十四年》，武汉大学光盘版文渊阁《四库全书》第207卷第1册第49页。

⑮ 《四书五经校注·春秋左传·定公五年》，陈戍国校点，岳麓书社，1991年，第1177页。

御儿（今嘉兴），东至于鄞（今宁波部县），西至于姑蔑（今太湖）。广运百里”①。其地望相当于今宁绍平原、杭嘉湖平原和金衢丘陵地带。

二、先秦交融

先秦时，吴越疆域相连。吴国约为当今长江天堑下的江苏南部，被宁镇地带的茅山分隔为东西两部，东为辽阔的太湖平原，西属宁镇丘陵地带，与浙江西部山区接壤。

越国大约包括宁绍平原、杭嘉湖平原等，即以绍兴为中心的今浙江东北部地区。吴越两国虽同宗共源，然政权敌对，各怀异志。故战火云起，硝烟不断。

春秋时，周室衰弱，诸侯争霸，南方强国楚与北方大国晋之间，展开了长期的纷争。吴地近中原，得助于晋，联晋制楚②，日益强盛。吴王寿梦“二年，楚之亡大夫申公巫臣适吴，教吴射御，导之伐楚。楚庄王怒，使子反将，败吴师，二国从斯结仇”③，干戈不绝。

越毗邻楚，则联楚制吴，与吴争雄④。“越之前君无余者，夏禹之末封也……越之兴霸，自元（允）常始”⑤，至勾践时期国势大振。

因之，吴、越烽烟不息。如吴王阖闾五年（前510），“南伐越”⑥。阖闾十年（前505），越王元常“兴兵伐吴”⑦等。

其后，吴王阖闾伐越，伤重不治，其子夫差登基（前495），吴越结怨日深。公元前494年，越王勾践举国攻吴，“吴王闻之，悉发精兵击越，败之夫椒。越王乃以余兵五千保栖于会稽。吴王追而围之”⑧。吴王夫差听信佞言，采纳议和。将勾践夫妇与范蠡，拘囚吴国，后遣之返，放虎归山⑨。

勾践返国，卧薪尝胆，“苦身焦思”。“身自耕作，夫人自织，食不加肉，衣不重采，折节下贤人，厚遇宾客，振贫吊死，与百姓同其劳。”⑩越“十年生聚，十年教训”⑪，吞吴。

---

① 史延庭：《国语·越语上》，吉林人民出版社，1996年，第363页。

② 黄德馨编著：《楚国史话》，华中工学院出版社，1983年，第93页。

③ [汉]赵晔撰，[元]徐天佑音注：《吴越春秋·吴王寿梦传》，苗麓校点，辛正审订，江苏古籍出版社，1999年，第8页。

④ 蒋炳钊等著：《百越民族文化》，学林出版社，1988年，第46页。

⑤ [汉]赵晔撰，[元]徐天佑音注：《吴越春秋·越王无余外传》，苗麓校点，辛正审订，江苏古籍出版社，1999年，第93–102页。

⑥ [汉]赵晔撰，[元]徐天佑音注：《吴越春秋·吴王阖闾内传》，苗麓校点，辛正审订，江苏古籍出版社，1999年，第45页。

⑦ [汉]赵晔撰，[元]徐天佑音注：《吴越春秋·吴王阖闾内传》，苗麓校点，辛正审订，江苏古籍出版社，1999年，第52页。

⑧ 《二十五史·史记·越王勾践世家》，浙江古籍出版社，1998年百衲本，第144–145页。

⑨ [汉]赵晔撰，[元]徐天佑音注：《吴越春秋·勾践入臣外传》，苗麓校点，辛正审订，江苏古籍出版社，1999年，第120–121页。

⑩ 《二十五史·史记·越王勾践世家》，浙江古籍出版社，1998年百衲本，第145页。

⑪ 冯浪波编：《大家中文成语辞典》，香港大家出版社，1975年，第37页。

由是，越国“乃以兵北渡江淮，与齐、晋诸侯会于徐州，致贡于周。周元王使人赐勾践。已受命号，去还江南。以淮上地与楚，归吴所侵宋地，与鲁泗东方百里。当是时，越兵横行于江、淮东，诸侯毕贺”①。越王勾践二十五年（前472），甚或一度徙都于山东琅琊②。

勾践之后，越国继续称霸。直至越王翳，国力减弱，从琅琊还都于吴。此后，王室内耗，政局动荡。越王无疆时，“越兴师，北伐齐，西伐楚，与中国争疆”③。齐威王使人劝越伐楚，“于是越遂释齐而伐楚”④。周显王三十五年（前334），“楚威王兴兵而伐之，大败越，杀王无疆，尽取吴故地至浙江，北破齐于徐州。而越以此散，诸族子争立，或为王，或为君，滨于江南海上，服朝于楚”⑤。越灭，吴越故地尽归楚之版图。

战国后期，楚考烈王“以吴封春申君，使备东边”⑥。史书记载春申君黄歇在吴国废墟之上治宫室、山水，据江南水乡特点，注重水利，发展地方经济文化。⑦

战国末年，秦王嬴政派大将王翦攻楚，楚国统帅项燕战死，后又灭楚，吴越地入秦。

三、郡县一统

公元前221年，秦一统中国，“分天下作三十六郡”⑧（“乾嘉以降众多学者对秦郡的讨论以及新出土的秦汉简牍都有利于我们进一步认识秦朝关于郡的设置情况”⑨），吴越隶属会稽郡，治所苏州⑩。

西汉王朝建立后，吴越仍属会稽郡（《汉书·地理志》不载吴郡，所记会稽郡地理范围包括了吴郡⑪）。汉高祖刘邦，“患吴会稽轻悍，无壮王填之，诸子少，乃立濞（刘邦侄儿，笔者注）于沛，为吴王，王三郡五十三城”⑫。“吴有豫章郡铜山，濞招致天下亡命者铸钱，煮海水为盐……国用富饶。”⑬后因汉景帝“削藩”，最终引发了吴王刘濞

① [汉]赵晔撰，[元]徐天佑音注：《吴越春秋·勾践伐吴外传》，苗麓校点，辛正审订，江苏古籍出版社，1999年，第168–169页。

② [汉]赵晔撰，[元]徐天佑音注：《吴越春秋·勾践伐吴外传》，苗麓校点，辛正审订，江苏古籍出版社，1999年，第175页。

③ 《二十五史·史记·越王勾践世家》，浙江古籍出版社，1998年百衲本，第145页。

④ 《二十五史·史记·越王勾践世家》，浙江古籍出版社，1998年百衲本，第145–146页。

⑤ 《二十五史·史记·越王勾践世家》，浙江古籍出版社，1998年百衲本，第146页。

⑥ [东汉]袁康、吴平辑录：《越绝书·越绝外传春申君》，乐祖谋点校，上海古籍出版社，1985年，第107页。

⑦ [东汉]袁康、吴平辑录：《越绝书·越绝外传记吴地传》，乐祖谋点校，上海古籍出版社，1985年，第20–22页。

⑧ “秦祚虽短，然有秦一代郡的设置并非一成不变，而是时有增减，前后出现之郡可达50个；不过，细绎史料，有秦一代郡之总数却大体维持在36个左右”。见周群：《秦代置郡考述》，《中国史研究》2016年第4期第29–44页。

⑨ 晁辽科：《乾嘉以来秦郡研究概述》，《安康学院学报》2016年第5期第96–100页。

⑩ 《二十五史·史记·秦始皇本纪》，浙江古籍出版社，1998年百衲本，第28页。

⑪ 郑炳林：《秦汉吴郡会稽郡建置考》，《兰州大学学报（自然科学版）》1988年第3期第91–97页。

⑫ 《二十五史·汉书·吴王濞列传》，浙江古籍出版社，1998年百衲本，第420页。

⑬ 《二十五史·史记·吴王濞列传》，浙江古籍出版社，1998年百衲本，第249页。

反汉[①]，酿成了震惊天下的“吴楚七国之乱”。这是西汉规模最大的一次诸侯叛乱，吴楚七国失败后，诸侯王国的性质和地位发生根本变化并从此衰落[②]。

东汉顺帝永建四年（129），“分会稽为吴郡”[③]，即从会稽郡析出吴郡，“从钱塘江（浙江）中分，向东为会稽郡，向西为吴郡”[④]。会稽郡治山阴，县十四；吴郡领县十三[⑤]。吴越故地合二为一的三百五十年后的，又暂时分离。

汉朝末年，三国逐鹿。东汉献帝兴平二年（195），孙策占据江东五郡，稍后次第平定江南，吴越故地重归一统。建安十六年（211），孙权建国东吴，都建康，立足“地连三楚，势控两江”的金陵形胜之地，开发东南[⑥]。

魏晋南北朝之初（265—581），西晋取代曹魏并统一全国，但很快覆亡。晋室南迁，南北分裂。自南朝宋武帝永初元年（420），刘宋取代东晋，至隋开皇九年（589）又经宋、齐、梁、陈四朝（史称六朝）。因之，魏晋以降近四百年，南方一直处于偏安与割据政权交替统治之下。

隋开皇元年（581），隋文帝杨坚废北周而自立。隋开皇九年（589），隋军克建康，俘陈叔宝，灭陈廷，平定大江南北。吴越故地分属吴郡、会稽郡、余杭郡[⑦]等。

唐武德元年（618），唐朝建立。唐太宗划全国为十道，江南道为贞观十道之一，吴越故地属江南东道[⑧]。在隋唐统治的三百多年间，江南一带战乱较少，社会相对安宁，“农业和手工业均有很大发展，商业尤为繁荣”[⑨]。

五代时，钱镠建吴越国（893—938），占据两浙、苏南等地，吴越局限于东南一隅。吴越历代国君皆注重生产，疏浚太湖流域河道，是以其时吴越社会最为安定，社会发展迅速。

宋代江南得到进一步提升。北宋末年，建炎南渡（1127—1279），“再次出现南迁浪潮，寝庙南移”[⑩]。定都杭州后，标志着吴越区域政治、经济、文化中心地位的正式确立。

元朝时期（1206—1368），全国设立行省，吴越故地同属江浙行省。虽初始停滞，然后期江南经济得到进一步恢复、发展。

明洪武元年（1368），太祖朱元璋建立明朝，定都南京。永乐十五年（1417），明成祖朱棣迁都北京，吴越故地统属南直隶。明代初期南直隶是明太祖朱元璋的出生地也是

---

① 刘敏：《简论吴王刘濞之反》，《南开学报》1994年第1期第38–41页。

② 唐赞功：《吴楚七国之乱与西汉诸侯王国》，《北京师范大学学报》1989年第1期第19–32页。

③ 《二十五史·后汉书·顺帝纪》，浙江古籍出版社，1998年百衲本，第649页。

④ [唐]陆广微撰：《吴地记》，曹林娣校注，江苏古籍出版社，1999年，第1页。

⑤ 《二十五史·后汉书·郡国志四》，浙江古籍出版社，1998年百衲本，第1001页。

⑥ 杨之水等编：《南京》，中国建筑工业出版社，1989年，第34页。

⑦ 《二十五史·隋书·地理志下》，浙江古籍出版社，1998年百衲本，第1056页。

⑧ 《二十五史·旧唐书·地理志三》，浙江古籍出版社，1998年百衲本，第109页。

⑨ 华润龄：《吴门医派》，苏州大学出版社，2004年，第31页。

⑩ 何绵山等主编，福建省闽文化研究会主办：《闽文化研究·第1辑》，天津古籍出版社，1994年，第30页。

明朝的建都地，这些要素构成明代文化发源的地域图景[①]。吴越地区随着商品经济的快速发展，市镇工商业极为繁荣，文化勃兴。大体上，南方在明成化之后，北方在明弘治、正德以降，农业、手工业便日臻繁荣，明嘉靖、万历时期，达到我国封建经济之顶点[②]。

清顺治二年（1645），改明南直隶置江南省、浙江省等，后又析出江苏省。某种程度而言，江浙之名，堪当江南。

综上所述，秦汉以降，吴越故地几未再分离。这首先归因于它们相同的自然地理环境，随着经济的发展、文化的交融，终于难分彼此。

① 吉祥：《南直隶视角：明文化的起源及其区域遗产》，《档案与建设》2019年第2期第77–82+70页。

② 王春瑜：《明清史散论》，东方出版中心，1996年，第131页。

第二章

江南水乡地域文化研究

俗语“一方水土养一方人”，地理环境对一个民族的历史发展，有着巨大而深远的意义。“地理环境对中国古代文化之兴起与发展具有重大影响。”[①]地域文化首先是自然地理环境的文化。

江南水乡同属吴越故地，因地理环境、经济网络、风俗语言，以及文化、政治等多方因素，而紧密地结合在一起。

秦汉以降，该地域政治、经济、文化等日臻交融，合二为一。“江南文化和其他地域文化的重要不同在于其和中原文化血脉相连，研究江南文化时要注意吴越文化的不可分割”[②]；“吴越文化是越族先民在今长江下游一带创造的地域文化，是中华文明的重要组成部分”[③]。吴越文化越来越成为了汉文化之中别具特色的地域文化，具有迥异于他域的鲜明个性，卓尔不群。

江南密集的水网不仅便利了人们的生活，而且极大地促进了当地的经济发展。就是在今天，水运交通仍以其低廉的运价、较大的负荷等特点，在大宗货物长途运输中，占据着明显的优势。

与此同时，绵密的水网还造就了水乳交融的水乡文化，渗透着水乡人的生活习俗，滋润着他（她）们的性灵……有人认为江南的山水，借助于唐宋诗词，才能品出意蕴，品出风格[④]。

第一节　江南水乡自然经济地理环境

一、泽国万流

老子《道德经》云：“天下莫柔弱于水，而攻坚强者莫之能胜，以其无以易之。”[⑤]

几万年前，江南水乡原本汪洋一片。现江苏苏州天平山、无锡惠山、常熟虞山等，都是冒出海面的岛屿；而浙江会稽、四明诸山，则是濒临大海之山丘。距今9000至8000年前，当卷转虫海侵达到顶峰时，太湖平原、杭嘉湖平原与宁绍平原连成一片浅海，边缘是丘陵与山区。在距今6000年左右，马家浜文化、崧泽文化遗址全部分布在江阴—谢桥—太仓—马桥—金山—王盘山—澉浦—赭山至转塘一线的西侧。这条线正是陆地与海洋的分界，当时该线以东还是一片汪洋[⑥]。从新石器时期长江三角洲南北两岸的太湖平原和里下河平原遗址分布的变化情况看，太湖平原在晚更新世末为一古丘，且缺失全新世早、中期沉积物，海侵程度较弱。推测新石器时期太湖古平原地势相对高爽，海水仅沿一些小型洼地入侵，为古文化的迅速发展提供了条件[⑦]。

---

① 许思园：《中西文化回眸》，华东师范大学出版社，1997年，第54页。

② 胡晓明：《江南・中原・吴越》，《苏州科技大学学报（社会科学版）》2019年第1期第50–52页。

③ 赵欣：《吴越文化溯源》，《地域文化研究》2017年第1期第47–60+154页。

④ 陈益撰文，张锡昌摄：《江南古亭（梦中江南系列）》，上海书店出版社，2004年，第43页。

⑤ [春秋]老子：《道德经》，广西民族出版社，1996年，第224页。

⑥ 申洪源、朱诚、张强：《长江三角洲地区环境演变与环境考古学研究进展》，《地球科学进展》2003年第4期第569–575页。

⑦ 王张华、陈杰：《全新世海侵对长江口沿海平原新石器遗址分布的影响》，《第四纪研究》2004年第5期第537–545页。

由于长江与钱塘江所挟带的大量泥沙在河口地段不断淤积，积淀沙坝，使得长江三角洲地区不断地向大海东延、南扩，浅海湾渐与海洋隔离，形成大大小小的内陆湖泊与平原，太湖成为了江南水乡平原中的洼地①。

以太湖流域为中心的江南水乡，地势低平，海拔仅2—10米。平原约为75%，丘陵山区占25%，且坡度平缓。“吴中泽国也”②，江南水乡素有泽国之誉。司马迁概括为“东有海盐之饶，章山之铜，三江五湖之利”③。

镶嵌在水乡平原中部的太湖，古称震泽④，或曰具区⑤，又名五湖⑥，由上游茅山的荆溪水系、天目山的苕溪水系汇集而成，为江南水网中心（见图2–1–1、图2–1–2）。太湖及其周围不下250个大小湖泊，如点缀在绿野中的一面面明镜。湖泊之间，又有数不清的河、渎、港、浦、泖、湾等交错联结，加以江南运河及元和塘、新泾塘等人工开凿的水道，使得江南地区交织在绵密的水网之中⑦。

图2–1–1 由东山席家花园眺望太湖美景

① 太湖地区分属江、浙、沪两省一市，共7市31县（含县级市）。

② [清]袁景澜撰：《吴郡岁华纪丽・白龙生日》，甘兰经、吴琴校点，江苏古籍出版社，1998年，第131页。

③ 《二十五史・史记・货殖列传》，浙江古籍出版社，1998年百衲本，第293页。

④ “三江既入，震泽底定。”见《四书五经・尚书・禹贡》，陈戍国校点，岳麓书社，1991年，第224页。

⑤ “浮玉之山，北望具区。”见《山海经・浮玉山》，杨帆等注译，安徽人民出版社，1999年，第17页。“吴越之间有具区。”见迟文浚等：《尔雅音义通检・释地》，辽宁大学出版社，1997年，第120页。

⑥ “（范蠡）乃乘扁舟，出三江，入五湖。”见[汉]赵晔撰，[元]徐天佑音注：《吴越春秋・勾践伐吴外传》，苗麓校点，辛正审订，江苏古籍出版社，1999年，第172页。“五湖者，太湖之别名。”见[唐]陆广微撰：《吴地记》，曹林娣校注，江苏古籍出版社，1999年，第78页。

⑦ 太湖地区共有五大水系，即太湖、东苕溪、西苕溪、黄浦江和江南运河。见马湘泳、虞孝感等：《太湖地区乡村地理》，科学出版社，1990年，第8页。

图2–1–2苏州西山明月湾太湖码头

水网祸福相依。“水利与农田相表里，由来尚矣。”[①]明代沈几《水利议》云：“国家财赋，仰给东南；东南民命，悬于水利。”[②]

江南水乡是我国最早开凿运河交通的地区之一（见图2–1–3）。早在多年以前江南地区就已经出现了一些反映新石器时代运河交通的遗物。虽然目前仅在钱塘江南岸的跨湖桥遗址中出土过独木舟[③]，其他新石器时代遗址中尚未发现古代舟船遗存，但是出土的一些木浆或许也可从旁佐证当时江南地区的水上交通情况：在河姆渡遗址中曾发现木浆六支，均用单一木料加工制成，但已有柄、叶的明显分化[④]。此外，还在该遗址中采集到小陶舟模型器；在江苏常州的圩墩遗址第四层曾出土橹一件[⑤]（见图2–1–4）；钱山漾遗址出土过一支条形桨翼和短柄木浆[⑥]；水田畈遗址和龙南遗址也发现过新石器时代的木浆[⑦]等。

---

① [清]赵弘恩等监修、黄之隽等编纂：《江南通志·水利》，武汉大学光盘版文渊阁本《四库全书》第228卷第2页。

② [清]赵弘恩等监修、黄之隽等编纂：《江南通志·水利》，武汉大学光盘版文渊阁本《四库全书》第228卷第11页。

③ 蒋乐平等：《跨湖桥遗址发现中国最早独木舟》，《中国文物报》2003年3月21日第1版。

④ 河姆渡遗址考古队：《浙江河姆渡遗址第二期发掘的主要收获》，《文物》1980年第5期第1–15+98–99页。

⑤ 吴玉贤：《从考古发现谈宁波沿海地区原始居民的海上交通》，《史前研究》创刊号，1983年第156–162页。

⑥ 浙江省文物管理委员会：《吴兴钱山漾遗址第一、二次发掘报告》，《考古学报》1960年第2期第73–91+149–158页。

⑦ 浙江省文物管理委员会：《杭州水田畈遗址发掘报告》，《考古学报》1960年第2期第93–106+159–162页。

图2-1-3 运河舟楫（《盛世滋生图》）

图2-1-4 常州圩墩遗址独木舟（复制品）

在西周时，太伯奔吴开江南最古老的人工运河泰伯渎，“盖农田灌溉之通渠，亦苏、锡往来之迳道也”①。

春秋战国时，伍子胥设谋伐楚，在荆溪上游今高淳东坝开胥溪运河②，成为太湖西通长江的重要航道，“冬春载二百石舟，而东则通太湖，西则入长江，自后相传未始有废”③，又名“广通坝”④。又据《越绝书・吴地传》载，吴国在苏州北面开辟了一条通江水道。公元前486年，“吴将伐齐，北霸中国”，在今扬州与淮安之间开挖了邗沟⑤，

① [清]吴鼎科辑，王卫平主编：《至德志・外2种》，上海古籍出版社，2013年，第45页。

② “出纪南赤坂冈下流入城，今名曰子胥渎，盖入郢所开也”。见[宋]乐史撰：《太平寰宇记》卷146，武汉大学光盘版文渊阁本《四库全书》第224卷第26册第69页。《山南东道五》《江南通志・水利》亦有载，见[清]赵弘恩等监修、黄之隽等编纂：《江南通志・水利》，武汉大学光盘版文渊阁本《四库全书》第228卷第43册第4页。

③ 出自[宋]单锷《吴中水利书》，载《吴县志》，见潘力行、邹志一主编，吴县政协文史资料委员会编《吴地文化一万年》，中华书局，1994年。

④ [清]金友理：《太湖备考・水治》，江苏古籍出版社，1998年，第109页。

⑤ “秋，吴城邗沟，通江、淮。”见《四书五经・春秋左传・哀公九年传》，陈戍国校点，岳麓书社，1991年，第1217页。

图2–1–5 苏州昆曲博物馆内展出的戏船船模

这是吴国沟通江淮的重要运河。后世隋朝开通永济渠、邗沟和江南运河而直通江南水乡富饶之地，这就成为了京杭大运河中最早开凿的一段。或传范蠡伐吴时，在今望亭与常熟之间开蠡渎[①]。

秦汉时，“荆、扬之民率依阻山泽，以渔采为业”[②]，用舟驾轻就熟。后世舟楫用处多样（见图2–1–5）。

东吴定都建康，又历东晋、宋、齐、梁、陈等朝代。孙权于赤乌八年（245），“发屯兵三万，凿句容中道至云阳西城，以通吴会舡舰，号破岗渎”[③]，促进了六朝都会与经济发达地区的政治、经济联系。直至隋文帝诏令平毁建康都城时，诏令将破岗渎废弃，是平毁六朝都城行动的一部分[④]。太湖流域地近六朝政治中心，其经济地位与运河交通均居要冲。六朝政权为巩固统治，皆竭力劝课农桑、兴修水利、发展屯田等，至南齐，“三吴奥区，地惟河铺，百废所资，罕不自出。宜在蠲优，使其全富”[⑤]。

隋朝大运河沟通南北，伴随江南经济的进步，水乡运河交通得到进一步发展。较大的工程，有唐贞元八年（792）兴修的苏州平望至湖州南浔的运河塘，曰“荻塘，又名頔塘”[⑥]。元和二年（807）苏州北至常熟的“元和塘，即常熟北来运河，俗讹云和塘”[⑦]，又名常熟塘；苏州至吴江的塘路以及北宋兴修的苏州至昆山的至和塘（清道光十五年（1835）重修塘堤，有《重建至和塘乙未亭记》碑[⑧]，笔者注）等，这些水利工程，均具有农林灌溉、交通航运等多重功效。唐宋时期，太湖流域的水路交通已非常发达，形成一个以江南运河为骨干的水乡交通网络[⑨]。因之，江南水运极其发达。

相关典籍早已论及。“就其深矣，方之舟之。”[⑩]古籍中有不少吴越人“善于用舟、习于水战”的记载[⑪]，《吕氏春秋》记载：“如秦者，立而至，有车也；适越者，坐而至，有舟也。”[⑫]吴人伐越，获俘越舟，吴王“馀祭观舟，阍以刀杀之”[⑬]。越灭吴后，范蠡“自

① [宋]乐史撰：《太平寰宇记》卷92，武汉大学光盘版文渊阁本《四库全书》第224卷第18册第63页。
② 《二十五史・汉书・王莽传下》，浙江古籍出版社，1998年百衲本，第610页。
③ [唐]许嵩撰：《建康实录》卷2，武汉大学光盘版文渊阁本《四库全书》第214卷第2册第21页。
④ 王臻青等：《南京港史》，人民交通出版社，1989年，第29页。
⑤ 《二十五史・南齐书・武一十七王传・萧子良》，浙江古籍出版社，1998年百衲本，第648页。
⑥ [清]金友理：《太湖备考・水治》，江苏古籍出版社，1998年，第110页。
⑦ [清]赵弘恩等监修、黄之隽等编纂：《江南通志・水利》，武汉大学光盘版文渊阁本《四库全书》第228卷第43册第20页。
⑧ 陈益撰文，张锡昌摄：《江南古亭（梦中江南系列）》，上海书店出版社，2004年，第60页。
⑨ 许伯明主编：《吴文化概观（江苏区域文化丛书）》，南京师范大学出版社，1997年，第6–7页。
⑩ 《四书五经・诗经・谷风》，陈成国校点，岳麓书社，1991年，第298页。
⑪ 吕锡生主编：《徐霞客与江苏》，中华书局，1999年，第47页。
⑫ 《吕氏春秋校译・贵因》，陈奇猷校译，学林出版社，1984年，第925页。
⑬ 《二十五史・史记・吴太伯世家》，浙江古籍出版社，1998年百衲本，第120页。

与其私徒属乘舟浮海以行”①。《隋书·高祖下》曰：“吴越之人，往承弊俗，所在之处，私造大船……”清学者顾栋高曾说吴国是“不能一日而废舟楫之用”②的国家，可见用舟之勤。“吴故水乡，非舟楫不行。”③由此，舟楫与水乡人的生活息息相关。

治水即治田也。“《禹贡》扬州之田下，今吴中赋入几半九州，良由三江五湖之利，经历代脉分镂刻，使通灌溉，遂号上腴。”④

明清两代，为便利经商，江南六府范围内分布着许多条水陆行程，出现了一大批日用类商业用书。此类商业用书由于主要内容以记载水陆交通路线为主，故被称为水陆行程书⑤。其中，明代刊印的《一统路程图记》《士商类要·路程图引》和清代刊印的《示我周行》等书影响广泛⑥。其时，河道中开有载客的快船、夜航船，运货的装船、驳船、陶庄船等，以及客货两用的航船，还有贩书的书船和贩鱼秧的鱼秧船等⑦。陆路以驿道为干线，江南分布也最稠密⑧。这些均表明江南交通便利，也说明这一地区商品经济发达，商品流通量很大，需要这样的交通线路为其服务⑨。

吴地“东亘沧溟，西连荆郢，南括越表，北临大江”⑩。越地“会稽东接于海，南近诸越，北枕大江”⑪。吴越故地位于长江、钱塘江与大海交汇处，江海活动频繁。因之，江南水乡江海航运同样发达。

周成王时有“越人献舟”⑫的记载。有学者认为越人献舟，应自浙江东岸出发，通海路而进淮水（今江苏东北部）或洛水（今山东半岛北面），反映出此时江南地区百越民族的海上交通能力⑬。

春秋战国时，百越民族的航海水平进一步发展。公元前413年勾践灭吴后，谋臣范蠡忧心“大名之下，难以久居，且勾践为人可与同患，难与处安”⑭。浮海出齐，变名异姓“之陶，为朱公”⑮，“功成身退，带着美女西施隐居宜兴一带，制陶为业，后人称他为陶朱公”⑯。稍后，越国由会稽迁都琅琊，随行有“死士八千人，戈船三百艘”⑰。

西汉时，汉武帝用海军由句章出发，浮海南征，“南越、东瓯，咸服其辜”⑱。西汉

① 《二十五史·史记·越王勾践世家》，浙江古籍出版社，1998年百衲本，第146页。
② 顾栋高：《春秋大事表》卷33，武汉大学光盘版文渊阁本《四库全书》，第118卷第42页。
③ [清]袁景澜撰：《吴郡岁华纪丽·荡湖船》，江苏古籍出版社，1998年，第113页。
④ [清]赵弘恩等监修、黄之隽等编纂：《江南通志·水利》，武汉大学光盘版文渊阁本《四库全书》第228卷第43册第2页。
⑤ 周国林主编：《历史文献研究》（总第26辑），华中师范大学出版社，2007年，第222页。
⑥ 唐力行主编：《江南社会历史评论》（第5期），商务印书馆，2013年，第2页。
⑦ 陈学文：《明清时期太湖流域的商品经济与市场网络》，浙江人民出版社，2000年，第65页。
⑧ 苏同炳：《明代驿递制度》，中华书局，1969年，第43–49页。
⑨ 陈学文：《明清时期太湖流域的商品经济与市场网络》，浙江人民出版社，2000年，第54–63页。
⑩ [唐]陆广微撰：《吴地记》，曹林娣校注，江苏古籍出版社，1999年，第1页。
⑪ 《二十五史·汉书·严助传》，浙江古籍出版社，1998年百衲本，第492页。
⑫ [唐]欧阳询撰：《艺文类聚·舟车部·周书》，汪绍楹校，中华书局，1965年，第1230页。
⑬ 蒋炳钊等：《百越民族文化》，学林出版社，1988年，第220页。
⑭ 《二十五史·史记·越王勾践世家》，浙江古籍出版社，1998年百衲本，第146页。
⑮ 《二十五史·史记·货殖列传》，浙江古籍出版社，1998年百衲本，第292页。
⑯ 徐康：《徐康文集·诗歌·上》（第4卷），四川人民出版社，2018年，第45页。
⑰ [汉]赵晔撰，[元]徐天佑音注：《吴越春秋·勾践伐吴外传》，苗麓校点，辛正审订，江苏古籍出版社，1999年，第176页。
⑱ 《二十五史·汉书·武帝纪》，浙江古籍出版社，1998年百衲本，第314页。

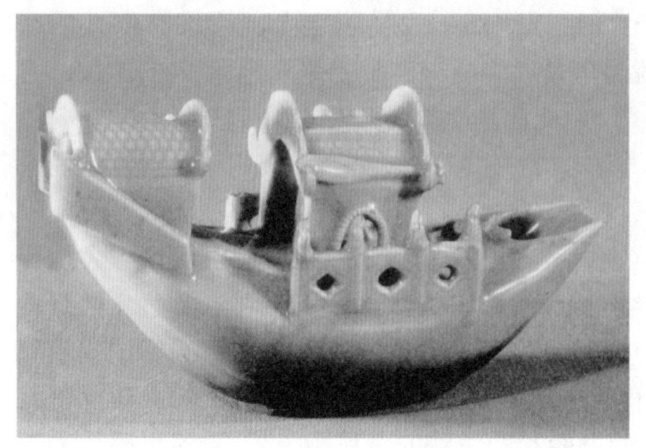
图2-1-6 瓷舟（《中国古船图谱》）

政府还派遣船队远航东南亚诸国，如都元国、邑卢没国、湛离国等，最远到达黄支国（一般认为在现印度半岛的南部），且这些国家“以岁时来献见云”①。王莽至东汉安帝时，陆上丝绸之路经常受阻而改从海道，更促进了南方海上航行的发展（见图2-1-6）。

三国东吴，航海活动更为活跃。吴主孙权“使将军卫温、诸葛直下海求亶、夷洲，得夷洲数千人而还”②。孙权多次遣使由海路往东南亚各地和辽东、日本、夷洲（今属中国台湾）等，其时使船都是由长江口出发，远航南北洋③。

唐鉴真和尚第六次东渡日本，也由张家港附近的黄泗浦港启航④（南宋以降，张家港北部迅速成陆，长江岸线不断东移及入海通道被阻隔，使古黄泗浦丧失了沿江航运的天然条件，导致古黄泗浦港衰败⑤）。

宋代海上贸易步入高峰，内河运输的规模亦远胜前代。单以官船场而言，仅今江浙两地，就有明州（今属浙江宁波）、秀州（今属浙江嘉兴）、越州（今属浙江绍兴）、台州（今属浙江临海）、严州（今属浙江建德）、温州、杭州、婺州（今属浙江金华）、楚州（今属江苏淮安）、平江府（今属江苏苏州）、真州（今属江苏仪征）、润州（今属江苏镇江）、泗州（今属江苏盱眙）、建康（今属江苏南京）、扬州等⑥。与内河运输发展相适应，此时期江南地区还涌现了大量的码头。以宁波为例，目前就已发现了东门口宋代码头遗址⑦、南宋渔浦码头遗址⑧和鄞江镇宋元时期码头遗址⑨三处。近年来，还在浙江省龙泉市的小梅镇金村瓯江龙泉溪梅溪上游的右岸新发现了一处码头遗址，该处遗址是大窑—金村一带龙泉青瓷产品外运渠道的重要一环，是“海上丝绸之路”在中国内陆的重要节点，具有重要的历史文化意义⑩。

---

① 《二十五史・汉书・地理志下》，浙江古籍出版社，1998年百衲本，第403页。

② [唐]许嵩撰：《建康实录・吴中太祖下》，武汉大学光盘版文渊阁本《四库全书》第214卷第2册第5页。

③ 《二十五史・三国志・吴书・吴主传》，浙江古籍出版社，1998年百衲本，第47页。

④ 高伟：《鉴真第六次东渡和黄泗浦遗址》，《中国文化遗产》2013年第1期第70–81+7+9页。

⑤ 王坤华等：《江苏张家港黄泗浦遗址唐代以来环境考古研究》，《古生物学报》2015年第2期第267–278页。

⑥ 王冠倬：《中国古船图谱》，生活・读书・新知三联书店，2000年，第109页。

⑦ 宁波市文物管理委员会林世民：《宁波东门口码头遗址发掘报告》，载《浙江省文物考古所学刊》，文物出版社，1981年。许超、刘恒武《宁波地区历史时期码头遗址的考古学研究》，《东方博物》2018年第2期第1–6页。

⑧ 张华琴、丁友甫：《浙江宁波南宋渔浦码头遗址发掘简报》，《南方文物》2013年第3期第40–41页。

⑨ 许超：《宁波鄞江发现宋元时期古河道、石砌堤岸与道路遗迹》，《中国文物报》2015年7月31日第4版。

⑩ 谢西营、杨瑞生、周光贵：《浙江龙泉金村发现古代码头遗址》，《中国文物报》2017年8月25日第8版。邓小萌：《金村码头遗址》，《小水电》2019年第1期第62–63页。

元至元十九年（1282），漕粮改由海道北运，以太仓浏河口为起航点，开辟经通州（今属南通）海门沿海北上，直至直沽（今属天津）的近海航线[①]。

明代航海家郑和，以都城南京为基地，以物质技术雄厚的苏州为依托，以地理位置优越的太仓浏家港为出海口[②]，于明永乐三年九月至宣德八年七月（1405–1433），七次下西洋，远航至东南亚、南亚、西亚直至非洲，与世界上许多国家进行政治、经济、文化的交流，为世界航海史上的空前壮举[③]（见图2–1–7）。当时的浏家港，“漕运万艘，行商千舶，集如林木；高楼大宅，琳宫梵宇，列若鳞次”[④]；又“外通琉球、日本等六国”，成为“六国码头”[⑤]（见图2–1–8）。江苏南京龙江船厂、淮安清江船厂、临清卫河船厂等都是明代著名的船厂[⑥]。

图2–1–7 郑和宝船复原图（《中国古船图谱》）（左）

图2–1–8 江船（《中国古船图谱》）（右）

清朝初年闭关锁国。康熙后，海禁始开，钦定广州、漳州、宁波、云台山等为通商口岸[⑦]，各地对外贸易渐盛。因之，或认为《红楼梦》所言粤、闽、滇、浙之洋船，云集金陵，殆非虚构[⑧]。

正是纵横交错、四通八达的河汉港湾构成了几乎无所不至的水网，其不仅为明清时期江南水乡经济高速发展提供了条件，也极大地便利了水乡人民的内外交往。农民进城买卖货物、乘船走门串户，更便捷；地主和市民收租征粮、踏青扫墓、探亲访友亦然。

唐人写苏州，“处处楼前飘管吹，家家门外泊舟航。云埋虎寺山藏色，月耀娃宫水放光”[⑨]，可为写照。

二、气候润明

江南水乡属北亚热带南部向中亚热带北部过渡的季风气候，四季分明，年平均气温约

① 张同铸等：《江苏省经济地理》，新华出版社，1993年，第328页。

② 陈乃林主编：《小康后苏南农村教育研究》，东南大学出版社，2001年，第53页。

③ 王大经：《郑和下西洋与六国码头浏河》，载石琪主编《吴文化与苏州》，同济大学出版社，1992年，第151–160页。

④ 太仓县纪念郑和下西洋筹备委员会，苏州大学历史系苏州地方史研究室：《古代刘家港资料集》，南京大学出版社，1985年，第94页。

⑤ 南京市地方志编纂委员会编，张洪礼主编：《南京交通志》，海天出版社，1994年，第67页。

⑥ 韩渊丰、张加恭、张争胜：《中国区域地理》，广东高等教育出版社，2008年，第202页。

⑦ 黄龙：《红楼梦涉外新考》，东南大学出版社，1989年，第52页。

⑧ 黄龙：《〈红楼梦〉中的外来文化》，《东南文化》1994年第3期第64–72页。

⑨ [唐]白居易撰，[清]汪立明编著：《白香山诗集·登阊门闲望》，武汉大学光盘版文渊阁本《四库全书》第403卷第14册第25页。

15℃，全年无霜期220—240天[1]，气候温和。年降水量1000—1400毫米，雨量充沛[2]。年平均相对湿度80.8%，空气湿度较大，春、秋两季更显温润，宜于农林作物生长。

江南水乡气候宜人，适于居住。春季的3月至6月和秋季的9月至11月，为温和宜人的旅游佳期。上有天堂，下有苏杭，如缺少润湿的气候，恐怕有问题。

气候学研究表明，古代江南地区的气候比今天更温暖湿润。因之，得天独厚的自然条件，形成了江南水乡山明水秀的自然景观，历来为首选居住地，也是风景旅游胜地，誉称“锦绣江南”，“是世界同纬度地区一块富饶的绿色宝地”[3]。

优良的气候，使得江南水乡植被茂密，森林覆盖率高，到处树木葱葱，花香鸟语。例如：

“三江既入，震泽致定。竹箭既布。其草惟夭，其木惟乔。”[4]

“江南卑湿，丈夫早夭，多竹木”，“江南出楠、梓、姜、桂、金、锡……”[5]。

“篠荡既敷，草夭木乔。”[6]“江南地广，或火耕火耨。民食鱼稻，以渔猎山伐为业。”[7]

“入越地，舆桥而逾岭，拕舟而入水，行数百千里，夹以深林丛竹，水道上下击石。”[8]

“荆、扬之皮革骨象，江南之楠梓竹箭……”[9]

“京师贵戚必欲江南檽梓，豫章梗柟……东至乐浪，西至敦煌，万里之中，竞相用之。”[10]

左思《吴都赋》云：“木则枫柙櫲樟，栟榈枸桹。绵杬杶栌，文欀桢橿。平仲桾櫏，松梓古度。楠榴之木，相思之树。宗生高冈，族茂幽阜。擢本千寻，垂荫万亩。攒柯拏茎，重葩殗叶。”[11]

谢灵运曰：“其木则松柏檀栎，□□桐榆。檿柘谷栋，楸梓柽樗。刚柔性异，贞脆质殊。”[12]

“又命黄门侍郎王弘，上仪同于士澄，往江南诸州采大木，引至东都。”[13]

《吴中旧事》云：“吴俗好花，与洛中无异。其土地亦宜花，古称长州茂苑。以苑目之，盖有由矣。吴中花木不可殚述。”“其木，则栝柏松梓，棕楠杉桂，冬岩常青，乔林相望，椒梂栀实，蕃衍足用”[14]等。

---

① 杨成等主编：《中国地理学会第四次全国水文学术会议论文集》，测绘出版社，1989年，第218页。

② 陆孝平等主编：《水利工程防洪经济效益分析方法与实践》，河海大学出版社，1993年，第175页。

③ 陈昌笃主编：《持续发展与生态学·全国第一届持续发展与生态学学术讨论会论文汇编》，中国科学技术出版社，1993年，第39页。

④ 《二十五史·史记·夏本纪》，浙江古籍出版社，1998年百衲本，第12页。

⑤ 《二十五史·史记·货殖列传》，浙江古籍出版社，1998年百衲本，第293页。

⑥ 《二十五史·汉书·地理志上》，浙江古籍出版社，1998年百衲本，第394页。

⑦ 《二十五史·汉书·地理志下》，浙江古籍出版社，1998年百衲本，第403页。

⑧ 《二十五史·汉书·严助传》，浙江古籍出版社，1998年百衲本，第491页。

⑨ [汉]桓宽：《盐铁论译注》，王贞珉注译，吉林文史出版社，1995年，第9页。

⑩ [汉]王符撰、[清]汪继培笺：《潜夫论·浮奢第十二》，上海古籍出版社，1978年，第155页。

⑪ [清]曾国藩：《足本曾文正公全集·6》，吉林人民出版社，2006年，第135页。

⑫ 《二十五史·宋书·谢灵运列传》，浙江古籍出版社，1998年百衲本，第459页。

⑬ 《二十五史·隋书·食货志》，浙江古籍出版社，1998年百衲本，第1036页。

⑭ [宋]朱长文撰：《吴郡图经续记·卷上·物产》，金菊林校点，江苏古籍出版社，1999年，第9页。

南宋临安，“仲春十五日为花朝节，浙间风俗，以为春序正中，百花争放之时，最堪游赏。都人皆往钱塘门外玉壶古柳林、杨府云洞、钱湖门外庆乐小湖等园，嘉会门外包家山、王保生、张太尉等园，玩赏奇花异草”①。综上所记，可见江南水乡草木花卉之繁盛。一直至宋代，江南耕作工具“自爬至礰礋皆有齿，碌碡觚棱而已。咸以木为之，坚而重者良”②。说明用木之众也。

江南水乡山水相映，景色旖旎。平原地区，河荡水网密布，建筑夹水（见图2–1–9）。

图2–1–9 同里镇（杭磊 摄）

村落中炊烟袅袅，鸡犬声相闻。农作物色彩缤纷，一派优美的水乡田园风光。

城市、市镇、乡村中，建筑临岸，街巷沿河，舟楫穿梭往来，欢声笑语不断，这些均是典型的水乡泽国城乡景色。

沿水地带，或丘陵逶迤连绵，山水相间；或景色开阔，古木参天。形态各异、组合不一，空间构图多变，自然景观层次十分丰富。整个江南水乡景色随季节、阴晴、朝暮以及观赏视点的转移，而千娇百媚、绚丽多彩，山水如画，意趣无穷。

三、经济发达

江南垦植历史悠久。早在新石器时代，江南水乡以稻作为代表的原始农业和以玉器为代表的手工业，就创造了极辉煌的成就。马家浜文化、崧泽文化、良渚文化的诸多遗址中均发现了稻谷遗存，在草鞋山遗址和绰墩遗址中还先后发现了90块马家浜文化的水稻田遗迹。大量早期稻作遗存和遗迹的发现，说明江南地区应是稻作农业的起源地之一，同时也是栽培稻的起源中心③。而良渚文化玉器的工艺水平在史前社会更是无与伦比，“达到了史前玉器制作的高峰，代表了当时中国南方玉器制作工艺的最高水平”④。

① ［宋］吴自牧撰：《梦粱录》，傅林祥注，山东友谊出版社，2001年，第15页。

② ［宋］范成大撰：《吴郡志·风俗》，陆振岳点校，江苏古籍出版社，1999年，第11页。

③ 丁金龙：《长江下游新石器时代水稻田与稻作农业的起源》，《东南文化》2004年第2期第19–23页。

④ 于明：《中国玉器》，五洲传播出版社，2008年，第36页。

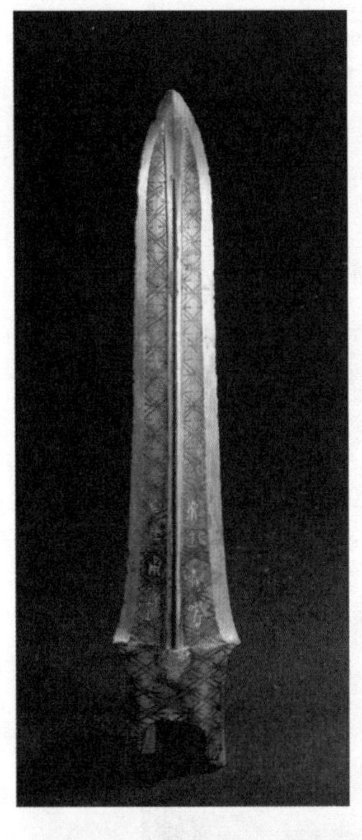

图2-1-10 吴王夫差铜矛（《中国文物精华》1990）

春秋时，吴国、越国的青铜冶铸相当发达，冶铸名家辈出，兵器极其精良（见图2–1–10、见图2–1–11）。“操吴戈兮被犀甲，车错毂兮短兵接。”①

令人瞩目的是，在常州武进淹城、苏州等地均发现春秋末年的铁器遗物。在江苏六合程桥的一座春秋末期墓葬中也曾出土铁块一件。早在春秋时期，江苏地区就已出现了具有较高水平的锻铁和铸铁器具②。而中原地区的洛阳，要到战国初期才开始出现铁农具③。有研究者认为，以干将、欧冶为代表的吴越制剑名家，已造出铁剑，揭开了铁器时代的大幕④。此外，造船、制玉、陶瓷、纺织、冶铁、造纸、印刷等，均素享盛誉。

当然，战国之前，吴越故地经济相对贫瘠。“僻远，顾在东南之地，险阻润湿，又有江海之害，君无守御，民无所依，仓库不设，田畴不垦。”⑤“厥土惟涂泥，厥田惟下下，厥赋下上错。”⑥“厥土涂泥，田下下，赋下上”⑦等。故吴王寿梦云：“孤在夷蛮，徒以椎髻为俗，岂有斯之服哉？”⑧对中原纺织品甚为羡慕。

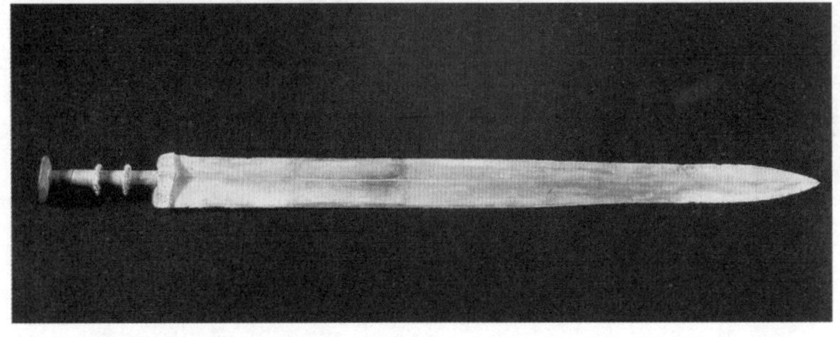

图2-1-11 越王兀北古剑（《中国文物精华》1992）

南北方移民，促进了经济文化交融。“鲁人身善织履，妻善织缟，而欲徙于越。”⑨说明春秋战国时的北方鲁人，已向南方越人聚集区迁徙，并向当地居民传授先进的丝织技法。

秦至西汉时期，江南的社会经济与关中、中原等地相比，仍显落后。“楚越之地，地广人稀，饭稻羹鱼，或火耕而水耨，果窳蠃蛤，不待贾而足，地埶饶食，无饥馑之患，以故呰窳偷生，无积聚而多贫。是故江淮以南，无冻饿之人，亦无千金之家。”⑩“江南地

① ［楚］屈原：《九歌·国殇》，文晓辑注，人民文学出版社，1963年，第38页。

② 郭仁成：《楚国农业考辨四题（下）》，《求索》1984年第2期第92–99页。

③ 杨宽：《中国古代冶铁技术发展史》，上海人民出版社，2004年，第37–38页。

④ 张橙华：《干将和欧冶是铁器时代开创者的代表》，载高燮初主编《吴文化资源研究与开发》，苏州大学出版社，1995年，第260页。

⑤ ［汉］赵晔撰，［元］徐天佑音注：《吴越春秋·阖闾内传》，苗麓校点，辛正审订，江苏古籍出版社，1999年，第30–31页。

⑥ 《四书五经·尚书·禹贡》，陈戍国校点，岳麓书社，1991年，第224页。

⑦ 《二十五史·汉书·地理志上》，浙江古籍出版社，1998年百衲本，第394页。

⑧ ［汉］赵晔撰，［元］徐天佑音注：《吴越春秋》，苗麓校点，辛正审订，江苏古籍出版社，1999年，第8页。

⑨ 《韩非子集释·说林上》，陈奇猷校注，上海人民出版社，1974年，第441页。

⑩ 《二十五史·史记·货殖列传》，浙江古籍出版社，1998年百衲本，第293页。

广，或火耕水耨。民食鱼稻，以渔猎山伐为业，果蓏蠃蛤，食物常足。故呰窳偷生，而无积聚，饮食还给，不忧冻饿，亦无千金之家”[①]。“臣闻越非有城郭邑里也，处溪谷之间，篁竹之中，习于水斗，便于用舟，地深昧而多水险，中国之人不知其势阻而入其地，虽百不当其一。”[②]“荆扬之民，率倚阻山泽，以鱼采为业”[③]等。且“南方暑湿，近夏瘅热，暴露水居，蝮蛇蜇生，疫疾多作”[④]。南人“信巫鬼，重淫祀”[⑤]，“不知礼则”[⑥]。由此，时人往往视江南为畏途。

但是，西汉末年至东汉时期，中央政府对江南加强统治，推行有利于发展生产的措施，南北文化交流增多，加之气候环境的变迁等，江南社会经济发生了显著的变化[⑦]。

东汉以降，江南凭借优良的气候、丰富的物产等，一跃而成乐土。“江东沃野万里，民富兵强，可以避害，宁肯相随至乐土。”[⑧]江南出现了一批士家望族，如会稽的陆续“世为族姓”[⑨]。这些富豪之家，“商贩千艘，腐谷万庾。园囿拟上林，馆第僭太极。梁肉余于犬马，积珍陷于帑藏”[⑩]，极为豪奢。

东汉末年，政局混乱、匈奴入侵，汉民族开始向南作较大规模扩散；同时南方较佳的农业生产条件，也具有相当的吸引力[⑪]。故时人多“以安危去就为意”[⑫]，使得各地移民不断涌入江南。

魏晋南北朝时期，堪称乱世，北方战乱不休。西晋永嘉五年（311），“永嘉之乱，天下崩离。长安城中户不盈百，墙宇颓毁，蒿棘成林”[⑬]。“自永嘉丧乱，百姓流亡，中原萧条，千里无烟。”[⑭]至东晋建武元年（317），晋室南迁。这种政治格局的改变，使得中国南北方经济文化的对比关系相应发生变化，江南经济得到较大发展[⑮]。从西晋末年始，北方避乱南渡的汉族人口当不下九十万[⑯]，进一步提高了南方生产水平，也充实了劳动力，江南经济获得长足发展。西晋文人左思的《吴都赋》提到：“国税再熟之稻”，说明统治者已将再熟稻作为财政税收的重要来源[⑰]。这也说明“再熟稻”已占一定比重[⑱]。东晋末

① 《二十五史·汉书·地理志下》，浙江古籍出版社，1998年百衲本，第403页。

② 《二十五史·汉书·严助传》，浙江古籍出版社，1998年百衲本，第491页。

③ 《二十五史·汉书·王莽传下》，浙江古籍出版社，1998年百衲本，第610页。

④ 《二十五史·汉书·严助传》，浙江古籍出版社，1998年百衲本，第491页。

⑤ 《二十五史·汉书·地理志下》，浙江古籍出版社，1998年百衲本，第403页。

⑥ 《二十五史·后汉书·循吏传·卫飒》，浙江古籍出版社，1998年百衲本，第892页。

⑦ 黄今言：《秦汉江南经济述略》，江西人民出版社，1999年，第3–4页。

⑧ 《二十五史·三国志·吴书·鲁肃传》，浙江古籍出版社，1998年百衲本，第1170页。

⑨ 《二十五史·后汉书·独行传》，浙江古籍出版社，1998年百衲本，第917页。

⑩ [晋]葛洪撰：《抱朴子外篇·吴失》，上海古籍出版社，1990年，第264页。

⑪ 陈正祥：《中国文化地理》，生活·读书·新知三联书店，1983年，第2页。

⑫ 《二十五史·三国志·吴书·吴主传》，浙江古籍出版社，1998年百衲本，第1152页。[唐]许嵩：《建康实录·太祖上》卷1，有类似记载。

⑬ 《二十五史·晋书·孝愍帝本纪》，浙江古籍出版社，1998年百衲本，第10页。

⑭ 《二十五史·晋书·慕容皝传》，中华书局，1974年，第2823页。

⑮ 蔡丰明：《江南民间社戏》，百家出版社，1995年，第192页。

⑯ 许辉、邱敏、胡阿祥：《六朝文化》，江苏古籍出版社，2001年，第629页。

⑰ 郭文韬等：《中国农业科技发展史略》，中国科学技术出版社，1988年，第200页。

⑱ 郭文韬：《吴中农业文化初探》，载高燮初主编《吴文化资源研究与开发》，苏州大学出版社，1995年，第154页。

年，江南“时和年丰，百姓乐业，谷帛殷阜，几乎家给人足矣”[①]。

此后，江南相继经历宋、齐、梁、陈四个朝代，历170年，史称“南朝”。南北朝长期对峙，中国再次大分裂。此时的江南，社会相对安定，经济发展迅速，文化日趋繁荣。“自晋氏迁流，迄于太元之世，百许年中，无风尘之警，区域之内，晏如也。……地广野丰，民勤本业，一岁或稔，则数郡忘饥。会土带海傍湖，良畴亦数十万顷，膏腴土地，亩值一金，鄠、杜之间，不能比也。荆城跨南楚之富，扬部有全吴之沃，鱼盐杞梓之利，充仞八方，丝棉布帛之饶，覆衣天下”[②]等。

江南“时和年丰，百姓乐业，谷帛殷阜，几乎家给人足矣”（《晋书·食货志》），此为王导在经济领域推行镇之以静政策的硕果，也是东晋打赢淝水之战的物质基础[③]。“贡使商旅，方舟万计”[④]。南齐时，“三吴奥区，地惟河、铺，百费所资，罕不自出”[⑤]。江南农业生产赶超，全国经济重心已开始南移。

当然，此时的江南相对还是一个人烟稀少，土地肥沃之地。正如著名经济史学家傅筑夫先生言：“六朝时的江南开发，是粗线条式的写意画，是向广度发展的一种粗放经营，只是将无主之田占为私有，进行一点力所能及的开发，仍有大片土地未能发挥其生产潜力。”[⑥]

隋开皇元年（581），杨坚废北周立隋。隋开皇九年（589）灭南朝陈政权，一统南北。为安定南方社会秩序，隋朝颁布法令，免除江南地区租赋十年，推行均田制，奖励农桑，促进了吴越经济发展[⑦]。隋炀帝凿通大运河，沟通南北。同时治理太湖流域水利，并“敕穿江南河，自京口至余杭八百余里，广十余丈，使可通龙舟，并置驿宫、草顿，欲东巡会稽”[⑧]。“隋大业六年，敕开江南河。自京口至余杭八百里，面阔一十余丈，嘉兴府图记。”[⑨]此时江南“市廛列肆，埒于二京”[⑩]。唐代诗人白居易诗云：“平湖七百里，沃壤两三州”，此之谓也[⑪]。

唐都长安，“关中号称沃野，然其土地狭，所出不足以给京师，备水旱，故常转漕东南之栗”[⑫]。此时南方经济虽已赶上北方，南北均势失衡，但文化中心仍在北方[⑬]。汉民族的政治、文化活动，以黄河及其最大支流渭河的河谷为轴线，仍属东西走向。中国的几个著名古都——长安、洛阳和开封等，皆分布在此一轴线上，这一古文化之轴，以汉族文

---

① 《二十五史·晋书·食货志》，浙江古籍出版社，1998年百衲本，第48页。

② “史臣曰”，见《二十五史·宋书·孔季恭、羊玄保、沈昙庆传》，浙江古籍出版社，1998年百衲本，第429页。

③ 万绳楠：《魏晋南北朝史论稿》，安徽教育出版社，1983年，第162页。

④ 《二十五史·宋书·五行志四》，浙江古籍出版社，1998年百衲本，第353页。

⑤ 《二十五史·南齐书·武帝十七王传·萧子良》，浙江古籍出版社，1998年百衲本，第648页。

⑥ 傅筑夫：《中国封建社会经济史》（第4卷），人民出版社，1986年，第12页。

⑦ 王卫平编著：《吴地经济开发》，南京大学出版社，1994年，第39页。

⑧ 《资治通鉴·炀皇帝上之下大业六年》卷181。转引自：魏嵩山：《太湖流域开发探源》，江西教育出版社，1993年，第137页。

⑨ [明]嘉靖《浙江通志·水利》，武汉大学出版社光盘版文渊阁《四库全书》第229卷第32册第4页。

⑩ 《二十五史·隋书·地理志下》，浙江古籍出版社，1998年百衲本，第1057页。

⑪ 欧阳洪：《京杭运河工程史考》，江苏省航海学会，1988年，第106页。

⑫ 《二十五史·新唐书·食货志三》，浙江古籍出版社，1998年百衲本，第460页。

⑬ 中华文化通志编委会编，吴必虎，刘筱娟撰：《中华文化通志景观志》，上海人民出版社，1998年，第84页。

化圈的传统范畴说，偏在西北。政治轴线，实为经济文化轴线而已[①]。

长达八年的“安史之乱”，使得大唐王朝从此式微。黄河中下游历经浩劫，一片残破；继以藩镇割据，社会动荡。由是人民离散，大量南迁，南方州郡的人口显著增加[②]，生产发展，经济已超越北方，唐朝政府的财政，几仰给东南[③]。

“吴中地沃而物夥，稼则刈麦种禾，一岁再熟，稻有早晚。”宋代计有功在《唐诗纪事》中记载“赋取所资，漕挽所出，军国大计，仰于江淮”，故唐王朝倾其全力维护江淮漕运畅通，总是派名将重臣镇守淮南道[④]。“天宝以后，中原释耒，辇越而衣，漕吴而食。”[⑤]“当今赋出于天下，江南居十九。”[⑥]“凡东南郡邑，无不通水。故天下货利舟楫居多。转载使岁运米二百万石输关中，皆自通济渠入河而至也。”[⑦]杜牧谓：“西界浙河，东奄左海，机杼耕稼，提封七州，其间茧税鱼盐，衣食半天下。”[⑧]他在《崔公行状》中又明确指出：“三吴者，国用半在焉。”[⑨]元和宰相李吉甫撰《元和国计薄》云：唐中央朝廷“每岁赋入倚办，止于浙江东西、宣歙、淮南、江西、鄂岳、福建、湖南等八道”[⑩]，其重心又在江南。常州“为江左大郡，兵食之所资，财赋之所出，公家之所给，岁以万计”[⑪]。湖州“英灵所诞，山泽所通，舟车所会，物土所产，雄于楚越。虽临淄之富不若也”[⑫]。苏、杭二州负担更重。苏州号称“首冠江淮”。白居易云：“当今国用多出江南，江南诸州，苏为最大，兵数不少，税额至多。”而杜牧云：“今天下以江淮为国命，杭州户十万，税钱五十万”[⑬]等。

唐代后期，江南地区的蚕桑、茶叶、果树以及竹、木、藕等经济作物的种类与产量，都有了很大发展[⑭]。《唐史国补》卷下云：“初，越人不工机杼，薛兼训为江东节制，乃募军中未有室者，厚给华币，密令北地娶织妇以归，岁得数百人，由是越俗大化，竞添花样，绫妙妙称江左矣。”

---

① 陈正祥：《中国文化地理》，生活·读书·新知三联书店，1983年，第3页。

② 陆玉才：《中华文化基本精神概说》，辽宁大学出版社，1995年，第6页。

③ 李祖德、刘精诚：《中国货币史》，文津出版社，1995年，第161页。

④ 江苏省六朝史研究会、江苏省社科院历史所：《古代长江下游的经济开发》，三秦出版社，1996年，第261页。

⑤ [清]董诰等编：《全唐文·故太子少保赠尚书左仆射京兆韦府君神道碑》，上海古籍出版社，1990年，第2816页。

⑥ [清]董诰等编：《全唐文·送陆歙州诗序》，上海古籍出版社，1990年，第2485页。

⑦ [唐]李肇撰：《唐国史补》（卷下），武汉大学光盘版文渊阁本《四库全书》第335卷2册第40页。

⑧ [唐]杜牧撰：《樊川文集》卷11，武汉大学光盘版文渊阁本《四库全书》第403卷第6册第2页。又见[清]董诰等编：《全唐文·李讷除浙东观察使兼御史大夫制》，上海古籍出版社，1990年，第3436页。

⑨ [唐]杜牧撰：《樊川文集》卷11，武汉大学光盘版文渊阁本《四库全书》第403卷第4册第15页。

⑩ 《二十五史·旧唐书·顺宗本纪、宪宗本纪上》，浙江古籍出版社，1998年百衲本，第34页。

⑪ [宋]李昉等奉敕编：《文苑英华》卷972，武汉大学光盘版文渊阁本《四库全书》第430卷286册第17页。

⑫ [宋]李昉等奉敕编：《文苑英华》卷801，武汉大学光盘版文渊阁本《四库全书》第429卷第235册第10页。

⑬ [唐]杜牧撰：《樊川文集》卷16，武汉大学光盘版文渊阁本《四库全书》第403卷第6册第2页。

⑭ 可将唐开元、天宝年间贡品与长庆贡品进行对比，见《唐六典》卷3、《元和郡县志》卷25、《通典·食货六》、《新唐书·地理志》等。

唐代末年至五代十国，天下纷争。中原持续战乱，契丹又侵扰北边，民众流徙，社会、经济、文化遭受了极严重破坏。“荒草千里，是其疆畎；万室空虚，是其井邑；乱骨相枕，是其百姓；孤老寡弱，是其遗人……”①

而偏安江南的诸侯国，为巩固各自政权，采取了一系列有利生产发展的措施，兴水利、奖农耕，经济、文化得到进一步发展。此时的江南，“无凶年下岁之区”②。吴越王钱镠“佐居列土凡七年，境内丰阜。”③“江南、两浙，转输粟帛，府无虚月，朝廷赖焉。”④此时南方的户口，已占全国总户数一半⑤。太湖地区各州自唐代后期，户口高居全国之冠，也是人口密度最高的地区⑥。全国经济重心南移的过程基本完成⑦。

北宋王朝的重建，有赖北方的人力和南方的物力。渊源于远古、崛起于唐末的江南丝绸，到宋代已是三分天下有其一⑧。“蚕一年八育”⑨，故南宋《吴兴志》称“湖丝遍天下”。稻一年两作，吴泳《触林集》卷二十九云：“税稻再熟。”“其稼则刈麦种禾，一岁再熟。”⑩“两浙之富，国用所恃。”⑪以至于“上有天堂，下有苏杭”⑫。此时，全国经济重心已非东南莫属。

北宋长期重文偃武，北宋末年金人入侵，引发“靖康之难”。北方人口继续南下，南渡之人口达五百万左右⑬，大大增强了江南地区的人力，并带来先进的生产技术与经验，这使得相对安定的江南经济更加繁华。金王朝以淮河及秦岭为界，与偏安的南宋政权对峙，为南北文化界线。建炎南渡，是中国文化中心南迁的真正分野，从此文化中心亦渡江而南⑭。

此时，江南已成为全国蚕桑业中心；以太湖地区为中心的两浙路上贡的丝织品和租税，占全国总数的四分之一。谚语云：“苏湖熟，天下足”，南宋王朝建立后南方劳动人口在一个半世纪中，有了明显增加⑮。充沛的人口、先进的文化及技术，因之“苏常熟，

① [唐]元结撰：《次山集·请省官状》，武汉大学光盘版文渊阁本《四库全书》第402卷第3册第22页。

② [清]康熙《嘉兴府志·艺文》李翰“苏州嘉兴屯田纪绩”。中国农业科学院，南京农业大学中国农业遗产研究室太湖地区农业史研究课题组编著：《太湖地区农业史稿》，农业出版社，1990年，第60页。

③ 《二十五史·旧五代史·钱佐传》，浙江古籍出版社，1998年百衲本，第979页。

④ 《二十五史·旧唐书·韩滉传》，浙江古籍出版社，1998年百衲本，第245页。

⑤ 韩国磐：《隋唐五代史论集》，生活·读书·新知三联书店，1979年，第130页。

⑥ 沈起炜：《五代史话》，中国青年出版社，1983年，第96页。

⑦ 王卫平：《论太湖地区经济重心地位的形成》，载高燮初主编《吴文化资源研究与开发》，江苏人民出版社，1994年，第247页。

⑧ 范金民、金文：《江南丝绸史研究》，农业出版社，1993年，前记第1页。

⑨ 吴泳：《鹤林集》卷39《隆兴府劝农文》。转引自：张锦鹏：《宋代商品供给研究》，云南大学出版社，2003年，第244页。

⑩ [宋]朱长文：《吴郡图经续记·物产》，江苏古籍出版社，1999年，第19页。

⑪ [宋]苏轼：《进单锷吴中水利书状》，[宋]单锷：《吴中水利书》，武汉大学出版社光盘版文渊阁《四库全书》第234卷第27页。

⑫ [宋]范成大撰：《吴郡记·杂志》，陆振岳点校，江苏古籍出版社，1999年，第669页。

⑬ 吴松弟：《南宋人口的发展过程》，《中国史研究》2001年第4期第107–124页。

⑭ 丁文魁主编：《风景名胜研究》，同济大学出版社，1988年，第194页。

⑮ 洪焕椿：《宋辽夏金史话》，中国青年出版社，1980年，第190页。

天下足”“苏松熟，天下足”①。宋人郏亶说：“天下之利，莫大于水田，水田之美，无过于苏州。”②此外，江南的茶叶、蚕桑、丝织、陶瓷等都是全国生产的中心。

元朝灭金吞宋，中原涂炭，人口和文物持续南移，南方相对战祸较少。元代在江南征收的夏税丝额远高于宋代，成为江南蚕桑生产由全国的中心向重心地位转移的过渡期③。

明代始，江南成为全国的经济命脉。不但粮食主要依赖江南供给，而且全国的商业，逐渐集中到长江下游和大运河两条线上，人口和财富集中东南的现象更为明显。万历六年（1578）全国商税课钞，南直隶一省达一千二百多万贯，独占四分之一④。

明清时期，江南是全国最重要的财赋供给地，最早跨入了初期商品经济的行列，江南经济已达相当水平。顾炎武曾说：“天下租税之重，至浙西而极。浙西之重，苏、松、常、嘉、湖五府为甚。”“东南财富之渊薮也。自唐宋以降，国计咸仰于是。其在今日尤为切要重地。韩愈谓赋出天下而江南居十九。以今观之，浙东西又居江南十九，而苏、松、常、嘉、湖五郡，又居两浙十九也”⑤，“每岁赋税依办，惟在浙东西等八道”⑥。终明之世，苏、松、常三府税粮负担最重，苏州尤甚⑦。《明会典》记载，洪武二十六年（1393），苏州府秋粮实征数2 746 990石，占全国实征数的11. 11%，比四川、广东、广西和云南四省的总和还多出1. 6%。这种情况至清代并无改变。税粮的增加，反映了中央财赋仰给东南及吴地富甲天下的事实。

从明朝后期到清朝前期，全国的蚕桑生产几乎全部集中在苏杭嘉湖地区⑧。苏州、杭州都是全国著名的商业都会，它们与江宁府（今属南京）一起，并列为我国丝绸生产的三大中心⑨，商品经济得到了相当的发展。而清晚期的苏南浙北等地，仍然是重要的商品粮基地，直至1949年仍然如此⑩。

此外，江南水乡境内还有相当数量的山丘宜于种植茶、桑、竹和亚热带果木，名茶优果遍地。又是毛竹、柑橘、湖羊、生猪、毛兔、油菜等多种农产品的著名产地。水乡河湖众多，降水充沛，淡水养殖发达，渔业资源得天独厚等。

综上所述，江南水乡具有优越的自然条件，又不断兴修水利与综合利用水资源，发展灌溉农业与商品航运，利于农业和渔业的发展⑪，加之人们的勤劳与智慧，促进了经济的持续发展，成为富甲天下的鱼米之乡。因之，江南水乡具有了培育独特文化的丰厚土壤，经过千百年来的孕育，最终形成了独领风骚的江南水乡地域文化。

---

① 苏育生主编：《中华妙语大辞典》，陕西人民教育出版社，1990年，第356页。

② [宋]范成大：《吴郡志》卷19，陆振岳校点，江苏古籍出版社，1999 年，第52页。

③ 范金民、金文：《江南丝绸史研究》，农业出版社，1993年，第64–66页。

④ 唐得阳主编：《中国文化的源流》，山东人民出版社，1993年，第20页。

⑤ [明]邱濬：《大学衍义补·治国平天下之要·制国用经制之义下》，武汉大学光盘版文渊阁本《四库全书》第203卷第13册第72页。

⑥ [明]邱濬：《大学衍义补·治国平天下之要·制国用经制之义下》，武汉大学光盘版文渊阁本《四库全书》第203卷第13册第65页。

⑦ 王卫平：《吴地经济开发》，南京大学出版社，1994年，第74页。

⑧ 范金民、金文：《江南丝绸史研究》，农业出版社，1993年，第65页。

⑨ 张湛平：《中国历史文化名城小辞典》，工人出版社，1991年，第47页。

⑩ 游修龄：《稻的发展与吴越文化》，载高燮初主编《吴文化资源研究与开发》，苏州大学出版社，1995年，第146页。

⑪ 蒋炳钊等：《百越民族文化》，学林出版社，1988年，第38页。

第二节　江南水乡地域文化的形成与演变

中华民族是众多民族经过长时期的历史融合而形成的，中华文化亦然，它不是一元，而是多元的，恰如苏秉琦先生首倡的“满天星斗说”①。古人云：“凡民函五常之姓，而其刚柔缓急，音声不同，系水土之风气，故谓之风；好恶取舍，动静无常，随君上之情欲，故谓之俗。”②“衣服礼俗者，非人之性也，所受于外也。”③故地域不同，风俗有变，文化殊异。

此后，不同民族之间的凝聚力，是由礼制之外在形式，转化为内心的自觉来实现的。政治等级制度与传统文化相辅相成，相应地，文化也具有不同的层次。中国文化自三代末期以降，就是士人文化与庶民文化的交织，是一幅立体的图画。

张光直先生将新石器时代的中国史前文化，分为9个区系类型。而远古旧石器时代的长江下游与浙闽一带，都属于越文化，或称为吴越文化④，这是中华文化的重要来源之一。曾有学者根据考古资料，提出华夏文化发祥地在我国东南地区的论断⑤等。

以太湖流域为中心的江南水乡，在历史上处本地吴越文化交汇影响之下，同时受到中原文化的南播，以及楚文化的东渐等，在秦汉一统以后，融合于广博的汉文化之中。随着我国经济重心的逐渐南移，南方经济、文化的不断增长，自南宋以降，形成了独树一帜的江南水乡地域文化，具有迥异于他域的鲜明个性。

一、共同的渊源

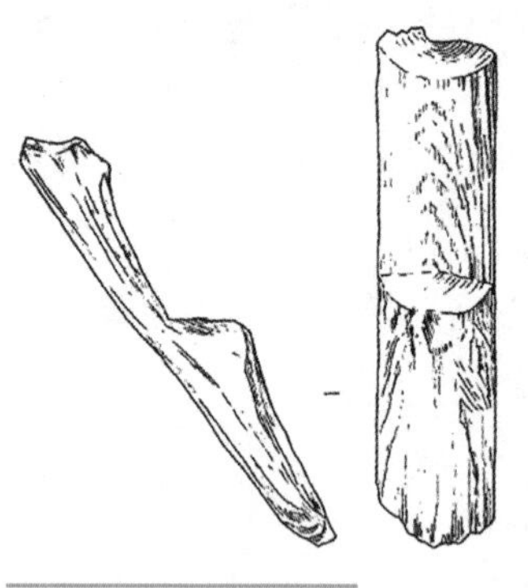

图2–2–1　跨湖桥遗址出土木梯（《浦阳江流域考古报告之一：跨湖桥》）

目前，中国长江下游地区发现最早的新石器时代遗址——上山遗址，距今11400—8600年左右，其建筑遗迹可能是一处干栏建筑遗址⑥。上山遗址出土的炭化“万年米”是前世界稻作文化在这里起源的实物见证⑦。“上山文化居民虽然已有农业生产，但仍保留着较高的流动性，农业形态比较原始。”⑧

跨湖桥遗址位于浙江杭州萧山区西南约4千米的城厢街

① 齐涛，李泉分主编：《中国通史教程教学参考·第2版·古代卷》，山东大学出版社，2005年，第10页。

② 《二十五史·汉书·地理志下》，浙江古籍出版社，1998年百衲本，第401页。

③ 何宁：《淮南子集释》，中华书局，1998年，第775页。

④ 陈桥驿：《吴越文化论丛》，中华书局，1999年，第58页。

⑤ 陈剩勇：《东南地区：夏文化的萌生与崛起——从中国新石器时代晚期主要文化圈的比较研究探寻夏文化》，《东南文化》1991年第1期第1–22页。

⑥ 浙江省文物考古研究所、浦江博物馆：《浙江浦江县上山遗址发掘简报》，《考古》2007年第9期第7–18+97–98+2页。

⑦ 《一粒炭化“万年米”见证稻作农业起源》，《粮食科技与经济》2020年第11期第2页。

⑧ 徐紫瑾、陈胜前：《上山文化居址流动性分析：早期农业形态研究》，《南方文物》2019年第4期第165–173页。

道湘湖村，面积近15万平方米，距今8000—7000年左右，是迄今为止浙江境内发现的最早的新石器时代遗址之一，也出土过可能用于干栏建筑的部分独木梯（见图2–2–1）。其有榫木构件的出现，经河姆渡人的发展，此后逐步成为我国传统建筑的一个特点①。

浙江余姚河姆渡遗址出土的建筑构件表明，越地先民濒水而憩，已经居住在采用榫卯技术的木结构建筑内，大到柱、梁、枋，小至栏杆、窗户的木楞，都用此法（见图2–2–2）。此时已采用较精细的石工具、骨工具、蚌工具等制作准确接合的榫卯，特别是需要细加工的小构件，如栏杆。长期大量堆积和构件多次重复，表明已有较长历史②。吴地先民们同样如此。此时，先民们已饲养猪、狗、水牛等家畜，并开始养育家蚕，并进行缫丝、织绢。

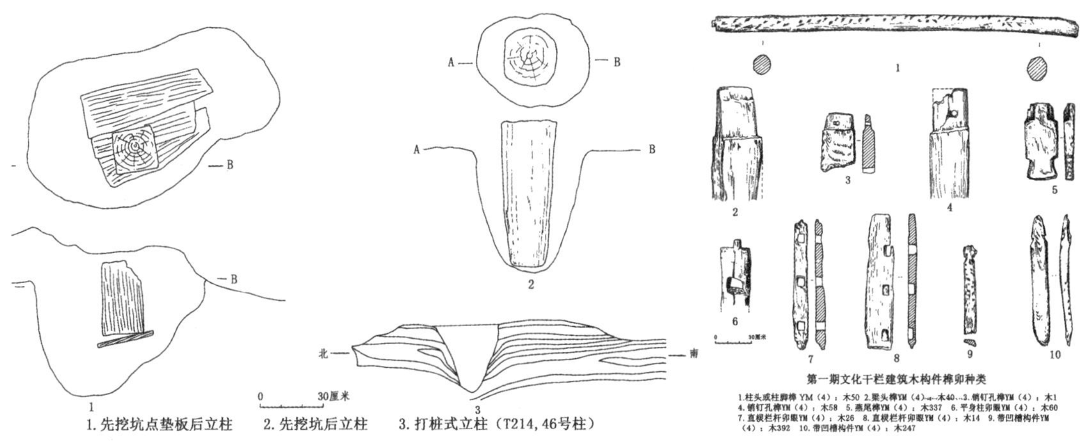

图2–2–2 浙江余姚河姆渡第二期文化房屋建筑立柱方法，以及河姆渡第一期木构件榫卯（《河姆渡新石器时代遗址考古发掘报告》）

2019年7月6日，良渚古城遗址成为中国第55处世界遗产，良渚古城考古进入新的历史阶段③。“向世界实证了中华文明五千年历史，填补了长江流域的大河文明空白”（见图2–2–3）④。在良渚古城美人地台地边缘，有临河而置的防护设施（见图2–2–4），木板加工规整，有石锛加工的痕迹。在竖立的木板上部和底部方形枕木头端还发现牛鼻孔4个。在钟家港中段出土良渚文化木构件还有类似地栿的建筑构件⑤（见图2–2–5）。以上两者，应与河埠头等相关设施有关。良渚时期是水井，或有简单的土圈井⑥，也有做工精良的木构水井。如庙前遗址深锅状土坑上套

图2–2–3 良渚古城平面（《良渚古城综合研究报告》）

① 吴汝祚：《跨湖桥遗址的人们在浙江史前史上的贡献》，《杭州师范学院学报（社会科学版）》2002年第5期第51–55页。

② 吴汝祚：《河姆渡遗址发现的部分木制建筑构件和木器的初步研究》，《浙江学刊（双月刊）》1997年第2期第91–95页。

③ 刘斌、王宁远、陈明辉：《良渚古城考古的历程、最新进展和展望》，《自然与文化遗产研究》2020年第3期第26–35页。

④ 陈同滨等：《良渚古城遗址的价值研究与保护技术》，《建设科技》2020年第10期第17–21+28页。

⑤ 浙江省文物考古研究所：《良渚古城综合研究报告》，文物出版社，2019年，第221页。

⑥ 龙南遗址考古工作队：《江苏吴江梅堰龙南遗址1987年发掘纪要》，《东南文化》1988年第10期第49–53页。

置井干式井圈，木构件为长130厘米，宽15—23厘米，厚7—10厘米的木构长方体，交角处卯眼相扣[①]（见图2–2–6），与井杆建筑无异。

图2–2–4 美人地遗址木板护岸遗迹（《良渚古城综合研究报告》）

图2–2–5 钟家港中段出土良渚文化木构件（《良渚古城综合研究报告》）

图2–2–6 庙前出土的木构水井圈（《庙前》）

良渚时期的手工业有高度的发展，制陶、竹编、木器制造、丝麻纺织、琢玉等，都表现出相当高的工艺技术水平。精湛卓绝的玉器，代表了吴越史前文化的突出成就，不论是出土数量、种类，还是制作工艺，都达到了全国同时期他域文化望尘莫及的高度（见图2–2–7、图2–2–8、图2–2–9）。其质地温润光洁、线条柔和端庄、雕琢精美细致，表现出秀美细腻的风格（其后世青铜器同样如此），说明江南水乡艺术风气之久远。

① 浙江省文物考古研究所：《庙前》，文物出版社，2005年，第103页。

图2–2–8 玉镯（《东南文化》2002年第6期）

图2–2–9 兽面纹玉琮（《东南文化》2001年第4期）

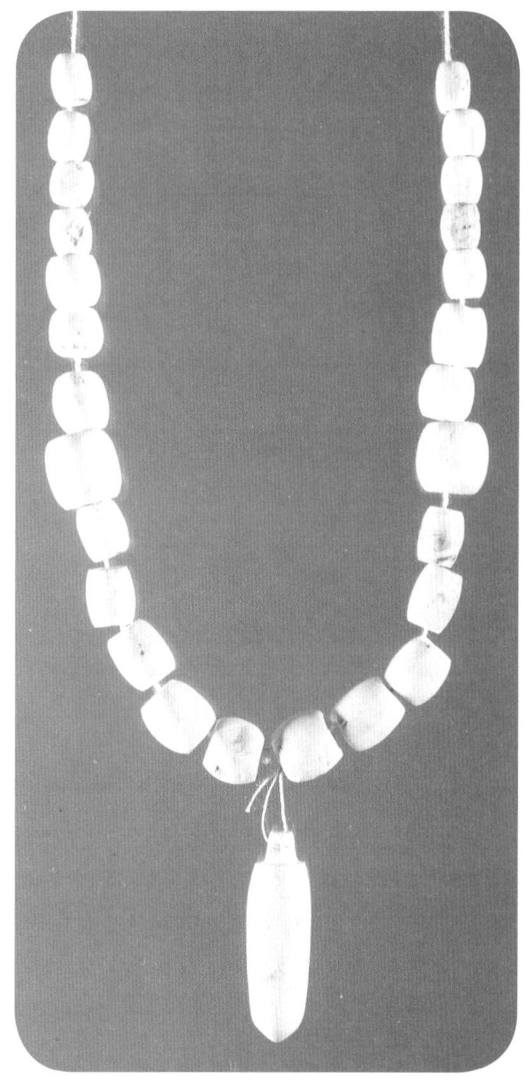

图2–2–7 串饰（《良渚文化玉器》）

良渚玉器纹饰堪称史前微雕杰作①。其最值得注意的是兽面纹饰，即通常所谓饕餮纹（张光直先生曾经论及②），与中原地区商周时期青铜器上的饕餮纹有不少共同之处，显系彼此有关。或认为“服务于商王朝的巫咸本自南方吴地”③。所以，这很可能是在良渚文化兴起，然后传播到中原地区。

良渚玉器表面体形复杂的刻划符号，“可以大胆地认定它们是一种文字，或者至少可以认为它们是一种‘前文字’，是处于从图画向文字过渡阶段的一种传播方式”④。如吴县澄湖良渚文化贯耳罐刻文⑤（见图2–2–10）。“良渚陶壶上的文字可能是一种音节文字”⑥且不少符号，与主要分布在山东一带的大汶口文化陶器的符号相同，良渚文化对我国古代

① 吴京山：《试解良渚文化玉器的雕琢之谜》，《东南文化》2001年第4期第72–79页。

② 张光直：《古代中国考古学》，辽宁教育出版社，2002年，第15页。

③ 张怀通：《“巫咸”考——兼论良渚文化向中原的传播》，《东南文化》2000年第7期第60–65页。

④ 顾希佳：《从鸟崇拜到鸟神话——史前时期浙江民间故事母题寻绎》，《浙江学刊》2003年第1期第222–225页。

⑤ 董楚平：《“方钺会矢”——良渚文字释读之一》，《东南文化》2001年第3期第76–77页。

⑥ 钱玉趾：《存于美国的良渚文化陶壶及其字符》，《四川文物》1997年第2期第53–57页。

文字的发展贡献重大[①]。由此，良渚文化不但对中原文化有着强烈的影响，而且在中华古代文明的形成中，具有显著作用。

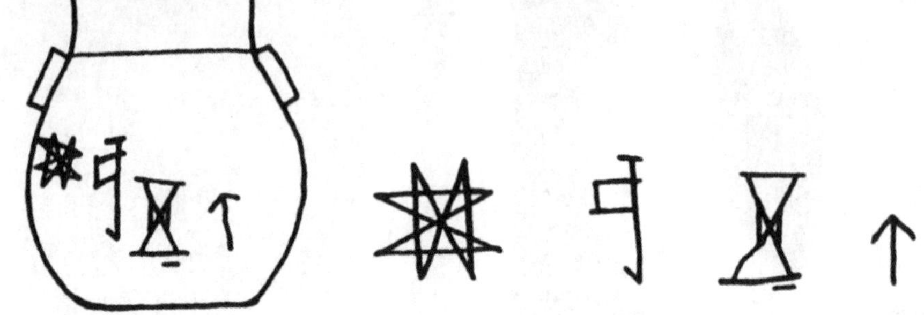
图2-2-10 吴县澄湖良渚文化贯耳罐刻文（摹本）（《东南文化》2001年第3期）

因此，苏南的太湖平原、浙北的杭嘉湖平原和宁绍平原应在同一文化影响之下，是由“河姆渡文化——马家浜文化——良渚文化”而来的“马桥文化”，其年代约是中原商代。它们“到崧泽文化时期，共性的东西明显增多。到良渚文化，内涵基本趋于一致。自此整个长江下游地区步入文明的门槛”[②]。

夏商周时期，江南水乡文化进程显弱。有学者在研究后认为：“江南地区夏、商文化存在断层，而造成文化断层的原因则是因良渚文化晚期发生海侵所致。”[③]也有学者认为：“良渚文化的骤然衰亡。不过，洪水或海水淹没的毕竟是一部分地区，不可能造成良渚文化的全面衰亡，一定还有社会或人为的原因。”[④]发生在距今4000年左右的太湖流域的大灾、大疫是导致良渚文化突然衰落的原因，“良渚玉器及图案较多地融入了逐疫与祭祀疫神的文化色彩，是良渚先民长期以来以原始巫术与疫病进行抗争的结果”[⑤]。诸如此类的说法，不一而足。有趣的是，溧水乌山一号墓出土的青铜鼎，“垂腹柱足，为中原所常见，而其纹饰似曲体小虫，很有特色，显然反映了中原与本地风格的融合”[⑥]。

长江天堑下的江苏南部地区，原本被宁镇地带的茅山分隔为东西两部，东边是辽阔的太湖平原，西部是宁镇丘陵地区。

宁镇地区为吴文化的发源地，可得到考古学资料的证明[⑦]。现已发现的两周时的大型墓葬均在丹徒一带，清楚地说明吴的统治中心长期在茅山以西的宁镇地区，其为吴腹地几成定论[⑧]。此地古文化，在我国南方几何印纹陶遗存的七个分区中，表明宁镇地区为“句吴”生息繁衍的地方。

---

① 李学勤：《丰富多彩的吴文化》，载高燮初主编《吴文化资源研究与开发》，江苏人民出版社，1994年，第45页。

② 曾骐、蒋乐平：《长江下游新石器时代的考古学编年》，载田昌五、石兴邦《中国原始文化论集——纪念尹达诞辰八十周年》，文物出版社，1989年，第219页。

③ 林志方：《江南地区夏商文化断层及原因考》，《东南文化》2003年第9期第29–34页。

④ 杨东晨、杨建国：《江南太湖和杭州湾地区的氏族部落探寻——兼论新石器时代黄河与长江流域氏族的迁徙与融合》，《广西右江民族师专学报》2004年第2期第8–16页。

⑤ 朱建明：《从逐疫文化现象谈良渚文化的衰落》，《南方文物》1999年第4期第42–45+63页。

⑥ 南京博物院：《江苏文物考古工作三十年》，载《文物考古工作三十年》，文物出版社，1979年，第203页。

⑦ 文达：《区域文化研究的新进展》，载高燮初主编《吴文化资源研究与开发》，江苏人民出版社，1994年，第194页。

⑧ 陈元甫：《土墩墓与吴越文化》，《东南文化》1992年第6期第11–21页。

该地的印纹陶遗存可分为四期：第一期相当于早商，文化面貌以地方特点为主，渗透着中原文化因素，如陶鬲、卜骨、卜甲等，与郑州二里岗上层器物相似。这说明更早在太伯、仲雍之前，这里已经和中原有文化上的交融与影响。二期与一期虽有缺环，但有明显的承继关系。二、三、四期则一脉相承，这三期的地方特点更为明显。

此外，从出土文物看，居住在苏南太湖流域的句吴人，与分布在太湖以南直至杭州以南绍兴地区的越人，文化习俗和语言基本相同。太湖至宁镇的苏南地区的印纹陶遗存，它的创造者是句吴人，这在学术界的看法一致。而将这一地区的几何印纹陶文化遗存，与分布在太湖至杭州湾地区于越人几何印纹陶文化加以比较，就不难发现二者关系之密切。蒋瓒初先生认为："南自绍兴，北抵长江以北的仪征，在原始青瓷、黑衣陶和几何印纹硬陶三种陶瓷器形和装饰上的特点如此相似，不能不认为是同一时期，同一政治和经济区域的陶瓷手工业产品。"①因此，句吴与于越文化"大同小异"，句吴应为于越的一部②。而早在新石器时代的江南彩陶图案，已成为一种风格独具的装饰艺术③（见图2–2–11）。

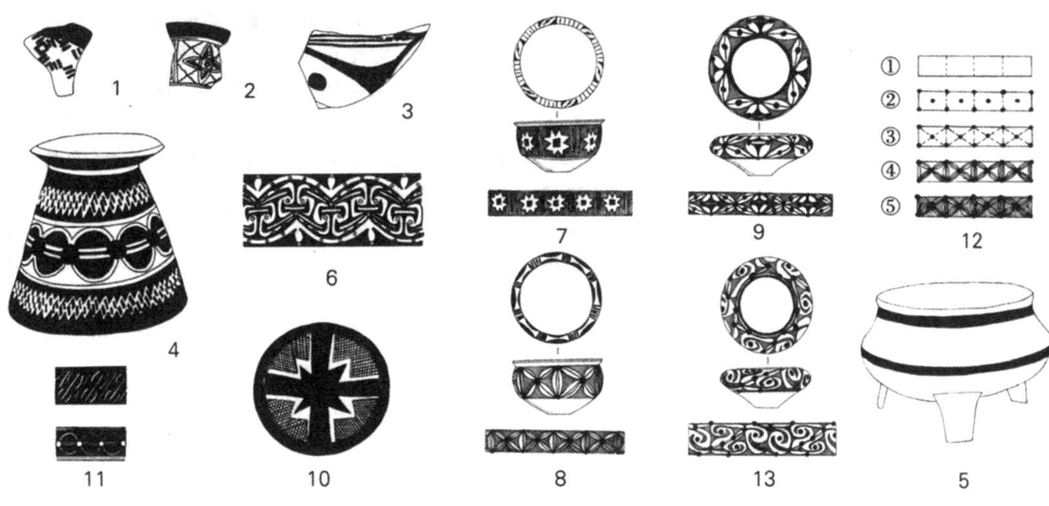

一、彩陶片　淮安青莲岗
二、彩陶盆口沿　句容丁沙地
三、彩陶片　吴县草鞋山
四、彩陶器座　邳县大墩子
五、彩陶鼎　南京北阴阳营
六、彩陶喇叭口罐腹部花纹展示　邳县大墩子
七、彩陶盆(八角星纹)　邳县大墩子
八、彩陶盆　邳县大墩子
九、彩陶钵　邳县大墩子
十、彩陶敞口盆　南京北阴阳营
十一、彩陶器连贝纹、半圆纹示意
十二、彩陶盆二方连续纹样构成示意　邳县大墩子
1、画出区划面　2、以点定位　3、作交叉线联缀
4、以弧线绘出　5、填彩完成
十三、彩陶钵　邳县刘林

图2–2–11 彩陶纹饰（《东南文化》2000年第5期）

从西周早期到春秋战国，江南地区普遍发现一种有别于中原和楚文化的"土墩墓"。2018年4月21日至22日，在江苏徐州还召开了"江南土墩墓国际学术研讨会"④。

① 蒋瓒初：《关于长江下游地区的几何印纹陶问题》，载文物编辑委员会编《文物集刊》（第3辑），文物出版社，1981年，第59页。

② 蒋炳钊等：《百越民族文化》，学林出版社，1988年，第37页。

③ 蒋素华：《论江苏彩陶纹饰的构成要素》，《东南文化》2000年第5期第97–99页。

④ 张园媛等：《"江南土墩墓国际学术研讨会"会议综述》，《东南文化》2018年第4期第123–126页。

目前，福建[①]、广西[②]也有发现，越族南迁。

这种平地起封的特有葬俗，可能源于原始社会平地埋葬的方法，影响后世“因山为陵”[③]。江苏南部几处重要的新石器时代遗址，如草鞋山、圩墩、北阴阳营等发现了不下百座的墓葬，都不见墓坑痕迹。新石器时代最晚阶段的良渚文化也普遍流行不挖坑穴，而将死者置于地面用土掩埋的习俗。到土墩墓时期，人们仍沿用这一葬法，只是加大封土堆，以期覆盖更加严密，并突出其标志而已。由此可见，“土墩墓”与本地区新石器时代文化存在着密切关系。因此，作为这一文化主人的句吴族（主要是土著），其文化渊源在于该地区的新石器时代晚期文化[④]。

先秦及秦汉的著作，多认为吴是“周人的一支”[⑤]。这以司马迁为代表，“吴太伯、太伯弟仲雍，皆周太王之子，而王季历之兄也。季历贤，而有圣子昌，太王欲立季历以及昌，于是太伯、仲雍二人乃犇荆蛮，文身断发，示不可用，以避季历。季历果立，是为王季，而昌为文王。太伯之奔荆蛮，自号句吴。荆蛮义之，从而归之者千家，立为吴太伯”[⑥]。

旧说太伯奔吴，初居无锡、苏州之间的梅里，依从当地的土著居民句吴族，建立句吴国[⑦]。近来研究者认为，太伯奔吴很可能指的是茅山以西的宁镇地区[⑧]。有学者考证，这一地区确为吴文化的诞生地[⑨]。更有人认为，太伯奔吴之具体地望应为江阴等[⑩]。

随着20世纪90年代以来苏州真山大墓的发现和发掘[⑪]，国内外学者多认为是吴王墓，这就为吴国的中心在苏州提供了佐证[⑫]。这说明春秋时期的吴文化中心已转移到茅山以东的太湖平原地区。随着吴文化中心的东移，原本就有共同渊源的吴越文化，更加趋同。从文献记载所反映的物质文化特征看，句吴和百越具有众多相似之处。例如：吴越均种植水稻，纺织是吴越重要的手工业。

吴越均种植水稻。稻作风俗在江浙地区至今已传承了数千年[⑬]。考古发掘表明，早在新石器时代的河姆渡遗址，在第四文化层发现600平方米、厚约40—50厘米的稻谷、稻壳和稻草堆积，同时出土大量的骨耜[⑭]。属于马家浜文化的吴县草鞋山遗址，发现了炭化的稻

---

① 赵兰玉等：《福建武夷山市新亭园闽越国土墩墓》，《南方文物》2017年第1期第46–56页。黄运明等：《武夷山市兴田镇岗头西周土墩墓发掘简报》，《福建文博》2017年第2期第9–14页。

② 熊昭明、富霞：《广西合浦县双坟墩土墩墓发掘简报》，《考古》2016年第4期第33–44页。富霞、熊昭明：《从广西发现的土墩墓看越人南迁》，《考古》2016年第8期第97–102+2页。

③ 周学鹰：《“因山为陵”葬制探源》，《中原文物》2005年第1期第62–68页。

④ 蒋炳钊等：《百越民族文化》，学林出版社，1988年，第36页。

⑤ 田昌五：《古代社会形态研究》，天津人民出版社，1980年，第162页。

⑥ 《二十五史·史记·吴太伯世家》，浙江古籍出版社，1998年百衲本，第31–32页。

⑦ 许伯明主编：《吴文化概观（江苏区域文化丛书）》，南京师范大学出版社，1997年，第17页。

⑧ 文达：《区域文化研究的新进展》，载高燮初主编《吴文化资源研究与开发》，江苏人民出版社，1994年，第194页。

⑨ 张荷：《吴越文化》，辽宁教育出版社，1991年，第4页。

⑩ 王岳群：《太伯、仲雍奔荆蛮地望考》，《东南文化》2003年第3期第25–30页。

⑪ 陈瑞近：《苏州浒关真山大墓发掘纪要》，《东南文化》1995年第4期第99–101页。丁金龙、朱伟峰：《江苏苏州浒墅关真山大墓的发掘》，《文物》1996年第2期第4–21+97–98+1页。

⑫ 钱公麟、徐亦鹏：《苏州考古》，苏州大学出版社，2000年，第3页。

⑬ 徐杰舜：《越民族与中国风俗文化》，《东南文化》1991年第3期第94–97页。

⑭ 浙江省文管会、浙江省博物馆：《河姆渡发现原始社会重要遗址》，《文物》1976年第8期第6–14+96–97页。

谷以及加工谷物的工具陶杵等。其他如江苏无锡仙蠡墩[①]、吴县车坊公社摇城遗址（即澄湖遗址）[②]、南京庙山[③]、上海青浦崧泽[④]、浙江吴兴钱山漾[⑤]、桐乡罗家角[⑥]、杭州水田畈[⑦]等，都出土有稻谷或米。其中，钱山漾遗址、邱城遗址实行农业施肥并出现水渠灌溉[⑧]。这些生动地说明，这里存在着堪与黄河流域粟作文化媲美的稻作文化。

纺织是吴越重要的手工业。古籍中记载吴楚争桑："初，楚边邑卑梁氏之处女，与吴边邑之女争桑，二女家怒相灭。"[⑨]类似记载曰："楚之边邑胛梁之女，与吴边邑处女蚕，争界上之桑。"[⑩]《淮南子·原道训》载："干越生葛絺。"句吴季札出使郑国访子产，"与之缟带"[⑪]。越王勾践"使国中男女入山采葛……索葛布十万"[⑫]而贡吴。考古资料更表明，吴县草鞋山遗址出土三块已经炭化的葛布残片，是我国迄今发现最早的纺织品实物[⑬]。吴兴钱山漾遗址出土了由蚕丝织成的绢片、丝带、丝线[⑭]。由此，长江下游新石器时代的河姆渡文化和钱山漾文化等的原始纺织业经济文化，比起中原地区的半坡文化、仰韶文化来，可能先进得多，是出自本地域的文化[⑮]。

当然，吴（越）文化的源头是多元的，其直接来源是湖熟文化和马桥文化，同时受到中原文化的有力促进[⑯]。吴越文化与邻近的其他文化区，在各个领域的影响和相互作用无孔不入[⑰]等。这些是吴越文化之共同源头。

---

① 谢春祝、朱江：《江苏无锡仙蠡墩新石器时代遗址清理简报》，《文物参考资料》1955年第8期第48–59页。

② 张志新：《江苏吴县出土新石器时代稻谷》，《农业考古》1983年第2期第84页。

③ 蒋缵初：《关于江苏的原始文化遗址》，《考古学报》1959年第4期第35–45页。

④ 黄宣佩：《上海市青浦县崧泽遗址的试掘》，《考古学报》1962年第2期第1–29+105–123页。

⑤ 浙江省文物管理委员会：《吴兴钱山漾遗址第一、二次发掘报告》，《考古学报》1960年第2期第73–91+149–158页。

⑥ 罗家角考古队：《桐乡罗家角遗址发掘报告》，载《浙江省文物考古研究所学刊》，文物出版社，1981年。

⑦ 浙江省文物管理委员会：《杭州水田畈遗址发掘报告》，《考古学报》1960年第2期第93–106+159–162页。

⑧ 王在德、陈庆辉：《再论中国农业起源与传播》，《农业考古》1995年第3期30–42页。

⑨ 《二十五史·史记·吴太伯世家》，浙江古籍出版社，1998年百衲本，第120页。

⑩ [汉]赵晔撰，[元]徐天佑音注：《吴越春秋·王僚使公子光传》，苗麓校点，辛正审订，江苏古籍出版社，1999年，第25页。

⑪ 《四书五经·春秋左传·襄公二十九年》，陈戍国校点，岳麓书社，1991年，第1032页。

⑫ [汉]赵晔撰，[元]徐天佑音注：《吴越春秋·勾践归国外传》，苗麓校点，辛正审订，江苏古籍出版社，1999年，第129–130页。

⑬ 王卫平编著：《吴地经济开发》，南京大学出版社，1994年，第3页。

⑭ 浙江省文物管理委员会：《吴兴钱山漾遗址第一、二次发掘报告》，《考古学报》1960年第2期第73–91+149–158页。

⑮ 吴泽：《新石器时代先吴原始文化探源》，载高燮初主编《吴文化资源研究与开发》，江苏人民出版社，1994年，第40–41页。

⑯ 林留根：《试论吴文化的多元性》，载高燮初主编《吴文化研究论文集》，中山大学出版社，1988年，第259页。

⑰ 陆振岳：《吴文化的区域界定》，载高燮初主编《吴文化资源研究与开发》，江苏人民出版社，1994年，第80页。

二、尚武的吴越

吴越尚武之风由来已久。古籍所载，始自春秋，历战国、秦汉、三国、两晋，千余年间一直保持着浓烈的尚武习俗①。

春秋时，“吴粤（越）之君，皆好勇。故其民至今好用剑，轻死易发”②。吴越小国以尚武立足，争霸天下，或认为这是原始军事民主尚武遗风的表现③，越人尚武更显突出④。历经吴败越（前494），越灭吴（前473），而得到进一步的交流与融合。越灭吴后，天下皆畏之，越人得意，“阵兵未济秦师降，诸侯怖惧皆恐惶。声传海内威远邦，称霸穆桓齐楚庄”⑤。

吴越青铜冶铸著名。“吴越之金锡，此材之美者。”⑥扬州“厥贡唯金三品”⑦。“夫吴干之剑，肉试则断牛马，金试则截盘匜。”⑧吴越铸剑名师辈出，“干将者，吴人也，与欧冶子同师，俱能为剑。……干将作剑，采五山之铁精，六合之金英”⑨。“淳均之剑不可爱也，而欧冶子之巧可贵也。”⑩“阖闾之干将、莫邪、巨厥、辟闾，此古之良剑也。”⑪“夫有干越之剑者，柙而藏之，不敢用也，宝之至也。”⑫因之，“宋画、吴冶，刻形缕法，乱修曲出，甚为微妙，尧舜之圣不能及”⑬。可见其冶铸水平之高。

传世或出土的吴越王剑确实如此。如山西原平峙峪出土的吴王夫差剑、湖北襄阳蔡坡十二号墓出土的吴王夫差剑、湖北江陵望山一号墓出土的越王勾践剑⑭、苏州葑门河道内发现的两件青铜剑、江苏六合仁和东周墓发现的三件青铜剑，及其他兵器如戈、矛、镞，以及生活和农业用具等⑮。精良的武器，更激发了吴越人尚武的豪情。

吴越地处江南水乡，上古时期，气候炎热潮湿，毒蛇猛兽横行，生存条件恶劣，铸就了吴越之人善于进取、富于冒险的牺牲精神。沼泽遍地的水乡，养成吴越人“习于水斗，便于用舟”⑯。“汤、武圣主也，不能与越人乘舲舟而浮于江湖。”⑰“越性脆而愚，水

---

① 曹金华编著：《吴地民风演变・第3辑（吴文化知识丛书）》，南京大学出版社，1997年，第1页。

② 《二十五史・汉书・地理志下》，浙江古籍出版社，1998年百衲本，第403页。

③ 顾德融：《试述吴地民风的变迁》，载高燮初主编《吴文化资源研究与开发》，江苏人民出版社，1994年，第438页。

④ 洪家义：《越史三论》，《东南文化》1989年第3期第1–9页。

⑤ [汉]赵晔撰，[元]徐天佑音注：《吴越春秋・勾践伐吴外传》，苗麓校点，辛正审订，江苏古籍出版社，1999年，第177页。

⑥ [清]孙诒让撰：《周礼正义》，王文锦、陈玉霞点校，中华书局，1987年，第3119页。

⑦ 《四书五经・尚书・禹贡》，陈戍国校点，岳麓书社，1991年，第224页。

⑧ 关树东编著：《战国策・赵三》，吉林人民出版社，1996年，第314页。

⑨ [汉]赵晔撰，[元]徐天佑音注：《吴越春秋・阖闾内传》，苗麓校点，辛正审订，江苏古籍出版社，1999年，第32页。

⑩ 何宁：《淮南子集释・齐俗训》，中华书局，1998年，第796页。

⑪ 章诗同：《荀子简注・性恶》，上海人民出版社，1974年，第267页。

⑫ 《二十二子・庄子・刻意》，上海古籍出版社，1986年，第49页。

⑬ 何宁：《淮南子集释・修务训》，中华书局，1998年，第1339–1340页。

⑭ 湖北省文化局文物工作队：《湖北江陵三座楚墓出土大批重要文物》，《文物》1966年第5期第33–55页。

⑮ 辛土成：《春秋时代句吴社会经济初探》，《中国社会经济史研究》1984年第3期第107–115页。

⑯ 《二十五史・汉书・严助传》，浙江古籍出版社，1998年百衲本，第492页。

⑰ 何宁：《淮南子集释・主术训》，中华书局，1998年，第624页。

行而山处，以船为车，以楫为马。”①

春秋时期，吴越地区造船技术已较发达。吴王“阖闾见子胥，敢问船军之备如何？对曰：船名大翼、小翼、突冒、楼船、桥船。令船军之教比陵军之法，乃可用之”②。吴国军师孙武，著有水战之法的专论③。

考古发掘表明，在距今约8000年的史前时代，江南水乡已通舟楫。跨湖桥遗出土“我国迄今发现的最早独木舟”④。河姆渡遗址发现一件模拟的船形陶舟玩具，出土了约7000年前的六支木桨，柄翼相连，系整木加工而成，还发现一堵很可能采用废弃的独木舟做成的木板墙⑤。而钱山漾良渚文化遗址，出土的木桨长达1.8米⑥等。

水乡生存，要与毒蛇猛兽搏击，故流行图腾崇拜，使得吴越地区具有相同的“断发文身”习俗⑦。“吴越为邻，同俗拜土。西州大江，东绝大海。两邦同城，相亚门户。”⑧“吴越二邦，同气共俗。”⑨“夫吴之与越也，接土邻境，壤交通属，习俗同，言语通。”⑩《吕氏春秋》指出百越分布范围“扬、汉之南，百越之际”⑪，已包括吴地在内。“本吴粤与楚接比，数相并兼，故民俗略同。”⑫

此时的吴越文化，已有长足的发展。如公元前544年，吴王余祭使季札聘与鲁，请观周乐，为歌《周南》《召南》。季札曰：“美哉！始基之矣，犹未也，然勤而不怨。”⑬遍访鲁、齐、政、卫、晋等中原诸国，对礼乐与典章文物等表现出高度的理解与欣赏水平，成为名闻天下的贤者，说明此时吴越文化的突飞猛进⑭。太史公赞曰：“延陵季子之仁心，慕义无穷，见微而知清浊。呜呼！”⑮其后，孔子弟子言偃（见图2–2–12），“受业身通者七十有七人”⑯之一，列3000弟子中第9名高徒，传其学于桑梓，被誉为“道启东

---

① [汉]赵晔撰，[元]徐天佑音注：《吴越春秋·勾践伐吴外传》，苗麓校点，辛正审订，江苏古籍出版社，1999年，第176页。有类似记载，见[东汉]袁康、吴平辑录：《越绝书》，乐祖谋点校，上海古籍出版社，1985年，第58页。

② [唐]李昉：《太平御览》卷770，引《越绝书》，武汉大学光盘版文渊阁本《四库全书》第321卷第141册第51页。

③ 《中国古代兵法四书·孙子兵法·行军》，冯云章等评注，山东友谊出版社，1997年，第141页。

④ 王心喜：《试论跨湖桥文化》，《绍兴文理学院学报（哲学社会科学）》2003年第6期第35–41页。

⑤ 林华东：《吴越舟楫考》，载《东南文化》（第2辑），南京博物院，1986年，第109–114页。

⑥ 梁白泉：《说橹》，载高燮初主编《吴文化资源研究与开发》，江苏人民出版社，1994年，第427页。

⑦ 蒋炳钊等：《百越民族文化》，学林出版社，1988年，第35页。

⑧ [东汉]袁康、吴平辑录：《越绝书·越绝外传纪策考》，乐祖谋点校，上海古籍出版社，1985年，第42页。

⑨ [东汉]袁康、吴平辑录：《越绝书·越绝外传记范伯》，乐祖谋点校，上海古籍出版社，1985年，第49页。

⑩ 《吕氏春秋校释·知化》，陈奇猷校释，学林出版社，1984年，第1552页。

⑪ 《吕氏春秋校释·恃君》，陈奇猷校释，学林出版社，1984年，第1322页。

⑫ 《二十五史·汉书·地理志》，浙江古籍出版社，1998年百衲本，第403页。

⑬ 《二十五史·史记·吴太伯世家》，浙江古籍出版社，1998年百衲本，第119页。

⑭ 刘家和：《研究前景广阔的吴文化》，载高燮初主编《吴文化资源研究与开发》，江苏人民出版社，1994年，第61页。

⑮ 《二十五史·史记·吴太伯世家》，浙江古籍出版社，1998年百衲本，第121页。

⑯ 《二十五史·史记·仲尼弟子列传》，浙江古籍出版社，1998年百衲本，第187页。

图2-2-12 言偃像

南”的“南方夫子”[①]。这些也同时说明了吴越地区与中原地区的文化交融。

至战国时期，楚威王灭越（前333），吴越故地尽入楚。楚与吴越接壤、共疆，交流频繁，文化亦有不少相似之处，如好巫鬼、信淫祠等，吴越文化与楚文化共归一炉。战国后期，楚国贵族春申君黄歇被楚考烈王封于江东，治宫室、山水，进一步推动了该地的经济文化发展。

公元前221年，秦一统中国，分天下为三十六郡，吴越属会稽郡，治所苏州，吴越文化越来越融入统一的汉文化之中，在一致特色的地域文化影响下，而融为一体。

“秦始皇帝常曰：东南有天子气。于是因东游以厌之。”[②]这应是秦始皇“上会稽，祭大禹，望于南海，而立石刻颂秦德”[③]的真正原因。秦王朝强迫移民，“徙大越民，置余杭，伊攻，故鄣，因徙天下有罪适吏民，置海南故大越处，以备东海外越”[④]。即将居住在越大城及其附近的越族居民，迁移到今浙西和皖南地区，然后从北方移入汉民，以改变该地人口的民族结构，从而达到改变地域民俗、民风之目的。当然，秦始皇东巡会稽，遍历吴越，对吴越经济文化的开发，客观上也起到了一定的推动作用[⑤]。而秦初修建的直达吴越的驰道，更密切了吴越与中原的经济、文化交融。

秦始皇一统中原后，向百越派出五十万大军，兵分五路进攻岭南。后大军留驻当地，维护统治，相应也促进了南北文化的交融。与此同时，秦朝还大规模地向南方移民。秦始皇“三十三年（前204），发诸尝逋亡人、赘婿、贾人略取陆梁地，为桂林、象郡、南海，以适遣戍”[⑥]。将大批汉人徙居岭南，“与越杂处”“以适遣戍”。这些移民戍边措施，更进一步促进了南北经济文化的交流。

秦末群雄并起。谚云“楚虽三户，亡秦必楚也”[⑦]，可见楚人之彪悍。吴中枭雄项羽，率吴越精兵八千，“乘势起于陇亩之中，三年遂将五诸侯灭秦，分裂天下而封王侯，政由羽出，号为霸王”[⑧]。同为楚人的刘邦，笑到了战争的最后。

西汉初，汉高祖刘邦“患吴会稽轻悍，无壮王填之”，乃封其侄刘濞为吴王。然而，刘濞依仗吴越豫章郡铜山，“招致天下亡命者铸钱，煮海水为盐……国用富饶”[⑨]，不久谋

---

① 蒋伟国、曾康：《简析常熟人的尚文精神》，载高燮初主编《吴文化资源研究与开发》，江苏人民出版社，1994年，第450页。

② 《二十五史·史记·高祖本纪》，浙江古籍出版社，1998年百衲本，第38页。

③ 《二十五史·史记·秦始皇本纪》，浙江古籍出版社，1998年百衲本，第29页。

④ [东汉]袁康、吴平辑录：《越绝书·越绝外传记吴地传》，乐祖谋点校，上海古籍出版社，1985年，第65页。

⑤ 晏祖寿主编：《太湖160问》，黄河水利出版社，1999年，第41页。

⑥ 《二十五史·史记·秦始皇本纪》，浙江古籍出版社，1998年百衲本，第29页。

⑦ 《二十五史·史记·项羽本纪》，浙江古籍出版社，1998年百衲本，第33页。

⑧ 《二十五史·史记·项羽本纪》，浙江古籍出版社，1998年百衲本，第37页。

⑨ 《二十五史·史记·吴王濞列传》，浙江古籍出版社，1998年百衲本，第249页。

逆。“吴兵锐甚，难与争锋”[①]，汉朝中央诸军极为震动。这些与该地后来的崇文习俗，大相径庭。

西汉武帝“元狩四年（前119）冬，有司言关东贫民徙陇西、北地、西河、上郡、会稽凡七十二万五千口，县官衣食振业，用度不足”[②]，说明其时中原人口继续向江南迁移。东瓯王请求归汉，汉武帝许其“悉举众来，处江淮之间”[③]。武帝对待闽越亦然，“东越狭多阻，闽越悍，数反复，诏军吏皆将其民徙处江淮间”。这些措施，都极大地促进了各地域间的经济文化交流。当然，吴越此时的生产和社会经济，仍然相对落后，文化也不及关中、中原地区发达。

三国时期，群雄纷争，东吴凭恃吴越精兵而鼎足。“江南精兵，北土所难，欲以十卒当东一人。”[④]吴主孙策“创甚，请张昭等谓曰：中国方乱，夫以吴、越之众，三江之固，足以观成败。公等善相吾弟！”[⑤]。因之，东南尚武之风不减。

西晋时期，左思《吴都赋》云吴越“士有陷坚之锐，俗有节概之风”[⑥]。故六朝时吴地尚武雄风犹在。直至隋代仍是“人性并躁劲，风气果决，包藏祸害，视死如归，战而贵诈，此则其旧风也”[⑦]。

有研究者认为吴越尚武至春秋而六朝，前后延续千年，主要是南方社会经济在这段时期仍相对缓慢[⑧]。六朝时期，江南经济有了长足发展，但风俗习惯的变化往往落后于经济。所以，春秋至六朝时期既是吴越尚武的高潮期，也是其相对的文化低潮期。

其实，东汉以降，三国、六朝时，南方文化已然兴起。例如：朱买臣“家贫，好读书，不治产业。常艾薪樵，卖以给食，担束薪，行且诵书”[⑨]。

“济阴人马普，笃学好古。瑜厚礼之，使二府将吏子弟数百人就受业，遂立学官，临飨讲肄。是时诸将皆以军务为事，而瑜好乐坟典，虽在戎旅，诵声不绝。”[⑩]

顾邵“字孝则，博览书传，好乐人伦。少与舅陆绩齐名，而陆逊、张敦、卜静等皆亚焉。自州郡庶几及四方人士，往来相见，或言议而去，或结厚而别，风声流闻，远近称之。权妻以策女。年二十七，起家为豫章太守。下车祀先贤徐孺子之墓，优待其后；禁其淫祀非礼之祭者。小吏资质佳者，辄令就学，择其先进，擢置右职，举善以教，风化大行。”[⑪]

步骘“昼勤四体，夜诵经传……赤乌九年，代陆逊为丞相，犹诲育门生，手不释书，被服居处有如儒生”[⑫]。

---

① 《二十五史·史记·吴王濞列传》，浙江古籍出版社，1998年百衲本，第106页。

② 《二十五史·汉书·武帝纪》，浙江古籍出版社，1998年百衲本，第313页。

③ 《二十五史·史记·东越列传》，浙江古籍出版社，1998年百衲本，第265页。

④ 《二十五史·三国志·吴书·华核传》，浙江古籍出版社，1998年百衲本，第1196页。

⑤ 《二十五史·三国志·吴书·孙破虏讨逆传·孙策》，浙江古籍出版社，1998年百衲本，第1152页。

⑥ 《全上古三代秦汉三国六朝文·第4册·晋·上》，河北教育出版社，1997年，第772页。

⑦ 《二十五史·隋书·地理志下》，浙江古籍出版社，1998年百衲本，第1057页。

⑧ 顾德融：《试述吴地民风的变迁》，载高燮初主编《吴文化资源研究与开发》，江苏人民出版社，1994年，第439页。

⑨ 《二十五史·汉书·朱买臣传》，浙江古籍出版社，1998年百衲本，第492页。

⑩ 《二十五史·三国志·吴书·宗室传》，浙江古籍出版社，1998年百衲本，第1163页。

⑪ 《二十五史·三国志·吴书·顾雍传》，浙江古籍出版社，1998年百衲本，第1166页。

⑫ 《二十五史·三国志·吴书·步骘传》，浙江古籍出版社，1998年百衲本，第1167页。

张纮“著诗赋铭诔十余篇”[①]。

严畯“著《孝经传》《潮水论》又与裴玄、张承论管仲、季路，皆传于世”[②]。

程秉“字德枢，汝南南顿人也。逮事郑玄，后避乱交州，与刘熙考论大义，遂博通五经。士燮命为长史。权闻其名儒，以礼徵秉，既到，拜太子太傅”[③]。

阚泽“字德润，会稽山阴人也。家世农夫，至泽好学，居贫无资，常为人佣书，以供纸笔，所写既毕，诵读亦遍。追师论讲，究览群籍，兼通历数，由是显名。……泽州里先辈丹杨唐固亦修身积学，称为儒者，著《国语》《公羊》《谷梁传注》，讲授常数十人。权为吴王，拜固议郎，自陆逊、张温、骆统等皆拜之”[④]。

薛综“凡所著诗赋难论数万言，名曰《私载》，又定《五宗图述》《二京解》，皆传于世”[⑤]。

“及（凌统）八九岁，令葛光教之读书，十日一令乘马，追录统功，封烈亭侯，还其故兵。”[⑥]

陆绩“容貌雄壮，博学多识，星历算数无不该览”[⑦]。

宋代谢晦“涉猎文义，朗赡多通”[⑧]。

宋代张敷“性整贵，风韵端雅，好玄言，善属文。初，父邵使与南阳宗少文谈《系》《象》，往复数番，少文每欲屈，握麈尾叹曰：吾道东矣”[⑨]等，不胜枚举。综上所述，可见南方文化已悄然崛起。

三、崇文的江南

有研究者认为，自东晋时期变化明显的吴越尚武之风，延自唐宋才完成趋向崇文的嬗变过程。东汉以降的世家大族，皆以清议为高，习武尚战者不为世人尊崇，反受轻视。南朝轻武，社会上弥漫一派文弱怯懦之风，这种风气影响到社会下层，进而促使了尚武向崇文社会风气的根本转变。这其中有着深刻的社会背景[⑩]。

首先是江南社会经济文化的迅速发展。东汉以降，江南经济大为发展，且“修庠序之教，设婚姻之礼……邦俗从化”[⑪]，文化也日臻繁荣。

魏晋南北朝，北方生灵涂炭，流民不断南徙，江淮间士大夫东渡。“是时中州又士人避乱而南，依琮居者以百数。”[⑫]建安十八年（213），北方流民迁往江南一带达10万户。曹魏正定二年（255），寿春城内居民大量迁徙，许多人迁入江南。南朝、东晋的统治

① 《二十五史·三国志·吴书·张纮传》，浙江古籍出版社，1998年百衲本，第1168页。
② 《二十五史·三国志·吴书·张严程阚薛传》，浙江古籍出版社，1998年百衲本，第1168页。
③ 《二十五史·三国志·吴书·程秉传》，浙江古籍出版社，1998年百衲本，第1168页。
④ 《二十五史·三国志·吴书·阚泽传》，浙江古籍出版社，1998年百衲本，第1168页。
⑤ 《二十五史·三国志·吴书·薛综传》，浙江古籍出版社，1998年百衲本，第1169页。
⑥ 《二十五史·三国志·吴书·凌统传》，浙江古籍出版社，1998年百衲本，第1174页。
⑦ 《二十五史·三国志·吴书·陆绩传》，浙江古籍出版社，1998年百衲本，第1178页。
⑧ 《二十五史·宋书·谢晦传》，浙江古籍出版社，1998年百衲本，第402页。
⑨ 《二十五史·宋书·张敷传》，浙江古籍出版社，1998年百衲本，第410页。
⑩ 曹金华编著：《吴地民风演变·第3辑（吴文化知识丛书）》，南京大学出版社，1997年，第10–13页。
⑪ 《二十五史·后汉书·循吏传·卫飒》，浙江古籍出版社，1998年百衲本，第892页。
⑫ 《二十五史·吴书·全琮传》，浙江古籍出版社，1998年百衲本，第1185页。

者，并准许北方州县在江南置侨署，尤以京口（今镇江）和晋陵（今常州）二地为著，鼓励北人南迁①。北方"人多饥乏，更相鬻卖，奔进流移，不可胜数"②。加以孙吴着力开发江东，此时吴越文化获得了较大的发展。

晋室南渡，中国分裂，北方士族、庶民纷纷举宗南迁，由此南北对峙。此时南、北经学并起，加以玄学兴盛、道教传播、佛教流布、史学繁荣，以及文学、艺术的昌盛，吴越文化较前有了长足的进展③。

东晋义熙十三年（417），刘裕灭后秦，将其百工迁至建康（今属南京），不但促进南北科技的交流，更促进了南北文化的融合。六朝时期南方政权相对安定，经济稳定发展，人文日益精进。此时北方"洛京倾覆，中州士女避乱江左者十六七"④，引起了中国历史上第一次人口大迁移。这不仅充实了南方的劳动力，且带来了中原先进的生产技术和文化艺术，又极大地促进了南方的文化发展。这也使得吴越地区的传统风俗习惯发生改变，逐渐由尚武转向崇文，进而文人云集，文教日盛。

此时，偏安的六朝与海东、南海、西域、天竺等诸国，都保持着较活跃的经济文化交流。也正是这种国际性交流，使得佛教作为异域的信仰，开始融入中华民族的伦理生活总体之中。其时的南朝，儒玄道释相争互融，与范缜的无神论、鲍敬言的《无君论》等一起，产生了激荡的思想文化，成为继春秋战国之后，我国历史上又一个思想解放、文化活跃的历史时期⑤。

晋代王导提倡立教兴学。"今若聿遵前典，兴复道教，择朝之子弟并入于学，选明博修礼之士而为之师，化成俗定，莫尚于斯。"⑥

南朝梁武帝佞佛，"都下佛寺五百余所，穷极宏丽。僧尼十余万，资产丰沃"⑦，从而"千里莺啼绿映红，水村山郭酒旗风。南朝四百八十寺，多少楼台烟雨中"⑧，生动表现了江南社会生活安宁、寺院众多的瑰丽景色。因之，六朝时宗教活动的广为流布，对人们的心理和社会生活影响殊甚，"忍让取代了尚武，抗争让位于服从"，从而彻底促成了吴越传统心理结构的解体，使得轻悍好斗之俗，为"多儒学、喜信施"之风所代⑨。

相对稳定的六朝，经济发展上，"渔盐杞梓之利，充仞八方，丝棉布帛之饶，覆衣天下"⑩。思想文化上，以秉承华夏文化正统自居，成为保留和发展汉文化的重要地区。这正如古籍所载："江东复有一吴儿老翁萧衍者，专事衣冠礼乐，中原士大夫望之以为正朔

① 蒋福亚：《六朝时期南方经济开发估价》，《南京师范专科学校院学报》1999年第1期第19–27页。

② 《二十五史・晋书・食货志》，浙江古籍出版社，1998年百衲本，第48页。

③ 陆振岳：《吴文化的区域界定》，载高燮初主编《吴文化资源研究与开发》，江苏人民出版社，1994年，第85–86页。

④ 《二十五史・晋书・王导传》，浙江古籍出版社，1998年百衲本，第111页。

⑤ 马晓：《城市印迹——地域文化孕育的南京城市景观》，硕士学位论文，东南大学，2002年，第22–23页。

⑥ 《二十五史・晋书・王导传》，浙江古籍出版社，1998年百衲本，第111页。

⑦ 《二十五史・南史・郭祖深传》，中华书局，1975年，第1721页。

⑧ 出自[唐]杜牧：《江南春绝句》，见任祖镛：《江南春色、尽入画中》，《语言文学》1984年第2期第22–23页。

⑨ 曹金华编著：《吴地民风演变・第3辑（吴文化知识丛书）》，南京大学出版社，1997年，第15–17页。

⑩ [南朝・宋]沈约：《宋书・沈昙庆传》，中华书局，1974年，第1541页。

所在。”①就连隋朝制定明堂制度时，著名建筑和城市规划家宇文恺，也要亲自考察南朝明堂，“平陈之后，臣得目观，遂量步数，记其丈尺”②，被北人目为华夏正统。修筑建康宫室，模拟洛京……这些无不显示了其文化上的主流地位。或许我们可以说，六朝时以南京为首的吴越文化，是中国经济、文化重心南移的肇始，处于承先启后、继汉开唐的重要历史转型期③。

隋朝开通大运河，吴越地域文化得到较快发展，尚武之风渐变。“自平陈之后，其俗颇变，尚淳质、好俭约，丧纪婚姻，率渐于礼。……其人君子尚礼，庸庶敦庞，故风俗澄清，而道教隆洽，亦其风气所尚也。”④唐人云：“吴地盛文史，群彦今汪洋。方知大藩地，岂曰财赋疆。”⑤“吴中多诗人，亦不少酒沽。”⑥发展至宋代，已是“本朝文教渐摩之久，如五月斗力之戏，亦不复有，惟所谓尚礼、淳庞、澄清、隆洽之说则自若。岂诗所谓美教化，移风俗者欤？”⑦

当然，隋朝恢复实行科举制度后，江南仅张损之一人中进士。至唐代全国取进士6 763人，江南进士96人，只占总数的1.4%⑧。至宋代，“吴郡昔未有学，以文请解者不过数人。景祐中，范文正公以内阁典藩，而叹庠序之未立……乃置学钱，命师儒。其后为守者，继成其事”，此后“学者甚众，登科者不绝”⑨。因此，宋代以前，南方的文化教育与中原发达地区相比，还是瞠乎其后的。

唐代江南地区的经济，已经发展到相当水平。唐朝初年关中、关东经济区仍然是国家的财政支柱，相对来说江南的地位并不十分重要⑩。此时，江南人口仍然相对稀少，唐高宗总章二年（669）五月庚子，“移高丽户二万八千二百，车一千八十乘，牛三千三百头，马二千九百匹，驼六十头，将入内地，莱、营二州般次发遣，量配于江、淮以南及山南、并、凉以西诸州空闲处安置”⑪。但中唐以降，尤其安史之乱后，江南地区的地位完全改观，一跃而为国家的财政支柱。

唐代末年，北方战乱不休，中原士人第二次大规模南下，给江南带来了大量的先进技术与文化精华，加快了全国经济、文化中心的南移。此时，江南人口急剧增加，成为全国人口密度最高的地区之一⑫。“平江、常、润、湖、杭、明越，号为士大夫渊薮，天下贤俊

① [唐]李百药：《北齐书·杜弼传》，中华书局，1972年，第247页。

② [唐]魏征：《隋书·宇文恺传》，中华书局，1973年，第1593页。

③ 马晓：《城市印迹——地域文化孕育的南京城市景观》，硕士学位论文，东南大学，2002年，第23页。

④ 《二十五史·隋书·地理志下》，浙江古籍出版社，1998年百衲本，第1057页。

⑤ [唐]韦应物：《韦苏州集·郡斋雨中与诸文士燕集》，武汉大学光盘版文渊阁本《四库全书》第402卷第1册第18页。

⑥ [唐]白居易：《白氏长庆集·马上作》，武汉大学光盘版文渊阁本《四库全书》第402卷第3册第5–6页。

⑦ [宋]范成大撰：《吴郡志·风俗》，陆振岳点校，江苏古籍出版社，1999年，第8页。

⑧ 顾德融：《试述吴地民风的变迁》，载高燮初主编《吴文化资源研究与开发》，江苏人民出版社，1994年，第440页。

⑨ [宋]朱长文撰：《吴郡图经续记·学校》，金菊林校点，江苏古籍出版社，1999年，第12–13页。

⑩ 王卫平：《论太湖地区经济重心地位的形成》，载高燮初主编《吴文化资源研究与开发》，江苏人民出版社，1994年，第243页。

⑪ 《二十五史·旧唐书·高宗本纪下》，浙江古籍出版社，1998年百衲本，第12页。

⑫ 吴宗国：《唐代三吴与运河》，载唐宋运河考察队编《运河访古》，上海人民出版社，1986年，第298页。

多避地于此。”①“人稠过扬府，坊闹半长安。”②人口流徙、经济繁荣，必然促进文化鼎盛。他们所带来的文化与南方土著文化融合，形成了独特的南唐文化。

五代时期，钱镠占两浙、苏南等地，建国吴越，社会较为稳定。吴越历代君主皆重生产，治理水利，加以佛教净土文化加持③等，吴越社会最为安定，经济、文化得到了极快速的发展。“人无旱忧，恃以丰足。”④顾炎武引郏乔语曰：“岁多丰稔。”⑤吴越统治者崇尚佛教，境内寺院建筑颇为兴盛，铸塔流布四方（见图2–2–13）。

图2–2–13 1957年金华万佛塔出土金涂塔（《东南文化》2002年第4期）

杭州人口、商税等遥遥领先于其他城市，宋神宗熙宁十年（1077）商税额占全路的14%（两浙路867000多贯）⑥。宋高宗绍兴二十六年（1156）七月丁巳，南宋临安，北方移民“辐辏骈集，数倍土著、今之富商大贾，往往而是”⑦。

“永嘉南迁斯为淳乡，人性礼让谦谨，亦骄奢淫逸，婚嫁丧葬杂用周汉之礼。”⑧论者以为：“功名富贵与退让隐逸构成苏人心态的两端，由此生发出苏人重文而轻武。”⑨

江南民风渐变，归根结底是该地经济文化的迅速发展所致。“两浙路，盖《禹贡》扬州之域……有鱼盐布帛粳稻之产，人性柔慧，尚浮屠之教。俗奢靡而无积聚，厚于滋味。善进取，急图利，而奇技之巧出焉。”⑩《大清一统志·苏州府》云：“因士类显名于历代，而人尚文，君子尚礼……大夫渊薮，郊无旷土，多勤少俭，夸豪好奢。”范成大云：“本朝文教渐糜之久，如五月斗力之戏，亦不复有。惟所谓尚礼、淳庞、澄清、隆洽之说则自若。”⑪因此，宋代江南水乡一反过去的尚武节俭之风，变为柔慧、文儒、奢靡等⑫。或认为，正是由于江南水乡重文风气的崛起，吴越尚武之风自宋代便销声匿迹了⑬。

① [宋]李心传撰：《建炎以来系年要录》卷20，武汉大学光盘版文渊阁本《四库全书》第209卷第7册第91页。

② [唐]白居易：《齐云楼晚望偶题十韵兼呈冯侍御，周、殷二协律》，《全唐诗》（中）卷447，扬州诗局本。

③ 杭州佛学院编：《吴越佛教学术研讨会论文集》，宗教文化出版社，2004年，第102页。

④ [宋]王安石：《王文公文集·上》卷1–36，上海人民出版社，1974年，第40页。

⑤ [明]顾炎武：《天下郡国利病书》卷15。郑肇经主编：《太湖水利技术史》，农业出版社，1987年，第86页。

⑥ 郑学檬主编：《中国赋役制度史》，厦门大学出版社，1994年，第362页。

⑦ [宋]李心传撰：《建炎以来系年要录》卷173，武汉大学光盘版文渊阁本《四库全书》。

⑧ [宋]乐史撰：《太平寰宇记》卷89，武汉大学光盘版文渊阁本《四库全书》第224卷第18册第5页。

⑨ 王国平、唐力行主编：《明清以来苏州社会史碑刻集》，苏州大学出版社，1998年，序第20页。

⑩ 《二十五史·宋史·地理志四》，浙江古籍出版社，1998年百衲本，第253页。

⑪ [宋]范成大撰：《吴郡志·风俗》，陆振岳点校，江苏古籍出版社，1999年，第8页。

⑫ 顾德融：《试述吴地民风的变迁》，载高燮初主编《吴文化资源研究与开发》，江苏人民出版社，1994年，第442–443页。

⑬ 曹金华编著：《吴地民风演变·第3辑（吴文化知识丛书）》，南京大学出版社，1997年，第20页。

北宋江南经济进一步发展，经济重心集中到江南。南方的经济持续稳定上升，南人的政治和文化地位，也随着经济力的上升而提高。北宋后期掌握中央政权的人中，南方人已占多数了。唯此时全国的文化重心，仍在开封、洛阳的东西轴线上。西京洛阳的文化地位，似还超出东京汴梁[①]。

北宋末期，金人南侵，赵构至浙江偏安，北方人士又一次大量南渡，吴越成为南宋统治的心脏，而江南也真正成为全国政治、经济、文化的重心。

四、崇商重文的江南水乡

北宋末年，建炎南渡，北方人口第三次大举南迁。南宋庄绰《鸡肋编》曰："建炎（1127—1130）之后，江浙、湖湘、闽广，西北流寓之人遍满"，可见南迁之众。长江以南的人口，首次超过了北方。与此同时，这也标志着吴越区域经济文化中心地位正式确立[②]。

范仲淹云："苏、常、湖、秀，膏腴千里，国之仓庾也。"[③]苏轼曰："两浙之富，国用所恃，岁漕都下米百五十万石，其他财富供馈，不可胜数。"[④]

南宋时，吴泳云："吴中厥壤沃，厥田腴，稻一岁再熟，蚕一年八育。……吴中之民，开荒垦洼，种粳稻，又种菜、麦、麻、豆，耕无虚圩，刈无遗陇。……所以吴中之农专事人力，故谚曰：'苏湖熟，天下足'，勤所致也。"[⑤]高斯得说："浙人治田，比蜀中尤精。……其熟也，上田一亩收五六石，故谚曰：'苏湖熟，天下足'。虽其田之膏腴，亦由人力之尽也。"[⑥]陆游《常州奔牛闸记》则云："语曰：'苏常熟，天下足'"，如此宋代常州的经济地位亦高。这些均说明宋代江南经济之发达，我国原有经济布局得到彻底的改观。

元代时期，北方因战争土地破坏较为严重，江南经济相对得到进一步发展。

至明清时期，"南盛北衰"的局面持续发展，江南农业生产继续保持较高水平。仅苏州府洪武二十六年（1393）秋，向国家征数即为2 747 990石，占全国实征数字的11％强，比四川、云南、广东、广西四省所征总和还多。有明一代，直至清朝后期，江南赋税严重的呼声，不绝于耳。据日本学者田村实造的计算，在明朝初、中期，苏州一府七县田地面积占全国可耕地面积的九十分之一，而两税粮额占全国的十分之一[⑦]，江南在全国经济之举足轻重，可见一斑。"'苏松熟，天下足。'……一方得安，则四方咸赖之。"[⑧]谢肇淛《五杂组》（卷3）曰："三吴赋税之重甲于天下，一县可敌江北一大郡。"清楚地表

① 陈正祥：《中国文化地理》，生活·读书·新知三联书店，1983年，第4–5页。

② 许伯明主编：《吴文化概观（江苏区域文化丛书）》，南京师范大学出版社，1997年，第26页。

③ [宋]范仲淹：《范文正集》卷9《上吕相公并呈中丞谘目》，武汉大学光盘版文渊阁本《四库全书》第403卷第4册第30页。

④ 苏轼：《东坡全集·奏议集》《进单锷吴中水利书状》，武汉大学光盘版文渊阁本《四库全书》第405卷第27册第44页。

⑤ [宋]吴泳：《鹤林集·隆兴府劝农文》卷39，武汉大学光盘版文渊阁本《四库全书》第412卷第20册第8页。

⑥ [宋]高斯得：《耻堂存稿·宁国府劝农文》卷5，武汉大学光盘版文渊阁本《四库全书》第413卷第4册第35页。

⑦ 《东方学论集（东方学创立十五周年纪念）》，京都大学人文科学研究所，1980年，第163页。

⑧ [明]丘濬：《大学衍义补》卷24《经制之义下》，武汉大学光盘版文渊阁本《四库全书》第302卷第13册第73页。

明了江南在全国的经济地位。

虽然江南财赋重，但统治阶级还是认识到“朝廷财赋，仰给东南；诚倚东南，莫如休养”，使得专制帝王“实行的传统国策，是稳定江南”[①]。这在一定程度上保证了江南经济持续稳定地发展。同时，赋税之重，也反映出该地农业生产水平。

江南不仅农业发达，工商业更为繁荣。自明代以降，江南水乡一带造船、制玉、陶瓷、纺织、冶铁、造纸、印刷等蓬勃发展，极大地促进了商业和城市的繁荣。如杭州、南京、苏州，分别是宋、明、清江南的几大经济中心，城市、商业较为发达。研究者大体认为，南方在明成化以后，北方在弘治、正德以后，农业、手工业便日趋繁荣，嘉庆、万历时期，则达到我国封建经济的顶峰[②]。

明万历时，金陵（今属南京）街道极为宽广，但因人口激增，市场狭小，连官道也被侵占而作市场了[③]。

苏州，史称“东南一大都会”，被誉为天下第二大城市、商品大码头和天下“四聚”之一[④]。这里商贾云集辐辏，五方百货充盈，络绎不绝。乾隆时苏州城郭户口不下百万，百姓多执业工商，形成各类市场。如城东百姓“皆习织业”，丝织业尤为发达；而城西商业最为繁荣，繁华更甚城东。

其他城市，如杭州、松江、常州、无锡、镇江等，也都成为全国商业和手工业的著名城市，而上海更成为全国著名的外贸港口城市。

城市商品经济的发展，逐渐浸染着周围的乡镇。故城乡之纽带的市镇勃兴，如吴江县在弘治以前有3市4镇，至康熙时增为10市7镇。苏州府的盛泽镇，明朝初期为村，居民仅二三百口，而嘉靖后发展为繁华的市镇，至乾隆时人口百倍于前，每日中为市，舟楫塞港，街道肩摩。工商业的繁荣与农业的发达，相为表里，使江南水乡经济历久不衰[⑤]。

有研究者认为，在宋代，江南即已率先形成典型而完整的区域市场体系，明清时更为成熟，成为发育程度最高的传统区域市场。“明清江南市场以太湖平原的六府一州为区域核心带，即苏、松、常、杭、嘉、湖六府及清代太仓州所属地区，区域范围包括南京以西以南的太湖流域和钱塘江流域。”[⑥]明清时期的江南，在全国居于最发达地位。由于商品经济较高程度的发展，出现了市场经济的萌芽，推动了市场经济的发展，诸要素市场已初具雏形[⑦]。

随着经济的高速发展，江南水乡的世俗民风，发生了深刻的变化。一方面，宋代极力倡导的“三纲五常”“三从四德”等专制礼教，至明代中后期，受到了猛烈的冲击，渐趋瓦解。另一方面，吴越物质财富的丰富，商品大潮的冲击，市民阶层的壮大，以及富商大贾的增多，也使人们的道德观和价值观，发生了根本变化。于是，崇商重金、轻视礼教、贪图享乐、追求奢靡的风尚，逐渐取代了传统的淳朴俭约之风，形成了“吴俗奢靡为天下最，暴殄日甚而不知返”的社会习气[⑧]。

---

① 王春瑜：《明清史散论》，东方出版中心，1996年，第40页。

② 王春瑜：《明清史散论》，东方出版中心，1996年，第131页。

③ 中国漆器全集编辑委员会编著：《中国漆器全集·5·明》，福建美术出版社，1993年，第2页。

④ 王长俊主编：《江苏文化史论》，南京师范大学出版社，1999年，第43页。

⑤ 曹金华编著：《吴地民风演变·第3辑（吴文化知识丛书）》，南京大学出版社，1997年，第28页。

⑥ 龙登高：《中国传统市场发展史》，人民出版社，1997年，第440–441页。

⑦ 陈学文：《明清时期太湖流域的商品经济与市场网络》，浙江人民出版社，2000年，第254页。

⑧ 曹金华编著：《吴地民风演变·第3辑（吴文化知识丛书）》，南京大学出版社，1997年，第34页。

有繁荣的经济才有昌盛的文化。江南繁荣的经济，为江南水乡社会的发展，提供了雄厚的物质基础，也为水乡文化的昌盛，提供了必要条件，大批才子佳人、名贤雅士辈出。有人断言："苏杭是商业最发达的区域，功名繁盛必与商人财富有关系。"①至此，江南水乡人多好文，读书求士、刻书藏书、著书立说盛行，文以致仕、仕而促经、富而思文等，好学尚文之风蔚然。

这一时期，吴越文化区成为全国政治、经济、文化的中心地区，随之而来的是江南文化教育的极大发展，民风也有了根本转变，促成文化水准不断攀升。江南水乡风气变化之巨者，盖从此开始矣。

有宋一代，"兴文教，抑武事"作为最基本国策之一，在一定程度上刺激了文化的兴盛②。因之，社会上普遍形成了崇文观念。宋仁宗时，范仲淹守苏，"二年，奏请立学。得南园之巽隅，以定其址"③。此后相尚者日多，风行吴越。

南宋偏安江南，江南文风更盛。由此，"中兴以降，应举之士，倍承平时"④。此时书院建筑遍布各地，皇家、私家园林中亦多有之（见《吴兴园林记》，笔者注）。《吴郡志》云："矧今全吴通为畿铺，文物之盛，绝异曩时。"⑤《松江府志》曰："文物衣冠，蔚为东南之望……故士奢于学，民兴于仁，儒官翼翼，不异邹鲁。"⑥《太平寰宇记》云常州："敏于习文，疏于用武。"这无疑是指唐末以后而言⑦。《大清一统志·江宁府》："风流人物冠映古今，建业自六代为都邑，民物浩繁，人才辈出，实士林之渊薮"⑧等。

明代，全国共有进士25 262人，仅江南水乡中的吴地，就有2 714人，占10%以上⑨。据《皇明通纪》统计，明洪武四年（1371）至万历四十四年（1616）的246年间，每科的状元、榜眼、探花及会元共244人，南方籍的有215人，占总数的88％强⑩。

① 刘广京：《近世制度与商人》（序）。载余英时《中国近世宗教伦理与商人精神》，台湾联经出版事业公司，1988年，第25–26页。

② 徐洪兴：《思想的转型·理学发生过程研究》，上海人民出版社，1996年，第167页。

③ [宋]范成大撰：《吴郡志·学校》，陆振岳点校，江苏古籍出版社，1999年，第28页。

④ [宋]范成大撰：《吴郡志·学校》，陆振岳点校，江苏古籍出版社，1999年，第37页。

⑤ 何振球、严明：《常熟文化概论·中国区域文化的定点研究》，苏州大学出版社，1995年，第94页。

⑥ 转引自胡朴安：《中华全国风俗志》，河北人民出版社，1986年，第62页。

⑦ 严迪昌：《阳羡词派研究》，齐鲁书社，1993年，第14页。

⑧ 转引自胡朴安：《中华全国风俗志》，河北人民出版社，1986年，第61页。

⑨ 顾德融：《试述吴地民风的变迁》，载高燮初主编《吴文化资源研究与开发》，江苏人民出版社，1994年，第441页。

⑩ 明代文魁（状元、榜眼、探花及会元）的籍贯分布（资料来源：陈建《皇明通纪》，中华书局，2008年）

南方		北方	
南直隶	66	北直隶	7
浙江	48	山东	7
江西	48	山西	4
福建	31	河南	2
湖广	8	陕西（包括甘肃）	9
四川	6		
广东	6		
广西	2		
合计	215		29

明朝中叶，江南成为东林党人的活动中心，明朝末期则是复社活动的中心。他们倡导政治开明，反对专制，注重经世致用，使江南成为我国实学思潮的发祥地，民主启蒙思潮对全国影响很大。

清自顺治三年（1646）开科取士，止于光绪三十年（1904），历258年，共有进士科状元114名，如加上博学宏词、经济特科状元4人，共118名状元。其中，江苏就有51名，而苏南占46名[①]。而苏州的状元，明清两代共孕育了37名，竟然占全国状元总数的25%[②]，其中兄弟登甲、父子状元、叔侄状元、祖孙状元者，累世不穷。对形成江南水乡崇文重道的风尚，起了巨大的促进作用。

明清两代，江南水乡所任郡县官吏，颇多名士，为政重教劝学，于是文风日盛。如宣德、正统年间，况钟任苏州知府，“重学校，礼文儒”[③]。康熙时，汤斌为江苏巡抚，以“化民成俗，莫先于兴学育材”为旨[④]，兴教办学。因此，江南水乡各类学校不断增加，尚文敦礼之风日浓。

《姑苏县志》记载，仅洪武八年（1375），本府城市乡村所立社学就有730多所。可见其教育规模之大、受教育者之众[⑤]。乡村中的文化发展，并不亚于城区。如常熟，城区与乡村都建有大小不等的书院，数量基本均衡。但若算上各种各样的乡村小书院，则乡村书院明显超过城市[⑥]。

江南书院遍布城乡。书院有公办，其大量者却是学人筹措创办。杭州有万松、龟山、西湖、黄冈、敷文、崇文、天真、虎林等书院。市镇上也办起书院，培养了大量人才。如湖州东林山书院，自万历八年（1580）至康熙二十三年（1684）的105年，科举及第者44人。双林镇中进士者46人、举人184人。范锴《浔溪纪事诗》曰南浔镇有“九里三阁老，十里两尚书”之谚[⑦]。据《明史》列传统计，浙籍人物达258名，占总数的15.9%。

直至近现代同样如此。如1992年公布的中国科学院新院士210人中，仅水乡吴地就有50人，占24%，这是地域文化积淀的必然结果[⑧]。

江南水乡文化昌明，藏书楼、藏书家众多。孙庆增《藏书纪要》云：“大抵收藏书籍之家，惟吴中苏郡虞山、昆山，浙中嘉、湖、杭、宁、绍最多。”[⑨]毛晋的汲古阁“实为海内藏书第一家”[⑩]，藏书多达84 000余册（见钱泳《履园丛话》，笔者注）。胡应麟广搜书籍，

① 王金中：《浅说清代吴地状元之盛缘由》，载高燮初主编《吴文化资源研究与开发》，苏州大学出版社，1995年，第330页。

② 陆承曜主编：《传统文化研究·第10辑》，白山出版社，2002年，第59页。

③ 许焕玉等主编：《中国历史人物大辞典》，黄河出版社，1992年，第479页。

④ 《吴县志》卷52《风俗》，转引自潘力行、邹志一主编，吴县政协文史资料委员会编《吴地文化一万年》，中华书局，1994年，第274页。

⑤ 曹金华编著：《吴地民风演变·第3辑（吴文化知识丛书）》，南京大学出版社，1997年，第29 30页。

⑥ 蒋伟国、曾康：《简析常熟人的尚文精神》，载高燮初主编《吴文化资源研究与开发》，江苏人民出版社，1994年，第451–452页。

⑦ 转引自故宫博物院编《吴门画派研究》，紫禁城出版社，1993年，第177页。

⑧ 高燮初：《关于吴文化研究和吴文化公园陈列布馆的再思考》，载高燮初主编《吴文化资源研究与开发》，江苏人民出版社，1994年，第24页。

⑨ 安徽师范大学图书馆：《中国古代图书学文选》，安徽师范大学图书馆，1985年，第100页。

⑩ 谢国桢编：《明代社会经济史料选编》，福建人民出版社，1980年，第330页。

“一生于他无所嗜，所嗜独书。饥以当食、渴以当饮……”（见王世贞《二酉山房记》，笔者注），自建藏书楼二酉山房，收藏达42 000卷①。

刻书、藏书对传播文化起了很大作用。藏书楼著名者，如铁琴铜剑楼、嘉兴的烟雨楼、宁波的天一阁（见图2–2–14、图2–2–15、图2–2–16）、湖州南浔的嘉业堂（见图2–2–17）等。私人园林之中，往往多有藏书之楼，如我们修复设计的全国重点文保单位无锡薛福成故居后花园（见图2–2–18）。

图2–2–14 宁波天一阁藏书楼

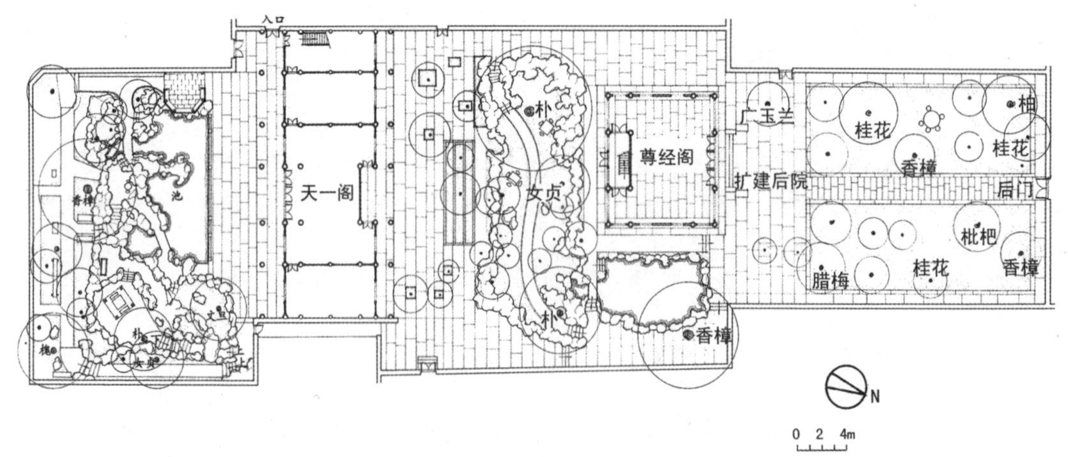

图2–2–15 宁波天一阁平面图（《江南理景艺术》）

① 朱彤、袁仁彪：《大时代的中国人·6·中国人的痴》，国际文化出版公司，1997年，第60页。

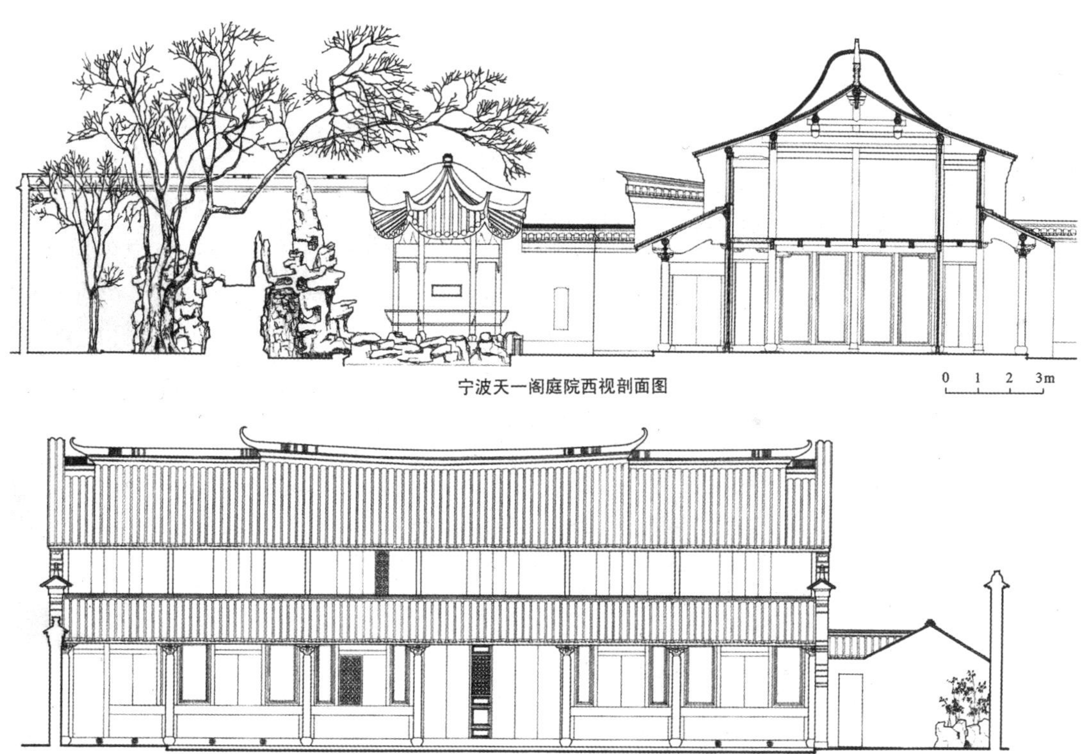

图2-2-16 宁波天一阁立面图（《江南理景艺术》）

明代全国有四大书市，江南占三处。并且，江南的许多藏书家和藏书楼都精于校雠，娴于刻书。明代全国有三大刻印中心，江南又居其二。可见，江南是著名的刻书、书市之所①。这些均建立在江南经济文化发展基础之上。

图2-2-17 湖州南浔嘉业堂藏书楼

① 陈学文：《明清时期太湖流域的商品经济与市场网络》，浙江人民出版社，2000年，第219页。

图2-2-18 薛福成故居后花园藏书楼

综上所述，江南水乡地域文化经历了由尚武轻侠到崇商重文的嬗变。这个过程与全国经济、文化重心的南移相同步，反映了江南水乡由落后到先进、由蛮荒而文明的历史轨迹。近现代以降，江南水乡文化在全国各区域文化中逐步占先，并居主导地位①。当然，前已述及，文化是分层次的，中国文化自古可分士人文化、庶民文化两大类，相互交织，这里主要讨论前者。

改革开放至今，江南水乡经济、文化发展飞速，未来必定还会大放异彩。

五、江南水乡地域文化研究

中华民族是众多民族经过长时期历史融合形成的，中国文化同样是长期融合的结果。“地域文化林立，这说明中国文化是多元的，但多元的中国文化又一直是水乳交融、浑然一体的。”②

远古旧石器时代的长江下游与浙闽一带，都属于越文化，或称为吴越文化③，江南水乡地域文化孕育其中。

在新石器时代，今中国版图上分布着许多的文化类型。张光直先生将公元前4000—3000年期间的中国史前文化分为9个区系类型：黄河中上游的仰韶文化；黄河下游的大汶口文化；辽东半岛的小珠山文化；辽河流域的红山文化；江汉地区的大溪文化；鄱阳湖地区的山背文化；长江下游的马家浜文化；宁绍地区的河姆渡文化；粤、闽、赣地区的石峡文化—昙石山文化和凤鼻头文化等④。苏秉琦先生将我国“现今人口分布地区的考古学文化分为六大区系”⑤等。

---

① 陆振岳：《吴文化的区域界定》，载高燮初主编《吴文化资源研究与开发》，江苏人民出版社，1994年，第85–86页。

② 李春林：《读书滋味长》，湖北人民出版社，1991年，第87页。

③ 陈桥驿：《吴越文化论丛》，中华书局，1999年，第58页。

④ 张光直著，印群译：《古代中国考古学》，辽宁教育出版社，2002年，第236–240页。

⑤ 苏秉琦：《中国文明起源新探》，生活·读书·新知三联书店，1999年，第35–37页。

我国近代意义上的区域文化研究，发端自吴越地区，并率先提出“吴越文化”专有名词。当时学者们所考察的范围，和近年来一些论著所讲的吴文化地区，即宁、沪、杭、太湖流域三角地区，大体上是一致的[①]。吴文化，或分称吴、越文化，或合称为吴越文化[②]。

有人认为，以太湖流域为中心的吴文化，与以钱塘江流域为中心的越文化，应分别称吴文化与越文化[③]。笔者认为，还是以两者合起来为好，尤其是在秦汉以降两者统一于汉文化的大背景之下，加以它们紧密联系的地理条件，相似的经济体系结构，共同的社会思想习俗等，已逐渐合二为一了。而江南水乡地域文化植根于吴越文化的丰厚土壤之中，渗透着水的灵气。

20世纪30年代以前，王国维、柳诒征、商承祚等学者，都曾对吴越历史进行探究，此时尚未提出吴越文化的概念。

吴越文化研究，肇始于近代学者卫聚贤先生等[④]。1930年起，一些学者在江浙一带进行考古调查和发掘。南京栖霞山，杭州良渚、古荡，湖州钱山漾等地，都发现有新石器时代的遗存。卫聚贤先生提出的“中国文化起源于东南，发达于西北”等一些见解[⑤]，社会反响热烈，产生了研究江浙古文化的热潮。

1936年8月30日，由蔡元培、于右任、吴稚辉、叶恭绰、卫聚贤等众多著名学者发起，在上海成立了“吴越史地研究会”[⑥]。梁启超先生提出了“吴学”的概念[⑦]。这是中国第一个研究区域文化的学术团体[⑧]。

早期研究吴越文化学者多为历史学家、考古学家和民族学家等，其他学术界名流，如王献唐、简又文、马叙伦、董作宾、吕思勉、郑振铎、周予同、阿英、林惠群等，也参与其中，大大推动了吴越文化的研究，出版了一些论著。

《江苏研究》1937年6月3卷5–6合期，出版“吴越文化专号”。《说文月刊》杂志“对于江南的考古特辟一栏，不论是研究的探访的翻译的，均拟分期发表”[⑨]。1937年7月，吴越史地研究会编辑出版了《吴越文化论丛》，是当时研究成果的代表和水平的反映，计有论文二十余篇，作者有卫聚贤、吕思勉、罗香林、慎微之、陈志良、苏铁等十余人。这些论文中，有研究狭义吴文化的，如卫聚贤的《太伯之封在西吴》，彻底否定“太伯奔吴”[⑩]；何天行的《仲雍之国》，陈志良的《庆忌塔墓辨》等。有研究吴国以前的先

---

① 李学勤：《丰富多彩的吴文化》，载高燮初主编《吴文化资源研究与开发》，江苏人民出版社，1994年，第43页。

② 陆振岳：《吴文化的区域界定》，载高燮初主编《吴文化资源研究与开发》，江苏人民出版社，1994年，第78页。

③ 张永初、张金海：《吴文化研究三题》，载高燮初主编《吴文化资源研究与开发》，江苏人民出版社，1994年，第118页。

④ 许忆生、申宪：《吴文化研究大事记》，《东南文化》1994年第3期第102–105页。

⑤ 沈嘉荣：《吴文化资源研究与开发——试论吴文化》，同济大学出版社，1997年，第37页。

⑥ 王国平：《广义吴文化是吴文化研究的对象》，载高燮初主编《吴文化资源研究与开发》，江苏人民出版社，1994年，第106页。

⑦ 沈嘉荣：《吴文化资源研究与开发——试论吴文化》，同济大学出版社，1997年，第37页。

⑧ 高燮初：《学术走向民间、研究面对现实》，载高燮初主编《吴文化资源研究与开发》，江苏人民出版社，1994年，第8页。

⑨ 石余：《评吴文化研究的两个台阶》，载高燮初主编《吴文化资源研究与开发》，江苏人民出版社，1994年，第185页。

⑩ 董楚平：《吴越文化新探》，浙江人民出版社，1988年，第138页。

吴文化，如卫聚贤的《中国古文化由东南传播于黄河流域》，孔君诒的《虞舜耕地葬地的探讨》，慎微之的《湖州钱山漾石器之发现与中国文化之起源》，这些都属广义吴文化的范畴。还有论文则将吴国文化、吴国以前的先吴文化、吴国以后的吴地文化都作为研究对象，如日本学者苏铁的《吴越文化之探查》，这是完全意义上的广义吴文化研究了[①]。实际上，作者所谓的广义吴文化，即是通常所称谓的吴越文化。

有研究者认为，新石器时代的吴文化遗址，以河姆渡文化、马家浜文化、崧泽文化和良渚文化最为典型，它们各自的分布区，由若干个点形成了不同的类型。倘若仔细辨析，这个地区各文化遗存的面貌是有差异之点存在的，而各类型文化之间的相互关系密切，前后的继承性较为清晰。极其鲜明的是吴语区范围以内的河姆渡文化（三，四层），马家浜文化（下层），崧泽文化中层，良渚文化，它们之间的发展序列，大体上属一个系统。这一古文化系统，恰分布于甬江流域、钱塘江流域和太湖流域这个吴文化区域的地带，和东晋、南北朝人以吴郡、吴兴、会稽为“三吴”的特定地域，地理位置完全吻合[②]。实际上，仍然是所谓的广义吴文化（即吴越文化）。

良渚遗址是1936年由施昕更在其故乡杭县良渚镇（今属余杭）首先发掘的[③]。“1936年施昕更先生发现良渚遗址。”[④]“自1936年施昕更先生发现遗址以降，至今已有很大进展，已经比较确切的了解。”[⑤]建国以降，众多地理学家、地质学家加入了吴越文化研究的行列，吴越文化研究得到了极大的拓展。1959年，“北京大学考古系教授严文明，在他最先编写的新石器时代讲义中，第一次将良渚文化从庞杂的龙山文化中区分开来单独命名。1960年，当时中国科学院考古所所长夏鼐教授在长江流域考古会议上，正式公布了良渚文化的命名”[⑥]。此后，曾昭燏、尹焕章等将太湖周围文化定名为“良渚文化”[⑦]等。

20世纪80年代中期以降，吴越文化研究吸引了哲学界、经济学界、文学界、社会学界、自然科学界的诸多专家、学者，盛况空前。

值得铭记的是，“2019年7月6日，在阿塞拜疆巴库举行的世界遗产大会上，良渚古城遗址荣列《世界遗产名录》，世界遗产委员会对良渚古城遗址给出三个定位：代表东亚和中国五千多年前史前稻作文明的最高成就，填补了世界遗产名录东亚地区新石器时代城市考古遗址的空缺，良渚古城遗址是中华五千多年文明史最直接、最典型、最有力的实证，在人类文明发展史上堪称早期城市文明的杰出范例。它的申遗成功，不仅改写了中国文明史，而且改写了世界文明史，具有里程碑式意义”[⑧]。由此，更掀起了一股巨大的中华文明探源热潮。

---

① 王国平：《广义吴文化是吴文化研究的对象》，载高燮初主编《吴文化资源研究与开发》，江苏人民出版社，1994年，第107页。

② 陆振岳：《吴文化的区域界定》，载高燮初主编《吴文化资源研究与开发》，江苏人民出版社，1994年，第79页。

③ 周如汉：《良渚莫角山遗址发掘与中华文明的起源》，《杭州师范学院学报》1995年第2期第6–10页。

④ 王明达：《良渚文化在东亚文明进程中的贡献》，《浙江学刊》1996年第5期第26–28页。

⑤ 黄宣佩：《良渚文化研究的回顾与前瞻》，《浙江学刊》1996年第5期第21–22页。

⑥ 牟永抗：《浙江良渚考古又十年》，《东南文化》1997年第1期第8–11页。

⑦ 曾昭燏、尹焕章：《古代江苏历史上的两个问题》，《江海学刊》1961年第12期第1–30页。

⑧ 《良渚古城遗址申遗成功（良渚日）》，《杭州》2020年第16期第46页。

第三节　江南水乡地域文化的嬗变

本章前几节，我们初步探讨了江南水乡地域文化的演进历程。本节，我们拟较为深入地介绍江南水乡地域文化的风格和特点。

地域文化首先是地理环境的文化。“地理环境对中国古代文化之兴起与发展具有重大影响。”[①]一定的文化形态，植根于特定的地域环境之中，自然条件不同，文化风貌有异。大自然赋予江南水乡优越的自然地理环境，也哺育了独具风采的江南水乡文化。

当然，文化的生成与发展，受地理环境、经济条件、政治形势、移民结构等多因素的交叉影响，且各种因素对文化的影响力度，也因时因地而异。因此，研究文化特征的成因，既要有历史的眼光，还要全方位审视各层次文化现象[②]。诚如钱穆先生在《中国文化史导论》言：“上层首当注意其学术，下层则当注意其风俗。学术为文化导先路，苟非有学术领导，则文化将无向往，非停滞不前，则迷惑失途。风俗为文化奠深基，苟非能形成风俗，则文化理想仅如空中楼阁，终将烟消而云散。”[③]有研究者认为：“一个开路，一个打基础，是文化的两头，从中可以看出代表这个国家民族的文化特征。”[④]

我们无意对江南水乡文化特征，作全面、整体的回顾，仅就其某些方面，作一定的探究。

一、天造泽国 众流汇聚

老子云：“上善若水。水善利万物而不争，居众人之所恶，故几于道。居善地，心善渊，与善仁，言善信，政善治，事善能，动善时。夫唯不争，故无尤。”[⑤]

郭熙曰：“水，活物也，其形欲深静，欲柔滑，欲汪洋，欲回环，欲肥腻，欲喷薄，欲激射，欲多泉，欲远流，欲瀑布插天，欲溅扑入地，欲渔钓怡怡，欲草木欣欣，欲挟烟云而秀媚，欲照溪谷而光辉，此水之活体也。”[⑥]

水，清秀、灵动，极富变化，充满生机。因之，在水环境中孕育的人民，分外机灵、活跃。溪水清流与漫天风涛，培育出人们细腻缜密与冒险创新相结合的胸襟，不停地追求、不息地开拓。江南水乡地域文化，是水的文化。水，犹如江南水乡地域文化的精灵，是其本质特征，也是其奥秘所在。

有研究者认为吴（越）文化有三大特点：一是水的文化，一切都与水密切相连；二是融合吸收外来文化和输出辐射自体文化的双向作用力较强；三是历史过程中后来居上的

---

① 许思园：《中西文化回眸》，华东师范大学出版社，1997年，第54页。

② 徐茂明：《论吴文化的特征》，载高燮初主编《吴文化资源研究与开发》，同济大学出版社，1997年，第53页。

③ 中国人民政治协商会议江苏省无锡县委员会编：《钱穆纪念文集》，上海人民出版社，1992年，第210页。

④ 唐振常：《关于以西方之新复中国之旧的思考》，《历史研究》1988年第2期第95–98页。

⑤ 震阳子撰：《道德经注解》，大连出版社，1993年，第23页。

⑥ [宋]郭熙：《林泉高致·山水训》，转引自杨大年编著《中国历代画论采英》，河南人民出版社，1984年，第176页。

图2-3-1 泊岸渔舟

图2-3-2 角直沈宅服饰博物馆一角

特点明显。或认为“主柔”“重情”“善思”是水乡文化的三大基本特征①，它们都与水息息相关。吴越民风，历经了由上古时期的尚武，中古时期的崇文，到南宋以后的“崇文重经”的变化②。

司马迁对江南水乡这一特点，有高度精确的概括：“楚越之地，地广人稀，饭稻羹鱼，或火耕而水耨。”③它如“吴地以船为家，以鱼为食”④。“江南水乡，采捕为业，鱼鳖之利，黎元所资，土地使然，有自来矣。”⑤范仲淹尝曰：“天造泽国，众流所聚”⑥等，记载颇众。当地人民“靠水吃水”，种水稻，捕捞鱼虾（见图2–3–1），故以稻米和鱼类为主要食物，千百年来“鱼米之乡”美名远播。这些均拜水所赐。

饮食如此，衣饰亦然（见图2–3–2、图2–3–3）。养蚕织丝，衣绣荷花、菱藕、鱼虾图案等与水有关的饰物，以及追求衣料柔软、款式流畅、色彩清雅等，都蕴含着“水”的韵味。水乡泽国以水为本，水与人们的生产、生活、体态以及性格特征等，都有密切关联（见图2–3–4）。因此，吴越人民的稻作、舟船、渔猎，以及“断发文身”“信鬼神、好淫祀”⑦等习俗，无不渗透着“水”的灵性。

吴越文化具有鲜明的地域特色，其最重要的特性及优良传统，还应首举其开放性、融合性和进取性⑧。表现在与南北、东西文化的碰撞、交融中，体现了兼收并蓄的气概，并延续至今⑨。商品意识、自由思想是吴歌展露的吴越文化的重要性格，其精神是江南水乡经济、文

① 唐茂松：《吴文化资源研究与开发——论吴文化的“水”性》，载高燮初主编《吴文化资源研究与开发》，江苏人民出版社，1994年，第152–162页。

② 王子庚：《吴文化槛外漫谈》，载高燮初主编《吴文化资源研究与开发》，江苏人民出版社，1994年，第165页。

③ 《二十五史·史记·货殖列传》，浙江古籍出版社，1998年百衲本，第293页。

④ 《二十五史·汉书·五行志中之上》，浙江古籍出版社，1998年百衲本，第382页。

⑤ 《二十五史·旧唐书·李尚真传》，浙江古籍出版社，1998年百衲本，第123页。

⑥ [宋]朱长文撰：《吴郡图经续记·治水》，金菊林点校，江苏古籍出版社，1999年，第55页。

⑦ 《二十五史·隋书·地理志下》，浙江古籍出版社，1998年百衲本，第1057页。

⑧ 肖梦龙：《吴文化研究浅议》，载高燮初主编《吴文化资源研究与开发》，江苏人民出版社，1994年，第97页。

⑨ 刘家和：《研究前景广阔的吴文化》，载高燮初主编《吴文化资源研究与开发》，江苏人民出版社，1994年，第61页。

化发展的动力①。与吴越文化善于吸收齐、楚等国之长一样，江南水乡文化始终是汇集融合其他地域文化之优长，创造出独有的自我。这种特点，普遍见于其各个领域②。

水乡大地，河网如织，到处透溢着清新淡雅、蕴藉隽永的风韵，融入水的柔性与温馨，这是吴越文化独具的特色和神韵（见图2–3–5）。

图2–3–3 甪直民俗表演（左）
图2–3–4 同里河埠头（右）

图2–3–5 西塘河道

① 田兆元：《从吴歌看吴文化的性格》，载高燮初主编《吴文化资源研究与开发》，江苏人民出版社，1994年，第459页。

② 李学勤：《丰富多彩的吴文化》，载高燮初主编《吴文化资源研究与开发》，江苏人民出版社，1994年，第50页。

在瞬息万变的时代中，江南人创造了经济发展的奇迹，后发之势可睹。尤其改革开放后的浙江人，在历经多样的原始积累后，发展较快。近来气魄、手笔之大，似又恢复了初期吴越人的豪勇；加之勤劳好学等，使得杭州、宁波等地迅速崛起，不仅其经济，更是创造了良好的人居环境，而备受瞩目。

水体的柔情、缜密，构成了水乡人缜密的情怀，孕育了众多的风流才子。或许，这也造成他们整体思维的相对匮乏，欠缺慷慨激昂的气概，多的是圆润变通、适者生存。

诚如《宋史》云："两浙路，盖《禹贡》扬州之域，……人性柔慧，尚浮屠之教，俗奢靡，而无积聚，厚于滋味，善进取，急图利，而奇技之巧出焉。"[①]这种急功近利、投机取巧的心态至今亦然，当是我们应该舍弃的了。

二、去朴弃俭 奢华僭越

弃淳朴俭约、崇奢华僭越，是江南水乡文化之突出特征[②]。

前已述及，隋唐之前，江南水乡经济较落后。至两宋时期，尤其南宋时，江南水乡物质财富稳居全国之冠。至明清时期，水乡商品经济更显活跃，出现了物阜民丰、人文荟萃的繁盛景象。

随着经济的高速发展，江南水乡世俗民风发生了巨变。物质财富的丰富、商品大潮的冲击、市民阶层的壮大、享乐观念的流行等，使人们的道德、价值观发生了深刻变化。去朴求华、追求新奇、轻视礼教、奢靡淫逸之风日盛，以至"吴俗奢靡为天下最，暴殄日甚而不知返"[③]。

此种社会风气，早已现出端倪，《宋书·地理志四》已有论及。明代中叶始，变化趋快。松江府人徐献忠曰："今天下风俗，惟江之南靡而尚华侈，人性乖薄，视本实者竟嗤鄙之。"[④]王士性云："杭俗儇巧繁华，恶拘俭而乐游旷。"[⑤]明弘治《常熟县志》记载："迨天顺、成化之际，民益富庶，复崇奢尚靡。"至嘉靖时，则"崇栋宇，丰庖厨，溺歌舞，嫁娶丧葬，任情而逾礼。"[⑥]"吴俗之奢，莫甚于苏杭之民，有不耕寸土而口食膏粱，不操一杼而身衣文绣者，不知其几何也。盖俗奢而逐末者众也。"[⑦]可见明成化以降，水乡风俗变化殊甚。

非仅府、县城市如此，市镇乡村亦然。如嘉兴府桐乡县青镇，镇人李乐云："其俗尚奢，日用会社婚葬，皆以俭者为耻。贫人负担之徒，妻多好饰，夜必饮酒，病则祷神，称贷而赛。"[⑧]南浔镇明嘉靖、万历以降："迩来风会日趋，稍不如昔，奢靡渐启。冠婚丧祭，并尚繁文，颇有僭越之风。"这股奢靡之风，流布水乡各地。

---

① 《二十五史·宋史·地理志四》，浙江古籍出版社，1998年百衲本，第253页。

② 曹金华编著：《吴地民风演变·第3辑（吴文化知识丛书）》，南京大学出版社，1997年，第38页。

③ [清]龚炜撰：《清代史料笔记：巢林笔谈》（历代史料笔记丛刊），钱炳寰点校，中华书局，1981年，第113页。

④ 谢国桢编：《明代社会经济史料选编》，福建人民出版社，1980年，第109页。

⑤ [明]王士性：《王士性地理书三种》，周振鹤编校，上海古籍出版社，1993年，第325页。

⑥ 转引自何振球、严明《常熟文化概论·中国区域文化的定点研究》，苏州大学出版社，1995年，第102页。

⑦ [明]陆楫：《蒹葭堂杂著摘抄·论崇奢黜俭》，转引自姚鹏等主编《中国思想宝库》，中国广播电视出版社，1990年，第780页。关于古代及明清时期奢侈论述，见王世光：《明清奢靡论探微》，《社会科学辑刊》2001年第5期第105–110页。

⑧ 转引自王家范：《百年颠沛与千年往复》，上海远东出版社，2001年，第226页。

此种风气，明末清初因战乱一度平缓。但清康熙时，故态复萌。以至乾隆年间，定出种种风俗条约、法律，严加禁止，然收效甚微。有研究者从服饰、饮食与第观、消闲与娱乐等几方面，深入进行探讨①。

服饰制度是等级制度的重要组成部分，具明尊卑、别贵贱之功。明太祖朱元璋，对此严格规定："文武官朝服：洪武二十六年定，凡大祀、庆成、正旦、冬至、圣节及颁诏、开读、进表、传制……。文武官常服：洪武三年定，凡常朝视事，以乌纱帽、团领衫、束带为公服"②等。明嘉靖时，政府还专设督察官员。清初，冠服制度沿明之旧，庶民不准服用蟒缎、妆缎、金花缎、片金倭缎等上乘衣料，普通官员也禁用黄、香、米等色，规定谨严。

实际上，至明朝中叶时，江南水乡"人皆志于尊崇富侈，不复知有明禁"③，以至于向为君王至尊之饰的团龙、立龙，竟成为寻常百姓的衣着花纹。且"南曲衣裳装束，四方取以为式"④，影响及于全国。

饮食与第观。明朝中叶后，林立的酒楼瓦舍、高堂大屋，布满了水乡大街小巷。豪商巨富"鲜衣怒马，甲第琼筵"⑤，刻意求精。至清代，寻常百姓也望风而起，以至"犯分僭礼，亦所不顾"。虽所谓贫困如李渔者，宣称"土木之事，最忌奢靡"⑥，然其生平两绝技却是"一则辨审音乐，一则置造园亭"⑦。

图2-3-6 浙江诸暨边氏宗祠戏台（左）
图2-3-7 浙江诸暨边氏宗祠旁戏台藻井（右）

饮食而言，入戏馆、戏园或举家宴宾会客，成为富裕阶层炫富、作乐的最佳场所（图2-3-6、图2-3-7）。《清嘉录》载："居人有宴会，皆入戏园，为待客之便，击牲烹鲜，宾朋满座。"⑧普通百姓、寻常之家，也是"无山珍海错，群以为羞"。此时，专门的酒楼、茶馆遍及江南水乡。如清雍正时，常熟城东的新庵、惠日寺，城西的何家桥附近，

① 曹金华编著：《吴地民风演变·第3辑（吴文化知识丛书）》，南京大学出版社，1997年，第38–54页。
② 《二十五史·明史·舆服志三》，浙江古籍出版社，1998年百衲本，第169页。
③ 张振钧、毛德富：《禁锢与超越》，国际文化出版公司，1988年，第42页。
④ ［清］余怀：《板桥杂记》，李金堂校注，上海古籍出版社，2000年，第13页。
⑤ ［明］王士性：《广志绎》，吕景琳点校，中华书局，1981年，第18页。
⑥ ［清］李渔：《闲情偶寄》，民辉译，岳麓书社，2000年，第320页。
⑦ ［清］李渔：《闲情偶寄》，民辉译，岳麓书社，2000年，第319页。
⑧ ［清］顾禄：《清嘉录》，来新夏校点，上海古籍出版社，1986年，第122页。

“茶坊酒肆，接栋开张”[①]。太仓璜泾镇，酒肆有四五十家，可见酒楼之多。茶馆更是遍布各地（详见本书第四章）。

图2–3–8 浙江富阳龙门镇慎修堂雕刻

图2–3–9 乌镇西栅民居雕饰

图2–3–10 西塘民居外檐残留斗栱与雕饰

房屋建筑奢侈之风更甚（见图2–3–8、图2–3–9）。明朝初年，“禁官民房屋不许雕刻古帝后、圣贤人物及日月、龙凤、狻猊、麒麟、犀象之形。凡官员任满致仕，与见任同。其父祖有官，身殁，子孙许居父祖房舍。洪武二十六年定制，官员营造房屋，不许歇山转角，重檐重栱，及绘藻井，惟楼居重檐不禁。公侯，前厅七间、两厦，九架。中堂七间，九架。后堂七间，七架。门三间，五架，用金漆及兽面锡环。家庙三间，五架。覆以黑板瓦，脊用花样瓦兽，梁、栋、斗栱、檐桷彩绘饰。门窗、枋柱

① [清]光绪《常昭合志稿》卷6《风俗》。转引自冯尔康、常建华著《清人社会生活》，天津人民出版社，1990年，第196页。

金漆饰。廊、庑、庖、库从屋，不得过五间，七架。一品、二品，厅堂五间，九架，屋脊用瓦兽，梁、栋、斗栱、檐桷青碧绘饰。门三间，五架，绿油，兽面锡环。三品至五品，厅堂五间，七架，屋脊用瓦兽，梁、栋、檐桷青碧绘饰。门三间，三架，黑油，锡环。六品至九品，厅堂三间，七架，梁、栋饰以土黄。门一间，三架，黑门，铁环。品官房舍，门窗、户牖不得用丹漆。功臣宅舍之后，留空地十丈，左右皆五丈。不许那移军民居止，更不许于宅前后左右多占地，构亭馆，开池塘，以资游眺。三十五年，申明禁制，一品、三品厅堂各七间，六品至九品厅堂梁栋只用粉青饰之。庶民庐舍：洪武二十六年定制，不过三间，五架，不许用斗栱，饰彩色。三十五年复申禁饬，不许造九五间数，房屋虽至一二十所，随基物力，但不许过三间。正统十二年令稍变通之，庶民房屋架多而间少者，不在禁限"[①]（见图2–3–10）。"上得兼下，下不得僭上，违者各治以罪。其居处僭上者，至处以籍没"，明初制度甚严[②]。

但明朝中叶后，随着经济发展，逐渐形成"崇栋宇"之风。在建筑规格、式样、装饰等方面，都大大突破了等级界限，巨商豪富住宅逾制显著。"初时人家房舍，富者不过二宇八间，或窖圈四围，十室而已。今重堂窃寝，回廊层台，园亭池馆，金辇碧相，不可名状矣。"[③]更有甚者，"其宫室则画栋连云，其器用则雕文刻镂，虽犯分僭礼，亦所不顾"[④]。

江阴自"成化以后，富者之居，僭侔公室"[⑤]。

松江"士宦富民竞为兴作，朱门华屋，峻宇雕墙，下逮桥梁、禅观、牌坊，悉甲他郡"[⑥]。

此风之下，平头百姓住宅也讲究起来。明代唐锦曾云："我朝：庶人亦许三间五架，已当唐之六品官矣。江南富翁，辄大为营造。五间七间，九架十架，犹为常耳，曾不以越分为愧，浇风日滋，良可慨也。"[⑦]

清乾隆《吴江县志》载："至嘉靖中，庶人之妻多用命服，富民之室亦缀兽头，循分者叹其不能顿革。万历以后迄于天崇，民贫世富，其奢侈乃日甚一日焉。"[⑧]

南京初为明都。明正德前，"房屋矮小，厅堂多在后面。有些好事之徒，'画以罗木，皆朴素浑坚不淫'"[⑨]。至嘉靖时，"百姓有三间客厅费千金者，金碧辉煌，高耸过

---

① 《二十五史·明史·舆服志四》，浙江古籍出版社，1998年百衲本，第173页。

② 王卫平、王建华：《苏州史纪：古代》，苏州大学出版社，1999年，第162页。

③ 何乔远《名山藏·货殖记》。转引自毛佩琦主编《明代卷·中国社会通史》，山西教育出版社，1996年，第338页。

④ [清]乾隆《石埭县志》卷2。转引自祝曙光著《新编世界生活习俗史·下·世界近代中期生活习俗史》，中国国际广播出版社，1996年，第155页。

⑤ [明]嘉靖《江阴县志》卷4《风俗记》。转引自王守稼著《封建末世的积淀和萌芽》，上海人民出版社，1990年，第44页。

⑥ [明]崇祯《松江府志》卷7《风俗》。转引自张忠民著《上海：从开发走向开放（1368–1842）》，云南人民出版社，1990年，第435页。

⑦ [明]唐锦：《龙江梦余录》卷4。转引自谢国桢编《明代社会经济史料选编·中》，福建人民出版社，1980年，第228页。

⑧ [清]光绪重刊乾隆十一年《震泽县志》卷25《崇尚》。转引自南炳文、汤纲著《明史·上》，上海人民出版社，1985年，第532页。

⑨ 陈宝良：《飘摇的传统——明代城市生活长卷》，湖南出版社，1996年，第91页。

倍，往往重檐兽脊如官衙然，园囿僭拟公侯。下至勾栏之中，亦多画屋矣”①。

清代初期也曾厉行节俭，强调等级。乾隆时期，奢侈、僭越之风又起，江南水乡再领风骚。不仅以苏杭二州为代表的大城市如此，其他市镇也不堪落后。如号称“江南第一家”的浙江浦江郑义门②，其寝室长达九开间。奇巧的是，江苏无锡薛福成故居采用了九开间的大门，身为朝廷一品大员的薛福成为防逾制，将其屋脊一分为三（见图2–3–11），寓意三段三开间的组合，实际上还是九开间的气势。更为绝妙的是，薛福成故居内的主厅“西轺堂”，也是九开间大厅，为满足规制，同样将其分为三段，每两段之间采用双柱（见图2–3–12），构思奇特。

图2–3–11 无锡薛福成故居大门

图2–3–12 无锡薛福成故居西轺堂双柱

明洪武二十六年（1393），亦定器用之禁。“公侯、一品、二品，酒注、酒盏金，余用银。三品至五品，酒注银，酒盏金，六品至九品，酒注、酒盏银，余皆磁、漆。木器不许用朱红及抹金、描金、雕琢龙凤文。庶民，酒注锡，酒盏银，余用磁、漆。百官，床面、屏风、槅子，杂色漆饰，不许雕刻龙文，并金饰朱漆。军官、军士，弓矢黑漆，弓袋、箭囊，不许用朱漆描金装饰。建文四年申饬官民，不许僭用金酒爵，其椅棹木器亦不许朱红金饰。正德十六年定，一品、二

① ［明］顾起元：《客座赘语》。转引自故宫博物院编《吴门画派研究》，紫禁城出版社，1993年，第175页。

② 郑自海、郑宽涛：《咸阳世家宗谱 郑和家世研究资料汇编》，晨光出版社，2005年，第94页。

品，器皿不用玉，止许用金。商贾、技艺家器皿不许用银。余与庶民同”①。同样，明中叶以后，江南水乡不仅注重房屋的规模、质量，室内陈设也破器用之禁。明代张瀚《松窗梦语》云：“极人工之巧，服饰器具，足以炫人心目，而志于富侈者，争趋效之”，追新求奇②。

休闲与娱乐。江南水乡商品经济的迅速发展，使得水乡民众的伦理观念、价值取向等相应发生变化，纵情游乐成为其社会生活之一。

江南山水清嘉、风物秀丽，自然、人文资源丰富，遍地皆景、处处入画（见图2–3–13、图2–3–14）。清乾隆《吴江县志》云：“吴人好游，以有游地，有游具，有游伴也。游地则山水园亭多于他郡；游具则旨酒嘉肴，画船箫鼓，咄嗟而办；游伴则选伎声歌，尽态极妍。富室朱户，相引而入，花晨月夕，竞为胜会，见者移情。”③游山玩水，蔚成风习。

图2–3–13 宁波阿育王寺放生池

① 《二十五史·明史·舆服志四》，浙江古籍出版社，1998年百衲本，第173页。

② 曹金华编著：《吴地民风演变·第3辑（吴文化知识丛书）》，南京大学出版社，1997年，第38–54页。

③ [清]乾隆《吴县志·风俗》。转引自王栋等主编《民俗论丛》，南京大学出版社，1989年，第263页。

图2-3-14 宁波阿育王寺天王殿

如明清时苏州旅游资源十分丰富，从农历一月到十月，各种游乐常年不绝，史不绝载。“郡志称吴人好游。”①“吴中自昔繁盛，俗尚奢靡，竞节物，好遨游，行乐及时，终岁殆无虚日。”②

清代邵长蘅《邵青门全集・吴趋行》曰：“二月春始半，踏青邀女伴。小桃虎丘红，新柳山塘短。烧香双音山，丝绣三丈幡。拔钗供佛会，共郎游梵天。五月胥江怒，水嬉观竞渡。……六月荷花荡，轻桡泛兰塘。花娇映红玉，语笑熏风香。中秋千人面，听歌细如发。十八楞枷山，湖亭待串月。何许登更高，吴山黄花节。”其他如农历二月的元（玄）墓探梅③，三月的游春赏景，六月的虎丘灯船，十月的“天平山看枫叶”④等，都是重要的旅游时节。

旅游四时八节不断，且规模较大。如五月山塘河赛龙舟时，“男女耆稚，倾城出游。高楼邃阁，罗绮如云，山塘七里，几无驻足之地。河中画楫织（栉）比如鱼鳞，亦无行舟之路。欢呼笑语之声，遐迩振动”⑤。

游览胜地虎丘，每年六月到八月间热闹非凡。“虎丘山下，白堤七里，彩舟画楫，

① [清]袁景澜撰：《吴郡岁华纪丽・游山玩景》，甘兰经、吴琴校点，江苏古籍出版社，1998年，第119页。

② [清]袁景澜撰：《吴郡岁华纪丽・行春》，甘兰经、吴琴校点，江苏古籍出版社，1998年，第1页。

③ [清]袁景澜撰：《吴郡岁华纪丽》，甘兰经、吴琴校点，江苏古籍出版社，1998年，第53页。

④ [清]顾禄撰：《清嘉录・天平山看枫叶》，王迈校点，江苏古籍出版社，1999年，第186页。

⑤ [清]顾禄撰：《清嘉录・划龙船》，王迈校点，江苏古籍出版社，1999年，第114页。

衔尾以游。”[①]“豪民富贾，竞买灯舫，至虎丘山浜，各占柳荫深处，浮瓜沉李，赌酒征歌。赋客逍遥，名姝谈笑，雾縠冰纨，争妍斗艳。四窗八拓，放乎中流，往而复回，篙橹相应……迫暮施烛，焜煌照彻，月辉与波光相激射舟中。酒炙纷陈，管弦竞奏，往往通夕而罢。”[②]

明末清初，迎神赛会达到高潮，寺庙、道观遍布各地。“吴风佞佛，俗淫于祀，闺房妇媪尤皈向西方。”[③]清乾隆《苏州府志》云：“每称神诞，灯彩演剧，陈设古玩稀有之物，列桌十数张。技巧百戏，清歌十番，轮流叠进。……抬神游市，炉亭旗伞，备极鲜妍，台阁杂剧，极力装仿。”[④]“二三月间，郡中士女会聚至支硎观音殿，供香不绝。”[⑤]“市井乡民争相观瞻，童叟若狂。更有名为进香，实籍游山水。……故俗有借佛游春之说”[⑥]。

戏园听戏成一时风尚。早在宋代，戏剧演唱就已在江南茶楼中风行，如吴自牧在《梦粱录》中记载：“大凡茶楼多有富室子弟、诸司下直等人聚会，学习乐器、上教曲赚之类，谓之‘挂牌儿’。”到明代，酒楼中正式出现了戏园，戏园因此成为酒楼招揽生意的重要策略，而受此影响，茶楼演唱逐渐衰微。至清代，随着人们对看戏品质化要求的提升，茶楼相对清静高雅的环境更受青睐，酒楼演剧的功能开始向茶楼转换。尤其到晚清，茶楼剧场极受追捧，江南茶楼遍布，南京仪凤园、上海丹桂园、苏州金桂茶园、常州逸仙茶园、无锡庆仙茶园、镇江龙茶坊等都是当时著名的戏园[⑦]。戏园建筑讲究，一般有楼上、楼下两层，楼上称“官座”，为官僚士大夫的雅座；楼下供一般市民百姓。词句曲文，皆街谈巷议之语，加以“专习淫亵词调，扮演男女私情，当街搭台，备极丑态，以致男女聚观，乘机诱惑，败坏风化，莫此为甚”[⑧]，较接近市井小民的价值取向、审美趣味，故喜闻乐见，妇孺皆知。

其他如烟馆建筑，“修筑辉煌，铺张精洁，专顾（雇）少年妇女应酬诸客”[⑨]。1874年有一篇报道《论上海繁华》，历数其时上海租界内娱乐、消遣业之众：“花街柳巷，雏女妖姬，各色名目，实难数计。酒楼不下百区，烟馆几及千处，茶室则到处皆是，酒肆则何处能无，戏园、戏楼亦十余所。”[⑩]

此外，明清时期江南水乡赌博风行，各地府、州、县，社会各阶层，无不卷进了这股狂流。《常州府志》称：“赌博之禁，载在律例，而弁髦国法者往往而有。其舆台市侩，交臂纷呶，固无足论，乃衣冠之族、读书知礼者，亦或蹈之，斯文扫地，莫此为甚。”

---

① [清]顾禄撰：《清嘉录·游春玩景》，王迈校点，江苏古籍出版社，1999年，第72页。

② [清]顾禄撰：《清嘉录·虎丘灯船》，王迈校点，江苏古籍出版社，1999年，第135页。

③ [清]袁景澜撰：《吴郡岁华纪丽·烧十庙香》，甘兰经、吴琴校点，江苏古籍出版社，1998年，第17页。

④ 王利器：《元明清三代禁毁小说戏曲史料》，上海古籍出版社，1981年，第114页。

⑤ [清]顾禄撰：《清嘉录·观音山香市》，王迈校点，江苏古籍出版社，1999年，第51页。

⑥ [清]袁景澜撰：《吴郡岁华纪丽·杭州进香船》，甘兰经、吴琴校点，江苏古籍出版社，1998年，第101页。

⑦ 孟明娟：《明清江南民俗中的戏剧活动研究》，博士学位论文，苏州大学，2018年。

⑧ 王晓传辑录：《元明清三代禁毁小说戏曲史料》，作家出版社，1958年，第117页。

⑨ 《伤风化论》，1872年5月23日《申报》。

⑩ 《论上海繁华》，1874年2月14日《申报》。

城乡各地，随处可见。钱泳《履园丛话》云：“上自公卿大夫，下至编氓徒隶，以及绣房闺阁之人，莫不好赌者。”[①]更有在佛门净地的寺庙内聚赌，以至官府勒碑禁止，如吴县周宣灵王庙“竟有闲人沿庙聚赌，以及逞酒滋事”[②]。“赌博压摊，喧聚成市。”[③]总之，明清江南水乡的各种娱乐活动，无不以金钱作铺垫，表现出“奢侈”。

综上所述，在衣着、服饰、饮宴、第观、消闲、娱乐等方面，江南水乡僭侈之风相当突出[④]。因之，我们在研究江南水乡建筑文化时，必须充分注意这一特点，而不能简单地忽略。

---

① [清]钱泳：《履园丛话》，卢鹰注，陕西人民出版社，1998年，第200页。

② 王国平、唐力行主编：《明清以来苏州社会史碑刻集》，苏州大学出版社，1998年，第575页。

③ [清]袁景澜撰：《吴郡岁华纪丽·春台戏》，甘兰经、吴琴校点，江苏古籍出版社，1998年，第74页。

④ 曹金华编著：《吴地民风演变·第3辑（吴文化知识丛书）》，南京大学出版社，1997年，第38–54页。

第三章

江南水乡聚落体系研究

《辞海》释聚落为，“村落，人们聚居的地方”[①]。“聚居的地方”含义广泛，而村落或可谓典型意义上的“聚落”。不同的自然环境，产生不同的聚落形态，如水乡、山村、渔村、平原村落、黄土窑洞、吊脚楼等，而人文、经济等的发展，又进而产生村落、市镇等不同级差的人类聚落。或认为，传统聚落的生长是一种对“原型”不断模仿的积累过程，体现村民共同意志和生活方式的“模仿”，直接形成了聚落空间环境，甚或径直产生了城镇[②]。

聚落一词的原意，是指区别于都邑的居民点。但现在泛指人类生活地域中的村落、城镇和城市，对聚落的研究，可以建立研究中国传统聚落的理论——人类聚落学[③]。

古代典籍之中，有关聚落的记载众多。如：“一年而所居而成聚，二年成邑，三年成都。”[④]“时至而去，则填淤肥美，民耕田之。或久无害，稍筑室宅，遂成聚落。”[⑤]

“百蛮蠢居，仞彼方徼。镂体卉衣，凭深阻峭。亦有别夷，屯彼蜀表。参差聚落，纡余岐道。”[⑥]

“王扶字子元，掖人也。少修节行，客居琅琊不其县，所止聚落化其德。”[⑦]

“遗形舍利，造诸塔像，庄严国土，如须弥山，村邑聚落，次第罗匝，城郭馆宇，如忉利天宫，宫殿高广，楼阁庄严。”[⑧]

“二十三年，雍州刺史萧思话镇襄阳，启太祖自随，戍沔北，讨樊、邓诸山蛮，破其聚落。”[⑨]

“处王城之隅，居聚落之内，呼吸顾望之客，唇吻纵横之士。”[⑩]

“人有向术开门者杜之，船客停于郭外，星居者勒为聚落，侨人逐令归本。”[⑪]“民有向街开门者杜之，船客停于郭外星居者，勒为聚落。”[⑫]

“其山川聚落，封略远近，皆概举其目。”[⑬]

“葺复户版，署官吏，开道路，营聚落，复防堰，赈贫贷乏，劝课耕种，为立官社，民皆安其所。”[⑭]

“东都雕破，百户无一存，若漕路流通，则聚落邑廛渐可还定。”[⑮]

---

① 辞海编辑委员会：《辞海·耳部》，上海辞书出版社，1979年，第4168页。

② 王冬：《传统聚落中的模仿和类比》，《华中建筑》1998年第2期第1–3页。

③ 余英、陆元鼎：《东南传统聚落研究——人类聚落学的架构》，《华中建筑》1996年第4期第42–47页。

④ 《二十五史·史记·五帝本纪》，浙江古籍出版社，1998年百衲本，第10页。

⑤ 《二十五史·汉书·沟洫志》，浙江古籍出版社，1998年百衲本，第405页。

⑥ 《二十五史·后汉书·南蛮西南夷传》，浙江古籍出版社，1998年百衲本，第938页。

⑦ 《二十五史·后汉书·王扶传》，浙江古籍出版社，1998年百衲本，第762页。

⑧ 《二十五史·宋书·夷蛮传》，浙江古籍出版社，1998年百衲本，第545页。

⑨ 《二十五史·南齐书·高帝本纪上》，浙江古籍出版社，1998年百衲本，第561页。

⑩ 《二十五史·陈书·傅縡传》，浙江古籍出版社，1998年百衲本，第866页。

⑪ 《二十五史·北史·令狐整传》，浙江古籍出版社，1998年百衲本，第852页。

⑫ 《二十五史·隋书·令狐熙传》，浙江古籍出版社，1998年百衲本，第1106页。

⑬ 《二十五史·新唐书·地理志下》，浙江古籍出版社，1998年百衲本，第447页。

⑭ 《二十五史·新唐书·刘仁轨传》，浙江古籍出版社，1998年百衲本，第615页。

⑮ 《二十五史·新唐书·刘晏传》，浙江古籍出版社，1998年百衲本，第662页。

“入吴山、宝鸡，焚聚落，略畜牧、丁壮，杀老孺。”①

“牂牁蛮，在辰州西千五百里，以耕植为生，而无城郭聚落，有所攻击，则相屯聚。”②

“长溪、宁德县濒海，聚落、庐舍、人舟皆漂入海，漳城半没，浸八百九十余家。”③

“端拱初，契丹骑至瀛、镇，继宣率步骑万人入敌境，抵胜务，焚聚落，获生口，契丹乃引还。”④

“获侦候者，知人烟聚落，多国人陷没而不能还者，尽俘以归。”⑤

“请于大盐泺设官榷盐，听民以米贸易，民成聚落，可以固边圉，其利无穷。”⑥

“若无村店去处，或五七十里，创立聚落店舍，亦须及二十户数。”⑦

“地益垦辟，聚落日繁，经界既正，土酋不得侵轶民地，便二。”⑧

“地多深山大泽，聚落星散。”⑨

“国在山中，止数聚落。”⑩

“今乌鲁木齐各处屯政方兴，客民前往，各成聚落……”⑪

“后以货滞鬻，许二三人守以度岁，渐成聚落，周二里许。”⑫

“海滨居民因乱荡析，登明召民开垦，复成聚落……”⑬

综上所述，可见聚落规模可大可小，小到一个小村庄，大到一个大城市，均可称为聚落⑭。

我国古人早就对聚落选址极为重视。“凡立国都，非于大山之下，必于广川之上。高毋近旱而水用足，下毋近水而沟防省，因天材就地利。故城廓不必中规矩，道路不必中准绳”⑮，言简意赅，论述精辟。

有研究者认为构成聚落的因素有二：一是“人群”及其所派生的社会组织、制度及习俗等；二是人群所居住的“自然环境”。我国传统乡村多属自然发展的性质，一般主要依据三个原则：生产方式的需要、自卫防御的需要、亲属联系的需要⑯。

明清时期，江南水乡商业化城镇体系的网络已经形成，市场网络体系较严整，城乡之间形成多级市场结构，多样的专业市场发挥着不同的功能，表明此时社会经济已成为整

---

① 《二十五史·新唐书·吐蕃传下》，浙江古籍出版社，1998年百衲本，第746页。
② 《二十五史·新五代史·四夷附录第三》，浙江古籍出版社，1998年百衲本，第1117页。
③ 《二十五史·宋史·五行志一上》，浙江古籍出版社，1998年百衲本，第170页。
④ 《二十五史·宋史·李继宣传》，浙江古籍出版社，1998年百衲本，第941页。
⑤ 《二十五史·辽史·萧夺剌传》，浙江古籍出版社，1998年百衲本，第106页。
⑥ 《二十五史·金史·曹望之传》，浙江古籍出版社，1998年百衲本，第334页。
⑦ 《二十五史·元史·兵志四》，浙江古籍出版社，1998年百衲本，第743页。
⑧ 《二十五史·明史·朱燮元传》，浙江古籍出版社，1998年百衲本，第657页。
⑨ 《二十五史·明史·外国四》，浙江古籍出版社，1998年百衲本，第881页。
⑩ 《二十五史·明史·外国五》，浙江古籍出版社，1998年百衲本，第885页。
⑪ 《二十五史·清史稿·高宗本纪三·上》，浙江古籍出版社，1998年百衲本，第76页。
⑫ 《二十五史·清史稿·景廉传·下》，浙江古籍出版社，1998年百衲本，第1415页。
⑬ 《二十五史·清史稿·循吏一》，浙江古籍出版社，1998年百衲本，第1485页。
⑭ 谢吾同：《聚落观》，《华中建筑》1996年第3期第2–4页。
⑮ 《二十二子·管子·乘马》，上海古籍出版社，1986年，第96页。
⑯ 林世超：《传统聚落分析——以澎湖许家村为例》，《华中建筑》1996年第4期第50–58页。

体网格化，相互联系、彼此促进，逐步迈向市场经济的轨道①。正是由于江南地区经济繁荣、文化昌明，才造就了别具一格的江南水乡村落、市镇，孕育了独具韵味的江南水乡建筑文化。

此时期，江南市镇大量涌现，蓬勃发展，形成了村落、市镇的市场经济体系。城镇为商品发展的载体，商业依存于城市，城市又赖商业得到发展，相辅相成，缔造了江南城镇经济发展的繁荣图景②。著名经济史学家陈学文指出：现有研究的理论缺陷是将市场结构与城市结构混谈，“虽然两者关系很密切，但毕竟还不是同一范畴的问题。市场是指经济体系，而城市是市场的载体，这仅是城市的一个方面，而城市还牵涉到政治、经济、文化、军事、宗教诸方面的问题”。城市化（都市化）代表着人类社会文明发展的进程，也是现代化的重要指标之一③。

因之，我们将水乡聚落体系，划分为村落、市镇、城市三级，且仅重点研究其中之典型突出者。当然，建筑学上的划分与经济学体系，并非一一对应。

第一节　先秦江南水乡聚落文化概述

江南古文化发展序列可大致分为：马家浜文化（前5160—前4240）——崧泽文化（前4240—前3600）——良渚文化（前3600—前2120）——湖熟文化（前2120—前1800）④、马桥文化等。目前的研究表明，“这些原始文化的演进和文化序列比较明确”，但它们之间并没有呈现出完全清晰的发展脉络，如良渚文化与后继的马桥文化就缺乏明确的继承关系。但是通过各时期的考古发掘，我们对远古的江南水乡聚落，还是有了初步的认识。

考古资料表明，江南水乡的古代村落选址，大致有两种类型：一是选择台地，如吴县草鞋山、无锡仙蠡墩、上海马桥遗址、张家港东山村遗址等，依山临水，择高处而不遭旱，傍水洼而不受涝。二是选择低洼的平地及沿河地区，例如生活在公元前7000至公元前4700年的河姆渡人，已经形成了大小各异的村落（见图3–1–1），遗址中房屋建筑众多。因属于河岸沼泽区，建筑形式和结构与中原地区、长江下游史前区有相同也有不同，如由干栏式建筑与稍晚的栽桩式地面建筑等⑤（见图3–1–2）。

---

① 陈学文：《明清时期太湖流域的商品经济与市场网络》，浙江人民出版社，2000年，序第3页。
② 陈学文：《明清时期太湖流域的商品经济与市场网络》，浙江人民出版社，2000年，第173页。
③ 陈学文：《明清时期杭嘉湖市镇的发展与城市化的道路》，《江南论坛》1998年第12期第40–41页。
④ 张立等：《中国江南先秦时期人类活动与环境变化》，《地理学报》2000年第6期第661–670页。
⑤ 安金槐主编：《中国考古》，上海古籍出版社，1992年，第136–137页。

图3-1-1 浙江余姚河姆渡遗址展示

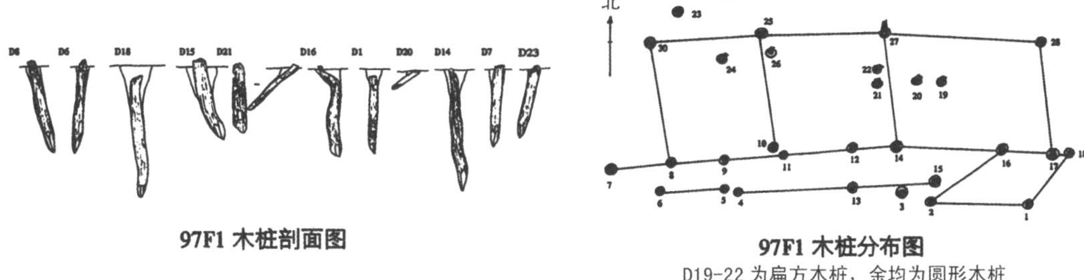

图3-1-2 吴江梅堰龙南建筑遗址木桩图4、5（《东南文化》1999年第3期）

江南史前聚落殊为发达，崧泽文化晚期的吴江梅堰龙南遗址可为代表，首次出土了5200年前的原始村落遗址（见图3-1-3）。发现了新石器时代的河道、房址、各类性质的灰坑及井等，可确定为当时村落的组成部分。此外，还发现有浅穴土坑墓及陶片铺成的道路等①。有学者对当时的建筑，进行了一定的复原研究（见图3-1-4）②。

① 钱公麟等：《江苏吴江龙南新石器时代村落遗址第一、二次发掘简报》，《文物》1990年第7期第1-27+97-101页。

② 钱公麟：《吴江龙南遗址房址初探》，《文物》1990年第7期第28-31页。

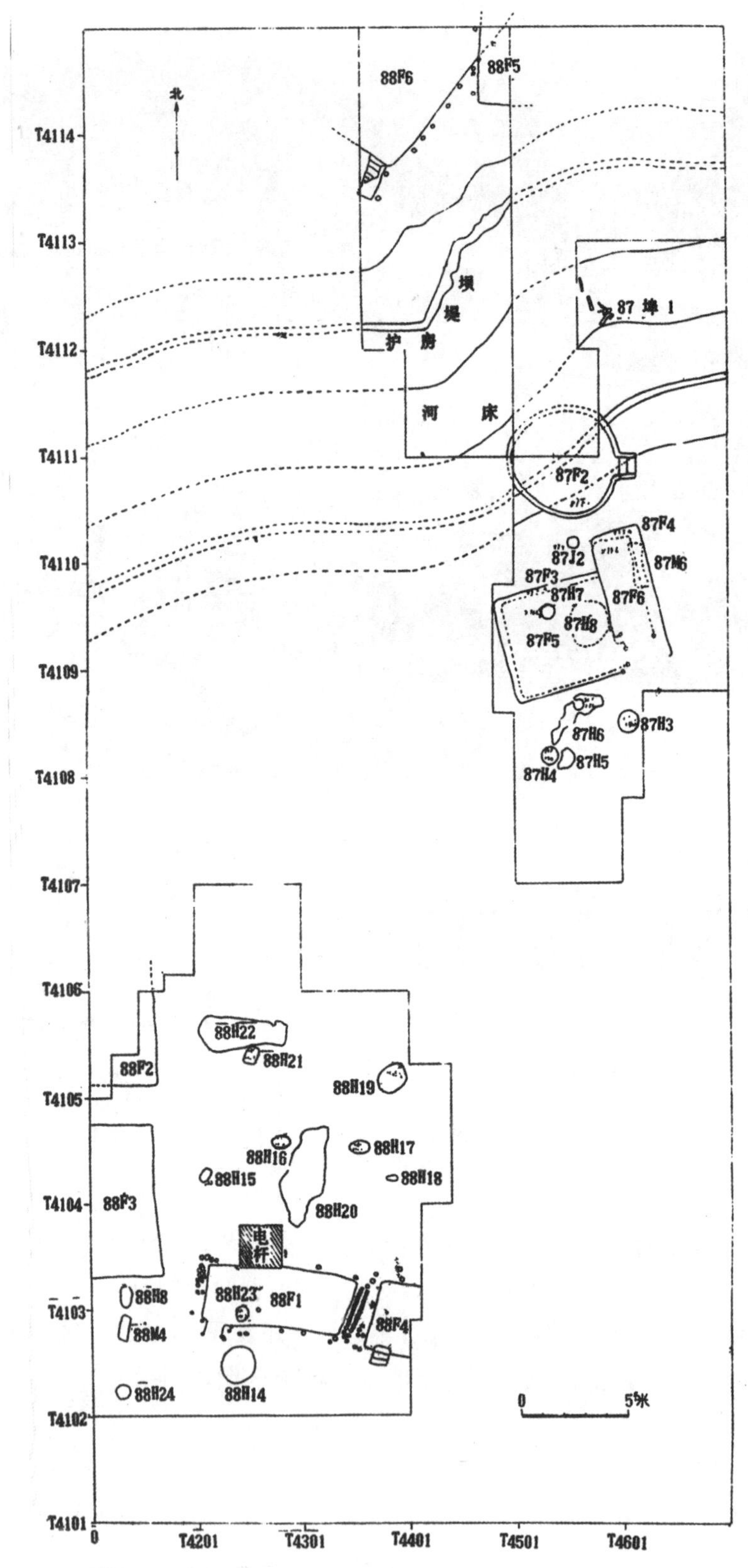

图3–1–3 龙南原始村落遗迹布局图（《文物》1990年第7期）

遗址中部有一条大致呈东北—西南向的河道，河床上部宽9—12米，河底宽3—3. 5米，最深处3. 8米，两岸呈斜坡状。河道中出土丰富的渔猎工具，如鱼鳔、箭镞、网坠等，还有鱼、蚬、蚌、螺蛳等水生动物残骸。

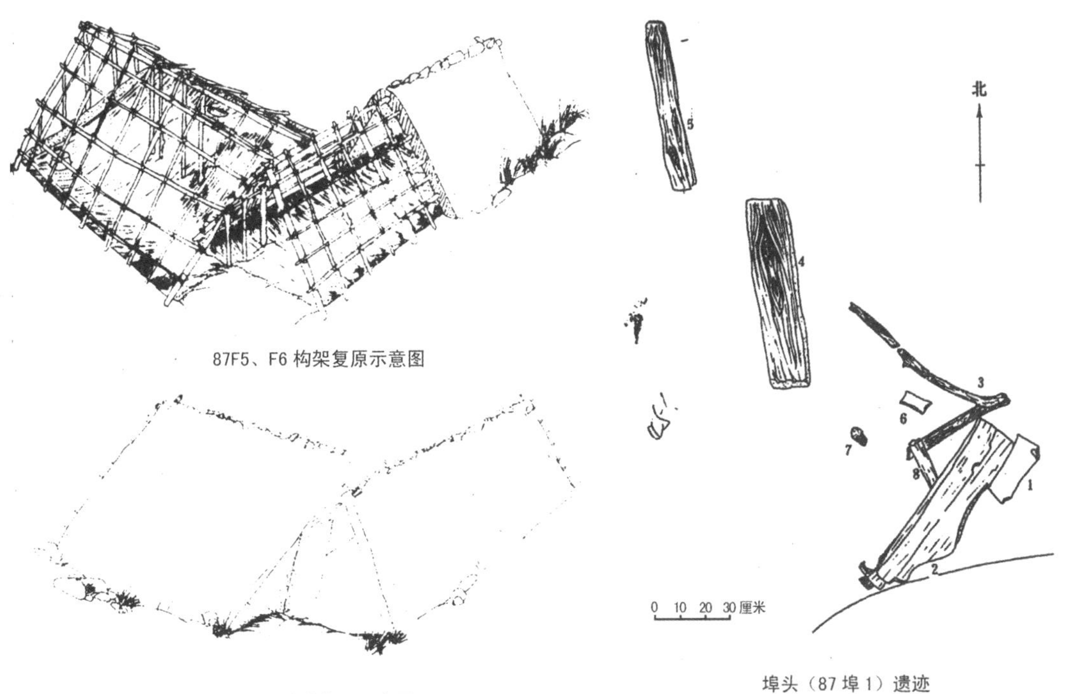

图3-1-4 龙南房屋复原图之一（《文物》1990年第7期）（左）

图3-1-5 龙南河埠头遗迹（《文物》1990年第7期）（右）

河两岸高坡上分布的3组房址前还保存着防止河水泛滥所筑的护堤坝，宽0. 4—0. 5米、高0. 42米，用纯净黄土堆筑，非常坚硬，可能经夯筑，并有木质河埠头（见图3–1–5）。两岸的房址极有特色，早期是半地穴式或浅地穴式建筑，晚期出现干栏式建筑。龙南遗址中发现的早期河埠头，其上的板面距地表深1. 56米，由于埠头的水位一般应稍高出正常水位，因此当时的水位应低于1. 56米。到遗址晚期，干栏建筑的下部木桩距地表深约1. 20米，说明当时的水位线已比前一时期上升了许多。可见，由于环境变化，水位上升，一种与环境相适应的建筑形式代替了原有的建筑形式。晚期古人建造架空于地面的干栏式建筑以避水患，是当时人类为了生存而同自然抗争的结果①。

通过对龙南遗址的发掘，展现在我们面前的是一座5200年前的“数间茅屋水边村，杨柳依依绿映门”②，具有江南水乡特色的原始村落，而此村落的原址现在梅堰镇，是目前发现最早的水乡原始村落。可见5000多年来，江南水乡村落都是依河而居，隔河相望，市镇亦然。江南水乡离不开水，因水而居，因水而兴，因水而衰③。

良渚文化时期遗址，可以浙江吴兴钱山漾和杭州水田畈等为代表。其中钱山漾遗址的发掘表明，这里曾居住过较大的部族，并发现了排列密集的长木等。钱山漾遗址的先人房址临近山丘的平地和河流，这对农耕和渔猎都是非常适宜的④。良渚文化时期，颇具江南

① 张照根等：《吴江梅堰龙南新石器时代村落遗址第三、四次发掘简报》，《东南文化》，1999年第3期第3–5页。

② ［宋］孙觌《吴门道中》，载方子丹著《中国历代诗学通论》，台湾大海文化事业股份有限公司，1984年，第300页。

③ 钱公麟、徐亦鹏：《苏州考古》，苏州大学出版社，2000年，第37–53页。

④ 浙江省文物管理委员会：《吴兴钱山漾遗址第一、二次发掘报告》，《考古学报》1960年第2期第73–91+149–158页。

水乡特色的村落格局已经形成①。

除江南水乡村落外，考古人员还发现了可能是上层聚落体系——城市的雏形，即良渚文化时期的余杭莫角山遗址，可为良渚文化遗址中，在大型夯土高台上建筑的代表②。遗址是东西长约670米，南北长约450米的人工营造的夯土台，夯填最深达7米，土台上又有大莫角山、小莫角山和乌龟山残高2—3米、面积16 000平方米和6 200平方米的小高台，呈品字形排列，可能是宫殿基址。其中还发现有壕沟，大片夯层、夯窝和成排的柱洞，及6—7米长，面积为16厘米×45厘米的大方木③。周围除有反山、瑶山、汇观山等与祭坛复合的大型墓地外，还有其他没有祭坛的高台土冢墓地，以及建筑基地中的小墓等聚落遗址，“莫角山遗址被一致公认为是良渚文化政治、经济、文化、军事、宗教的中心，形成向四周辐射的态势。在良渚文化分布区内，还有其他较大但不如莫角山遗址的中心，如江苏武进寺墩、昆山赵陵山、上海福泉山等。总之，是许多大大小小的中心，围绕着一个最大的中心，形成重瓣花朵型的向心结构。中心和外围的反差，应是阶层差别和出现阶级分化萌芽或雏形的反映。作为最初意义上的城乡分化渐已显现，形成了包括城乡的政治实体（‘邦’），具备了‘古国’的规模”④。莫角山遗址是良渚文化最高统治者居住、施政之所，“也是酋邦小国的王都所在。而且与以后的夏王朝的宫殿建筑，如偃师二里头的夯土宫殿建筑基址，有一脉相承的关系”⑤。

因此，良渚文化的遗址聚落已有不同的等级区分，即形成规模巨大的中心聚落与规模一般的普通聚落。加上先进的农业生产水平、发达的玉器制作技术……文明的曙光已开始显现。可见，“早在中原夏王朝建立以前，余杭一带早已分布有密集的原始村落和雏形的政权”⑥。

良渚文化之后的江南水乡有一段文化上的沉静期，至春秋战国随着吴国、越国的争霸而再度雄起。以江苏常州为例，仅在该地就发现了淹城遗址、胥城遗址、前墩城遗址、阖闾城遗址、平陵城遗址、留城遗址等春秋时期的城址⑦。这些林立的城池，即为这一时期各方势力在江南地区角逐的表现。

而地处江苏常州武进的淹城遗址的发掘，使得春秋晚期的水乡古城形态，清晰地展现在我们面前⑧。遗址东西长约850米、南北宽约750米，总面积约65万平方米（见图3–1–6）。“它从里向外，由子城、子城河，内城、内城河，外城、外城河即三城三河相套组

---

① 许伯明：《吴文化概观》，南京师范大学出版社，1997年，第15–16页。

② 高蒙河：《良渚文化“个”形刻划符号释意》，《上海大学学报（社会科学版）》1998年第2期第10–12页。

③ 宋启林：《21世纪——中国文化与中国城市历史发展长河的第四个黄金时代》，《华中建筑》2000年第3期第2页。

④ 戴尔俭：《从聚落中心到良渚酋邦》，《东南文化》1997年第3期第47–53页。

⑤ 方酉生：《良渚文化的社会性质及其与夏王朝的关系》，《浙江学刊（双月刊）》1997年第5期第110–112页。

⑥ 邹身城：《良渚文化源流探索——江南历史文化的“源”和“流”探讨之一》，《学术月刊》1998年第7期第88–92页。

⑦ 张彩英，《常州先秦时期古城遗址》，《中国文化遗产》，2013年第6期第68–72页。

⑧ 有关淹城遗址的年代，目前主要有商代说、西周说、春秋早期说、春秋晚期说和战国说等，我们取春秋晚期。

成。这种城市的筑造形制，在我国古代城池遗存中可以说是绝无仅有。……古淹城的三城三河相套的建筑形制以及城市水上交通、水门的建设等都明显具有南方特点。因为只有水资源丰富的南方地区，这种城市的建设不仅有必要而且有可能。”[①]淹城与春秋晚期的胥城、阖闾城和留城等之间，存在着密切的关系。

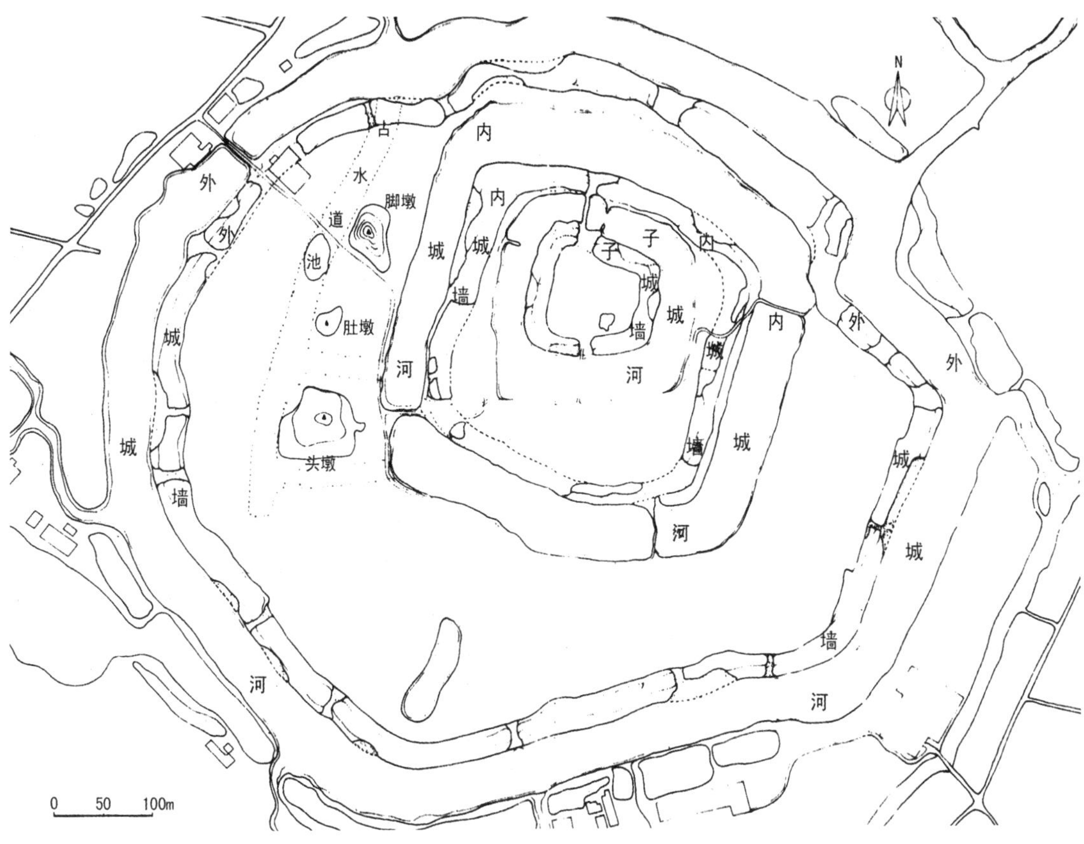

图3-1-6 淹城遗址城墙现状平面图（《考古与文物》2005年第2期）

大自然赋予了江南水乡优越的自然地理环境，哺育出了独具风采的江南文化。目前，考古发现的先秦时期江南水乡聚落遗址众多，规模不一，形态多样。既有原始的村落，也有完备的城市，但都表现出因水而生的发展演化特征。这些不同时期的、多种多样的聚落形态，逐渐形成了初步的聚落体系。

① 彭适凡、李本明：《三城三河相套而成的古城典型——江苏武进春秋淹城个案探析》，《考古与文物》2005年第2期第43–51页。

第二节 江南水乡村落——聚落体系的支端末梢

江南的小型村舍，旧有单家独户散居田间河旁的习俗，或数户至十几户集中居住的村庄，村舍星罗棋布，一片郁郁葱葱，呈现出生机盎然的水乡田园风光。民宅周围种植果树林木，宅后青竹欲滴，纵横的河网是交通要道，又是养鱼的场所。这种村庄布局，适宜农、林、渔业，是传统小农经济形态的直观表现[①]。

无垠的水乡大地，水网纵横，地势平坦，村落棋布，依水、临水特征鲜明，独具"杏花春雨江南"[②]的特色（见图3–2–1）。因此，随塘就河的村落，就洒落在这如画般的水乡大地上。

图3–2–1《盛世滋生图》山前村段（《盛世滋生图》）

优美的水乡景色，早就引起了古人的共鸣。汉乐府《江南可采莲》古辞云："江南可采莲，莲叶何田田。鱼戏莲叶间，鱼戏莲叶东，鱼戏莲叶西，鱼戏莲叶南，鱼戏莲叶北。"[③]

"桑柘含疏烟，处处倚蚕箔"[④]，这是晚唐诗人陆龟蒙描写太湖农村景物的诗句。五代南唐诗人李中《村行》也有"极目青青垅麦齐，野塘波阔下凫鹥"[⑤]的诗句。

南宋诗人毛珝《吴门田家十咏》云："竹罾两两夹河泥，近郭沟渠此最肥。载得满船归插种，胜如贾贩岭南归。"生动地描写了江南水乡人民重视积肥备耕的景象[⑥]。

而古代乐府民歌，"千叶红芙蓉，照灼绿水边。余花任郎摘，慎莫罢侬莲"[⑦]，则将绿水、芙蓉、人物等水乡美景，一一展现在我们面前。

南宋四大诗人之一的尤袤，其叔保公从晋江迁居无锡许舍山，因山中多虎，乃使人拾楝子树数十斛，埋种村庄周围，四五年后，树大成城，又建四门，按时启闭，土人称为楝

① 刘克宗、孙仪：《江南风俗》，江苏人民出版社，1991年，第135页。

② [元]虞集《风入松》，载赵传仁主编《诗词曲名句辞典》，山东教育出版社，1988年，第236页。

③ 《二十五史·宋书·乐志三》，浙江古籍出版社，1998年百衲本，第301页。

④ 周振甫主编：《唐诗宋词元曲全集·全唐诗·第12册》，黄山书社，1999年，第4624页。

⑤ 关滢等主编：《唐诗宋词分类描写辞典》，辽宁人民出版社，1989年，第410页。

⑥ 柯育彦：《中国古代商业简史》，山东人民出版社，1990年，第229页。

⑦ 蔡丰明编：《吴地歌谣》，南京大学出版社，1997年，第4页。

树城[①]。可见水乡村庄野致。

水乡河网纵横，舟船是家家必不可少的交通工具。“下得船来排排坐，日出坐到日归窠，坐勒船里无啥做，解解厌气末对山歌。”[②]这是水乡独有的景色，也是水乡人拥抱自然的方式。“门前绿水飞奔下，屋里青山跳出来”[③]，处处是山清水秀的神奇境界。

江南水乡的人们不但充分利用自然水系，而且善于开挖水沟、水井，水沟排水，水井取水。江南水乡，河道密布水源充足，但在古遗址中常有大量的水井。早在新石器时代，江南地区就已经出现了水井，如在吴县澄湖遗址发现过崧泽和良渚时期水井数十口，与水稻田相邻。应是作为小型的雨水储蓄箱，用以适当增补水稻田中的水量。在嘉兴雀幕桥遗址、嘉善新港遗址、湖州花城遗址、余杭庙前遗址等处均发现了良渚文化时期的水井。与用以灌溉的井相比，良渚文化的生活用井制作更为考究，常在井底垫有起过滤、净化作用的河蚬贝壳等，其目的应该是为了保证饮水卫生，防止疾病传播[④]。在上海青龙镇，也发现过唐代的小青砖井和宋代的砖筑水井[⑤]。在苏州的独墅湖遗址更是发现了自崧泽文化至宋代的600余口水井[⑥]。直至现在，许多人家已用上自来水，但院子里仍要打口水井，更有甚者在厅堂室内打上水井，例如黎里萧芳芳故居、南京甘熙故居等。不少村镇还有公井，颇具“市井”遗风，例如苏州东山老街井亭、甪直保胜寺山门前的井亭等。

水乡村落周围常有市集，以满足生活所需。市集一般是设在中小市镇上，面对附近乡村的定期会市，通常是小规模的交易，双方短期内面对面交换。也有一种市集是常市，即每天都有，将某种商品集中于城镇某一固定地点进行交换，常以商品名称来命名，如米市、鱼市、（棉）花市之类。因为商品经济发达，交通便利，人口稠密，这种市集在江南水乡普遍存在[⑦]。

江南水乡村落大小不一，经济实力千差万别，其中不少村落因地处交通要津，或其他因素发展较快，成为市场体系中较为重要的一员，而上升为市集，进而发展为市镇。

---

① 沈克明：《尤袤及其遂初堂藏书楼考》，载高燮初主编《吴文化资源研究与开发》，苏州大学出版社，1995年，第299页。

② 蔡丰明编：《吴地歌谣》，南京大学出版社，1997年，第48页。

③ 曹林娣：《苏州园林匾额楹联鉴赏·增订本》，华夏出版社，1999年，第231页。

④ 刘丹丹、冯利华：《浙江良渚文化建筑对水环境的响应》，《浙江师范大学学报（自然科学版）》，2009年4期第460–466页。

⑤ 青龙镇考古队：《2010–2012年青龙镇考古的主要收获》，《上海文博论丛》2013年第1期第35–46+4页。

⑥ 张明华：《主动拓展人类生存空间的伟大发明——青浦崧泽遗址水井》，《都会遗踪》2010年第4期第1–5页。

⑦ 陈学文：《明清时期太湖流域的商品经济与市场网络》，浙江人民出版社，2000年，第234–235页。

第三节　江南水乡名镇——聚落体系的中间环节

“市，买卖所之也。按，《古史考》曰：古者神农作市。《世本》曰：祝融作市。”①“贸、贾，市也。”②有关市之古籍记载甚众。“聚者有市，无市则民乏”③，“市者，货之准也”④。“大市日昃而市，百族为主；朝市朝时而市，商贾为主；夕市夕时而市，贩夫贩妇为主。”⑤又《公羊传·宣公十五年》注云：“因井田以为市，故俗语曰市井。”因之，市为买卖、交易之所。江南水乡之市，最早见于春秋，“吴市者，春申君所造，阙两城以为市”⑥。

镇，“夫所谓方镇者，节度使之兵也。原其始，起于边将之屯防者。唐代初年，兵之戍边者，大曰军，小曰守捉，曰城，曰镇，而总之者曰道”⑦。至明清时期，军队编制单位之一仍曰镇⑧。中华人民共和国建立后，以县城下一级的行政区划单位为镇，一般老百姓则将较大的集市，称城镇、村镇，这些地方往往也是其相应政府行政机构所在之地。市镇成为商品交易的场所。

江南水乡经济发达，市镇分布密集。明清时更是迅速发展，为数众多，其著者如盛泽、南浔、乌青、枫桥、同里、朱家角、角直、周庄、西塘等。

有研究者认为这些市镇与嘉兴、松江、湖州、无锡等水乡中等城市一起，是市场体系的中间环节，或称“中级市场”，已具备专业性的特征，为某种手工业商品生产或交换的中心，或是交通枢纽，或为商贸中心，它们是苏州、杭州的卫星城镇，“在市场体系中处主体地位，是重点构成部分，是城乡关系的纽带”⑨。

虽然，我们所研究的江南水乡市镇，并不包括各类各级城市，但市镇作为聚落体系中间环节的作用，是客观存在的。有研究者按经济体系将江南水乡传统城镇，划分为生产贸易型、商品集散型、交通型及政治军事型等⑩。

此外，由于众多寺庙构成了江南传统市镇的重要文化景观，作为闲暇生活方式的庙会也以此为节点⑪。因此，费孝通先生言：“镇不仅是经济中心，也是宗教中心。”⑫

---

① [汉]许慎、[清]段玉裁：《说文解字注》，浙江古籍出版社，1998年，第228页。
② 迟文浚等：《尔雅音义通检·释宫》，辽宁大学出版社，1997年，第26页。
③ 转引自吴慧《中国古代商业史·第1册》，中国商业出版社，1983年，第125页。
④ 《二十二子·管子·右大数》，上海古籍出版社，1986年，第96页。
⑤ [清]孙诒让撰：《十三经清人注疏·周礼正义·司市》，王文锦、陈玉霞点校，中华书局，1987年，第1059–1060页。
⑥ [东汉]袁康、吴平辑录：《越绝书·越绝外传记吴地传》，乐祖谋点校，上海古籍出版社，1985年，第17页。
⑦ 《二十五史·新唐书·兵志》，浙江古籍出版社，1998年百衲本，第458页。
⑧ 陈敏杰、丁晓昌选注：《清代笔记小说类编·案狱卷》，陆林主编，黄山书社，1994年，第29页。
⑨ 陈学文：《明清时期太湖流域的商品经济与市场网络》，浙江人民出版社，2000年，第255页。
⑩ 邵勇：《江南水乡传统城镇研究》，硕士学位论文，同济大学，1996年，第18页。
⑪ 朱小田：《传统庙会与乡土江南之闲暇生活》，《东南文化》1997年第2期第100–105页。
⑫ 费孝通：《江村经济》，江苏人民出版社，1986年，第73页。

江南水乡市镇众多，我们仅就其中的六镇，即周庄、同里、乌青、南浔、西塘、角直（部分名列世界文化遗产预备清单），聊作说明。

一、周庄

周庄，又名贞丰里①。原属苏州府长洲县，清雍正三年析长洲置元和县，改隶元和县。“去县东南七十里，有千总驻防，其西南属吴江县，东属松江青浦县。”②

周庄之名，始于北宋元祐元年（1086）③，因在此设庄的周迪公郎舍宅为寺，故名④。

南宋时，北人南下寄寓周庄者甚众，人烟渐稠。周庄成镇，始于元代末期。沈万三之父沈佑，“由湖州南浔镇徙居东垞，始辟为镇”⑤。“周庄以村落而辟为镇，实沈万三父子之功”⑥，今天镇上的一些建筑与名胜古迹，如沈厅、银子浜、富安桥等，也都与沈万三家族有关⑦。

明朝初期，朱元璋籍没江南首富沈万三，镇上第宅、园亭、仓库等顿为颓垣断壁，市肆迁移，周庄迅速凋敝，重归荒村。明正德《姑苏志》载各县市镇甚详，无周庄镇名⑧。嘉靖《南畿志》亦无载⑨。“前明，迁肆于后港，镇西多坟墓，鲜民居。”⑩

清朝初期，周庄始渐复兴，列名康熙《长洲县志》所载四市十镇中，“周庄，在二十六都，去县东南四十里，为吴江县、松江府交接之所”⑪。清代中叶，镇民近五千，“其户口赋役之数，足当西北一小县”⑫。周庄镇有东、南、西、北四栅，市街长三里、宽二里⑬（见图3–3–1、见图3–3–2）。

---

① 董煜：《黑的海》，上海三联书店，2000年，第67页。

② [清]乾隆《苏州府志・乡都・市镇》卷19，转引自樊树志《明清江南市镇探微》，复旦大学出版社，1990年，第309页。

③ 潘敏文：《从周庄到福州朱紫坊的所见与所思》，《福建建筑》2003年第1期第5–7页。

④ 王绰：《水乡古镇——周庄》，《华中建筑》1995年第2期第51–56页。

⑤ [清]光绪《周庄镇志・界域》卷1，转引自中国人民政治协商会议江苏省昆山县委员会文史征集委员会《昆山文史・第8辑》，中国人民政治协商会议江苏省昆山市委员会文史征集委员会，1989年，第147页。

⑥ [清]光绪《周庄镇志•第宅》卷2，转引自中国人民政治协商会议江苏省昆山县委员会文史征集委员会《昆山文史・第8辑》，中国人民政治协商会议江苏省昆山市委员会文史征集委员会，1989年。

⑦ 许树东主编，苏州市计划委员会等编：《江南巨富沈万三•沈万三传奇》，古吴轩出版社，1994年，第42页。

⑧ [明]正德《姑苏志・乡都》卷18，转引自《四库提要著录丛书》编纂委员会编《四库提要著录丛书・史部・212》，北京出版社，2010年，第42页。

⑨ [明]嘉靖《南畿志・苏州府・城社》卷12，转引自四库全书存目丛书编纂委员会编《四库全书存目丛书・史部・第190册》，齐鲁书社，1996年。

⑩ [清]光绪《周庄镇志・界域》卷1，转引自李伯重《多视角看江南经济史・1250–1850》，生活・读书・新知三联书店，2003年，第407页。

⑪ [清]康熙《长洲县志・市镇》卷8，转引自樊树志《明清江南市镇探微》，复旦大学出版社，1990年，第310页。

⑫ [清]嘉庆《贞丰拟乘》，喻荣疆序，转引自樊树志《明清江南市镇探微》，复旦大学出版社，1990年，第105页。

⑬ 陶煦：《贞丰里庚申见闻录》（卷上），载樊树志《明清江南市镇探微》，复旦大学出版社，1990年，第310页。

图3-3-1 周庄河道

图3-3-2 周庄舟楫

周庄，“东走沪渎，南通浙境，距吴江所辖之同里、黎里、莘塔，元和所辖之车坊、六（角）直、陈墓诸镇，均不过二三十里”①。与邻近市镇构成细密的网络，为手工业中心和商品集散地。

图3–3–3 周庄迷楼

周庄镇四乡农家从事棉纺织业、竹器业、粮食业、水产业等，为基本的行业结构。“妇女则皆以木棉为纺织，间作刺绣。”②所产竹器，“坚利灵便，数年不敝，南栅、港东、隆兴桥南多业此者”，“为农者为渔者赖竹器供用尤急”③。

镇上还有粮食牙行，或以此致富：“架屋为粮食牙行，渐拓其基，建丰玉堂宅百余椽。”④周庄地近阳澄湖、淀山湖，四乡民众“以渔为业者多”，鱼鲜生意繁忙，“东、西二港俱成列肆”⑤。

清代末期同治年间，全镇居民五分之一以上，为作坊、店铺、酒楼等，充当雇工伙计（见陶煦《贞丰里庚中见闻录·卷下》，笔者注），可谓家家户户俱与工商业密切相关⑥（见图3–3–3）。

① 陶煦：《贞丰里庚申见闻录》（卷上），载樊树志《明清江南市镇探微》，复旦大学出版社，1990年。
② [清]光绪《周庄镇志·风俗》卷4，转引自顾廷龙主编，《续修四库全书》编纂委员会编《续修四库全书·717·史部·地理类》，上海古籍出版社，1996年。
③ [清]嘉庆《贞卜拟乘·土产》（卷上），转引自樊树志《明清江南市镇探微》，复旦大学出版社，1990年。
④ [清]光绪《周庄镇志·人物》卷4，转引自中国人民政治协商会议江苏省昆山县委员会文史征集委员会《昆山文史·第8辑》，中国人民政治协商会议江苏省昆山市委员会文史征集委员会，1989年，第153页。
⑤ [清]嘉庆《贞卞拟乘·水道》（卷上），《贞卞拟乘·物产》（卷上），转引自樊树志《明清江南市镇探微》，复旦大学出版社，1990年，第312页。
⑥ 樊树志：《明清江南市镇探微》，复旦大学出版社，1990年，第312页。

周庄内大宅众多，尤以沈厅、张厅为著。沈厅原名敬业堂，建于清乾隆七年（1742），坐东朝西，七进五门楼，占地约2000平方米[①]，属典型的江南水乡巨宅。沈厅自中轴线可分三部，前部为水墙门、河埠头，是水乡独有的建筑。中部是墙门楼、茶厅、正厅，为接待宾客、商议大事、办理红白喜事之处。主厅松茂堂居中，为面阔、进深11米的正方形（见图3–3–4）。厅两侧为次间屋，有楼与前后厢房相连。后部为大堂楼、小堂楼、后厅屋，为生活起居处，前后楼屋连接成“走马楼”（见图3–3–5）。

图3–3–4 周庄沈厅松茂堂卷轩

图3–3–5 周庄沈厅大堂楼院落

① 阮仪三：《周庄》，浙江摄影出版社，2015年，第95–100页。

张厅坐东朝西，前后七进，占地1884平方米，为明正统年间中山王徐达之弟徐孟清后裔所建，旧名怡顺堂。清朝初年，徐氏势衰，为张姓所得，改名玉燕堂，俗称“张厅”①。张厅第三进正厅玉燕堂前轩后廊，因采用四根粗大楠木柱，柱下木质鼓墩，又称“楠木厅”，其山面穿斗架下都用穿枋，颇具装饰性（见图3–3–6）。其后花园内有河道，船从家中过，构思奇特（见图3–3–7）。

图3–3–6 周庄张厅后厅穿斗架

图3–3–7 周庄张厅后花园

① 昆山市政协文史征集委员会、昆山市文物管理委员会编：《昆山片玉》，古吴轩出版社，1997年，第69–70页。

周庄之风韵，诚如著名艺术家吴冠中先生言："黄山集我国山川之美，周庄集我国水乡之绝。"①（见图3–3–8、图3–3–9）

图3–3–8 周庄建筑与水道

图3–3–9 周庄双桥

① 高雷、潘灿荣：《真假古建之价值、国人当醒——访苏南古镇周庄有感》，《南方建筑》1996年第4期第37–39页。

二、同里

同里镇，位于苏州东南18千米，处太湖之滨，京杭运河之畔，典型的水乡古镇①，是保存最完整的古镇之一，也是唯一的省级重点文物保护单位。1995年，古镇被列为江苏省首批历史文化名镇②。镇内退思园，已列入世界文化遗产。

同里，古名富土，“后人因其名太侈，析富字之田加土上，改名同里”③，唐代初期称铜里。宋代建镇，改同里。“明初地方五里，居民千余家，室宇丛密，街巷逶迤，市物腾沸，可方州郡，故局务税额，逾于县市”，清代初期“居民日增，市镇日扩”。④

镇外四面环水，周边湖荡星罗棋布，河港密似蛛网。东临同里湖，南滨叶泽、南星两湖，西接庞山湖（已围垦，笔者注），北枕九里湖，西北为吴淞江，东北为摇（姚）城湖，又东北为陈湖。故《同里志》云：“五湖环绕于外，一镇包涵于中。”这里又是吴江、松江、东江交汇处。

镇内水体占全镇面积的五分之一以上，全镇被川字形的15条河流分隔成7个小岛，49座古桥将全镇接为整体，河两岸条石砌筑的驳岸，长达6. 5千米（见图3-3-10）。河流全长5. 14千米，河港交织，水天一色，镇村隐现。镇上街河并行，桥路相连。因河道为骨，依水成街，环水设市，傍水筑第，建筑依水而立，巧妙地将河、桥、街巷、宅园等联结成有机的一体。

图3-3-10 同里河埠头

① 高立成主编：《苏州之旅》，学林出版社，1994年，第45页。

② 罗宗真：《考古生涯五十年》，凤凰出版社，2007年，第167页。

③ [清]嘉庆《同里志》，转引自胡惠秋、刘光禄编著《北京社会函授大学教材　方志学引论》，北京燕山出版社，1989年，旧序第158页。

④ [清]嘉庆《同里志·地舆志上》（卷1），转引自中国地理学会历史地理专业委员会《历史地理》编辑委员会编《历史地理·第8辑》，上海人民出版社，1990年，第256页。

图3-3-11 同里河道

图3-3-12 岛岛相连的同里水乡

因此，与其他古镇不同之处是，同里河街建筑，与岛相伴，视线开阔。家家临绿水、户户水河桥，突破了一般江南市镇“一条河道两面街，后为民居前为店”的格局（见图3–3–11、图3–3–12）。

宋元以降，同里街名用“埭”，如南埭、东埭、西埭、竹行埭、陆家埭等。街道之间，里弄密布，街道两旁店铺林立（见图3–3–13）。同里经济繁盛，“米市在冲字、洪字、东桧、稛穛四圩，官牙七十二家，商贾四集”①。

目前，古镇遗留的明清建筑、深宅大院众多。现全镇有三谢堂、承恩堂、侍御第、五鹤门楼、仁济道院等十余处明代建筑；较完整的清代建筑有退思园、耕乐堂、崇本堂、嘉荫堂、务本堂、慎修堂、庆善堂、任氏宗祠、庞氏宗祠、陈去病故居等数十处②。带有封火墙、石库门的深宅大院，随处可见。

图3–3–13 同里店铺

三、乌青

乌青镇历史悠久，萧梁时为寺院和文化中心，镇西现存有昭明读书处③。

唐咸通十三年（872），朱洪《乌镇索靖明王庙碑》已见乌镇之名④。

南宋大观间，莫光朝《青镇徙役记》曰：“乌青镇分湖、秀之间，水陆辐辏，生齿日繁，富家大姓，甲于浙右。”⑤北宋靖康元年（1126），张僞《重修土地庙记》云：“湖秀之间有镇焉，画河为界，西曰乌镇，东曰青镇，名虽分二，实同一聚落也。”⑥宋淳熙、嘉定年间，士族大量移居于此，市镇繁荣。

清康熙、乾隆间趋至鼎盛，为江南巨镇。乌镇纵七里，横四里，青镇纵七里，横四里，镇上店铺、民屋“鳞次栉比，延接于四栅”⑦。

乌青镇分属湖州府乌程县和嘉兴府桐乡县，以东溪（市河）为界，东为青镇，属桐乡；西为乌镇，属乌程，分属两府两县，合称乌青镇。

① [清]嘉庆《同里志·物产》卷7，转引自平准学刊编辑委员会编《平准学刊·第4辑·上》，光明日报出版社，1989年，第180页。

② 蔡丽新、徐文涛主编，苏州市少先队工作委员会、苏州世界遗产暨古典园林保护工作办公室编：《水天堂的小脚丫》，苏州大学出版社，2004年，第67页。

③ 孔海珠、王尔龄：《茅盾的早年生活》，湖南文艺出版社，1986年，第5页。

④ 樊树志：《明清江南市镇探微》，复旦大学出版社，1990年，第451页。

⑤ 浙江省社会科学院历史研究所、经济研究所，嘉兴市图书馆：《嘉兴府城镇经济史料类纂》，浙江省社会科学院、嘉兴市图书馆刊印，1985年，第336页。

⑥ 马新正主编，桐乡市《桐乡县志》编纂委员会编：《桐乡县志》，上海书店出版社，1996年，第64页。

⑦ [清]乾隆《乌青镇志》卷首，转引自中国地理学会历史地理专业委员会《历史地理》编辑委员会编《历史地理·第8辑》，上海人民出版社，1990年，第249页。

图3-3-14 乌镇市河

图3-3-15 乌镇西栅河道

乌青镇处“三州之会、水陆之交”，运河穿镇而过（见图3–3–14），水道密布，支流三十余条，由西南流向东北，水路直达南浔、平望、嘉兴、陈庄、石门等市镇。市河两岸是商业区，“市河通贾舶，而列肆贾区夹处两岸”。“十里之内，民居相接，烟火万家。而西镇之四栅八隅则为江、浙二省，湖、嘉、苏三府，归安、乌程、石门、桐乡、秀水、吴江、震泽七县错壤地，百货骈集。”①

乌青镇水陆交通优越，是交通枢纽型的市镇。“市集之繁盛，全恃交通之便利。”②“乌青当水陆之会，巨丽甲他镇。……名为镇而实具郡邑城郭之势。苏、杭、嘉、湖六通四辟，粮船贾舶，无间道可他适，则两镇显然为南浙之门户。”③“商贾四集，财赋所出，甲于一郡。……第以乌镇，乌程、归安、桐乡，秀水、崇德、吴江等六县辐辏，四通八达之地。……宛然府城气象。”④

乌青商业极其繁盛。明代赵桓《常春坊》云：“长街迢遥两三里，日日香尘街上起。南商北贾珠玉场，公子王孙风月市。东家户向西家门，四时佳气常春温。吴绫蜀锦店装垛，羌桃闽荔铺堆屯。”“乌青镇一区实为浙西垄断之所，商贾走集于四方，市井数盈于万户”⑤，四方外来人口聚集。镇上建有藏书楼；辅助设施齐全，有典当、茶馆、旅馆、饭店等。

乌青镇是典型的江南水乡市镇。沿市河十字形分布，镇内10多条河流交织（见图3–3–15），两镇由桥梁连在一起，康熙时有桥梁124座，乾隆时有116桥，清朝末年有129桥（见图3–3–16）。《乌青文献》曰：“市河通贾舶，而列肆贾区夹处两岸。”⑥

历史上的乌镇，有“一观二塔三宫六院九寺十三庵”之谚。镇中心十字形交叉处是热闹的商业区，有观前街、中大街、常春里大街、常春坊、仁里坊等，以及江南三大观之一的修真观⑦（见图3–3–17、图3–3–18、图3–3–19）。镇上外地商贾众多，并有金华、宁绍、徽州等会馆，及丝业公所等。

---

① [清]乾隆《乌青镇志》卷2，转引自韦庆远、叶显恩主编：《清代全史　第5卷》，方正出版社，2007年，第99页。

② 民国《乌青镇志》卷21，茅坤《浙直分署纪事本末序》，转引自万斌主编《我们与时代同行 浙江省社会科学院论文精选・1985–1990年》，杭州出版社，2005年，第175页。

③ [清]乾隆《乌青镇志》卷5《形势》，转引自浙江省社会科学院历史研究所、经济研究所，嘉兴市图书馆编《嘉兴府城镇经济史料类纂》，浙江省社会科学院、嘉兴市图书馆，1985年，第304页。

④ 张炎贞：《乌青文献・建置》卷1《请分立县治疏》，转引自樊树志《明清江南市镇探微》，复旦大学出版社，1990年，第453页。

⑤ [明]万历《湖州府志》卷3，转引自邸富生《中国方志学史》，大连海事大学出版社，1990年，第97页。

⑥ 万斌主编：《我们与时代同行 浙江省社会科学院论文精选・1985–1990年》，杭州出版社，2005年，第173页。

⑦ 高潮主编：《中国历史文化城镇保护与民居研究》，研究出版社，2002年，第86页。

图3-3-16 乌镇西栅双桥

图3-3-17 乌镇修贞观广场（上）
图3-3-18 乌镇修贞观戏台整治前（下）

图3-3-19 乌镇修贞观戏台

四、南浔

南浔属湖州府乌程县，乃“东西南北之通衢，周约十里，郁为巨镇”①。向西距离湖州府治六十一里，北离太湖四十八里，是苏州、杭州、嘉兴、湖州四府的中心点。运河穿城而过，全镇自东栅至西栅三里，自北栅至南栅七里。

南浔，宋代以前为村落，因地处交通要津，商旅接踵。宋嘉定十一年（1218）《接待忏院公据碑》记：“南林一境系平江嘉兴诸州商旅所聚，水陆冲要之地。”②李心传《安吉州乌程县南林报国寺记》云：“南林一聚落耳，而耕桑之富，甲于浙右，土阔而物丰，民信而俗阜，行商坐贾之所萃。”③于宋淳祐十年（1250）左右建镇。

明万历十六至十七年（1588—1589）荻塘建成，沟通苏、湖两府陆路通道，南浔俨然成为都会。清道光十二年（1832）“烟火数万家”“阛阓鳞次，烟火万家，……实江浙之雄镇”④。

清代中期以后，南浔成为湖丝贸易的最大市场，其繁荣大大超过湖州府乌程县。所产湖丝极盛，“湖丝甲天下，著在维正，而陶朱公致富奇书云：缫丝莫精于南浔人。盖由来久矣”⑤。每当新丝告成，“商贾辐辏，而苏杭两织造皆至收焉。……小满后新丝市最盛，列肆喧阗，衢路拥塞”⑥。“客商大贾来行商。”⑦一日贸易数万金。

南浔湖丝之高质量，部分得益于水质之优良。高铨《吴兴蚕书》：“丝由水煮，治水为先，有一字诀，曰‘清’，清则丝色洁白。”⑧卫杰《蚕桑萃编》亦曰：“缫茧以清水为主，泉源清者最上，河流清者次之，井水清者亦可。”⑨

南浔蚕桑业发达。“蚕事吾湖独盛，一郡之中，尤以南浔为甲。”⑩丝市集中在南市河东岸，为丝行埭，南至东交界坝桥，北至泰安桥一带。温丰《南浔丝市行》云：“……一日贸易数万金，市人谁不利熏心？但教炙手即可热，街头巷口共追寻。茶棚酒肆纷纷话，纷纷尽是买与卖。小贾收买交大贾，大贾载入申江界。申江外国正通商，繁华富丽压苏

---

① [清]道光《南浔镇志》卷首《凡例》，转引自《平准学刊》编辑委员会编《平准学刊·中国社会经济史研究论集·第四辑·下》，光明日报出版社，1989年，第280–284页。

② [清]宗源瀚等修、周学濬等纂：《湖州府志·1–5》，成文出版社，1970年，第908页。

③ 南浔镇志编纂委员会编：《南浔镇志》，上海科学技术文献出版社，1995年，第381页。

④ [清]道光《南浔镇志》，同治《南浔镇志》卷2，转引自樊树志：《明清江南市镇探微》，复旦大学出版社，1990年，第103页。

⑤ [清]同治《南浔镇志》卷24，转引自彭泽益编《中国近代手工业史资料（1840–1949）第1卷》，生活·读书·新知三联书店，1957年，第476页。

⑥ [清]同治《南浔镇志》卷24，转引自王相钦《中国近代商业史稿》，中国商业出版社，1990年，第129页。

⑦ 民国《南浔镇志》，载樊树志《江南市镇·传统的变革》，复旦大学出版社，2005年，第239页。

⑧ 嵇发根主编：《丝绸之府湖州与丝绸文化》，中国国际广播出版社，1994年，第97页。

⑨ 转引自王翔：《近代中国传统丝绸业转型研究》，南开大学出版社，2005年，第3页。

⑩ [清]同治《南浔镇志·农桑》卷21，转引自中国人民政治协商会议湖州市委员会文史资料研究委员会编《湖州文史·第4辑》，中国人民政治协商会议湖州市委员会文史资料研究委员会刊印，1986年，第50页。

杭……”①南浔镇资本雄厚者众多，有“四象，八牯牛，七十二只狗”之谚②。

南浔街市，南北广五里，东西袤三里。清同治年间，有107座桥梁、10余条街道和28条弄。市镇沿河，市河由南往北，运河由西向东，形成一个十字形水系，为典型的水城格局，“东西水栅市声喧，小镇千家抱水园”③。“南浔贾客舟中市，西塞人家水上耕。”④

南浔会馆、公所建筑众多。南栅有新安会馆、金陵会馆、宁绍会馆、新安公所、闽公所等。

古镇人文蔚起，“前明中叶，科举极盛，有九里三阁老，十里两尚书之谚”⑤，故高官巨贾众多，大宅林立（见图3–3–20）。学风鼎盛，元代有镇学，明代有社学，清代有浔溪女学，清同治四年（1865）创建浔溪书院。晚清著名的嘉业堂藏书楼，至今尚存。

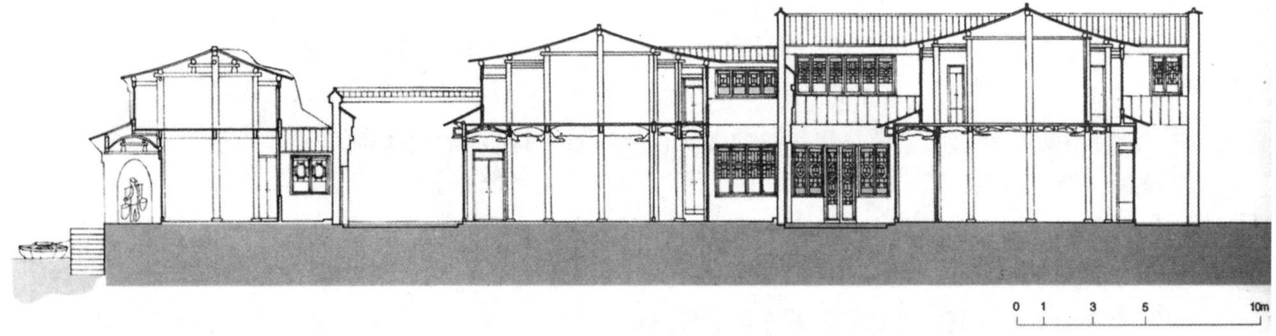

图3–3–20 南浔百间楼二十号董宅（《江南古镇》）

南浔是江南水乡最富饶、美丽的市镇之一（见图3–3–21）。人云“湖州整个城，不及南浔半个镇”⑥。南浔的城市建筑，不在府城之下。经济极为富庶，“南浔一村当一县，财货云屯商贾便”⑦。南浔对四周市镇、乡村经济、文化影响巨大。

---

① [清]同治周庆云《南浔镇志·农桑》卷31，转引自彭泽益编：《中国近代手工业史资料（1840–1949）第2卷》，生活·读书·新知三联书店，1957年，第80–81页。

② 资产过千万之张氏、刘氏，别称为“狮”。见刘克祥主编：《清代全史·第10卷》，辽宁人民出版社，1993年，第243页。

③ [明]吴锡麟《南浔舟中同问渠叔中作》，转引自冯旭文编，宓荣卿绘：《南浔民俗》，浙江摄影出版社，2005年，第64页。

④ 韩奕：《湖州道中》，转引自任继愈主编，[清]薛熙编：《中华传世文选·明文在》，吉林人民出版社，1998年，第77页。

⑤ [清]范颖通《研北居琐录》，转引自杨念群：《儒学地域化的近代形态：三大知识群体互动的比较研究》，北京：生活·读书·新知三联书店，1997年，第162页。

⑥ 指经济实力而言，此谚清光绪年间始流行。见钟伟今主编，湖州市民间文学集成办公室编：《浙江省民间文学集成·湖州市歌谣、谚语卷》，浙江文艺出版社，1991年，第598页。

⑦ [明]方文：《畲山续集》卷2《南浔叹》，转引自邓之诚撰：《清诗纪事初编·8卷》，台湾明文书局，1985年，第144页。

图3-3-21 南浔百间楼老街水连宅（《江南古镇》）

五、西塘

西塘位于浙江省嘉兴市嘉善县，距嘉善县城11千米①。元代陶宗仪《辍耕录》云："秀之斜塘，有故宋大姓居焉，家富饶，田连阡陌"，已成集市。因地形平畴，故别名"平川"②。

相传春秋时期，吴国伍子胥凿伍子塘兴水利，直抵境内，称胥塘③，"胥""西"音近，后遂讹称"西塘"。

明代建市镇，正德年间称西塘镇，万历中期为斜塘镇，以后沿称西塘至今。

西塘位于江、浙、沪三省交界部，水陆交通便捷。春秋时，是吴越两国相争之地，故称"吴根越脚""越角人家"④。200多年前清代形成的镇区，至今保留完整。全镇面积约1公顷，遗留明清建筑群25万平方米⑤。

西塘河廊，又名廊棚，是水乡独具的特色景观。廊棚里侧为民居、店铺，人行其下，可谓"雨天不淋，晴天不晒"，便于生计、经商。烟雨长廊，是沿河建筑的延伸，悠悠河流的依傍，便己利人，承载着浓郁的人文情思。西塘环秀桥下的河廊，用圆柱支撑单坡青瓦屋顶，俗称"一落水"，或有"二落水"甚或过街楼的形式。西塘镇中，水面相对宽阔，走在廊棚下，分外爽畅（见图3-3-22、图3-3-23、图3-3-24）。

---

① 蔡敏华主编：《浙江旅游文化》，浙江大学出版社，2005年，第79页。

② 嘉善县地方志编委会编，《西塘镇志》编写组编：《西塘镇志》，新华出版社，1994年，第37页。

③ 嘉善县年鉴编纂委员会：《嘉善年鉴·1993–1997》，中华书局，1999年，第133页。

④ 张春晓编著：《风花雪月的江南》，山东画报出版社，2004年，第207页。

⑤ 叶骁军主编，中华地图学社编：《中国长三角名胜精华》，中国地图出版社，2004年，第267页。

图3-3-22 西塘河廊之一

图3-3-23 西塘河廊之二（左）
图3-3-24 西塘河廊之三（右）

西塘廊棚，原多集中在北栅街、南栅下街、朝南埭、椿作埭、塔湾街等闹市区。后里仁街、朝东埭、四方汇等居民区，也建廊棚，又新建了小桐街廊棚等，沿河串连起来。西塘河廊保存最为完整，总长达1 300余米。

西塘许多老街巷、第宅还保持着原有的风貌，虽陈旧但很纯朴，“是江南古镇中的后起之秀”①。

西塘的街、巷极富特色（见图3–3–25）。全镇122条弄堂，最有名的要数石皮弄，位于下西街钟福堂西首，最宽处1米，最窄处仅0.8米，长68米，由166块石板构成，石板宽0.3米、长0.8米左右，厚仅3厘米，板薄如皮，故名②。石皮弄两侧皆为8—10米高的实体山墙，十分幽深、静谧（见图3–3–26），走过它有种穿越时空之感。石皮弄，可谓典型的江南巷弄。

老镇明清深宅大院密布。如唐开元年间（713—741），始建有“马鸣庵”③。

现存的王宅（种福堂），原是南宋王渊后世子孙的第宅，建于清顺治、康熙年间④，中轴对称，前后八进，长百余米。种福堂建筑精致，正厅楼板上铺方砖，砖下垫黄沙、石灰，结硬后滴水不漏，且隔音、保温效果良好，堂楼结构为较特殊之“厅上厅”。

庞公祠，原祀巡抚庞尚鹏，初建于明万历三年（1575）。清康熙十三年（1674），改祀关羽，名圣堂。旧时，每逢岁首，商贩云集，风味小吃、年画玩具等一应俱全⑤。

薛宅，约建于1926年，临街依河，为典型商住民居，现为西塘民间艺术收藏馆⑥（见图3–3–27）。

西园原系明代朱氏别业，后转归孙氏（见图3–3–28），是西塘历史上最大的私家花园⑦。

图3–3–25 西塘石板路（左）
图3–3–26 西塘石皮弄（右）

① 阮仪三：《江南六镇》，河北教育出版社，2002年，第128–144页。
② 金梅：《西塘（江南古镇）》，古吴轩出版社，1999年，第26页。
③ 嘉善县地方志编委会编，《西塘镇志》编写组编：《西塘镇志》，新华出版社，1994年，第352页。
④ 寇林主编，许岩摄影，陆明撰文：《嘉兴影踪》，浙江摄影出版社，1999年，第67页。
⑤ 黄佩军、阮裕仁主编：《浙江旅游景点导游词》，浙江人民出版社，1994年，第396页。
⑥ 郭成主编，王晨光、顾伟建编著：《嘉兴风景名胜》，西泠印社，2000年，第136页。
⑦ 伟夫：《西塘胜迹》，《中国地名》1998年第6期第43页。

图3-3-27 西塘薛宅门楼（左）
图3-3-28 西塘西园过街楼（右）

护国随粮王庙位于西塘雁塔湾，又名七老爷庙①，始建于明代，现予以重建。

西塘镇中十字河道，为全镇中的主要骨架，南北称三里塘②，最宽处约22米；东西向为西塘港，长1.2千米，宽20米，其他河道与它们交汇。九条河流在镇区汇集，划镇区为八块，古称"九龙捧珠""八面来风"③。有乌泾塘、六斜塘、烧香港、显仁港、来凤港、十里港、杨秀泾等，形成河网纵横的水乡镇市（见图3-3-29、图3-3-30、图3-3-31、图3-3-32）。

图3-3-29 西塘河埠头

① 高占祥主编：《中国民族节日大全》，知识出版社，1993年，第47页。
② 《嘉善县交通志》编委会编：《嘉善县交通志》，浙江大学出版社，1994年，第11页。
③ 张家伟、吴荣芳：《江南古镇》，上海书店出版社，2003年，第75页。

图3-3-30 西塘河道

图3-3-31 西塘河道交汇处（左）
图3-3-32 西塘沿河民居（右）

六、甪直

甪直，位于苏州城东南25千米。原名甫里，探本究源，因唐代著名诗人陆龟蒙晚年隐居于此①。据《吴郡甫里志》云：镇西有“甫里塘”而名。后因镇东有直港，通向六处，水流形如“甪”字，故改名“甪直”。《吴郡甫里志》载：“镇东有直港，可通六处，因有是名。”可见，“甪直”或因“六泽”谐音而成②。又传古代独角神兽“甪端”，路经甪直，见此风水宝地，因而停落，故明代改名“甪直”。

① 金煦主编：《苏州民间故事》，中国民间文艺出版社，1989年，第92页。
② 章采烈编著：《中国建筑特色旅游》，对外经济贸易大学出版社，1997年，第133页。

明代甪直成镇，素称“五湖之汀”“六泽之冲”[①]，为江苏省首批历史文化名镇，费孝通先生誉之“神州水乡第一镇”[②]（见图3–3–33）。

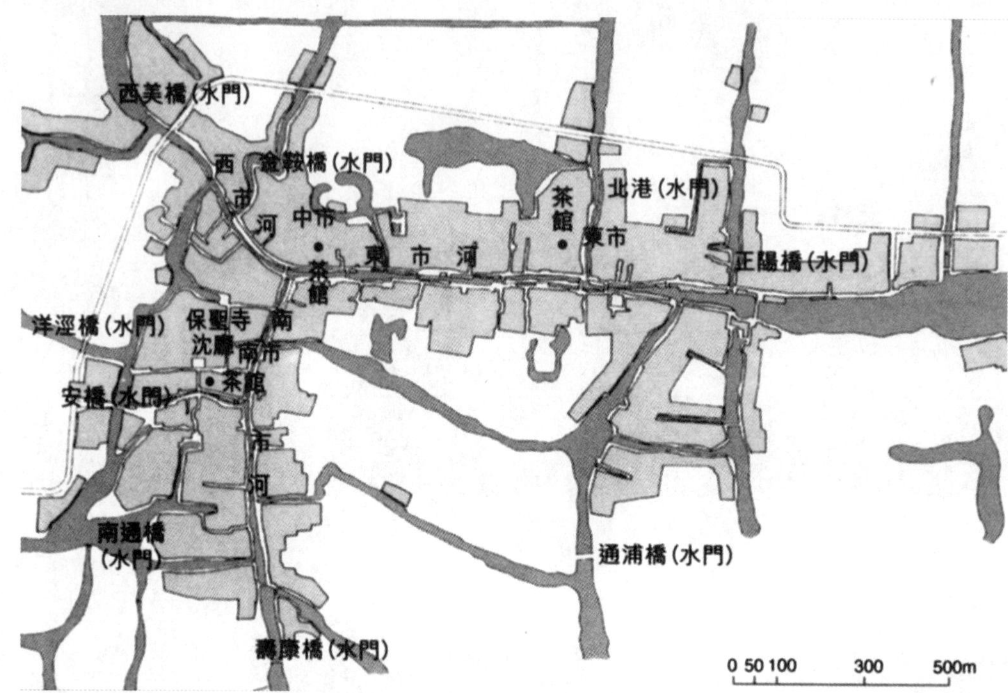

图3–3–33 甪直平面图（《江南古镇》）

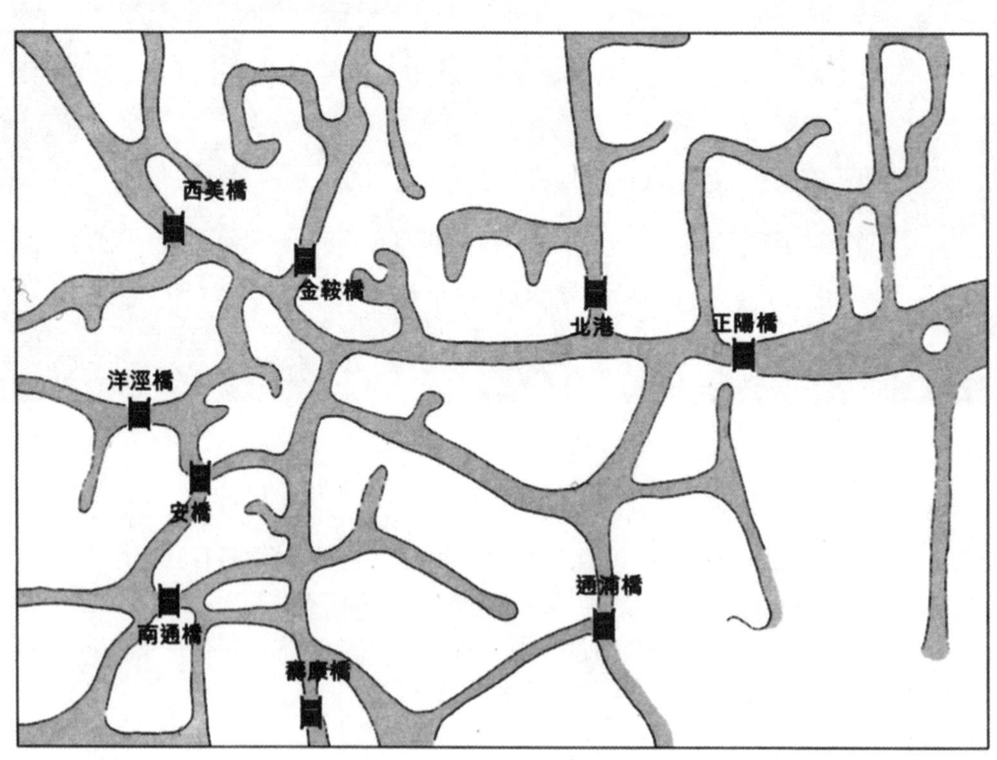

图3–3–34 甪直镇水栅分布图图（《江南古镇》）

---

① 江苏省政协文史资料委员会编：《江苏文史资料集萃·风物卷》，《江苏文史资料》编辑部，1995年，第30页。

② 朱红：《甪直》，古吴轩出版社，1998年，第120页。

角直镇内河网交错（见图3–3–34），碧水环绕，水水相连（见图3–3–35），桥桥对望，水多桥密，谓为江南“桥都”，古镇区仅1公顷，现存宋、元、明、清各代的石拱桥达41座[①]（见图3–3–36）。

角直街巷密布，镇上卵石、花岗石铺成的主街道9条，58条巷弄，最深者长达150米。

图3–3–35 角直水巷

图3–3–36 角直的拱桥

① 叶骁军主编，中华地图学社编：《中国长三角名胜精华》，中国地图出版社，2004年，第73页。

古镇深宅大院较多，如现存的沈宅（见图3–3–37）、萧宅、王韬纪念馆、萧芳芳影视艺术馆等，深三进、五进、六进、七进不一。镇中明清宅第，均黛瓦粉墙、木质门窗，部分墙壁还有纹饰。街坊临河而筑，前街后河，人行桥上，舟游水中，沿街河棚蜿蜒，驳岸河埠旖旎。街巷两旁，店铺林立。现在还根据叶圣陶先生的名作《多收了三五斗》，新建了“万盛米行”作为当时商业兴旺的一个缩影[①]（见图3–3–38、图3–3–39、图3–3–40）。

图3–3–37 甪直沈宅乐善堂卷轩

图3–3–38 甪直万盛米行

① 朱红：《甪直》，古吴轩出版社，1998年，第82页。

图3–3–39 角直万盛米行内展陈的米斛子1

图3–3–40 角直万盛米行内展陈的米斛子2

角直镇文物古迹较多。如镇东有北宋的白莲花寺旧址，镇西有孙妃墓，镇南有西汉丞相张苍墓，镇北有吴王夫差行宫旧迹等。

其最著名者当推始建于南朝梁天监二年（503），距今约1000多年的角直保圣寺，是国务院首批公布的全国重点文物保护单位。寺内唐代著名雕塑家杨惠之所塑的九尊泥塑罗汉，历经千年保存完好（见图3–3–41）。元代书法家赵孟頫题抱柱联云："梵宫敕建梁朝推甫里禅林第一，罗汉溯源惠之为江南佛像无双。"寺内的"斗鸭池""小虹桥"和"清风亭"等，是隐居于此的晚唐著名诗人、文学家陆龟蒙先生留下的遗迹，名闻遐迩[①]。

图3–3–41 角直保圣寺唐塑

江南水乡古镇众多，保存完整者亦复不少，如苏州木渎（见图3–3–42）、吴江芦墟（见图3–3–43）、宁波古林（见图3–3–44）等。限于篇幅，我们就不一一介绍了。

图3–3–42 木渎古镇（《盛世滋生图》）

① 李麟主编：《游遍中国·江苏卷》，青海人民出版社，2003年，第82页。

图3–3–43 吴江芦墟拱桥

图3–3–44 宁波古林镇

第四节 江南水乡名城——聚落体系的上层结构

现存江南水乡名城众多，如苏州、杭州、上海、宁波、绍兴、常州、无锡等。其中，明清时最著者莫过于苏、杭二州。有研究认为，以《吴郡志》云“天上天堂，地下苏杭”为最早[①]。更早在北宋京城汴京（今河南开封），就曾流行“苏杭百事繁度，地上天宫”民谚，这是“上有天堂，下有苏杭”的最早说法[②]。

陈学文先生认为，市场经济的高级市场，“是指商品流通量很大，市场覆盖面很广，人口密集，设施齐全，保障体系完备，是商品交换的中心，并左右着整个地区和影响着其他地区的商品交换。……在明清时期江南地区，高级商品市场只有苏、杭两个大城市。……不仅是指风景秀丽，还深含对这两个城市经济繁荣、文化昌盛、生活富裕的赞颂，说明在全国诸城市中处于最繁华的地位”[③]。

而苏州不仅属于江南区域市场，且是全国性的市场规模[④]。

一、苏州

苏州北枕长江，东邻大海，西濒太湖，京杭大运河南北纵贯，古城内外，湖泊密布，水道纵横，形成水网交织、江海通连之格局，堪称水乡泽国的典范。而古城西南，丘陵叠翠，依山傍水，环境极为优美。

苏州为江苏境内最早的城市。通常认为，春秋时期（前514），吴王阖闾命伍子胥造阖闾大城，为其建城之始[⑤]。“吴大城，周四十七里二百一十步二尺。陆门八，其二有楼。水门八。南面十里四十二步五尺，西面七里百一十二步三尺，北面八里二百二十六步三尺，东面十一里七十九步一尺。”[⑥]曾有学者对其进行过复原研究，认为平面呈亚字形，因伍子胥原属楚臣，故在规模、形制与布局方面与楚都郢城有诸多相似处[⑦]。其城门阊阖门、盘门、胥门，历代文献中提及的街、巷、桥、坊等名称，沿用至今。当然，也有学者认为《越绝书》所记吴大城和后世文献所谓的阖闾城（今属苏州）并非同一城，吴大城实际位于苏州木渎附近[⑧]……

两千五百多年来，占据天时、地利、人和的苏州，一直是江南水乡政治、经济、文化

---

① 柴德赓：《从白居易诗文中论证唐代苏州的繁荣（初稿）》，《江苏师院学报（社会科学版）》1979年第Z1期第21–35页。

② 碧涛主编：《逸闻趣事缘由》，蓝天出版社，2004年，第355页。

③ 陈学文：《明清时期太湖流域的商品经济与市场网络》，浙江人民出版社，2000年，第286–287页。

④ 陈学文：《明清时期太湖流域的商品经济与市场网络》，浙江人民出版社，2000年，第255页。

⑤ [汉]赵晔撰，[元]徐天佑音注：《吴越春秋·阖闾内传》，苗麓校点，辛正审订，江苏古籍出版社，1999年，第31页。

⑥ [东汉]袁康、吴平辑录：《越绝书·越绝外传记吴地传》，乐祖谋点校，第9–10页，上海古籍出版社，1985年。

⑦ 曲英杰：《吴城复原研究》，《东南文化》1989年Z1期第130–136页。

⑧ 钱公麟：《春秋时代吴大城位置新考》，《东南文化》1989年Z1期第137–142页。

中心城市之一，以物阜民丰、风物清嘉，享誉天下。苏州“美好却不张扬，温润于心又令人难忘。成为人们心目中仿佛天堂一般的地方，这是千百年来唐宋诗词语境中留给人们最美好、最深刻的苏州记忆”[①]。

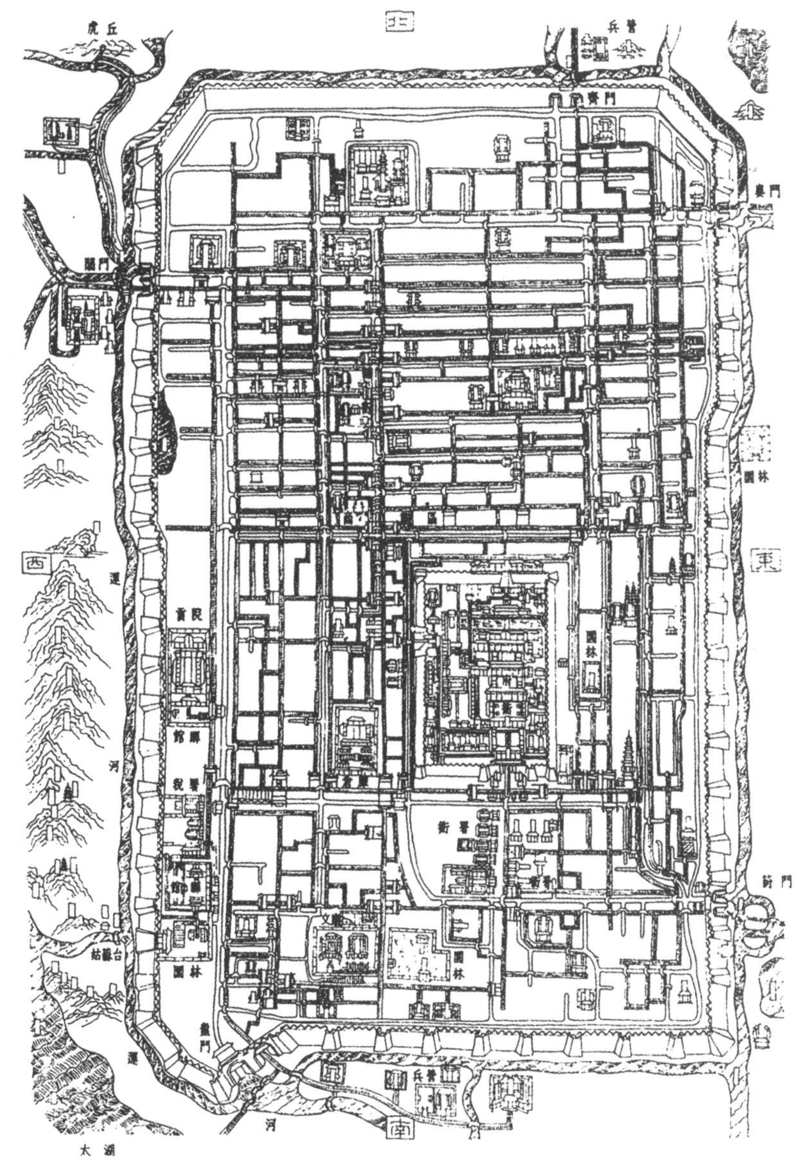

图3-4-1 宋平江府图碑摹本（《中国古代建筑史》）

苏州人文荟萃，文化发达，俊杰辈出，“姑苏文盛出状元”，单是清朝，苏州一府三县就出了17个状元[②]。徐有贞《苏郡儒学兴修记》曰：“吾苏也，郡甲天下之郡，学甲天下之学，人才甲天下之人才，伟哉！其有文献之足征也。”[③]陈夔龙《梦蕉亭杂记》卷二言：“苏浙文风相将，衡以浙江一省所得之数，尚不及苏州一府。其他各省，或不及十

① 金白梧：《唐宋诗词语境中的苏州记忆——兼论文学意义上的“江南”一词》，《名作欣赏》2018年第11期第33–35页。

② 谭亚新、卢群选编：《姑苏风物传说》，浙江人民出版社，1990年，第96页。

③ 《吴县志》卷26《舆地考·文庙》引《苏州郡儒学兴修记》，转引自潘力行、邹志一主编，吴县政协文史资料委员会编：《吴地文化一万年》，中华书局，1994年，第281页。

人，或五六人，或一二人。”清代初期，汪琬曾把出状元作为吴郡特产，夸耀同僚①。

袁宏道《龚惟学先生》曰：“若夫山川之秀丽，人物之色泽，歌喉之宛转，海错之珍异，百巧之川凑，高士之云集，虽京都亦难之。”②明万历年间，苏州城市居民有五十万人；至清代中期，已近百万，堪称当时世界上最大的城市之一③。

苏州发达的经济、昌盛的文化、如画的环境、众多的俊彦，为建筑、园艺等活动，提供了雄厚的物质、文化基础。遗留至今的苏州古城、古典园林等，源远流长、博大精深，是中国文化精华的载体之一，彪炳世界建筑史册。

苏州又曰平江，南宋绍定二年（1229）的《平江图》石碑（或认为完成于南宋理宗绍定三年，1230年④），完整保留至今（见图3–4–1），是目前我国最早的城市平面图实物，详细、准确地反映了当时苏州的面貌，是研究古代建筑历史的珍贵资料。拿《平江图》与现苏州城相对照（见图3–4–2），发现图上所画出的城市范围、道路、河港、桥梁以及重要建筑物的位置等，比较契合。故该图如实按照一定比例绘成，准确、生动。

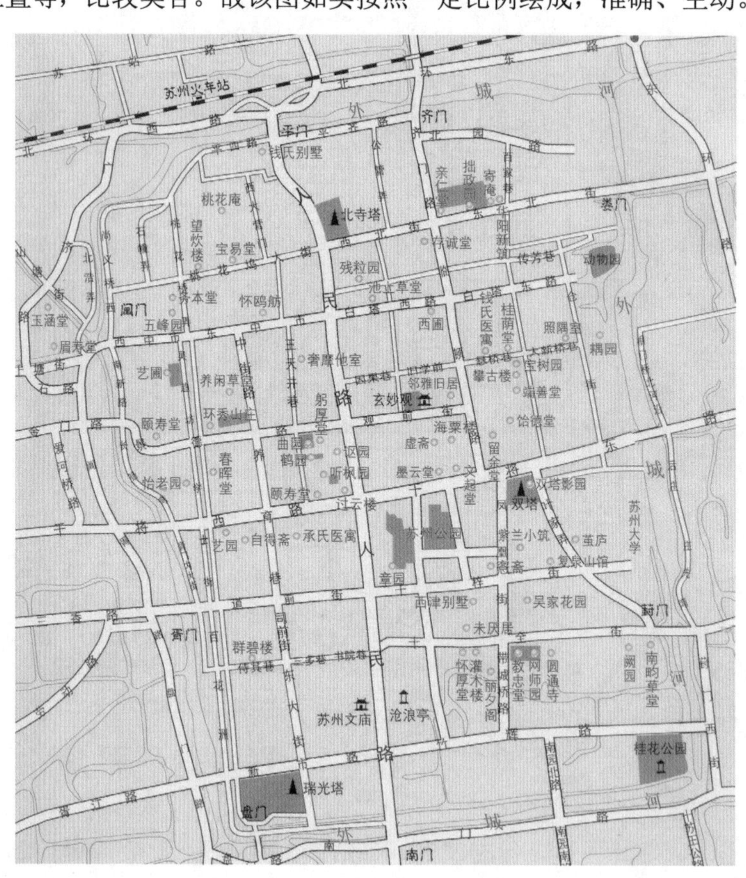

图3–4–2 苏州宅园分布图（《苏州名人故居》）

马可·波罗曰：苏州“城中居民之多，确实令人惊叹。……他们只是从事工商业，并在这个方面表现出巨大的才能”⑤。

① 沈道初编著：《吴地状元》，南京大学出版社，1997年，第21–23页。

② 李健章：《〈袁宏道集笺校〉志疑·袁中郎行状笺证·炳烛集》，湖北人民出版社，1994年，第382页。

③ 刘石吉：《明清时代江南市镇研究》，中国社会科学出版社，1987年，第964页。

④ 张维明：《宋〈平江图〉碑年代考》，《东南文化》1987年第3期第109–112页。

⑤ [意]马可·波罗：《马可·波罗游记》，梁生智译，中国文史出版社，1998年，第199页。

苏州城平面，呈南北长4千米多、东西宽3千米多的长方形，城墙略有弯曲，马面突出，护城河环绕。城门5个，旁均有水城门①。

城市道路呈方格形，为井字或丁字相交，东西向布局。城内河道多系开凿而成，驳岸齐整，架桥梁连系通途。河流多与街道并行，前街后河，北半部城市尤显。

子城为府治所在，是筑有城墙的衙城，系由院落、厅堂、廊庑等组成的建筑群，靠近全城中央，略偏东南。其内6区，府院、厅司、兵营、住宅、库房和后花园，主要建筑位居中轴线上。

《平江图》上，可见到跨街建造的书写坊名的华表，坊名与《吴郡志》记载相符②。城市商业发达，行市众多，不少街坊成为同行业者聚居的地方。图上可找到不少以手工业为名称的街、巷、坊等，如米行、果子行、荐行、胭脂绣线等。或以集市为名，如米市、鱼市、花市、皮市等。交通便利处，还设有固定的集市场所。

宋代尊儒重道，因之寺庙道观遍布城乡。仅《平江图》所记就有100多个寺观，有些建有高塔，如城北的报恩寺塔（今北寺塔，见图3–4–3）、定慧寺罗汉院（今双塔，见图3–4–4）、虎丘云岩寺塔等（见图3–4–5）。这些寺庙在城市中占地较大，位于主要道路两旁或尽端，地位重要。高塔位置恰当，与城市陆路及河道配合协调，丰富了城市轮廓线，构成优良的城市景观③。

图3–4–3 苏州北寺塔局部（左上）
图3–4–4 苏州双塔（翟乃薇摄）（左下）
图3–4–5 苏州虎丘云岩寺塔（右）

① 董鉴泓主编：《中国城市建设史·第2版》，中国建筑工业出版社，1989年，第68页。
② [宋]范成大撰：《吴郡志·坊市》，陆振岳校点，江苏古籍出版社，1999年，第70页。
③ 同济大学城市规划教研室编：《中国城市建设史》，中国建筑工业出版社，1982年，第52页。

考古发掘表明，苏州是在原址上不断重建的城市。研究者认为其原因，在于苏州的城市骨架——河道的重要作用（见图3-4-6、图3-4-7、图3-4-8、图3-4-9）。虽然，城市建筑屡次毁于战火兵器，但河道骨架犹存，只需稍加整治即可。因此，江南水乡地区的河道是城市发展、居民生活的主要命脉，不会轻易迁址[①]。

图3-4-6 苏州水巷

图3-4-7 苏州平江路水巷

图3-4-8 苏州山塘街水巷

图3-4-9 苏州山塘街苏州商会博物馆内景

① 董鉴泓主编：《中国城市建设史・第2版》，中国建筑工业出版社，1989年，第68-72页。

《平江图》反映了水乡城市格局，不同于平原城市那样的规则方正，这归因于水网地区河道纵横的自然地理，多为不规则的街巷，因地制宜。城门亦如此（见图3–4–10），水陆城门更是水乡独有（见图3–4–11、图3–4–12）。

图3–4–10 苏州古城胥门（左）

图3–4–11 苏州盘门城楼、瓮城（右）

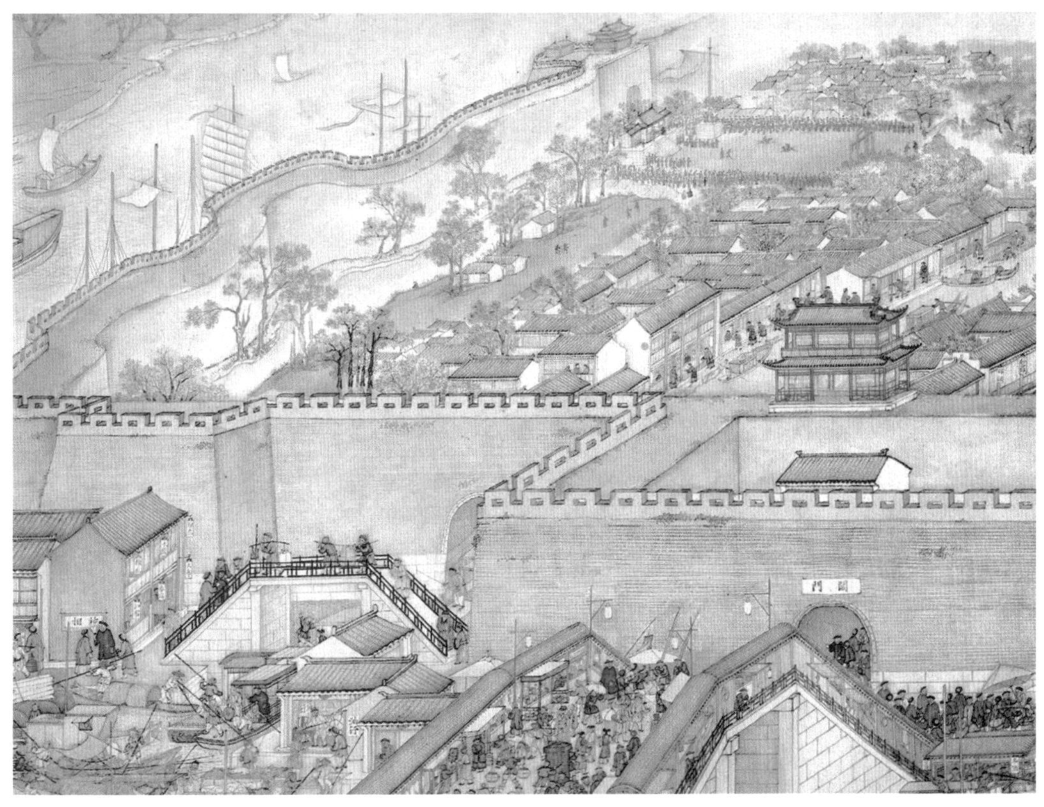

图3–4–12 苏州水陆阊门（《盛世滋生图》）

苏州城内，集中了大量的高官贵贾，大型宅院（园林）很多，名人宅园遍布，可谓天下第一[①]。苏州居民听评弹、赏昆曲、品美食、观书画、筑园林等习俗，蔚然成风，游赏成俗[②]。故南宋时，其城市山林已有相当的规模，此后持续发展，形成了独具风格的苏州古典园林。

① 王仁宇：《苏州名人故居》，西安地图出版社，2001年，第3页。

② 陶旭东、吴家涵：《清代苏州旅游风俗述论》，载高燮初主编《吴文化资源研究与开发》，江苏人民出版社，1994年，第495页。

“江南园林甲天下，苏州园林甲江南”①，苏州可谓“园林之城”（有关内容，详见本书第五章）。

二、杭州

杭州位于我国东南沿海。它东临大海，南接钱塘，西湖为伴，运河贯穿，“地处浙西山地丘陵东端与钱塘江两岸平原（广义地讲是长江中下游平原）的交界地带，这一地域是两个地理性质迥异的地理单元的结合处，具有出现重要城市的潜在的自然和经济地理位势”②。

杭州气候温润，物产丰富，经济繁荣。秦汉时设县治。隋开皇十一年（591）依凤凰山筑州城，周围36里90步③。南宋临安城有12个城门：东为便门、保安、崇新、东青、艮山、新门，西为钱湖、清波、丰豫、钱塘，南为嘉会，北为余杭；另有五个水门：保安、南水、北水、天宗、余杭④（见图3–4–13）。

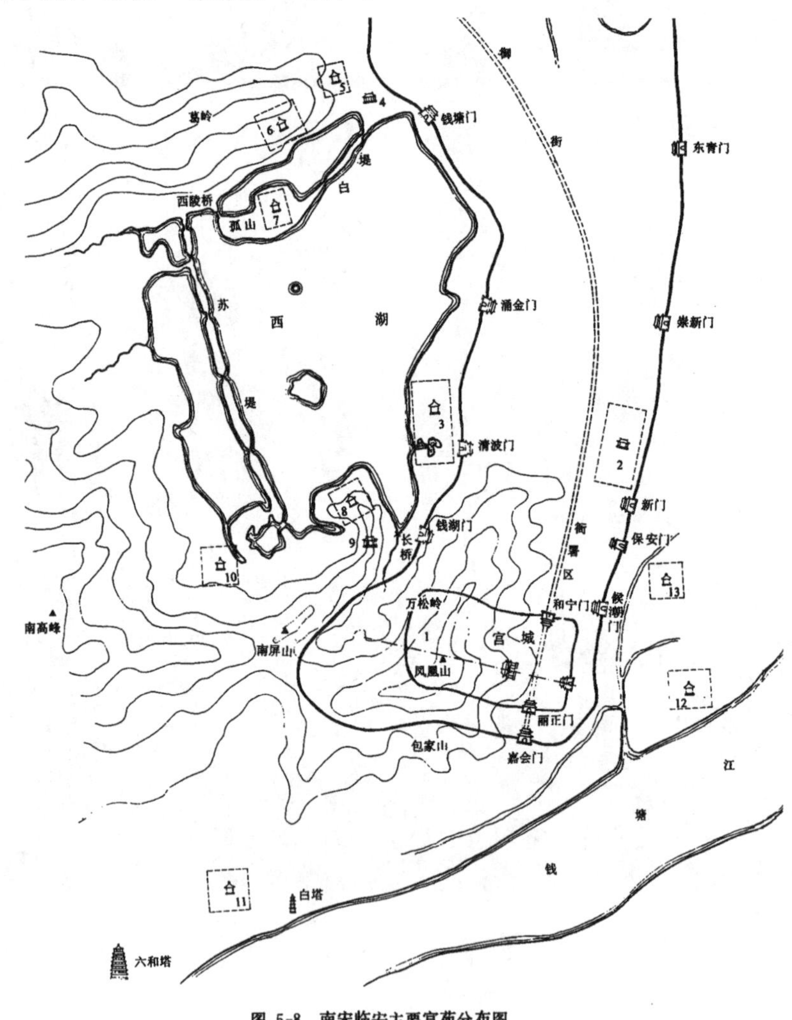

图 5-8　南宋临安主要宫苑分布图

1-大内御苑　2-德寿宫　3-聚景园　4-昭庆寺　5-玉壶园　6-集芳园　7-延祥园　8-屏山园　9-净慈寺　10-庆乐园　11-玉津园　12-富景园　13-五柳园

图3–4–13 南宋临安平面示意及其主要宫苑分布图（《中国古典园林史》）

① 陈从周：《梓室余墨 陈从周随笔》，生活·读书·新知三联书店，1999年，第281页。

② 阙维民：《杭州城池暨西湖历史图说》，浙江人民出版社，2000年，第10页。

③ 张湛平：《中国历史文化名城小辞典》，工人出版社，1991年，第59页。

④ [日]冈大路：《中国宫苑园林史考》，常瀛生译，农业出版社，1988年，第133页。

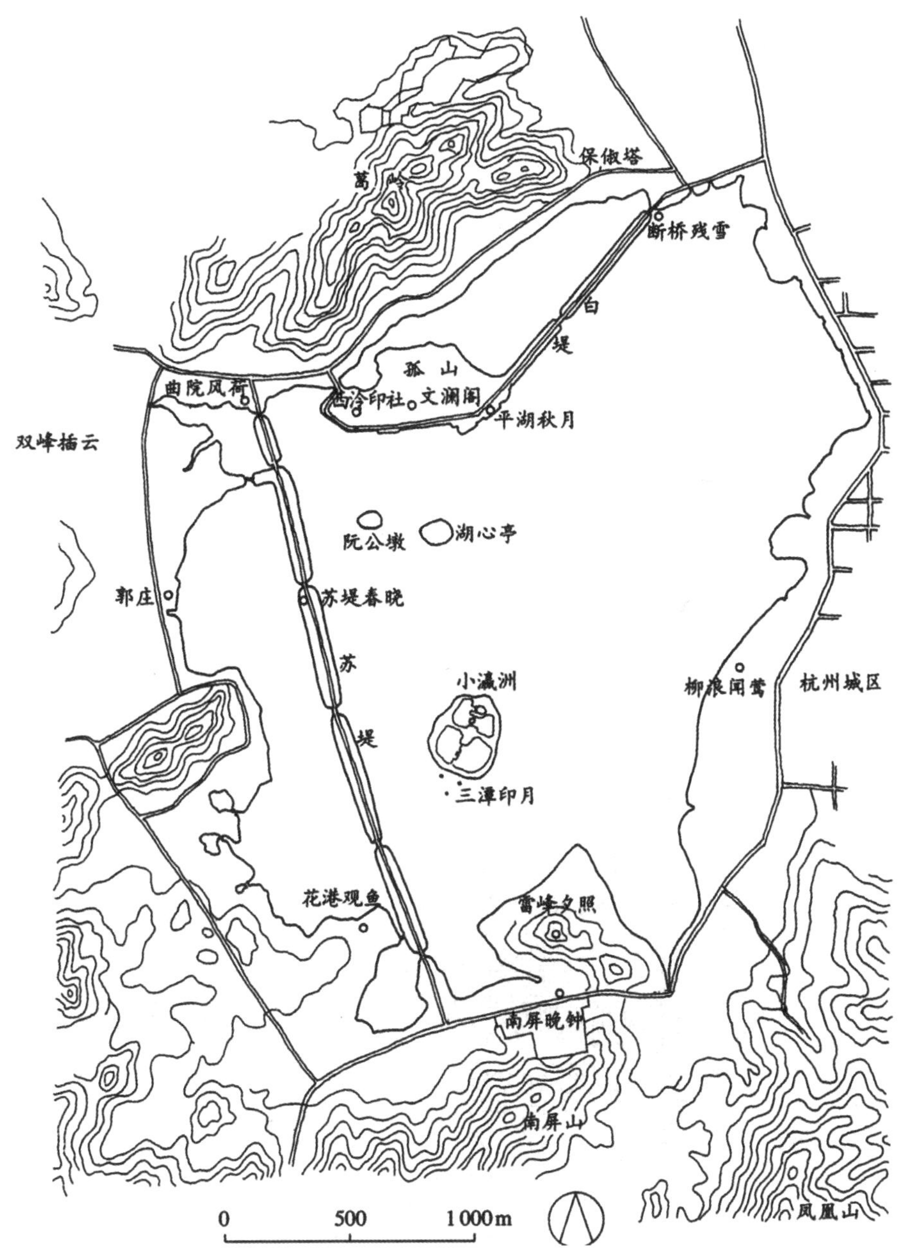

图3–4–14 杭州西湖图（《中国古典园林史》）

杭州城市的快速发展，与西湖的兴废利用关系极大（见图3–4–14、图3–4–15），西湖的发展变化史，可谓是一部杭州城的兴衰史。杭州地近江海，常受到江潮的冲击和侵蚀，地下水咸苦难饮，居民饮水问题严重，州城西北尤盛。唐代宗大历年间（766—779）为解决饮用淡水，杭州刺史李泌修建了著名的“六井”，直接促进了城区人口的增长和经济的繁荣[①]（见图3–4–16）。宋代苏东坡言：“自唐李泌始引湖水作六井，然后民足于水，井邑日富。”[②]“杭州之有西湖，如人之有眉目。……使杭州而无西湖，如人去其眉目，岂复为人乎？”[③]从此，西湖成为杭州城市的一部分，荣辱与共（见图3–4–17）。

① 陈桥驿主编：《中国历史名城》，中国青年出版社，1986年，第122页。

② 张春林编：《苏轼全集·下》，中国文史出版社，1999年，第812页。

③ 齐豫生、夏于全主编：《中国古典文学宝库·第47辑》，延边人民出版社，1999年，第91页。

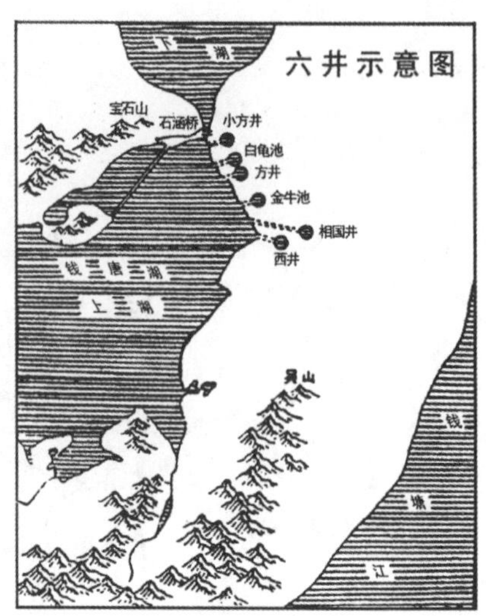

图3-4-15 杭州西湖三潭印月图（《西湖志纂》）（左）

图3-4-16 唐代六井（《吴越文化论丛》）（右）

图3-4-17 杭州西湖（从凯悦酒店方向外望）

唐长庆二年（822），著名诗人白居易出任杭州刺史，他采取治理葑田，高筑湖堤，增加蓄水，疏浚六井等一系列措施，为杭州城的继续发展创造了条件。白居易又植树栽荷，把杭城点缀成“绕郭荷花三十里，拂城松树一千株”的风景城市①。“江南忆，最忆是杭州。山寺月中寻桂子，郡亭枕上看潮头。何日更重游？”②写尽了杭州城美景。

此时，杭城人口增多，唐开元中叶“骈墙二十里，开肆三万室”③。晚唐时，杭州已成为“咽喉吴越，势雄江海”的东南名郡④。

① 马晓京、田野编著：《东南形胜第一州——杭州》，中国地质大学出版社，1997年，第10–11页。

② 顾肇仓、周汝昌选注：《白居易诗选》，作家出版社，1962年，第333页。

③ ［唐］永泰二年，李华：《杭州刺史厅壁记》，引自《全唐文》卷39。

④ 林正秋：《南宋都城临安》，西泠印社，1986年，第6页。

五代时期，吴越（唐哀帝天祐四年，907）定都杭州，前后三次修筑杭城，此为杭州作都城之始。此时疏浚西湖，增挖三水井“涌金池”，整治钱塘江，使杭州成为经济繁荣、文化荟萃的“东南形胜第一州”①。《旧五代史》云：“邑屋之繁会、江山之雕丽，实江南之胜概也。”②正如北宋著名文学家欧阳修云：“钱氏自五代时知尊中国（指中原朝廷），效臣顺，及其亡也，顿首请命，不烦干戈，今其民幸富足安乐。”③

钱氏佞佛，到处修建佛寺、营造塔幢、开山造像，境内佛教大兴，杭州号称“东南佛国”。著名的雷峰塔（见图3–4–18）、保俶塔、六合塔（见图3–4–19）、灵隐寺双石塔及石幢（见图3–4–20、图3–4–21、图3–4–22）、闸口白塔（见图3–4–23）等，均兴建于此时④。

图3–4–18 修复后的雷峰塔

图3–4–19 六合塔

① 朗宗月、吴苗正主编：《可爱的杭州·临安卷》，浙江人民出版社，1994年，第31页。

② 王仲荦：《隋唐五代史·下》，上海人民出版社，2003年，第821页。

③ [宋]欧阳修《欧阳文忠公文集•居士集》卷40，转引自林正秋《南宋都城临安》，西泠印社，1986年，第9页。

④ 梁思成：《浙江杭县闸口白塔及灵隐寺双石塔》，载梁思成《梁思成全集·第3卷》，中国建筑工业出版社，2001年，第281–302页。

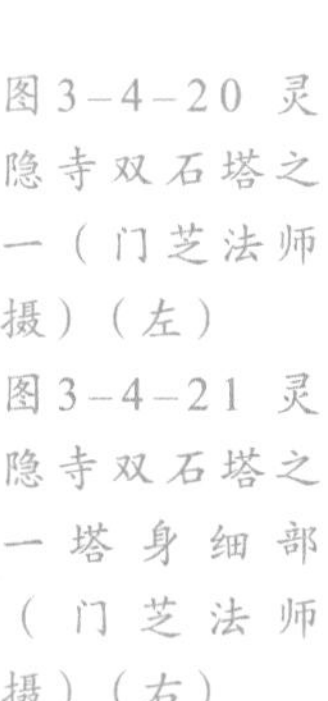

图3-4-20 灵隐寺双石塔之一（门芝法师摄）（左）
图3-4-21 灵隐寺双石塔之一塔身细部（门芝法师摄）（右）

图3-4-22 灵隐寺双石幢之一（门芝法师摄）（左）
图3-4-23 闸口白塔（右）

北宋时，杭州成为东南的一大都会，而西湖以山水美景之名传天下。北宋嘉祐二年（1057），宋仁宗在赐给杭州太守梅挚的诗中，称“地有湖山美，东南第一州”①。

陶穀云：“轻清秀丽，东南为甲；富兼华夷，余杭又为甲；百事繁庶，地上天宫也。”②

① 林鲤主编：《中国皇帝全书·馆藏本·3》，九州图书出版社，1997年，第2084页。
② 马晓京、田野编著：《东南形胜第一州——杭州》，中国地质大学出版社，1997年，第24页。

欧阳修在《有美堂记》中称赞杭州："邑屋华丽，盖十余万家，环以湖山，左右映带，而闽商海贾，风帆浪舶，出入于江涛浩渺、烟云杳霭之间，可谓盛矣。"

南宋迁都杭城，改名临安。据称，从南宋建炎元年（1127）到绍兴二十六年（1156）的30年间，外籍流寓居民已经超过土著（见李心傅撰：《建炎以降系年要录》，笔者注）[①]。此时，杭州城垣在吴越城的基础上增修，城门十三，水门有五[②]。东青门和艮山门有瓮城。南宋宫城在城南凤凰山东麓，周围九里，主要宫殿位于南部，东北是东宫所在，北部为次要的宫殿、寝殿，众多的宫殿、亭阁等，均因地就势。城垣形状、道路也不求规整，御道更与商业大街相连。

城内南北流向河流4条：盐桥运河（今中河）、市河（俗称小河）、西河（俗称"清湖河"）和茅山河，市内小河纵横。它们与城外的运河、龙山河、下塘河、余杭塘河、城河（今东河）等十余条河道相通，组成密布水网，保证了京师的运输与交通。河上架桥数百，水陆相济。

西湖与城市的关系更为密切。"西门水，东门菜，北门米，南门柴"的城市格局，解决了城市最基本的供应[③]。由此，城市人口激增，"杭州人烟稠密，城内外不下数十万户，百十万人口"，"细民所食，每日城内外不下一二千石"[④]。"城廓广阔，户口繁杂，民居屋宇高森，檐栋连接，寸尺无空，巷陌拥塞，街道狭小，不堪其行，多为风烛之患"[⑤]等，可见民众之多。城内坊巷名称，不少至今沿用，如清河坊、太平坊、寿安坊、积善坊、里仁坊等，都是南宋旧名[⑥]。

城内市肆、店铺麇集，行商住宿及存货之所众多。因此，流动人口较多，每逢科举，"诸路市人比之寻常十倍，有十万人纳卷……每士到京须带一仆，十万人试，则有十万人仆，计二十万人，都在都州北权歇"[⑦]。不少客商致富后，也寄寓这里。《都城记胜》云："每所为屋千余间，小者亦数百间，以藏都城店铺及客旅物货，四维皆水，亦可防避风烛，又免盗贼。"[⑧]唯有水乡城镇，才能巧妙若此。

临安城内商业街通宵营业，茶楼、酒店、妓院等遍布。如瓦子"有二十三处，北瓦内有勾栏十三座，最为繁盛"[⑨]。

杭城中不少居民，是从北宋汴梁迁来，故城市生活与汴京类似。"杭城食店，多是效学京师人，开张亦效御厨体式，贵官家品件。"[⑩]"如酒肆门首多排设杈子及栀子灯等，盖因五代时郭高祖游幸汴京，茶楼酒肆俱如此装饰，故至今店家仿效成俗也。"[⑪]

---

① 任振泰主编，杭州市地方志编纂委员会编辑：《杭州市志·第2卷》，中华书局，1997年，第326页。

② [宋]吴自牧撰：《梦粱录》，傅林祥注，山东友谊出版社，2001年，第78页。

③ 马晓京、田野编著：《东南形胜第一州——杭州》，中国地质大学出版社，1997年，第39–40页。

④ [宋]《梦粱录》卷16《米铺》，载董鉴泓主编《中国城市建设史·第2版》，中国建筑工业出版社，1989年，第65页。

⑤ [宋]吴自牧撰：《梦粱录》，傅林祥注，山东友谊出版社，2001年，第139页。

⑥ [宋]吴自牧撰：《梦粱录》，傅林祥注，山东友谊出版社，2001年，第88–91页。

⑦ 孟元老等：《西湖老人繁胜录》，中国商业出版社，1982年，第9页。

⑧ [清]丁丙：《武林坊巷志·第6册》，浙江人民出版社，1988年，第2页。

⑨ [宋]周密撰：《武林旧事》，傅林祥注，山东友谊出版社，2001年，第107–108页。

⑩ [宋]吴自牧撰：《梦粱录·20卷》，浙江人民出版社，1980年，第142页。

⑪ [宋]吴自牧撰：《梦粱录》，傅林祥注，山东友谊出版社，2001年，第211页。

至此，杭州凸显其独特风韵。“大抵杭州胜景，全在西湖，他郡无此。更兼仲春，景色明媚，花事方殷，正是公子王孙，五陵年少，赏心乐事之时。”[①]私家园林遍布城市，风景极为优美。

元世祖至元十二年（1275），意大利旅行家马可·波罗（Marco Polo）来到这里时，赞誉杭州城的“庄严和秀丽，的确是世界其他城市所无法比拟的，而且城内处处景色秀丽，让人疑为人间天堂”[②]。

明朝学者谢肇淛云：“高宗之都临安，不过贪西湖之繁华耳”[③]，可见杭州之繁盛。明正德三年（1508），明武宗批准疏浚西湖，苏堤填宽、岸边植柳，“自是西湖始复唐、宋之旧”[④]。正德年间（1506—1521），一位日本使臣游西湖后，赋诗云：“昔年曾见此湖图，不信人间有此湖。今日打从湖上过，画工还欠费工夫。”[⑤]

清代康熙、乾隆二帝先后十一次游览西湖，对西湖和杭州的发展起到了一定的促进作用[⑥]。尤其乾隆帝七下江南每次必到，又在颐和园等皇家园林中仿建西湖，足见杭州湖光胜景。因之，长期的历史发展，杭州逐步形成并至今保留“三面云山一面城”的独特风貌[⑦]。高官巨贾云集，例如晚清红顶商人胡雪岩更是富可敌国，盛极一时（见图3–4–24、图3–4–25）。

图3–4–24 杭州胡雪岩故居轿厅

其他水乡城市，如绍兴、宁波、无锡等，同样各具风情。值得一提的是绍兴文化，有“水乡、桥乡、酒乡、书乡、名士乡”之称[⑧]，崇尚简朴、隐忍、果敢。明清时期以盛产账房先生、师爷、塾师而著称，欣赏独特的男吊、女吊戏剧文化，在江南水乡中别具特色。其城市建筑文化同样较为朴质，色彩喜用黑色。城市布局方面，“一街则有一河，乡村半里

① [宋]吴自牧撰：《梦粱录》，傅林祥注，山东友谊出版社，2001年，第14–15页。
② [意]马可·波罗：《马可·波罗游记》，梁生智译，中国文史出版社，1998年，第200页。
③ [明]谢肇淛撰：《五杂组》，郭熙途校点，上海书店出版社，2001年，第40页。
④ [明]田汝成辑撰：《西湖游览志》，中华书局，1958年，第1页。
⑤ 周笃文主编：《中外文化辞典》，南海出版公司，1991年，第928页。
⑥ 马晓京、田野编著：《东南形胜第一州——杭州》，中国地质大学出版社，1997年，第53–54页。
⑦ 杨戌标：《杭州历史文化名城保护战略研究》，《浙江大学学报（人文社会科学版）》2004年第4期第101–109页。
⑧ 茅燕萍：《绍兴旅游形象定位之我见》，《绍兴文理学院学报》2001年第2期第20–22+65页。

一里亦然，水道如棋局布列，此非天造地设也？”①（见图3–4–26、图3–4–27）。

图3–4–25 杭州胡雪岩故居芝园（左）
图3–4–26 绍兴宝珠桥畔（中）
图3–4–27 绍兴城市广场附近历史街区（右）

凭海而居的宁波，可谓兼有开放色彩的水乡文化，其月湖风景区尚可见到水乡韵味（见图3–4–28）。

图3–4–28 宁波月湖公园附近历史街区

近几年，无锡、常州等地市政府注重保护历史文化遗存，维护水乡城市风韵等，做出了不少成绩等。

这些城市不仅经济发达、人文昌盛，还具有山水秀美、独特宜人的人居环境。

① [明]王士性撰：《广志绎》，吕景琳点校，中华书局，1981年，第71页。

第五节　江南水乡聚落空间特征

芦原义信先生在《街道的美学》一书中，论及建立城市空间秩序的两种方式，一是“从边界向内建立向心秩序的城市”，一是“没有意识到边界而向外离心地不规则扩展的城市”①。

江南水乡聚落空间特征，更多地表现为两者的综合。硬质的城墙边界被软化为其象征物，如水口（栅）、塔、亭阁、桥梁，甚至古树等。城镇、乡村内的广场、戏台、庙宇、井台等非均质化内核，既构成聚落建立向心秩序的中心，又作为聚落在一定领域扩展的控制点和生长点。不同阶层的存在，不再是严整的分区隔阂，代之以大、中、小各种不同建筑组合的街市②。而穿过聚落的河流，则是流淌着的生生不息的血脉。

聚落内居民的日常生活状态，呈现出不同的空间形态。同时，一个聚落的空间状态，也影响着生活在其中的居民生理、心理活动。

江南水乡聚落空间的形成，是当地人民长期生活、生产的积淀。有研究者探讨太湖流域古镇现存的物质空间，通过对江南古镇实例分析，从空间的构成要素、空间的结构（要素的组织）以及空间与人的互动关系这三个方面，探讨其构成与发展规律③。

一、河流——水乡聚落的命脉

图3–5–1 西塘河岸、河埠头

江南水乡，水网纵横，河流如织。水塑造了水乡环境，也孕育了水乡聚落文明。水乡聚落基本沿河道伸展，河流是水乡聚落内部最主要的交通运输通道，聚落之间也主要通过河道相联。外水经水关（一般为栅桥）入内后，均分成几条干河，又分出众多密布的支河。两干河相交成十字或丁字口，两岸多有河埠头（见图3–5–1）。两支河的间距约在80—100米之间，大户人家往往辟一回旋处，供停船、船只交会之用。而开挖支河的土方，用来填高两河之间地块中央地面的标高，形成住宅“步步高”的地坪特征，迎合了人们的心愿，并使地面排水十分顺畅④。

① 陆元鼎主编：《中国传统民居与文化·第2辑·中国民居第二次学术会议论文集》，中国建筑工业出版社，1992年，第167页。

② 邵甬：《江南水乡传统城镇研究》，硕士学位论文，同济大学，1996年，第49页。

③ 段进等：《城镇空间解析——太湖流域古镇空间结构与形态》，中国建筑工业出版社，2002年，第7页。

④ 阮仪三主编，金宝源、尔冬强摄影：《江南古镇》，上海画报出版社，1998年，第63页。

河岸一边或两边是并行的陆路主干道，顺应河道布局，相应构成主要的水陆交通网络。经次一级的水道、街巷的进一步划分，使得聚落内的交通流畅，居民取水、出行等极为便捷。水道、街巷，形成并行的两套交通网络，各种桥梁、河埠头，则是两套网络的交汇点，合二为一，成为一个有机联系的整体，构成聚落内部的交通体系（见图3–5–2）。

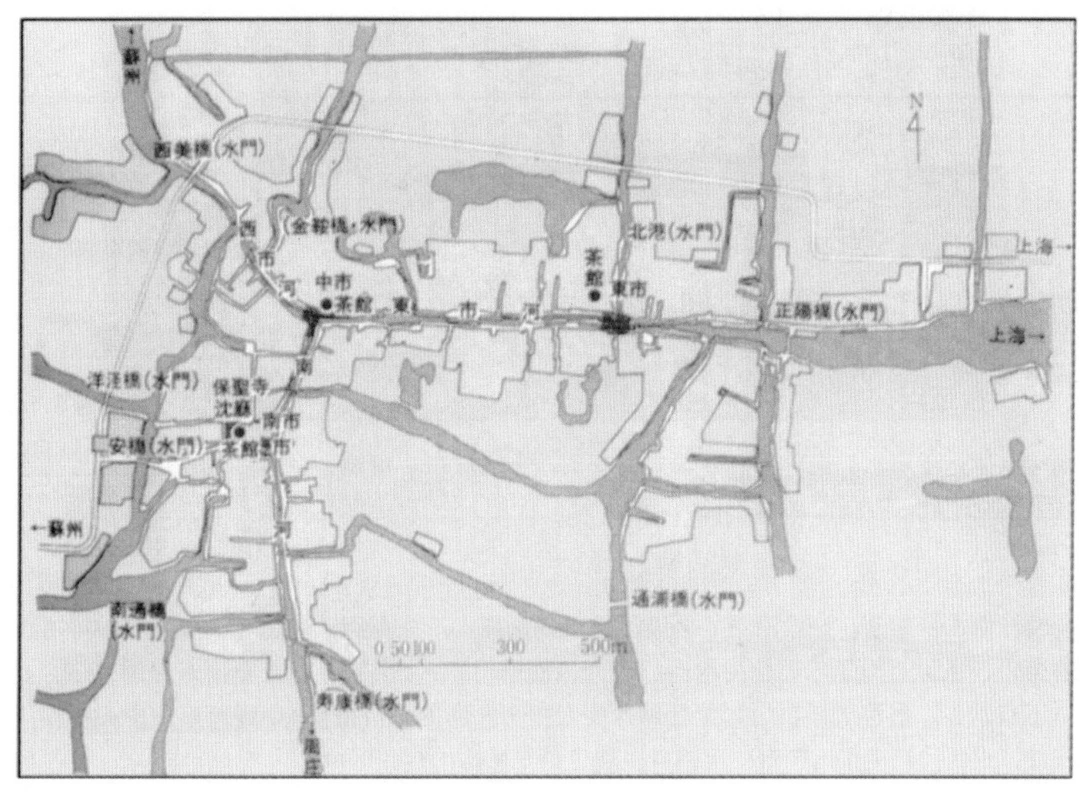

图3–5–2 甪直镇现状概况图（《护城踪录》）

对江南水乡城镇而言，其道路是分等级的：一等是御道（又称“御路”。并非所有古镇都有），青砖排成的人字形路面，为迎接圣驾、圣谕或钦差而特设。二等为青石板路，多为干道。三等为青砖或方石路，大户人家门口或小广场大都铺设这种路面。四等为弹石路，用碎花岗石插铺，为普通街巷路面。五等为泥路，用于镇外、村内，以石料在路边填砌，固定路形①。

河流便于对外交通，街巷多供聚落内部居民使用。或认为这种方式，类似于现代城市规划“人车分流”的方式，科学而方便②。

在以木舟作交通工具的水乡，舟楫往来热闹。商贩们摇动小船，在水巷中叫卖，夜深人静时，悠扬的叫卖声如梦似幻。临河住户应答买货，船家接话后停舟窗下。买主将钱币放进篮子里，用绳索放下，船家将货物放进篮子让买主吊回③。这是水乡独有的购物方式。

江南水乡居民生活，与河流密不可分。各种建筑也尽可能地接近、利用水体，形成亲水空间效果。如临水开门窗（图3–5–3）、设水埠、纳水内凹，以及转船湾、枕流、倚桥等（详见第四章第一节有关内容）。

---

① 阮仪三：《江南古镇》，上海画报出版社，2000年，第63页。

② 邵甬：《江南水乡传统城镇研究》，硕士学位论文，同济大学，1996年，第50页。

③ 张家伟、吴荣芳：《江南古镇》，上海书店出版社，2003年，第79页。

图3-5-3 吴江芦墟某宅

水体是江南水乡聚落形成、发展的基础，不论城市、市镇、乡村皆然，也是其独特水乡聚落空间赖以存在的根基。

二、街市——水乡聚落的中心

江南水乡聚落，一般沿中心区顺河道向外延伸，形成商店、作坊、酒肆、茶馆等所在的街市，俗称“栅”，栅初为水栅，应为“栅寨门”①之类的防御设施。如与桥梁结合，桥下有水栅，俗称“栅桥”，如乌镇西栅老街南北向的仁济桥②。后因街市由中心向栅门延伸，进而代指街市，街市的范围，往往也就是聚落的行政区域。

聚落中心区包含了居住、商业、生产、娱乐、宗教等多种需求，绝大部分主要设施皆集中于此，最繁华所在地多为干流河港交汇处。如周庄、同里、南浔、乌青、角直、西塘等古镇，都是以十字港、丁字港，甚或川字港等为中心，四向延伸。

街市空间的物质实体，可包括街巷、河流、建筑三个方面，密布的水网，将它们联结，三者空间构成关系有如下几种。

（一）面河式

面河式街市的空间形式，依据河道与街巷的关系，可划分为两街一河与一街一河两种（见表3-5-1、图3-5-4）。采用此类方式的河道相对比较宽阔，水陆交通较为顺畅，客货流量大。

表3-5-1 面河式街市

序号	一河两街	一河一街
1	两街夹一河	一街与一水道并行
2	一街、一河廊共夹一河	一街与河流并行
3	两河廊夹一河	

① 陈桥驿主编：《中国六大古都》，中国青年出版社，1983年，第229页。

② 王晨光、顾伟建编著：《嘉兴风景名胜》，西泠印社，2000年，第376页。

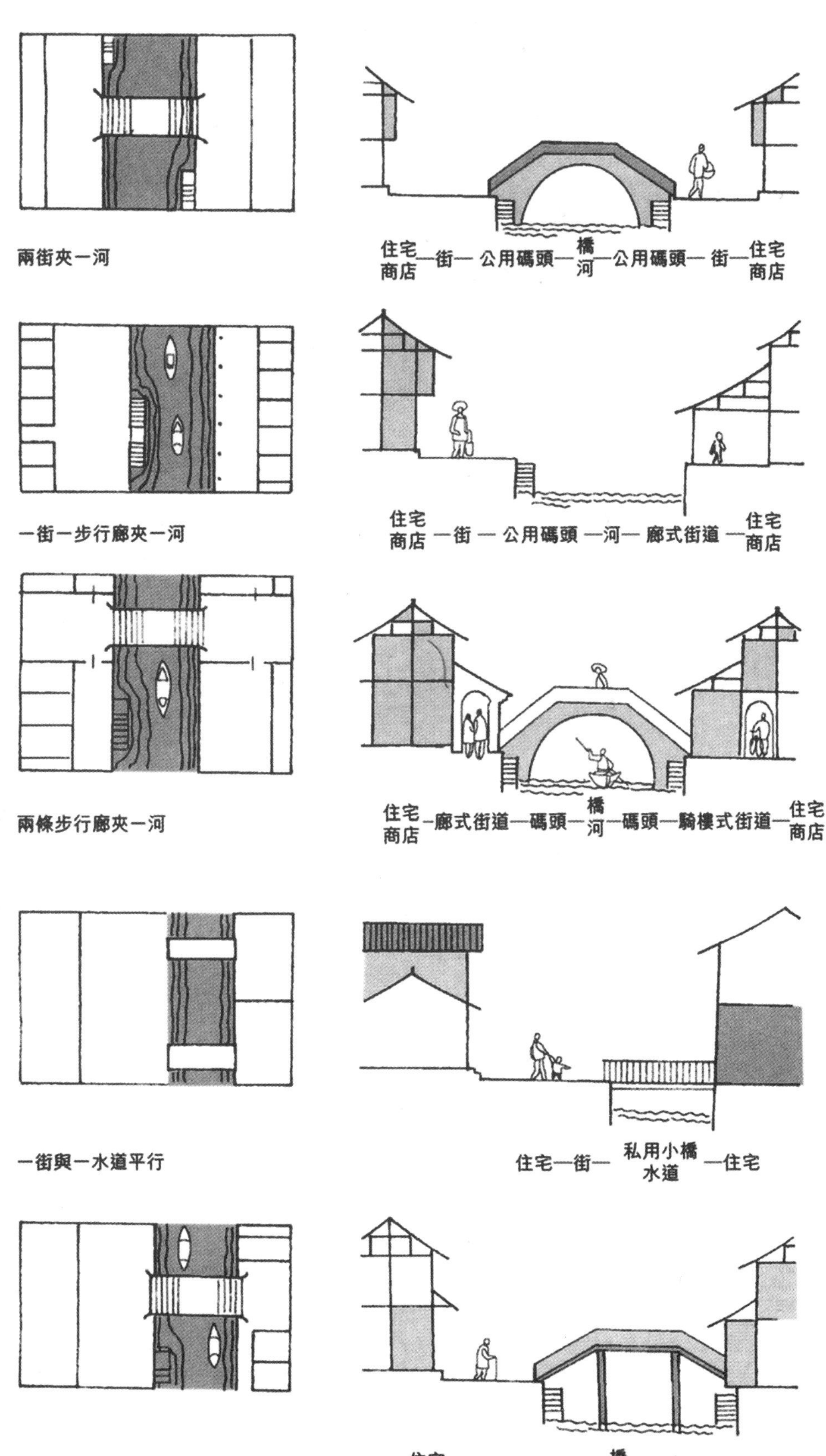

图3-5-4　面河式街市布局（《浙江民居》）

（二）背河式

通常模式是：建筑—街巷—建筑—河流（见图3–5–5）[①]。街巷作为通衢，又是公共的商品交易之所。河流为运输、日常生活提供便利。

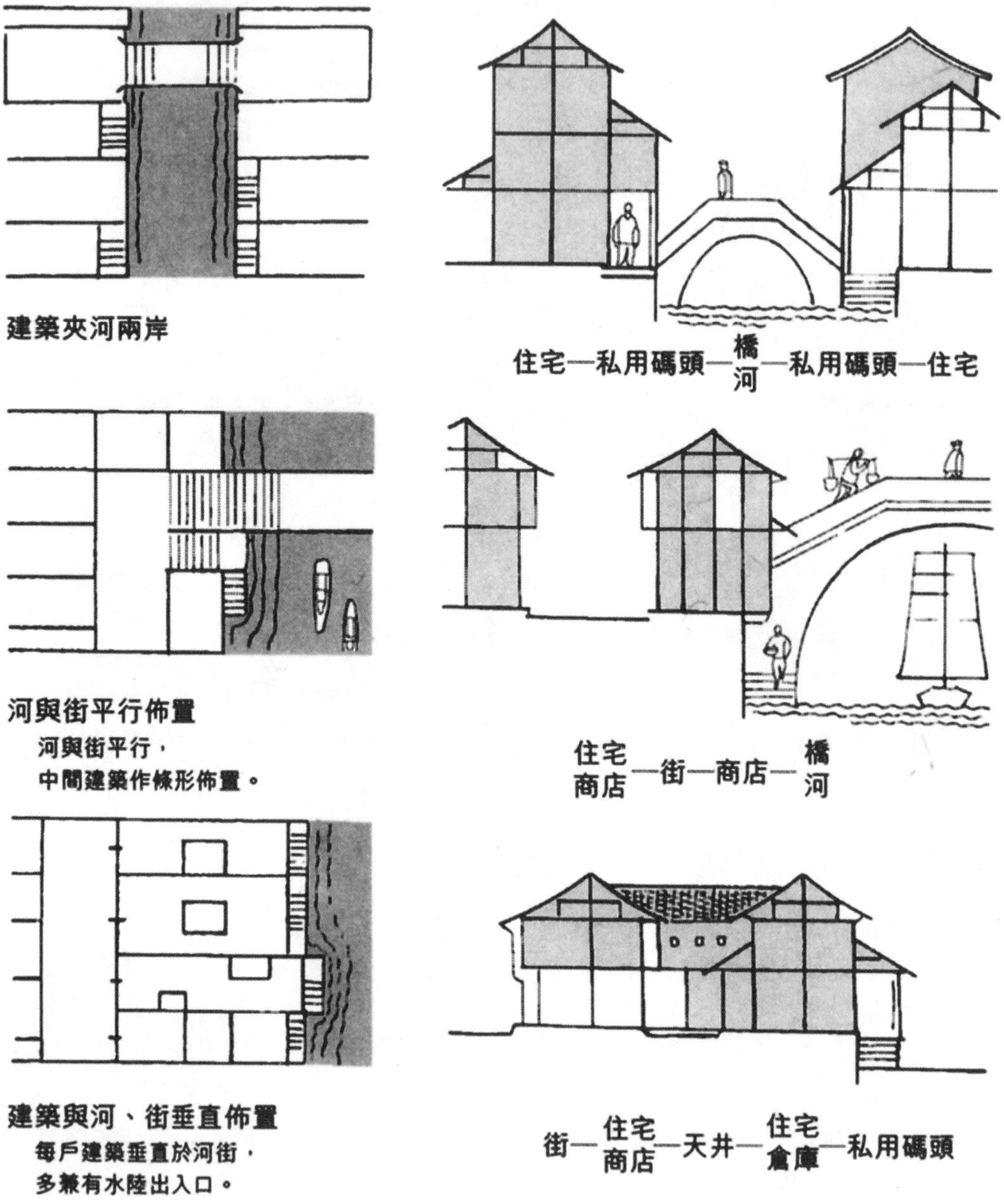

建築夾河兩岸

住宅—私用碼頭—橋河—私用碼頭—住宅

河與街平行佈置

河與街平行，
中間建築作條形佈置。

住宅商店—街—商店—橋河

建築與河、街垂直佈置

每戶建築垂直於河街，
多兼有水陸出入口。

街—住宅商店—天井—住宅倉庫—私用碼頭

图3–5–5 背河式街市布局（《浙江民居》）

商业街市、集市广场，是聚落中最集中、热闹的公共空间枢纽。与干道、市河相交的次一级巷弄、支河等，人流量较少，是相对封闭、安静的半公共空间。

沿支河的小街巷，临河一面，有自家私用的河埠头，往往隔一段设有半公用水埠（见图3–5–6），以供对面居民生产、生活使用，又是附近居民的交往空间[②]。

① 邵甬：《江南水乡传统城镇研究》，硕士学位论文，同济大学，1996年，第52–58页。
② 阮仪三主编，金宝源、尔冬强摄影：《江南古镇》，上海画报出版社，1998年，第123页。

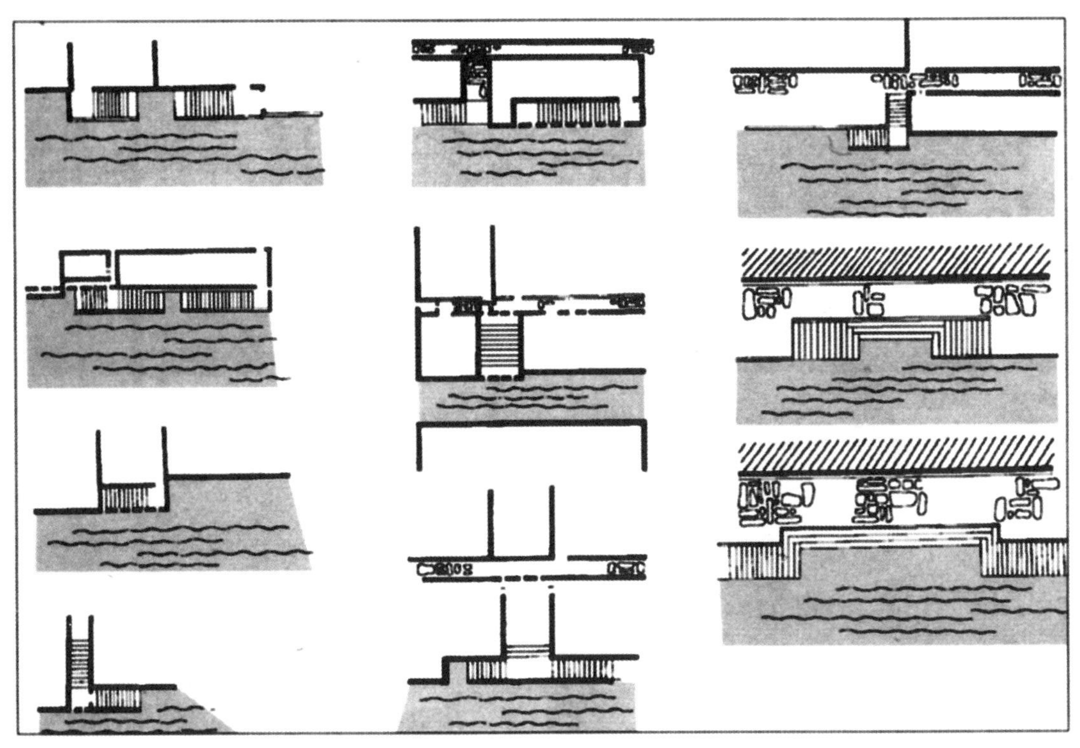

图3–5–6 周庄半公用河埠举例（《江南古镇》）

各种建筑内部空间，较为私密。当然，住宅建筑内部也有相对的空间层次、序列。

因此，聚落中各种公共、半公共，私密、半私密的空间变幻，为人们提供了各种交流的场所，以及各自的生活空间，构成了多级空间序列，营造出亲切、融洽的人居环境[①]。

三、水栅——水乡聚落的边界

江南水乡聚落中的县级以上城市，与我国其他地区城市一样，往往皆有城池，唯保存完好者鲜见。而江南水乡市镇、乡村等，却往往没有防御设施，这是由于江南水乡市镇、乡村的形成，起先并没有一定的规划，且受经济兴衰影响很大，其空间由中心顺河道慢慢向四周扩散，形态开放，边界模糊：水口、栅、坊门等为其象征物[②]。同时，众多的河流，是水乡聚落与外界进行商品流通的主要通道，也使得通常的城防设施几乎不起什么作用。于是，一种因地制宜的既防盗、又不阻碍水道交通的方式——水栅，应运而生。

所谓“水栅”，是设在河中的栅栏，就是在聚落外小水接大水紧要处立栅门，两边钉椿木三至四层，中作水门，或进而与吊桥结合，朝启夜闭，以“扼运河孔道”[③]。

另有栅桥，桥中间设栅栏，或为闸可上开下闭，或设门开启[④]。吴县甪直《甫里志》云：“里中共有九栅”，“置水栅，所以备寇盗并收税也，实有裨益”，拥有九座栅桥。周庄，有北栅桥、南栅桥，现尚存北栅桥残迹[⑤]。乌镇西栅、南栅均有栅桥（见图3–5–7）。

① 阮仪三：《江南古镇》，上海画报出版社，2000年，第67页。

② 阮仪三：《江南古镇》，上海画报出版社，2000年，第60页。

③ 樊树志：《明清江南市镇探微》，复旦大学出版社，1990年，第434页。

④ 邵甬：《江南水乡传统城镇研究》，硕士学位论文，同济大学，1996年，第59页。

⑤ 阮仪三：《江南古镇》，上海画报出版社，2000年，第60页。

图3–5–7 乌镇南栅栅桥

除“水栅”外，江南市镇还有“四栅”与“乡脚”，陆栅与水栅，均有栅房的设置和栅丁的配备。所谓“四栅”，是指镇区市梢的边界，一般都有栅门，犹如县城城门。此种栅门，如在街道的末端，那么在两旁民房之间砌上围墙，中间是一扇木制栅栏门，清晨开启，晚上关闭，以保障镇区街道、商店、民居安全①。

① 樊树志：《江南市镇·传统的变革》，复旦大学出版社，2005年，第152–153页。

第四章

江南水乡生活情态与建筑形态

江南水乡自然地理条件是江南水乡居住建筑文化形成的基础。由于水网纵横、气候潮湿、盛产竹木石材等，为江南水乡居住建筑提供了坚实的物质基础。与此同时，也受到文化思想、传统习俗等多种人文因素的重要影响。

江南水乡，雨水丰沛。为适应这多雨的气候、多水的环境，居住在这片土地上的古人，早已懂得如何利用水体。如利用架空的干栏式建筑造型，“冬则居营穴，夏则居橧巢”①；或直接居住在树上防潮避雨②。

目前而言，跨湖桥遗址位于浙江杭州萧山区西南约4千米的城厢街道湘湖村。面积近15万平方米，距今8000—7000年，是迄今为止浙江境内发现的最早的新石器时代遗址之一。其有榫木构件的出现为目前我国考古所见最早资料，经河姆渡文化的发展，此后逐步成为我国传统建筑的一个特点③。

新石器河姆渡文化时期（见图4–0–1），江南人民已创造了干栏式建筑，出现多样榫卯（见图4–0–2）。其房屋底部被一层木桩构成的隔架架空（见图4–0–3），其上建屋，可通风、防潮，甚或防洪。在河姆渡遗址的第四层中，发现一座干栏式建筑遗迹，房屋呈西北—东南走向，四排桩木互相平行。整个房屋长23米以上，宽约7米，房前有一条宽约1. 3米的走廊。从这座建筑遗迹看，当时人们已具有相当高的建筑技术。有学者认为，干栏之制，萌生、成熟于南方，由南向北传播④。

图4–0–1 河姆渡遗址复原建筑

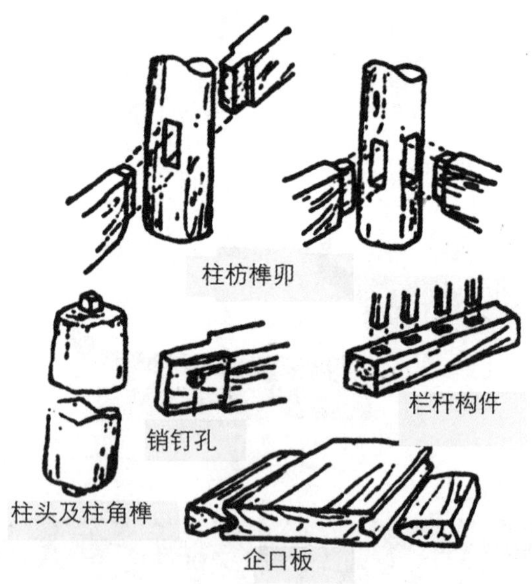

图4–0–2 河姆渡遗址出土的榫卯（《中国建筑史（第3版）》）

① 杨天宇撰：《礼记译注》（上），上海古籍出版社，1997年，第366页。

② 有关中国古代文献，见周学鹰、李思洋：《中国古代建筑史纲要（上）》，南京大学出版社，2020年。

③ 吴汝祚：《跨湖桥遗址的人们在浙江史前史上的贡献》，《杭州师范学院学报（社会科学版）》2002年第5期第51–55页。

④ 张良皋：《匠学七说》，中国建筑工业出版社，2002年，第40页。

图4–0–3 河姆渡遗址复原建筑细部

除余姚河姆渡发现干栏式建筑遗址外，江南水乡其他地区，如吴兴钱山漾、杭州水田畈等遗址中也有发现。干栏式建筑是水乡人民的智慧创造，这种建筑形式，对江南水乡建筑文化有着深刻的影响。或认为，此为江南水乡居住建筑，向上发展至二层乃至三层的楼居式建筑形态的基础①。其实，两者结构方式、构架体系不一，关系颇为复杂，不能混谈②。

通常认为，江南水乡建筑有可能经历了巢居——半巢居——地面建筑，即自上而下的发展过程（见图4–0–4）。实际上，据目前所知资料，太湖流域作为居住的干栏式建筑房屋虽有一些，而“半地穴式、浅地穴式和平地起筑的建筑实例，则已发现多处。从总体地貌来看，太湖流域以水网为主；但从局部区域看，也存在着平原、高地、丘陵、沼泽等地形。在不同的地理环境条件下，先民总是因地制宜、因材制宜地营造适于自己居住的建筑，不可能仅有一种模式、一种类型，或使用一种建筑方法”③。这样的研究观点无疑是十分正确的。

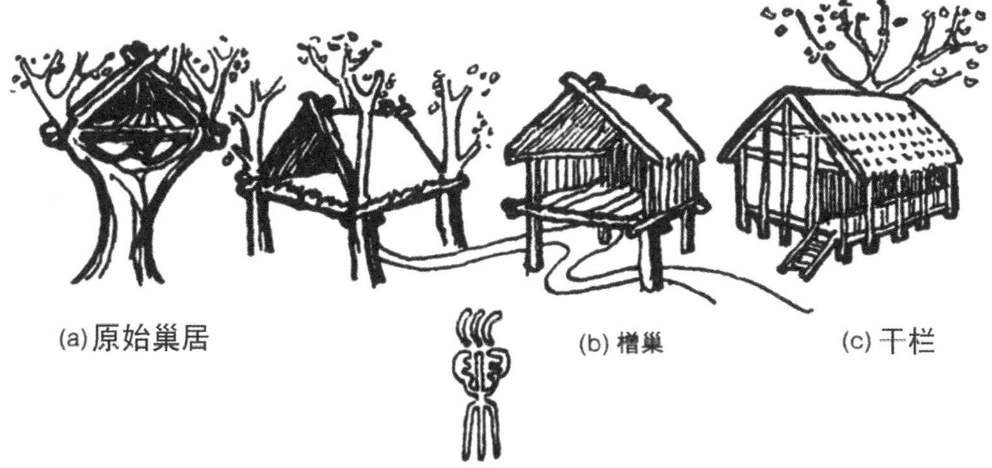

图4–0–4 中国巢居（《匠学七说》）

① 邵勇：《江南水乡传统城镇研究》，硕士学位论文，同济大学，1996年，第62页。

② 马晓：《中国古代木楼阁架构研究》，博士学位论文，东南大学，2004年。

③ 钱公麟：《吴江龙南遗址房址初探》，《文物》1990年第7期第28–31页。

实际上，文献中的穴居应为横穴。考古及人类学资料表明，远古人利用天然穴居多横穴，中外皆然。横穴不仅利于出入、抵御毒蛇猛兽，更免日晒雨淋，合理、有效解决防水。

再者，不少半穴居建筑，实际是屋顶承重与稳定尚未完全解决，即屋顶与墙身合一、或墙身过低情况下，利用往下挖掘土壁支撑倾斜的屋顶，并部分代替墙身功能，提高靠近土壁处室内空间高度，便利使用。此非“竖穴”的“合理发展”，应是对横向洞穴崖壁的合理模仿。

或认为“可能是由于不同文化系统所属部落间的不平衡，在同一地区，竖穴、半穴居和地面建筑有先后交替出现的现象”①。

民族志研究表明有竖穴。如赫哲人地窨子，利用山坡下挖一定深度，用作临时居所，利于御寒（见图4–0–5、图4–0–6）。其他民族的地窨子亦有居住功能，适宜作保温保湿的储藏室；竖穴用于墓葬（阴宅）也极方便。但是，竖穴作为普遍存在的居住建筑必经阶段，值得商榷②。

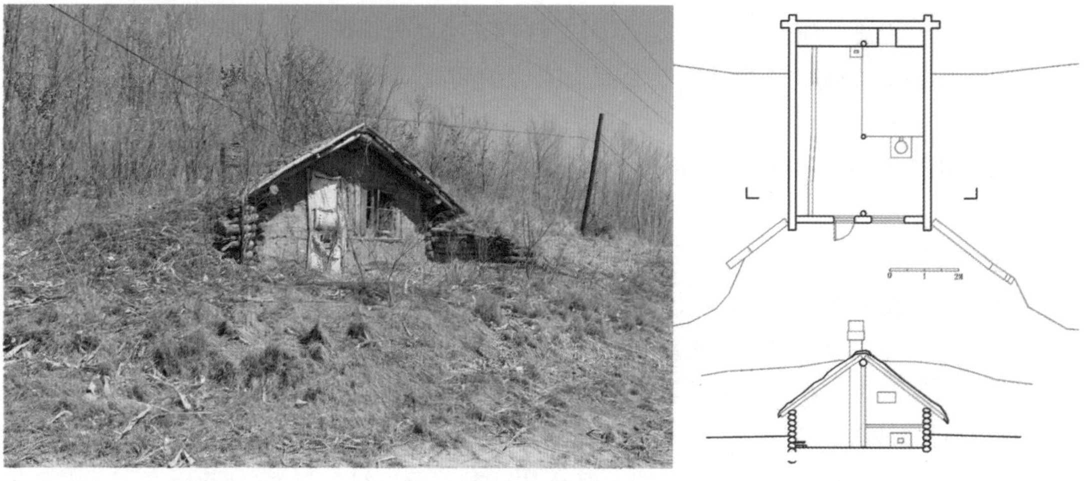

图4–0–5 黑龙江抚远地窨子正面（左）
图4–0–6 抚远单开间地窨子平面及剖面图（右）

何况，崧泽文化晚期的吴江梅堰龙南遗址中，已经发现有浅穴、半地穴、干栏等多种形式的建筑遗址，反映了水乡地区原始先民居住形式的多样性③。其后属于良渚文化的余杭莫角山遗址，还发现大型建筑群落基址④，采用带有夯土台的建筑形式⑤。

《楚辞·大招》云：“夏屋广大，沙堂秀只。南房小坛，观绝霤只。曲屋步壛，宜扰畜只。腾驾步游，猎春囿只。琼毂错衡，英华假只……”⑥可见，此时之建筑类型已然多种。

一定地域建筑形态的选择与定型，往往是该地域自然地理环境与人文环境综合塑造的结果。江南水乡建筑与江南水乡人们的生活情态息息相关，这种建筑形态的形成，同样是在江南水乡自然环境的孕育下，当地社会政治、经济、文化的共同结晶。

① 潘谷西主编：《中国建筑史》（第4版），北京：中国建筑工业出版社，2001年，第16页。

② 周学鹰、李思洋：《中国古代建筑史纲要（上）》，南京大学出版社，2020年。

③ 苏州博物馆：《吴江梅堰龙南新石器时代村落遗址第三、四期发掘简报》，《东南文化》1999年第3期第17–26页。

④ 杨楠等：《余杭莫角山清理大型建筑基址》，《中国文物报》，1993年10月10日第1版。

⑤ 张弛：《长江中下游地区史前聚落研究》，文物出版社，2003年，第176页。

⑥ 杨逢彬编注：《楚辞·大招》，许渊冲英译，湖南出版社，1994年，第218页。

以往研究者，对包括江南水乡建筑在内的民居建筑划分方法多样。如按照地区分布，划分为东北、西北、华北、西南、中南、华东等地传统民居建筑[①]；或按照平面类型，将民居建筑划分为“一”字形、“丨”字形、“L”字形、“H”字形、“口”字形，以及三合院或四合院的发展形式等[②]；或按照建筑规模，将其划分为大、中、小三种[③]，或划分为大、小两种[④]，还有的划分为小型住宅、中等人家、殷实之家、私家园林等[⑤]。此外，也有专家学者针对居住建筑中某一特定的类型，进行专题性考察，如将江南厅堂划分为园林厅堂、第宅厅堂、衙署厅堂、寺庙厅堂等[⑥]；或针对某地名人故居进行研究，如苏州名人故居等[⑦]。标准不一，各有侧重。

我们以为，中国古代建筑技术方法、平面功能布局等，因较为切合人们的生活、思想要求，表现出的建筑构架技艺形式并没有太大的区别（其中，建筑构造技艺形式可分为三种：抬梁式、穿斗式、叉手式。一些民族地区建筑，如西藏、新疆、云南、贵州边境等地除外[⑧]），这与西方建筑颇为不同。相对而言，大部分采用木构架的建筑，内外应没有根本性差别。萧默先生也认为：“同样使用木构柱梁体系架筑的居民单体，在体形上和体量上一般不会有太多的变化，无非是殿堂、楼阁、亭廊之类。上至宫殿，下至住宅，同样都是用这几种有限的单体组合而成。”[⑨]

我们参照现代建筑，按功能划分，将江南水乡建筑分为居住建筑与公共建筑；公共建筑又分为行政建筑（如衙署）、行业建筑（如会馆、公所）、祠庙建筑（如寺庙、道观、祠堂）、服务建筑（如茶馆、酒肆、店铺）、娱乐建筑（如戏台、瓦子）；文教建筑（如文庙、郡学、书院）等，这是水乡居民生活中必不可少的建筑类型。

需要说明的是，由于江南水乡墓葬建筑类型较多，延续时间长，资料极其丰富，我们拟专门探讨，本著暂时从略。

---

① 汪之力、张祖刚：《中国传统民居建筑》，山东科学技术出版社，1994年，第1–4页。

② 中国建筑技术发展研究中心：《浙江民居》，中国建筑工业出版社，1984年，第101–115页。

③ 徐民苏等编：《苏州民居》，中国建筑工业出版社，1991年，第54页。

④ 建筑科学研究院、南京工学院合办中国建筑研究室：《徽州明代住宅》，建筑工程出版社，1957年，第13–15页。

⑤ 阮仪三：《江南古镇》，上海画报出版社，2000年，第200–249页。

⑥ 陈从周等主编：《中国厅堂——江南篇》，上海画报出版社，1994年，出版说明第1页。

⑦ 王仁宇：《苏州名人故居》，西安地图出版社，2001年。

⑧ 通常所谓的：干栏式实应指其造型，井干式实应指其构成墙壁的方式，密肋平顶式实应指其构成屋顶的防护外表，均非指组成屋顶的木构架体系，不可混为一谈。见周学鹰、李思洋：《中国古代建筑史纲要（上）》，南京大学出版社，2020年。

⑨ 萧默：《敦煌建筑研究》，文物出版社，1989年，第62页。

第一节　江南水乡居住建筑

江南水乡居住建筑文化的形成，既有本地创造的多种形式，又受到其他地域的影响。如北方中原礼制文化影响下的院落式居住建筑，随着历次北人南迁，流布到南方。

这种院落式建筑形式，能较好地满足江南水乡地区的需要，如防潮、御盗、通风、采光等；又切合人们礼制生活的需求，如辨方正位、尊卑分明、长幼有序、内外有别；甚或哲学观念、风水思想，如天圆地方、藏风纳气等，都在江南水乡得到广泛应用。并与本地域建筑文化融合，逐渐发展成独具特色的江南水乡居住建筑文化。

同时，由于江南水乡商业活动发达，众多家庭参与其中，故不少市镇沿街建筑店铺与宅第往往合二为一，成“前店后宅（坊）”“下店上宅”，或兼而有之等形制。

“下店上宅”，就是底层为店堂，上层作住宅（见图4–1–1）。临街房间作店面，临河为厨房、厕所或仓库等，中间为起居室、卧室，楼上也作卧室。这种平面密度高，水陆联系方便，空间利用充分。楼梯是垂直、水平交通的枢纽，与大商柜一起，组成隔断。这类住宅一般规模小、占地省，在人多地少的江南水乡被广泛采用。因每户占街面所限（通常每户仅一、二开间），多依靠安插的内部小天井采光。故住宅多与街道垂直，向纵深发展，分户均为实墙，便于分隔、安全，并尽量与邻户紧临。

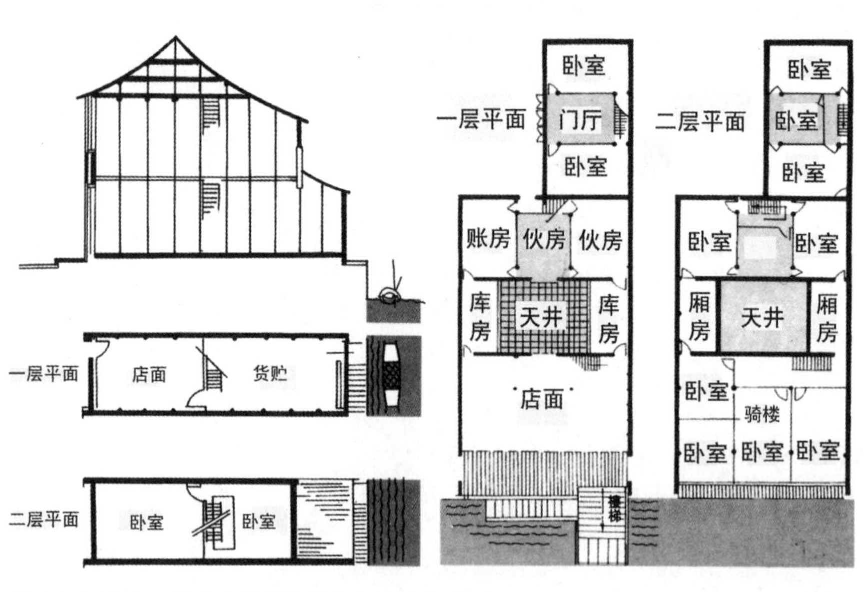

图4–1–1 下店上宅（《苏州民居》）（左）
图4–1–2 前店后宅（《苏州民居》）（右）

“前店后宅（坊）”，即沿街为店面，后部是居住用房或作坊，其间为天井、厢房等，店面的正中或一侧开门或通道，联系前后（见图4–1–2）。此种住宅，多为沿街居民及中产店主采用。如兼顾手工作坊，则成“前店后坊”。这类住宅一般二、三进以上，规模不等，往往沿主要市街一侧建造，平面与街道垂直而向纵深发展。商店与住宅相对独立，干扰较小，如周庄的张厅①。而无锡薛福成故居为大型宅第，共有东、中、西三路，更在东路东花园之后，安置商业仓房、货场等，分区明确②。

① 阮仪三：《江南古镇》，上海画报出版社，2000年，第185–186页。

② 马晓、周学鹰、戚德耀：《小型历史园林的修复钩沉——以无锡薛福成故居后花园修复设计为例》，《古建园林技术》2014年第1期第43–45+23+50–51页。

江南水乡民居内部空间，与当地气候、生活、生产等密切相关。因多雨、潮湿的气候，制茶、养蚕等季节性农业生产，及各种手工业需要，居住建筑普遍采用敞厅、通廊、天井，以及灵活拆装的隔断等，内外空间既分又联。

水乡民居建筑一般进深较大，多在5米以上（甚者过10米），内部高4米左右，故空间高大、宽敞①。如吴兴地区蚕农的住宅，多为高空间的平房，可随意拆卸，养蚕时节，可扩成大厅。或利用屋顶空间，作为“阁楼”。而低出檐、前（后）廊、内天井的平面布局，起到遮阳、纳阴、防雨、采光之效，便于生产，利于生活。

尤其值得注意的是，江南水乡居住建筑对水的充分利用，创造了极富特色的水乡建筑空间。

例如，民居多临水、面水而建。临水面多开后门，有石板阶梯（踏步）通向水面，便于日常生活；又可作为船码头，利于交易，俗称“河埠头”②。规模小者，多顺岸而建，供私家自用。小户人家，或为一幢楼（房），无条件设码头，仅向河道开后门，用石板作跳台，极方便、实用（见图4–1–3）。而数家共用的“河埠头”，则是传递信息、交流感情的绝妙场所，是水乡生活的重要组成部分。

图4–1–3 朱家角河巷

① 张荷：《吴越文化》，辽宁教育出版社，1991年，第117页。

② 金煦主编，刘兆元等撰稿：《江苏民俗》，甘肃人民出版社，2003年，第109页。

有些民居临河面凹入，引水成庭院，可谓景观优美的“水空间”，又避免对河道的阻碍；或做成“转船湾”[①]，利于经营（见图4–1–4）；或安设前廊，便于雨天使用，如绍兴“三味书屋”。

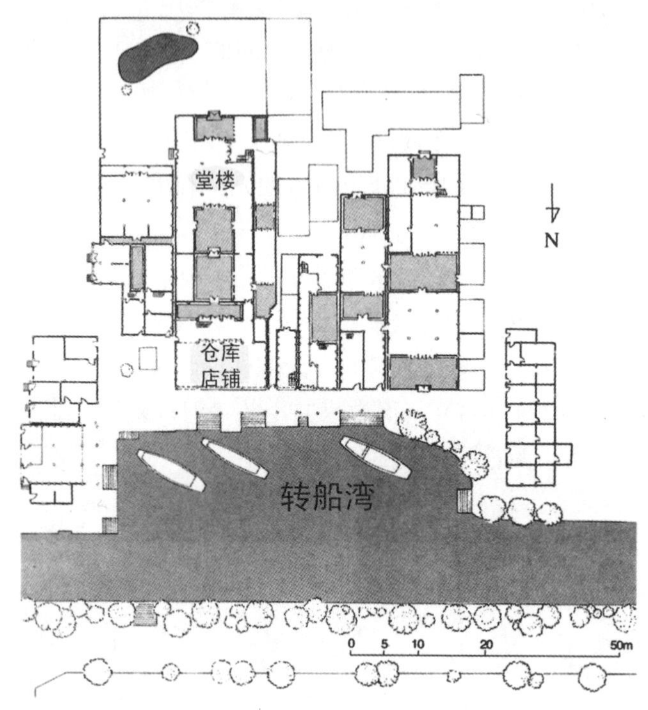

图4–1–4 乌镇西栅转船湾（《江南古镇》）

居住建筑本身，多用披、出挑、吊脚、枕流等方式，扩大建筑空间。

披：依附于主体建筑而伸出的辅助用房，通常作厨房、灶间、储藏等，多用在临水面。一般不大，多为单坡顶，降低了建筑高度，形成亲水效果。

出挑：临河民居常向水面挑出平台，安栏杆、筑槛廊，既用于休息、纳凉、晒太阳，也便于劳作。或有人家，将整栋房屋顺水挑出，居室面积大增，又形成多变的沿岸景观。

吊脚：一般用于楼层较低的房屋，沿岸一侧向外扩展，下面多用石（木）桩作支撑，往往不作居室，主要用作厨房等少重压杂屋，与山区吊脚楼雷同，或称“河房”（见图4–1–5）。

图4–1–5 乌镇西栅临水建筑吊脚（左）
图4–1–6 苏州新建跨河廊（右）

① 桐乡县文化馆编：《茅盾故乡的传说》，桐乡县文化馆印，1983年，第27页。

枕流：跨河床建屋，如卧枕清流，多建于河道交叉处，凌空而起，似桥而非，独具水乡特色（见图4–1–6）。或有房屋倚桥而建，利用桥阶，或为室内楼梯一部，或为房基，桥屋一体，水乡特色浓郁（见图4–1–7、图4–1–8）。但因影响桥的使用寿命、美观，妨碍交通等，现已不多见。

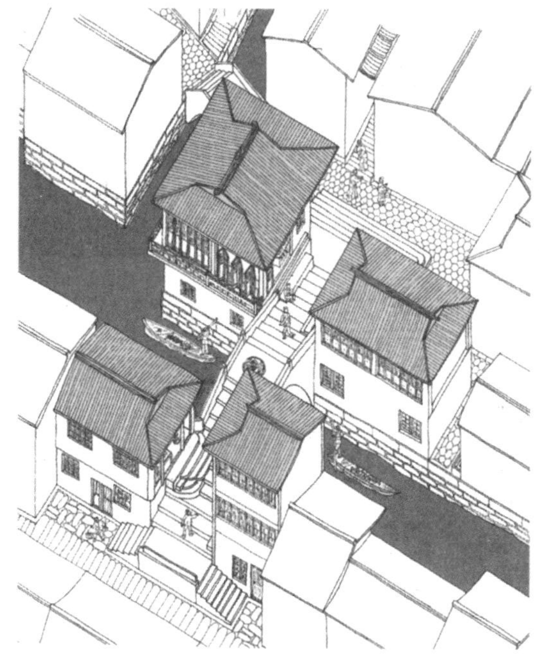

图4–1–7 周庄富安桥（《江南古镇》）（左）
图4–1–8 周庄的桥（右）

江南水乡民居不少为楼房，以二层为多，少有三、四层以上者。或上下对齐，或上层凹凸，错落有致，统一中多变化。内部空间敞通，外部粉墙、黛瓦、栗柱，色彩明快、植物茂密、水影斑驳，具有浓浓的水乡风情。

水乡居住建筑平面，主要有几种类型，如“一”字形（“丨”字形）、“L”字形、“H”字形、“口”字形、“日”字形（见图4–1–9）、“田”字形等，依据经济条件、地势环境等的不同，而分别采用。小户人家资金所限，多用简单的“一”字形（“丨”字形）。中产之家，则采用“H”字形、“口”字形等（见图4–1–10）。富商大贾、官宦之家，则建“日”“田”等多“进”多“落”之巨宅（见图4–1–11）。

浙江一地，还有不少民居形成基本格局。如东阳的“十三间头”①，黄岩等地的“五间楼”，宁波、余姚等地的“宁式房子”，天台的“十八层楼”等。或由多个这样的单元，组成更大的封闭式院落，各组院落间以“避弄”相连②。

① 周学鹰主编，詹斯曼、马晓：《清代东阳民居木构技艺研究》，天津大学出版社，2020年。

② 中国建筑技术发展中心建筑历史研究所：《浙江民居》，中国建筑工业出版社，1984年，第6页。

卧室 床 杂物
客厅 门房
卧室 伙房

图4-1-9 同里新镇街两进式民居（《苏州民居》）

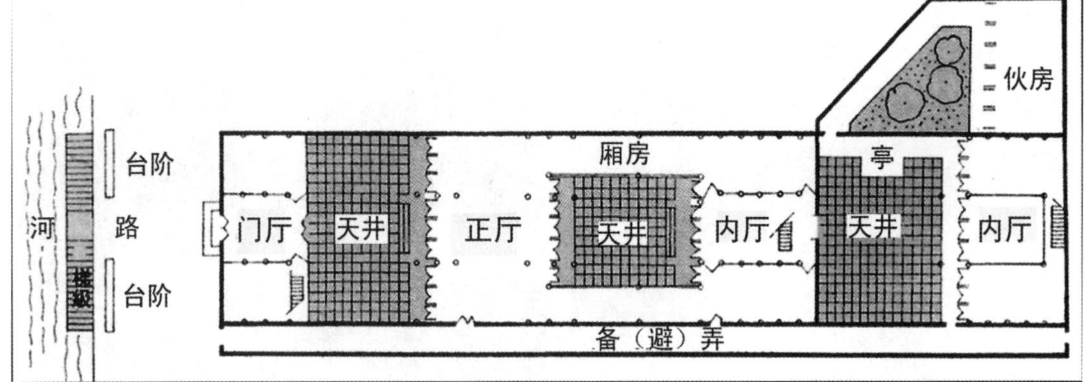

图4-1-10 同里三元街六十七号民居平面图（《苏州民居》）

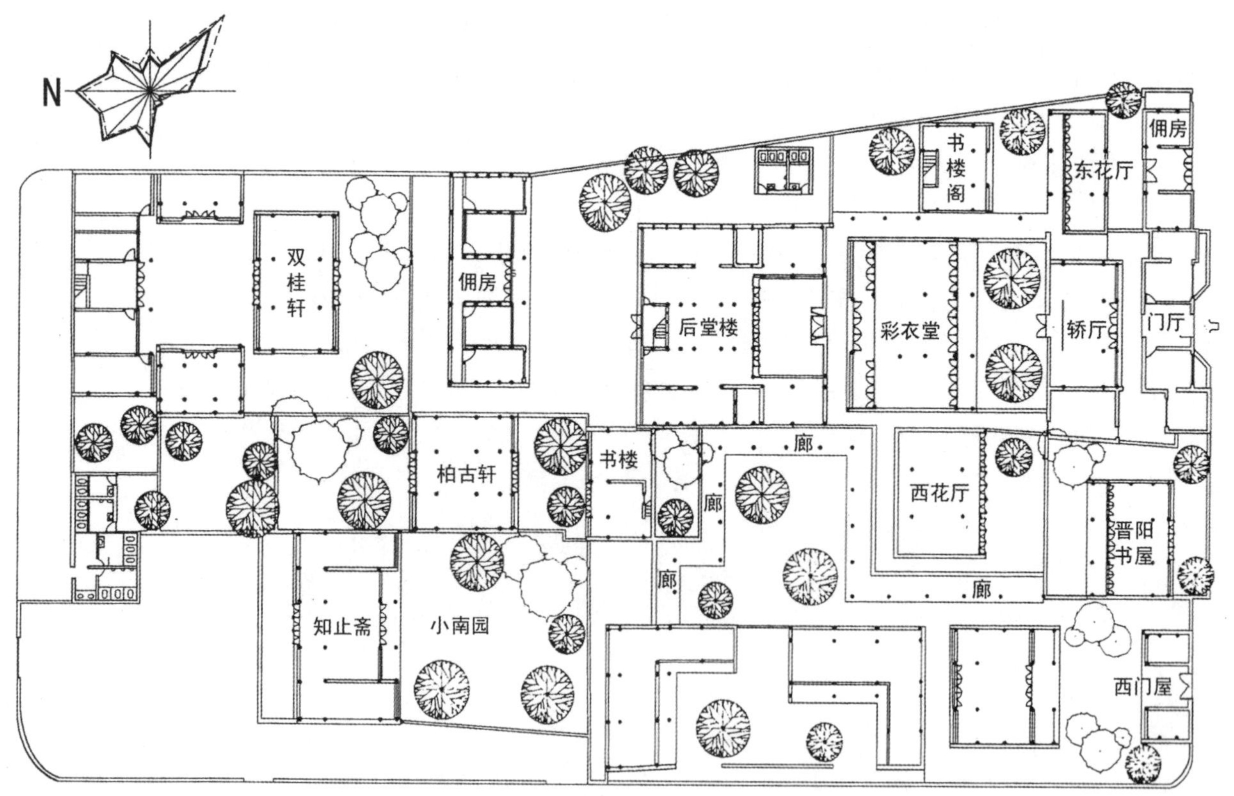

图4-1-11 常熟翁同龢故居（彩衣堂）平面图（《苏州名人故居》）

第二节　江南水乡公共建筑

江南水乡公共建筑种类丰富，可分为：行政建筑，如衙署；行业建筑，如会馆、公所；祠庙建筑，如寺庙（庵）、道观、祠堂；服务建筑，如茶馆、酒肆、店铺；娱乐建筑，如戏台（往往与庙宇、祠堂等结合在一起）、瓦子；文教建筑，如文庙、郡学、书院等。其中，以茶馆、会馆、酒肆、戏台等现存为多，我们据此作重点介绍。

水乡宫殿、衙署建筑，史籍所载，以春秋时期吴、越两国为早。吴王伐齐之前“梦入章明宫”[①]。“越王（勾践）策马飞舆，遂复宫阙”[②]等。

春秋时期，有春申君宫，“今宫者，春申君子假君宫也。前殿屋盖地东西十七丈五尺，南北十五丈七尺。堂高四丈，十霤高丈八尺。殿屋盖地东西十五丈，南北十丈二尺七寸。户霤高丈二尺。库东向屋南北四十丈八尺，上下户各二；南向屋东西六十丈四尺，上户四，下户三；西向屋南北四十二丈九尺，上户三，下户二；凡百四十九丈一尺。檐高五丈二尺。霤高二丈九尺。周一里二百四十一步。春申君所造”[③]。此时，“君舍君室，大夫舍大夫室……”[④]，说明建筑已有等级。有关江南水乡的行政建筑记载，史不绝书。

南宋绍兴八年（1138），南宋康王赵构定都杭州，在城南凤凰山东麓宋城路一带，起宫城禁苑，建殿、堂、楼、阁约130多处[⑤]。当时皇宫建筑宏伟瑰丽，工力精致，金碧流丹，《马可·波罗游记》叹其为“天城”[⑥]。

元末明初，张士诚割据苏州。“改平江为隆平府，士诚自高邮来都之。即承天寺为府第，踞坐大殿中，射三矢于栋以识。”[⑦]

张士诚覆没后，朱元璋派魏观镇守苏州，“初，张士诚以苏州旧治为宫，迁府治于都水行司。观以其地湫隘，还治旧基。又浚锦帆泾，兴水利。或谮观兴既灭之基。帝使御史张度廉其事，遂被诛。帝亦寻悔，命归葬”[⑧]等（见图4–2–1）。

---

① [汉]赵晔撰，[元]徐天佑音注：《吴越春秋》，苗麓校点，辛正审订，江苏古籍出版社，1999年，第69页。

② [汉]赵晔撰，[元]徐天佑音注：《吴越春秋》，苗麓校点，辛正审订，江苏古籍出版社，1999年，第125页。

③ [东汉]袁康、吴平辑录：《越绝书·越绝外传记吴地传》，乐祖谋点校，上海古籍出版社，1985年，第17页。

④ [东汉]袁康、吴平辑录：《越绝书·越绝吴内传》，乐祖谋点校，上海古籍出版社，1985年，第23页。

⑤ 中国人民政治协商会议浙江省杭州市委员会办公室：《南宋京城杭州》（主要宫殿列表），杭州西湖印刷厂，1985年，第25–27页。

⑥ [意]马可·波罗：《马可·波罗游记》，中国文史出版社，1998年，第200页。

⑦ 《二十五史·明史·张士诚传》，浙江古籍出版社，1998年百衲本，第341页。

⑧ 《二十五史·明史·魏观传》，浙江古籍出版社，1998年百衲本，第376页。

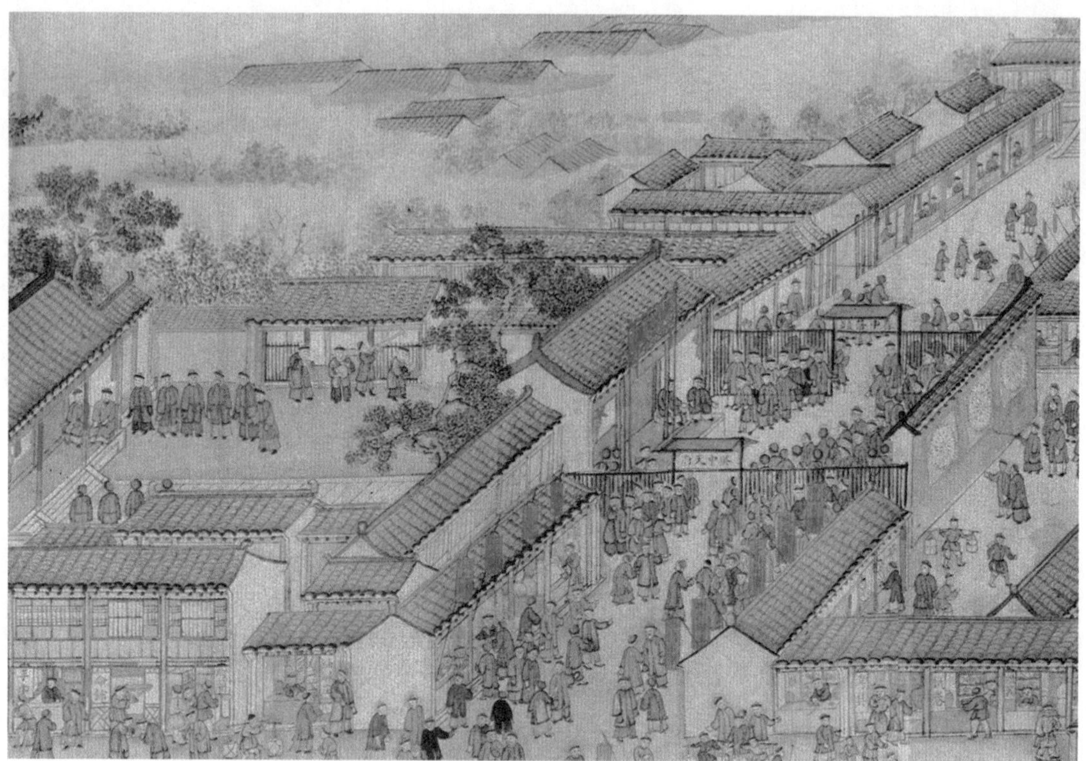

图4–2–1 臬台衙门（《盛世滋生图》）

可叹的是，由于江南水乡行政建筑实物零星，本著对此暂不探究，留待未来。

一、行业建筑

会馆、公所是行会性的公共场所，遍布江南水乡的大、中城市、市镇，甚至乡村。“凡商务繁盛之区，商旅辐辏之地，会馆、公所莫不林立。”①“会馆设在市廛，为众商公所。”②如安徽籍宣州会馆，“向来贸易苏省者……设立公所宣州会馆”③。上海的福建泉漳会馆的创建者云，“会馆者，集邑人而立公所也”④。

范金民先生从地域或行业的角度出发，将会馆及公所分为地域性和行业性两大类，即地域性会馆公所和行业性会馆公所，又各有主次。并据现有材料，对江南各地会馆的数量，大体作出初步统计；而公所则因民国年间迭有创设，且常州、镇江、江宁等府的市镇材料匮乏，苏松太杭嘉湖府州的市镇材料也难称齐备，无法揭其全貌，认为仅苏州城区至少应有48所会馆。如统计所属城镇，则达64所，不仅在江南水乡为最，且在全国同类城市中也是最多者。而苏州公所为142所，府属城镇为21所，总共163所。江南各地，至少有会馆226所，公所356所，共计582所⑤。

会馆、公所，也是联乡谊、祀神祇、办善举等之所⑥。如苏州金华会馆：“为想春风秋

---

① 《旅常洪都木商创建公所碑记》，《常州市木材志1800–1985》（油印本），第35页。

② 陶澍：《查核上海会馆并无囤贮私盐暨舟山地方产盐应归浙江经理折子》。转引自范金民：《明清江南商业的发展》，南京大学出版社，1998年，第245页。

③ 江苏省博物馆编：《江苏省明清以来碑刻资料选集》，生活·读书·新知三联书店，1959年，第383页。

④ 上海博物馆图书资料室编：《上海碑刻资料选辑》，上海人民出版社，1980年，第235页。

⑤ 范金民：《明清江南商业的发展》，南京大学出版社，1998年，第243–254页。

⑥ 陈学文：《明清时期太湖流域的商品经济与市场网络》，浙江人民出版社，2000年，第149页。

月，同乡偕来于斯馆也，联乡语叙乡情，畅然蔼然，不独逆旅之况赖以消释，抑且相任相恤，脱近市之习，敦本里之淳，本来面目，他乡无间，何乐如之。”①“吾郡通商之事，咸于会馆中是议。”②因此，会馆、公所建筑本身就是乡情、亲情的象征。

江南水乡会馆公所数量的不断增多，是该地商品经济日益发展的标志，也是商品经济发展的产物，又推动、维护其发展。

会馆公所大多设有殡（丙）舍、义冢等慈善设施。各地商人中，以徽商的义冢等设施为最多。“皖江多好善，所在辄置义冢。”③或有会馆附设义学。

图4–2–2 苏州山塘街泉州会馆

会馆、公所建筑，与一般宅第、祠堂等组成，较为相似（见图4–2–2），门楼多与戏台结合，大厅面向戏台，或有多进院落。

二、服务建筑

（一）茶馆、酒肆

明清时期江南水乡城市、市镇上，遍布各种各类茶馆（见图4–2–3、图4–2–4、图4–2–5），村落中亦然，茶馆建筑是反映当地人民生活的一个重要侧面。

图4–2–3 甪直茶楼（左上）
图4–2–4 绍兴柯桥茶馆（左下）
图4–2–5 西塘茶馆（右）

① 江苏省博物馆编：《江苏省明清以来碑刻资料选集》，生活·读书·新知三联书店，1959年，第366–367页。

② 江苏省博物馆编：《江苏省明清以来碑刻资料选集》，生活·读书·新知三联书店，1959年，第367页。

③ 《小万卷斋文稿》卷18《徽郡新立吴中诚善局碑记》。转引自范金民《明清江南商业的发展》，南京大学出版社，1998年，第259页。

文人雅士品茗高谈，吟诗作画；市民、乡农饮茶、休憩，听弹品唱；城乡居民交流信息，协调关系，调解纠纷；行商坐贾打探行情，洽谈生意等，都离不开茶馆。因此，茶馆既是经济场所，又具文化功能，可说是江南特色的水乡建筑文化之一。

茶馆大量存在于江南水乡城镇建筑中，主要因为它是获取信息最重要的渠道和场所，又可洽谈商务，故可称之为商品经济的晴雨表，市场发展则兴旺，市场萎缩变清淡[①]。

“茶店为商人聚集之场，关系市面甚巨。……凡四栅各业欲灵市面，均集于此，故营业较盛。……又西栅茶店都为乡农出市叙集之所，故乡航只到时庄中客满，及至下午即清闲无人。”[②]可见，茶馆大多开设在商业区。如乌青镇茶馆“访庐阁”，就开在闹市区的戏台旁边。

茶馆不仅是饮茶、休憩之处，其内还有各种娱乐，丰富了城乡人们的生活。濮院镇“茶肆中有演小说者，据案高谈阔论，听者杂沓盈肆，遂引来外方歌唱百戏沿门索钱”[③]。璜泾镇“旁列茶肆延江湖男女唱淫词，谓之唱滩簧。甚者搭台于附近僻处，演唱男女私情之事，谓之花鼓戏”[④]。

当然，茶馆或有负面影响，如赌博、藏污纳垢等。无锡“酒馆茶坊昔多在县治左右，近则委巷皆有之。……至各乡村镇亦多开张，此则近数年以内闻乡之老成人云，由赌博者多故，乐其就食之便”[⑤]。其实，早在南宋时的杭州，就有楼下“开茶肆，楼上专安著妓女”[⑥]的情况了。

江南水乡有“吃讲茶”的习俗，是排解纠纷、协调人际的一种方式。“俗遇不平事，则往茶肆争论曲直，以凭旁人听断，理屈者则令出茶钱以为罚，谓之吃讲茶。”[⑦]有时商谈婚约之事，也在茶馆中进行。

茶馆在江南水乡中分布很广，尤以苏州、杭州大城市为最。苏州茶馆在清乾隆年间已十分兴盛。乾隆二十四年（1759）徐扬所绘《盛世滋生图》中，阊门胥门外就有多处茶馆。山塘街十数家茶馆，都是门临塘河，危楼杰阁，室内书画点缀[⑧]。清代杭州城酒馆茶楼装饰富丽，“酒楼茶肆多以华奢相竞”[⑨]。

市镇也几乎如此。濮院镇，“茶酒肆不啻百计……新丝时更甚”[⑩]。太仓璜泾镇，“自

① 陈学文：《明清时期太湖流域的商品经济与市场网络》，浙江人民出版社，2000年，第362–363页。

② 民国《乌青镇志·工商》卷21。转引自包伟民主编《江南市镇及其近代命运：1840–1949》，知识出版社，1998年，第243页。

③ [清]乾隆《濮院琐志·习尚》卷6。转引自浙江省社会科学院历史研究所、经济研究所，嘉兴市图书馆《嘉兴府城镇经济史料类纂》，浙江省社会科学院，嘉兴市图书馆，1985年，第150页。

④ [清]道光《璜泾志稿·流习》卷1。转引自樊树志《江南市镇：传统的变革》，复旦大学出版社，2005年，第463页。

⑤ 黄印《锡金识小录》卷1《备参·风俗变迁》。转引自樊树志《明清江南市镇探微》，复旦大学出版社，1990年，第282页。

⑥ [宋]吴自牧撰：《梦粱录·茶肆》，傅林祥注，山东友谊出版社，2001年，第210页。

⑦ [清]光绪《罗店镇志》卷1《疆里志·风俗》。转引自周积明、宋德金主编《中国社会史论》，湖北教育出版社，2000年，第339页。

⑧ 岳俊杰等主编：《苏州文化手册》，上海人民出版社，1993年，第525页。

⑨ [清]光绪《杭州府志》卷75。转引自食货月刊社编辑委员会论文作者史学及法学家二十三位主编《陶希圣先生八秩荣庆论文集》，食货出版社，1979年，第273页。

⑩ [清]乾隆《濮院琐志·风尚》卷6。转引自小田《江南乡镇社会的近代转型》，中国商业出版社，1997年，第264页。

嘉庆以降酒肆有四五十家，茶肆倍之”①。据陆志鸿《嘉兴新志》载，民国时嘉兴新塍镇有茶馆88家，王店镇有65家，新篁镇有40家②。

高档茶馆环境优雅，设施齐备，为文人雅士、达官富商麇集之所。普通茶馆则较为简陋，面向一般大众。故茶馆等级、档次参差不齐。即便在一个茶馆中，也多分档、分区，面对不同客户，以示区别。

图4-2-6 南京秦淮河钓鱼台河房

茶馆伙计称为茶博士③，酎茶技术高超，不会沾湿茶客。酎茶、饮茶均有相应的礼仪，茶博士须将壶嘴对着茶客，表示听其吩咐。如若两人对饮，应先为客人酎茶，且须连斟三次，称之“凤凰三点头”④。被酎茶者，应以手指连叩桌面，以示谦让、感谢。

酒肆建筑亦具信息功能，比茶馆要少，饮食者居多。南宋杭州“下瓦子前日新楼沈厨开沽，俱有妓女，以待风流才子买笑追欢耳”，此时还有经营酒菜店或面食店的“分茶酒肆”⑤。

明清时期，江南水乡娼妓业繁荣，通都大邑兴旺，江浙如南京、苏州、扬州、杭州等处，皆为花柳盛地，尤以南京为最。秦淮河畔，娼楼并居，“两岸河房，雕栏画槛，绮窗丝障，十里珠帘”⑥（见图4–2–6）。开埠后的上海，一跃而居首，香艳全国⑦。

（二）混堂

混堂，其前身为浴室，初皆以堂名，后改为池、泉、园、浴室等。浴堂，又谓“香水行”⑧，源自古代香汤沐浴的习俗。屈原《九歌・云中君》云：“浴兰汤兮沐芳。”⑨农历五月五日端午节时，人们要用兰汤沐浴⑩。

北宋时期，开封工商业发达，庶民辐辏，因之民间公共浴室兴起。建炎南渡，建都临安，人口激增，浴堂随之增多。当时浴室可能只是盆汤，而非浴池。

元代时期，分国人为四等：第一等蒙古人，第二等色目人（蒙、汉之外的民族），第三

① [清]道光《璜泾志稿・流习》卷1。转引自周积明、宋德金主编《中国社会史论・下》，湖北教育出版社，2000年，第337页。

② 陈学文：《明清时期太湖流域的商品经济与市场网络》，浙江人民出版社，2000年，第366页。

③ 阮浩耕编著：《茶之文史百题》，浙江摄影出版社，2001年，第94页。

④ 李碧华：《李碧华作品集・7・水云散发》，花城出版社，2002年，第74页。

⑤ [宋]吴自牧撰：《梦粱录・茶肆》，傅林祥注，山东友谊出版社，2001年，第2211–2213页。

⑥ [清]余怀：《板桥杂记：外一种》，李金堂校注，上海古籍出版社，2000年，第10页。

⑦ 李长莉：《晚清上海社会的变迁：生活与伦理的近代化》，天津人民出版社，2002年，第315–316页。

⑧ 叶大兵、乌丙安主编：《中国风俗辞典》，上海辞书出版社，1990年，第535页。

⑨ 郭超主编：《四库全书精华・集部・第1卷》，中国文史出版社，1998年，第893页。

⑩ 赵俊玠、郗政民等：《唐诗人咏长安・上编》，陕西人民出版社，1982年，第112页。

等汉人（留居北方的汉族），第四等南人（南宋治下的汉族）①。色目人久处沙漠，信奉伊斯兰教，癖好沐浴，其聚居区镇江，率先在江南建筑混堂。而江南发达的商品经济，又促进了混堂的发展，城乡混堂林立②。李诩《戒庵漫笔》卷三载江阴：“嘉靖九年三月间，邑西门外青山匆陷，中空如两三间房大，皆砖发圈者，若混堂样。底亦铺砖，有麻布花纹。”③

明代江南混堂，首推苏州、杭州、宁波、扬州等发达地区。苏州混堂之多，号称七塔、八幢、九馒头（即指混堂的穹形幔顶）④。徐扬绘《盛世滋生图》，有壁端榜书“香水浴堂”（见图4–2–7）。

图4–2–7 香水浴堂（《盛世滋生图》）

明清两代，扬州是漕运和盐运枢纽，富商无数，混堂多且讲究。“浴池之风。开于邵伯镇之郭堂……并以白石为池。方丈余，间为大小数格。其大者近镬水热。为大池。次者为中池。小而水不甚热者为娃娃池。贮衣之柜。环而列于厅室者为座厢。在两旁者为站厢。内通小室，谓之暖房。茶香酒碧之余。侍者折枝按摩。备极豪侈。男子亲近前一夕入浴。动费数十金。除夕谓之洗邋遢。端午谓之百草水。”⑤

混堂内设暖房，可提供品茗、用点、剃头、修脚、按摩等服务，雅俗皆宜，成为士绅商贾消闲娱乐、洽谈商务，以及一般民众洗尘除垢的乐池。故苏州、扬州皆有“朝上皮包水，晚上水包皮”之谚，而扬州“三把刀”更是闻名久远⑥。

浴室大门左侧，往往竖一高杆，开汤升红灯笼至杆顶，落汤放下，谓之挂灯、收灯。灯面或空白，或署浴室名，或写店号。因水官大帝解厄，浴池业奉其为保护神⑦。

---

① 周谷成：《民国丛书·第1编·77·历史·地理类·中国社会之结构·中国社会之变化·中国社会之现状》，上海书店，1989年，第44页。

② 高燮初主编：《吴文化资源研究与开发》，苏州大学出版社，1995年，第512页。

③ [明]李诩：《戒庵老人漫笔》，魏连科点校，中华书局，1982年，第52页。

④ 季裕庆：《江苏名城录》，北京旅游出版社，1987年，第165页。

⑤ [清]李斗：《扬州画舫录·草河录上》卷1，中华书局，1960年，第26页。

⑥ 扬州评话研究组编：《扬州说书选·现代作品》，中国曲艺出版社，1981年，第259页。

⑦ 邹明诚：《谈混堂》，载高燮初主编《吴文化资源研究与开发》，苏州大学出版社，1995年，第510–515页。

三、娱乐建筑

戏台是娱乐建筑的典型之一。

江南水乡是传统戏曲发源地之一，我国古代四大声腔，“海盐腔、余姚腔、弋阳腔、昆山腔”之中[①]，江南水乡占据大半。国剧——京剧，源自古老的昆曲[②]。其他如绍兴大班，苏州的评弹、滩簧，无锡的锡剧，杭州的越剧，上海的沪剧等地方戏，都久负盛名。在各种迎贺、喜庆、祭祀等活动中，以及农闲时节，便有专业、业余的戏班，适时出演，戏台建筑建造便勃兴起来。

有研究者认为，戏台建筑是由祭台转变而来，绍兴坡塘战国墓中出土的铜屋，可为珍贵的一例（见图4–2–8）[③]。

图4–2–8 绍兴坡塘铜屋（《绍兴古戏台》）

图4–2–9 明代演出模拟图《绍兴古戏台》

江南水乡中的戏台建筑形式多样，如就演出场所而言，可分为宫台、寺庙戏台、宗祠戏台、宅第戏台、河岸戏台，直至露台、草台、船台、河台等，还有贵胄厅堂中的“红氍毹”[④]（即毛织的布或地毯，演戏铺在地上，故此“氍毹”或“红氍毹”，借指舞台，见图4–2–9）。其中，最具水乡特色的，无疑是河岸戏台、船台、河台等“水乡舞台”了。如苏州在雍正之前没有戏馆，酬神宴客之演出，则多在虎丘山塘河水中“卷梢”船上演之。演出时，观众也乘“沙飞”“牛舌”等小船，围而观之，其后因围观者太多、恐遭复溺，则又一度中止[⑤]。

① 谢涌涛、高军：《绍兴古戏台》，上海社会科学出版社，2000年，第5页。

② 曹金华编著：《吴地民风演变·第3辑（吴文华知识丛书）》，南京大学出版社，1997年，第27页。

③ 谢涌涛、高军：《绍兴古戏台》，上海社会科学出版社，2000年，第9页。

④ 中央工艺美术学院编著：《工艺美术辞典》，黑龙江人民出版社，1988年，第124页。

⑤ 曹金华编著：《吴地民风演变·第3辑（吴文华知识丛书）》，南京大学出版社，1997年，第54页。

有研究者以绍兴为例，将戏台（又称“万年台”）划分为三种：一是跨河而立，以岸为基。因地坪狭窄，将戏台搭筑于河道两岸，其下照样能够行船。二是背河傍岸，石砌台基（见图4–2–10）。此种形式最为常见，因旧时多用行船接送戏班，及其戏箱行头等，运输便利。三是依河设台，跨街而立（见图4–2–11）。它们忙时为台，闲时为亭，或跨街与河道并行，或背河面街、面河背屋（街）（见图4–2–12）。每逢宗祠祭神之日，搁上台板演戏酬神，台下行人照常往来。演出结束，抽去台板，又为街亭[①]。故寺庙之山门、宗祠之大门，多类此式。

戏台往往设在山门背后，面向主殿，殿前院落场地可容纳观众，而殿前露台则作为贵宾席，如绍兴嵊州城隍庙戏台、嵊州瞻山庙戏台、上虞曹娥庙戏台、上海朱家角镇戏台等。

图4–2–10 绍兴马山区安城河台（《绍兴古戏台》）

图4–2–11 绍兴土谷祠街台（《绍兴古戏台》）（左）
图4–2–12 宁波古林镇戏台（右）

① 谢涌涛、高军：《绍兴古戏台》，上海社会科学出版社，2000年，第16–28页。

戏台建筑往往做工极其考究，木制挂落、栏杆、斗栱、斜撑（牛腿）、角梁、雀替等，触目所及，多是雕饰彩绘（见图4–2–13、图4–2–14），富丽的藻井更是装饰重点（见图4–2–15）。戏台藻井俗称“鸡笼顶”，为古建筑精华所在。凹进的穹隆呈内旋式半球体，周围采用曲木栱搭成架做支承，即“阳马”，装饰独特，从底到顶嵌拼如小半拱状，成环状旋榫，堆迭而上，犹如编织鸡笼，故名，实例如象山县石浦镇石浦城隍庙戏台①、宁海县岙胡祠堂三连贯鸡笼顶等②。研究者认为藻井的构筑，不仅精美，还可以产生声音上“共鸣”的效果。苏州戏曲博物馆藻井，也是如此③。

图4–2–13 宁波古林镇戏台细部（左）

图4–2–14 苏州昆曲博物馆内展出的戏台模型之一（右）

绍兴火神庙戏台藻井（鸡笼顶）

绍兴府山公园盆景园戏台藻井（鸡笼顶）

绍兴舜王庙戏台藻井（鸡笼顶）

诸暨五灶村张家祠戏台藻井（鸡笼顶）

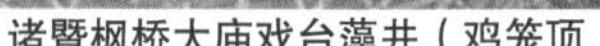

诸暨枫桥大庙戏台藻井（鸡笼顶）

诸暨边村宗祠戏台藻井（鸡笼顶）

图4–2–15 戏台藻井图（《绍兴古戏台》）

① 《宁波词典》编委会编：《宁波词典》，复旦大学出版社，1992年，第396页。

② 王兴满主编：《宁海故事精选》，宁波出版社，2005年，第68页。

③ 孙鹄：《苏州的古典戏台》，《古建园林技术》1990年第1期第54页。

戏台平面除前、后台外，还有侧房，以满足化妆、道具等演出需要。而水乡地区，表演者们生活的第二个家——“班船”，往往兼具着这样的功用。

水乡戏台往往三面可观，伸出庭院、堤岸等，陆地、水上俱宜于观赏。四向乡民俱可划船来看，观众没有任何经济负担，愿意看则看，不愿意看则走。乌镇修真观戏台在大门外面，紧靠河边，街道广场作为观戏的场地，戏台平面凸出，三面可观。

江南水乡多水，船台多见。如就浙江言，杭州西湖、绍兴鉴湖、嘉兴南湖，从钱塘江、富春江、兰溪江到瓯江，都是历代文人、商贾、官宦等画舫楼船、度曲演剧的水上“销金窝”。其主要形式：一是方舟，陆游认为是“两船相并意”。二是楼船，杭、嘉、湖地区也称之“沙飞船”，舱顶平坦可以演戏，下舱为艺人妆扮、休憩、生活之所，为水上流动舞台。三是画舫，是官宦、文人、商贾专供游乐的大型游船，有塌床、窗扉、茶几、坐椅，书画毕呈，画舱雕舷，精巧富丽，可供主客宴饮、度曲，实为水上富家厅堂①。另还有可拆卸船运的戏台，也可为船台之一（见图4–2–16）。

在绍兴的一些河道上，还有水戏台，独立于河道中，为专供划船观戏的水乡特有建筑，称为“河台”（见图4–2–17）。可分固定与随搭两种。独立水中，或临水构筑，但戏台必须面对神庙或神棚。如绍兴马山区安城村的“十方土地庙”戏台②，是目前浙江省仅存的河台（另柯岩风景区近来修建了一座，笔者注）。飞檐敞台，河上小舟云集，挤满了看戏的民众，还有四出的小卖，加以夜晚的灯火，斑驳的倒影，悠扬的唱腔等，如梦似幻，组成江南水乡独有的画面③，鲁迅先生的《社戏》对此有生动的描绘。

图4–2–16 苏州昆曲博物馆内展出的“姑苏高升台”模型

图4–2–17 绍兴柯岩水上戏台（《绍兴古戏台》）

此外，瓦舍，又称瓦子、瓦肆（市），或称为“瓦子勾栏”，为建炎南渡带来的汴京旧制，都指的是以游艺娱乐为主的市场，内有勾栏数座乃至十数座。《武林旧事》载南宋

① 谢涌涛：《浙江戏曲舞台的衍变和建构探微·上》，《古建园林技术》1995年第1期第30–33+29页。

② 叶建华：《浙江通史·第8卷·清代卷·上》，浙江人民出版社，2005年，第187页。

③ 邵甬：《江南水乡传统城镇研究》，硕士学位论文，同济大学，1996年，第73页。

临安瓦市23处[①]，《西湖老人繁胜录》则说有瓦市25处（城内5处、城外20处）[②]。明清时期，传遍江南水乡各地，蔚然成风。

四、文教建筑

有研究者认为，中国书院的发展，其主流自始至终在江南地区（见表4–2–1），书院建筑相应地随着书院的盛衰而起伏[③]。江南水乡书院建筑，可谓是江南水乡文教类建筑的缩影。遗憾的是，历史的变迁中保存下的书院建筑相当有限，明清以降，其最著者当属无锡东林书院。

表4–2–1 宋元明清书院发展状况表

（根据曹松叶：《宋元明清书院概况》统计所列）

时代 区域	宋	元	明	清
长江流域	74%	65%	51%	39.5%
黄河流域	3.5%	28%	19%	17%
珠江流域	21%	6%	30%	41.5%
其他地区	1.5%	1%	0%	2%

（一）文庙、郡（县）学

隋唐以降，科举兴起，一定程度上刺激了江南水乡地区崇文重教风气的形成，陆续建设了府学、州学、县学等教育建筑。

宋辽金元，尊孔崇经，仍以科举取士。此时，江南水乡教育的重要举措是将文庙与学宫相结合[④]（因之，本书把文庙列入文教建筑类）。

北宋时期，范仲淹任苏州知州，建立郡学，即文庙与学宫，天下有学始自吴郡[⑤]（见图4–2–18、图4–2–19）。各地郡学平面布局大体相同，多“左庙右学，各有门起”[⑥]。前为文（孔）庙，设大成殿、崇圣祠等，祭祀孔子，并祀颜子、曾子、孟子以及历代先贤。后为学宫，讲学之所，设明伦堂、斋房、尊经阁、观德亭、射圃、教谕廊、学门等。

明清教育制度大体相近，县有县学，乡有社学。明太祖朱元璋云：“古昔帝王育人才，正风俗，莫先于学校。”立国第一年设国子学，次年诏郡县立学[⑦]。江南水乡县学最早设立者为吴县县学，北宋景祐元年（1034）范仲淹奏建，始设于吴县县治东南三皇庙基[⑧]，有明伦堂，与登贤、升俊、育德、尚志四所书斋。以后，武进、无锡等郡邑，也先后兴办。

---

① [宋]周密撰：《武林旧事·瓦子勾栏》，傅林祥注，山东友谊出版社，2001年，第107页。

② 中国戏曲学会、山西师范大学戏曲文物研究所编：《中华戏曲·第14辑》，山西古籍出版社，1992年，第152页。

③ 胡荣孙：《江南书院建筑》，《东南文化》1991年第5期第69–79页。

④ 许伯明主编：《吴文化概观（江苏区域文化丛书）》，南京师范大学出版社，1997年，第78页。

⑤ [宋]范成大：《吴郡志·学校》，陆振岳校点，江苏古籍出版社，1999年，第32页。

⑥ 朱同广主编：《可爱的江苏》，南京大学出版社，1999年，第170页。

⑦ 钱焕琦主编：《中国教育伦理思想发展史》，改革出版社，1998年，第273页。

⑧ 江洪等主编：《苏州词典》，苏州大学出版社，1999年，第774页。

图4–2–18 苏州文庙棂星门

图4–2–19 苏州文庙大成殿

（二）私塾、书院

私人办学曰“学塾”，俗称“私塾”。“学塾”又有“教馆”“家塾”“义塾”之别。塾师到有钱人家去教书，称“教馆”。学生到塾师家读书，称“家塾”。由地方人士集资，或公堂之类出钱，请塾师在公共场所教学，如寺庙、祠堂、学舍等，称“义塾”（见图4–2–20）。据统计，清末民初，吴县登记的私塾有75所，可见其普及程度[①]。

图4–2–20 义塾（《盛世滋生图》）

① 许伯明主编：《吴文化概观（江苏区域文化丛书）》，南京师范大学出版社，1997年，第82页。

郡学等官学的建立，促进了江南水乡书院建筑的兴起。书院多为私人举办，为民间私学的主流，以讲学、祭祀、藏书为其三大社会功能与特点①（见图4–2–21）。书院拥有较多藏书，多建有藏书楼，或书房、书库等。或达官贵人之家，亦建藏书楼（如无锡薛福成故居，图2–2–18）。早在南唐五代，水乡“越州裴氏有书楼”②。

图4–2–21 乌镇立志书院

一般，书院建筑有尊经阁（藏书处）、讲堂、宿舍、教授坊等建筑。著名者，如明末顾宪成、高攀龙（无锡人）创立的东林书院，以及钟山书院、紫阳书院、敷文书院、南菁书院、诂经精舍等。

书院祭祀的对象，既有专祀也有兼祀，有的还带宗教色彩，这可能受到佛教寺院建筑的影响，或与书院的选址有关。如吴县的文止书院设在禅兴寺桥西，道南书院设在二程夫子祠旁侧。明洪武八年（1375），诏立社学，“延师儒以教民间子弟”。明朝社学是“导民善俗”的场所，实为地方的义务教育。此时的社学遍及水乡各地，仅苏州就有社学737所。可见，社学是介于学校与社会、官学与私学之间的乡村学校。此外，自第二次鸦片战争签订《天津条约》，规定美、英、法、俄等国在中国自由传教后，江南水乡教会建筑、职业学校和好学堂等，近代教育设施较多。如至1921年，仅苏州的教会学校（包括大中小学）就有28所③。

① 例如，“四大书院”之一的岳麓书院，北宋创建初期就已形成其讲学、祭祀、藏书的基本规制，见杨慎初等主编：《湖南传统建筑》，湖南教育出版社，1993年，第20页。

② ［宋］钱俨撰：《吴越备史·武肃王上》卷1，武汉大学光盘版文渊阁本《四库全书》第244卷第1册第30页。

③ 许伯明主编：《吴文化概观（江苏区域文化丛书）》，南京师范大学出版社，1997年，第80–85页。

第三节 小桥、流水傍人家

图4–3–1 杭州新西湖景区内的汀步

江南水乡，碧水明镜，青山画屏，风光秀美。境内湖泊浩淼、河渠密布，水系众多。水多、船多、桥多，构成了江南水乡地域建筑文化的一大特色。

江南水乡自古多湖泊沼泽。远古时期，就可能出现搭桥、垒石，以便通行。现浙江、安徽等地，在小溪、堤梁等浅水中，设置步墩，俗称之"汀步桥"或"跳墩子"①（见图4–3–1）。

江南地域存在不少的天然桥梁。如浙江天台山石梁，长6米、高约3米，横越飞瀑，便利行人。这些自然界中的桥梁，或可作为桥梁的雏形，启迪人模仿并超越了自然②。

相传，春秋时越王勾践曾在会稽（今属绍兴），修造灵汜桥。又"定跨桥，阖闾于行苑内置，游赏之处。基址见存"③。可见园林中建桥之早。

江苏溧水出土的东汉画像砖，研究者认为这是当时的多跨式拱桥，为江南水乡常见的陡拱桥（见图4–3–2）。说明早在东汉时期，江南地区已出现这种形式的桥梁④（当然，我们认为这块画像砖，也有可能是表现与房屋有关的画面）。

图4–3–2 四人过桥图（《文物》1983年第11期）

江南城乡内外，平梁、拱桥，触目可见。唐代诗人杜荀鹤云："君到姑苏见，人家尽枕河。古宫闲地少，水港小桥多。"每一座桥，都有一段故事⑤。唐代诗人白居易《登

① 李国豪等主编：《中国土木建筑百科辞典：桥梁工程》，中国建筑工业出版社，1999年，第240页。

② 茅以升等主编：《中国古桥技术史》，北京出版社，1986年，第2页。

③ [唐]陆广微撰：《吴地记》，曹林娣校注，江苏古籍出版社，1999年，第90页。

④ 吴大林：《江苏溧水出土东汉画像砖》，《文物》1983年第11期第14页。

⑤ 胡晓明：《书生情缘》，浙江人民出版社，1993年，第96页。

闾门闲望》曰："处处楼前飘管吹，家家门外泊舟航"[①]；他《正月三日闲行》诗中云："绿浪东西南北水，红栏三百九十桥。"[②]可见苏州城内桥梁之众。

据清光绪年间绘制的《绍兴城衢路图》记载，绍兴城内有桥229座[③]。乌青镇，明万历时有桥77座，清康熙时有124座，乾隆时有116座[④]等。

现存江南水乡桥梁，建筑年代最早可至宋代。如苏州东山底定桥、吴江同里思本桥（思汾桥）、角直和丰桥、石湖行春桥、光福铁观音寺前大寺桥[⑤]、无锡惠山金莲桥[⑥]、绍兴八字桥[⑦]等。虽历代修葺，仍存宋桥风貌。

元、明、清以降，江南水乡保存下来的桥梁为数众多。因此，整个水乡境内，水路交通十分畅达，可谓无往而不至，与陆路一起构成了蛛网般密集的交通网络。据统计，明清时江南境内有水陆路程数十条之多。并发展了水陆联运，滨海府县还有内陆与海运相结合，平原府县几乎是村村通舟楫。而航船、夜航船，更可谓是江南水乡特有的文化[⑧]。如苏州"上自帝京，远连交广，以及海外诸洋，梯航毕至"[⑨]，"其地形四达，水陆交通，浮江达淮，倚湖控海"[⑩]等。

这些水乡桥梁，是"水乡最富有代表性的建筑"[⑪]。它们保存完整，构造精巧，施工精良，造型优美，颇具匠心，为研究我国古代桥梁建筑艺术，留下了宝贵的资料。

一、类型

江南水乡的桥数量众多，且千姿百态，造型优美，或梁桥（平桥）、拱桥、折桥[⑫]，少量廊桥、吊桥、浮桥，以及由它们组合而成、规模较大的复合桥等。我们择其要者，概述如下。

（一）平桥

"桥，水梁也""梁，水桥也"[⑬]。可知古代梁、桥二字，异名同义，多指木梁柱桥，桥墩高度一致，其梁平坦，故又名平桥。无锡惠山的金莲桥（见图4–3–3）、吴县光福永安桥（见图4–3–16）等，均属此种形制。

平梁有伸臂、八字撑[⑭]等，用材有石梁、木石组合梁，桥面有石板、砖、土、石桥面等。木梁柱桥，多出现于乡村野地，或交通量要求不大的次要路段，也或为追求野趣而专

---

① ［唐］白居易：《白居易全集》，丁如明、聂世美校点，上海古籍出版社，1999年，第360页。
② ［唐］白居易：《白居易集》，时代文艺出版社，2000年，第178页。
③ 中共绍兴市委宣传部编：《绍兴历史文化》，浙江人民出版社，1996年，第323页。
④ 陈学文：《明清时期太湖流域的商品经济与市场网络》，浙江人民出版社，2000年，第277页。
⑤ 城乡建设环境保护部市容园林局编：《国家重点风景名胜区》，北京旅游出版社，1988年，第67页。
⑥ 朱惠勇：《江南古桥风韵》，方志出版社，2004年，第33页。
⑦ 浙江省文物考古所编：《浙江文物简志》，浙江人民出版社，1986年，第80页。
⑧ 陈学文：《明清时期太湖流域的商品经济与市场网络》，浙江人民出版社，2000年，第67页。
⑨ 《乾隆二十七年·陕西会馆碑记》，转引自苏州博物馆、江苏师范学院历史系、南京大学明清史研究生合编《明清苏州工商业碑刻集》，江苏人民出版社，1981年，第331页。
⑩ ［清］乾隆《苏州府志·亭园》卷6。
⑪ 蔡述传：《江苏古桥概述》，《古建园林技术》2001年第3期第48–54页。
⑫ 阮仪三：《江南六镇》，河北教育出版社，2002年，第11页。
⑬ ［汉］许慎、［清］段玉裁注：《说文解字注》，浙江古籍出版社，1998年，第267页。
⑭ 李国豪等主编：《中国土木建筑百科辞典·桥梁工程》，中国建筑工业出版社，1999年，第121页。

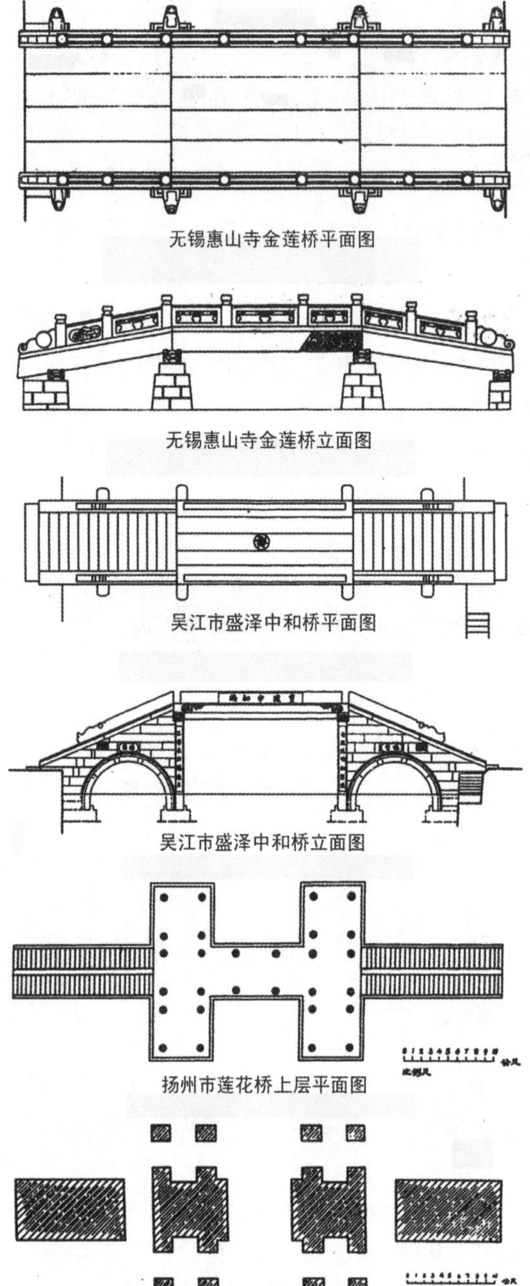

图4–3–3 江苏古桥图（《古建园林技术》2001年第3期）

设，现已相当罕见。

浙江平湖永兴桥，可谓典型的水乡石梁桥。无锡的迎福桥，为石梁板结合的石桥，在石梁中凿出一侧，嵌入石板。无锡惠山的金莲桥、吴县光福永安桥均为平桥[①]。

木梁石墩的木梁墩桥，在江南水乡还可见到，其墩或取并列的石板，桥墩极窄，便于行船。如上海青浦金泽镇的迎祥桥，苏州的引善桥，浙江鄞县的百梁桥、悬慈桥等[②]。

（二）拱桥

江南水乡桥梁中，拱桥数量众多；因拱式桥面、桥孔曲线的变化等，其造型优美（见图4–3–4）。拱桥可分坦拱[③]、陡拱[④]两大类，拱券有尖券、弓形券、多圆心券、半圆券、圆形券、马蹄形券及多边形券等。材料上，有石拱、砖拱、木拱、竹拱等。或有桥与井相临，颇为奇特（见图4–3–5、图4–3–6）。

拱桥中间孔洞，便于舟行。桥孔数目，因河道宽窄而定，狭窄者仅一孔，开阔者架多孔连拱桥（长桥），多者达十几、几十孔。著名的吴县宝带桥共有53孔、长249米；而吴江垂虹桥竟达72孔、长500余米[⑤]。

建于元成宗大德二至四年（1298—1300）的苏州灭渡桥，为圆弧形拱券，净长20米、拱矢高8. 2米，拱宽仅0. 3米，可谓最薄的石拱桥[⑥]。

（三）廊桥

《武林旧事》载南宋禁苑："堂东有万岁桥，长六丈余……四畔雕镂阑槛，莹彻可爱。桥中心作四面亭，用新罗白罗木盖

① 张荷：《吴越文化》，辽宁教育出版社，1995年，第94页。

② 茅以升等主编：《中国古桥技术史》，北京出版社，1986年，第33页。

③ 矢跨比的比值小于四分之一的拱桥，则称为"坦拱桥"。见北京市文物研究所编，吕松云、刘诗中执笔：《中国古代建筑辞典》，中国书店，1992年，第243页。

④ 拱圈陡于半圆（即矢跨比大于二分之一）的拱桥，叫作"陡拱桥"。见：北京市文物研究所编，吕松云、刘诗中执笔：《中国古代建筑辞典》，中国书店，1992年，第244页。

⑤ 章采烈编著：《中国建筑特色旅游》，对外经济贸易大学出版社，1997年，第36页。

⑥ 罗英、唐寰澄：《中国石拱桥研究》，人民交通出版社，1993年，第18页。

造，极为雅洁。”[①]《癸辛杂识》云此亭中：“御几、御榻，至于瓶、炉、酒器，皆用水精（晶）为之。”奢华之极，以致后世一些桥亭渐渐“喧宾夺主”，主不在桥，而在亭了[②]。

图4–3–4 绍兴柯桥石拱桥（左上）
图4–3–5 余杭塘栖镇广济桥（左下）
图4–3–6 郭璞井（右）

宋代范成大《吴郡志》：“亭子桥，横塘桥。”范成大《横塘诗》云：“年年送客横塘路，细雨垂杨系画船。”横塘桥加之附近的姑苏驿站，成为古人迎来送往的地方。

江南水乡廊桥之最著者，莫过于苏州拙政园中的小飞虹（见图4–3–7），小巧精致，芳名远播。蒲溪镇有建于明正德年间的蒲汇塘桥。胡雪岩故居桥亭、嘉兴濮院镇桥亭等，可归入廊桥。其小型廊桥，可以木渎木廊桥（见图4–3–8）、昆山千灯镇大中桥（见图4–3–9、图4–3–10）等为例。

① 唐圭璋编著：《宋词纪事》，上海古籍出版社，1982年，第263页。
② 高珍明、覃力：《中国古亭》，中国建筑工业出版社，1994年，第35页。

图4-3-7 苏州拙政园小飞虹（左）
图4-3-8 木渎木廊桥（右）

图4-3-9 昆山千灯镇河道看中大桥（远处为恒生桥）（左）
图4-3-10 昆山千灯镇河道看延福禅寺秦峰塔（近处为恒生桥）（右）

浙江武义壶山镇的熟溪桥，可谓大型廊桥的典型。该桥始建于南宋开禧三年（1207），明隆庆二年（1568）扩建，8墩9孔，最大孔跨约12米，桥长140米左右，宽4.8米，桥上筑有廊屋49间，墩上3层重伸臂，伸出墩边2米，臂上架木纵梁，梁上铺枕木，再铺桥栅，覆以桥板①。廓屋亭柱上雕饰鸟兽、人物。整座桥气势雄浑，又细腻精巧，是水乡桥梁建筑的精品。

（四）复合桥

江南水乡长桥中，以“纤道桥”最长，它是拉纤的纤夫走的桥。因河汊水浅、河道狭窄、逆水行舟等，均需拉纤。如堤岸曲折不便前行，往往修建“纤道桥”。这种桥以条石、石板构筑，桥面贴水，与河流并行。

始建于唐代的绍兴纤塘路，可谓典型（见图4–3–11）。它是路桥结合的古道，绵延数十里，或平铺岸边，或飞架水上，或穿越它桥，成桥下拉纤、桥上行人的水乡独有景观，

① 茅以升等主编：《中国古桥技术史》，北京出版社，1986年，第37页。

素称“白玉长堤”，现为全国重点文物保护单位。尤其是从阮社太平桥到南钱清一带，有保存完好的十多里纤道[①]。江南江浙地区运河一带，还随处能见到轻便的纤道小桥，即“纤道桥”“纤塘桥”[②]（见图4–3–12、图4–3–13、图4–3–14）等。

图4–3–11 绍兴纤塘路（《江南古镇》）

图4–3–12 苏州吴江古纤道

图4–3–13 苏州宝带桥

图4–3–14 苏州宝带桥桥亭、塔、蹲狮

水乡城镇中，地形相对复杂的丁字、十字等路口，多为数桥组合，呈双桥、三桥等形式，既便利交通，又有极佳的景观效果。如周庄双桥（见图4–3–15）、乌青双桥、同里三桥（即“品”之形布局的“太平、吉利、长庆”桥[③]）等。

① 屠树勋主编：《浙江名胜》，航空工业出版社，1993年，第148页。

② 黄红军：《车马・溜索・滑竿——中国传统交通运输习俗》，四川人民出版社，1993年，第55页。

③ 朱惠勇：《江南古桥风韵》，方志出版社，2004年，第77页。

图4–3–15 周庄镇双桥测绘图（《护城踪录）

二、风格

江南水乡桥梁建筑风格，可从三方面体现：一是附属建筑，二是石作雕刻，三是楹联匾额等。

附属建筑：即桥屋、亭阁、石塔、栏槛、牌坊等。桥屋，可保护木梁、铁索，以防腐朽锈蚀。重阁飞檐，景观壮丽。浙江嘉兴长虹桥石牌坊，3间4柱，无楼[①]。苏州宝带桥，桥头建有桥亭、石塔。

石作雕刻：多用于望柱、栏板、桥头、桥身等（见图4–3–16、图4–3–17）。如桥头石兽（狮）、武士像等。这些雕刻图案，一方面与同期的其他建筑艺术相通，一方面又与地域风俗、民间神话联系密切，如治水的龙、分水的犀、降伏水怪的神兽等各种所谓瑞兽，形成了桥梁建筑的独特风尚。

图4–3–16 苏州光福永安桥

图4–3–17 苏州光福永安桥勾片栏板及雕饰

① 茅以升等主编：《中国古桥技术史》，北京出版社，1986年，第229页。

楹联匾额：水乡桥名，大都与所在地历史人物、民间故事、名家诗文、自然景观等相联系，反映在桥梁楹联匾额上。如绍兴县夏履的“夏履桥”，传为夏禹治水路过该地，遗履于此而得名[①]，“禹伤父功不成……乃劳身焦思，以行七年，闻乐不听，过门不入，冠挂不顾，履遗不蹑”[②]。绍兴“告成桥”，又名禹桥，在今禹庙前，传说大禹治水，历12年而大功告成，后人便命此桥为“告成桥”，在禹庙西[③]。又“都事桥”，位于今鲁迅纪念馆西南侧，据《越绝书》云，始皇三十七年（前210），秦始皇东游至会稽时，曾驾临都亭，故名[④]。

苏州吴县百口桥，“后汉郡人顾训家有百口，五世同居。乡人效之，共议近宅造百口桥，以彰孝义也”[⑤]。乘鱼桥，在交让渎，相传有人“登鱼背，鱼乃举翼飞腾，冲天而去”[⑥]。江苏句容有一座买糕桥，相传为一妇人，因产子新丧，变鬼买糕抚子[⑦]等。

而因景得名的桥梁，或曰“垂虹”“锦带”等，桥梁的点景标题，楹联诗文，甚多妙笔[⑧]。

其实，桥梁本身就是功能、技术与艺术的完美结合。如梁桥的平直、圆拱高耸等本身的形态，极富美感，总能与周围景物相映成趣，富有诗情画意。“没有中国桥是欠美的，并且有很多是特出的美。”[⑨]

三、水乡名桥

江南水乡有众多名桥，如绍兴八字桥、题扇桥、春波桥，苏州枫桥、覆盆桥，吴县玉带桥等，数不胜数。除前已述及者外，本著再举数例，聊作说明。

（一）绍兴

八字桥：南宋宝祐四年（1256）重建[⑩]，坐落于绍兴城东南、三叉通航河道上。主河南北流向，两侧有两条小河，三条河道交织在一起。桥东端沿河岸向南、北两方向落坡，西端向西、南两方向落坡。“两桥相对而斜，状如八字”，故名[⑪]。八字桥高5米，跨度4.5米，桥面宽3.2米。桥南坡有一旱桥通河埠，桥东头沿河设纤道，南北、东西方向的船只皆可通航，堪称古代的立交桥[⑫]（见图4–3–18）。

---

① 崔乃夫主编：《中华人民共和国地名大词典・第1卷》，商务印书馆，1998年，第1751页。

② [汉]赵晔撰，[元]徐天佑音注：《吴越春秋・越王无余外传》，江苏古籍出版社，1999年，第95页。

③ [明]萧良幹修，张元忭、孙鑛纂：《万历〈绍兴府志〉点校本》，李能成点校，宁波出版社，2012年，第193页。

④ 董建成、王维友：《水乡夕拾——绍兴古桥・老屋》，浙江摄影出版社，2001年，第38页。

⑤ [唐]陆广微：《吴地记》，曹林娣校注，江苏古籍出版社，1999年，第85页。

⑥ [唐]陆广微：《吴地记》，曹林娣校注，江苏古籍出版社，1999年，第86页。

⑦ [清]薛福成：《庸盦笔记》，南山点校，江苏古籍出版社，2000年，第182页。

⑧ 茅以升等主编：《中国古桥技术史》，北京出版社，1986年，第223页。

⑨ [英]李约瑟《中国科学技术史》，第145页。转引自茅以升等主编《中国古桥技术史》，北京出版社，1986年，第13页。

⑩ 绍兴宝祐桥，系南宋理宗宝祐元年（1253）建。见陈从周：《绍兴的宋桥——八字桥与宝祐桥》，《文物参考资料》1958年第7期第59–61页。

⑪ 浙江省文物考古所编：《浙江文物简志》，浙江人民出版社，1986年，第79–80页。

⑫ 李原编著：《中国名城大观》，上海教育出版社，1995年，第231页。

图4-3-18 绍兴八字桥（《水乡夕拾——绍兴古桥·老屋》）

绍兴题扇桥：在绍兴市蕺山南麓。相传，王羲之在此桥遇一老妇，“持六角竹扇卖之”。王羲之怜其生活艰难，便“书其扇，各为五字”，云“但言是王右军书，以求百钱邪”。老妇遵其嘱，很快就被抢购一空①。

覆盆桥：源自西汉名士朱买臣与其妻的典故，“覆水难收”。朱买臣年过四旬，尚靠砍柴卖薪度日，遭妻崔氏鄙弃②。后朱买臣官拜会稽太守，与崔氏在此相遇，崔氏欲修旧好，朱令仆役取一盆水，泼于地上，云：“如你能把这泼出去的水收回来，我就带你一同回去。”这座泼水的小桥，就称为“覆盆桥”（现已不存）。鲁迅故家就在覆盆桥一带，而新台门，老台门和过桥台门这三台门房族，又合称“覆盆桥周家”③。

春波桥：在沈园附近，因陆游诗句而得名。陆游与唐琬被迫离异，对其产生打击和影响，至陆游耄耋之年还未消除。陆游重游旧地，触景伤情，写下“城上斜阳画角哀，沈园非复旧池台，伤心桥下春波绿，曾是惊鸿照影来”④的诗句。后放翁又作《岁暮梦游沈氏园》二首诗：“路近城南已怕行，沈家园里更伤情。香穿客袖梅花在，绿蘸寺桥春水生。”“城南小陌又逢春，只见梅花不见人。玉骨久成泉下土，墨痕犹锁壁间尘。”已是垂老，旧情难忘⑤。留下了一代诗人的悲欢离合。

（二）苏州

枫桥：位于苏州寒山寺旁，因唐代诗人张继的《枫桥夜泊》，而闻名遐迩：“月落乌啼霜满天，江枫渔火对愁眠。姑苏城外寒山寺，夜半钟声到客船。”⑥现寒山寺前建造的江村桥，引人联想（见图4-3-19）。

图4-3-19 苏州寒山寺前的江村桥（左）
图4-3-20 扬州瘦西湖五亭桥（右）

① 《晋书·王羲之传》。转引自江蓝生、陆尊梧主编《实用全唐诗词典》，山东教育出版社，1994年，第207–208页。

② 《二十五史·汉书·朱买臣传》，浙江古籍出版社，1998年百衲本，第492页。

③ 宋志坚：《鲁迅与绍兴历代名贤》，厦门大学出版社，1991年，第15页。

④ [宋]周密撰：《宋史·史料笔记专刊·齐东野语》，张茂鹏点校，中华书局，1983年，第17页。

⑤ 陈从周：《园林丛谈》，台湾明文书局，1983年，第143–144页。

⑥ 丁国成、迟乃义主编：《中华诗歌精萃·上》，吉林大学出版社，1994年，第748页。

宝带桥：坐落于苏州吴县境内。明正统年间重建，后又几经修复。宝带桥南北走向，桥面宽4. 1米，全长300余米，共有53孔，两端拱脚间距249米。拱圈最大跨度近7米，次为6米，其余为4米左右；最高孔高7. 5米。唐元和年间，苏州刺史王仲舒，为适应漕运的发展，下令广驳纤道，在玳王河上建桥。为筹集建桥经费，他捐献出玉质宝带，后人为纪念他，将此桥命名“宝带桥”①。

此外，紧邻江南水乡的扬州桥梁亦多，“二十曲桥凝目处，往来人在图画中”。瘦西湖五亭桥，为工字形，桥上建五亭，故名五亭桥，又称“莲花桥”（见图4–3–20）。据《扬州画舫录·莲花桥》载：五桥“上置五亭、下列四翼，洞正侧凡十有五。月满时每洞各衔一月，金色滉漾”。②五亭桥造型奇特，据说当年构筑是受到北海金鳌玉蝀桥和五龙亭的启发。水中桥墩亦分四翼，每翼有拱形桥洞3个，再加上正桥底下的3孔，共有大小桥洞15个③。15个桥洞，洞洞相连，不论从哪个洞口看，都能见到一个美丽的画面。

此外，水乡桥梁文化内涵相当丰富。如著名的同里走三桥，即民间嫁娶时一定要依次从太平桥、吉利桥、长庆桥三桥走过，形成了固定的民俗，寄托了人们追求吉祥生活的美好愿望。其他民族同样非常爱桥，如苗族同胞认为，人从另外一个世界来到人间，是从桥上过来的④……

桥，不仅是交通工具，还是主要的城乡建筑、集贸中心、交流场所、娱乐设施等。江南山水清秀通灵，孕育出水乡古桥的秀丽；水乡古桥也装点了江南的青山绿水。它们相辅相成，互映成趣。

第四节 江南水乡祠堂建筑概述

祠庙，又称为祠堂、宗庙、家祠、家庙、宗祠等（浙江绍兴或称祠堂为社，与社屋意义相近⑤），是供奉、祭祀人神之所，包括祖先神、“法施于民”者、“以死勤事”者、“以劳安国”者、“能捍大患”者等帝王、忠臣、良将、清官、廉吏，以及先贤、名士、英雄等的神位⑥，属祭祀建筑之一。

先秦时期，祠堂、家庙遵从周礼。“天子七庙，三昭三穆，与太祖之庙而七；诸侯五庙，二昭二穆，与太祖之庙而五；大夫三庙，一昭一穆，与太祖之庙而三；士一庙，庶人祭于寝”⑦。

① 杨永生主编，《建筑师》编辑部编：《古建筑游览指南·3》，中国建筑工业出版社，1981年，第49页。

② [清]李斗：《扬州画舫录》卷13，汪北平、涂雨公点校，中华书局，1960年，第325页。

③ 刘天华：《画境文心·中国古典园林之美》，生活·读书·新知三联书店，1994年，第65–66页。

④ 吴正光：《贵州民族建筑的文化内涵》，《古建园林技术》1993年第2期第24–28页。

⑤ 尹文撰，张锡昌摄：《江南祠堂》，上海书店出版社，2004年，第37页。

⑥ 罗哲文等：《中国名祠》，百花文艺出版社，2005年，第3页。

⑦ 张文修：《礼记·王制》，北京燕山出版社，1995年，第97页。

祠堂建筑的渊源可追溯至先秦时期的宗庙，而真正的户外祠堂则始于南唐五代时期，其大规模出现则在宋代①。

祠堂是宗族的象征，通过血缘关系将本族的成员结合起来。祠堂又有统宗祠、宗祠、支祠、家祠之分。统宗祠，是数县、十几县甚至数十县等同宗共族人，集资修建的供奉、祭祀本宗始祖之所。宗祠，则是供奉、祭祀同宗始祖之地。支祠，是同宗族人供奉、祭祀各支祖先的场所。家祠，又称家堂，同宗族人各家各户，在此供奉、祭祀各自直系祖先。

南宋理学家朱熹的《家礼》问世后，普通臣民的祭祖建筑——祖庙，才专称祠堂。规定："初立祠堂，则计见田，每龛取二十之一，以为祭田。亲尽则以为墓田。后凡正位祔者，皆仿此。宗子主之，以给祭用。二十世初未置田，则合墓下子孙之田，计数而割之。皆立约闻官，不得典卖。"②

明代祠堂建筑发展快速。明嘉靖十五年（1536），礼部尚书夏言上《令臣民得祭始祖立家庙疏》云："臣民不得祭其始祖、先祖，而庙制亦未有定制，天下之为孝子慈孙者，尚有未尽申之情……乞召天下臣民冬至日得祭始祖……乞召天下臣工立家庙。"世宗嘉靖帝下诏"准民间皆得联宗立庙"。因之，兴建祠堂之风大盛③（见图4–4–1、图4–4–2、图4–4–3）。

清代，民间修建祠堂之风有增无减。名门望族、大家势宗，广建祠堂以荣宗耀祖，故祠堂建筑普及全国。不少豪族大户设有义庄、义田，便于行事。如吴郡赵氏家族，"首置祠田三百亩"④；又不少寺庙起着大族的家庙功能，且势族的文化意趣和倾向，影响与带动了寺庙与僧众⑤。

图4–4–1 无锡硕放昭嗣堂大门（修缮后）（左）
图4–4–2 无锡硕放昭嗣堂残留的彩画（右上）
图4–4–3 无锡硕放昭嗣堂木櫍（右下）

① 谢长法：《祠堂：家族文化的中心》，《华夏文化》1994年第4期第58–59页。

② [宋]朱熹撰，朱杰人、严佐之、刘永翔主编：《朱子全书·第7册》，上海古籍出版社，安徽教育出版社，2002年，第876页。

③ 尹文撰，张锡昌摄：《江南祠堂》，上海书店出版社，2004年，第43页。

④ 王国平、唐力行主编：《明清以来苏州社会史碑刻集》，苏州大学出版社，1998年，第236页。

⑤ 严耀中：《江南佛教史》，上海人民出版社，2000年，第15页。

现今，安徽、福建、广东、浙江、江苏、山东等地，遗留了大量祠堂建筑，其建筑艺术、技术、装饰等，均极有特色。而地处江南水乡无锡惠山的祠堂建筑群，在约30公顷内，集中了大量形态各异的祠堂建筑，跨度近500年（明代至民国，见图4–4–4）。2000年1月对全镇祠堂的调查后，确认惠山祠堂总数为118处，正式提出“惠山祠堂群”的概念①。至今仍保存较完整近50处，有十多处较具特色与个性，堪为代表。

图4–4–4 无锡惠山古镇祠堂群

整个惠山祠堂群建筑形式，大致可分三类：一类是传统园林式祠堂，整个祠堂以花园布局，有亭、台、楼、阁、水池、小桥、花草，给人以小巧玲珑、环境优雅之美。如：王恩绶祠（见图4–4–5、图4–4–6、图4–4–7）、留耕草堂、陆宣公祠、杨家祠堂等。第二类为民居式祠堂，其形式以传统民居为基本格局，平面一般有几进，建筑中有天井式简单的庭院。如：薛家祠堂、唐荆川祠、倪云林祠、李家祠堂、蔡家祠堂等。第三类为典型的民国建筑，采用当时流行的清水做法，同时带有一些西洋风格，立面上作出西式几何线条与图形，最典型的是杨藕芳祠堂（见图4–4–8、图4–4–9）。祠堂建筑群，对于研究传统的祠堂建筑文化，有着极高的历史、文化与科学价值②。

① 夏泉生、罗根兄：《无锡惠山祠堂群》，时代文艺出版社，2003年，第54–56页。

② 郭湖生、罗哲文、谢辰生等文物专家组：《关于对祠堂建筑群的评估意见》，2001年6月24至25日。

图4-4-5 无锡王恩绶祠（上）

图4-4-6 无锡王恩绶祠内庭院之一（下）

图4-4-7 无锡王恩绶祠内碑亭

图4-4-8 无锡杨藕芳祠

图4-4-9 无锡杨藕芳祠内庭

除家祠外，古籍所载，江南水乡公共性祠庙建筑众多。“帝舜南巡，葬于九嶷。民思之立祠，曰：望陵祠”①。仅《吴郡志》所载，就有泰伯庙、吴王夫差庙、伍员庙、南双庙、春申君庙、郁史君庙、灵祐庙、天王堂、包山庙、东岳庙②、黄道婆祠等。或为彰显名宦德政、或为褒扬先贤义举等。

江南自古以蚕桑丝绸甲于天下，至今在杭嘉湖平原上，还有祭祀蚕神的古风。苏州盛泽有先蚕祠，相传祭祀的是黄帝元妃西陵氏，西陵氏名嫘祖，教民养蚕，衣被天下③。每年仲春时节，历代皇后率宫女斋戒，以中牢之礼祭祀先蚕。盛泽先蚕祠，俗称“蚕皇殿”或“蚕花殿”，清道光七年（1827）由当地丝业公所出资建成，兼作公所办事之地，是江南众多蚕神祠中仅存的一处④。

丹阳是萧姓齐、梁帝王故里，位于访仙镇萧家村的萧氏祠堂，又称“梁武帝祠”“皇业祠”，是萧氏家族祭祀先人的地方⑤。

常熟县北二里有海隅山，“山西北三里有越王勾践庙，郭西二里有夫差庙”⑥。“唐曹恭王庙在松江。恭王，太宗第十四子。”⑦南宋诗词四大家为杨万里、范成大、陆游和尤袤。尤袤字延之，号遂初居士，官泰兴时，问民疾苦，兴利除弊，吏民为建生祠⑧。

元代无锡人强以德，致仕归乡后，大行义举，造福乡梓，轰动朝野。元代无锡专祠，仅强以德与倪瓒二人为尚⑨。清康熙二十七年（1688），题旌宗祠，乡贤建专祠，于岁时祭祀（见《强氏宗谱卷二•人物》，笔者注），在惠山镇祠堂群中即有强氏后裔建造的祭祀强以德的“强仁山先生祠”⑩。

明代况钟因智断“十五贯”冤案著称，且精于水利。后卒于任，苏州府及七县各市镇均为建祠，岁岁奉祀，以彰其德⑪。

清道光年间，江苏巡抚、两江总督陶澍，革新漕、盐、河三大政，治理水利成绩特别突出，惠泽江南。因此，道光帝批准他入祀江苏和海州的名宦祠⑫。

也有与神话、传说等有关的祠庙。如相传宋代吴子英者，养红鲤鱼长丈余，迎之升天，“故吴中门户，并作神鱼子英祠”⑬。综上可见，江南水乡祠庙建筑之丰富多彩。

---

① [梁]任昉：《述异记》，武汉大学光盘版文渊阁本《四库全书》第336卷第1册第9页。

② [宋]范成大撰：《吴郡志•祠庙》，陆振岳点校，江苏古籍出版社，1999年，第164–185页。

③ 张定亚主编：《简明中外民俗词典》，陕西人民出版社，1992年，第189页。

④ 尹文撰，张锡昌摄：《江南祠堂》，上海书店出版社，2004年，第79–81页。

⑤ 尹文撰，张锡昌摄：《江南祠堂》，上海书店出版社，2004年，第11页。

⑥ [唐]陆广微撰：《吴地记》，曹林娣校注，江苏古籍出版社，1999年，第54页。

⑦ [唐]陆广微撰：《吴地记》，曹林娣校注，江苏古籍出版社，1999年，第85页。

⑧ 沈克明：《尤袤及其遂初堂藏书楼考》，载高燮初主编《吴文化资源研究与开发》，苏州大学出版社，1995年，第300页。

⑨ 吴建华：《强以德与无锡地方社会》，载高燮初主编《吴文化资源研究与开发》，江苏人民出版社，1994年，第360页。

⑩ 高国强、蔡贵方主编：《吴文化名人谱•无锡编》，黑龙江人民出版社，2003年，第49页。

⑪ 黄锡之：《“吴民永赖、乐利无穷”》，载高燮初主编《吴文化资源研究与开发》，苏州大学出版社，1995年，第27页。

⑫ 匡达人：《陶澍在江南的水利建设对农业所作的贡献》，载高燮初主编《吴文化资源研究与开发》，苏州大学出版社，1995年，第327页。

⑬ [宋]范成大撰：《吴郡志•奇事》，陆振岳点校，江苏古籍出版社，1999年，第599页。

“别子为祖、继别为宗。继祢为宗。”[①]朱熹有言：“君子将已营宫室，先立祠堂于正寝之东，为四龛，以奉先世神主。”[②]故历代族人均以修建祠堂为己任，不遗余力。一般祠堂建筑设上厅、中厅、下厅，分左右昭穆位置，有家祠、房祠、宗祠等。宏丽威严的门楼、严整的回廊、高敞森严的祠堂，对称的布局、林立的柱子等，无形的然而又无处不在的神秘气氛，震慑着人们的精神，直觉冥冥之中列祖列宗的灵魂[③]。这些共同反映了宗法血缘的父权、夫权、族权等，蛰伏着伦理道德、君臣之纲、忠孝节义、仁义礼智信等思想，这也与牌坊等一起得到体现。“百代祠堂古，千村世族和。”

江南水乡祠堂建筑，遗留至今者为数不少（见表4–4–1）。著名者，如苏州东山杨湾轩辕宫，绍兴舜王庙、禹王庙、王右军祠，诸暨边氏祠堂，无锡泰伯庙、惠山祠堂建筑群，杭州岳王庙，扬州史公祠等。

苏州东山杨湾轩辕宫：原名胥王庙，明代起易名显灵宫、灵顺宫，民国时称“轩辕宫”。一般认为其大殿建筑为元代遗构（见图4–4–10、图4–4–11），至元四年（1338）建[④]。明间金檩下施断材，与虎丘二山门做法一样，俗称“断梁”。主要构件多采用楠木，金柱础为扁形木鼓。该建筑木构技术，具有宋代建筑风格（梁架、梭柱、柱础等），较为特殊（详见本书第六章）。

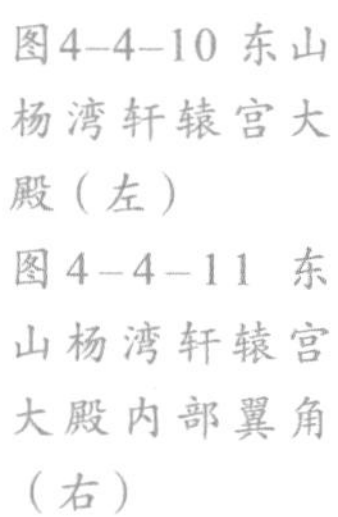

图4–4–10 东山杨湾轩辕宫大殿（左）
图4–4–11 东山杨湾轩辕宫大殿内部翼角（右）

绍兴舜王庙：位于绍兴市东南稽江镇小舜江北的舜王山巅，“去虞三十里有姚丘，即舜所生也”[⑤]。上虞紧邻绍兴，故后人为他立庙祭祀。《嘉泰会稽志》曰：“舜庙在县东南一百里”[⑥]，故应始建于南宋之前。现建筑为清同治元年重修，主要有山门、戏台、大殿、庑殿等。舜王庙以建筑雕刻艺术著称，“表现手法之丰富，艺术成就之完整，为绍兴地区同类建筑之冠”[⑦]。

绍兴禹王庙：坐落于绍兴禹陵乡禹陵村会稽山麓，是为祭祀大禹而修建的一处古代祠堂建筑群，它与近旁的大禹陵一起被列为全国重点文物保护单位（见图4–4–12）。大禹南巡时，病故于会稽山，被安葬于此。其后，禹子启、重孙少康等，先后为他建祠立庙。唐

① 张文修：《礼记・大传》，北京燕山出版社，1995年，第237页。
② 张茂华、亓宏昌主编：《中华传统文化粹典》，山东人民出版社，1996年，第375页。
③ 尹文撰，张锡昌摄：《江南祠堂》，上海书店出版社，2004年，第76页。
④ 苏州市农业区划办公室编著：《苏州旅游资源》，上海科学技术文献出版社，1992年，第58页。
⑤ 《二十五史・史记・五帝本纪》，浙江古籍出版社，1998年百衲本，第10页。
⑥ 上虞市政协文史资料委员会：《虞舜文化》，上虞市政协文史资料委员会编印，1997年，第233页。
⑦ 梁志明：《绍兴舜王庙建筑雕刻艺术及特色》，《古建园林技术》1991年第2期第43–44页。

时，曾将大禹庙更名为告成观①。经历代不断修建，遗留至今的主要是清至民国建筑。

禹王庙（见图4–4–13）坐北朝南，依山而建。各类殿堂、配房高低错落。中轴线上，由南而北，依次排列照壁、岣嵝碑亭、棂星门、午门、祭厅和大殿，两侧分列着东、西配殿，御碑亭等建筑，气氛庄严肃穆②。

图4–4–12 绍兴禹祠（左）
图4–4–13 绍兴禹王庙大殿（右）

无锡泰伯庙：又名泰伯祠、至德殿、让王庙，位于无锡梅村镇泊渎河边，是祭祀泰伯的祠庙。泰伯，孔子尊其“至德”，司马迁将其事迹载于《史记·吴太伯世家》。每年正月初九为泰伯诞辰，形成传统庙会。至德殿为明弘治遗物，江苏省级重点文物保护单位③。现庙东西长70米，南北深158米，有房屋近百间④。

泰伯庙前立照池，池上架单孔石拱桥。桥北立“至德名邦”石牌坊。石坛北为棂星门，高6米，雕饰云龙、仙鹤等。棂星门后为院落，东西厢房各九间（见图4–4–14）。

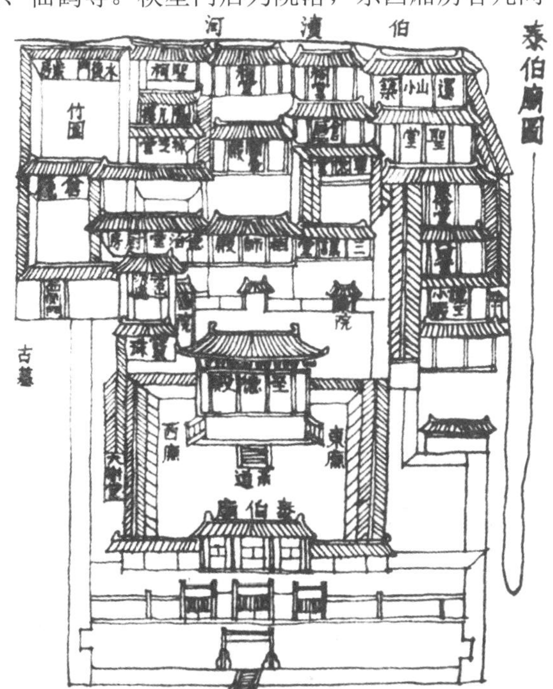

图4–4–14 摹自《泰伯梅里志》泰伯庙图（《古建园林技术》1991年第4期）

① 傅立民、贺名仑主编：《中国商业文化大辞典（上下册）》，中国发展出版社，1994年，第1103页。
② 罗哲文等著：《中国名祠》，百花文艺出版社，2002年，第35–41页。
③ 何建中：《无锡梅村泰伯庙明构至德殿及庙复原设计》，《古建园林技术》1991年第4期第42–46页。
④ 唐云俊主编：《江苏文物古迹通览》，上海古籍出版社，2000年，第187–188页。

泰伯殿（见图4-4-15、图4-4-16），与玉皇殿、关帝殿为一组建筑群。东院有三让堂、尊德堂、大夏堂、古吴社庙（让王小殿），西院有德洽堂、采芝堂、大树堂、宝珠精舍、隔凡楼等建筑（旧记南京雨花台左首也有泰伯祠①，原是位于高坡的五间大殿②）。除此以外，江南水乡城乡明构祠庙建筑较多，如苏州文庙和常熟言字祠，其中苏州文庙现有建筑，除大成殿为明代重建外，其他建筑皆清同治三年（1864）重建③。

图4-4-15 泰伯庙大殿内部（左）
图4-4-16 泰伯庙大殿（右）

常熟言子祠：在市郊元和塘东岸又有言子故里亭，单檐歇山顶，高约4米，左右石柱上镂刻对联“邑里崇名迹，东南钟大贤”，亭内石碑“先贤言子故里”④。

常熟市区东言子巷言子故居的第三进天井内，有长方形墨井亭，唐代陆广微《吴地记》：“常熟县北一百九十步，有孔子弟子言偃宅，中有圣井，阔三尺，深十丈，傍有盟。盟北百步有浣纱石，可方四丈。”墨井距今二千四百多年，井壁、井栏保存完好。井亭为清乾隆间建构⑤。

图4-4-17 杭州岳王庙大殿

杭州岳王庙：又名岳飞庙、岳庙，位于杭州西湖岸边的栖霞岭下，是祠墓合一的祠堂建筑群，祭祀、纪念南宋抗金名将岳飞（见图4-4-17）。岳王庙依山傍水，具有浓郁的江南园林特征，1961年列为全国重点文物保护单位。岳王庙前身为智果观音院，始建未详。南宋嘉定十四年（1221），观音院更名为褒忠衍福禅寺，供奉岳飞像，佛寺成为祠堂——岳王庙⑥。此后历经

① [清]吴敬梓著：《儒林外史》，汪原放标点，海南出版社，1998年，第300页。
② [清]吴敬梓著：《儒林外史》，汪原放标点，海南出版社，1998年，第203页。
③ 杨金鼎主编，上海师范大学古籍整理研究所编：《中国文化史词典》，浙江古籍出版社，1987年，第84页。
④ 陈益撰文，张锡昌摄：《江南古亭（梦中江南系列）》，上海书店出版社，2004年，第74页。
⑤ 常熟市地方志编纂委员会编：《常熟市志》，上海人民出版社，1990年，第915页。
⑥ 王仲奋编著：《中国名寺志典》，中国旅游出版社，1991年，第307–309页。

毁建。岳王庙大体可分二部：祠堂、墓园。祠堂部分由门楼、忠烈祠、启忠祠、南枝巢、正义轩、精忠柏亭等组成。墓园，又称“精忠园”，位于忠烈祠南，由墓门、照壁、甬道、墓冢和南、北碑廊等构成，甬道两侧有肃穆的石像。岳飞墓左侧，是其长子岳云的墓冢①。

江南水乡其他名人祠庙还有不少。如铸剑名家欧冶子、范蠡、范仲淹等，均有祠庙。

浙江绍兴南郊欧冶子祠、淬剑井、日铸岭，上灶、中灶、下灶等，传说为欧冶子铸剑炉所在。浙江龙泉也有剑池、欧冶将军庙，每年农历五月初五日祭祀，要举行种种与铸剑相关的活动，相传此天欧冶炼成第一把宝剑②。

《吴县志》有载，苏州古城相门外东环路以东的田庄河村东1.5千米，有欧冶庙③。

旧传越国名臣范蠡制陶前，曾隐居宜兴丁蜀镇一带，始教制陶器、养鱼，故宜兴陶业奉其为祖师爷，多供有范蠡神像的祠庙，称“陶朱宫”。神龛上供一纶巾儒服老者，旁立数小使，乡民每年数次，定期祭祀④。

文化名人范仲淹故里，在苏州城西南天平山麓建有祠庙，明正统年间曾经重修范文正公忠烈庙记⑤。

表4–4–1 江南水乡祠庙建筑遗存

序号	祠庙名	地点	备注
1	轩辕宫	苏州东山镇杨湾村	原名胥王庙，祀伍子胥，后改。殿前城隍庙为清康熙巡抚汤斌祠堂
2	司徒庙	苏州光福镇	又名古柏庵、柏因社
3	顾野王祠	苏州光福镇观音寺侧	
4	王珣祠	苏州虎丘盆景园址	又名短簿祠
5	甫里先生祠	甪直保圣寺西	原是陆龟蒙宅园
6	况公祠	苏州西美巷	
7	吴郡名贤总祠	苏州沧浪亭	
8	范成大祠	苏州石湖行春桥畔	
9	孙武祠	苏州虎丘东山浜	已倾圮
10	韩世忠祠	苏州沧浪亭	另有韩蕲王祠在苏州灵岩山西麓
11	春申君庙	苏州王洗马巷	
12	伍子胥祠	原在苏州胥口乡，今异地重建。苏州盘门伍相祠	杭州也有伍公祠

① 罗哲文等著：《中国名祠》，百花文艺出版社，2002年，第226–233页。

② 张橙华：《干将和欧冶是铁器时代开创者的代表》，载高燮初主编《吴文化资源研究与开发》，苏州大学出版社，1995年，第267页。

③ 张橙华：《干将和欧冶是铁器时代开创者的代表》，载高燮初主编《吴文化资源研究与开发》，苏州大学出版社，1995年，第267–269页。

④ 中国人民政治协商会议江苏省宜兴县委员会文史资料研究委员会编：《宜兴文史资料·第4辑》，政协江苏省宜兴县委员会文史资料研究委员会，1983年，第133页。

⑤ 王国平、唐力行：《明清以来苏州社会史碑刻集》，苏州大学出版社，1998年，第476页。

（续表）

序号	祠庙名	地点	备注
13	华佗庙	苏州澹台湖西南	又华祖庙
14	泰伯庙	无锡锡山梅村镇	又名泰伯祠、至德祠、让王庙
15	项羽祠	无锡五里湖蠡园万顷堂	
16	萧氏宗祠	丹阳访仙镇萧家村	又称“梁武帝祠”“皇业寺”
17	钱王祠	杭州西湖南岸清波门北	今杭州“聚景园”址
18	苏白二公祠	杭州孤山南	苏公祠在孤山中部
19	林和靖祠	杭州孤山北麓靠近水仙王庙	林和靖神像配食水仙王庙
20	岳王庙	杭州西湖栖霞岭下	原有启忠祠，现为陈列室
21	施公庙	杭州石乌龟巷	
22	于忠肃祠	杭州西湖畔	
23	颜鲁公祠	南京广州路	
24	花神庙	南京雨花台西南	
25	王右军祠	绍兴兰渚山下兰亭	
26	徐社	绍兴龙山北麓胜利路大通学堂内	
27	陶社	绍兴东湖风景区	1982年重建
28	大舜庙	绍兴城东南43千米舜王山	上虞、余姚也有舜王庙，合称“越中三舜庙”
29	禹祠	绍兴稽山门外	与禹陵结合在一起
30	董子祠	扬州小秦淮河柳巷	
31	普哈丁祠	扬州古运河东岸	西域先贤祠
32	关帝庙	扬州瘦西湖小金山	
33	欧阳修祠	扬州平山堂、竹林堂后	又名六一祠
34	文天祥祠	扬州城南	
35	双忠祠	扬州双忠祠巷	巷内十二号李宅，留有石碑
36	琼花观	扬州	
37	草圣祠	常熟	
38	黄公望祠	常熟	
39	言子祠	常熟虞山镇学前街	
40	华佗祠	江苏如皋	
41	黄道婆祠	上海植物园	现黄道婆纪念堂

第五节　民间信仰的维系——江南佛寺、道观与地方神庙

一、古刹浮沉

（一）江南水乡佛教史略

佛教汉代始传入中国，初流传不广，且多在中原一带。东汉明帝为招徕往来僧众，在洛阳建白马寺，为我国最早的寺院建筑①。东汉桓帝“好神，数祀浮图、老子，百姓稍有奉者，后遂盛”②。

东汉以后，儒家、道家、佛家思想三大文化在江南交汇，“晋南渡后，释氏始盛”③。佛教吸收了道家、儒家文化的丰富养分，绽放出朵朵奇葩④。中国佛教史上，几本现存的最早典籍，都率先在江南流传，并非偶然⑤。

三国东吴时期，支谦、康僧会为“道振江左，兴立图寺”。“乃杖锡东游，以吴赤乌十年（247），初达建业（今南京），营立茅茨，设像行道。”⑥吴主孙权召见康僧会后，“大叹服，即为建塔，以始有佛寺，故号建初寺，因名其地为佛陀里。由是江左大法遂兴”⑦。“以江东初有佛法，遂于坛所立建初寺。”⑧此为江南兴建的第一座佛寺，可谓江南佛教史的正式开端⑨。相传上海龙华寺⑩、无锡堰桥崇庆庵等，也是他沿途行化并得到孙权支持所建。其他如苏州的通玄寺、普济寺、兴国寺、东华严讲寺、宝光讲寺，上海的静安寺、海会寺、菩提寺，宁波的广福寺、妙智讲寺等，都是孙权时所造。此外，孙权还建造了13座宝塔。从此，江南佛教大兴⑪。

两晋南北朝时，世乱年荒，民生凋敝。佛教宣扬因果轮回，迎合民意，逐渐深入民心，

① 据传，东汉永平年间摩腾、竺法兰两位高僧由印度来传教，曾云游五台，见山势雄伟，同释迦牟尼修行的天竺灵鹫山相仿，建议汉明帝刘庄兴建灵鹫寺，与洛阳白马寺同年落成，是我国最早的寺院建筑。见山西省人民政府外事办公室编：《山西太原·晋祠·云冈石窟·五台山》，上海人民美术出版社，1982年，第31页。

② 《二十五史·后汉书·天竺国传》，浙江古籍出版社，1998年百衲本，第946页。

③ 钱大昕：《十驾斋养新录·沙门入艺术传始于东晋》卷6。

④ 邓子美：《江南古代佛教文化散论》，载高燮初《吴文化资源研究与开发》，苏州大学出版社，1995年，第516页。

⑤ 严耀中：《江南佛教史》，上海人民出版社，2000年，第36页。

⑥ [梁]释慧皎撰：《高僧传·康僧会传》卷1，汤用彤校注，汤一玄整理，中华书局，1992年，第15页。

⑦ [梁]释慧皎撰：《高僧传·康僧会传》卷1，汤用彤校注，汤一玄整理，中华书局，1992年，第16页。

⑧ [唐]许嵩撰：《建康实录 吴中太祖下》卷2，上海古籍出版社，1987年，第40页。

⑨ 严耀中：《江南佛教史》，上海人民出版社，2000年，第30页。

⑩ 传建于吴赤乌年间（238–251）。见刘学军：《中国古建筑文学意境审美》，中国环境科学出版社，1998，第472页。

⑪ 蔡丰明：《江南民间社戏》，百家出版社，1995年，第208页。

刘国钧著《西晋佛典录》云：“荏弱之民，多皈依而祈福；高明之士，则避世以穷理。”加以统治阶层的提倡，帝王尊佛、信佛，或本身精研佛学义理等，促使江南佛教进一步兴盛。“自晋以降，宫中有佛屋，以严事佛像，上为宝盖以覆之”（见《资治通鉴》，笔者注），奉佛崇教成为皇室习制。因佛教“助王政之禁律，益仁智之善性，排斥群邪，开演正觉”①，受宠日甚。

魏晋南北朝时，玄风渐入经学门庭，并与佛理相互渗透，促进了佛教教义的宣扬②。高僧与名士的结合点便是谈玄，江南为高僧名士化的主流。名士们逐渐浸沉于佛学之中，并成为江南士大夫的一种风尚。原先奉道世家，或改奉佛教，或佛道兼修，世家大族信仰大变。作为士族代表的帝王，更是如此，梁武帝可谓突出的代表，其“于重云殿及同泰寺讲说（见图4–5–1），名僧硕学、四部听众，常万余人”③。此时“江左文士，多兴法会，每集名僧，连宵法集”④。因之，三教合一最早在江南呈现端倪。由此，东晋十六国时期的江南佛教大盛。当然，历史烟云，“南朝古寺几僧在，西岭空林唯鸟归”⑤。

因此，有研究者论曰：吴越善于吸收外来的异质文化，三国时佛教文化大量涌入该地，南朝时大盛。对于该地的哲学、语言、音乐、艺术、建筑等，有着极为深远的影响与作用⑥。

隋唐时代，帝王尊崇佛教，有增无减。隋文帝时，“普诏天下，任听出家”⑦。其时天下佛书，“多于六经数十倍”⑧。当然，“隋朝克定江表，宪令惟新，一州之内止置佛寺二所，数外伽蓝皆从屏废”，盖因隋进兵灭陈，陈“重立赏格，分兵镇守要害，僧尼道士，尽皆执役”⑨。目的在于铲除陈朝的统治基础，但不久就收回成命，将江南佛教与全国一体对待。

图4–5–1 南京鸡鸣寺现状

① 《二十五史·魏书·释老志》，浙江古籍出版社，1998年百衲本，第417页。

② 严耀中：《江南佛教史》，上海人民出版社，2000年，第86页。

③ 《二十五史·梁书·武帝本纪下》，浙江古籍出版社，1998年百衲本，第405页。

④ 《续高僧传•隋东都慧日道场释立升传》卷31。转引自汤用彤《汤用彤论著集之二·隋唐佛教史稿》，中华书局，1982年，第61页。

⑤ [宋]计有功：《唐诗纪事》，上海古籍出版社，1965年，第884页。

⑥ 陆振岳：《吴文化的区域界定》，载高燮初主编《吴文化资源研究与开发》，江苏人民出版社，1994年，第83页。

⑦ 《二十五史·隋书志·经籍四》，浙江古籍出版社，1998年百衲本，第1074页。

⑧ 《资治通鉴•太建十三年》卷175。转引自陈少丰等编著《中国美术史教学纲要》，中央美术学院美术史系，广州美术学院教务处，1979年，第77页。

⑨ 《续高僧传•隋江都慧日道场释慧觉传》卷12。转引自王亚荣《长安佛教史论》，宗教文化出版社，2005年，第180页。

唐代帝王自唐太宗始，也是佛道并重。武则天诏令全国大兴寺院。由此，佛教大为发展，出现诸多宗派，如天台宗、法相宗、华严宗、禅宗、净土宗、三论宗、律宗、密宗等[①]，尤以前五宗影响巨大。而浙江天台山为天台宗的发源地，是江南佛教史上最辉煌的一页。杭州天竺寺、灵隐寺，均为禅宗著名丛林。此时江南佛寺数量，冠于全国。

当然，佛教的发展也并非一帆风顺。寺院的过度发展，会触犯世俗利益，影响国家的经济，从而引起皇权与宗教势力，地主经济与寺院经济，儒家思想、道家思想与佛教思想的融合与抗衡等。北魏太武帝、北周武帝、唐武宗等三次灭佛，史称“三武灭法”[②]。而江南佛教由于早在东晋南朝即开始中国化，而免遭了前两次的打击[③]。

唐武宗会昌五年（845），“上恶僧尼耗蠹天下，欲去之，道士赵归真等复劝之，乃先毁山野招提、兰若”。秋七月下诏：“敕上都、东都，两街各留二寺，每寺留僧三十人；天下节度观察使治所及同、华、商、汝州各留一寺，分为三等；上等留僧二十人，中等留十人，下等五人。余僧及尼并大秦穆护、祆僧皆勒归俗。寺非应留者，立期令所在毁撤，仍遣御史分道督之。财货田产并没官，寺材以葺公廨驿舍，铜像、钟磬以铸钱。”[④]此次灭佛，“其天下所拆寺四千六百余所，还俗僧尼二十六万五百人口。收充两税户，拆招提飞兰若四万余所，收膏腴上田数千（似应为十）万顷，收奴婢为两税户十五万人。隶僧尼为主客，显明外国之教，勒大秦穆护、祆僧三千余人还俗，不杂中华之风”[⑤]。对逃避还俗的僧人，则妄加捕杀。虽如此，会昌灭佛也只冲击了佛教表层，对佛教思想、教义等深层内核，却几未触及。

会昌灭佛后，佛教不久即复兴。唐代以后，佛、道、儒三家思想相互渗透、融合显著，初步形成具有中国特色的中国佛教[⑥]。

五代十国时，立都杭州的吴越国王钱镠大兴佛寺，杭州更有“佛国”之称。如仅灵隐寺此时就扩建房屋五百间，其后钱俶又增1 300多间。据云当时有9楼18阁73殿，寺僧达3 000多人[⑦]。

宋以降，特别是南宋偏安东南一隅，修复、兴建了大批寺院，由“天下四绝”，到钦定五山十刹，并为日本禅宗佛寺所摹写，成为日本禅僧挂锡的祖庭，梁思成先生早已论及[⑧]。

常州清凉寺，建于北宋治平元年（1064），名为“报恩感慈禅寺”[⑨]。天宁寺，始建于唐永徽年间，自南唐、宋、元、明、清历代扩建。清光绪年，有大殿、法堂、禅堂、天王、文殊、普贤等殿堂、楼阁、杂用房等共479楹。民国时，占地一百三十余亩，寺僧

---

① 潘万木、李孝华、上官政洪编：《简明中国传统文化》，华中科技大学出版社，2004年，第164页。

② 孙进己等主编：《中国考古集成·华北卷·北京市、天津市、河北省、山西省·综述·2》，哈尔滨出版社，1994年，第1318页。

③ 严耀中：《江南佛教史》，上海人民出版社，2000年，第107页。

④ ［北宋］司马光编撰：《资治通鉴·5》，邬国义校点，上海古籍出版社，2017年，第2807页。

⑤ 《二十五史·旧唐书·武宗本纪》，浙江古籍出版社，1998年百衲本，第47页。

⑥ 中国佛教协会、上海市佛教协会主办：《佛教与社会主义社会相适应研讨会·论文集》，宗教文化出版社，2002年，第48页。

⑦ 肖凡编著：《西湖杂谈》，浙江人民出版社，1956年，第17页。

⑧ 《营造学社汇刊》3卷3期，1932年9月。梁思成《梁思成全集》卷1，中国建筑工业出版社，2001年，第231–247页。

⑨ 江苏省政协文史资料委员会编：《江苏文史资料集萃·风物卷》，《江苏文史资料》编辑部，1995年，第84页。

800余人，寺内有“刊楼”，有高僧在此著书立说，印制经书、刊刻经版，为佛学重地，故有“千年古刹”“东南第一丛林”之美誉①。

江南庙会名目繁多。庙会不是一般的民间集会，它必须以庙宇为中心，没有庙宇就无所谓庙会。因之，明清时期，随着乡镇的大量勃兴，大大小小的庙宇遍及了江南城乡，由此庙会活动此伏彼兴。仅就青浦金泽一镇而言，庙宇多达40余座②。可见，江南水乡寺庙之众。

（二）江南水乡佛教建筑综论

江南好佛法，香火由来已久。江南佛国的盛衰与佛教在我国的兴废紧密相联，荣辱与共；而寺院建筑的废兴，又与佛教的浮沉息息相关。因之，从江南佛教寺院建筑的盛衰中，可以探知佛教在我国演变的部分轨迹。

江南许多知名古刹建于魏晋南北朝时期③。简修炜先生等认为：“到了南北朝，随着佛教的国教化，寺院开始大量占有土地、经营土地，成为社会中的大土地占有者。它除了占有广大的庙堂宅第以外，还拥有大片的地产——寺庄以及园、林、山池。”④

其时，不少人离家抛业，出家为僧，或“开拓所住，以为精舍”⑤，甚或舍宅为寺，

① 段启明等编著：《中国佛寺道观》，北京燕山出版社，1997年，第207–210页。

② 朱小田：《传统庙会与乡土江南之闲暇生活》，《东南文化》1997年第2期第100–105页。

③ 魏晋南北朝期间江南所建古刹举例：

地址	寺院名称	创建年代	备注
宁波	天童寺	西晋慧帝永康元年（300）	号称“东南佛国”
苏州	通玄寺	吴赤乌年间（238—251）	唐开元年间改名“开元寺”
	玉皇寺	南朝齐高帝建元年间（479—482）	
	寒山寺	南朝梁天监年间（502—519）	
	观音寺（报恩寺）	南朝梁天监年间（502—519）	《吴地记》，江苏古籍出版社，1999年，第69页
	思益寺	南朝梁天监二年（503）	《吴地记》，江苏古籍出版社，1999年，第70页
扬州	大明寺	南朝宋大明年间（457—464）	鉴真由此东渡
杭州	灵隐寺	东晋咸和元年（326），一说咸和三年（328）	
吴县	保圣寺	南朝梁天监年间（502—519）	
南京	杜桂寺（现称“香林寺”）	南朝梁天监年间（502—519）	
	同泰寺（现称“鸡鸣寺”）	南朝梁大通元年（527）	

④ 简修炜、夏毅辉：《南北朝时期的寺院地主经济初探》，《学术月刊》1984年第1期第36–45页。

⑤ [梁]释慧皎撰：《高僧传·宋剡法华台释法宗传》卷12，汤用彤校注，汤一玄整理，中华书局，1992年，第462页。

如苏州虎丘的云岩寺、灵岩寺[①]，扬州天宁寺等。“晋兵部尚书徐恬宅，舍为灵光寺。”[②]名列金陵四十八景之首的栖霞寺，南朝齐（479）明僧绍舍宅而成，沙门法度禅师住持，名“栖霞禅寺”[③]。它与山东长清的灵岩寺、浙江天台的国清寺、湖北当阳的玉泉寺，宋时合称“天下四大丛林”“天下四绝”[④]。

佛教传入中国，渐与中国本土文化结合，产生了许多以人格感染信众的高僧，人格化伦理成为中国佛教的主要倾向。魏晋时期，江南香火旺盛。六朝时江南寺庙林立，而淫祀、占卜迷信之风有所收敛，民心逐渐向善[⑤]。南京一地“有佛寺五百余所，穷极宏丽。僧尼十余万，资产丰沃……天下户口，几亡其半”[⑥]。江南不仅寺院众多，且规模庞大、装饰富丽豪华。如梁武帝舍身的同泰寺，有大佛阁数重，大殿6座，小殿10余所，殿内供奉十方金像、十方银像等，极为奢丽[⑦]。葡萄牙人曾德昭（奥伐罗·塞默多Alvaro Semedo）认为，浙江与其他中国诸省相比，其特色之一就是拥有众多著名的寺庙，而南京的庙宇和宫殿等“使城市显得非常美丽”[⑧]。明代钟惺云：“夫金陵自齐、梁以降，故佛国也。”[⑨]

江南佛国的寺院，具有地域建筑特色，糅进了江南山水的秀丽与清幽。许多寺院坐落在青松、翠竹之间，或因山就势，或因水回环，选址、布局极为灵活。寺院周围青山如黛，绿水似练，隐约的钟鼓声、木鱼声、诵经声等，与飘忽的香烟一起，缭绕在寺院、林木山水的上空，恍如仙境。

苏州寒山寺：有寒拾殿、寒拾亭，以及寒拾泉、寒山子画像、寒山子诗石刻等与寒山

① [唐]陆广微撰：《吴地记》所记舍宅为寺资料举例（江苏古籍出版社）：

寺名	页码	时间
云岩寺	第63页	东晋咸和二年（327）
灵岩寺	第67页	晋
重元寺	第90页	南朝梁天监二年（503）
乾元寺	第91页	晋乾元
通元寺	第91页	吴赤乌年间（238–251）
龙光寺	第92页	南朝梁天监二年（503）
永定寺	第94页	南朝梁天监三年（504）
宴圣寺	第95页	南朝梁天监三年（504）
禅房寺	第96页	南朝齐建武二年（495）
流水寺	第96页	梁
唐慈寺	第97页	南朝齐建武元年（494）
朱明寺	第97页	东晋隆安二年（398）
慈悲寺	第100页	南朝齐永明二年（484）
陆卿寺	第100页	梁

② [唐]陆广微撰：《吴地记》，曹林娣校注，江苏古籍出版社，1999年，第47页。
③ 裴国昌主编：《中国名胜楹联大辞典》，中国旅游出版社，1993年，第165页。
④ 程裕祯等编著：《中国名胜古迹概览（上册）》，中国旅游出版社，1982年，第252页。
⑤ 邓子美：《江南古代佛教文化散论》，载高燮初主编《吴文化资源研究与开发》，苏州大学出版社，1995年，第522页。
⑥ 《二十五史·南史·郭祖深传》卷70，浙江古籍出版社，1998年百衲本，第1055页。
⑦ 季开云编：《钟山风雨》，南京出版社，1996年，第24–30页。
⑧ [葡]曾德昭：《大中国志》，何高济译，李申校，上海古籍出版社，1998年，第16–17页。
⑨ [明]钟惺：《隐秀轩文》，何国光点校，岳麓书社，1988年，第240页。

子、拾得两位生活在唐代的传奇人物有关[①]。寒拾亭中的《重修寒山寺记》，是研究寒山寺的珍贵史料（见图4–5–2、图4–5–3）[②]。

图4–5–2 苏州寒山寺（左）
图4–5–3 苏州寒山寺新建仿唐塔（右）

苏州西园寺：是位于苏州阊门外的一个佛教园林，原本是明季太仆寺少卿徐泰时的西园遗址一角。徐氏将元至元年间（1264—1294）的归元寺改为别墅和宅园，易名西园。其子徐溶舍园为寺，复名归元寺。明崇祯八年（1635）主持茂林改名戒幢律寺，俗称“西园寺”。西园寺是戒幢律寺和西花园的统称。清代中叶后，与杭州的灵隐寺、净慈寺一起，共称“江南名刹”[③]。

宁波天童寺：寺西有“玲珑岩”，东为“万天童”，背倚太白山，南有案山，风水环境绝佳。沿山路而进，依次为头山门、二山门，其间相距较远，路两侧数百年巨柏林立，景象超尘出世。寺前“万工池”边，波影巨树，灵塔排立，景色极为幽美（见图4–5–4）。天王殿、佛殿、法堂沿中轴布置，顺山势层层而上，其佛殿、法堂规模巨大（见图4–5–5），两边还有钟楼、千佛阁、藏经阁、罗汉堂等，全寺有730余间房屋。天童寺为南宋“五山十刹”之一，明代盛极一时，寺内有铁锅一口，相传一锅可供千人食，故名“千僧锅”，可见僧众之多。

宁波保国寺：始建于东汉年间，现存大雄宝殿是宋大中祥符六年（1013）重建，是江南迄今为止发现的建筑年代很早、保存完整的一座珍贵的木构建筑（见图4–5–6、图4–5–7）。寺院中轴线上依次排列天王殿、大雄宝殿、观音殿、藏经楼；东西两侧为钟楼、鼓楼、僧房、客堂、禅房等，可谓水乡中典型的深山古刹。

图4–5–4 天童寺万工池（左）
图4–5–5 天童寺佛殿（右）

① 《辞海》编辑委员会编：《辞海·宗教分册》，上海辞书出版社，1988年，第75页。
② 陈益撰文，张锡昌摄：《江南古亭（梦中江南系列）》，上海书店出版社，2004年，第70页。
③ 陈从周主编：《中国园林鉴赏辞典》，华东师范大学出版社，2001年，第526页。

图4–5–6 宁波保国寺大殿现状（左）
图4–5–7 宁波保国寺大殿藻井之一（右）

佛塔（浮图、浮屠）是特征鲜明的佛教建筑，源于印度的“窣屠婆”（stupa），为放置佛祖释迦牟尼遗骨（即佛舍利）而建，其雏形是由台基、覆钵和相轮组成的实心体，为仿印度北方住宅式样而来[①]，与后来的中国楼阁式塔，形象相距甚远。寺院以佛塔建筑为中心。此后，有过一段前塔后殿、塔殿并重的时期。再后，各种大殿取代佛塔的中心地位，双塔对峙、单独塔院等，塔退而为次。

三国时期，建初寺内的阿育王塔，为江南最早的佛塔[②]。历代毁建，明永乐间重修，宣德六年（1431）建成，历时19年，定名大报恩寺塔，高入云端，极为壮丽。惜清末太平天国战乱被毁，现仅存两块石碑、塔基及一些地面建筑残迹，南京市正拟重建此塔。惜复建方案离原状相差甚远，不伦不类，令人痛心。

现杭州灵隐寺大雄宝殿前，遗留有六座吴越国石塔。

江南水乡现存之塔以楼阁式为多。如苏州虎丘塔、上海松江方塔（见图4–5–8）、湖州飞英塔（见图4–5–9、图4–5–10）、松阳延庆寺塔、绍兴应天塔、宁波天封塔[③]等，均为砖木混合结构楼阁式宋塔遗构。或认为江浙一带此种塔的产生、发展，与五代吴越国王钱俶崇佛，大有关联[④]。它们或具宗教之义，或振地方文风，或改善当地风水，或为镇江锁海，或点缀风景等，不一而足。

江南佛塔多秀丽挺拔，比例瘦长，塔出檐深远，翼角起翘较大，多用平坐腰檐，其下众多精美雕刻，装饰丰富。如上海松江方塔（兴圣教寺塔），高42. 50米，四角九层[⑤]。上海龙华塔，八角七层，高40. 64米[⑥]。

宁波天封塔：为六角七层砖木结构楼阁式塔（塔内为14层），高约41米，以“秀拔甲于天下”著称（见图4–5–11）[⑦]。

---

① 吴庆洲：《中国佛塔·塔刹形制研究（上）》，《古建园林技术》1994年第4期第21–28页。

② 高燮初主编：《吴地文化通史·下》，中国文史出版社，2006年，第915页。

③ 黄滋：《江浙宋塔中的木构技术》，《古建园林技术》1991年第3期第25–29页。杨新平：《松阳延庆寺宋塔初步研究》，《古建园林技术》1991年第4期第36–41+60页。

④ 黄滋：《江浙宋塔中的木构技术》，《古建园林技术》1991年第3期第25–29页。

⑤ 屈浩然：《中国古代高建筑·画册》，天津科学技术出版社，1991年，第75页。

⑥ 《旅游词典》编纂委员会编：《旅游辞典》，陕西旅游出版社，1992年，第565页。

⑦ 浙江人民出版社编：《浙江风物志》，浙江人民出版社，1985年，第324页。

图4–5–8 上海松江方塔（左）
图4–5–9 湖州飞英塔（右）

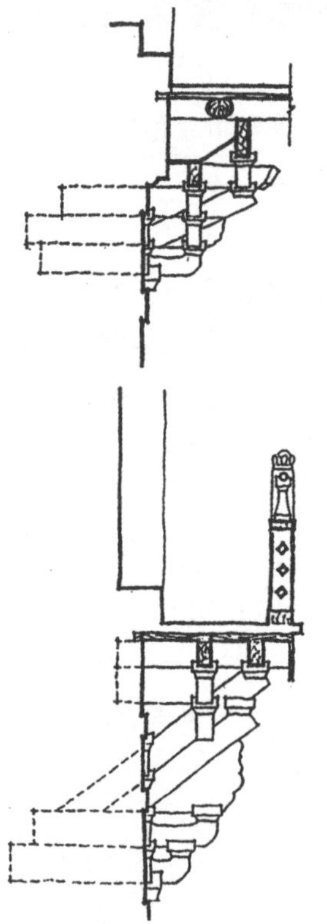

图4–5–10 湖州飞英塔上昂局部（《古建园林技术》1991年第3期）（左）
图4–5–11 宁波天封塔（右）

常熟崇教兴福寺方塔：建于南宋时期，四角九层砖木结构楼阁式塔，高67米①。

苏州报恩寺（北寺）塔：建于宋代，九层，高76米，为现存江南第一高度楼阁式砖木塔。各层有腰檐平座，翼角举飞、栏杆廊绕，令人惊叹②。

以上佛塔均为砖木结构楼阁式塔，比例隽秀。此外，部分江南水乡寺院塑像极为传

① 罗哲文：《中国古塔》，中国少年儿童出版社，中国青年出版社，1985年，第182页。

② 何贤武、王秋华主编：《中国文物考古辞典》，辽宁科学技术出版社，1993年，第548–549页。

神。如甪直保圣寺内的唐塑[①]、苏州东山紫金庵内的宋塑等（见图4–5–12、图4–5–13、图4–5–14）。

图4–5–12 苏州东山紫金庵（《东南文化》2001年第6期）

图4–5–13 紫金庵长眉罗汉、托塔罗汉雕塑（《东南文化》2001年第6期）（左）

图4–5–14 紫金庵释迦像（右）

江南佛教寺院，迄今最盛处，当推“海天佛国”——普陀山。普陀山为浙江舟山群岛中一个面积仅12. 5平方千米的小岛，与大陆相距20千米。它“东望日本，北接登莱，南亘闽粤，西通吴会”[②]。普陀山与五台、峨嵋、九华等一起，明代称为“佛教四大名山”，又称“四大道场”[③]。除五台山地处北方，余3座均在江南。且五台、峨嵋、九华三者皆居内陆，唯普陀山孤悬东海，独具特色。

① 王稼句编：《古保圣寺》，古吴轩出版社，2002年，第199页。

② 道光十二年（1832）重修《南海普陀山志》。见于继增《沿海风情录》，海洋出版社，1991年，第247页。

③ 宽忍：《佛教手册》，中国文史出版社，2001年，第217页。

普陀山名出自《华严经》，梵语音译全称为“普陀洛迦”，意为“美丽的小白花”①。唐宣宗时，天竺僧人来此修行，名此地曰“普陀洛迦”。普陀山最早的寺院建于唐咸通四年（863），相传日本僧人慧锷，从明州乘船回国，船至普陀莲花洋，为大风所阻。慧锷以为观音不愿东去，便将从五台山请来的观音大士像留下。当地居民张氏，舍宅供奉，为开山之始。五代后梁二年（916），修建了“不肯去观音院”②。

宋太祖乾德五年（967），派太监上山进香，以后历代帝王屡有拨款赐赠，建筑规模日益扩大。南宋时，普陀山为观音道场，声望与规模日甚。但此时普陀山尚未能名列江南禅寺“五山十刹”之中，可见仍未入一流③。

图4-5-15 苏州寂鉴寺南天门石殿（元）（左）

图4-5-16 苏州寂鉴寺西天寺石殿（元）（中）

图4-5-17 苏州寂鉴寺兜率宫石殿（元）（右）

吴县（今属苏州）天池山寂鉴寺三座元代仿木构石屋（见图4–5–15、图4–5–16、图4–5–17），一座在寺内：山门外东西两侧各有一座，其中一座在山门外西侧坐南朝北依山岩构筑，名曰西石屋，又称“极乐园”。另一座在寺门东侧山坡上，与西石屋相对称，又称“兜率宫”。寺内石屋实为一小石殿。面阔3间，称“西天寺”。据文献及碑刻记载，三石屋建于元至正十七年至二十三年（1357—1363）间。（西天寺）石殿坐北面南，平面呈凸字形，单檐歇山顶，殿顶设平直的吻兽脊。殿面阔三间，共7. 64米，进深三间，共5. 52米④。

图4–5–18 吴江慈云寺塔与禹迹桥

① 赵振武、丁承朴：《普陀山古建筑》，中国建筑工业出版社，1997年，第13页。

② 郁林森、岳亮、段先志：《神游中华》，西安地图出版社，1992年，第270页。

③ 赵振武、丁承朴：《普陀山古建筑》，中国建筑工业出版社，1997年，第14页。

④ 钱正坤：《寂鉴寺石屋及造象小考》，《古建园林技术》1988年第1期，第24–26页。

吴江慈云寺始建于南宋咸淳中①，旧名广济，明天顺中改今名，是吴江历史上规模较大的佛寺之一。坐落在震泽镇东栅，宝塔街东端，位于頔塘河、市河及新开河交汇处。震泽慈云寺所处的位置，正是震泽镇动静交合的精华，西连宝塔街，也是震泽古镇的核心所在。慈云寺塔为江苏省级重点文物保护单位，是寺中现今唯一遗存的清之前古建②，也是震泽镇的标志性建筑，塔高38.44米。塔旁有清康熙五十四年（1715）为纪念大禹治水而建，同时也是锁水口、固水脉的禹迹桥。被誉为吴中胜迹的慈云寺塔，“四面湖光绕，中流塔影题”（出自清代诗人沈彤《慈云塔影》，笔者注）（见图4–5–18、图4–5–19、图4–5–20、图4–5–21）。

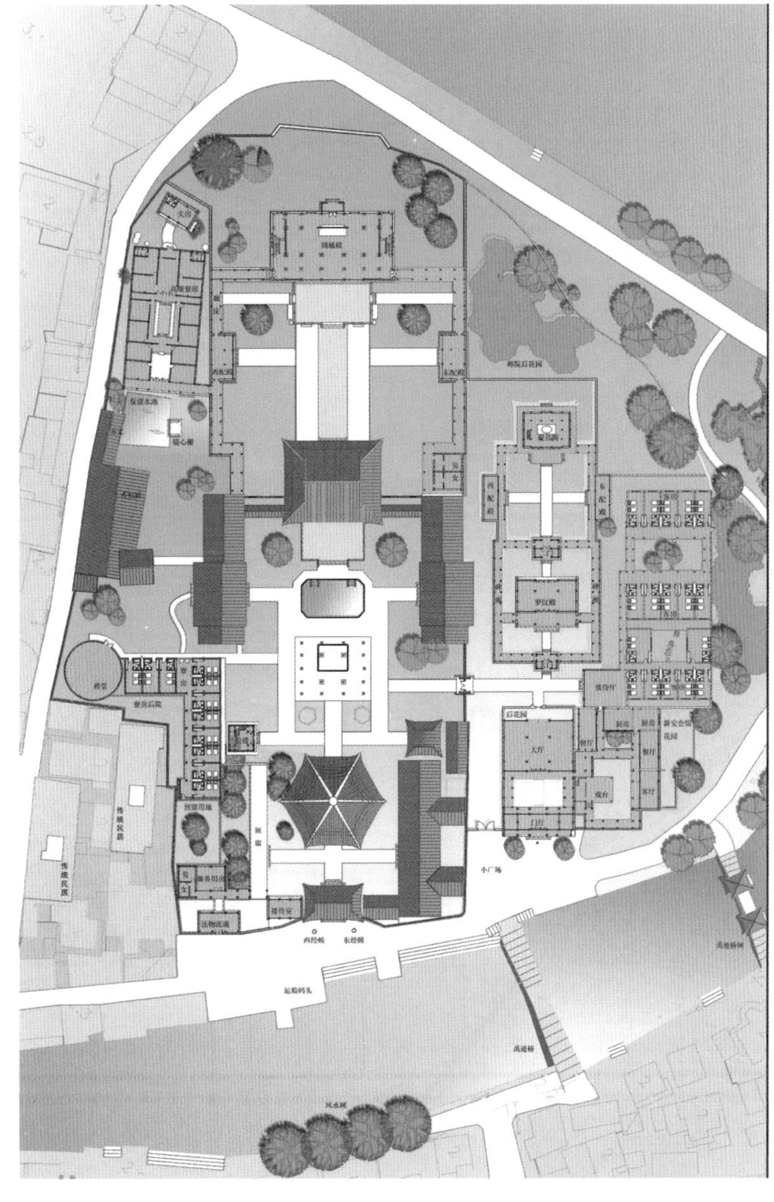

图4–5–19 吴江慈云寺总平面图

① 吴江市图书馆、吴江五百年地方志汇编：《康熙吴江县志》，江苏电子音像出版社，2006年，第52页。

② 依据慈云塔内佛像须弥座样式、雕饰花纹，寺院前塔后殿格局等，慈云塔应为南宋遗存。可惜的是，20世纪塔木构外檐被依据明代样式重修。

图4–5–20 吴江慈云寺东南立面图

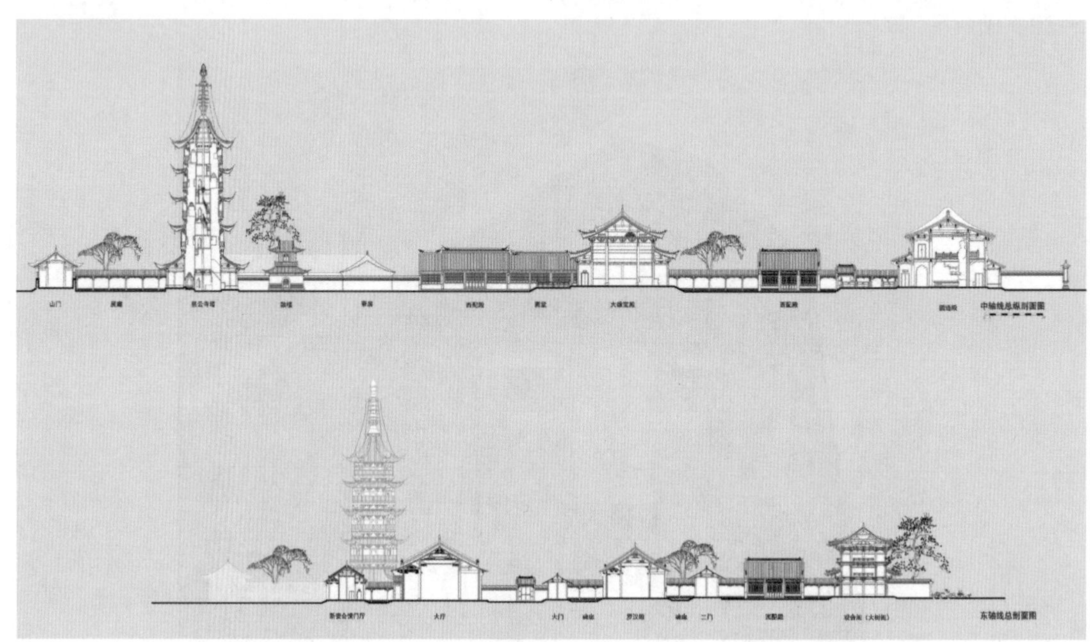

图4–5–21 吴江慈云寺纵向剖立面图

苏州开元寺无梁殿建于明万历四十六年（1618）[①]，平面长方形，两层重檐楼阁式，面阔七间20. 9米、进深11. 2米、高约19米，该殿正立面上下皆开5座拱门，东西山墙楼层正中各设拱形窗一扇（见图4–5–22、图4–5–23、图4–5–24、图4–5–25）。

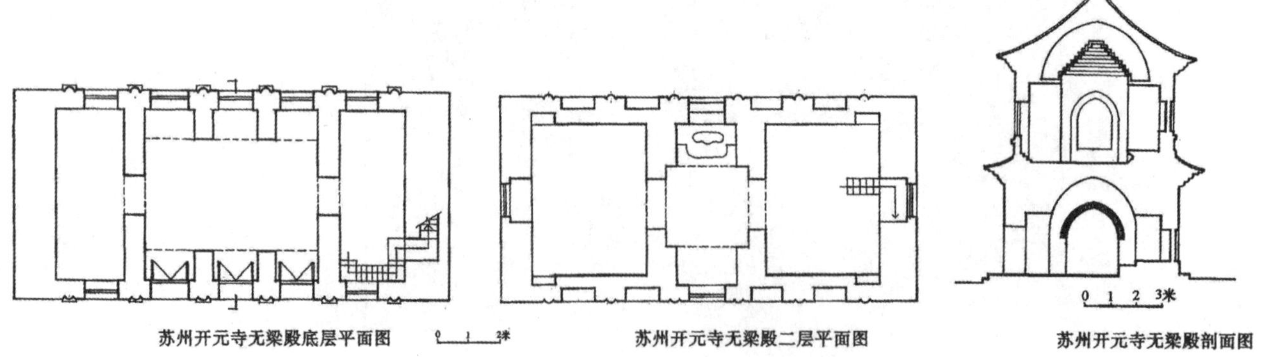

图4–5–22 苏州开元寺无梁殿一层、二层平面图（《中国古代建筑史（第4卷）》）（左）
图4–5–23 苏州开元寺无梁殿剖面图（《中国古代建筑史（第4卷）》）（右）

① 孙芙蓉：《几座明代砖结构佛寺建筑典范》，《文物世界》2007年第2期，第38–39+72页。

普陀山经宋、元、明、清各代兴工，至抗日战争前夕，建3寺，88庵，128茅蓬[①]，共有屋宇4700余间，寺僧多达3000人之多。明代徐如翰诗云："山当曲处皆藏寺，路欲穷时又遇僧。"[②]

图4–5–24 苏州开元寺无梁殿（翟乃薇 摄）（左）

图4–5–25 苏州开元寺无梁殿二层山面（翟乃薇 摄）（右）

普陀山先后兴建3座主要佛寺，分别居于山谷、山麓、山顶，形成了前、中、顶的有机排列，层层递进的空间氛围。又分别以3座寺为核心，出现众多的禅院、庵堂等，形成了各有特色的小区，烘托了"佛国"的宗教气氛。

普济寺：即前寺。始建于宋代，现存之建筑大致为清初康熙、雍正两朝奠定，总体布局为"伽蓝七堂"的传统模式，寺前为海印池，主要建筑沿中轴线由南而北展开，加以地势南低北高，层层殿宇错落。全寺共占地2. 6公顷，建筑面积1. 4公顷，可谓东南最大的梵刹[③]（见图4–5–26、图4–5–27、图4–5–28）。

法雨寺：又称"后寺"。明朝始建。依山建寺，层层升起，气势磅礴。又遥对海边金沙，波涛奔腾，海、寺与山的结合极为紧密。法雨寺的观音殿，采用南京明故宫拆下的建筑构件建成，殿内有九龙藻井，故又称"九龙殿"，9条巨龙飞舞争珠，栩栩如生。殿堂琉璃黄瓦，气派非凡[④]。

慧济禅寺：俗称"佛顶山寺"，雄居全岛制高点上。寺院掩映在幽深翠绿的林木丛中，藏而不露。只闻诵经之声、钟鼓之音，而曲径通幽，古刹始见，颇具宗教神秘气氛[⑤]。受前后山地形限制，主要建筑藏经楼、大雄宝殿与大悲阁采取横向并列布局，颇具匠心。来寺朝拜的信众络绎不绝，许多东南亚一带的僧徒，甚或渡海而来。

普陀山古木修竹，植被丰富；洞壑幽胜，海涛汹涌，景观深邃而缥缈。这些自然景观，因"海天佛国"的熏陶，而沾染上浓郁的佛教色彩。同时，也使佛国的"梵宫琼宇"，置身于超然的人间仙境，激起人们对佛国神秘境界的无穷联想。

---

① 舟山市政协文史资料委员会编：《舟山诗粹》，国际文化出版公司，1997年，第233页。

② 舟山市文联编：《普陀山古今诗选》，浙江摄影出版社，1997年，第19页。

③ 文史知识编辑室编：《佛教与中国文化》，中华书局，1988年，第439–440页。

④ 国家文物局主编：《中国名胜词典·精编本》，上海辞书出版社，2001年，第446–447页。

⑤ 朱洪斌编著：《普陀山》，中国旅游出版社，1981年，第15页。

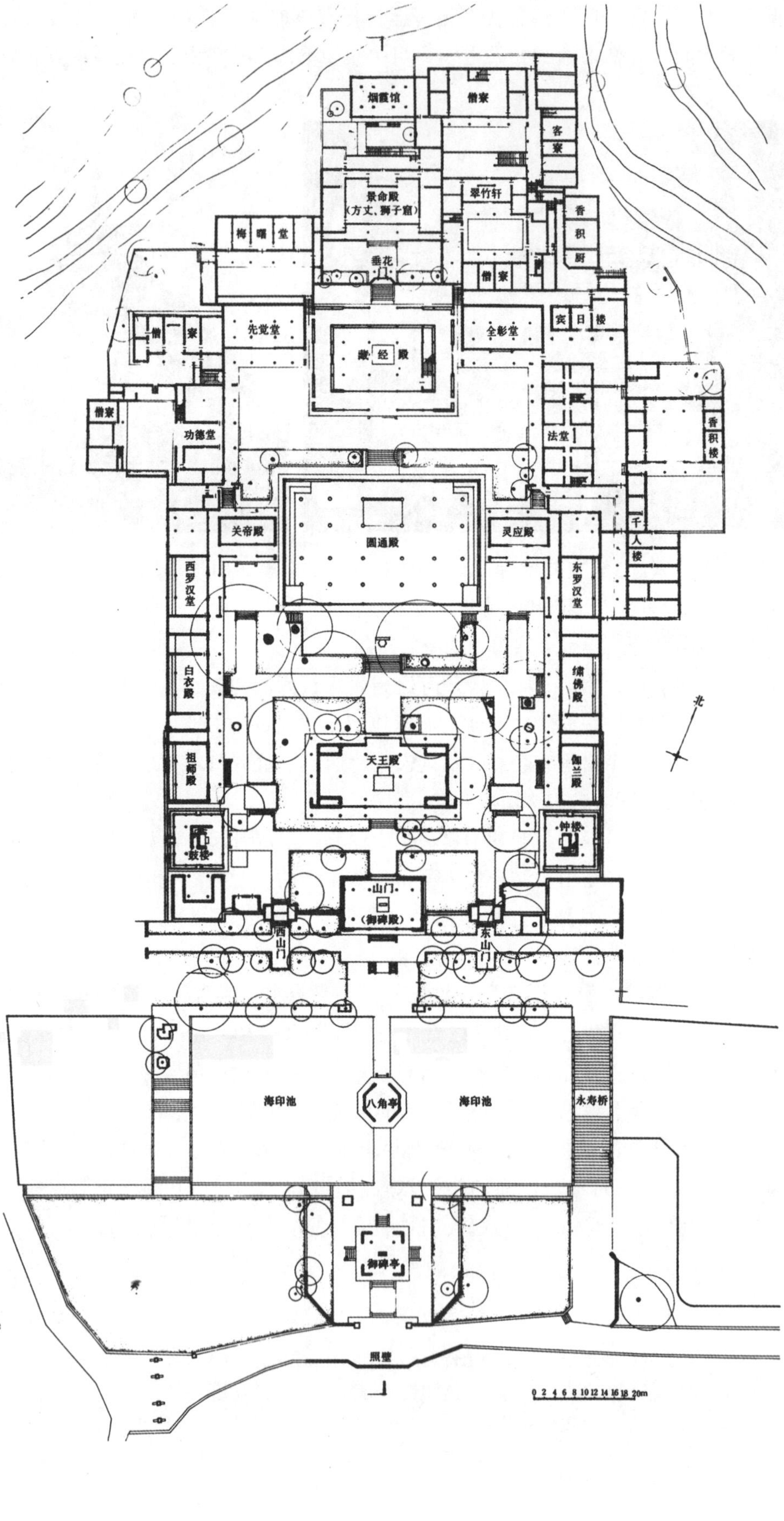

图4–5–26 普济禅寺总平面图（《普陀山古建筑》）

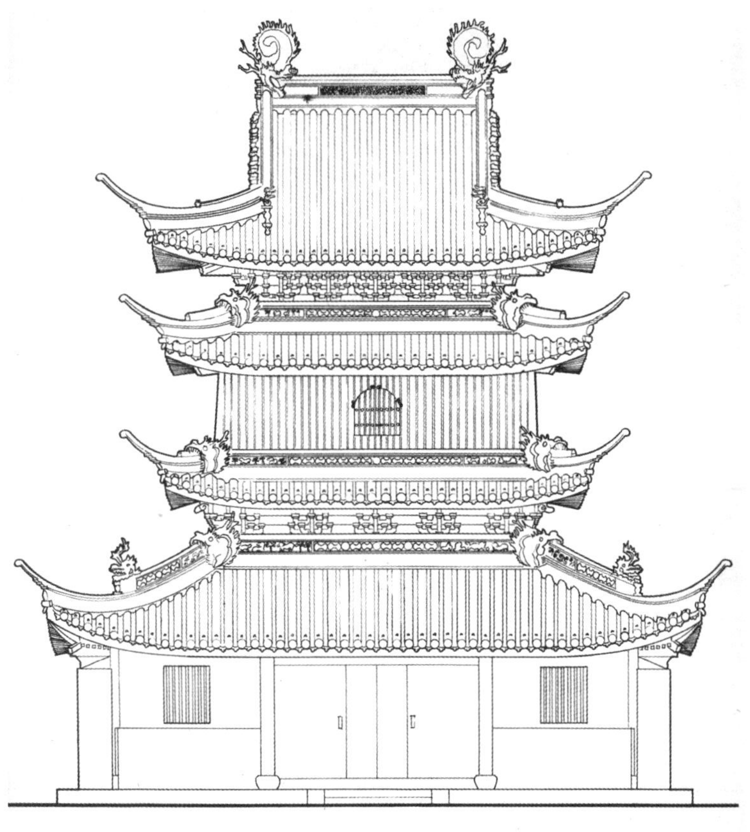

图4-5-27 普济禅寺钟楼立面图（《普陀山古建筑》）

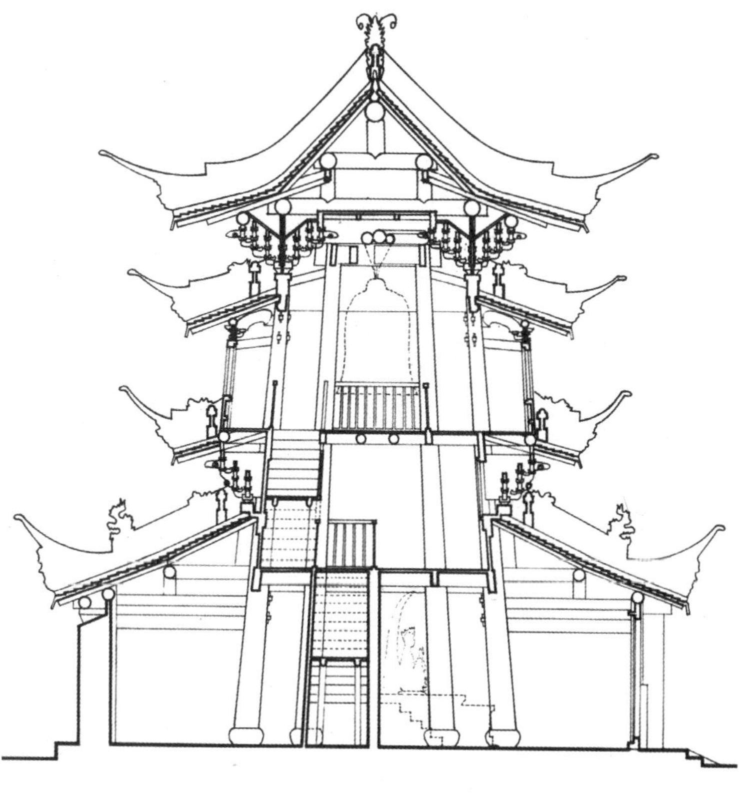

图4-5-28 普济禅寺钟楼剖面图（《普陀山古建筑》）

二、名观兴衰

道教是我国地产的宗教。追本溯源，起源于远古的各种神道崇信与炎黄以降到先秦时代的百家学说。并因历史、地理条件不一，而各具地域特色。如荆楚、巴蜀、闽粤之地，山奇水异，气候复杂，人们采用巫术、咒语以求驱灾求福。因之，荆楚、巴蜀、闽粤等地，巫祝信仰突出。

春秋战国神仙之说盛行，方术兴起，方士备受青睐。拥有长生不老药的西王母，受到汉人的顶礼膜拜。燕齐沿海地带，流行海上仙山，令人神往。老庄学说中有关“道”的哲理，成为此后道教神学体系的理论依据。

道教的创立，始自东汉末年。沛国丰（今属江苏丰县）人张道陵入蜀鹤鸣山中，创立“五斗米道”，道教尊为始祖①。其孙张鲁，在汉中立宗教王国，在其编著的《老子想尔注》中首先提到“道教”一词，崇奉、神化老子②。与此同时，钜鹿（今属河北平乡县）人张角，根据经书《太平经》③，创立“太平道”，后被镇压、摧毁。五斗米道张鲁投降曹操后，其头目被迁往北方，部分道人辗转南行，流寓江南。

东汉末年，北方战乱频仍，而南方相对安定。人们避乱江南，道教随之而来。三国时占据江表的孙吴，及其后的东晋政权，对民间宗教颇为宽容，江南道教发展，渐超北方、巴蜀。

吴主孙权信奉道教，先后在“方山立洞玄观”④、天台建铜柏观、富春建崇福观、建业建兴国观、茅山建景阳观等，总共39座道观⑤。据载，汉末至两晋间，先后传入吴地的道教，有太平道支派的于君道、帛家道，有五斗米道支派的李家道、清水道等⑥。

相传，更早在西汉景帝时，咸阳人茅盈、茅固、茅衷兄弟三人来到位于太湖之滨的茅山（古称“句曲山”），修道成仙，号“三茅真君”⑦。据此，茅山成了江南水乡道教的圣地。据《古今图书集成·神异典》《江宁府志·三茅真君庙》云：“汉诏敕郡县修丹阳句曲真人庙，以茅君分理赤城，每年十二月二日，驾白鹤会于此。”⑧东汉末年的茅山地带，早已聚居了一些倾心向道的世家大族，如葛氏、许氏、华氏、陶氏等。汉末著名方士左慈，投奔江南，于茅山传经。丹阳士族葛玄，拜左慈为师⑨，成东吴著名方士，受孙权重视，为之广建道馆。蒋山（今属南京紫金山）下的江东士族鲍靓，也从左慈学道。而丹鼎道派的创始人葛洪就是葛玄的从孙，鲍靓的女婿。从此，茅山成为江南道教中心。晋以

---

① 国家文物事业管理局主编：《中国名胜词典》，上海辞书出版社，1984年，第551页。

② 冯契主编：《哲学大辞典·上》，上海辞书出版社，2001年，第793页。

③ “以阴阳五行为家，而多巫，覡杂语。”见《二十五史·后汉书·郎顗襄楷列传》，浙江古籍出版社，1998年百衲本，第738页。

④ 《建康实录·吴中太祖下》卷2，第40页。转引自《江西省宗教志》编纂委员会编《江西省志·95·江西省宗教志》，方志出版社，2003年，第446页。

⑤ 蔡丰明：《江南民间社戏》，百家出版社，1995年，第209页。

⑥ 王子庚：《吴地道教源流与演变概述》，载高燮初主编《吴文化资源研究与开发》，苏州大学出版社，1995年，第527页。

⑦ 夏征农主编：《辞海·宗教分册》，上海辞书出版社，1988年，第19页。

⑧ 陈梦雷原著，杨家骆主编：《鼎文版古今图书集成·中国学术类编·神异典·上·2》，台湾鼎文书局，1977年，第569页。

⑨ 任继愈主编：《中国道教史》，上海人民出版社，1990年，第72页。

后，各地多建三茅真君庙[①]。

西晋灭吴后，歧视江南士族。东晋南渡，也多由北方南下的门阀士族把持朝政。原江南士族受到排挤，更醉心于道，形成茅山上清派高道集团。东汉以降的重要道教经典，如《三皇经》《灵宝五符经》《太平经》《老子道德经》《黄庭经》等，都由葛氏、许氏、陶氏等世家及其徒众，传授整编而成。后世常以“三张”与“二葛”并称。“三张”指张陵（张道陵）、张衡、张鲁；“二葛”指葛玄与葛洪祖孙二人[②]。

六朝时期，道教盛行，各地广建道观，古籍记载甚众。如“崇善、玉芝二观，并天监二年置”[③]，以及神景宫、林屋洞天、乾元观[④]。《吴郡志》记有天庆观、澄虚观、崇真宫、修和观、灵祐观、上真宫、希夷观等[⑤]，类似记载极多。

隋末动乱，谶语“天道将改，将有（李）老君子孙治世”[⑥]。江南茅山上清派道士王远知，往见李渊，称奉老君旨意，李渊当受天命，李唐王朝果然建立[⑦]。唐太宗李世民为秦王时，私访王远知，王断语“方作太平天子”。此后，李世民果然即帝位，乃加封王远知，在茅山建太子观（道馆谐称为“道观”）[⑧]。李唐宗室出于政治所需，自称是老子（李耳）后裔，在全国各地兴建道教宫观，并把道教经典总辑为《道藏》，道教于唐代鼎盛。因之，江南茅山上清派位居道教最上乘，唐王朝礼遇殊甚，尊为国教，并影响到宋元明以后[⑨]。

唐代末期，茅山上清派逐渐衰落。但其倡导的内丹修炼之法，因有益寿延年之效，遂在旧丹鼎派（外丹派）衰落后，逐渐流传。

北宋王朝政治、军事羸弱，乞求神佑，崇奉道教。上行下效，各地大造道观。如太宗先后在京城建太一宫、洞真宫、上清宫，在亳州建太清宫，终南山建上清太平宫，苏州建太乙宫，茅山建元符观[⑩]等。

北宋灭亡后，偏安江南的南宋政权不崇道教，而推崇儒教理学，道教作补充以安民心。宋理宗嘉熙三年（1239），召见正一道（天师道）第35代天师张可大，命其提举三山（即龙虎山、茅山、阁皂山）符箓，兼御前诸宫观教门公事[⑪]。因之，正一道掌管江南所有道派。

元至元十三年（1276），元世主召见三十六代天师张宗演，赐任其“主领江南道教”[⑫]。黄庆元年（1312）和延祐四年（1317），元仁宗又两次下诏，令江南张天师掌管太上老君教法。从此，正一道成为统辖各种道派的首领[⑬]。道教除自身造出如元始天尊、玉皇大帝等大神外，还不断从民间信仰中吸取新神，如吕洞宾等8仙，城隍、土地、真武、关公、文昌、

① 王兆祥等：《中国神仙传》，山西古籍出版社，1995年，第106页。
② 李丰楙：《抱朴子快读·不死的探求》，海南出版社，三环出版社，2004年，第4–8页。
③ [唐]陆广微撰：《吴地记》，曹林娣校注，江苏古籍出版社，1999年，第100页。
④ [唐]陆广微撰：《吴地记》，曹林娣校注，江苏古籍出版社，1999年，第117–153页。
⑤ [宋]范成大撰：《吴郡志·宫观》，陆振从校点，江苏古籍出版社，1999年，第460–468页。
⑥ 洪顺隆：《辞赋论丛》，文津出版社，2000年，第305页。
⑦ 任继愈主编：《中国道教史》，上海人民出版社，1990年，第268页。
⑧ 高光等主编：《文白对照全译〈太平广记〉·第1册》，天津古籍出版社，1994年，第324页。
⑨ 任继愈主编：《中国道教史》，上海人民出版社，1990年，第327页。
⑩ 段玉明：《中国寺庙文化》，上海人民出版社，1994年，第97页。
⑪ 胡孚琛：《道藏与仙学（神州文化集成丛书）》，新华出版社，1993年，第84页。
⑫ 句容市地方志办公室：《句容茅山志》，黄山书社，1998年，第127页。
⑬ 蔡丰明：《江南民间社戏》，百家出版社，1995年，第210页。

图4-5-29 苏州玄妙观三清殿

龙王等，大观小堂遍及各地村镇。

明清道教总体衰落。元末起义领袖韩山童，自称“明王”，是民间宗教明教（弥勒教）的首领；朱元璋是其部下。故朱氏有天下后国号曰“明”①。明代江南水乡经济发达，人们价值观念变化，玄理说教与神仙世界不再流行，现实思想抬头。因此，祈福发财、祈晴止雨、祛病禳灾、符九尤降乩之类道教活动，成了热门，道教日益世俗化②。

清代道教愈加衰落，对道教大体沿用明制，江南水乡的茅山上清派日趋式微。道教随封建社会的衰溃，而退化没落。

民国时期，各地兴办新学，多利用佛寺道观，道教几无容身之地。目前，江南水乡道教建筑保存较少，其著名者当数苏州玄妙观三清殿（见图4-5-29、图4-5-30、图4-5-31）。著名建筑史学家刘敦桢先生曾经撰文介绍，认为“确属南宋所构”③。实际上，该建筑斗栱以上的部分用料小，且梁下均有随梁枋，屋顶举折也很高。因此，准确地说玄妙观三清殿的斗栱及下部为南宋遗构，而斗栱以上部分则应是明清时期改建。

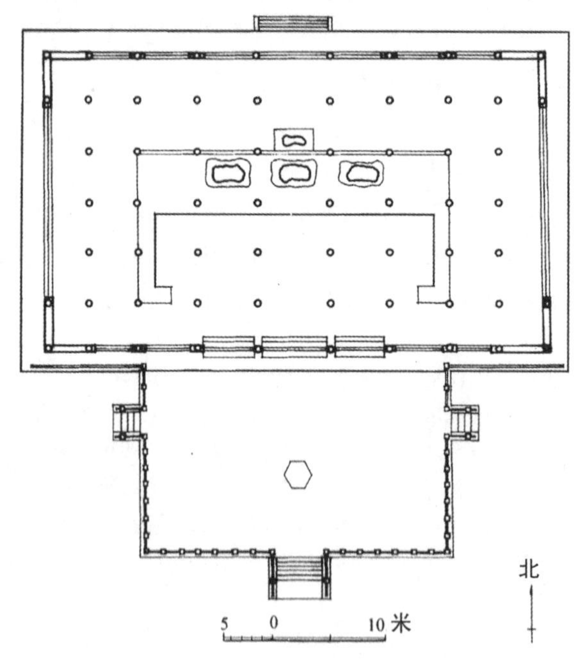

图4-5-30 玄妙观三清殿平面图（《中国古代建筑史（第3卷）》）

① 刘筱红：《神秘的五行·五行说研究》，广西人民出版社，1994年，第128页。

② 王子庚：《吴地道教源流与演变概述》，载高燮初主编《吴文化资源研究与开发》，苏州大学出版社，1995年，第524–539页。

③ 刘敦桢：《刘敦桢文集》（第3辑），中国建筑工业出版社，1984年，第287页。

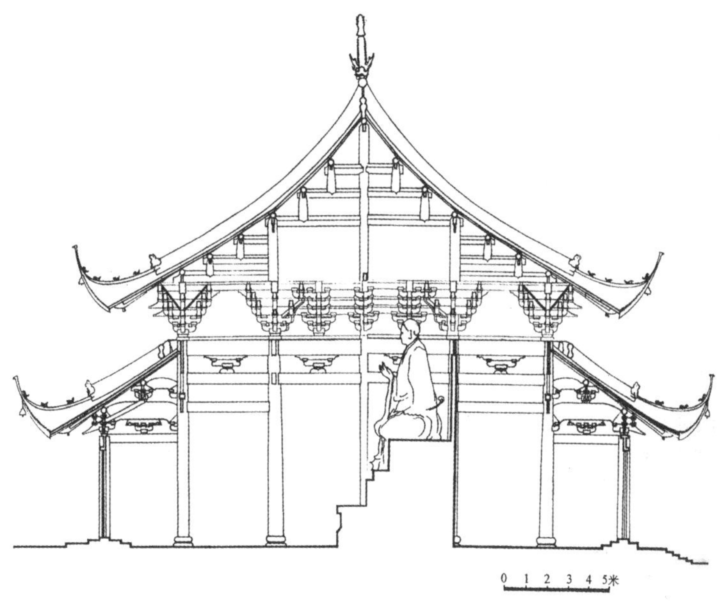

图4-5-31 玄妙观三清殿剖面图（《中国古代建筑史（第3卷）》）

三、神庙更迭

江南水乡地方神崇拜较为芜杂，大体而言有龙王、财神、城隍神、土地神、灶神等，多享有庙祀。

江淮、太湖流域河湖交叉、湖泊众多，以龙为图腾可能与龙能够入水、祈雨有关，为吴越“断发文身”之源。因之，江南水乡地方神祇之产生，都与当地居民生产、生活息息相关。

江南水乡经济发达，故财神（又谓“路头”）崇拜，遍及水乡南北。尤其明末江南商品贸易繁荣，财神崇拜勃兴于水乡大地。

正月初五家家户户接财神①。顾禄《清嘉录》云苏州：“（正月）初五日，为路头神诞辰。金锣爆竹，牲醴毕陈，以争先为利市，必早起而迎之，谓之接路头。”②张春华《沪城岁事衢歌》注曰：“俗于（正月）初五分，备宝马牲醴极丰盛，为接财神。”③1928年的《武进年鉴》曰：“正月初五，店铺开张，各祀五路财神，居户亦然。”钱基博《无锡风俗志》载：“（正月）初五日，祀路头神以祈利达，谓之接路头。每于五鼓起祀，各争先取早，以为迟则路头神为人接去也。今竟多初四晚祀者矣。旧时士大夫家祀于门左地上，盖古祭门意；而俗以为财神，商家祀之尤隆。其祀也，每祝酒酬神，必以满为贵，谚所谓满满十分财也。”④

财神之来源颇为复杂。黄斐默《集说诠真》云：“俗祀之财神，或称北郊祀之回人，或称汉人赵公明，或称元人何五路，或称陈人顾希冯之五子，聚讼纷如，各从所好。或浑曰财神，不究伊谁”⑤，并演化成文武财神。

① 苏州市文化局编：《姑苏竹枝词》，百家出版社，2002年，第64–65页。

② [清]顾禄：《清嘉录》，王湜华、王文修注释，中国商业出版社，1989年，第34页。

③ 张春华：《沪城岁事衢歌》，许敏标点，上海古籍出版社，1989年，第5页。

④ 无锡市史志办公室、无锡市档案局、无锡市政协文史委员会编：《梁溪屐痕·无锡近代风土游览著作辑录》，方志出版社，2006年，第208页。

⑤ 张茂华、亓宏昌主编：《中华传统文化粹典》，山东人民出版社，1996年，第565页。

武财神有赵公明、关羽等。江南祭祀武财神，以赵公明为主。而关羽还是典当行、银钱行、皮革业、皮箱业、烟业、香烛业、绸缎业、成衣业、厨业、盐业、酱园业、豆腐业、屠宰业、糕点业、理发业等行业的祖师神、保护神。

文财神为比干、范蠡。比干多文臣装扮，出现在年画中。范蠡弃官离越，从事商业，制陶为朱公，财“遂至巨万，故言富者皆称陶朱公”[①]，故被后人奉为财神[②]。

城隍庙同样遍布水乡各地。“城”“隍”，最初是定居点四周所筑的两种防卫设施：城墙、壕沟。《说文解字》云：“城，以盛民也。”[③]“隍，城池也，有水曰池，无水曰隍。”[④]筑土为城，挖土成隍。后世城隍合一，成为城市的保卫者，其神灵则为“城隍”。在民众观念中，城隍管辖范围以城为单位，能享用人类供品。城隍庙建筑平面布局，一般为头门、戏台、两庑、大殿及寝殿等。

江南城隍庙，记载最早者为芜湖城隍庙，建于三国吴赤乌二年（239）[⑤]。或认为正式称为城隍神，始见于《北齐书》[⑥]。隋唐始，逐渐形成了忠臣死后为城隍神的观念。至唐代，城隍神兼掌管当地的水旱吉凶、冥间事务。后唐清泰元年（934），封王。至宋代，更兼掌管士人的科名桂籍，成为了直接对上天负责的地方最高神。“姑苏城隍庙神，乃春申君也”[⑦]。而江苏常熟流传一则《渔夫和水鬼》的有趣故事，善良的水鬼被封为城隍神[⑧]。明洪武三年（1370），正式规定各府州县城隍神并祭祀[⑨]，可见城隍庙的兴盛可归功于明太祖朱元璋。

仅上海地区言，城隍庙建筑有址可考者，如松江府、崇明、金山、宝山、奉贤、南汇等。现存者，有嘉定、上海、青浦、川沙、朱家角城隍庙（见图4–5–32）等，已有研究者进行了专门探讨[⑩]。其中，上海城隍庙保存最好，规模最大，也最为热闹，可谓旧日上海的缩影。

---

① 《二十五史·史记·货殖列传》，浙江古籍出版社，1998年百衲本，第292页。

② 程德祺：《财神崇拜述略》，载高燮初主编《吴文化资源研究与开发》，江苏人民出版社，1994年，第472–480页。

③ [汉]许慎撰、[清]段玉裁注：《说文解字注》，浙江古籍出版社，1998年，第688页。

④ [汉]许慎撰、[清]段玉裁注：《说文解字注》，浙江古籍出版社，1998年，第736页。

⑤ 尹文撰，张锡昌摄：《江南祠堂》，上海书店出版社，2004年，第121页。

⑥ “城中先有神祠一所，俗号城隍神，公私每有祈祷”。见《二十五史·北齐书·慕容俨传》，浙江古籍出版社，1998年百衲本，第460页。

⑦ [宋]龚明之撰：《中吴纪闻》，武汉大学光盘版文渊阁本《四库全书》第236卷第1册第23页。

⑧ 徐华龙：《吴地信仰中的鬼类型》，载高燮初主编《吴文化资源研究与开发》，江苏人民出版社，1994年，第483页。

⑨ 尹文撰，张锡昌摄：《江南祠堂》，上海书店出版，2004年，第121页。

⑩ 刘茜：《上海地区城隍庙建筑及相关研究》，硕士学位论文，同济大学，2003年，第16–22页。

图4-5-32 上海朱家角城隍庙

明清以降，寺庙、道观等遍布，故庙会遍及江南主要村镇，日臻成熟、定型，其活动的时间、地点约定俗成，融祭祀酬神、商业交易、玩赏娱乐等于一炉，成为江南水乡人民社会生活中的盛大集会。吴江双杨会，为期半个月，震泽、梅堰、盛泽三地合计耗资万余元①。桐乡城隍庙会“酬神戏连演三昼夜”②。

江南水乡其他地方神祇众多。仅农业生产过程中祭祀、禁忌等，就五花八门。如元宵节祭田神，用糯米粉做团子，供于田埂，上挂“祭天灯”，寄寓来年的丰收。二月二日是田公、田婆之生日，各家各户皆以壶浆祈祭于土地庙，庙往往仅一间、数间建筑，规模较小。插秧结束后，要举行关秧院仪式，在土地庙中共饮“汰脚酒”。稻田要进行排灌，其前要斋土地神，以求得到土地神的保佑。新米收获之后，第一臼第一斗新米煮饭供灶神，谢其保护之恩③。

此外，还有许多与生产有关的习俗，如斋牛棚、斋猪圈、斋谷神、祭蚕花娘娘、祭龙王天后娘娘等，大抵皆与祈求神灵保佑丰收有关④。

江南水乡八蜡庙或刘猛将军庙相对较少。因蝗泛地带，多为气候干燥区域，而江南水乡气候较为潮湿，蝗虫不喜，故蝗灾较少⑤。

① 李廉深：《双杨庙会——吴江风情》，天津科技出版社，1993年，第132–136页。

② 沈振声：《桐乡的城隍庙会》，中国人民政治协商会议浙江省桐乡县委员会文史资料工作委员会：《桐乡文史资料》（第8辑），第216页。

③ 杨晓东编著：《吴地稻作文化（吴文化知识丛书）》，南京大学出版社，1994年，第73–82页。

④ 曹金华编著：《吴地民风演变·第3辑（吴文化知识丛书）》，南京大学出版社，1997年，第108–113页。

⑤ 陈正祥：《中国文化地理》，生活·读书·新知三联书店，1983年，第53页。

此外，江苏太仓一带有关于“土”的信仰，认为凡是“土”多的地方，房子不能建在那里，墓也不能筑在那里①。这里所谓之“土”，实为死于非命的远乡异客，往往没有固定的祠祀之所。

值得提出的是，点缀在江南水乡大地上的丘陵中，常建有名刹古观（见图4–5–33、图4–5–34、图4–5–35）。

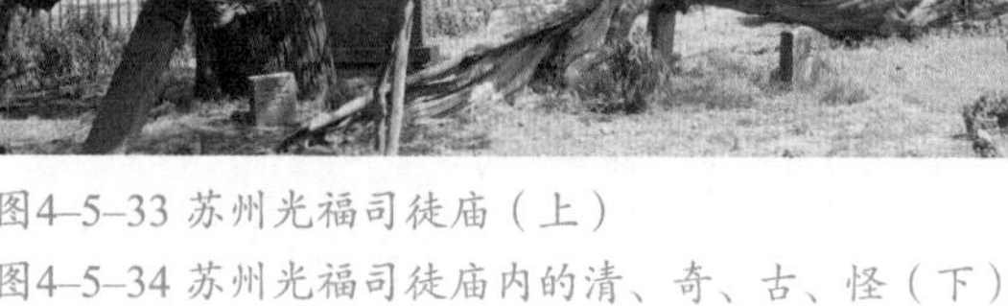

图4–5–33 苏州光福司徒庙（上）
图4–5–34 苏州光福司徒庙内的清、奇、古、怪（下）

图4–5–35 苏州光福塔

① 尹培民：《娄东地区民间信仰习俗》，姜彬主编：《中国民间文化　民间信仰研究》，学林出版社，1991年第229页。

第五章

江南水乡园林

第一节　江南水乡园林史略

园林是人们有意识的艺术创作集锦，融汇建筑、书画、植物、叠山理水等几乎全方面技艺，建设园林是以人的审美为主体有选择地创造环境的过程，是古代文化与技术的集大成者，相得益彰、缺一不可，堪称我国古典文化之精华代表之一。这种人为、有意识创造的艺术景观与自然风光、风景名胜等，实有着相当的本质性区别（见图5–1–1、图5–1–2、图5–1–3）。

图5–1–1 苏州怡园四时潇洒亭（杭磊 摄）（左）
图5–1–2 苏州怡园内庭园（杭磊 摄）（右）

图5–1–3 苏州怡园碧梧栖凤馆（杭磊 摄）

我国园林艺术源远流长，早期宫苑一起，密不可分；晚期宅园一体，休戚与共。周维权先生认为囿、台与园圃是中国古典园林的三个源头[①]，这些都是帝王所有，或许园林存在着自上而下的历程。

江南水乡园林，同样久远。史籍所载，始于吴王寿梦，“夏驾湖，寿梦盛夏乘驾纳凉之处。凿湖为池，置苑为囿”[②]。此为春秋吴国最早的苑囿，在今苏州城内吴趋坊一带[③]。或认为，在钮家巷的“武真宅”，为泰伯第十六世孙，其宅中有池，周宣王时凤集其家，故名“凤池”[④]。

其后吴王阖闾，“自治宫室，立射台于安里，华池在平昌，南城宫在长乐。阖闾出入游卧，秋冬治于城中，春夏治于城外。治姑苏之台，旦食䌷山，昼游苏台。射于鸥陂，驰于游台”[⑤]。“秋冬治城中，春夏治姑胥之台。旦食于纽山，昼游于胥母。射于鸥陂，驰于游台，兴乐石城，走犬长洲。”[⑥]“阖闾置豆园在陂东。”[⑦]“（华）林园在华林里，石龙在龙坛里。里在乌鹊桥东，皆阖闾作”[⑧]等。

其子夫差，更不甘落后，“贪功名而不知利害”[⑨]，“好起宫室，用工不缀”[⑩]。“好罢民力以成私好，纵过而翳谏，一夕之宿，台榭陂池必成，六畜玩好必从。”[⑪]起姑苏之台，“三年聚财，五年乃成，高见二百里”[⑫]。范成大引《山水记》云：“造九曲路，高见三百里。”[⑬]由此，中原诸侯甚为羡慕，“今闻夫差，次有台榭陂池焉，宿有妃嫱嫔御焉”[⑭]。与此同时，越王勾践起“中宿台在于高平，驾台在于成丘，立苑于乐野，燕台在石室，斋台在于襟山。勾践之出游也，休息食室于冰厨”[⑮]。“越王还于吴，置酒文台”[⑯]等。

---

① 周维权：《中国古典园林史》，清华大学出版社，1999年，第28页。

② [唐]陆广微撰：《吴地记》，曹林娣校注，江苏古籍出版社，1999年，第42页。

③ 魏嘉瓒编著：《苏州历代园林录》，燕山出版社，1992年，第4页。

④ 魏嘉瓒编著：《苏州历代园林录》，燕山出版社，1992年，第15页。

⑤ [汉]赵晔撰，[元]徐天佑音注：《吴越春秋》，苗麓校点，辛正审订，江苏古籍出版社，1999年，第56–57页。

⑥ [东汉]袁康、吴平辑录：《越绝书·越绝外传记吴地传》，乐祖谋点校，上海古籍出版社，1985年，第9页。

⑦ [唐]陆广微撰：《吴地记》，曹林娣校注，江苏古籍出版社，1999年，第40页。

⑧ [唐]陆广微撰：《吴地记》，曹林娣校注，江苏古籍出版社，1999年，第171页。

⑨ [汉]赵晔撰，[元]徐天佑音注：《吴越春秋·夫差内传》，苗麓校点，辛正审订，江苏古籍出版社，1999年，第67页。

⑩ [汉]赵晔撰，[元]徐天佑音注：《吴越春秋·勾践阴谋外传》，苗麓校点，辛正审订，江苏古籍出版社，1999年，第140页。

⑪ 史延庭编著：《国语·楚语》（下），吉林人民出版社，1996年，第332页。

⑫ [汉]赵晔撰，[元]徐天佑音注：《吴越春秋》，苗麓校点，辛正审订，江苏古籍出版社，1999年，第141页。

⑬ [宋]范成大撰：《吴郡志·古迹》，陆振岳点校，江苏古籍出版社，1999年，第100页。

⑭ 《四书五经·左传·哀公元年》，陈戍国校点，岳麓书社，1991年，第1202页。

⑮ [汉]赵晔撰，[元]徐天佑音注：《吴越春秋》，苗麓校点，辛正审订，江苏古籍出版社，1999年，第128页。

⑯ [汉]赵晔撰，[元]徐天佑音注：《吴越春秋》，苗麓校点，辛正审订，江苏古籍出版社，1999年，第169页。

由上可见，此时已运用植树栽花、构筑池沼等造园手法，可谓早期的江南园林雏形。当然，第宅私园与帝王苑囿有相当的区别，但先秦时差别应不大；秦汉以来大体上随着时间的推移，而愈加明显，仅两宋略有反复而已。

此时的吴王宫殿已有前、后花园。“殖吾宫墙，流水汤汤，越吾宫堂，后房鼓震箧箧有锻工，前园横生梧桐。”①识者认为此为后人所称之“梧桐园，在吴宫，本吴王夫差园”②。“梧桐园，吴王夫差所建，在甫里塘枫庄。”③又有后花园，吴王夫差太子友，“清旦怀丸持弹，从后园而来”④。

图5–1–4 苏州虎丘剑池

此外，吴国历代君王大量建造离宫别馆。如馆娃宫，在苏州城西南木渎镇北的灵岩山上⑤，山上下苑囿众多。虎丘（见图5–1–4），“两岸划开，中涵石泉，深不可测”⑥，亦他山所无。消夏湾，“深入八九里，三面环峰，一门水汇仅三里耳”⑦，为吴王避暑处，在洞庭西山。“华池、华林园、南城宫，故传皆在长洲界，阖闾之旧迹也。有流杯亭，在女坟湖西二百步，亦云游乐之地。又有吴宫乡，陆鲁望以为在长洲苑东南五十里，盖夫差所幸之别观，故得名焉。”⑧吴王阖闾称霸时，“立射台于安里，华池在平昌，南城宫在长乐里”⑨。“居东城者，阖闾所游城也，去县二十里。”⑩“锦帆泾，即城里沿城壕也。相传吴王锦帆以游，今故濠在，亦通大舟”⑪等。

长洲苑在吴东，“姑苏南太湖北岸，阖闾所游猎处也”⑫（今苏州西南山水之间），“吴故苑名，在郡界”⑬，是吴王阖闾、夫差主要宫苑。唐代白居易赞曰：“春入长洲草又生，鹧鸪飞起少人行；年深不辨娃宫处，

① [汉]赵晔撰，[元]徐天佑音注：《吴越春秋》，苗麓校点，辛正审订，江苏古籍出版社，1999年，第69页。
② [宋]范成大撰：《吴郡志·古迹》，陆振岳点校，江苏古籍出版社，1999年，第106页。
③ [清]顾震涛撰：《吴门表隐》，甘兰经校点，江苏古籍出版社，1999年，第95页。
④ [汉]赵晔撰，[元]徐天佑音注：《吴越春秋》，苗麓校点，辛正审订，江苏古籍出版社，1999年，第78页。
⑤ 魏嘉瓒编著：《苏州历代园林录》，燕山出版社，1992年，第9页。
⑥ [宋]范成大撰：《吴郡志·虎丘》，陆振岳点校，江苏古籍出版社，1999年，第224页。
⑦ [清]徐崧、张大纯纂辑：《百城烟水》，薛正兴校点，江苏古籍出版社，1999年，第48页。
⑧ [宋]朱长文撰：《吴郡图经续记》，金菊林校点，江苏古籍出版社，1999年，第56–57页。
⑨ [汉]赵晔撰，[元]徐天佑音注：《吴越春秋·阖闾内传》，苗麓校点，辛正审订，江苏古籍出版社，1999年，第56页。
⑩ [东汉]袁康、吴平辑录：《越绝书》，上海古籍出版社，乐祖谋点校，1985年，第10页，第17页
⑪ [宋]范成大撰：《吴郡志·川》，陆振岳点校，江苏古籍出版社，1999年，第259页。
⑫ [宋]范成大撰：《吴郡志·古迹》，陆振岳点校，江苏古籍出版社，1999年，第106页。
⑬ [宋]朱长文撰：《吴郡图经续记》，金菊林校点，江苏古籍出版社，1999年，第55页。

夜夜苏台空月明。”[①]秦汉时期，被汉高祖刘邦封于江南的吴王刘濞，对其重新修葺。枚乘说吴王刘濞曰：“夫吴有诸侯之位，而实富于天子；有隐匿之名，而居过于中国。夫汉并二十四郡，十七诸侯，方输错出，运行数千里不绝于道，其珍怪不如东山之府。转粟西乡，陆行不绝，水行满河，不如海陵之仓。修治上林，杂以离宫，积聚玩好，圈守禽兽，不如长洲之苑。游曲台，临上路，不如朝夕之池。”[②]“则知刘濞时嗣葺吴苑，其盛尚如此”[③]，景致竟然胜过西汉皇家的上林苑。

此时，苏州地方官在衙署中起造园林。“太守府大殿者，秦始皇刻石所起也。至更始元年（23），太守许时烧。六年十二月乙卯凿官池，东西十五丈七尺，南北三十丈。”[④]可见官池面积之大。

汉武帝时期，会稽郡治在子城吴宫故址，太守朱买臣于衙署内掘池堆山，植树种草，故而朱买臣才能够“驻车，呼令后车载其夫妻，到太守舍，置园中，给食之”[⑤]。因之，此时在满足私人起居生活的前提下，在自家宅院中寻求自然山水之趣渐起，第宅园林逐渐发展。

《越绝书》又及：“桑东里，今舍西里，故吴所畜牛羊、豕鸡也，为名牛宫。今以为园。”可见，东汉时曾将吴国苑囿，改建为园[⑥]。

汉末三国，赤乌八年（245），孙权游“后苑，观公卿射”[⑦]。宝鼎二年（267），吴主孙皓建显明宫，“又破坏诸营，大开园囿，起土山楼观，穷极技巧”[⑧]，“皓初迁都武昌，寻还建业，又起新馆，缀饰珠玉，壮丽过甚，破坏诸营，增广苑囿，犯暑妨农，官私疲怠”[⑨]。江表传曰：“会（皓）夫人死，皓哀愍思念，葬于苑中，大作冢，使工匠刻柏作木人，内冢中以为兵卫，以金银珍玩之物送葬，不可称计。”[⑩]

宗室权臣孙綝“留于宫内，取兵子弟十八以下三千余人，习之苑中，连日续夜，大小呼嗟，败坏藏中矛戟五千余枚，以作戏具”[⑪]，是为皇家园林。

又有西苑（池），即太子的园林，“太初宫西门外池，吴宣明太子所创为西苑。初吴以建康宫地为苑，其建业城……”[⑫]，“孙皓建衡三年，西苑言凤皇集，以之改元，义同于亮”[⑬]等。肇始于东汉的苏州私家园林，以吴大夫笮融建“笮家园”[⑭]为开端。

---

① ［唐］白居易撰、［清］汪立名编著：《白香山诗集·长洲苑》，武汉大学光盘版文渊阁本《四库全书》第403卷第10册第21页。

② 《二十五史·汉书·枚乘传》，浙江古籍出版社，1998年百衲本，第458页。

③ ［宋］范成大撰：《吴郡志·古迹》，陆振岳点校，江苏古籍出版社，1999年，第107页。

④ ［东汉］袁康、吴平辑录：《越绝书》，乐祖谋点校，上海古籍出版社，1985年，第18页。

⑤ 《二十五史·汉书·朱买臣传》，浙江古籍出版社，1998年百衲本，第492页。

⑥ 魏嘉瓒编著：《苏州历代园林录》，燕山出版社，1992年，第16页。

⑦ ［唐］许嵩撰：《建康实录》卷2，武汉大学光盘版文渊阁本《四库全书》第214卷第2册第20页。

⑧ 《二十五史·三国志·吴书·三嗣主传》，浙江古籍出版社，1998年百衲本，第1158页。

⑨ 《二十五史·晋书·五行上》，浙江古籍出版社，1998年百衲本，第49页。

⑩ 《二十五史·三国志·吴书·妃嫔传》，浙江古籍出版社，1998年百衲本，第1162–1163页。

⑪ 《二十五史·三国志·吴书·诸葛滕二孙濮阳传》，浙江古籍出版社，1998年百衲本，第1193页。

⑫ ［唐］许嵩撰：《建康实录》卷2，武汉大学光盘版文渊阁本《四库全书》第214卷第2册第4页。

⑬ 《二十五史·晋书·五行志中》，浙江古籍出版社，1998年百衲本，第53页。

⑭ 魏家瓒编著：《苏州历代园林》，燕山出版社，1992年，第2页。

此时，佛教极其兴盛，佛教建筑蔚然而起，或有附属公共性质的园林。如始建于三国赤乌年间的通玄寺（今苏州报恩寺，俗称“北寺”），寺中有园。至唐代时期，韦应物往游，咏曰：“果园新雨后，香台照日初。绿阴生昼寂，孤花表春余。”①此外，如承天寺、瑞光禅院、永定寺、云岩寺、天峰院、秀峰寺、光福寺以及昆山的慧聚寺、常熟的兴福寺等，不但是著名的寺院，且都具花木泉石之胜②。“尔乃地势坱圠，卉木跃蔓。遭薮为圃，值林为苑”③。

魏晋时期，偏安江南的政权往往注重经济发展，加以南方优越的自然山水，园林之风大盛。特别是经过此时社会文化的巨大嬗变，才产生了江南园林特有的文化含义。

就皇家园林而言，如东晋“至成帝缮苑城，作新宫，穷极技巧，奢靡殆甚”④。

“桂林苑，在县北落星山之阳，左太冲《吴都赋》云：数军实乎桂林之苑。即此地也。”⑤

大内御苑“华林苑”位于台城北部，始建于吴，历经东晋、宋、齐、梁、陈的不断经营，是南方的一座重要的、与南朝相始终的皇家园林。

台城之内，另有一处大内御苑“芳乐园”，始建于南齐。南朝历代在建康城郊以及玄武湖周围，兴建行宫御苑多达二十余处，如（南朝）宋代的乐游苑、上林苑，齐代的青溪宫（芳林苑）、博望苑，梁代的江潭苑、新建苑等处⑥。此时，“衣冠南渡”的北方士族与南方土著世家大族，争相开垦山林川泽，形成了许多有山、有水的庄园，即所谓“别墅”“墅”“山墅”等，据名称可推此时私家园林的内容和形式⑦。刘宋以后，这种自汉以来高度发展的庄园，成为一种兼有山泽之利的农业生产经济实体⑧。

晋代，东晋简文帝之子、会稽文孝王司马道子：“开东第，筑山穿池，列树竹木，功用巨万。道子使宫人为酒肆，沽卖于水侧，与亲昵乘船就之饮宴，以为笑乐。帝尝幸其宅，谓道子曰：‘府内有山，因得游瞩，甚善也。然修饰太过，非示天下以俭。’道子无以对，唯唯而已，左右侍臣莫敢有言。帝还宫，道子谓牙曰：‘上若知山是板筑所作，尔必死矣。’牙曰：‘公在，牙何敢死！’营造弥甚。”⑨

王导迎郭文，“置之西园。园中果木成林，又有鸟兽麋鹿”⑩。

谢安于“土山营墅，楼观竹林甚盛。每携中外子侄往来游集，肴馔亦屡费百金，世颇以此讥焉，而安殊不以屑意”⑪。

---

① [唐]韦应物撰：《韦苏州集》，武汉大学光盘版文渊阁本《四库全书》第402卷第4册第12页。

② 罗哲文、陈从周主编：《世界文化遗产：苏州古典园林》，古吴轩出版社，1999年，第3页。

③ [晋]左思：《吴都赋》，[梁]萧统编：《昭明文选 上》，中国戏剧出版社，2002年，第37页。

④ [宋]张敦颐撰：《六朝事迹编类·总叙门》，武汉大学光盘版文渊阁本《四库全书》第236卷第1册第33页。

⑤ [宋]张敦颐撰：《六朝事迹编类·桂林苑》，武汉大学光盘版文渊阁本《四库全书》第236卷第1册第63页。

⑥ 周维权：《中国古典园林史》，清华大学出版社，1999年，第96–98页。

⑦ 耿刘同：《中国文化史知识丛书·中国古代园林》，商务印书馆，1998年，第27页。

⑧ 周维权：《中国古典园林史》，清华大学出版社，1999年，第107页。

⑨ 《二十五史·晋书·会稽文孝王道子传》，浙江古籍出版社，1998年百衲本，第110页。

⑩ 《二十五史·晋书·郭文传》，浙江古籍出版社，1998年百衲本，第157页。

⑪ 《二十五史·晋书·谢安传》，浙江古籍出版社，1998年百衲本，第132页。

桓玄“遂大筑城府，台馆山池莫不壮丽，乃出镇焉”①。

苏州辟疆园，“自西晋以降传之。池馆林泉之胜，号吴中第一”②，“志载失考，实在西美巷中，郡署东偏。”③王献之曾自会稽经吴，“闻顾辟疆有名园。先不识主人，径往其家。值顾方集宾友酣燕，而王游历既毕，指麾好恶，旁若无人”④，不经主人而游之。吴郡孙玚，“庭院穿筑，极林泉之致”⑤。晋司徒王殉、王珉兄弟在虎丘依山筑别业，“咸和二年，舍以为寺”⑥。颇有阴柔幽丽、清雅恬淡之致。陶渊明描述自己的园林时说：“开荒南野际，守拙归园田。方宅十余亩，草屋八九间。榆柳荫后檐，桃李罗堂前。暧暧远人村，依依墟里烟。”⑦一派朴素、淡雅的田园村居风光，或称其为自然之道的化生⑧。

宋朝，“……北郊，晋武帝始立，本在覆舟山南，宋太祖以其地为乐游苑，移于山西北。后以其地为北湖，移于湖塘西北。其地卑下泥湿，又移于白石村东。其地又以为湖，乃移于钟山北京道西，与南郊相对。后罢白石东湖，北郊还旧处”⑨。“元嘉十七年十一月乙酉，甘露降乐游苑。”⑩又“甘露降建康灵耀寺及诸苑园，及秣陵龙山，至于娄湖”⑪。

孝武帝“（三）壬辰，于玄武湖北立上林苑”⑫，“白鹿乃在上林西苑中，射工尚复得白鹿脯哺”⑬。

明帝“于华林园芳堂讲《周易》，常自临听。……以南苑借张永，云‘且给三百年，期讫更启’。其事类皆如此”⑭。

宋（废）帝“好游华林园竹林堂，使妇人裸身相逐，有一妇人不从命，斩之”⑮。

张永“（元嘉）二十三年，造华林园、玄武湖，并使永监统。……永众于此溃散，永亦弃军奔走，还先所住南苑”⑯。

谢灵运“父祖并葬始宁县，并有故宅及墅，遂移籍会稽，修营别业，傍山带江，尽幽

---

① 《二十五史・晋书・桓玄传》，浙江古籍出版社，1998年百衲本，第167页。

② [宋]范成大撰：《吴郡志・园亭》，陆振岳点校，江苏古籍出版社，1999年，第186页。

③ [清]顾震涛撰：《吴门表隐》，甘兰经校点，江苏古籍出版社，1999年，第21页。

④ [宋]刘义庆撰、[梁]刘孝标：《世说新语・简傲》，武汉大学光盘版文渊阁本《四库全书》第335卷第5册第64页。

⑤ 徐茂明：《南北士族之争与吴文化的转型》，载程德祺、郑亚楠《吴文化研究论丛・第1辑》，苏州大学出版社，1998，第68页。

⑥ [宋]范成大撰：《吴郡志・郭外寺》，陆振岳点校，江苏古籍出版社，1999年，第484页。

⑦ [晋]陶潜：《陶渊明集全译》卷2《归田园居五首》，郭维森、包景诚译注，贵州人民出版社，1992年，第53页。

⑧ 黄德昌：《试析中国古典园林艺术的“自然”观》，《古建园林技术》1995年第3期第23–27页。

⑨ 《二十五史・宋书・礼志　》，浙江古籍出版社，1998年百衲本，第262页。

⑩ 《二十五史・宋书・符瑞志中》，浙江古籍出版社，1998年百衲本，第334页。

⑪ 《二十五史・宋书・符瑞志中》，浙江古籍出版社，1998年百衲本，第334页。

⑫ 《二十五史・宋书・孝武帝本纪》，浙江古籍出版社，1998年百衲本，第231页。

⑬ 《二十五史・宋书・乐志三》，浙江古籍出版社，1998年百衲本，第301页。

⑭ 《二十五史・宋书・明帝本纪》，浙江古籍出版社，1998年百衲本，第237页。

⑮ 《二十五史・南史・宋本纪中第二》，浙江古籍出版社，1998年百衲本，第891页。

⑯ 《二十五史・宋书・张永列传》，浙江古籍出版社，1998年百衲本，第426页。

居之美。……北山二园，南山三苑。百果备列，乍近乍远”[①]。

徐湛“贵戚豪家，产业甚厚。室宇园池，贵游莫及”[②]。

戴颙“乃出居吴下，吴下士人共为筑室，聚石引水，植林开涧，少时繁密，有若自然”[③]，是与“辟疆园”齐名的又一吴中私园，造园技艺超绝，在今齐门内[④]。刘勔园，“勔经始钟岭之南，以为栖息，聚石蓄水，仿佛丘中，朝士爱素者，多往游之”[⑤]。

齐朝，武帝五年三月“初起新林苑”[⑥]，至明帝“罢世祖所起新林苑，以地还百姓；废文帝所起太子东田，斥卖之”[⑦]。

齐明帝时，“初，勔高尚其意，托造园宅，名为东山，颇忽时务”[⑧]。

“上数游幸诸苑囿，载宫人从后车。宫内深隐，不闻端门鼓漏声，置钟于景阳楼上，宫人闻钟声，早起装饰。至今，此钟唯应五鼓及三鼓也。”[⑨]

文惠太子“开拓玄圃园，与台城北堑等，其中楼观塔宇，多聚奇石，妙极山水。虑上宫望见，乃傍门列修竹，内施高鄣，造游墙数百间，施诸机巧；宜须鄣蔽，须臾成立；若应毁撤，应手迁徙。善制珍玩之物，织孔雀毛为裘，光彩金翠，过于雉头矣。以晋明帝为太子时立西池，乃启世祖引前例，求东田起小苑，上许之。永明中，二宫兵力全实，太子使宫中将吏更番役筑，宫城苑巷，制度之盛，观者倾京师”[⑩]。“太子与竟陵王子良俱好释氏，立六疾馆以养穷人。而性颇奢丽，宫内殿堂，皆雕饰精绮，过于上宫。开拓玄圃园与台城北堑等，其中起出土山池阁楼观塔宇，穷奇极丽，费以千万。多聚异石，妙极山水。虑上宫中望见，乃旁列修竹，外施高鄣。造游墙数百间，施诸机巧，宜须鄣蔽，须臾成立，若应毁撤，应手迁徙。制珍玩之物，织孔雀毛为裘，光彩金翠，过于雉头远矣。以晋明帝为太子时立西池，乃启武帝引前例，求于东田起小苑，上许之。”[⑪]文惠太子又另筑小苑，“弥亘华远，壮丽极目”[⑫]。

齐东昏侯“新起芳乐苑，月许日不复出游，偃等议募健儿百余人从万春门入突取之，昭胄以为不可”[⑬]。

刘悛受宠，“车驾数幸悛宅。宅盛修山池，造瓮牖。武帝着鹿皮冠，披悛菟皮衾，于牖中宴乐”[⑭]。

---

① 《二十五史・宋书・谢灵运传》，浙江古籍出版社，1998年百衲本，第459–460页。
② 《二十五史・宋书・徐湛之传》，浙江古籍出版社，1998年百衲本，第470页。
③ 《二十五史・宋书・隐逸传・戴颙》，浙江古籍出版社，1998年百衲本，第531页。
④ 魏嘉瓒编著：《苏州历代园林录》，燕山出版社，1992年，第46页。
⑤ 《二十五史・宋书・刘勔传》，浙江古籍出版社，1998年百衲本，第520页。
⑥ 《二十五史・南齐书・武帝本纪》，浙江古籍出版社，1998年百衲本，第568页。
⑦ 《二十五史・南齐书・明帝本纪》，浙江古籍出版社，1998年百衲本，第572页。
⑧ 《二十五史・南史・齐本纪上第四》，浙江古籍出版社，1998年百衲本，第893页。
⑨ 《二十五史・南齐书・皇后列传》，浙江古籍出版社，1998年百衲本，第609页。
⑩ 《二十五史・南齐书・文惠太子传》，浙江古籍出版社，1998年百衲本，第610页。
⑪ 《二十五史・南史・齐武帝诸子・文惠太子列传》，浙江古籍出版社，1998年百衲本，第992页。
⑫ 《二十五史・南齐书・文惠太子传》，浙江古籍出版社，1998年百衲本，第610页。
⑬ 《二十五史・南齐书・武十七王・昭胄列传》，浙江古籍出版社，1998年百衲本，第649页。
⑭ 《二十五史・南史・刘悛传》，浙江古籍出版社，1998年百衲本，第983页。

会稽吕文度“既见委用，大纳财贿，广开宅宇，盛起土山，奇禽怪树，皆聚其中，后房罗绮，王侯不能及”①。又“（茹法亮）广开宅宇，杉斋光丽，与延昌殿相埒。延昌殿，武帝中斋也。宅后为鱼池钓台，土山楼馆，长廊将一里。竹林花药之美，公家苑囿所不能及”②。

到总“资籍豪富，厚自奉养，宅宇山池京师第一”③。由此可见，帝王、贵戚之家，第苑较为发达。

梁朝，韦黯“年十二，尝游京师，值天子出游南苑，邑里喧哗，老幼争观”④。萧景“将发，高祖幸建兴苑饯别，为之流涕”⑤。又“青溪宫改为芳林苑，天监初，赐伟为第，伟又加穿筑，增植嘉树珍果，穷极雕丽，每与宾客游其中，命从事中郎萧子范为之记。梁世籓邸之盛，无以过焉”⑥。可见，皇家有南苑、建兴苑、芳林苑等。

梁武帝之弟湘东王萧绎在其封邑建“湘东苑，穿地构山，长数百丈，植莲蒲，缘岸杂以奇木。其上有通波阁，跨水为之。南有芙蓉堂。东有禊饮堂，堂后有隐士亭。北有正武堂，堂前有射棚、马埒，其西有乡射堂，堂安堋可得移动。东南有连理堂，太清初生此连理，当时以为湘东践祚之瑞。北有映月亭、修竹堂、临水斋。前有高山，山有洞石，潜行逶迤二百余步。山上有阳云楼，极高峻，远近皆见。北有临风亭、明月楼。颜之推云：屡陪明月宴。并将军扈义熙所造”⑦。

昭明太子“性爱山水，于玄圃穿筑，更立亭馆，与朝士名素者游其中。尝泛舟后池，番禺侯轨盛称：此中宜奏女乐。太子不答，咏左思《招隐诗》曰：何必丝与竹，山水有清音。侯惭而止”⑧。

徐勉“不为培塿之山，聚石移果，杂以花卉，以娱休沐，用托性灵。随便架立，不存广大，唯功德处小以为好，所以内中逼促，无复房宇。近修东边儿孙二宅，乃藉十住南还之资，其中所须，犹为不少。既牵挽不至，又不可中途而辍，郊间之园，遂不办保，货与韦黯，乃获百金。成就两宅，已消其半。寻园价所得，何以至此？由吾经始历年，粗已成立，桃李茂密，桐竹成阴，塍陌交通，渠畎相属。华楼迴榭，颇有临眺之美，孤峰丛薄，不无纠纷之兴。渎中并饶荇莜，湖里殊富芰莲。虽云人外，城阙密迩，韦生欲之，亦雅有情趣。追述此事，非有吝心，盖是事意所至尔。忆谢灵运《山家诗》云：中为天地物，今成鄙夫有。吾此园有之二十载，今为天地物”⑨。可见娱情、游《赏之园》林思想，早已深入人心。

---

① 《二十五史·南史·恩倖传·茹法亮》，浙江古籍出版社，1998年百衲本，第1074页。

② 《二十五史·南史·恩倖传·茹法亮》，浙江古籍出版社，1998年百衲本，第1074页。

③ 《二十五史·南齐书·到捴传》，浙江古籍出版社，1998年百衲本，第641页。

④ 《二十五史·梁书·韦黯传》，浙江古籍出版社，1998年百衲本，第722页。

⑤ 《二十五史·梁书·萧景传》，浙江古籍出版社，1998年百衲本，第741页。

⑥ 《二十五史·梁书·太祖五王传·南平元襄王伟》，浙江古籍出版社，1998年百衲本，第738页。

⑦ [宋]李昉等编纂：《太平御览》卷196，引《渚宫故事》，武汉大学光盘版文渊阁本《四库全书》第320卷第41册第91–92页。

⑧ 《二十五史·梁书·昭明太子传》，浙江古籍出版社，1998年百衲本，第714页。

⑨ 《二十五史·南史·徐勉传》，浙江古籍出版社，1998年百衲本，第1031页。

刘慧斐“因不仕，居于东林寺。又于北山构园一所，号曰离垢园，时人乃谓为离垢先生”①。

庾诜“性托夷简，特爱林泉。十亩之宅，山池居半”②。

到溉“第山池有奇石，高祖戏与赌之，并《礼记》一部，溉并输焉，未进”③。

陈朝，后主“至德二年，乃于光照殿前起临春、结绮、望仙三阁。阁高数丈，并数十间，其窗牖、壁带、悬楣、栏槛之类，并以沈檀香木为之，又饰以金玉，间以珠翠，外施珠帘，内有宝床、宝帐。其服玩之属，瑰奇珍丽，近古所未有。每微风暂至，香闻数里，朝日初照，光映后庭。其下积石为山，引水为池，植以奇树，杂以花药。后主自居临春阁，张贵妃居结绮阁，龚、孔二贵嫔居望仙阁，并复道交相往来”④。

张讥“性恬静，不求荣利，常慕闲逸，所居宅营山池，植花果，讲《周易》《老子》《庄子》而教授焉”⑤。

阮卓“以目疾不之官，退居里舍，改构亭宇，修山池卉木，招致宾友，以文酒自娱”⑥。

综上所述，六朝时期的人们对老庄哲学的再认识、玄学的返璞归真、佛家的出世思想等，均极一时之盛，相当程度上激发了人们对大自然的向往之情，隐逸之风大炽。文人士大夫既要获得林泉之乐，又不影响物质享受，由是营造城市山林。另一方面，开拓庄园经济产业，是六朝士族大家的主要经济形态，又是隐逸的佳处，出现了山水、花木、建筑俱全的第宅园林和山庄园林，标志着“文人写意山水园”开始萌芽，并成为有意识的追求。直至今天六朝时期的园林虽已尽废，但其文化精神，成为江南园林永恒的主题。可以这样说，“文人写意山水园”发端于六朝。

隋唐时，江南水乡经济、文化渐领风骚。位于京杭大运河南端的水陆码头、江淮交通枢纽的扬州园林兴盛⑦。裴谌的樱桃园，具有“楼台重复，花木鲜秀”，而郝氏园更要过之⑧。今人论及仅唐代江南道之园林，就有“崇山上人亭、南徐别业、丁卯别墅、刘处士江亭……”等近一百六十座之多⑨，可见江南园林别业之众。

唐大历十三年（778），苏州升为江南唯一的雄州，农桑丰稔，商业兴盛，为财赋重地。此时的苏州，园林别样兴盛。据《红兰逸乘》载，闾邱坊有隋朝孙驸马园第⑩。唐朝诗人韦应物诗云：“独鸟下高树，遥知吴苑园。凄凉千古事，日暮倚阊门。”⑪赞誉“吴

① 《二十五史·梁书·处士·刘慧斐传》，浙江古籍出版社，1998年百衲本，第794页。
② 《二十五史·梁书·处士·庾诜传》，浙江古籍出版社，1998年百衲本，第794页。
③ 《二十五史·梁书·到溉传》，浙江古籍出版社，1998年百衲本，第769页。
④ 《二十五史·陈书·张贵妃传》，浙江古籍出版社，1998年百衲本，第831页。
⑤ 《二十五史·陈书·儒林·张讥传》，浙江古籍出版社，1998年百衲本，第872–873页。
⑥ 《二十五史·陈书·文学·阮卓传》，浙江古籍出版社，1998年百衲本，第876页。
⑦ 周维权：《中国古典园林史》，清华大学出版社，1999年，第152页。
⑧ 陈从周编著：《扬州园林》，上海科学技术出版社，1983年，第3页。
⑨ 李浩：《唐代园林别业考论》，西北大学出版社，1996年，第258–313页。
⑩ 魏嘉瓒编著：《苏州历代园林录》，燕山出版社，1992年，第49页。
⑪ [唐]韦应物撰：《韦苏州集·阊门怀古》卷6，武汉大学光盘版文渊阁本《四库全书》第402卷第3册第38页。

中盛文史，群彦今汪洋”①。

韦应物、白居易、刘禹锡等著名诗人，先后出任苏州刺史。“苏州刺史例能诗”②，吴中文化大兴，这为江南水乡造园艺术的发展奠定了坚实的文化基础。《中吴纪闻》云：“姑苏自刘、白、韦为太守时，风物雄丽，为东南之冠。”③王维的“诗中有画，画中有诗”④理论，被运用于造园，诗画与园景相融洽，进一步促进了我国文人园林艺术的发展。

而地处中原的洛阳园林因得水较易，其中颇多出现模拟江南水乡景致，激发人们对江南秀丽山水的联想。白居易《池上小宴问程秀才》曰：“洛下林园好自知，江南景物暗相随。”⑤

唐末五代之乱世，兴宅造园之风犹在。就如江南叛将刘汉宏仍然忙里偷闲，“尝构别第，穷极雄壮”⑥。

五代，吴越国定都杭州。“钱镠因乱攘窃，保有吴越，国富兵强，垂及四世。诸子姻戚，乘时奢僭，宫馆苑囿，极一时之盛。”⑦钱镠曾经“大会故老宾客，山林树木皆覆以锦幄，表衣锦之荣也”⑧。由此可以窥见，此后“吴越国统治阶层奢靡的生活作风”⑨。

钱氏祖孙三代及其部属，极好造园。例如，“让王”钱倧广顺中徙居越州（今属绍兴），筑宫室，治园林，每遇节日，张灯结彩，欢乐自娱⑩。广陵王钱元璙之南园，“酾流以为沼，积土以为山，岛屿峰峦，出于巧思，求致异木，名品甚多，比及积岁，皆为合抱。亭宇台榭，值景而造，所谓三阁八亭二台，‘龟首’‘旋螺’之类，名载《图经》”⑪。宋人王禹偁为长州令，有诗曰：“天子优贤是有唐，鉴湖恩赐贺知章。他年我若功成去，乞取南园作醉乡。”⑫从诗人的赞叹中，可见南园之胜景。

而钱元璙之子钱文奉之东庄，经营三十年，极园池之胜，奇卉异木，皆成合抱；累土为山，亦成岩谷。钱元璙另一子钱文恽之金谷园，高岗清池，茂林珍木，为一时胜境。钱元璙近戚中吴军节度使孙承祐也大造园池，崇阜广水，杂花修竹，颇具山林野趣⑬。吴

① [唐]韦应物撰：《韦苏州集·郡斋雨中与诸文士燕集》卷1，武汉大学光盘版文渊阁本《四库全书》第402卷第1册第17–18页。

② 岳俊杰等主编：《苏州文化手册》，上海人民出版社，1993年，第392页。

③ [宋]龚明之撰：《中吴纪闻·苏民三百年不识兵》，武汉大学光盘版文渊阁本《四库全书》第236卷第3册第39页。

④ [唐]王维撰、[清]赵殿成笺注：《王右丞集笺注·附录3条》，武汉大学光盘版文渊阁本《四库全书》第402卷第14册第26页。

⑤ 周维权：《中国古典园林史》，清华大学出版社，1999年，第155页。

⑥ [宋]钱俨撰：《吴越备史·武肃王上》卷1，武汉大学光盘版文渊阁本《四库全书》第244卷第1册第12页。

⑦ [明]归有光撰、[清]归庄编：《震川集·沧浪亭记》卷15，武汉大学光盘版文渊阁本《四库全书》第424卷第8册第52–53页。

⑧ [宋]钱俨撰：《吴越备史·武肃王上》卷1，武汉大学光盘版文渊阁本《四库全书》第244卷第1册第42页。

⑨ 何勇强：《钱氏吴越国史论稿》，浙江大学出版社，2002年。

⑩ 周峰主编：《吴越首府杭州》（修订版），浙江人民出版社，1997年，第6页。

⑪ [宋]朱长文撰：《吴郡图经续记》，金菊林校点，江苏古籍出版社，1999年，第15页。

⑫ [宋]范成大撰：《吴郡志·园亭》，陆振岳点校，江苏古籍出版社，1999年，第190–191页。

⑬ 罗哲文、陈从周主编：《世界文化遗产：苏州古典园林》，古吴轩出版社，1999年，第4页。

郡“能仁禅寺……庭列怪石，俗传钱王立”[①]等。

其他如“桃花坞”西侧的孙园，韦应物山庄，陆龟蒙宅第及其天随别业、震泽别业，褚家林园（唐褚家林亭……当在松江之旁也[②]），大酒巷富人第宅，颜家林园，凌处士庄，韦承总幽居，花园，孙承祐池馆（“积水弥数十亩，傍有小山，高下曲折，与水相萦带”），南园，东庄，金谷园，吴郡治以及寺观园林等[③]，蔚为兴盛。纵观隋唐五代，苏州宅园著者众多。

两宋时期，江南园亭更盛。王安石赞曰：“越山长青水长白，越人长家山水国”[④]，可见江南自然景色之秀美。

南宋时期，随着全国经济、政治中心南移，加以文化昌明，江南修筑园林之风炽热。其时，中国山水画已臻全盛，并形成完整的文人画体系。受其影响，“文人写意山水园”遂成主流，文人气息日重，造园水平进一步提升，影响至皇家园林、寺庙园林。《续资治通鉴》云宋艮岳：“帝……因令苑囿皆仿江、浙为白屋，不施五采，多为村居、野店，及聚珍禽异兽，动数千百，以实其中。都下每秋风夜静，禽兽之声四彻，宛若山林陂泽间，识者以为不祥之兆。”[⑤]江南园林之朴雅作风，已随花石而北矣[⑥]。

建炎南渡，使得北方园林的领先地位开始动摇。此时，临安城中皇帝御花园和皇室诸王的园林就达二十余处。而“大内”后苑、太上皇居住的德寿宫后苑，“长松修竹，浓翠蔽日”[⑦]，“亭榭之盛，御舟之华，则非外间可拟”[⑧]。在南宋恭圣仁烈杨皇后宅院中更是发现了大型假山与方形水池遗址[⑨]，对研究宋代园林具有很高的价值[⑩]。此外，尚有专门种植花木的小园林与景区，都是仿效东京的艮岳而来[⑪]。

皇宫之外，还有玉津、聚景、富景、五柳、屏山、真珠、集芳、延祥、玉壶、下竺、庆乐等十五个专供皇帝游幸的“外御园”。这些御园，占地大、选景佳，建筑华贵、布局得体，“杭州苑囿，俯瞰西湖，高挹两峰，亭馆台榭，藏歌贮舞，四时之景不同，而乐亦无穷矣”[⑫]。“其余贵府内官沿堤大小园囿、水阁、凉亭，不计其数。”[⑬]可见繁华

① [宋]范成大撰：《吴郡志·宫观》，陆振岳点校，江苏古籍出版社，1999年，第468页。

② [宋]范成大撰：《吴郡志》，陆振岳点校，江苏古籍出版社，1999年，第186页。

③ 魏嘉瓒编著：《苏州历代园林录》，燕山出版社，1992年，第49–70页。

④ [宋]王安石撰：《临川文集·登越州城楼》卷13，武汉大学光盘版文渊阁本《四库全书》第405卷第3册第45页。

⑤ [清]毕沅：《续资治通鉴·2》，岳麓书社，1992年，第196页。

⑥ 童寯：《江南园林志》（第2版），中国建筑工业出版社，1984年，第12页。

⑦ [宋]周密撰：《武林旧事·禁中纳凉》，武汉大学光盘版文渊阁本《四库全书》第236卷第1册第60页。

⑧ [宋]周密撰：《武林旧事·故都宫殿》，傅林祥注，山东友谊出版社，2001年，第64页。

⑨ 国家文物局主编：《2001中国重要考古发现·中英文本》，文物出版社，2002年，第133页。杭州市文物考古所：《南宋恭圣仁烈皇后宅遗址》，文物出版社，2008年。

⑩ 鲍沁星、张敏霞：《南宋杭州恭圣仁烈杨皇后宅院园林遗址考》，《中国园林》2011年第11期第72–75页。

⑪ 郭黛姮：《中国古代建筑史》（第3卷），中国建筑工业出版社，2003年，第561页。

⑫ [宋]吴自牧撰：《梦粱录·园囿》，傅林祥注，山东友谊出版社，2001年，第267页。

⑬ [宋]吴自牧撰：《梦粱录·园囿》，傅林祥注，山东友谊出版社，2001年，第269页。

的临安私家园林之发达（另：仅据《湖山胜概》所记就不下四十家），“达到了空前的规模”①。佞相蔡京有蔡太师花园，“花木繁茂，径路交错”②。权臣韩侂胄，“尝凿山为园，下瞰宗庙”③。贾似道败后，“高台曲池，日就荒落”④。其门客廖莹中，“尝为园湖滨，有世彩堂、在勤堂、芳菲径、红紫庄，桃花流水之曲，绿荫芳草之间。尝从似道祈雨天竺，镌名飞来峰洞，至今犹存”⑤。

苏州私园堪可相匹，约略统计即有五十多处⑥。使得吴越地区的私家园林在继续南北朝以顺应、利用自然，坐落于深山峻岭为主的特色，从形态到结构都发生了深刻的变化，或可谓脱胎换骨，风姿绰约。许多园林建筑置身在城市坊间巷弄之中，并呈现一种士大夫化、书卷气浓的文化气质，融可居、可观、可游、可赏为一体的多层次的“文人写意山水园”⑦。

此时的江南园林，“有不少文人画家参与园林设计的工作，因而园林与文学、山水画的结合更加密切，形成了中国园林发展中的一个重要阶段”⑧。有研究者将宋代文人园林大致概括为简远、疏朗、雅致、天然四个方面⑨。

以吴地为例，宋代名园就有唐褚家林亭、任晦园池、沧浪亭、南园、东庄、隐圃、乐圃、范家园等⑩。其他如沈氏园亭、梅家园、复轩、小隐堂（秀野亭）、丁家园、五亩园、章园、贺铸别墅、同乐园、孙觌山庄、蜗庐、西园、闲贵堂、藏春阁、招隐堂、臞庵、石湖别墅、范村、周锦园、桃园、梦圃、邵氏园亭、张郎中园亭、千株园、张处士溪居、乐庵、北园、依绿园、栎斋、渔隐、环谷、道隐园、鹤山书院、盘野……，可谓盛况空前。

其中吴县一邑，宋代名园就有红梅阁、隐圃、梅都官园、乐圃、千株园、五亩园、范家梁、张氏园、沈氏园、郭氏园、道隐园等⑪。北方南渡以来的众多致仕的达官贵卿，纷纷来吴地兴建园，“故名园众多……几与洛中相并”⑫。

杭州集芳园前挹孤山，后据葛岭，两桥映带，一水横切，“楼阁林泉，幽畅咸极，古木青藤……积翠回抱，仰不见日。架廊叠磴，幽渺透迤，隧地通道，抗以石梁，傍透湖滨，飞楼层台，凉亭燠馆，华邃精妙”⑬。可见，宋代园林之多姿多彩。

有趣的是，不少所谓私园，每年一定时节均可以任人游赏，惠及民众。如“南园……每春，纵士女游观”⑭。甚或有随时开放之园，如嘉定“平芜馆”，“大开园门，听人来

① 郭黛姮：《中国古代建筑史》（第3卷），中国建筑工业出版社，2003年，第563页。
② [明]田汝成辑撰：《西湖游览志》，尹晓宁点校，上海古籍出版社，1998年，第55页。
③ [明]田汝成辑撰：《西湖游览志》，尹晓宁点校，上海古籍出版社，1998年，第63页。
④ [明]田汝成辑撰：《西湖游览志》，尹晓宁点校，上海古籍出版社，1998年，第77页。
⑤ [明]田汝成辑撰：《西湖游览志》，尹晓宁点校，上海古籍出版社，1998年，第78页。
⑥ 魏嘉瓒编著：《苏州历代园林录》，燕山出版社，1992年，第72页。
⑦ 方心清：《两宋时期吴越文化的繁荣及原因探析》，《东南文化》1996年第3期第18–22页。
⑧ 刘敦桢：《中国古代建筑史》，中国建筑工业出版社，1984年，第187页。
⑨ 郭黛姮：《中国古代建筑史》（第3卷），中国建筑工业出版社，2003年，第572页。
⑩ [宋]范成大撰：《吴郡志·园亭》，陆振岳点校，江苏古籍出版社，1999年，第186–202页。
⑪ 民国《吴县志》卷39。转引自王春瑜：《明清史事沉思录》，陕西人民出版社，2007年，第106页。
⑫ 徐献忠撰：《吴兴掌故集》卷8。转引自王春瑜：《明清史散论》，商务印书馆，2015年，第170页。
⑬ 俞思冲等纂：《西湖志类钞》卷下。转引自郭俊纶编著：《清代园林图录》，上海人民美术出版社，1993年，第83页。
⑭ [宋]范成大撰：《吴郡志·园亭》，陆振从校点，江苏古籍出版社，1999年，第191页。

游，日以千计”[①]。此风至明清时仍流行，“春暖昼长，百花齐放，园丁索看花钱，纵人游览。……俗于清明日开园放游人，至立夏节方止，盖亦如《乾淳岁时记》所称放春故事”[②]。

同样，苏州衙署园林每春修葺一新，听任游赏。长洲县治，在府治北三里，有“茂苑堂”“岁寒堂”“掬月亭”“蟠翠亭”。米友仁《茂苑堂记》：“堂之南植以嘉木修竹，奇芳惠草，郁葱吐秀，森然敷阴，如在丘壑”，具园林之胜。吴县治，在府治之西二里，原雍熙寺菜圃故址，景色众多，尤以“延射亭”为胜。宋人章珉《延射亭记》云：“虽洛中之季伦，山阴之辟疆，咸有名园，雅好宾侣，吾不知其彼为胜，此为劣也。”[③]可见，衙署园林已然成熟。

北宋景佑二年（1035），范仲淹奏立府学于南园一隅，“高木清流，交荫环匾”，“学中有十题，曰辛夷、百干黄杨、公堂槐、鼎足松、双桐、石楠、龙头桧、蘸水桧、泮池、玲珑石”[④]，可谓书院园林。

对寺观园林而言，临安西湖寺观云集，大多寺观皆单独设置园林，故当时荟萃寺观园林之多，全国罕见[⑤]。

元代，民族矛盾尖锐，文人士大夫更加超然物外，并有目的地参与造园设计，创造具有诗画意境的自然山水园林，使江南文人园林臻于佳境。萌芽于六朝，起始于宋代的“文人写意山水园”得到进一步拓展，影响波及寺庙园林。如苏州城东北隅潘儒巷的狮子林，山峦峻峭，石峰玲珑，叠山技艺高超，可谓文人设计的寺庙园林的代表[⑥]。

总体而言，此时江南园林处于低潮，新园建设较少。如记载中吴县仅绿水园，而长洲则几乎无园林[⑦]。也有人认为，实际上元代“造园之势不仅未见锐减，乡村反呈增加之势。据统计，元代苏州园林约四十处，在府城者不足十处，其余皆在今日苏州所辖县（市）地域内”[⑧]。例如，苏州城正中的松石轩，元代初期为参政朱廷珍之宅园。元代末期，张士诚的锦春园，疏锦帆泾成御园河，与嫔妃荡舟其间。明代初期，“（魏）观以其地湫隘，还治旧基。又浚锦帆泾，兴水利。或谮观兴既灭之基。帝使御史张度廉其事，遂被诛”[⑨]。

苏州吴县尚有多处园林。如光福徐达佐的耕渔轩，“扶疏之林，葱茜之圃，棋布鳞次，映带前后”[⑩]。倪云林绘有《耕渔图》[⑪]。吴县张林有徐清宁庵，“凿池屈曲，引流

① [清]钱泳：《履园丛话（下）》，中华书局，1979年，第539页。
② [清]袁景澜撰：《吴郡岁华纪丽・清明开园》，甘兰经、吴琴校点，江苏古籍出版社，1998年，第104页。
③ 曾枣庄、刘琳主编，四川大学古籍整理研究所编：《全宋文・第十二册》，巴蜀书社，1990年，第15页。
④ [宋]朱长文撰：《吴郡图经续记》，金菊林校点，江苏古籍出版社，1999年，第13页。
⑤ 郭黛姮：《中国古代建筑史》（第3卷），中国建筑工业出版社，2003年，第565页。
⑥ 罗哲文、陈从周主编：《世界文化遗产：苏州古典园林》，古吴轩出版社，1999年，第5页。
⑦ 王春瑜：《明清史散论》，东方出版中心，1996年，第155页。
⑧ 魏嘉瓒编著：《苏州历代园林录》，燕山出版社，1992年，第95页。
⑨ 《二十五史・明史・魏观传》，浙江古籍出版社，1998年百衲本，第376页。
⑩ 罗哲文、陈从周主编：《世界文化遗产：苏州古典园林》，古吴轩出版社，1999年，第5页。
⑪ 鲁晨海编注：《中国历代园林图文精选・第5辑》，同济大学出版社，2006年，第281页。

种树”[①]。吴县马迹山大墅湾丘家园，康熙《林屋民风》云：“其园尚存。”吴县凤池乡鱼城桥东北的灰堆园[②]等。

常熟的福山曹氏，富甲邑中，“私租三十六万”，植梧桐数百株，每天令童子用水洗刷，郁郁葱葱，名曰“洗梧园”[③]。

昆山正仪有顾仲瑛的玉山草堂。张大纯《姑苏采风类记》称之：“园池亭榭、宾朋声伎之盛，甲于天下。”[④]昆山吴淞江边有笠泽渔隐，其他如秦氏园、朱氏园、千林园等。其他常熟、太仓、吴江、张家港等地园林，均有所载[⑤]。

明清时，江南园林趋于极盛，其建设达到历史的巅峰，数量之多、技艺之精、水准之高、影响之大，均冠于全国。

江南水乡造园，仅明代就出现两个高潮，一是成化、弘治、正德年间，另一是嘉靖、万历年间；而后一时期江南园林更是五彩缤纷。“嘉靖末年，海内宴安，士大夫富厚者……治园亭”[⑥]，有学者断言明代江南园林是研究明代历史的窗口[⑦]。而明清苏州园林，又是了解明清江南水乡园林之窗口。“江南园林甲天下，苏州园林甲江南”，苏州古典园林，展现了中国文化的精华[⑧]，故苏州以“园林之城”享誉世界。

此时之苏城，“闾阎辐辏，绰楔林丛；城隅濠股，亭馆布列，略无隙地；舆马从盖，壶觞抹盒，交驰于通衢永巷中，光彩耀日。游山之舫，载伎之舟，鱼贯于绿波朱阁之间，丝竹讴歌，与市声相杂。凡上贡锦衣文贝，花果珍馐，奇异之物，岁有所益”[⑨]，经济异常繁盛。以至“吴中富豪，竞以湖石筑峙奇峰隐洞，凿峭嵌空为绝妙”[⑩]，“虽闾阎下户，亦饰小山盆岛为玩”，因此明中叶后，苏州形成了造园新热潮。据此，苏州园林，“正统、天顺间……咸谓稍复其旧，然犹未盛也。迨成化间……闾檐辐辏，万瓦甃鳞……亭馆布列，略无隙地”[⑪]。有研究者认为，明朝中叶后苏州造园新潮的出现，还有两方面因素：一是以沈周、文征明、唐寅、仇英为代表的“明四家”，形成了独特的吴门画派，当时不少

① 潘力行、邹志一主编，吴县政协文史资料委员会编：《吴地文化一万年》，中华书局，1994年，第232页。

② 潘力行、邹志一主编，吴县政协文史资料委员会编：《吴地文化一万年》，中华书局，1994年，第232–235页。

③ 钱五卿撰、钱尔熙补录：《鹿苑闲谈》。转引自魏嘉瓒编著《苏州历代园林录》，燕山出版社，1992年，第104页。

④ [清]沈藻采编撰，唯亭镇志编纂委员会整理：《元和唯亭志》，徐维新点校，方志出版社，2001年，第73页。

⑤ 魏嘉瓒编著：《苏州历代园林录》，燕山出版社，1992年，第95–108页。

⑥ [明]沈德符：《万历野获编》卷26。转引自李罗力等总编撰《中华历史通鉴》，国际文化出版公司，1997年，第726页。

⑦ 王春瑜：《明清史散论》，东方出版中心，1996年，第155–156页。

⑧ 罗哲文、陈从周主编：《世界文化遗产：苏州古典园林》，古吴轩出版社，1999年，第7页。

⑨ [明]王锜《吴中繁花》。转引自陆萼庭《昆剧演出史稿》，赵景深校，上海文艺出版社，1980年，第23页。

⑩ 《吴风录》。转引自陈时璋：《家庭小盆景》，福建科学技术出版社，1982年，第3页。

⑪ [明]王锜：《寓圃杂记》卷5。转引自罗仑主编，范金民、夏维中：《苏州地区社会经济史 明清卷》，南京大学出版社，1993年，第164页。

的吴门画家或其子孙，参与造园，其绘画理论或技艺都直接、间接地运用其中。二是同为苏州人的计成所著《园冶》、文震亨所著《长物志》等为代表的造园巨著的出现①。

就昆山而言，明成化至正德年间兴建的园林，就有郑氏园、翁氏园、松竹林、北园、西园、陈氏园、洪氏园、孙氏园、依绿园、南园、仲园、隆园。娄县有水西园、竹素园、南园、七松堂、秀甲园、宿云坞、静园、塔射园、梅园②等。

据有关史料统计，历代苏州园林（名胜）记载过千数③。其中，仅明代就有270多处④。清代仅同治《苏州府志》就记载第宅园林130多处，依然雄甲天下⑤。

1997年12月，联合国教科文组织世界遗产委员会第21届会议审议批准，以拙政园、留园、网师园、环秀山庄为代表的苏州古典园林，列入《世界遗产名录》。2000年12月1日，联合国教科文组织在澳大利亚凯恩斯市召开的第24届世界遗产委员会上，将沧浪亭、狮子林、艺圃、耦园和退思园等五家苏州古典园林，增补列入《世界遗产名录》⑥。

“上有天堂，下有苏杭”。不单是指这两座江南水乡名城风景秀丽，水乡其他各府县也如苏、杭一样的繁华富丽。因之，其他江南城市的园林建筑，普遍兴盛。

如南京园林可列举者有35处，最著者有16座，如东园、西园、凤台园、魏公西园、万竹园、莫愁湖园、市隐园、杞园等⑦。明万历年间，王世贞宦游南京，曾畅览诸园，写下《游金陵园序》，不少园“皆可游可纪，而未之及也”⑧。或有园占地虽小，但“修竹古梅与怪松参差，横肆数亩，如酒徒傲岸箕踞，目无旁人，披风啸月，各抒其阔略之致”⑨，各具风姿。

上海（松江府）有潘允端的豫园，华亭顾正谊的濯锦园、顾正心的熙园等，都是“掩映丹霄，而花石亭台，极一时绮丽之盛”⑩。嘉靖倭患，生灵涂炭，园林亦然，或遭兵火，或变荒芜，但倭平又复旧观，甚或新建。如乔启仁原在上海城外筑园，“倭夷至，毁于兵，后重构于城内，皆在所居之西，故总之名西园云”⑪。以松江论，城内有啸园、文园、芝园、东园、李园、真率园，城外还有倪园、熙园、魁园⑫等。

清代初期，著名文人钱谦益在常熟购进废园一所，重加修缀，建有“玉蕊轩”“留仙

① 魏嘉瓒编著：《苏州历代园林录》，燕山出版社，1992年，第109–110页。

② [明]嘉靖《昆山县志》卷4，乾隆《娄县志》卷14。转引自王春瑜《明清史事沉思录》，陕西人民出版社，2007年，第107页。

③ 魏嘉瓒编著：《苏州历代园林录》，燕山出版社，1992年，自序第5页。

④ 魏嘉瓒编著：《苏州历代园林录》，燕山出版社，1992年，第109页。

⑤ 魏嘉瓒编著：《苏州历代园林录》，燕山出版社，1992年，第201页。

⑥ 徐国保主编：《春天里的耕耘·〈苏州日报〉〈姑苏晚报〉获奖作品集》，苏州大学出版社，2001年，第152页。

⑦ 王春瑜著，金生叹评：《看了明朝就明白》，广东人民出版社，2006年，第106页。

⑧ [明]陆粲、顾起元撰：《元明史料笔记专刊·庚巳编·客座赘语》，谭棣华、陈稼禾点校，中华书局，1987年，第159–161页。

⑨ 宋起凤：《稗说》卷2。见《明史资料丛刊》第2辑。转引自王春瑜《明清史事沉思录》，陕西人民出版社，2007年，第107页。

⑩ [清]吴履震：《五茸志逸》卷1。转引自刘水云《明清家乐研究》，上海古籍出版社，2005年，第97页。

⑪ [明]何良俊：《何翰林集》卷12。转引自王春瑜《明清史事沉思录》，陕西人民出版社，2007年，第107页。

⑫ [明]杨开第修：《重修华亭县志》卷21。转引自王春瑜《明清史事沉思录》，陕西人民出版社，2007年，第107页。

别馆”诸胜，树绿山翠，游人感叹，“以为灵区别馆也”①。

钱塘江盐官镇，明清时为海宁县（州）治所在，镇西南的“隅园”，又称“遂韧园”，初为南宋安化郡王沅之故园，占地20余顷，后经陈与郊、陈元龙扩建，拓地至60余顷，亭白楼阁30余座，雍容华贵，为明清江南私人园林之冠。可惜该园于清咸丰年间被毁废，今仅存九曲桥与荷花池②。乾隆6次南巡，4次亲临海宁，皆驻跸于此，并赐名“安澜园”，并在北京圆明园中仿建③。笔者实地考察，但见曲桥静卧，旧址犹存。

水乡绍兴园林亦众。明代末期祁彪佳著《越中园亭记》六卷，除考古卷所记多为旧迹外，其余各卷所记园林，多属明代中叶兴起，遍布城内外四周。如城内一隅之地，即有淇园、贲园、快园、有清园、秋水园、虫园、选流园、来园、樛木园、耆园、曲水园、趣园、浮树园、采菽园、漪园、乐志园、竹素园、文漪园、亦园、礋园、豫园、马园、今是园、陈园等。多精美灵巧，得山水林泉之胜。如马园，“入径以竹篱回绕，地不逾数武，而盘旋似无涯际。中有高阁，可供眺览”④。来园，“即其宅后为园，地不逾半亩，层楼复阁，已觉邈焉旷远矣。主人多畜奇石，垒石尺许，便作峰峦陡簇之势”⑤。

江南水乡经济普遍发达，小小的市镇也有园林。如南浔“以一镇之地，而拥有五园，且皆为巨构，实江南所仅见”⑥。其檀园，“多穿涧壑注流泉”。清光禄大夫刘镛的庄园——小莲庄，由义庄、家庙和园林三部组成，始建于清光绪十一年（1885），占地27亩。以荷花池为中心，山叠石而垒，亭踞山而榭依水，且亭亭风格各异，各处建筑分别成景，并有百年琼花、百年古柏、百年木瓜树、百年古藤、百年桂花（金、银、彤）、百年鸡爪蜡梅花等名贵花木，实为江南园林之佳构⑦。

嘉定县城与所属南翔镇，即有汪园、厨园、迈园、嘉隐园等十余所。昆山、常熟、太仓、吴江等，也不逊色⑧。

退思园位于吴江同里镇东溪街，由清任兰先罢官归乡所建，“林父之事君也，进思尽忠，退思补过”⑨，故名。全园简朴淡雅，水面过半，建筑贴水，园若浮于水，誉称“贴水园”⑩。西宅东园，贴水而筑（见图5–1–5）⑪。

---

① [清]钱谦益、[清]钱曾笺注：《牧斋初学集·全3册》，钱仲联校，上海古籍出版社，1985年，第1143页。

② 王家范：《百年颠沛与千年往复》，上海远东出版社，2001年，第232页。

③ 曹金华编著：《吴地民风演变·第3辑（吴文化知识丛书）》，南京大学出版社，1997年，第51–52页。

④ 陈从周、蒋启霆选编：《园综》，赵厚均注释，同济大学出版社，2004年，第405页。

⑤ 《祁彪佳集》卷8。转引自南炳文、汤纲《明史·下》，上海人民出版社，1991年，第1504页。

⑥ 童寯：《江南园林志》，中国建筑工业出版社，1984年，第27页。

⑦ 俞剑明、林正秋主编：《浙江旅游文化大全》，浙江人民出版社，1998年，第425页。

⑧ 曹金华编著：《吴地民风演变·第3辑（吴文化知识丛书）》，南京大学出版社，1997年，第52页。

⑨ 《四书五经·左传·鲁宣公十二年》，陈戍国校点，岳麓书社，1991年，第877页。

⑩ 陈从周：《世缘集》，同济大学出版社，1993年，第24页。

⑪ 张彧：《由退思进　因忙得闲——江南古镇名园“退思园”》，《古建园林技术》2000年第1期，第49–51页。

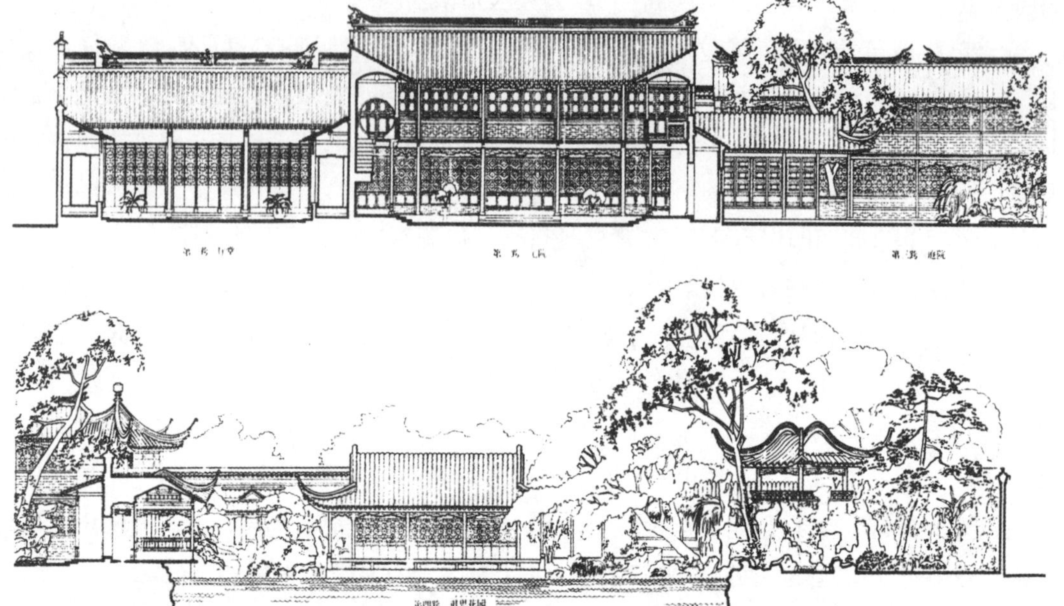

图5-1-5 同里退思园剖面图之一（《古建园林技术》2000年第1期）

王店镇有藿园、竹垞、勺园等10多处园林，“自前明以降，士大夫往往构园亭以为安息之所，而文人逸士亦多有之”①。

新塍镇小蓬莱园林，四面环水，如置身于岛国水乡之中，园内绿树、流水、亭榭、楼阁、洲屿、曲桥、池塘相映成趣，犹如蓬莱仙境②。

苏州府的唐市镇，至明天启年间柏园建成，“凡吴中骚人、墨士、琴师、棋客咸集于中，园之主人每夜张灯开宴，家有男女梨园，按次演剧”③。“文章道德之彦，掇巍科高第者，先后相映，皆尚气节而重声闻”④。

江南水乡园林，历经兴废盛衰的变迁，各具特色。然而，因共同的政治、经济、文化、地域影响等形成了相近的艺术风格。水乡园林原本就是人们日常生活中的居住场所之一，是经过精心设计、施工建造起来的古代民居，是民居建筑中的优秀实例⑤。

江南水乡园林以私家第宅园林（“文人写意山水园”）为大宗，亦为其最出色的代表。在优美的水乡环境中，塑造出山水相宜、构筑精致、意境深远的景观，形成独特的园林文化，成为中国古典园林体系中与皇家园林并称的私家第宅园林的典范⑥。明清时处于历代造园技术的最高峰，也是我国古典园林艺术的高峰之一，堪称代表晚期中国古典造园的艺术水准。

---

① [清]乾隆《梅里志·亭园》卷6。转引自梅新林《中国古代文学地理形态与演变》，复旦大学出版社，2006年，第387页。

② 郭成主编，王晨光、顾伟建编著：《话说嘉兴》，西泠印社，2000年，第93–96页。

③ [清]乾隆《唐市志·园亭》。转引自何振球、严明《常熟文化概论·中国区域文化的定点研究》，苏州大学出版社，1995年，第53页。

④ [清]乾隆《唐市志》卷上。转引自樊树志《明清江南市镇探微》，复旦大学出版社，1990年，第321页。

⑤ 王仁宇编著：《苏州名人故居》，西安地图出版社，2001年，第1页。

⑥ 实际上，著者以为，以拥有者为划分对象，来研究中国古典园林恐非十分确切。例如，不少帝王本身也是文人。或许，认为或许划分为两大类：文人园、庶民园。

第二节 江南水乡名园撷英

现今遗留的江南水乡名园众多，主要集中在苏州及其周边地区，以及无锡、常州、常熟、上海等地。1997年，苏州拙政园、留园、网师园、环秀山庄荣列《世界遗产名录》。其后，沧浪亭、狮子林、艺圃、耦园、退思园等五座园林，被增补列入。

20世纪以降，研究江南水乡园林的专家、学者众多，代表性论著不胜枚举。著名者，先后有陈从周先生的《苏州园林》[①]、童寯先生的《江南园林志》[②]、刘敦桢先生的《苏州古典园林》[③]等（以专著正式公开发表时间为顺序，笔者注）。近有研究者将江南园林划分为“城市地”“山林地”“江湖地”“村庄地”园林等类型[④]。

本著仅选择江南水乡园林中有代表性者，不作分类，略为介绍。

一、拙政园

拙政园：位于苏州市娄门东北街178号，是江南水乡古典园林的代表。三国东吴郁林太守陆绩，东晋高士戴颙，晚唐诗人陆龟蒙，都曾在此营建宅第[⑤]。

北宋时，山阴主簿胡稷言在此建五柳堂，其子胡峄续建如村[⑥]。

南宋建炎四年（1130），金兵掠焚平江城，遂成废墟。

元大德年间为寺院。延佑年间，奏赐大弘寺额，又另建东斋。元至正十六年（1356），张士诚居苏州，属驸马潘元绍府第内[⑦]。

明正德四年（1509），御史王献臣致仕，归隐苏州，买地造园，至嘉靖九年（1530）竣工。晋潘岳《闲居赋》云：“灌园鬻蔬，以供朝夕之膳；牧羊酤酪，以俟伏腊之费……此亦拙者之为政也”，拙政园取意而名。时园“广袤二百余亩，茂树曲池，胜甲吴下”[⑧]。

明嘉靖十二年（1533），画家文徵明取园中景物，绘图31幅配以诗，作《王氏拙政园记》[⑨]，先后五次绘写此园，为人激赏。后园归徐氏，渐衰荒废。

明崇祯四年（1631），园东部十余亩，为侍郎王心购得，重新擘划，于崇祯八年（1635）落成，名曰“归田园居”。园墙外农田数亩，颇具田园风致[⑩]。

---

① 陈从周：《苏州园林》，同济大学教材科刊印，1956年。
② 童寯：《江南园林志》，中国工业出版社，1963年。
③ 刘敦桢：《苏州古典园林》，中国建筑工业出版社，1979年。
④ 杨鸿勋：《江南园林论》，上海人民出版社，1994年，目录第3页。
⑤ 徐文涛主编：《拙政园》，苏州大学出版社，1998年，第4页。
⑥ 中国旅游百科全书编委会编：《中国旅游百科全书》，中国大百科全书出版社，1999年，第89页。
⑦ 罗哲文、陈从周主编：《世界文化遗产：苏州古典园林》，古吴轩出版社，1999年，第26页。
⑧ [清]康熙《长洲县志》。转引自邵忠编《苏州园墅胜迹录》，上海交通大学出版社，1992年，第63页。
⑨ 王仁宇编著：《苏州名人故居》，西安地图出版社，2001年，第7页。
⑩ 臧维熙主编：《中国旅游文化大辞典》，上海古籍出版社，2000年，第248页。

清顺治初年，钱谦益在园内构曲房，置柳如是。顺治十年（1653），海宁相国陈之遴购园。康熙元年（1662），园没为官产，变为宁海将军府。康熙三年（1664）改为兵备道行馆，后卖于吴三桂婿王永宁。康熙十二年（1673），吴三桂败，园遭籍没，遂至荒落。康熙十八年（1679），园改苏松常道新署。康熙二十三年（1684），康熙帝南巡游园。乾隆初年，园分为中部（复园）和西部（书园），至此拙政园分为三处园林。

图5–2–1 苏州拙政园总平面图（《苏州古典园林》）

至清咸丰十年（1860），太平天国忠王李秀成克苏州，拙政园为忠王府一部。同治二年（1863），李鸿章据苏州，将拙政园改为江苏巡抚行辕①。历经几百年的沧桑，拙政园现存建筑多为太平天国及其后修建，但明清园林旧意尚存。

清光绪三年（1877），西部归吴县（今属苏州）富商张履谦，易名补园，建鸳鸯厅、塔影亭、留听阁、浮翠阁、笠亭、与谁同坐轩、宜两亭等②，题名均取自唐宋诗家。

拙政园总面积约4.1公顷，水面约占五分之一，故景观布局、立意，均以水为主题。全园分东、中、西三部，精华在中部（见图5–2–1）。住宅居园南，为清末云贵总督李经义修建，四进两路，隔河影壁、船埠、大门、二门、轿厅、大厅、正房（两进楼厅）成一条主轴线，侧路轴线上建有鸳鸯厅、花厅、四面厅、小院等，为苏州旧时宅、园结合的传统布局。今辟为苏州园林博物馆，设有园源、园史、园趣、园冶四部分，展示了苏州古典园林2000余年的发展进程及园林艺术③。

东部为新园，是在归田园居旧址上重建，颇有可观之处。地势空旷，平岗草地，竹坞曲水，芙蓉树、天泉亭等亭阁，点缀其间，恍若乡村。兰香堂为东部主厅。

图5–2–2 海棠春坞庭园砖铭（杭磊 摄）（左）
图5–2–3 海棠春坞庭园（杭磊 摄）（右）

图5–2–4 远香堂外观（杭磊 摄）（左）
图5–2–5 远香堂室内局部（杭磊 摄）（右）

中部山水明秀，厅榭典雅，花木繁茂。主厅远香堂是典型的四面厅，取周敦颐《爱莲说》“香远益清”之意，室内四望，犹如观赏连续立轴画。远香堂南，厅堂林立，假山层峦叠嶂，溪桥幽曲。堂北水面浩渺，山岛屏列，百年枫杨。从东部进入中园，一泓清池入

① 江洪等主编：《苏州词典》，苏州大学出版社，1999年，第1016页。
② 邵忠编：《苏州园墅胜迹录》，上海交通大学出版社，1992年，第115–116页。
③ 王宗拭：《拙政园》，古吴轩出版社，1998年，第3–4页。

眼，古树傍岸，垂柳拂水，湖石峻秀。山石、水池、林木、亭阁融合，宛若天成（见图5–2–2至图5–2–19）。

图5–2–6 见山楼（杭磊 摄）

图5–2–7 拙政园绿漪亭（左）
图5–2–8 远望荷风四面亭及北寺塔（右）

图5–2–9 拙政园梧竹幽居门洞框景

西部，又称“补园”。主厅为鸳鸯厅，南向小院植山茶，叠湖石，为冬景，厅额“十八曼陀罗花馆”；北向池中植莲，鸳鸯戏水，名曰“三十六鸳鸯馆”。对岸留听阁、浮翠阁、笠亭、与谁同坐轩（扇面亭）高低错落。东有水廊透迤，楼台倒影，互成对景。此外，尚有盆景园与雅石斋。

拙政园以水成景，平淡疏朗，简约朴素，为明代园林的杰出代表。总体布局东疏西密，绿水环绕，风格平淡疏朗、旷远明瑟，被誉为“中国私家园林之最”，与北京颐和园、河北承德避暑山庄、苏州留园，合称“中国四大名园”。

图5–2–10 拙政园梧竹幽居

图5–2–11 从倒影楼看宜两亭

图5–2–12 三十六鸳鸯馆、十八曼陀罗花馆（杭磊 摄）

图5–2–13 拙政园三十六鸳鸯馆满轩局部

图5–2–14 拙政园香洲

图5–2–15 拙政园小飞虹

图5–2–16 苏州拙政园香洲北立面图（《苏州古典园林》）

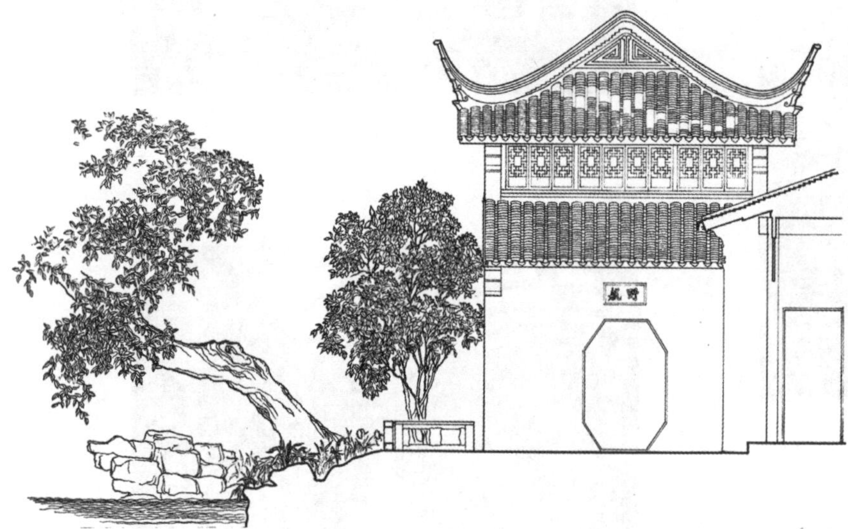

图5–2–17 苏州拙政园香洲西立面图（《江南理景艺术》

图5–2–18 苏州拙政园香洲东立面图（《苏州古典园林》）

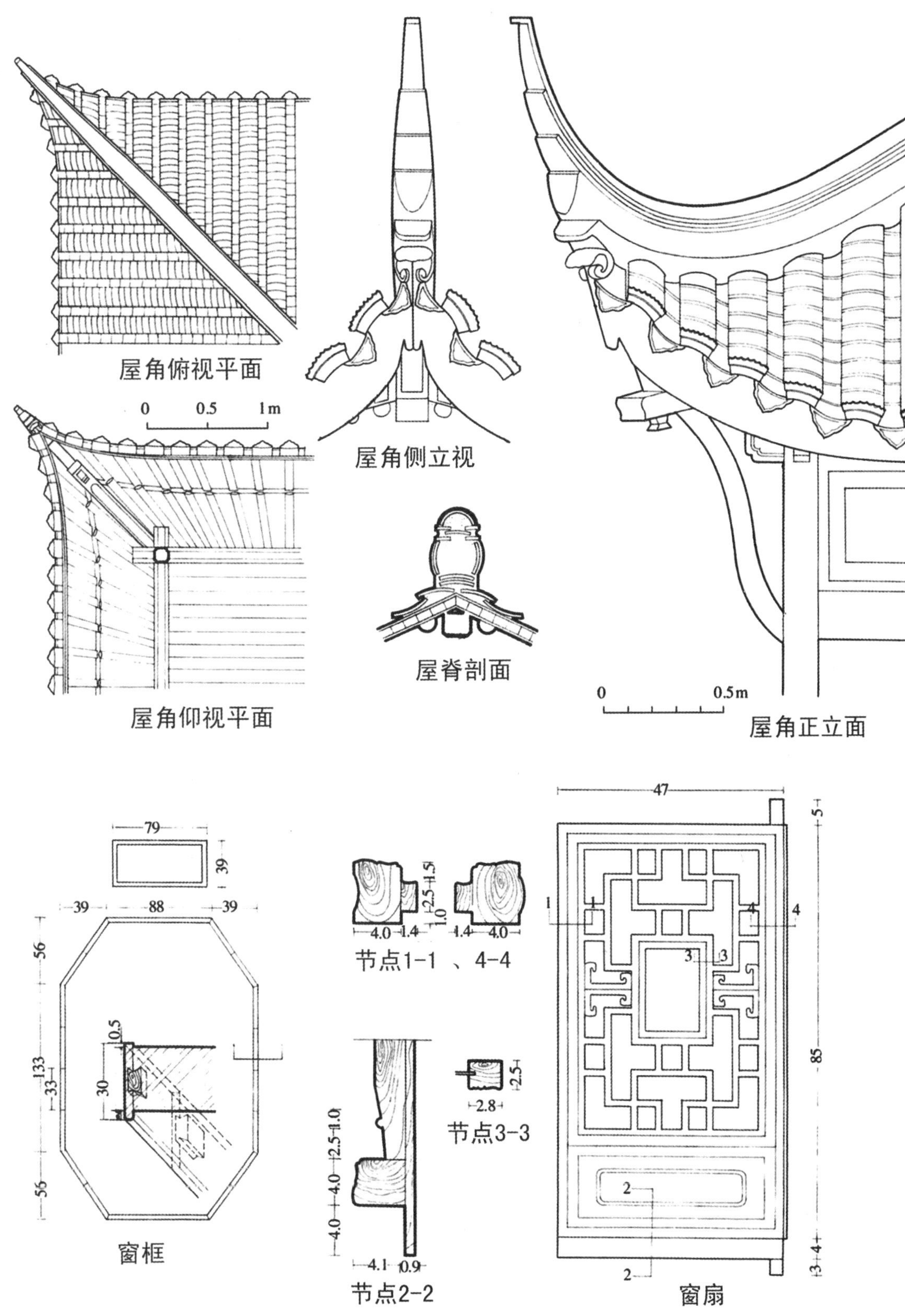

图5-2-19 苏州拙政园香洲大样图（《江南理景艺术》）

二、网师园

网师园地处苏州葑门内阔家头巷。初为南宋淳熙初年侍郎史正志退居姑苏时所建的私家园林，名“万卷堂”，堂侧花圃曰“渔隐”①。元人陆友仁《吴中旧事》载：“史发运宅在带城桥，淳熙初，宅成……”②

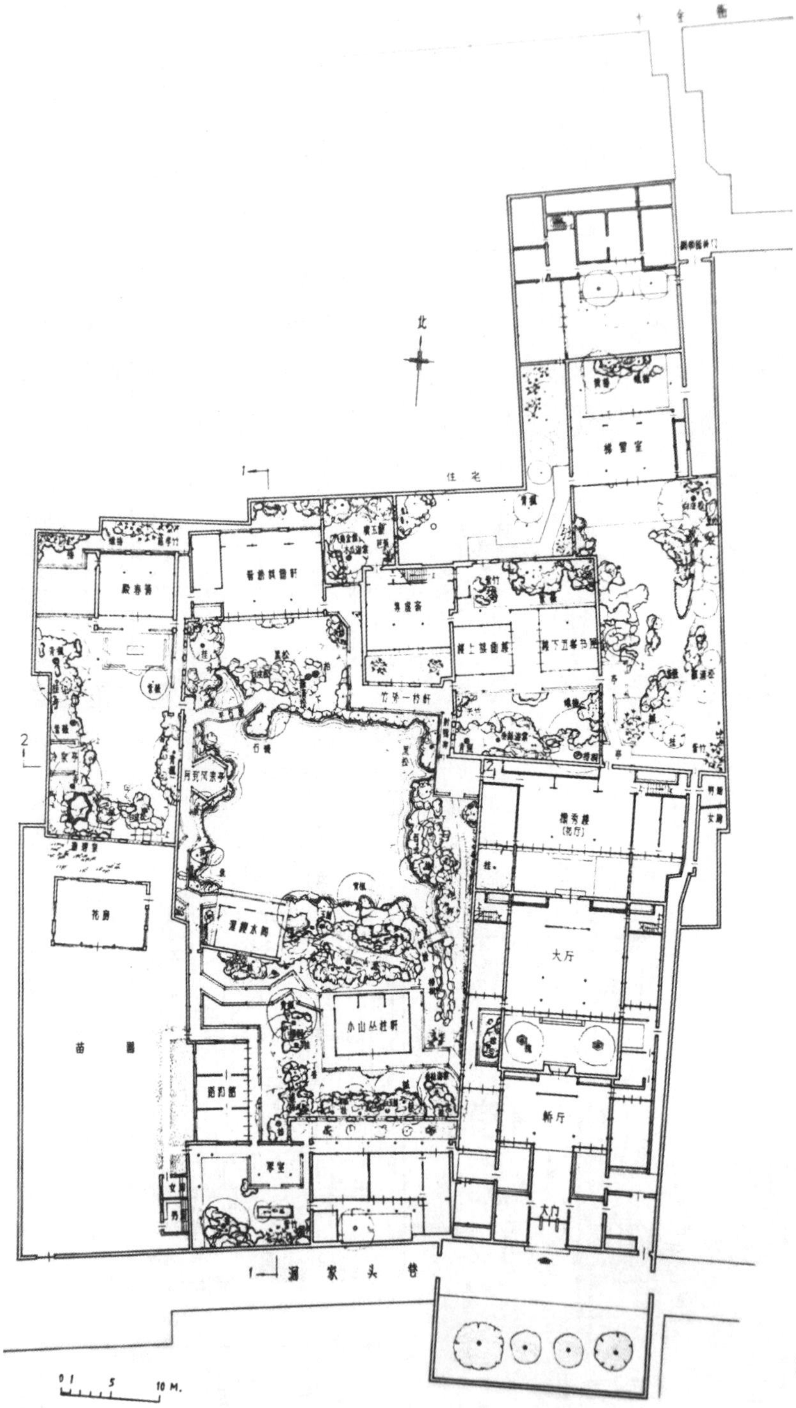

图5–2–20 苏州网师园平面图
（《苏州古典园林》）

① 陈从周：《世缘集》，同济大学出版社，1993年，第141页。

② [元]陆友仁撰：《吴中旧事》，中华书局，1985年，第8页。

图5–2–21 网师园万卷堂前“江南第一门楼”

清乾隆年间，光禄寺少卿宋宗元购之，营治别业，名网师小筑①。钱大昕《网师园记》曰：“带城桥之南，宋时史氏为万卷堂故址，与南园沧浪亭相望，有巷曰网师者，本名王思。曩卅年前，宋光禄悫庭购其地，治别业为归老之计，因以网师自号，并颜其园，盖托于渔隐之义，亦取巷名音相似也。”②占地约0.54公顷，东宅西园。

清乾隆四十四年（1779），宋宗元殁，嗣子宋保邦售半宅于他姓，园已荒旷凄清，后瞿远村购之，“因树石池水之胜，重构堂亭轩馆，审势协宜，大小咸备”③，奠定了今网师园的总体格局、风貌。道光初年，园归天都吴嘉道。同治初年，园归李鸿章后裔，名网师园，曰苏邻园、苏邻小筑。光绪三十三年（1907），园归正黄旗吉林将军达桂，1911年为冯姓者所有，1917年归湖北将军张锡銮④。

网师园占地约0. 47公顷，东宅西园，为宅园相连布局的典型（见图5–2–20）。东部为住宅区，前后三进，照壁、大门、门厅、轿厅、大厅、内楼、后院等沿轴线次序排列，屋高宇敞。万卷堂为主厅，古雅清新，精美绝伦的砖雕门楼（见图5–2–21），东西两侧是黛瓦盖顶的封火山墙。

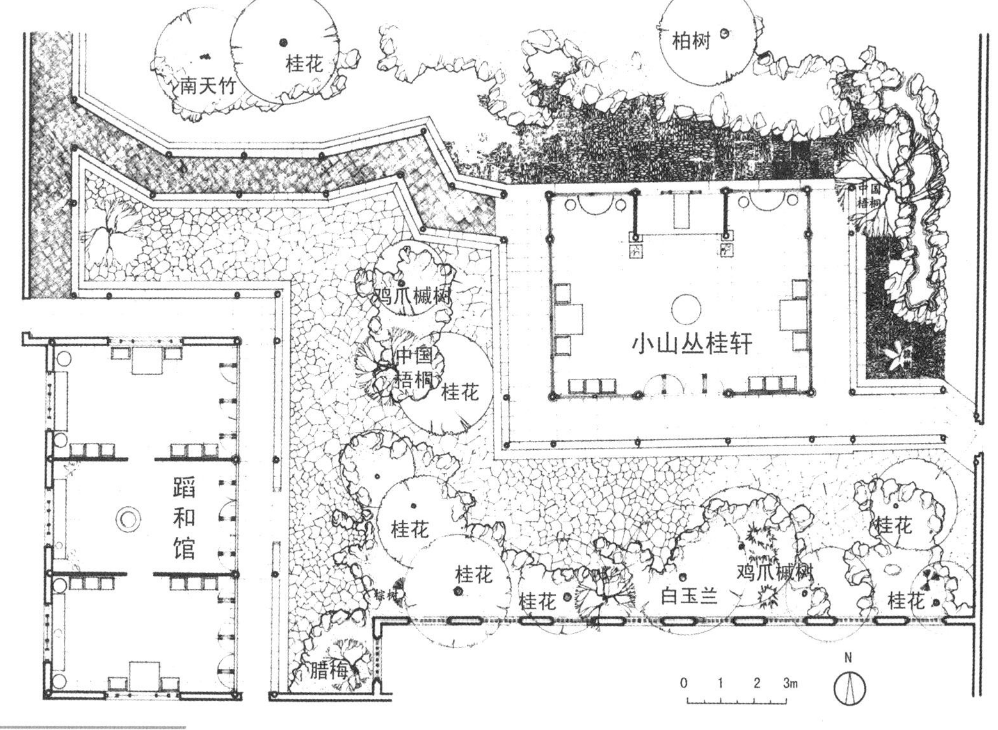

图5–2–22 苏州网师园小山丛桂轩庭院（《江南理景艺术》）

① 封云编著：《风景这边独好——中国园林艺术》，沈阳出版社，1997年，第30页。

② 转引自陈植、张公弛选注《中国历代名园记选注》，陈从周校阅，安徽科学技术出版社，1983年，第421页。

③ [清]冯浩：《网师园序》。转引自戴庆钰《网师园》，古吴轩出版社，1998年，第147–149页。

④ 朱永新主编：《吴文化读本》，苏州大学出版社，2003年，第147–149页。

从轿厅西首入园，砖刻门楣“网师小筑”，故西园中为一大池，以为景观中心。园林大致可以分为南、中、北三部。

南部以四面厅小山丛桂轩（见图5–2–22、图5–2–23）、蹈和馆、琴室为中心，形成一组幽深的小庭院，为昔日宴聚之所。轩之东西游廊曲折；轩北为黄石假山，如停云久聚不散，故名云冈。

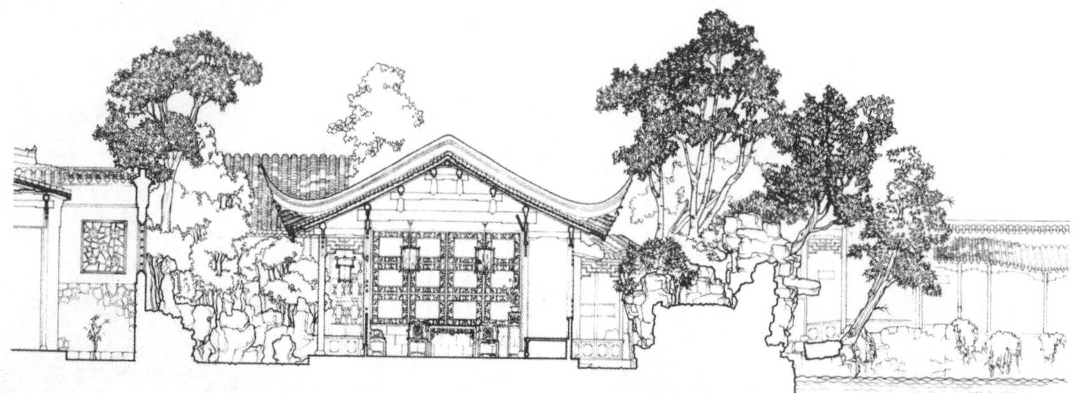

图5–2–23 网师园小山丛桂轩庭院西视剖面图（《江南理景艺术》）

图5–2–24 网师园濯缨水阁与云冈（杭磊 摄）（左）
图5–2–25 网师园云冈假山（杭磊 摄）（右上）
图5–2–26 网师园濯缨水阁（杭磊 摄）（右中）
图5–2–27 网师园月到风来亭（杭磊 摄）（右下）

中部为园林主区，以水池为中心，周叠黄石，高下参差，环以亭阁轩廊、山石花木，形成相对开朗的景色，天光水色、倒影烂漫（见图5–2–24至图5–2–30）。建造在水涯最高处的月到风来亭，取韩愈“晚色将秋至，长风送月来”诗意，颇具“月到天心，风来水面”的雅趣①。

北部以书楼画室为中心（见图5–2–31）。殿春簃轩三间，西侧为一复室，是窗明几净读书处。小院占地仅一亩，诸景都小，各类建筑以小、低、透为特色，以小衬大，舒展开朗。

图5–2–28 网师园月到风来亭

图5–2–29 网师园竹外一枝轩与射鸭廊（杭磊 摄）

图5–2–30 网师园竹外一枝轩（杭磊 摄）

图5–2–31 网师园看松读画轩室内

① 陈益撰文，张锡昌摄：《江南古亭（梦中江南系列）》，上海书店出版社，2004年，第98页。

网师园以隐逸为题，寓意“渔父钓叟之园”，园中的许多楹联匾额，也为深化主题而设。已故著名园林学家陈从周先生云：“苏州网师园是公认为小园极则，所谓‘小而精，以少胜多’。”①全园采用主从对比手法、众星拱月的布局，尺度怡人，却又小中见大，分区明确，布局严谨，主次分明又富变化，园内有园，景外有景，精巧幽深。建筑较多却不感拥塞，山池虽小却不觉局促，诚可谓江南水乡古典园林以少胜多的典范②。

1980年，在美国纽约大都会艺术博物馆，更因以网师园殿春簃为蓝本仿建明轩，而蜚声海外。

三、留园

留园位于苏州阊门外留园路79号，为历史悠久、精致古雅的江南园林，中国四大名园之一。

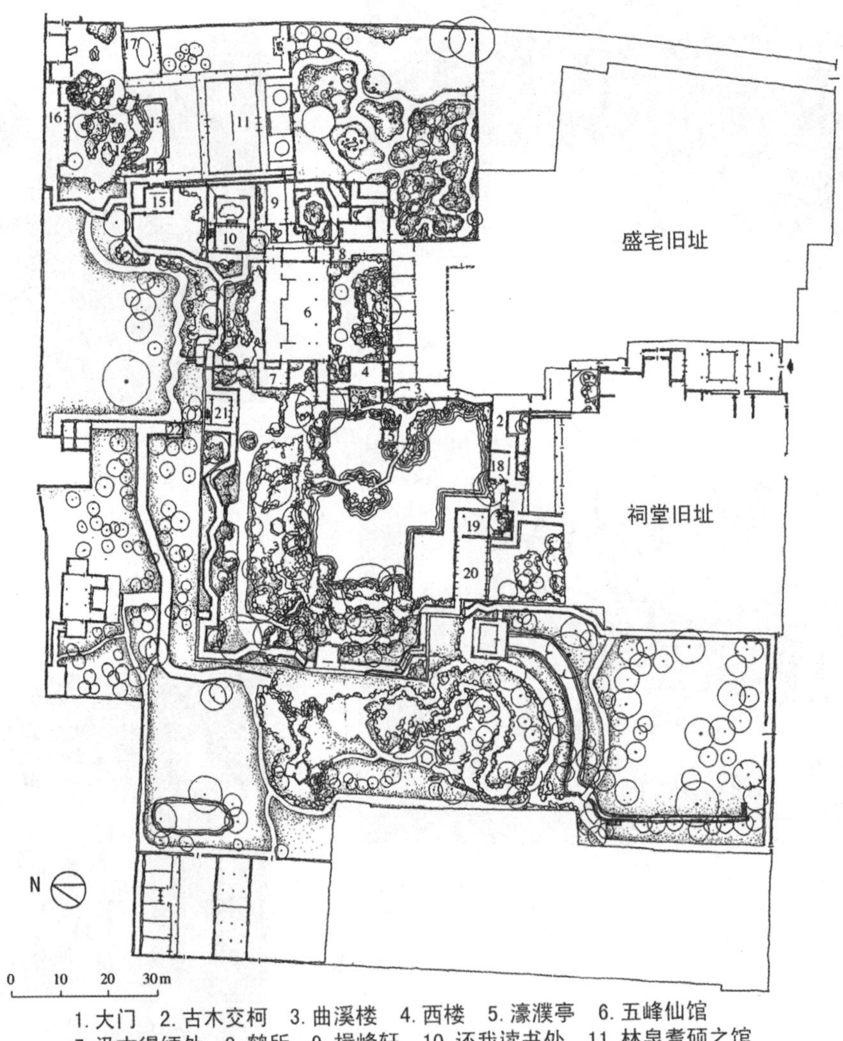

图5–2–32 苏州留园平面图（《中国建筑史》）

① 陈从周：《说园》，同济大学出版社，1984年，第13页。

② 王仁宇编著：《苏州名人故居》，西安地图出版社，2001年，第75页。

该园始建于明万历二十一年（1593），太仆寺少卿徐泰时建，名“东园”。园内湖石瑞云峰高6.5米，兼有“瘦、漏、透、皱”的特点，形态奇伟，为江南水乡园林湖石之最，传为花石纲遗物①。张岱《陶庵梦忆》云：“石高丈五，朱勔移舟中，石盘沉太湖底，觅不得……后数十年，遂为徐氏有。”②后园渐废，唯瑞云峰独存。

清乾隆五十九年（1794），园归吴县人刘恕，经重修扩建，易名“寒碧庄”，又名“花步小筑”，俗称“刘园”。清同治十二年（1873），归常州盛家，经扩地重修，设龙溪盛氏义庄，改名“留园”，是清代典型园林之一。留园旧有东西两园，西园后被辟为寺院，即今西园戒幢律寺③。

留园可分东、西、中、北四部，景观不同，主题各异，虽有墙相隔，但因巧妙经营游廊、空窗、漏窗、洞门等，景色既分又合，变化丰富（见图5–2–32）。

图5–2–33 留园门厅（杭磊 摄）

图5–2–34 留园幽狭的入口

图5–2–35 留园古木柯庭园（杭磊 摄）

中部以原“寒碧庄”作基础，为全园精华。以山水兼长，以水为主，西为山池，环以楼阁，贯以长廊；东为厅堂，参以轩斋，间列峰石，重门叠户，曲折多变。中部以山为主，池水居中，池北假山上杏桂争艳，山顶置“可亭”；池南缀以各色古建，窗景相融；“涵碧山房”依傍荷池；池西长廊逶迤，倚山蜿蜒（见图5–2–33至图5–2–40）。

图5–2–36 留园绿荫、古木交柯（杭磊 摄）（左）
图5–2–37 留园明瑟楼、涵碧山房（杭磊 摄）（右）

---

① 姜椿芳、梅益总编辑：《中国大百科全书·建筑、园林、城市规划》，中国大百科全书出版社，1992年，第267页。

② ［明］张岱：《陶庵梦忆·西湖寻梦》，夏咸淳、程维荣校注，上海古籍出版社，2001年，第28页。

③ 刘敦桢：《苏州古典园林》，中国建筑工业出版社，1979年，第58页。

图5-2-38 留园明瑟楼（杭磊摄）（左上）
图5-2-39 留园开敞的园池（左下）
图5-2-40 留园爬山廊（右）

东、北、西三部，为清光绪间扩建。东部是一组以冠云峰为中心的建筑群。主厅五峰仙馆，又称“楠木厅”，为苏州园林中规模最大的建筑，其前后两院皆列假山，人坐厅中，仿佛直面丘壑（见图5-2-41、图5-2-42）。厅北傲立着“留园三峰”：冠云（见图5-2-43至图5-2-47）、岫云、瑞云，及冠云亭、冠云台、冠云楼。居中的冠云峰磊落孤高，挺拔奇伟，“瘦、皱、漏、透”兼备，为江南园林湖石之最[①]。北登冠云楼，旧时可远借虎丘塔影，阡陌交通，平畴沃野。西部为山林风光，积土成山，间以黄石，遍植红枫，充满乐趣。山上二亭，南环清溪，透着山林野趣。

图5-2-41 留园五峰仙馆（杭磊 摄）

图5-2-42 留园揖峰轩（杭磊 摄）

① 王皓：《王皓新闻作品选·特写通讯》，人民日报出版社，1996年，第127页。

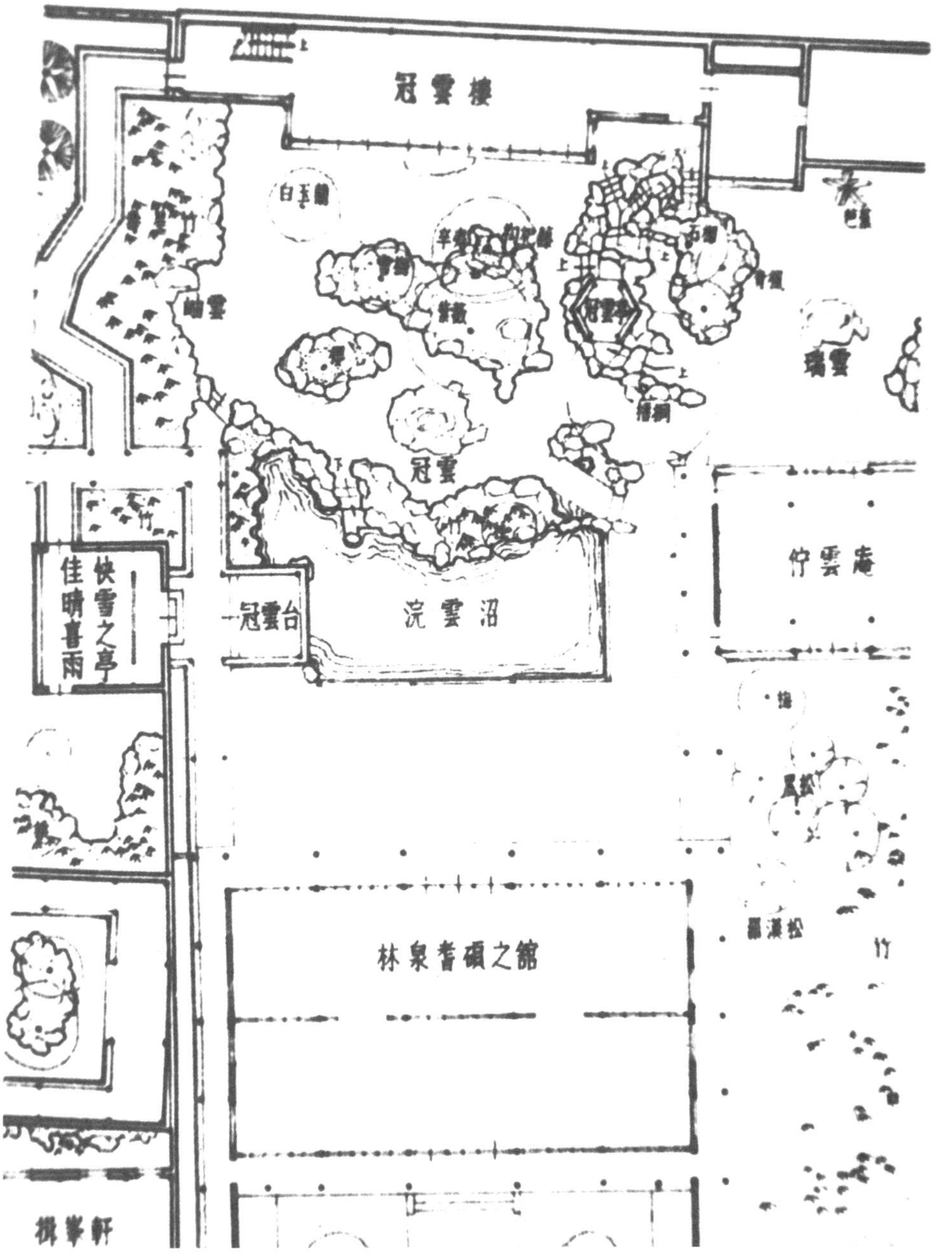

图5–2–43 苏州留园冠云峰庭院平面图（《苏州古典园林》）

图5–2–44 留园林泉耆硕之馆1（杭磊 摄）

图5–2–45 留园林泉耆硕之馆2（杭磊 摄）

图5-2-46 留园冠云峰（杭磊 摄）

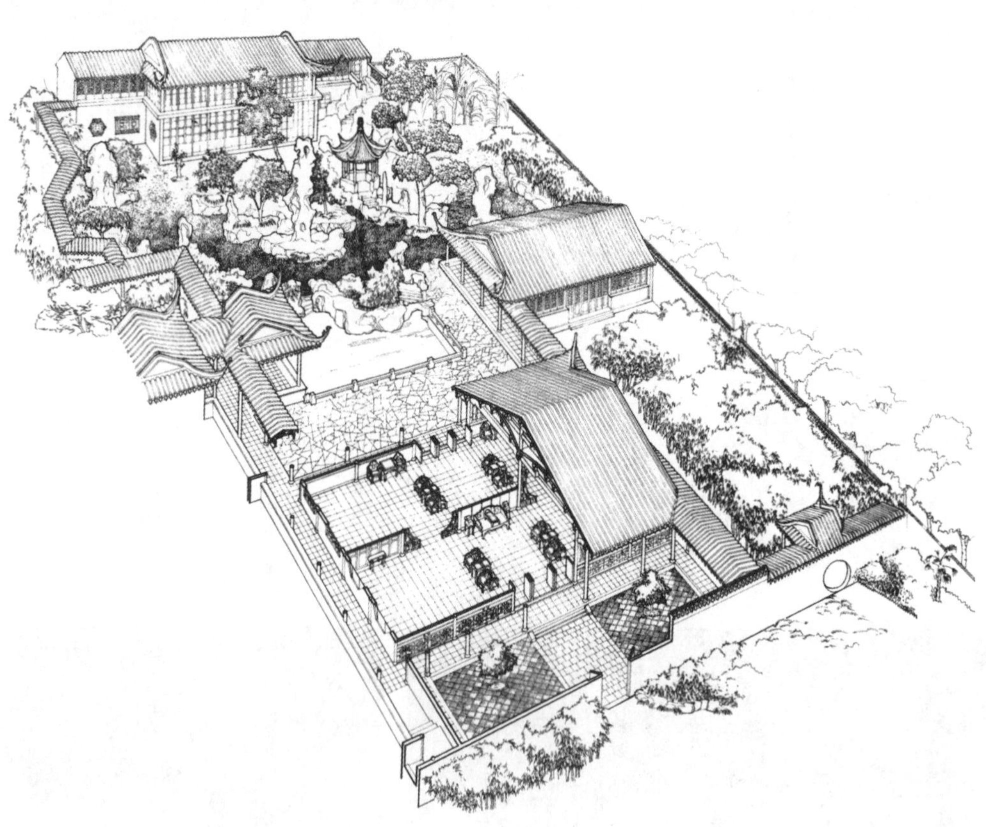

图5-2-47 苏州留园冠云峰庭院鸟瞰图（《江南理景艺术》）

北部为田园风光。旧构久毁，传本为田圃，栽种瓜菜，饲养家禽，取田园意。宅园之中，栽种蔬果，既满足所需，又营造出田园风光。今改为盆景园，展苏派盆景佳作。

留园现有面积2.331公顷，建筑约占三分之一。留园以建筑空间精湛著称，入口空间处理尤为精妙，先抑后扬的手法令人称道。

四、环秀山庄

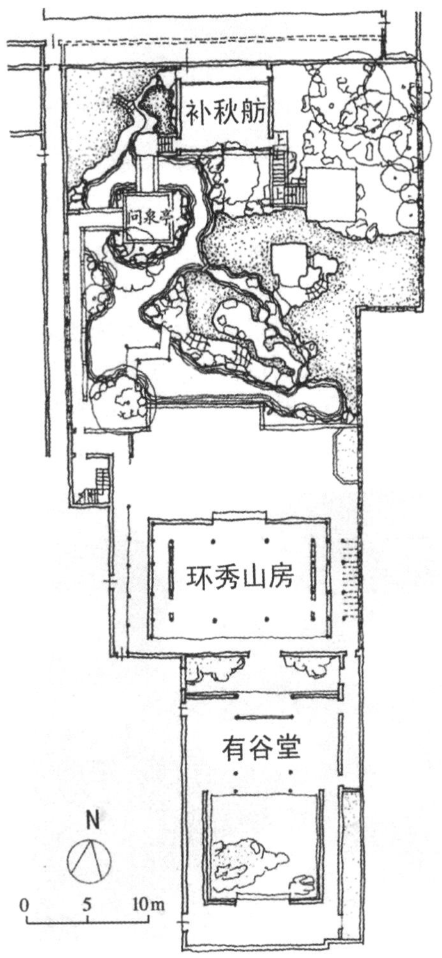

图5-2-48 苏州环秀山庄平面图（《苏州古典园林》）

环秀山庄位于苏州景德路272号，又名颐园①。东晋咸和二年（327），王珣、王珉兄弟舍宅建景德寺。五代吴越，广陵王钱元琼守苏州，其第三子钱文恽就景德寺故址造金谷园②。

北宋庆历年间，园址为本州教授朱长文祖母购得，朱长文之父朱公倬，西扩旧园，时号朱光禄园③。

南宋时期，改为学道书院，再改为兵备道署。

元代末期，为海道万户府总管张适所有，时人姚广孝曾往游，题诗咏曰："一轩开小圃，近水更悠然。杏栋萦花雾，云窗宿篆烟。竹藏鸠子哺，苔衬鹤雏眠。此地多风景，幽深似辋川。"④

明正统元年（1436），杜琼得其园东隅居之。他的学生沈周曾为之绘《东原图》⑤。万历年间，内阁首辅申时行致仕回乡，于故址构适适园⑥。明末清初，申时行孙申揆又扩旧第，取名蘧园⑦。

清乾隆年间，园为刑部员外郎蒋楫所得。乾隆末年，毕沅得其东部园地，称"适园"。钱泳曾辑《乐圃小志》两卷以赠之。后又归大学士孙士毅，至其孙孙均，于嘉庆十二年（1807），延请常州叠山家戈裕良重构园林。道光二十九年（1849），工部郎中汪藻、吏部主事汪堃购得此园，建汪氏宗祠，名曰耕荫义庄，俗称"汪氏义庄"。重修东花园，名为颐园。因园中有别业曰环秀山庄，故指代颐园为环秀山庄⑧。

民国初年，园主汪鼎丞常于园中雅集会友，觞咏度曲。抗日战争前，园归火柴商李氏⑨。

---

① 《建筑师》编辑部编：《古建筑游览指南·3》，中国建筑工业出版社，1981年，第33页。
② 施曙华主编著：《走遍中国——苏州》，上海画报出版社，2001年，第31页。
③ 王稼句：《三生花草梦苏州》，南京师范大学出版社，2005年，第84页。
④ [明]姚广孝著，乐贵明编：《姚广孝集：全5册·1》，商务印书馆，2016年，第65页。
⑤ 阮荣春：《沈周（明清中国画大师研究丛书）》，吉林美术出版社，1996年，第267页。
⑥ 陈植、张公弛选注：《中国历代名园记选注》，陈从周校阅，安徽科学技术出版社，1983年，第29–30页。
⑦ 《江苏文物综录》编辑委员会编：《江苏文物综录》，南京博物院，1988年，第118页。
⑧ 吴恩培：《吴文化概论》，东南大学出版社，2006年，第309页。
⑨ 罗哲文、陈从周主编：《世界文化遗产：苏州古典园林》，古吴轩出版社，1999年，第158–161页。

环秀山庄占地2. 179公顷，为前厅后园式（见图5–2–48、图5–2–49）。园景以山为主，池水辅之，建筑不多。戈裕良叠山采用“大斧劈法”，简练遒劲，独步江南①（见图5–2–50至图5–2–54）。所叠假山，占地仅半亩，山有危径、洞穴、幽谷、石崖、飞梁、绝壁，浑然天成。峰分主次，东南为主，西北为次，主峰高7. 2米。涧谷长12米，山径长60米余②。盘旋上下，气象万千，恍若千山万壑，尺幅千里，环山而视，步移景易，名扬天下。

图5–2–49 苏州环秀山庄南面入口、西面洞门（杭磊 摄）

图5–2–50 环秀山庄北面假山（杭磊 摄）

图5–2–51 环秀山庄北面（杭磊 摄）

图5–2–52 环秀山庄问泉亭（杭磊 摄）

图5–2–53 环秀山庄补秋舫室内（杭磊 摄）

图5–2–54 环秀山庄假山上的方亭（杭磊 摄）

① 周苏宁等：《苏州园林与名人》，旅游教育出版社，1997年，第124页。

② 刘敦桢：《苏州古典园林》，中国建筑工业出版社，1979年，第72–73页。

五、沧浪亭

沧浪亭位于苏州人民路，占地约1.1公顷，为苏州现存最古老的园林[①]。沧浪亭的命名出自《楚辞·离骚》："沧浪之水清兮，可以濯我缨；沧浪之水浊兮，可以濯我足。"[②]

沧浪亭始建于五代，属吴越广陵郡王钱元璙南园一部，"既积土成山，因以潴水"[③]。后为"中吴军节度使孙承祐之池馆"[④]。经北宋诗人苏舜钦重建，并作《沧浪亭记》。

南宋绍兴初年，韩世忠占之为韩蕲王府，俗称"韩园"。

元延祐年间，释宗庆于沧浪亭西建妙隐庵。至正间，释善庆在沧浪亭东饮溪桥侧，隔水建大云庵。

明嘉靖年间，苏州知府胡缵宗，改妙隐庵为韩蕲王祠。嘉靖二十五年（1546），释文瑛在大云庵旁重建沧浪亭，又延请归有光作《沧浪亭记》[⑤]。

清康熙初年，巡抚王新于其地建苏公祠。康熙三十四年（1695）宋荦抚吴，寻沧浪亭遗迹，构亭于山，得文徵明隶书《沧浪亭》为额[⑥]。雍正七年（1729）巡抚都御史尹继善废祠建馆，乾隆二十三年（1758）布政使苏尔德筑可园。故沈复《浮生六记》曰："隔岸名近山林，为大宪行台宴集之地。"[⑦]道光年间，巡抚梁章钜复加修治，建明道堂、五百名贤祠等。同治十二年（1873），巡抚张树声重修沧浪亭。1927年，颜文樑于此创办苏州美术专科学校，又经重新修治，恢复昔日面貌[⑧]。

江南水乡园林多为封闭式，园墙高筑。沧浪亭颇不同，一湾清流将园环绕，隔河而望，有参天古木、亭台楼阁……，园内之山与园外之水融为一体（见图5–2–55）。自清康熙以后，官绅议事，官府接待，多在此。在历任官府的推动、参与下，沧浪亭成为具公共性质的官署园林[⑨]。

---

① 苏州园林设计院编著：《苏州园林：中英文对照》，中国建筑工业出版社，1999年，第196页。

② 崔富章等注释：《楚辞·渔夫》，浙江古籍出版社，1998年，第112页。

③ [宋]范成大撰：《吴郡志》，陆振岳点校，江苏古籍出版社，1999年，第188页。

④ [宋]龚明之撰：《中吴纪闻·沧浪亭》，武汉大学光盘版文渊阁本《四库全书》第236卷第1册第36页。

⑤ [清]吴楚材、[清]吴调侯选编，崇贤书院注释：《古文观止》，北京联合出版公司，2015年，第521–522页。

⑥ 邵忠：《江南名园录》，中国林业出版社，2004年，第24页。

⑦ [清]沈复：《浮生六记》，江西人民出版社，1980年，第7页。

⑧ 施曙华编著：《走遍中国 苏州》，上海画报出版社，2001年，第36–40页。

⑨ 罗哲文、陈从周主编：《世界文化遗产：苏州古典园林》，古吴轩出版社，1999年，第176–195页。

图5–2–55 苏州沧浪亭总平面图（《苏州古典园林》）

沧浪亭的布局别具一格。从园外看，建筑均面水，俨然是水面园（见图5–2–56至图5–2–62）。在园中，以土山为中心，堂馆轩亭环山而筑，与山顶“沧浪亭”遥相呼应。额枋上清代俞樾手书“沧浪亭”，楹联“清风明月本无价，近水远山皆有情”，上联取自欧阳修《沧浪亭》诗句，下联为苏舜钦《过苏州》诗句，构思精到。

图5–2–56 沧浪亭入口（左）

图5–2–57 沧浪亭观鱼处（右）

图5-2-58 沧浪亭与复廊（杭磊 摄）（左）
图5-2-59 沧浪亭的斗栱（右上）
图5-2-60 沧浪亭内景（杭磊 摄）（右下）

图5-2-61 沧浪亭面水轩看东侧的罗马大楼（杭磊 摄）（左）
图5-2-62 沧浪亭面水轩、入口（杭磊 摄）（右）

图5-2-63 沧浪亭翠玲珑内景（杭磊 摄）（左）
图5-2-64 沧浪亭明道堂室内（杭磊 摄）（右）

“明道堂”是全园主体建筑，为明清文人讲学之所。四周古木掩映，庄严肃穆。最南端为看山楼，建筑在假山洞屋之上，可远借西南诸峰（见图5–2–63至图5–2–68）。沧浪亭一百零八式花窗，散布全园，构思独特，制作精巧，以窗衬景，成为园林花窗的典范。

图5–2–65 沧浪亭清香馆内景（杭磊 摄）（左）
图5–2–66 沧浪亭五百名贤祠内景（杭磊 摄）（右）

图5–2–67 沧浪亭五百名贤祠庭园（杭磊 摄）（左）
图5–2–68 沧浪亭漏窗、假山（杭磊 摄）（右）

六、狮子林

狮子林位于苏州城东北隅园林路，又名五松堂，以湖石假山闻名于世。

元至正元年（1341），高僧惟则驻锡苏州弘禅，见此处“古树丛篁如山中，幽僻可爱”，翌年于此建立禅林。惟则因其师明本，得道于浙江天目山狮子正宗禅寺，又因此为宋代废园，茂密竹林之下颇多怪石，状如狻猊，故名之狮子林菩提正宗寺，简称“狮子林”或“狮林寺”（狮与师通）①。

或以为狮子林得名之因较多，一则中峰和尚原住天目山狮子岩；二则佛陀说法“狮子吼”“狮子座”；三则天如好聚奇石，比作狮子；四则林即为“丛林”，意为寺庙；故该园得名狮子林。

元代末期，狮子林为张士诚婿潘元绍所居，前后皆其园林第宅，东半多山，西半多水。

明洪武六年（1373），倪瓒过此，作一横幅，描绘狮子林全景并题诗，狮子林名声大振。嘉靖年间，禅林荒废，居民杂住，间为贵家所占。万历十七年（1589），释明性持钵

① 周苏宁等：《苏州园林与名人》，旅游教育出版社，1997年，第53–62页。

化缘，拟恢复狮子林，重建旧景，成为圣恩寺的后花园。

清顺治五年（1648），会稽居士陈日新修建藏经阁。未几，圣恩寺后花园归张士俊所有。康熙四十二年（1703），清圣祖玄烨南巡，驾临狮子林，赐“狮林寺”匾额，又题联曰：“苔涧春泉满，萝轩夜月闲。”乾隆初年，园归衡州知府休宁黄兴祖，易名涉园，自此园寺两分[①]。又因园中有古松五棵，故名五松园。乾隆南巡，每次必游此园。乾隆三十六年（1771），弘历谕将狮子林仿建于北京长春园，仍称“狮子林”。此后两年，在承德避暑山庄内又仿建了一座。经咸丰十年（1860）战乱，园中仅剩荒草断垣，唯假山依旧。

1917年，贝仁元购废园，在园东建贝氏祠堂和承训义庄[②]；园北建族校，西部扩充之地，则沿墙筑假山，上设人工瀑布。浚池植花，重构厅堂亭榭，并悉按旧名原址。

狮子林占地0.88公顷，分祠堂、住宅与花园3部（见图5–2–69）。东部贝氏宗祠，有硬山厅堂两进（见图5–2–70、图5–2–71）。中部燕誉堂，堂南北轴线共有4个小庭院[③]。

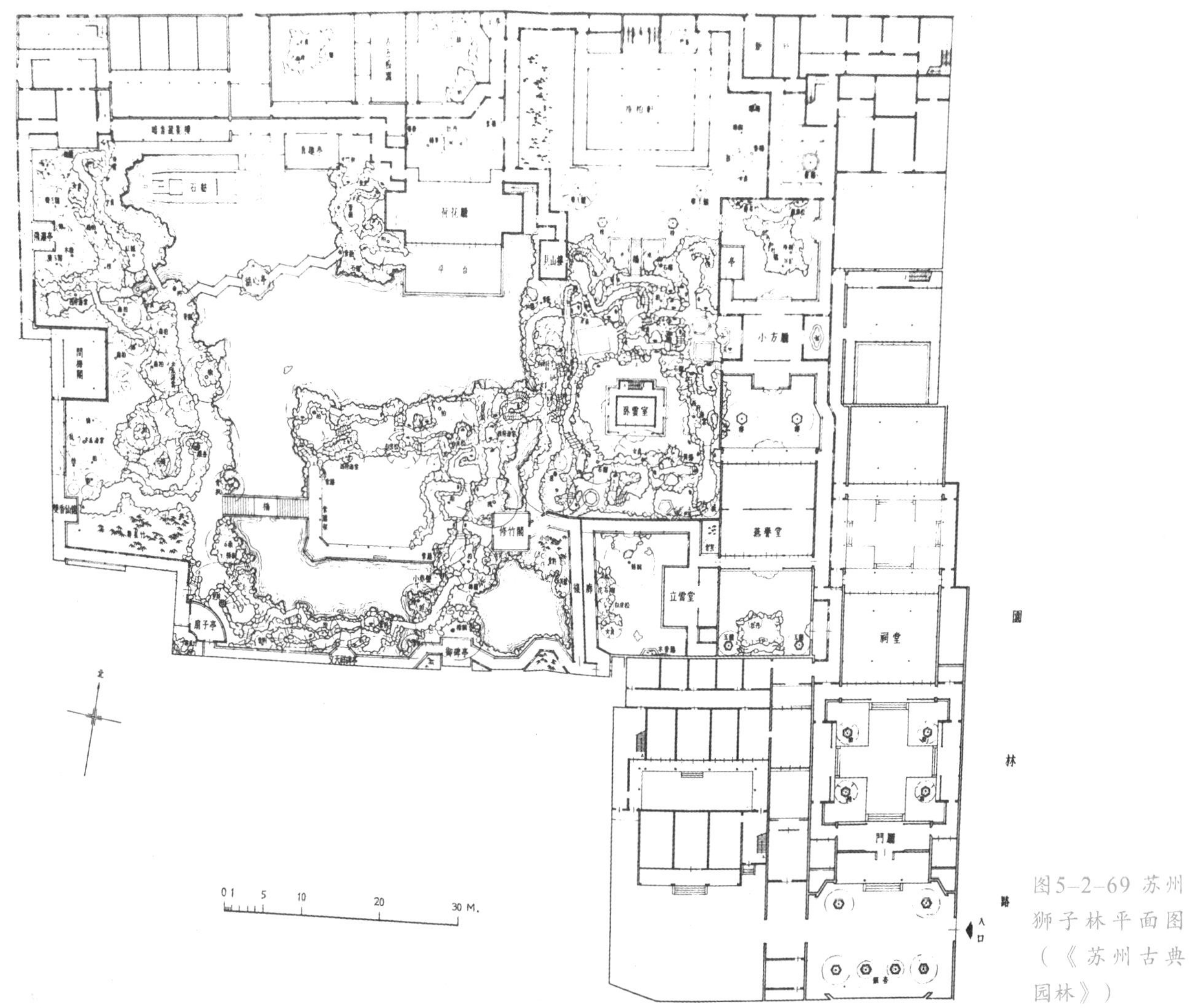

图5–2–69 苏州狮子林平面图（《苏州古典园林》）

① 张橙华：《狮子林》，古吴轩出版社，1998年，第104–129页。

② 郑逸梅：《郑逸梅选集》（第2卷），黑龙江人民出版社，1991年，第44页。

③ 王稼句：《三生花草梦苏州》，南京师范大学出版社，2005年，第98–99页。

图5–2–70 狮子林东部入口门厅（杭磊 摄）

图5–2–71 狮子林东部祠堂、庭园（杭磊 摄）

图5–2–72 狮子林指柏轩（杭磊 摄）

图5–2–73 狮子林指柏轩前的曲桥、假山（杭磊 摄）

图5–2–74 狮子林湖心亭（杭磊 摄）

图5-2-75 狮子林文天祥碑亭（左）
图5-2-76 狮子林修竹阁（右上）
图5-2-77 狮子林假山与园池（右下）

狮子林以湖石假山最著，面积达0. 15公顷，相传有数峰为花石纲遗物，奇峰巨石，玲珑剔透。园东部叠山以趣为胜，山体分上、中、下3层，有山洞22个，曲径9条，行走其间，犹如迷宫。山上除狮子、含晖、立玉、吐月、昂霄等五座名峰相峙外，“诸小峰又数十记，且丛列怪石、什佰为群，而所取道往往经纬其间”，各具神态①。狮子林虽掇山不高，但洞壑盘旋，嵌空奇绝；虽凿池不深，但回环曲折，层次深奥。望去冈峦起伏，水波粼粼，茂林修竹，富有“咫尺山林”的意境。又松柏古树，虬曲苍劲，颇有山林野趣（见图5–2–72、图5–2–73、图5–2–74）。而位于园林南部的文天祥碑亭，不仅是连接碑刻长廊的重要景点，又增添了园林的历史感（见图5–2–75）。

假山绵延至西，与贝氏增建部分相接（见图5–2–76、图5–2–77、图5–2–78）。西部山上瀑布一川，飞流数叠，更增动景（见图5–2–79）。

① 刘敦桢：《苏州古典园林》，中国建筑工业出版社，1979年，第61–62页。

图5-2-78 狮子林假山之一（杭磊 摄）（左）
图5-2-79 狮子林飞瀑（右）

狮子林全园布局紧凑，东南多山，西北多水，山池东北两翼为主体建筑。燕誉厅为全园主厅，雄伟华贵，中堂为屏刻《狮子林图》。步至“揖峰指柏轩”，凭栏而望，石峰林立，古柏盘虬。轩西南各色古建典雅清淡，唯“真趣亭”金碧辉煌，稍显突出。

狮子林将山川的壮美，融入水乡特有的秀美，在江南水乡园林中独树一帜。

七、寄畅园

寄畅园在无锡市西隅，惠山东麓，是江南地区至今唯一保存完整的园林。

园址在元正德年间为两座僧寮，旧名“南隐”“沤寓”①。

明嘉靖初年南京兵部尚书秦金，在此地建别墅，日渐完善，取名“凤谷行窝”。秦金殁，园归族侄秦瀚及其子秦梁。嘉靖三十九年（1560），秦瀚修葺园居，称“凤谷山庄”。后园属秦耀。万历十九年（1591），秦耀改筑是园，万历二十七年（1599）竣工，取王羲之《答许椽》诗：“取欢仁智乐，寄畅山水阴。清冷涧下濑，历落松竹林”句，题园名“寄畅园”（《秦氏宗谱》）②。

清代初期，园主延请著名叠山匠张涟及其侄张钺，予以改建。此园一直为秦氏族人所有，故俗称“秦园”。清康熙、乾隆二帝，分别六下江南，每次必至此园游览。乾隆认为“江南诸名胜，唯惠山秦园最古”，下旨在北京清漪园（颐和园）万寿山东麓，仿造惠山园（后改名“谐趣园”）③。

① 任常泰、孟亚男：《中国园林史》，北京燕山出版社，1993年，第202页。

② 沙无垢著，无锡市政协文史资料委员会、吴文化研究促进会编：《寄畅园的故事》，江苏省无锡市政协文史编辑室，1997年，第17–27页。

③ 杨鸿勋：《中国古典造园艺术研究·江南园林论》，上海人民出版社，1994年，第337–339页。

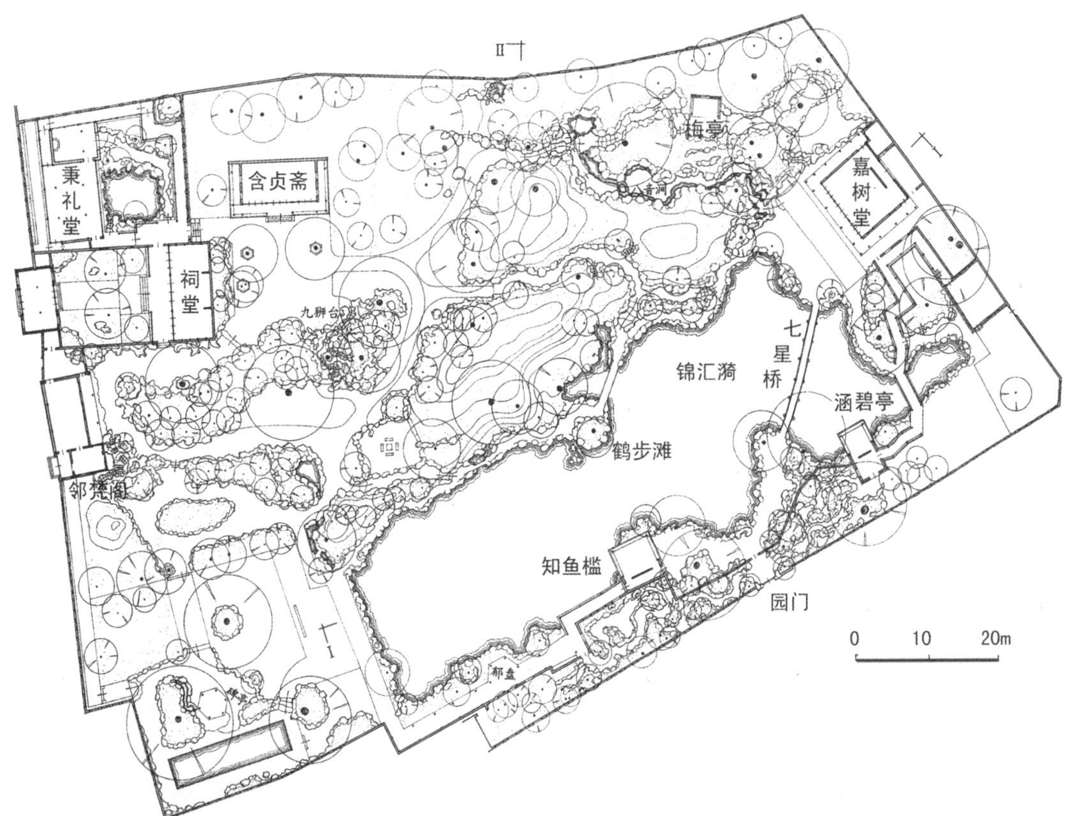

图5-2-80 无锡寄畅园平面图（《中国建筑史》）

寄畅园东视剖面图（1-1）

图5-2-81 无锡寄畅园立面图（《江南理景艺术》）

寄畅园在惠山东麓、锡山西麓，占地约1.0公顷（见图5-2-80、图5-2-81）。可分山水二区，以水景为主体。水名“锦汇漪”（见明末王稺登《寄畅园记》，笔者注），南北

水面较长（见图5–2–82到图5–2–85）。嘉树堂为全园主体，位于湖北岸，七星桥斜架湖面，远借锡山龙光塔作背景（见图5–2–86）。

图5–2–82 寄畅园鹤步滩与知鱼槛（左）
图5–2–83 寄畅园游廊（右）

图5–2–84 寄畅园知鱼槛

图5–2–85 寄畅园园池及涵碧亭（左）
图5–2–86 寄畅园借景锡山龙光塔（右）

园西侧，借原有山麓阜岗叠筑土山，是清康熙初年江南著名造园家张涟之侄张钺所作①，山中开曲折的谷涧，作出小溪、步石，引“二泉”水注其中，潺潺有声，名曰“八音涧”，是极为成功的溪涧写意作品。明末王穉登云：“其最在泉，得泉多而工于泉。”

寄畅园已有近500年的历史，仍基本保持着当年的风貌，不仅有着很高的游赏价值，更具有宝贵的艺术和文物价值，是全国重点文物保护单位。寄畅园具有江南园林妙造自然的特点和古朴清旷的风格，堪称我国明清两代造园艺术所达到的高超水平代表之一。

① 《中国建筑史》编写组：《中国建筑史》，中国建筑工业出版社，1993年，第165页。

八、退思园

退思园位于吴江同里镇，距苏州约18千米。2000年，被增补列入世界文化遗产——苏州古典园林名录。

园主任兰生，字畹香，同里人，清光绪十一年（1885）去职还乡，建造宅园，名退思园，取《左传》“进思尽忠，退思补过”之意。园占地仅0. 65公顷，为同里人袁龙设计。他因地制宜，精巧构思，西宅、中庭、东园浑然一体①。从西而东，建筑由重而轻、自密而疏。园以池为中心，四周亭台楼阁、廊舫桥榭等，均贴水而筑，故誉称“贴水园”（见图5–2–87）。

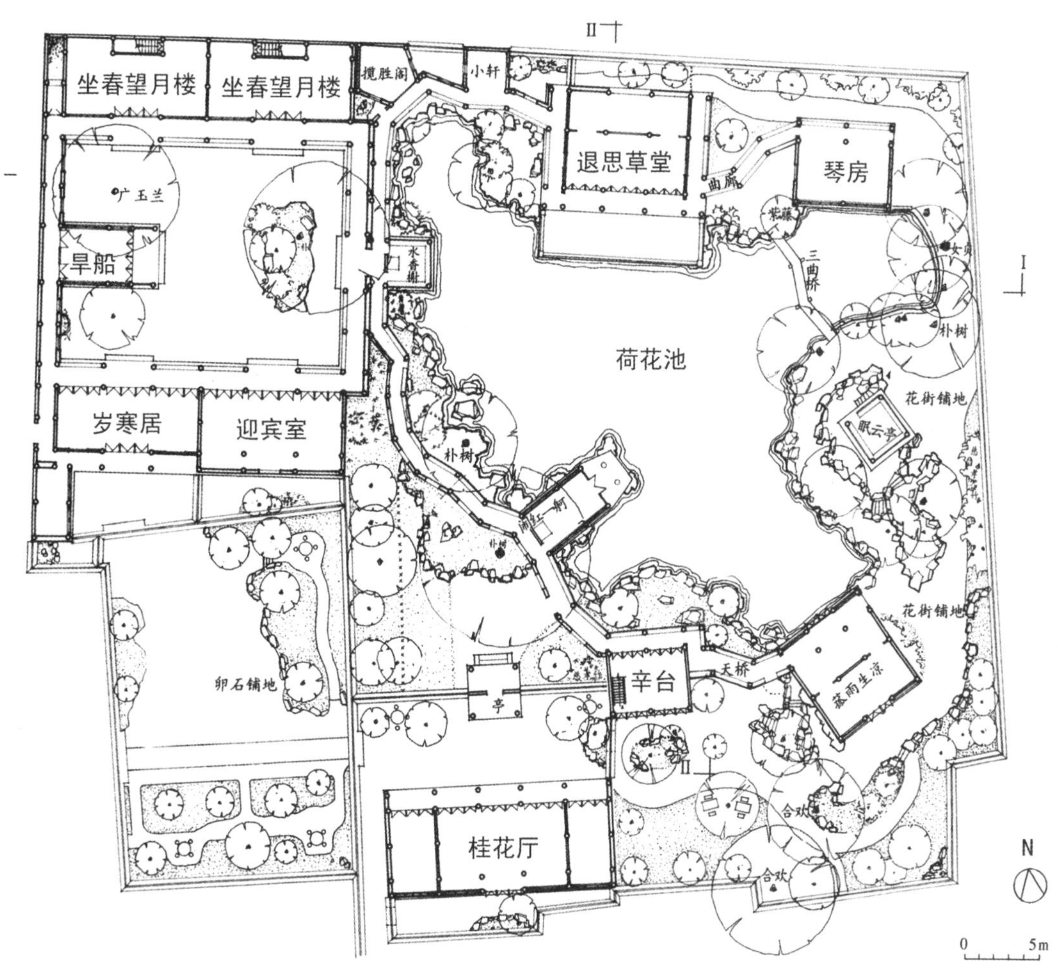

图5–2–87 苏州退思园平面图（《江南理景艺术》）

宅分内外。外宅有门厅、茶厅、正厅三进。内宅为南北两幢楼，为园主与家眷起居之所，以“走马廊”贯通南北。廊东西两侧各有楼梯，雨天不淋，晴天遮阳，又可主仆避让，楼南有下房数间。整个内宅布局紧凑，分合自然。

中庭为西宅、东园的过渡。中置旱船，虽无水面，而蕴水意（见图5–2–88）。庭之北为坐春望月楼。楼之东北隅为揽胜阁，与坐春望月楼相通。庭之南有迎宾室，旁侧岁寒居，最宜冬日观景。此处有廊通退闲小筑、云烟锁钥洞门，自然引向东园。

① 《江苏文物综录》编辑委员会编：《江苏文物综录》，南京博物院，1988年，第130–131页。

入东园即水香榭（见图5–2–89），出之沿九曲回廊前行，廊南为石舫，兀立水中。由此折而北，即主景退思草堂（见图5–2–90）。草堂左边，曲桥卧水（见图5–2–91），琴房掩映花间，而山巅眠云亭翼然。南行至菰雨生凉轩，过山洞，沿石级盘旋而上，即至重层楼廊，堪为江南水乡园林一绝。整个东园景物高低错落，清隽秀逸。

退思园以退思草堂为主景，景色旷远舒展，令人流连。每一部分可独自成景，又是另一景的对景，彼此呼应。

中庭旱船、东园之闹红一舸，都为船舫建筑，以此寄情，可谓是江南水乡文化的直观体现（见图5–2–92、图5–2–93）。

图5–2–88 退思园西部旱船（杭磊 摄）（左）
图5–2–89 退思园水香榭（杭磊 摄）（右）

图5–2–90 退思园退思草堂、眠云亭、揽胜阁（杭磊 摄）（左）
图5–2–91 退思园三曲桥、琴房（杭磊 摄）（右）

图5–2–92 退思园水面（闹红一舸）（杭磊 摄）（左）
图5–2–93 退思园局部（水香榭、闹红一舸、退思草堂）（杭磊摄）（右）

退思园以水为主进行布局，园中建筑巧于因借，都贴水而筑，造型轻巧，体量低矮，使水面更显辽阔，天光倒影，天水一色。全园简朴无华，素净淡雅，具晚清江南水乡园林风格。

九、小莲庄

小莲庄坐落在浙江湖州南浔镇南栅万古桥西，是晚清南浔首富刘镛的私家花园。

园林始建于清光绪十一年（1885），中经其子刘锦藻规划经营，最后由其长孙刘承干于民国十三年（1924）建成，占地27亩。因慕元代书画家赵孟頫“莲花庄”之名，故曰“小莲庄”。建筑群由刘氏义庄、刘氏家庙、园林三部分组成，其中嘉业堂藏书楼名闻海内外①。

小莲庄分外园、内园两部分（见图5–2–94）。园林以水景为主体，水面古称“挂瓢池”，池广十亩，集中开阔，颇有野趣②。主厅小莲庄位于池南岸。湖石叠岸，池中植荷（见图5–2–95），每当夏日，幽香清远。池西有“净香诗窟”四面厅，顶棚为斗笠状，工艺精湛（见图5–2–96），再西是以土为主的假山。池北柳堤，内侧植竹千竿，清风送爽。池东五曲桥畔，碧波荡漾。

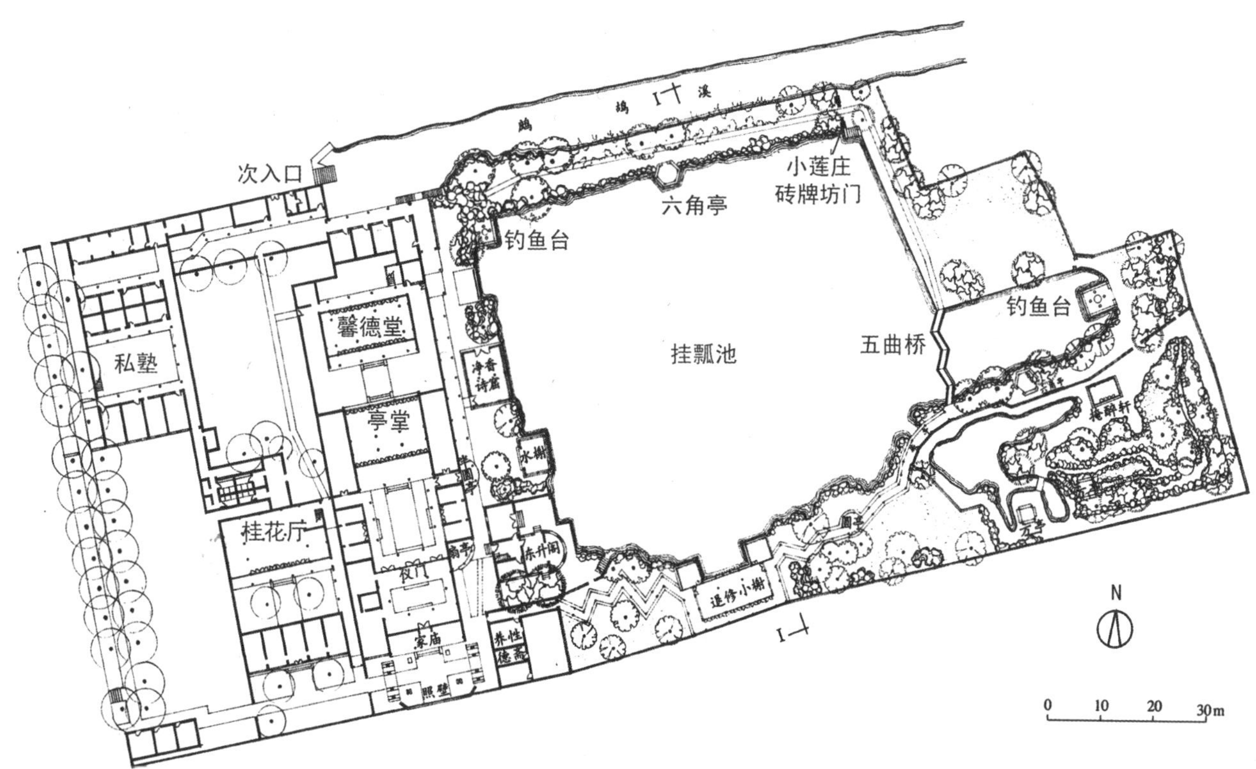

图5–2–94 南浔小莲庄平面图（《江南理景艺术》）

内园以假山为主体，点缀以太湖石，高下迤逦，山巅小亭翼然。

园西侧为刘氏家庙，高大轩昂，院外南北对峙着两座牌坊：“贞节坊”“乐善好施坊”。

① 王杰等主编：《长江大辞典》，武汉出版社，1997年，第666页。

② 阮仪三编著：《水乡名镇南浔》，同济大学出版社，1993年，第22–25页。

小莲庄具有“恬澹的田园风格，这在现存江南旧园中是别具一格的作品”[①]。同时，它以江南古典园林格局为基调，融入一定的异域风格，堪称中西合璧（见图5–2–97）。类似此者，在江南水乡非为仅见，如无锡薛福成故居花园等，值得深究。

图5–2–95 南浔小莲庄莲池

图5–2–96 南浔小莲庄藻井（左）
图5–2–97 南浔小莲庄门坊（右）

① 杨鸿勋：《中国古典造园艺术研究・江南园林论》，上海人民出版社，1994年，第340页。

其他江南水乡名园众多，近年来修复者亦众。例如，苏州怡园、南翔古猗园（见图5–2–98）、木渎严家花园及古松园（见图5–2–99、图5–2–100）、东山席家花园（见图5–2–101）、朱家角课植园（见图5–2–102）、绍兴沈园，以及我们完成的全国重点文物保护单位无锡薛福成故居后花园、东花园（见图5–2–103）等。

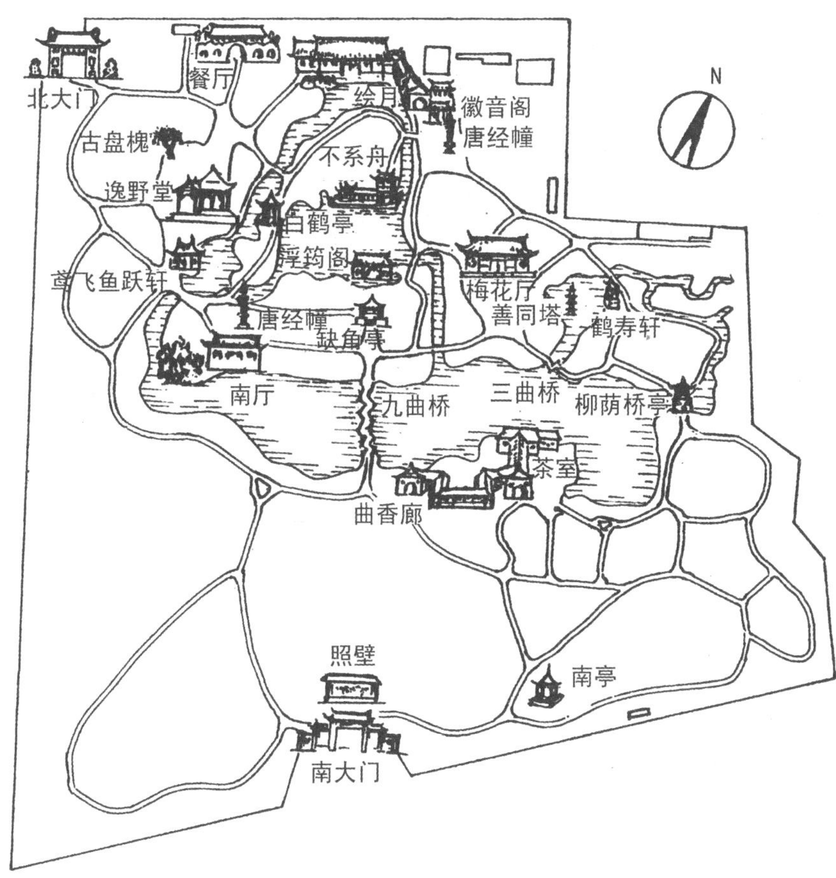

图5–2–98 南翔古猗园平面图（《南翔镇志·园亭》）

图5–2–99 木渎严家花园（左）

图5–2–100 木渎古松园双层回廊（右）

实际上，苏州、无锡、常州等地文人园林较多。名列世界文化遗产的苏州艺圃（见图5–2–104、图5–2–105、图5–2–106）、耦园（见图5–2–107、图5–2–108、图5–2–109）等本著更未单独列出，诚属挂一漏万。

图5–2–101 东山席家花园

图5–2–102 朱家角课植园

图5–2–103 无锡薛福成故居后花园

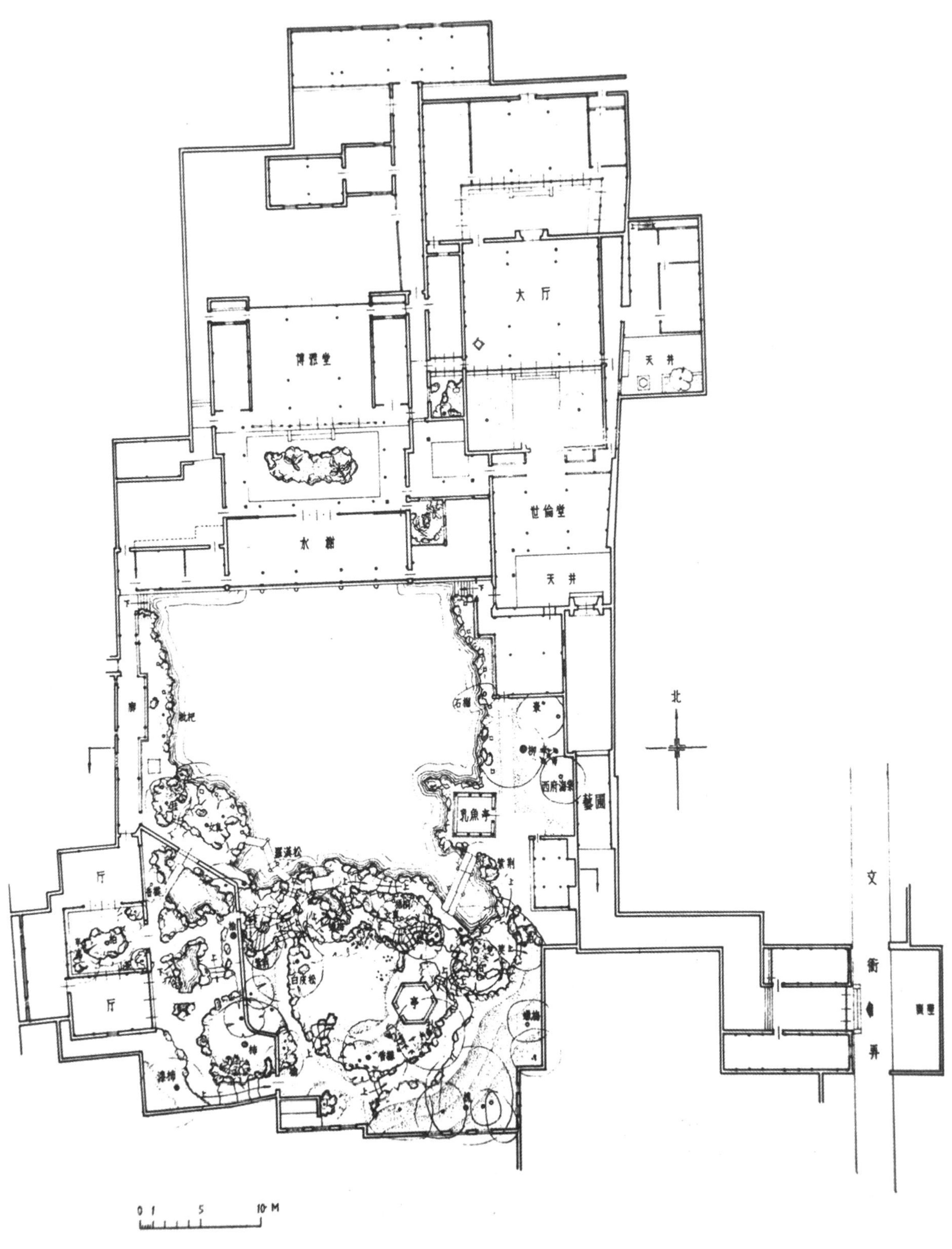

图5-2-104 苏州艺圃总平面图（《苏州古典园林》）

图5–2–105 艺圃（杭磊 摄）（左）
图5–2–106 艺圃园池（杭磊摄）（右上）
图5–2–107 耦园洞门（施春煜摄）（右下）

图5–2–108 耦园山水间（施春煜 摄）

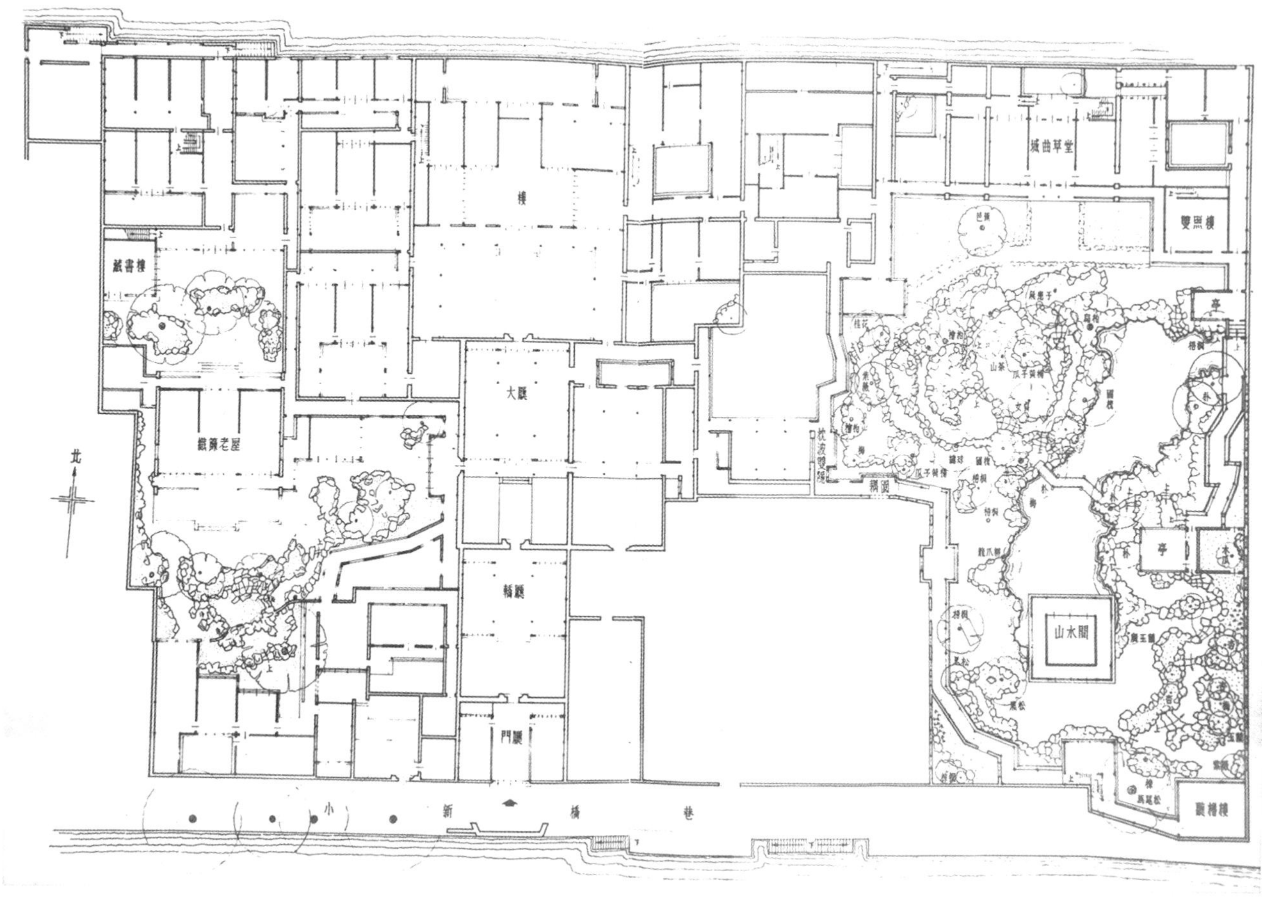

图5–2–109 苏州耦园总平面图（《苏州古典园林》）

第三节　江南水乡园林文化

江南水乡园林文化从其产生、发展到成熟、衰微，无不与我国传统文化相映，一脉相承。

江南园林几乎都是文人园林。园林主人——文人受我国传统文化浸染，多把自己的人生理想与现实园林融汇。文人们在宅园中吟诗、作词、赏曲，使得诗词与宅园紧密联系。随着历史的积淀，甚或相关诗词对园林植物配置描写也逐渐潜移默化成现实中的园林建设，成为江南园林中植物的经典配置①。

总体而言，首先，江南水乡园林文化受隐逸思想主导，是其突出的文化现象。其次，江南水乡园林受传统绘画，特别是文人画的深刻影响，具有浓郁的文化味、书卷气。最后，江南水乡园林极为注重意境等。因江南水乡园林文化内涵众多，本书仅就其某些方面作一定的探讨（有关园林中的风水文化，见本书第六章第二节）。

① 岑志强：《唐诗宋词浸淫中的江南园林——从古诗词看江南园林的植物配置》，《美与时代（上半月）》2009年第6期第41–44页。

需要说明的是，本节有关内容撰写，参照了《苏州古典园林》[①]部分内容。

一、淡泊林泉 避俗达道

江南水乡隐逸之风甚早。史籍所载，始于太伯、仲雍，“至荆蛮，断发文身，为夷狄之服，示不可用”[②]。

春秋吴王寿梦时，第四子季札辞让嗣位，“富贵之于我，如秋风之过耳”[③]。春秋末年，谋臣范蠡，辅佐越王勾践打败吴王夫差，吞并吴国后，发现越王“可与共患难，不可与共乐”[④]。故急流勇退，放弃仕宦，以求全身而退，隐姓埋名，至齐经商。由此，真正意义上的“隐士”便在江南水乡出现了。

西汉时，江南水乡著名隐士较多。西汉末年，王莽篡权，士人不满，隐居避征者络绎不绝。“是时裂冠毁冕，相携持而去之者，盖不可胜数”[⑤]，出现了郡县制形成后的第一个隐士高潮。会稽上虞人王充[⑥]，会稽余姚人严光[⑦]；汝南新息人高获远遁江南，隐于石城（今苏州西南）[⑧]；扶风梁鸿隐匿苏州，留下了“举案齐眉”的千古佳话[⑨]。

东汉中后期，宦官、外戚交相擅政，有志之士耻与为伍，隐居不仕又兴高潮。如会稽山阴人赵晔，会稽上虞人孟尝等。此时，人们指向外部世界的精神，开始朝一己的小天地回归。消沉萎靡、无所事事渐成主流，而奋发向上、勇于进取的激情渐逝[⑩]。儒术非唯独尊，“自然”“无为”“清静”“虚谈”的老庄思想，适时流行[⑪]。“迄今正始，务欲守文，何晏之徒，始盛玄论，于是聃周当路，与尼父争涂矣”[⑫]。作为自然界一部分的山水林泉，成为人们高蹈远足的理想寄托。

魏晋南北朝，战乱频仍，民生凋敝，社会各阶层均付出了巨大的牺牲和惨痛的代价，隐逸之风更盛。老庄、出世思想，全真养性的人生哲学，儒家所主张的“邦有道则仕，邦无道则隐”[⑬]，以及“隐居以求其志，行义以达其道”[⑭]等仕隐理论，适应了士人们的心理与精神需求。玄学这种儒表道里、儒道合流的特殊思维形态，应运而生。由此，蹈玄入虚、淡泊山水、隐身避世，成为此时期整个社会的时尚（见图5–3–1）。他们或啸傲行吟

① 罗哲文、陈从周主编：《世界文化遗产：苏州古典园林》，古吴轩出版社，1999年。
② 《二十五史·史记·吴太伯世家》，浙江古籍出版社，1998年百衲本，第119页。
③ [汉]赵晔撰，[元]徐天佑音注：《吴越春秋》，苗麓校点，辛正审订，江苏古籍出版社，1999年，第12页。
④ [汉]赵晔撰，[元]徐天佑音注：《吴越春秋》，苗麓校点，辛正审订，江苏古籍出版社，1999年，第171页。
⑤ 《二十五史·后汉书·逸民列传》，浙江古籍出版社，1998年百衲本，第926页。
⑥ 《二十五史·后汉书·王充列传》，浙江古籍出版社，1998年百衲本，第799页。
⑦ 《二十五史·后汉书·逸民列传》，浙江古籍出版社，1998年百衲本，第926页。
⑧ 《二十五史·后汉书·方术列传上》，浙江古籍出版社，1998年百衲本，第920页。
⑨ 《二十五史·后汉书·逸民列传》，浙江古籍出版社，1998年百衲本，第927页。
⑩ 曹金华编著：《吴地民风演变·第3辑（吴文化知识丛书）》，南京大学出版社，1997年，第68–73页。
⑪ 罗哲文、陈从周主编：《世界文化遗产：苏州古典园林》，古吴轩出版社，1999年，第8页。
⑫ [梁]刘勰撰：《文心雕龙·论说》，武汉大学光盘版文渊阁本《四库全书》第443卷第2册第10页。
⑬ [北宋]司马光：《中华经典解读·资治通鉴》，张志英译注，北京时代华文书局，2014年，第72页。
⑭ 李照国：《〈论语〉英译释难·下》，世界图书出版西安有限公司，2016年，第1403页。

于山际水畔，或默然幽栖于深山老林。但生活方式已“由荒野原始的隐居开始向田园村舍的隐居转变”①，故构筑城市山林，以作林泉之想。

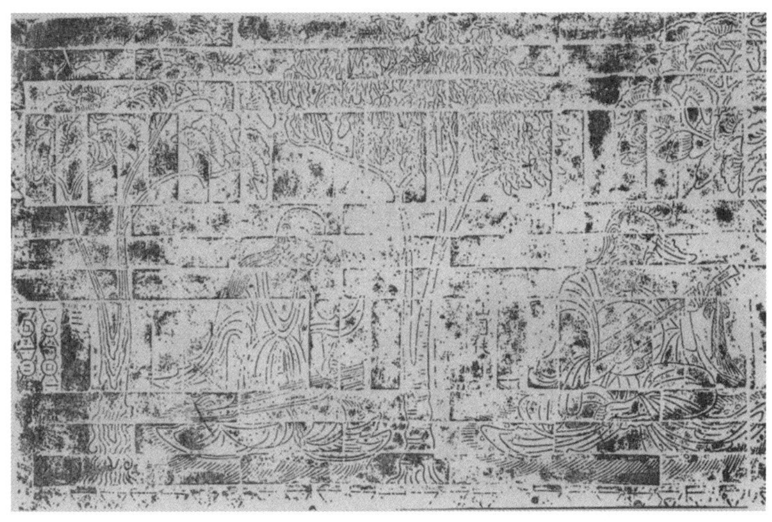

图5-3-1 竹林七贤砖印壁画之一（《文物》1980年第2期）

唐代初期，隐逸文化暂时遏退。但唐中后期，在渐感失望的社会氛围下，又出现了大批的“隐士”，且逐渐形成了白居易的“中隐”理论。“大隐住朝市，小隐入丘樊。丘樊太冷落，朝市太嚣喧。不如作中隐，隐在留司官。……人生处一世，其道难两全。贱即苦冻馁，贵则多忧患。惟此中隐士，致身吉且安。穷通与丰约，正在四者间。”②

这种理论，被两宋士人普遍接受，并有了新的发挥。如王安石的“禄隐”，周行己的“廷隐”以及陆游的“半隐”等，都从理论上继承与发展了白居易的“中隐”理论③。因此，山水画逐渐成为绘画艺术的主流，范成大、尤袤等显宦高官成为山水田园文学的代表，理学家写有大量的田园文学作品，韩侂胄、贾似道等炙手可热的权臣，在御赐给他们的园林中，也一定要有“归耕堂”“许闲堂”等明志隐逸的建筑，或直接修筑园林曰“隐圃”④“中隐堂”⑤等。

明清专制空前，隐逸文化更甚。明成化、弘治年间，“市隐”成为新的隐逸风尚⑥、时代主流，且遍及江南水乡。“市隐”是把文人在内心构建精神绿洲的传统，用协和的手段外化为“适志”“自得”的物态环境，即城市山林化。因之，江南水乡园林建筑炽盛，且多为官宦、文人所建的私家园林，命名中多寓“隐”意。因之，此时江南水乡仕与隐的文士已无分轩轾，相得益彰，隐逸文化与科举文化奇妙地沟通、融汇为一。江南水乡

① 曹金华编著：《吴地民风演变·第3辑（吴文化知识丛书）》，南京大学出版社，1997年，第82页。

② ［唐］白居易：《白氏长庆集·中隐》，武汉大学光盘版文渊阁本《四库全书》第402卷第9册第39页。

③ 刘化绵、陈代兴、李凭主编：《中华风云人物通览·4·隋唐卷》，武汉出版社，1996年，第832页。

④ ［宋］龚明之撰：《中吴纪闻·蒋密学》，武汉大学光盘版文渊阁本《四库全书》第236卷第1册第24页。

⑤ ［宋］龚明之撰：《中吴纪闻·中隐堂三老》，武汉大学光盘版文渊阁本《四库全书》第236卷第1册第38页。

⑥ ［日］内田道夫编：《中国小说世界（海外汉学丛书）》，李庆译，上海古籍出版社，1992年，第87页。

之所以出现、衍展“是邦尤称多士”的人文荟萃局面，当在于此①。

明清以降，江南水乡成为天下繁庶之地，官宦富贾纷至沓来，或隐居城市，或隐居市镇。因之，水乡园林空前繁盛，隐逸主题更为完备、彻底。王献臣筑拙政园，沈秉成夫妇归隐的耦园，“枕波双隐”窗额两侧对联：“耦园住佳耦，城曲筑诗城”，好一幅田园归隐图②。

江南水乡园林，典型地体现了这种隐逸思想发生、发展的演进历程。六朝时苏州的顾辟疆园，李白诗咏：“柳深陶令宅，竹暗辟疆园。”③宋代蒋堂的隐圃、胡元质的招隐堂、张廷杰的就隐、黄由的盘隐等。“隐”，标明了园主的寓意。而沧浪亭园主苏舜钦，以“沧浪之水清兮，可以濯吾缨；沧浪之水浊兮，可以濯吾足”的《渔父》之歌，寄寓情怀④。

为突出隐逸主题，各类建筑题名及景观均经精心设计。如拙政园秫香馆、远香堂、志清意远、笠亭，留园濠濮亭、林泉耆硕之馆、舒啸亭、小桃坞，网师园濯缨水阁、网师小筑、小山丛桂轩、樵风径等，不胜枚举。更以楹联作进一步诠释，如拙政园待霜亭联：“葛巾羽扇红尘静，紫李黄瓜村路香。”沧浪亭联：“清风明月本无价，近水远山皆有情。”沧浪亭明道堂联：“百花潭烟水同情，年来画本重摹，香火因缘，合以少陵配长史；万里流风波太险，此处缁尘可濯，林泉自在，从知招隐胜游仙。”不一而足。

或许，隐逸者的最高追求是返璞归真、回归自然。因此，造园的最高境界是“虽由人作，宛自天开”⑤。现存江南水乡古典园林，满目可见模山范水的景致。

二、写仿自然 诗情画意

江南水乡园林的诗情画意，以我国传统艺术创作理论为指导，构筑园林建筑。诗、书、画理，我国历来相通，书画同源。故中国传统绘画、诗文、书法等，特别是绘画，为江南水乡园林的形成与发展，提供了坚实的理论基础。

魏晋南北朝是我国山水画的萌芽期，此时山水画开始独立。晋明帝、戴逵、戴勃、顾恺之、宗炳、王微、萧贲、陆探微、张僧繇都画过山水，他们根据审美需要，创造艺术本身的价值，绘画进入自觉的阶段，山水画在开掘自然美的基础上萌芽、成长起来，“对大自然的审美鉴赏遂取代了过去所持的神秘、伦理和功利的态度，成为中国传统美学思想的核心”⑥。此外，顾恺之的《画云台山记》、宗炳的《画山水序》等，都奠定了中国山水画的理论基础。尽管此时已有不少有关山水画的著录、论述，但独立的山水画作实物较少见到。如在北周康业墓中出土一围屏石榻，其上的线刻图中，人物活动的背景山、树在画面中的比例远超人物本身，体现出绘画者对人物活动背景的重视。尽管该墓围屏上的线刻

① 曹金华编著：《吴地民风演变·第3辑（吴文化知识丛书）》，南京大学出版社，1997年，第92–93页。

② 罗哲文、陈从周主编：《世界文化遗产：苏州古典园林》，古吴轩出版社，1999年，第9页。

③ 瞿蜕园、朱金城校注：《李白集校注》（全4册），上海古籍出版社，1980年，第933页。

④ 赵传仁主编：《诗词曲名句辞典》，山东教育出版社，1988年，第550页。

⑤ [明]计成：《园冶注释》（第2版），陈植注释，杨伯超校订，陈从周校阅，中国建筑工业出版社，1988年，第51页。

⑥ 郭风平主编：《中国园林史》，西安地图出版社，2002年，第38页。

画作并不是山水画，但其在构图上对人物活动背景给予了充分表现，是当时山水画萌芽、发展过程中的重要一环①。与此同时，山水诗文大量涌现。它们追求自然恬淡、情景交融的境界，在文学史上具有划时代的意义。造园与山水画、山水诗文一起臻入繁荣。社会风气、文人风格对造园产生了深刻的影响，按照富有画意的主题思想精心构造的“文人园”成为造园者的追求②。

唐代，诗与画渗透已成为自觉的追求。“初步出现山水园林借鉴于山水画，山水画渗透于山水园林。”③

北宋文人画兴起，对唐代王维备受推崇。“南宗”之祖董其昌认为“文人之画，自王右丞始”④。《宣和画谱》曰：“至其卜筑辋川，亦在图画中，是其胸次所存，无适而不潇洒，移志之于画，过人宜矣。”⑤由此可见，文人造园之精髓。文人画的发展与造园艺术的进步，紧密相联。

文人画按地域分布、绘画风格、宗旨意趣等，渐成南北两宗。它们的审美理想和艺术追求泾渭分明。北宗处黄河流域，画风严谨、富丽堂皇，多为供奉皇室的画院专业画师们所作；南宗处长江流域，追求萧散简远、澹泊平和的自然意境，抒发性灵，表现自我，推崇稚拙古朴的自然真趣和放逸清奇的文人情怀，渐成文人写意山水画的主流⑥。

明中叶始，受政治、经济、文化等影响，苏州绘画在传统基础上发展起来，形成影响很大的吴门画派。吴门画派代表人数众多，其中佼佼者要数吴门四家，即沈周、文徵明、唐寅、仇英⑦。他们多属文人，能诗善文、精书法，所绘山水以写意见长，“外师造化，中得心源”，非为摹写自然原貌，却能传自然之神。他们还将诗、书、画融为一体，具有清淡隽永的韵味、境界⑧。

文人画深深影响了江南水乡的造园活动。大到园林的布局、意境，小至匾额、楹联等，无处不在。江南水乡造园者，将其对自然的深刻理解，对自然美的高度鉴赏力，以及对人生哲理的体验感悟等，用写意的方法融注于造园艺术中，体现出文人的隐逸思想、书卷气息，表现出文人画的画意、情境，使园林具有“诗情画意”，成为“无声的诗、立体的画”。

造园学专著《园冶》中，多次提及造园的画意，誉称为“多方胜境，咫尺山林”。明清时期，园林的画意及文人风格，或已成为品评园林艺术的最高标准⑨。

文人画家的作品，也有描绘园林的题材。如朱德润、倪瓒、徐贲先后绘狮子林图，沈周为杜琼绘东原图，文徵明为王献臣绘拙政园图，唐寅为王献臣绘西畴图等。这些关于园

① 程林泉，张翔宇等：《西安北周康业墓发掘简报》，《文物》2008年第6期第14–35+1页。
② 罗哲文、陈从周主编：《世界文化遗产：苏州古典园林》，古吴轩出版社，1999年，第9页。
③ 周维权：《中国古典园林史》，清华大学出版社，1999年，第596页。
④ 丕谟选注：《历代题画诗选注》，上海书画出版社，1983年，第33页。
⑤ [唐]佚名：《宣和画谱 王维》，武汉大学光盘版文渊阁本《四库全书》第312卷第3册第38页。
⑥ 吴世常、陈伟主编：《新编美学辞典》，河南人民出版社，1987年，第200–201页。
⑦ 张书珩等编：《明代绘画艺术》，远方出版社，2005年，第140页。
⑧ 罗哲文、陈从周主编：《世界文化遗产：苏州古典园林》，古吴轩出版社，1999年，第9–10页。
⑨ 李嘉乐主编：《园林绿化小百科》，中国建筑工业出版社，1999年，第7页。

林别墅的写意图画，含有画家的思想，又是理想化的园林意境。

现存的江南水乡园林，尤其是苏州园林，清晰地反映了文人画的影响，可见到一条园林文化繁衍的历史轨迹（见图5–3–2）。

图5–3–2 蕉窗

宋代造园，以山林野趣为特征，与此时绘画追求萧散、简淡一脉相承，以沧浪亭为典型。

元代造园，以文人气息渗透为特征，文人参与造园，运用移情寄兴画理造园，狮子林可堪代表。

明代，“文人写意山水园”臻于完美。文人画与造园结合，形成了江南水乡园林特有的风格，代表作有寄畅园、拙政园、艺圃、留园等。

清代中晚期，文人的纯艺术化与匠人的精湛技艺合二为一，造园技艺已入化境，匠气浓郁，以网师园、耦园、怡园、退思园等为著①。

三、物我两忘 境生象外

江南水乡园林是写意山水、立体诗画，是谓其意境。计成在《园冶》中强调，造园必须“意在笔先”。宗白华认为，意境是“中国文化史上最中心最有世界贡献的一个方面”②。

“知者乐水，仁者乐山”③，自然崇拜、万物有灵的原始思维，自古存在于国人心灵深处。因之，向往、追求自然，把个体融入自然山水之间，并逐渐升华、萧然物外，而臻“物我两忘”之境。这种意境，是外形美之上一层的美学境界，有丰富的内涵，是我国特有的古典美学命题，也是衡量中国传统艺术品成功与否的尺度和准绳之一④。

① 罗哲文、陈从周主编：《世界文化遗产：苏州古典园林》，古吴轩出版社，1999年，第10页。

② 罗汉军：《传统美学现代重建的探索：从〈美学与意境〉到〈艺术意象论〉》，《广西大学学报（哲学社会科学版）》1997年第2期第70–73页。

③ 《四书五经·论语》，陈戍国校点，岳麓书社，1991年，第27页。

④ 罗哲文、陈从周主编：《世界文化遗产：苏州古典园林》，古吴轩出版社，1999年，第11页。

园林意境的构成，借助于实物四要素，如山、水、植物、建筑等（见图5–3–3）①，但不是一个个孤立的物象，而有“境生象外”，更是一个“时空统一体”②。

江南水乡园林的意境创造，是采用虚实相生、分景、隔景、借景等手法，组织、扩大空间，丰富景观。不仅注重实景，还关注声、光、影、香等虚景。

沈复云：“若夫园亭楼阁，套室回廊，叠石成山，栽花取势，又在大中见小，小中见大，虚中有实，实中有虚，或藏或露，或浅或深，不仅在周回曲折四字，又不在地广石多徒烦工费。或掘地堆土成山，间以石块，杂以花草，篱用梅编，墙以藤引，则无山而成山矣。”③即利用、顺应自然，再造自然，因阜堆山、疏洼成池，建亭造榭，种花植木，构筑引人入胜之境，这是提炼浓缩的过程。如“百仞一拳，千里一瞬”④；“室雅何须大，花香不在多”；“变城市为山林，招飞来峰使居平地，自是神仙妙术”⑤等。

图5–3–3 耦园

① 周维权：《中国古典园林史》，清华大学出版社，1990年，第4页。
② 汪裕雄：《意象探源》，安徽教育出版社，1996年，第332页。
③ [清]沈复：《浮生六记・闲情记趣》，人民文学出版社，1980年，第19页。
④ [唐]白居易：《白居易全集》，丁如明、聂世美校点，上海古籍出版社，1999年，第1015页。
⑤ [清]李渔：《闲情偶寄・居室部・山石第五》，民辉译，岳麓书社，2000年，第391页。

园林意境的产生，是虚与实、情与景的结合，更是物与我的交融（见图5–3–4）。钱泳《履园丛话·园林》云："造园如作诗文，必使曲折有法，前后呼应"[1]，故赏园即是品诗文。江南水乡园林，无处不是一篇篇隽美的诗文。如就景点名目而言，便耐人寻味，如网师小筑、看松读画轩、雪香云蔚亭、荷风四面亭、涵碧山房、汲古得修绠、立雪堂、真趣亭，乃至"曲溪""印月""听香""读画"等砖额，无不意境隽美[2]。

在江南水乡园林中，月影、花影、树影、云影，又风声、雨声、水声、鸟声等虚景，对构成园林意境十分重要，其与人类情感沟通的媒介，便是古典诗文。如"小楼一夜听春雨""留得枯荷听雨声""疏影横斜水清浅，暗香浮动月黄昏""粉墙花影自重重，帘卷残荷水殿风""归舟何虑晚，日暮使樵风"等，它们丰富了人们的审美感受。而水乡园林中的绘画、书法、雕刻、音乐、建筑等多种技艺的交融一体，更使园林意境幽远，由局部而整体、由小空间而大场所、由有限而无限、由实而虚，进而对人生哲理、历史文化、宇宙天地等，促使人们感悟、领会[3]（见图5–3–5）。

图5–3–4 网师园看松读画轩旁的曲廊

图5–3–5 网师园的"槃涧"

综上所述，江南水乡园林有淳厚的文化内涵，蕴含着我国古代哲理、宇宙观念、文化意识、审美情趣与乡风民俗等，是熔中国传统文化于一炉的综合性艺术，是极其重要的历史文化艺术的宝库。

---

① [清]钱泳撰：《履园丛话·上、下》，上海古籍出版社，2012年，第369页。

② 罗哲文、陈从周主编：《世界文化遗产：苏州古典园林》，古吴轩出版社，1999年，第11页。

③ 同上注。

第六章

江南水乡建筑营造文化

第一节　江南水乡建筑技术

本著第四章概述江南水乡生活情态与建筑形态时，我们已初步讨论过江南水乡的干栏式建筑造型。新石器时代，我国南北方在建造材料上已各有偏向，随之建造技术也不尽相同，可谓各有所长，各自的文化特质或多或少地影响着当地的建构思维方式。

相对而言，南方亚热带潮湿地区对于木材的结构性能掌握或许较之北方为早，而北方黄河中游温带半干旱区，对土的利用更多。因之，相应地形成了南方的整体构木的思维方式及北方垒叠的建构思维方式[①]。例如，社会结构形式相同，同属母系氏族社会的河姆渡人和半坡人，各自不同的建构思维方式已初露端倪[②]。随着生产力的发展，等级、政治需求等社会意识形态的一致及南北交流渐多，高大、宏伟、长久的建筑观的追求，使得高等级建筑的差异逐渐缩小，对大型礼制、重要建筑的构筑南北方都逐渐趋于垒叠的建构思维方式。

秦汉一统后确立了的主流文化，流布四方。属于南方一部的江南水乡，在小型建筑中仍然深受整体构木思维方式的深刻影响，并在其重要礼制建筑垒叠的建构思维方式中，也保留着较多的整体构木方式。

魏晋时期，特别是永嘉之乱后，历经南北文化的交流，江南水乡建筑技术更为多元化。《三国志·吴志·孙策传》注引江表传：策与周瑜袭皖城，“得（袁）术百工及鼓吹部曲三万余人……皆徙所得入东诣吴”[③]。“晋桓温北伐，得巧作婢（《晋书·桓温传》）；刘裕灭姚秦，‘斗场锦署，平关右迁其百工也’。迁关右百工而南（《太平御览》卷815引自丹阳记），北魏道武帝灭后燕徙山东六州民吏及百工技巧十余万口以充京师（《魏书·太祖纪》）；北魏太武帝太平真君七年（446）三月诏徙长安城工巧二千家于京师（《魏书·世祖纪下》）”[④]等。因工匠俘虏迁徙各地，相互间的技术传播益广。大型礼制、重要建筑或可称为“官式建筑”，在逐渐成熟的垒叠建构思维中，整体构木思维方式的影响也在加大，二者相辅相成。

---

① 利用木材本身特有的力学特性的建构思维，我们称之为“构木”思维方式，它是一种整体构木的思想。木构件通过绑扎、榫卯连接，以及木与木间的相互穿插，形成空间构架，用以保持自身的稳定，如穿斗构架。垒叠的建构思维方式不仅是夯土基或墙的构造特征，同时也是土木混合结构的构造特征。它通过重力受压，来保持强度与稳定。运用在木构架系统，就是抬梁构架。这两种建构思维方式不是绝然分离的，只是在指导建筑时，不同地域可能各有偏重。见马晓：《中国古代木楼阁架构研究》，博士学位论文，东南大学，2004年，第22页。

② 马晓：《中国古代木楼阁架构研究》，博士学位论文，东南大学，2004年，第24页。

③ 《二十五史·三国志·吴书·孙破虏讨逆传》，浙江古籍出版社，1998年百衲本，第1151页。

④ 李剑农：《中国古代经济史稿·第2卷·魏晋南北朝隋唐部分》，武汉大学出版社，1990年，第56页。

“东晋及南朝虽地处‘构木’思维方式为主的南方，仍具有垒叠的建构思维方式。且二者并非对立，新石器时期早已共存。只不过，由于政治、经济状况的不同，特别是气候、自然地理环境的局限，二者融合的最终结果，应是外观及主体构架上保留有垒叠的建构思想，但其间的连接及出挑多采用‘构木’的榫卯穿插，以保持部分稳定。估计当时一些重要工程，尤其是国家级的宫室、礼制建筑，多半如此。至宋元时期，南方官式建筑亦然（见图6–1–1至图6–1–7）。

图6–1–1 虎丘二山门

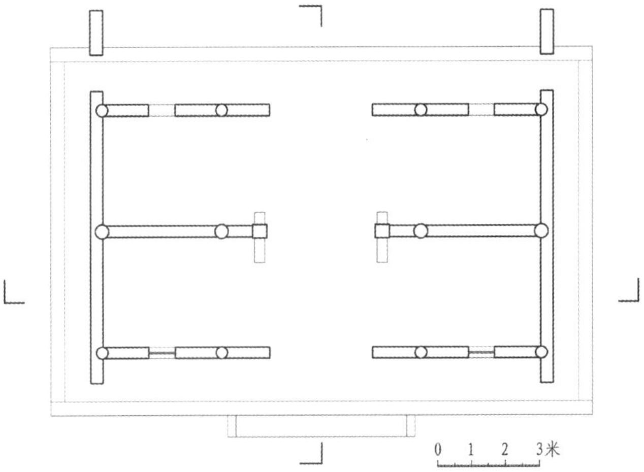

图6–1–2 虎丘二山门平面图

图6–1–3 虎丘二山门纵剖面图

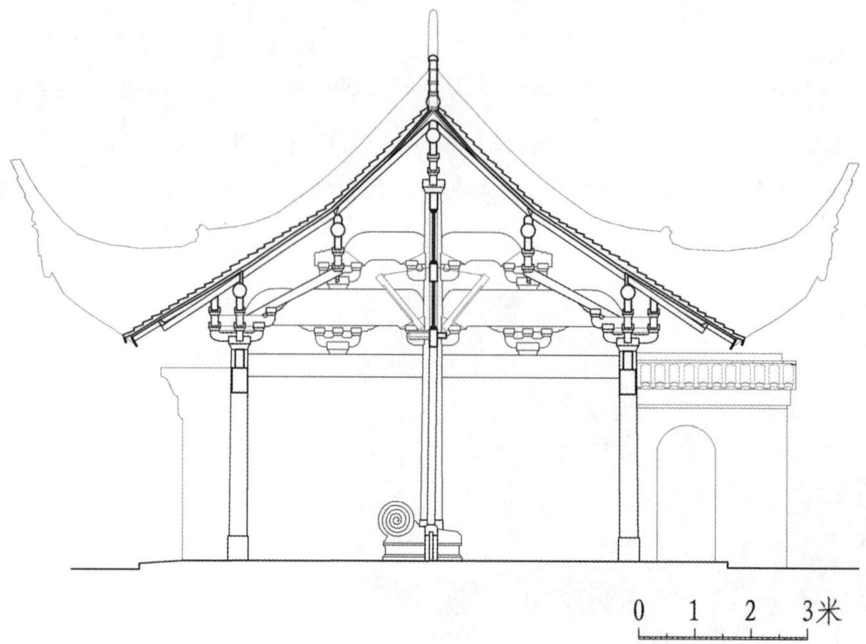

图6–1–4 虎丘二山门横剖面图

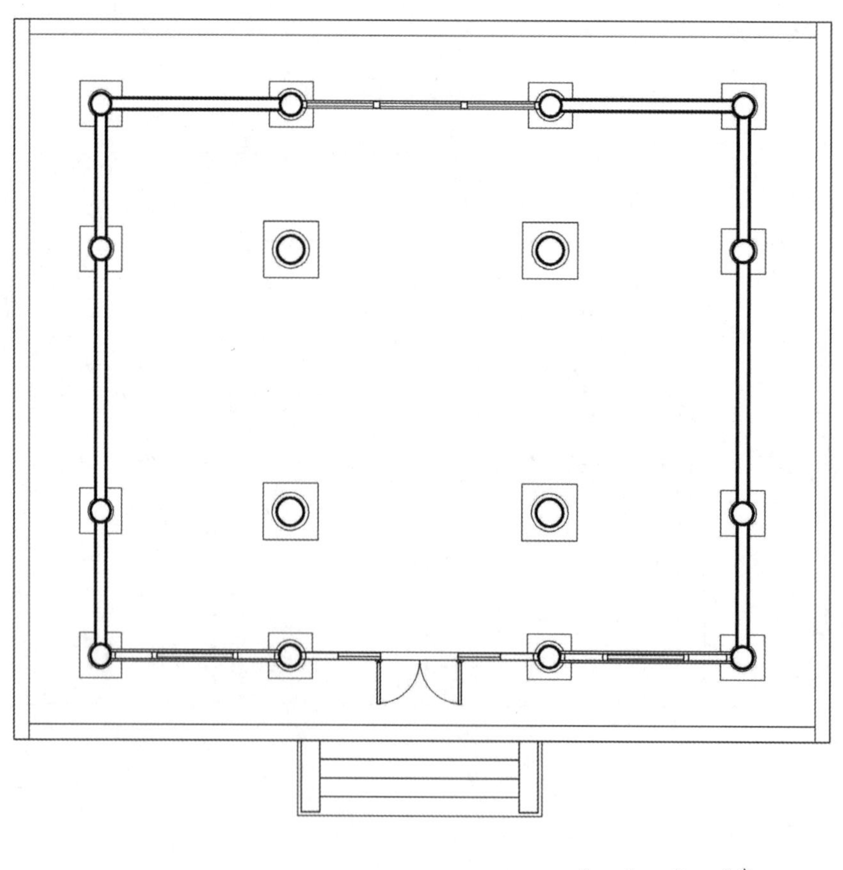

图6–1–5 东山杨湾轩辕宫大殿平面图

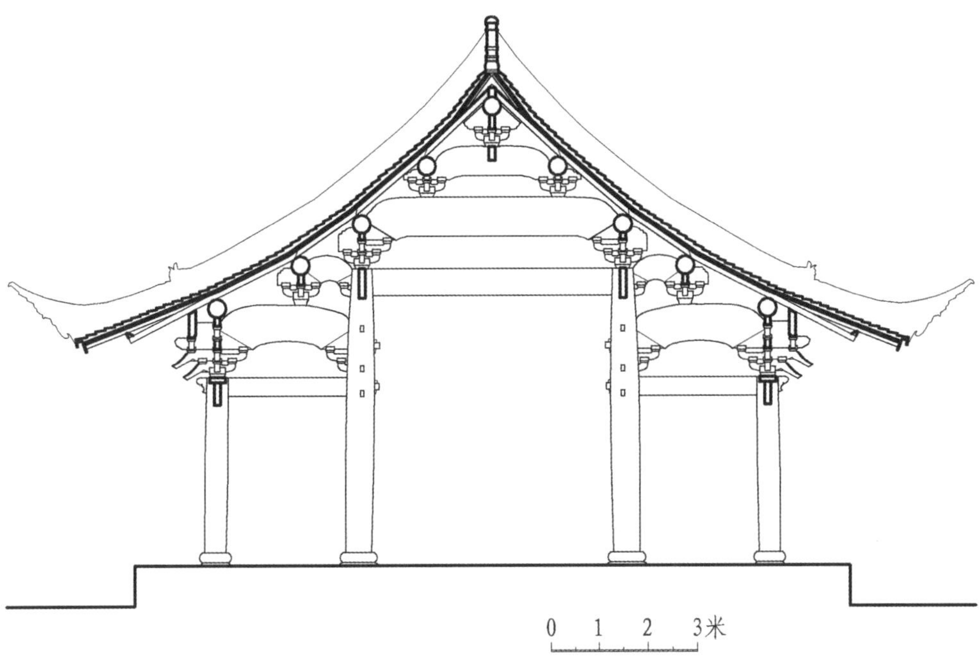

图6–1–6 轩辕宫大殿明间剖面图

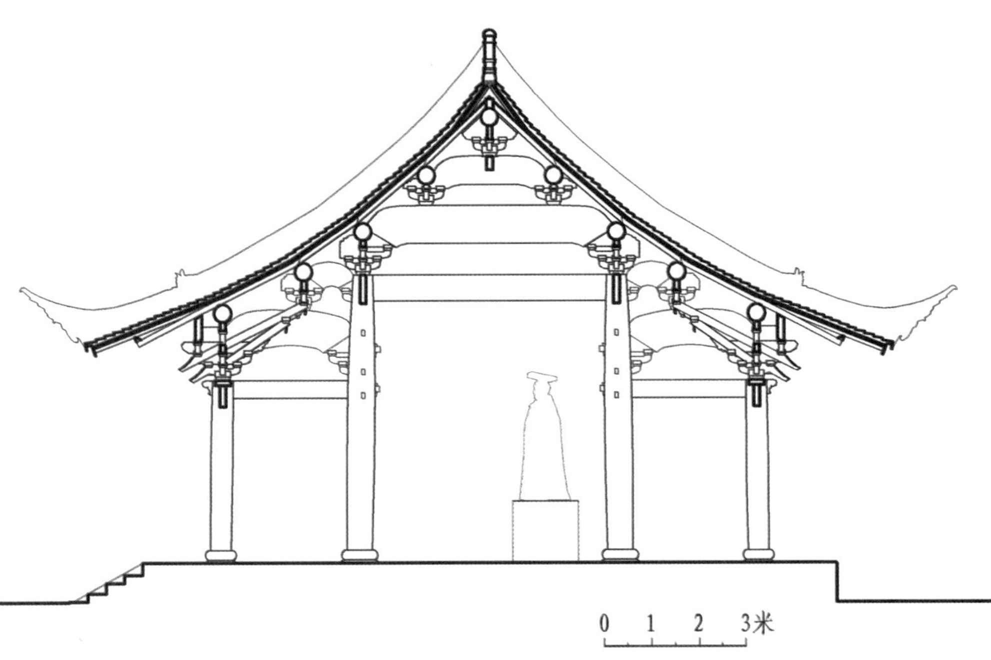

图6–1–7 轩辕宫大殿次间剖面图

明清时亦然。如清代浙江盐官海神庙大殿，除一些装饰具有南方特征外，构架及造型与清官式做法相近（见图6–1–8），甚至北方宋元以降常用的附角斗①，在海神庙大殿的角科中工匠们也同样采用（清工部《工程做法》称之为“连瓣科”②）。

图6–1–8 浙江盐官海神庙大殿

再从文化、意识形态的角度而言，南宋以前，北方一直独领风骚，建筑文化也理应如此。尤其当构架的结构造型，与政治、审美需求紧密联系时，更应追寻主流。从这个角度来说，由强势文化中心向周边流布，应是特定时期文化传播的主线。

明清以前之江南水乡木构建筑，现存者已不多见（见表6–1–1）。

表6–1–1 江南水乡现存明以前木构古代建筑统计

序号	名称	地点	资料	年代
1	保国寺	宁波	窦学智、戚德耀、方长源：《余姚保国寺大雄宝殿》，《文物参考资料》1957年第8期第54–60页	大中祥符六年（1013）
			林士民：《保国寺》，《文物》1980年第2期第90–91+107页	
			傅熹年：《福建的几座宋代建筑及其与日本镰仓“大佛样”建筑的关系》，《建筑学报》1981年第5期第68–77页	
			杨新平：《保国寺大殿建筑形制分析与探讨》，《古建园林技术》1987年第2期第46–52页	

① 马晓：《附角斗的缘起》，《华中建筑》2003年第5期第104页。马晓：《附角斗的流变——元明清时期附角斗的功能及其演化》，《华中建筑》2004年第2期第131–134页。

② 王璞子主编，故宫博物院古建部编：《工程做法注释》，中国建筑工业出版社，1995年，第22页。

（续表）

序号	名称	地点	资料	年代
			郭黛姮：《东来第一山——保国寺》，文物出版社，2003年8月版	
			《纪念宋〈营造法式〉刊行900周年暨宁波保国寺大殿建成990周年学术讨论会论文集》，宁波，2003年	
2	三清殿	苏州玄妙观	刘敦桢：《刘敦桢文集》（第3辑），中国建筑工业出版社，1984年，第257页	南宋淳熙六年（1179）
			郭黛姮：《中国古代建筑史》，中国建筑工业出版社，2003年，第519–524页	
			《八百多年前的宋代建筑》，《新华社新闻稿》1956年第2316期第12页	
3	二山门	苏州虎丘	刘敦桢：《刘敦桢文集》（第3辑），中国建筑工业出版社，1984年，第303页	元至元四年（1338）
			姚承祖：《营造法原》图版，建筑工程出版社，1959年	
			陈明达认为是宋至道中期（995–997）原物，见陈明达：《营造法式大木作制度研究》，文物出版社，1993年，第158页	
4	真如寺	上海真如镇	刘敦桢：《真如寺正殿》，《文物参考资料》1951年第8期第91页	元延祐七年（1317）
			上海市文物保管委员会：《上海市郊元代建筑真如寺正殿中发现的工匠墨笔字》，《文物》1966年第3期第16页	
			杨嘉祐：《上海地区古建筑》，《建筑学报》1981年第7期第46–49+15页	
			静观：《上海古迹——真如寺》，《上海师范大学学报（哲学社会科学版）》1983年第1期第1页	
			路秉杰：《从上海真如寺大殿看日本禅宗样的渊源》，《同济大学学报（人文·社会科学版）》1996年第2期第7–13页	
5	轩辕宫	苏州东山杨湾	陈从周：《洞庭东山的古建筑杨湾庙正殿》，《文物参考资料》1954年第3期第63–68页	元至元四年（1338）
			陶保成：《轩辕宫正殿的不落架科学保护》，《东南文化》2001年第7期第95–96页	
注：陈从周先生认为苏州杨湾的轩辕宫应创建于元代末期。但仔细深究，轩辕宫的不少做法保留了早期木构建筑的一些特点。首先，就铺作做法，其采用的是泥道栱与正心枋相间累叠方式，此与《营造法式》记载完全相符；其次，铺作上、下昂并用，采用重层丁头栱做法等，在元代以后少有实例；再次，金柱采用上下均收分的梭柱做法，且侧脚与生起很明显；又次，屋顶出挑较大等。这些都是元以前木构建筑的特点。此外，轩辕宫整体用料明显大于被认为是南宋建筑的玄妙观三清殿。据此，我们认为轩辕宫至少应是南宋时期的遗构。				

我们根据江南水乡遗留木构古代建筑之现状，将其约略分为两期：明代以前与明清时期。

表6–1–1中，宁波保国寺大殿建造年代比《营造法式》成书年代还要早90年，其“结构体系与装修方法上，与法式（宋刊《营造法式》，笔者注）最为接近”[①]。因之，宋构保国寺大殿具有极其重要的学术价值。这也说明，《营造法式》所反映的营造制度在江南早已有基础。

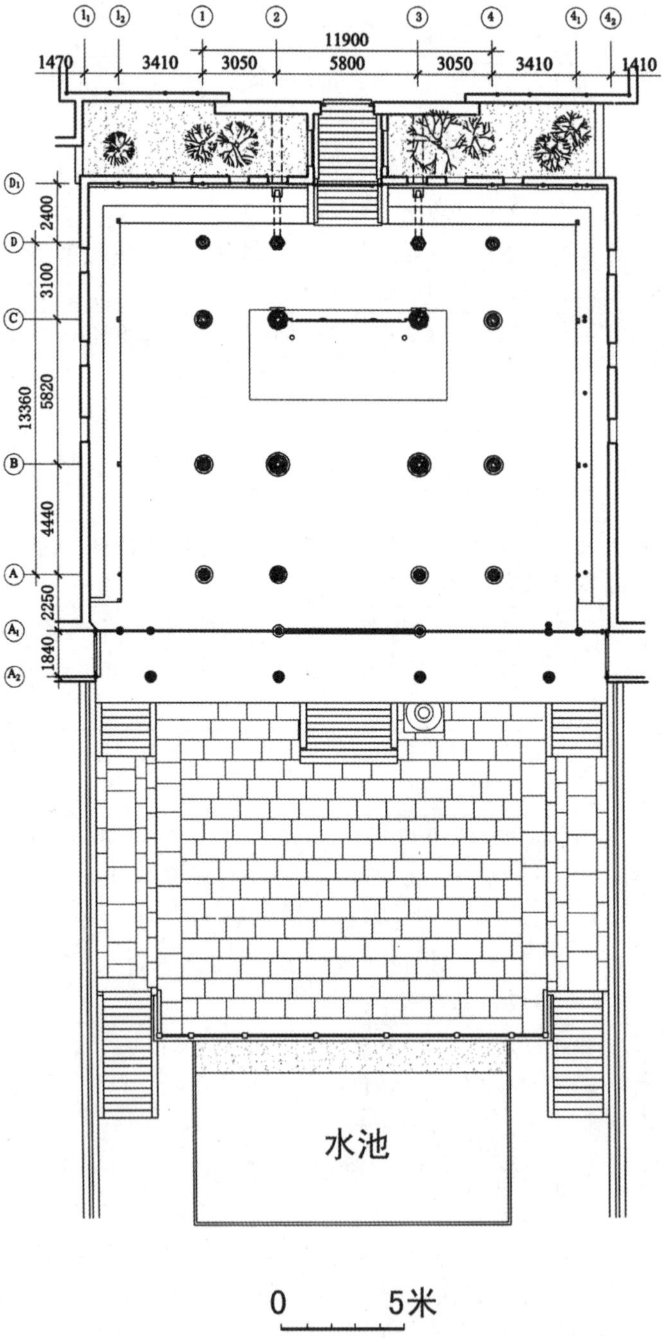

图6–1–9 保国寺平面图

① 罗哲文：《纪念宋〈营造法式〉刊行900周年暨宁波保国寺大殿建成990周年学术研讨会（国际）·大会组织委员会主席致辞》，中国浙江宁波，2003年，第16–18页。

陈明达先生对其进行了深入研究，他认为：一、外檐扶壁栱，是在单栱素枋上又加单栱素枋，保留了南北朝至初唐时的残余形式①。二、柱头铺作下昂昂身长达两椽，应是由人字架（斜梁）发展成下昂的早期形式②。三、保国寺的横断面，是探索八架椽屋结构形式发展过程的最好实例，其前后各两椽，均用由下昂铺作组成的横架；当中四椽，用四椽栿压于两侧昂尾上，正是由于这种具有斜梁作用的昂，昂身由两椽减为一椽，再减为三跳或两跳。逐步改革为使用乳栿札牵，而失去其原有形式与作用。四、采用了丁头栱（插栱），少数铺作不用栌斗，而加高柱身使栱枋穿过柱身，保留挑梁的残迹，并表现出它和穿斗结构习用穿枋穿过柱身的做法，有继承、发展的关系③。大殿柱子采用"拼绑"方法，形如瓜棱，叫瓜棱柱，或以四块大小相同的木材榫卯起来，取名为"四段合"，为现存最早的可与宋刊《营造法式》对照的实物遗存，南通天宁寺亦然（明），同具宋构特征④。保国寺大殿虽地处南方湿润地区，历经千年风雨，无虫蛀、鸟栖之痕，实为中国古代建筑无上之珍品⑤（见图6–1–9、图6–1–10、图6–1–11、图6–1–12）。

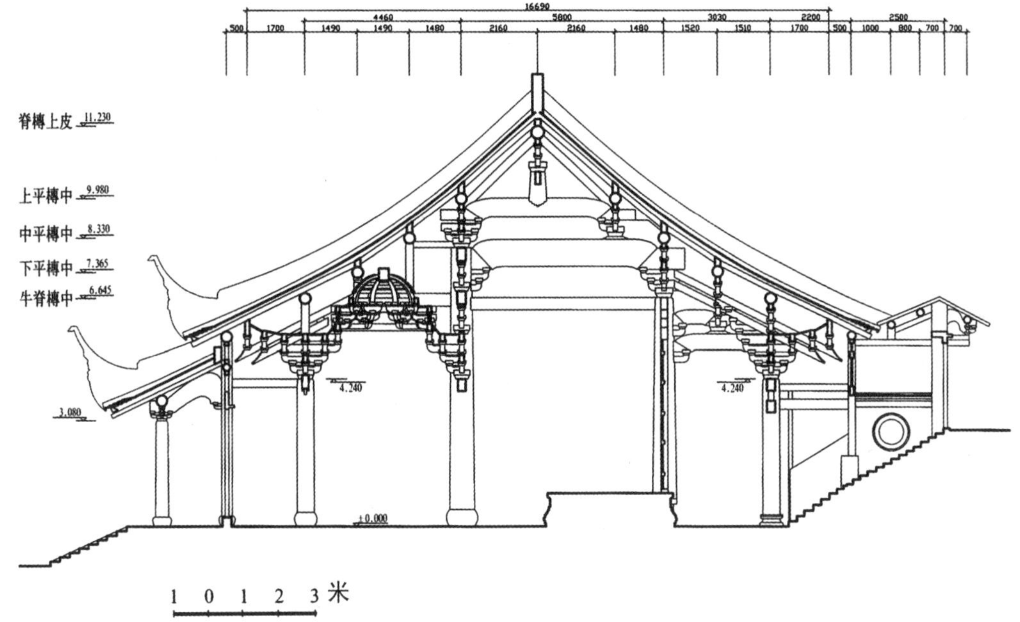

图6–1–10 保国寺大殿现状当心间横剖面图（藻井位置）（《东来第一山——保国寺》）

① 实际上，就是泥道栱上安正心枋，枋上再安泥道栱、正心枋，即泥道栱与正心枋相间布置。

② 马晓：《四川眉山报恩寺元代大殿》，《文物》2018年第7期第81–90+97页。

③ 陈明达：《中国古代木结构建筑技术（战国——北宋）》，文物出版社，1990年，第47页。

④ 奚三彩、王勉、龚德才、万俐：《化学材料在南通天宁寺古建筑维修中的应用》，《东南文化》1999年第5期第124–126+5页。凌振荣：《南通天宁寺大雄之殿维修记略》，《东南文化》1996年第2期第126–129页。不过，需要说明的是，南通天宁寺大殿木柱及以下具备宋代特征，斗栱及以上改动较大（笔者注）。

⑤ 罗哲文：《纪念宋〈营造法式〉刊行900周年暨宁波保国寺大殿建成990周年学术研讨会（国际）·大会组织委员会主席致辞》，中国浙江宁波，2003年，第16–18页。

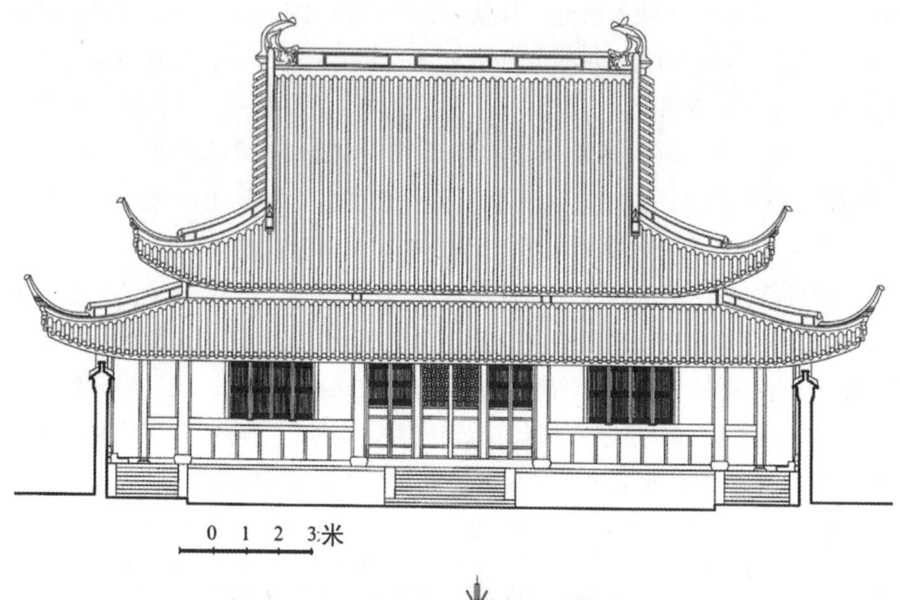

图6-1-11 保国寺大殿现状正、侧面图（《东来第一山——保国寺》）

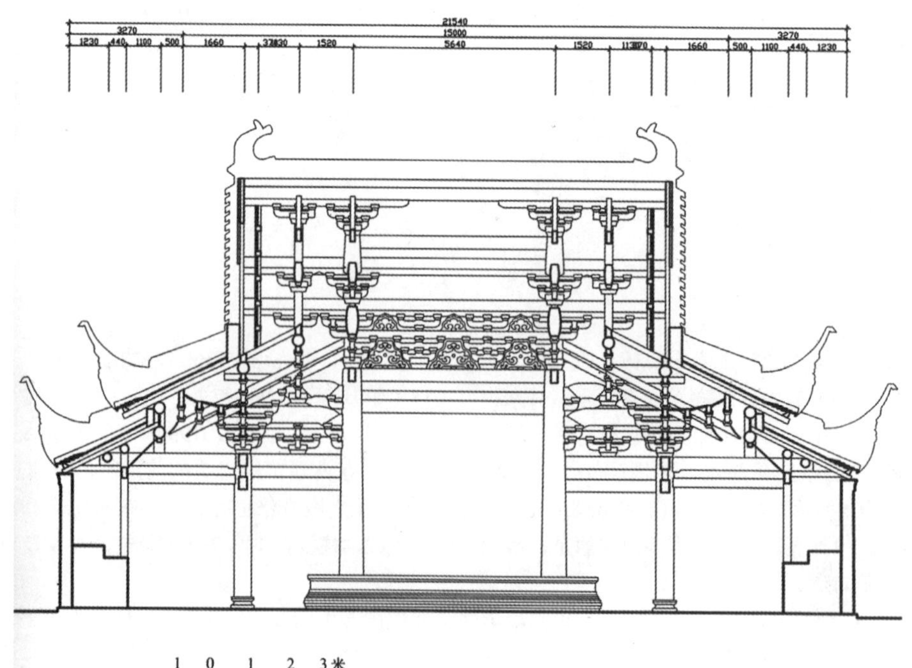

图6-1-12 保国寺大殿现状纵剖面图（《东来第一山——保国寺》）

表6–1–1所列殿宇中，外观及主体构架上保留有垒叠的建构思想。加上南宋绍兴十五年（1145）《营造法式》在平江的重刊，更使得这种构架体系在江南流布，无论官式建筑还是大量较高等级民宅，多有应用并一直沿用至明清，如明代苏州文庙的构架（见图6–1–13、图6–1–14）。此外，江南原有的整体构木的思维方式影响下的做法，即采用抬梁构架为主兼有穿斗架做法的综合构架形式。

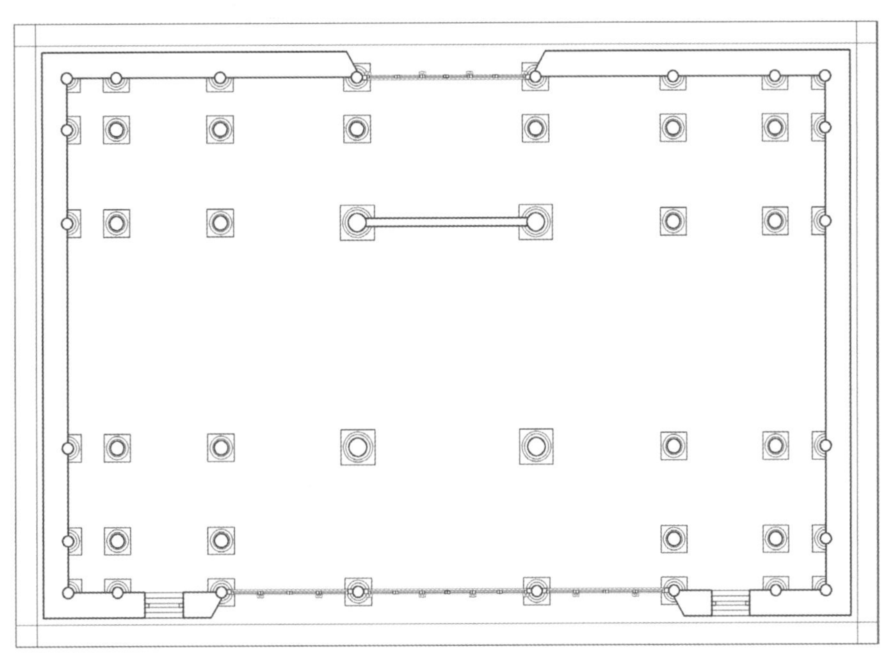

图6–1–13 苏州文庙大殿平面图（明成化十年，1474）

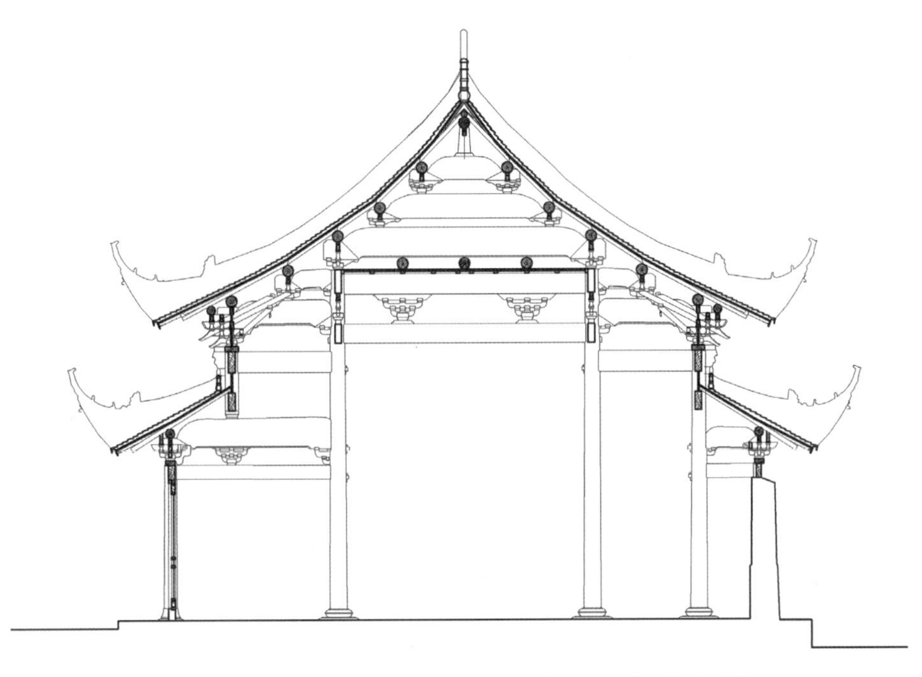

图6–1–14 苏州文庙大殿明间剖面图（现状有改动，笔者注）

江南建筑技术特色主要表现如下：

（一）整体构架习用厅堂做法

它是以抬梁构架（垒叠的建构思维方式下的产物）为主，兼有穿斗构架（整体构木的思维方式下的产物）的综合形式。

如内柱升高，木构自身整体性加强。因为内柱升高，相应地乳栿及札牵等插于内柱，并用丁头栱加大承栿的受力面积（明清时有些就简化为梁垫及蜂头的形式），减小梁间净跨距。这种木构件通过木与木间的相互穿插，形成空间构架，用以保持自身的稳定，是整体构木所特有的做法。“辽代建筑如奉国寺、善化寺二大殿梁尾入柱处均无丁头栱，故丁头栱承梁尾可能是始于南方的，很可能是受穿斗架影响所致”①。

其次，木结构受力合理，经济适用，内柱径普遍大于外柱径，往往明间最中央四根金柱最大，形成不同的内外圈受力层次。如宁波保国寺大殿、杨湾轩辕宫、虎丘二山门、玄妙观三清殿、真如寺大殿等皆然。影响及于明清，如苏州文庙、留园林泉耆硕之馆、拙政园三十六鸳鸯馆等莫不如此。

（二）大量使用月梁造②做法

月梁造，不仅可以柔和、美化直梁本身，同时又使得梁与柱交接不那么生硬，很具装饰效果。早在唐代佛光寺大殿明栿中，已有非主要承重构件采用月梁造形式，其成熟的做法，不应理解为无根据的孤例，来源应更早，当为此时高等级建筑所常见，无疑是后世《营造法式》之来源。

何况，北方遗构中这样的做法在构架的不同位置中均有使用。例如，山西平顺龙门寺西配殿（五代）四椽栿与平梁、晋城岱庙天齐殿（宋）乳栿、山西高平定林寺雷音殿（宋）六椽栿、山西大同善化寺山门（金）阑额、山西洪洞广胜下寺山门（元）内槽柱头枋及乳栿采用月梁形式、陵川崇安寺古陵楼（明）阑额月梁造③、山西高平崇明寺山门（明）阑额、山西介休回銮寺大殿（明）阑额、山西运城关帝庙午门、御书楼（明）二层外檐阑额、山西陵川二仙庙前殿（明）阑额、山西高平金峰寺大雄宝殿（清）额枋等。明清时期的山西古建中同样大量出现，甚至在砖石结构及小木作中也采用这样的装饰形式，如山西晋城青莲寺藏经阁砖雕基座（明）、山西陵川二仙庙前殿神龛（清）显示了阑额月梁造等。可见使用之众。

江南水乡的月梁造与《营造法式》所描述者相似，这是与南宋以来，崇尚中原正统文化精神相一致的，并延续至明清。

当然，江南水乡建筑中月梁造的使用，不仅仅局限于梁架中的个别构件，无论是承重的梁栿，还是联系的额枋，在同一建筑中都大量使用；且上至殿宇、下至民居等较为讲究的建筑中，均有采用。这类建筑数量之多，堪称江南水乡建筑之一大特色。

---

① 傅熹年：《傅熹年建筑史论文集》，文物出版社，1998年，第275页。

② 月梁造是《营造法式》明确记载的一种梁栿加工方法，是与直梁相对的一种做法，即“造月梁之法”。

③ 因北方深受垒叠的建构思维方式的影响，大型殿宇的承重梁架大多以直梁通过蜀柱层层受力。且当下北方遗留的古代建筑多是小殿，加上后世的多次维修，颇具装饰作用的月梁使用相对南方少。

就月梁造的架构而言，据《营造法式》“造月梁之制：明栿，其广四十二份。梁首不以大小从，下高二十一份。其上余材，自斗里平之上，随其高匀分作六分……”。即不论梁栿长短，采用月梁造形式后，其梁首与梁尾均高一足材。由于梁首与梁尾截面变小且模数化，因此，既可以叠于柱头之上，又可插于柱中，使用灵活。

但是，《营造法式》规定的梁首下高二十一份，在实际建造中能否满足大跨度情况下的梁栿抗剪要求？是否为一个固定的数值呢？

宋代及以前的木构古代建筑，采用的斗栱相对较大；月梁造梁栿首下又加有斗栱支撑，一足材或可满足四椽栿以下的梁栿的抗剪需求。现存明清民居木构古代建筑中，大于四椽栿的大型梁架并不多见。况且，《营造法式》所谓的月梁造形式，有些采用在乳栿、劄牵，以及非主要承重结构的明栿部分。因此，其梁首高度仅为一足材是可以理解的。

当然，月梁造是梁栿的一种加工方法，可能被乳栿、三椽栿、四椽栿、五椽栿、六椽栿甚至更多“X椽栿”所采用，不应具体理解为某个具体的梁栿构件（如标注乳栿、六椽栿等为“月梁”①）。

江南建筑多用彻上明造。对于主要承重梁而言，即《营造法式》中的“担栿”②，如四椽栿，六椽栿，其梁首因承重所需，需满足抗剪要求，仅为一足材往往不够，故需随宜增大，这可为江南水乡现存实物所确证③。如宁波保国寺大殿，其平梁梁首高一足材，而三椽栿的梁首梁尾高二足材，并有二跳斗栱在栿下支撑，完全可以满足抗剪要求。苏州东山杨湾轩辕宫大殿四椽栿梁头，也高二足材等。

（三）江南楼阁与木檐砖塔

明清以前的楼阁建筑，江南几乎没有存留，即便明清以后的规模较大的楼阁亦不多见。而文献中记载的大型木造楼阁建筑却有不少，如晋孝武帝更筑立宫室，造景阳楼，极为宏伟。宋文帝《景阳楼》云：“崇堂临万雉，层楼跨九成……”④南宋五山十刹径山寺“还曾建起九开间的五凤楼式大门，比北宋宫殿大门宣德楼还大，天童寺山门曾为三层高阁，其主旨是要高出云霄之上，真足以弹压山川”⑤等。

当然，建造大型楼阁的技术早已存在。如北宋初期著名的开封开宝寺塔，就是两浙地区最负众望的都料匠喻皓所主持建造的⑥。

但是，仅凭文字描述难以断定其构架方式。譬如：“景阳楼是否有可能采用秦汉时常用的土木混合楼阁构架形式？如不是，那是何种结构方式？”等问题，尚待未来的深入研究。

---

① “大木作图65　宋代木构建筑假想图之二”中所标注，见梁思成：《梁思成全集》（第7卷），中国建筑工业出版社，2001年，第123页。

② “造梁之制有五：一曰擔（担）栿，如四椽栿及五椽栿；若四铺作以上至八铺作，并广两材两栔；草栿广三材。如六椽至八椽以上栿，若四铺作至八铺作，广四材；草栿同。二曰乳栿、三椽栿……三曰札牵……”从此话中可以推断四椽栿以上的大梁为担栿，现行简化字版本以及各种《营造法式》研究论著中的“檐栿”，实为“擔栿”之误。在四库本《营造法式》中清楚写为“擔栿”，见[宋]李诫撰《营造法式》，武汉大学光盘版文渊阁本《四库全书》第244卷第2册第2页。

③ 例如宁波保国寺大殿、东山杨湾轩辕宫、苏州文庙等，不胜枚举。

④ 林鲤编著：《中国皇帝全书》，九洲图书出版社，1997年，第654页。

⑤ 郭黛姮：《中国古代建筑史》，中国建筑工业出版社，2003年，第8页。

⑥ 郭湖生：《喻皓》，《建筑师》1980年第3期第182–184+201页。

整体构木思维方式指导下的楼阁，采取便宜的原则，相对于累叠式楼阁而言，同样的底面积若超过一定高度，例如四层以上，便易失稳。好在我国古代建筑构造方式多样，并不局限于某一种，又可以通过采用加大柱径、增加梁的厚重等通过承受重力的方式形成累叠式楼阁，来保持稳定。

但是，在高细比大的楼阁中，尤其是塔中，由于木材料力学性能的限制，这一方案并不是最优解。因此，就保留下来的江南古塔而言，无一幢全木构塔。现存实例表明，五代以降，其大型塔塔身多采用砖砌，塔檐或平座、栏杆等为木构，塔壁内也砌入木梁、木枋，并挑出角梁和塔檐，成“木檐砖身塔”，可谓是材料与结构的统一。不仅抗震好，且满足高层建筑防雷、防火、防潮、耐久等多方面要求，经济适用，的确是一种合理的结构类型。同时，兼具木塔的外形，楼阁平座又利于观光远眺等，这种结构形式在江南水乡宋塔中相当普遍，例如上海松江方塔、湖州飞英塔、苏州瑞光塔、北寺塔、常熟方塔、宁波天封塔等。

当然，遗留的唐宋时砖身木檐的楼阁式塔，全国各地均有，但江南水乡相对较多（见表6–1–2）。或许，这类塔建筑承载着较多的水乡世俗文化的需求，如文人登高吟咏、庶人游戏畅怀、改风水、振文风等，可满足各阶层人士所需。或许，仅可单一膜拜或仅具纪念意义的大型塔，对江南水乡的人们而言，吸引力并不太大。

表6–1–2 江南水乡唐宋砖木混合楼阁式塔列表

序号	名称	地点	资料	年代
1	泖塔	上海青浦沈巷镇	五层方形，砖木结构，28.2米高。当年还曾被当作泖湖中船只航行的航标	唐乾符年间（874–879）
2	李塔	上海松江李塔汇镇	砖木结构，七级方形，高约33米	唐代
3	临安功臣塔	浙江杭州市临安区功臣山	塔为四方形仿木构楼阁式砖塔，五层，高25.3米左右	五代后梁贞明元年（915）
4	云岩寺塔	苏州虎丘	塔八角七层，高48.2米，仿木构楼阁式砖塔，每层均施以腰檐平座	创建于五代末后周显德六年（959），北宋建隆二年（961）建成
5	龙华塔	上海市徐汇区	四方形七层楼阁式砖木混合结构，总高41.03米。塔身为砖砌空筒式，塔顶有高达8米的塔刹	始建于三国吴赤乌十年（247），重建于北宋太平兴国二年（977）
6	延庆寺塔	浙江松阳西屏镇西5千米	塔高38.32米，六面七层。砖木结构，仿楼阁形式	北宋咸平二年（999）
7	秀道者塔	上海松江佘山	砖木结构，七级八角，塔高29米	北宋太平兴国年间（976–983）
8	秦峰塔	江苏昆山千灯镇尚书浦西岸	塔为砖身木檐楼阁式方形塔，四面七级，高39.5米	北宋大中祥符元年（1008）

（续表）

序号	名称	地点	资料	年代
9	瑞光塔	苏州盘门附近	八角七级，残高42.4米，复原后总高53米。塔身为砖石砌筑，檐和平座栏杆均为木构	北宋景德元年（1004）至天圣八年（1030）
10	青龙塔	上海青浦白鹤镇青龙村	砖木结构，七级八角，现仅存塔身，残高30多米	始建于唐长庆年间（821–824），重建于北宋庆历年间（1041–1048）
11	兴圣教寺塔	上海松江中山街道方塔园内	方形九层，下层每边宽6米，高42.65米	北宋熙宁、元祐年间（1068–1094）
12	龙德寺塔	浙江浦江县塔山公园内	原为7层6面楼阁式塔。现仅存砖石结构塔身，高36米	北宋天圣三年（1025）
13	护珠塔	上海松江天马山中峰	砖石结构，八面七层，高18.82米	始建于北宋元丰二年（1079），南宋淳祐五年（1245）重修
14	法华塔	上海嘉定州桥老街	高40.83米的方形七级	南宋开禧年间（1205–1207）
15	聚沙塔	江苏常熟梅李镇东	八面七级，高20多米	南宋绍兴年间（1131–1162）
16	天封塔	宁波海曙区大沙泥街	塔高约51米，共14层。七明七暗，呈六角形	始建于唐武后天册万岁及万岁登封年间（695–696），南宋绍兴十四年（1144）重建
17	六和塔	杭州钱塘江畔	塔八面十三层，内分七级。高59.89米	南宋绍兴二十三年（1153）至隆兴元年（1163）
18	飞英塔	浙江湖州吴兴区	七层八角，残高36.32米，1986年修复后的塔身高55米。内塔仍保持原样，为石构八边形五层小塔，塔顶已毁，残高14.55米	唐中和四年至乾宁元年（884–894）
19	光福寺塔	苏州光福镇龟山	四方七级，高30多米	梁大同初年（535–546）
20	慈云寺塔	苏州吴江震泽镇宝塔街东栅	六面五级，高38.44米，由塔壁、回廊、塔心组成	三国吴赤乌十三年（250）
21	崇教兴福寺塔	江苏常熟塔后街	四方形砖身木檐楼阁式，高九层、60余米。塔底层室内为八角形	始建于南宋建炎四年（1130），重建于南宋咸淳年间（1265–1274）

（续表）

序号	名称	地点	资料	年代
22	文笔塔	常州红梅公园内	楼阁式砖木结构塔，七级八面，高近49米	南朝齐建元年间（479–482）
23	大善塔	绍兴市区子余路	塔六面七层，底层边长3.8米，地平面至覆盆顶高40.5米	南朝梁天监三年（504）

明清时期，江南经济文化发达，江南水乡现今完整保存的古代建筑多属此期。因之，本书木构古建筑技术之介绍，以明清为主，具有典型的地域技术特征，这在“南方中国建筑之唯一宝典”《营造法原》中记述甚详，且极为专业，堪称目前最权威之著（本章第三节简介其内容）。故本著仅就某些问题，作相关诠释，其宋、清与苏式名称之对照，参见本书附录（戚德耀先生整理）。

因江南水乡单体房屋建筑规模大小、使用性质之不同，一般可划分为平房、厅堂、殿庭三种。平房为普通房屋；厅堂结构相对复杂，颇具装修，为官宦、富裕人家作应酬居住之用，且多为扁作；殿庭则为宗教膜拜或纪念先贤之所，结构复杂，装饰华丽①。

一、平面

江南水乡宅第建筑之平面布置，较大规模者通常采用多落多进的形式。

举凡位于中轴线上之建筑，谓为“正落”。自外而内，大致为门第（房）、茶厅（轿厅）、大（客）厅、楼厅等，如周庄沈厅、无锡薛福成故居、网师园东部正落等。每进房屋之间为天井，便于排水、遮阴、采光和通风，又是创造层层空间意境的绝妙手段，而“四水归堂”又寓意着广受四方之财。楼厅之后，地狭者临界筑墙，地广者辟为后花园。楼厅与大厅之间往往进行分隔，以别内外，外人一般不能至此。

中轴线两旁之房屋，称为“边落”，多为花厅、书房，其后则为厨房、下屋等。各部分房屋檐高，均有定制，主者高、次者低，以示尊卑，显明等级。

中等建筑规模者，仍采用沿纵深方向多进布置建筑。因规模有限，除正落外，一般没有边落及附房。

小型民房，多以一个天井为中心，建筑围绕布置。无院落时，或枕河、傍河而居。

同样，江南水乡的寺庙、道观等也多采用院落式布局。不过，也有采用多个单体建筑组合成建筑群的布置法，较为特殊。如嘉定城隍庙，主体采用勾连搭的样式又与后殿呈工字殿式布局，平面组合多变，屋顶造型自由丰富（见图6–1–15、图6–1–16、图6–1–17、图6–1–18）。无锡昭嗣堂、嘉定孔庙明伦堂等类此。

① 姚承祖：《营造法原》，中国建筑工业出版社，1959年，第15–16页。

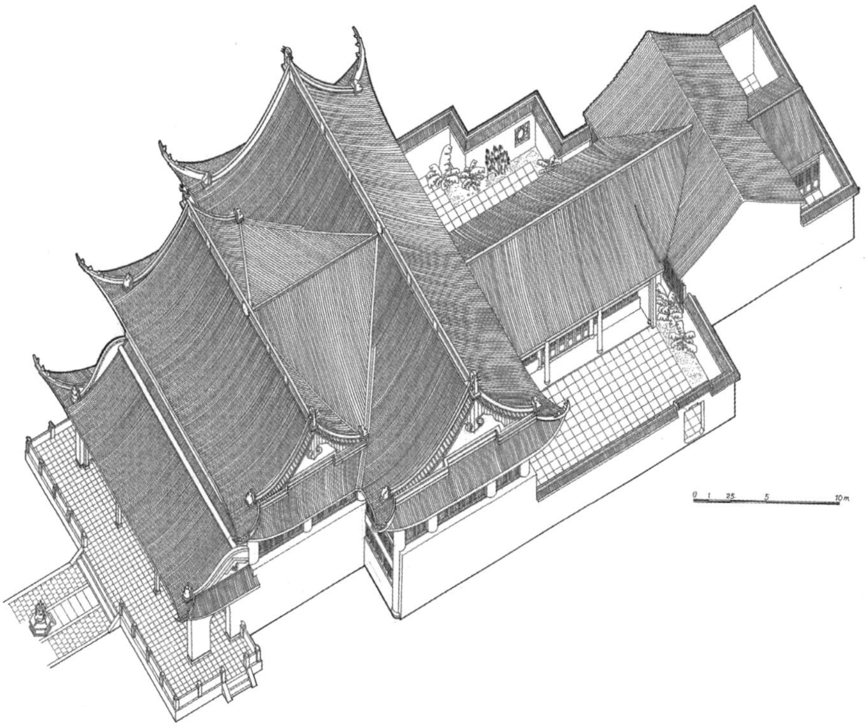

图6–1–15 嘉定城隍庙轴测（同济大学朱宇辉供图）

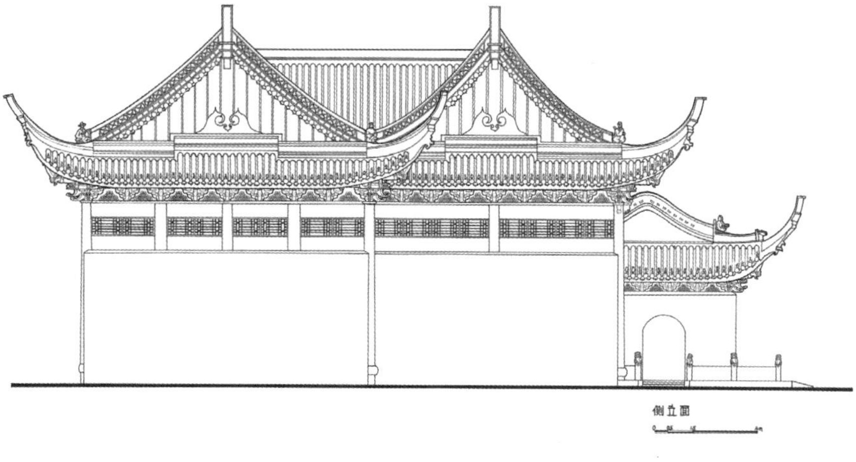

侧立面

图6–1–16 嘉定城隍庙侧立面图（同济大学朱宇辉 供图）

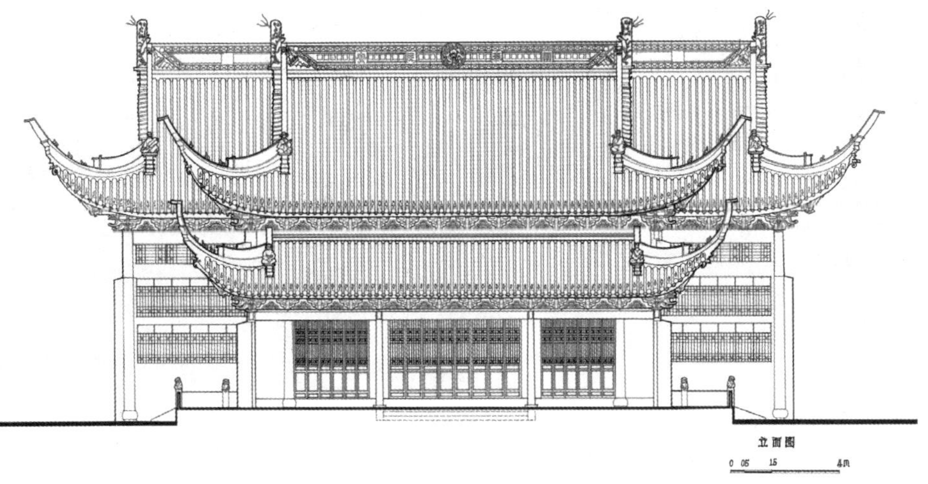

图6–1–17 嘉定城隍庙正立面图（同济大学朱宇辉 供图）

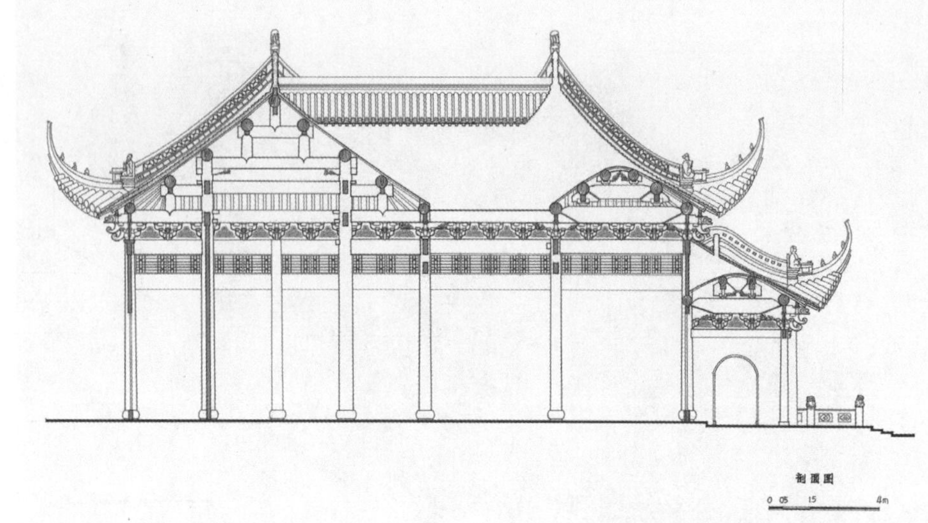

图6-1-18 嘉定城隍庙剖面图（同济大学朱宇辉 供图）

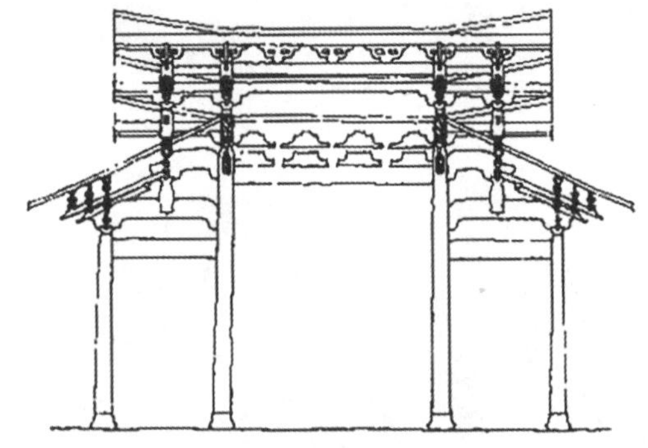

图6-1-19 金华天宁寺正殿纵剖面图（《浙江省文物考古研究所学刊：建所十周年纪念（1980—1990）》）

江南水乡单体建筑平面形式多样，以长方者为多。长边称“宽”（开间），短边称“深”（进深）。两柱之间的房屋面宽或进深，均称为“间”。如苏州玄妙观三清殿开间9间，进深6间（加副阶，殿身7间）。明清以后采用副阶者增多。

有趣的是，江南地区宋元时的木构佛殿，如宁波保国寺大殿、金华天宁寺大殿（见图6–1–19、图6–1–20）、苏州甪直保胜寺大殿（已毁）、苏州东山轩辕宫大殿、上海真如寺大殿（见图6–1–21、图6–1–22）、武义延福寺大殿（见图6–1–23、图6–1–24、图6–1–25、图6–1–26）等，多属于面阔三间、进深三间的小殿，又称“方三间殿”。有研究者认为此时期江南的小佛殿，构架均为纯粹的厅堂式①。

图6–1–20 金华天宁寺正殿内景

图6–1–21 上海真如寺大殿外观

① 赵琳：《江南小殿构架地域特征初探》，《华中建筑》2002年第4期第86–88+97页。

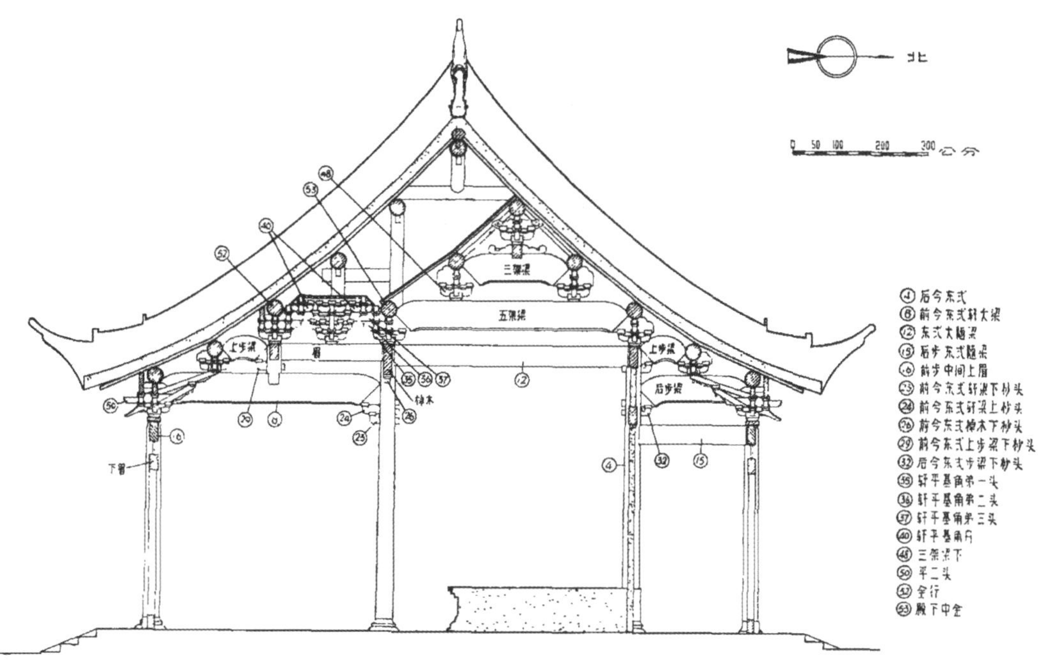

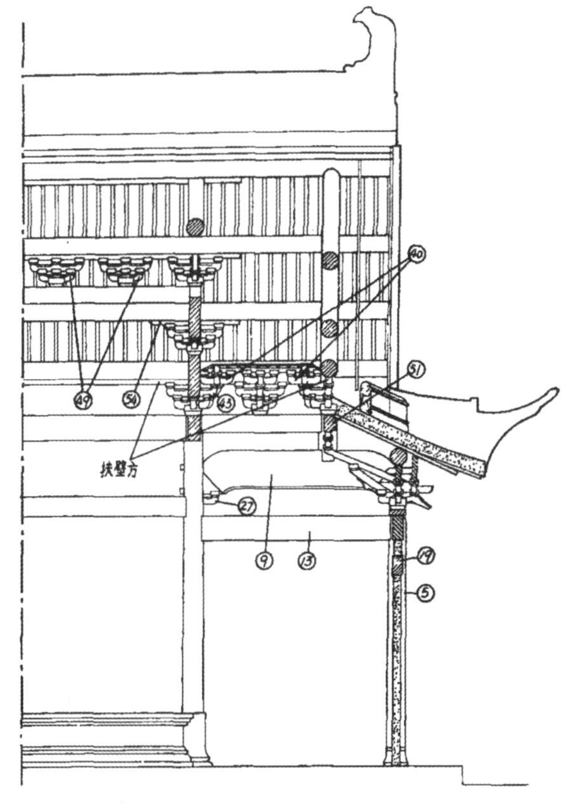

图6-1-22 上海真如寺大殿构件部位名称图（《文物》1966年第3期）

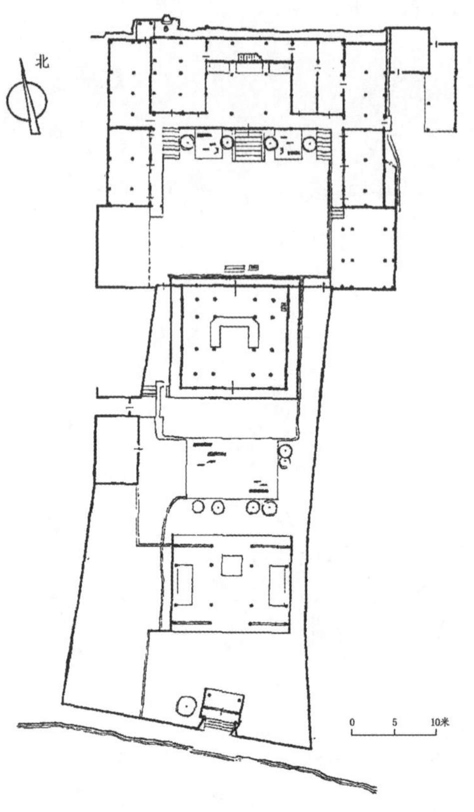

图6-1-23 武义县延福寺总平面图
（《文物》1966年第4期）

图6-1-24 武义延福寺大殿外观

图6-1-25 武义延福寺大殿内景

图6-1-26 武义延福寺大殿梭柱及櫍形础

二、梁架

我国汉文化地域的传统建筑，一般以木构架承重，砌（夯）筑土、土坯、砖或砖包土、石等墙垣往往起分隔建筑内外的作用，同时可保持着建筑整体结构的稳定。当然，普通人家亦有山墙承重相对简陋的结构方式，称“硬山搁檩”。此种方式，来源甚早，目前所知，至少新石器时代晚期已经出现①。

古代建筑木构大体可分为三部分：直立承重者为柱；横向支承者为梁、桁（宋刊《营造法式》称“槫”）、椽；介乎两者之间，向下传布屋顶重量者为牌科（北方称“斗栱”）。

江南水乡，不论民间宅院或是园林寺庙，其梁架结构基本相同。凡民间宅院梁架，多系穿斗或抬梁混合硬山做法，寺庙殿宇，多属抬梁歇山式，这点与明清以前的建筑类似。

柱位不同，其名不一。廊下或檐下前列之柱称为“廊柱”，其后一界为步柱，上承屋脊之柱为脊柱，脊柱与步柱之间为金（今）柱。然明代构件的称谓略有不同，如《鲁班经》《园冶》中称廊柱为步柱，步柱为襟柱（见图6–1–27）。梁上短柱为童（矮）柱（宋刊《营造法式》谓之“蜀柱”）。房屋之开间、进深等，与柱的位置关系密切。

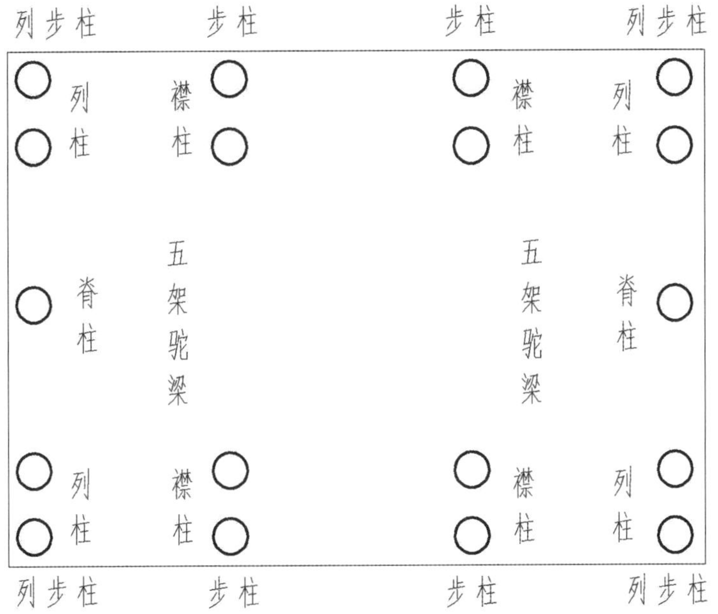

图6–1–27《园冶》七架列五柱著地（《园冶注释》）

横向剖切房屋，其梁桁所构成之木架为贴（宋刊《营造法式》谓之“缝”），此时之式样称为“贴式”。江南水乡梁架组合，根据不同的功能需要，贴式也丰富多彩（见图6–1–28）。用于当心正间者为正贴（简称“正”），用于次间山墙间，并用脊柱者为边贴（简称“边”）。正贴多用抬梁式，边贴则常用穿斗式，这反映出江南水乡的木构架，只要不妨碍使用功能，人们还是习惯使用整体性强、用材省的穿斗构架。这样的整体构木的思维方式影响下的建筑，在一些水乡的偏远地带表现得尤为明显。如浙江诸暨发祥居厅

① 周学鹰：《厚墙无柱：土木混合建筑体系——漫谈古建与考古之一》，《中国文物报》2020年1月11日第4版。

堂，正贴以抬梁式，边贴以穿斗式为主（见图6–1–30）。而同一地区上新居厅堂梁架（见图6–1–31），其正贴则以穿斗式为主，梁架于柱间，柱承檩条。脊檩下的中柱，若同边贴一样落地，势必影响使用功能，因之，采用了符合穿斗结构的垂莲吊柱的形式，与花篮厅（见图6–1–28之10，图6–1–29）有异曲同工之妙。

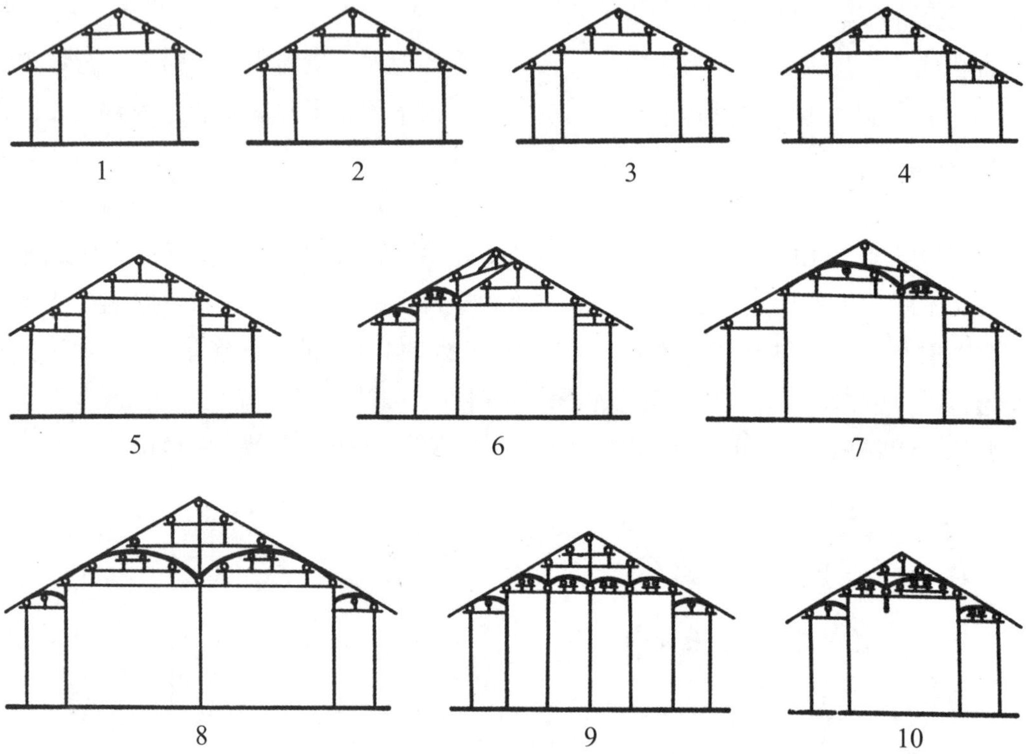

1 2 3 4

5 6 7

8 9 10

图6–1–28 梁架组合形式图（《苏州民居》）

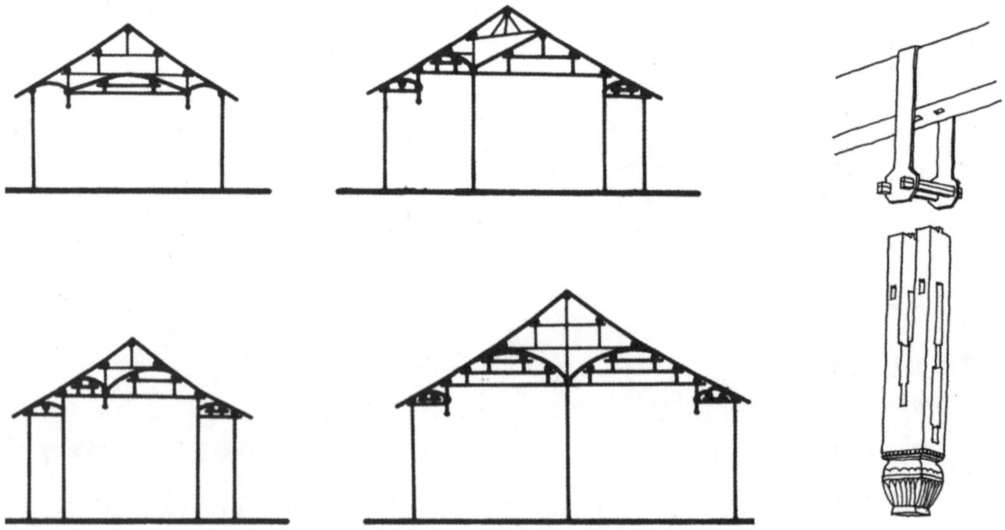

花篮厅

花篮厅吊柱构造

图6–1–29 花篮厅剖面示意图及构造（《苏州民居》）

图6–1–30 浙江诸暨发祥居厅堂梁架（左）
图6–1–31 浙江诸暨下新居厅堂梁架（右）

界，为两桁间之水平距离，宋刊《营造法式》谓之“架平”①，清刊《工程做法》称“步架”，陈明达先生谓之“椽架平长”②。江南厅堂、殿堂建筑，多用连四界，承大梁、支两柱，此间称“内四界”。厅堂可就其内四界构造用料之不同而名称不一，用扁方料者为厅，圆料者曰堂，俗称“圆堂”③（见图6–1–32、图6–1–33），内四界前连之一界为廊（轩），其深二界者称“双步”；如位于内四界之后者，为后双步④。轩廊以船篷轩、一枝香轩、茶壶档轩等为多，轩上多为草架，相对粗率。

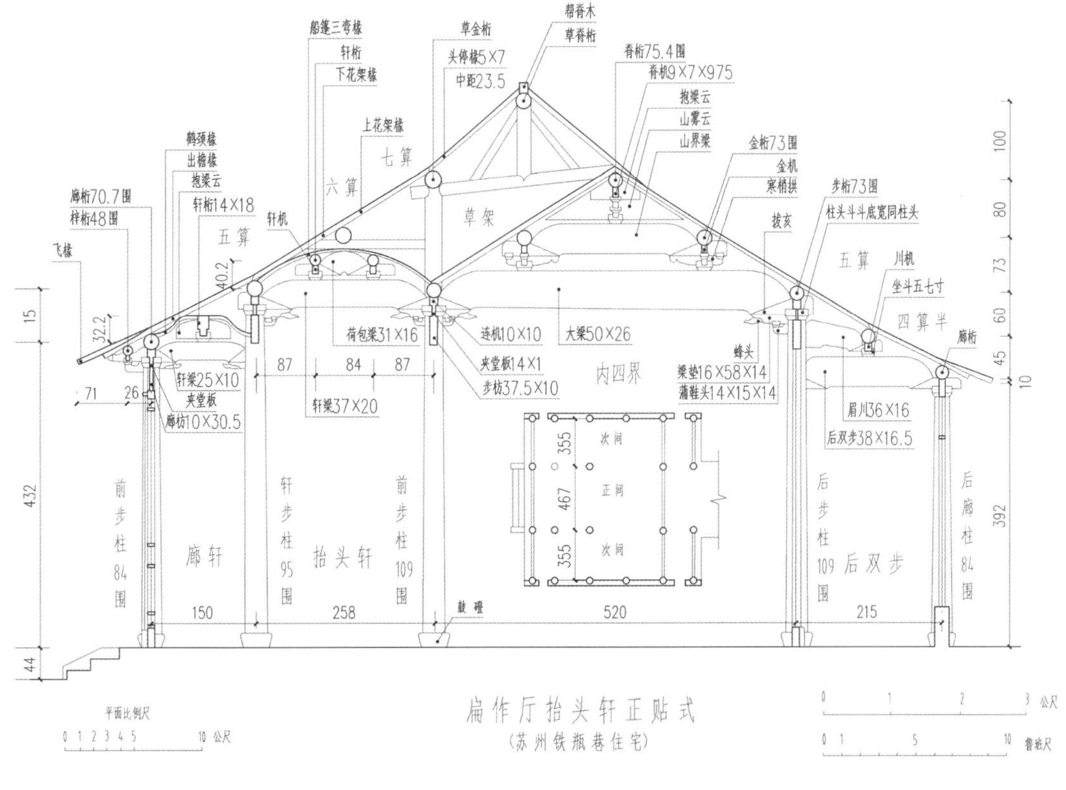

图6–1–32 扁作厅抬头轩正贴式（《营造法原》）

① 梁思成：《营造法式注释》（卷上），中国建筑工业出版社，1983年，第178页。

② 陈明达：《营造法式大木作制度研究·上册》，文物出版社，1993年，第15页。

③ 姚承祖原著、张至刚增编、刘敦桢校阅：《营造法原》（第2版），中国建筑工业出版社，1986年，第13页。

④ 姚承祖：《营造法原》，中国建筑工业出版社，1959年，第13页。

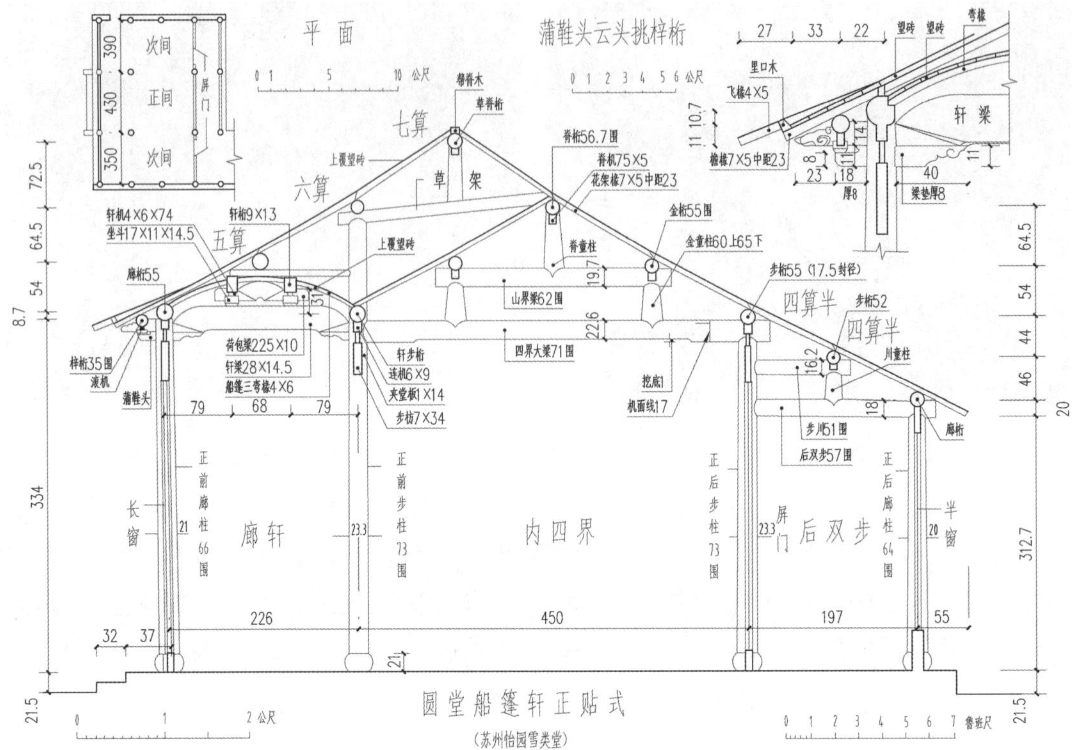

图6-1-33 圆堂船篷轩正贴式（《营造法原》）

露明梁架，多采用月梁造，梁两端向外侧微膨称“琴面”[①]，梁背两头加工成向下弯曲的弧面，至深半界处与梁背直线相连；梁底两头又成向上弯曲的弧面[②]。梁挖底，底缘或作圆弧，或为其他装饰图案，甚或贴金[③]。梁端下的梁垫常用枫栱（又称“风潭”），是南方常用之栱（北方也有，与早期翼形栱或有关联），长方形木板其一端稍高，向外倾斜，以代横向栱[④]（见图6-1-34）。

图6-1-34 无锡薛福成故居扁作月梁、枫栱

① 戚德耀：《宋式、清式和苏南地区建筑主要名称对照表》，详见本书附录。

② 徐伯安、郭黛姮：《宋〈营造法式〉术语汇释》，《建筑史论文集》（第6辑），清华大学出版社，1984年，第28页。

③ 如福建上杭之传统建筑挖底，多采用贴金方式，源于此地历代多产金，即今紫金矿业之所在处。

④ 戚德耀：《宋式、清式和苏南地区建筑主要名称对照表》，详见本书附录。

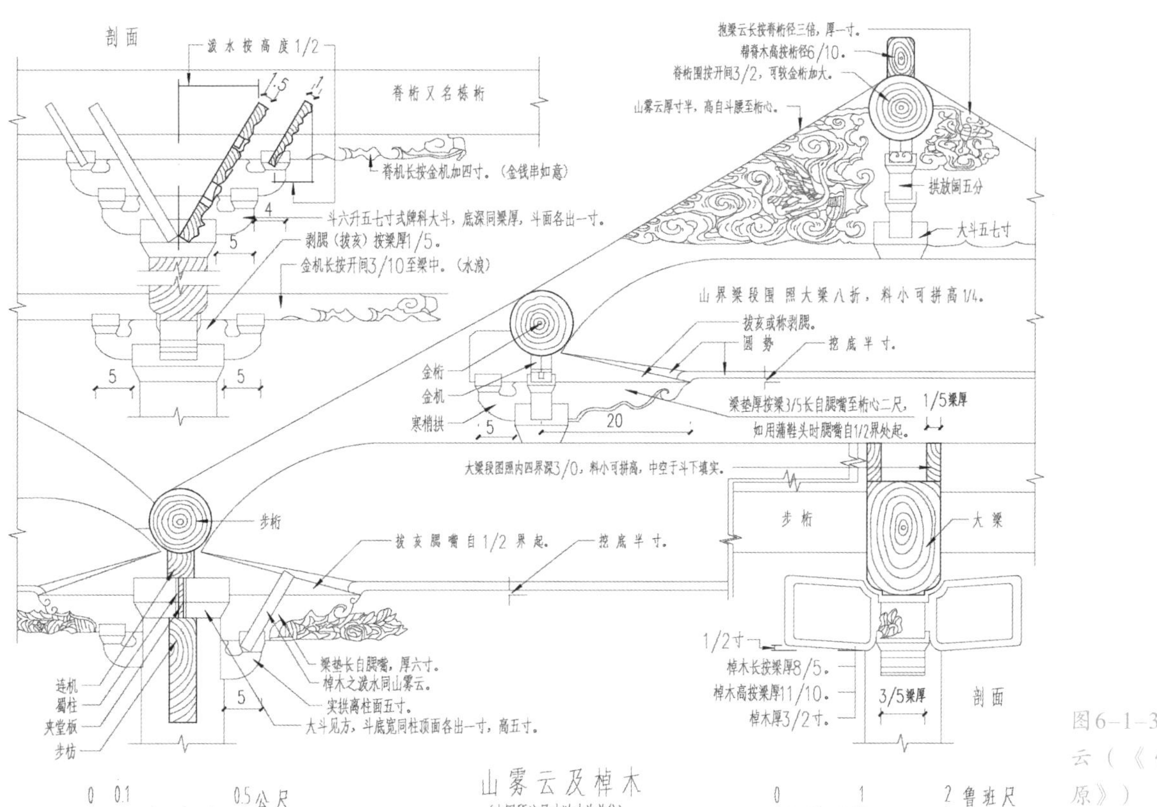

图6–1–35 山雾云（《营造法原》）

月梁多雕饰花草人物、历史故事、暗八仙图案等。桁下用短木枋曰“机”，按部位形状有短机、金机、川胆机、分水浪机、幅云机、花机、滚机等，长木条通长一间者称“连机”，雕饰繁多。脊桁两侧常饰山雾云（见图6–1–35），前端则称“抱梁云”①。

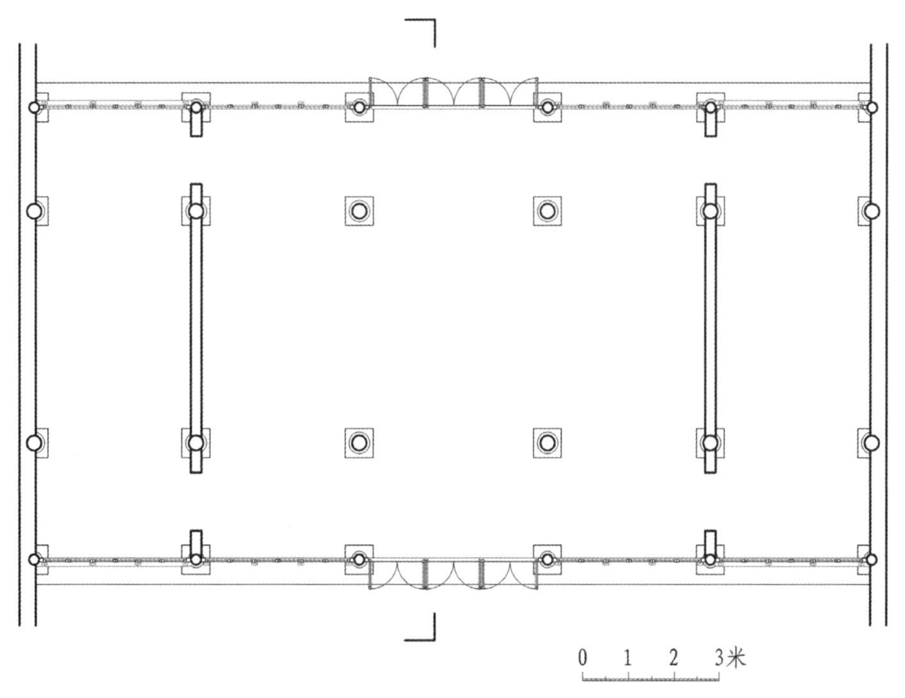

图6–1–36 骑廊轩楼厅平面图（苏州留园盛氏祠堂）

① 实际上，抱梁云使用在脊檩下面，或应称“抱檩云”，更显贴切。

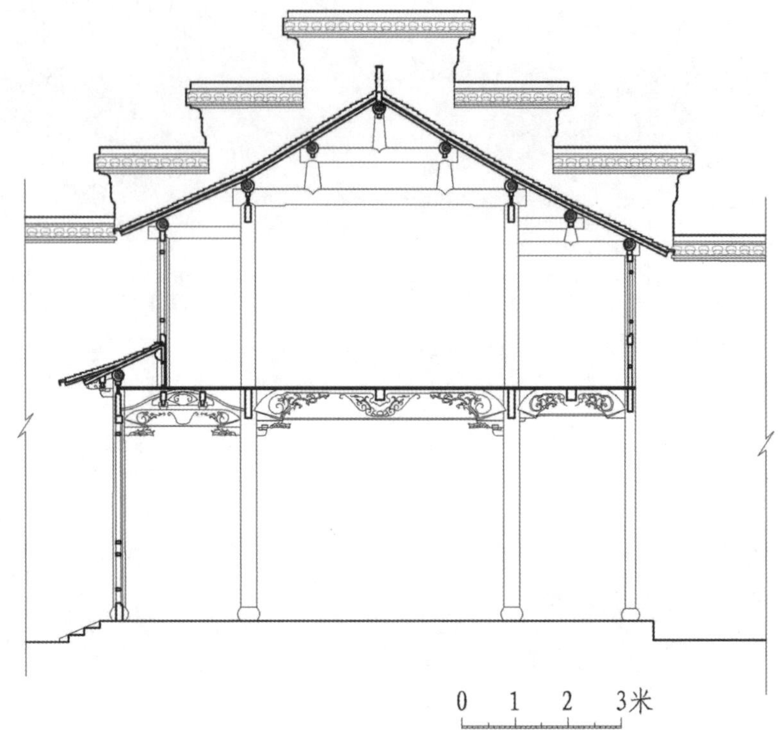

图6–1–37 骑廊轩楼厅剖面图（苏州留园盛氏祠堂）

楼房（厅），其上层屋架与一般平房类同。楼面构造是在进深四界间设矩形断面大梁，曰承重（长二界者称“双步承重”）。其上垂直架设搁栅，再上铺楼板，板与板之间起和合缝或凹凸缝，以防尘埃。廊柱与步柱间连以短川，短川上表面与搁栅在一个水平上，便于铺设楼板。或有檐柱、步柱间为轩廊，更显优美，如著名的留园盛氏祠堂（现为留园展览馆，图6–1–36、图6–1–37）。或在楼板上铺地砖，称楼厅，又曰“厅上厅”，一般属于高等级做法。

承重端头往往伸出屋外二尺许，绕栏杆、筑阳台。或在承重端部立方柱，以短川连络正步柱，上覆屋顶。此种构架方式依赖承重直接、连续出挑，一根通梁，称为“硬挑头”。若以短枋连于楼面，支以斜撑（造型极其多样，多雕饰，称“雕花斜撑”），上覆屋面者成为雀宿檐，这种构架方法为承重与短枋两个构件分别开来，称“软挑头”。

三、牌科

江南水乡建筑之牌科，即北方所谓之斗栱。其权衡常以规定尺寸计算，与北方斗口不同。一般殿庭、厅堂、牌坊等皆可用之。苏州沧浪亭、无锡王恩绶祠碑亭、嘉定城隍庙前的双井亭、海宁盐官御碑亭等采用斗栱，较为少见。

牌科之构造为斗、升、栱、昂。牌科出参，宋式称“出跳（抄）”，清式称“出踩（彩）”。在檐柱外的，宋式谓“外跳”，清称“外拽”，江南水乡称为“外出参”。向内跳者，清式称“里拽”，江南水乡称“内出参”①。踩与踩之间的水平距离，宋谓一跳（抄），清规定每跳三斗口为一拽架，江南水乡称一级。计量单位称为“朵”。

① 戚德耀：《宋式、清式和苏南地区建筑主要名称对照表》，详见本书附录。

栌斗外侧出栱或昂，常为下一级昂头挑斗三升云头承梓桁（即挑檐檩）。两朵牌科之间填以垫栱板，多镂空雕刻花卉[1]（见图6–1–38）。

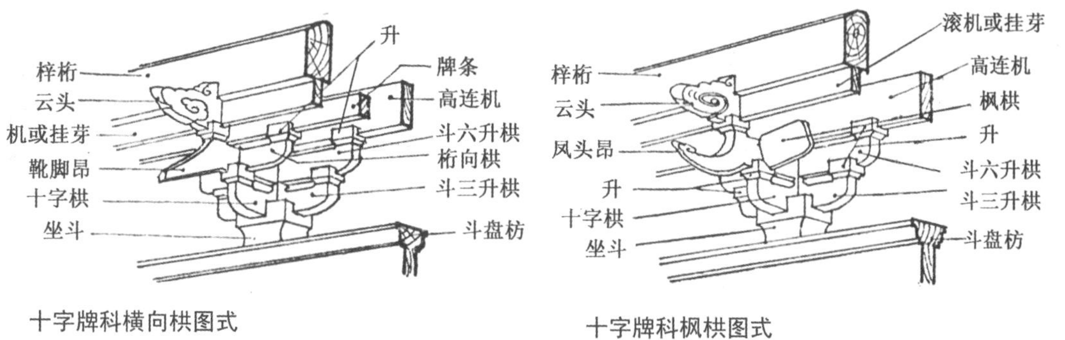

图6–1–38 牌科图（《营造法原》）

江南水乡现存早期古代建筑，使用上昂者较多，如湖州飞英塔、苏州虎丘二山门（见图6–1–4）、苏州杨湾轩辕宫（见图6–1–7）、苏州玄妙观三清殿、上海真如寺大殿等，延至明代苏州文庙大殿亦然（见图6–1–14）。在屋架中，它们常常与下昂后尾结合在一起，共同支挑下平槫，这与后世清官式的镏金斗栱异曲同工。更奇妙的是明嘉定孔庙明伦堂，三开间宽敞的厅堂前设有勾连搭的前厅，平面型制独特。其牌科内出参为上昂与下昂的组合，不仅厅前檐使用，其他三面也均采用了这样的牌科形式。转角处的三朵牌科后尾共同支挑山界梁，使得不大的前厅，高敞简洁（见图6–1–39），极为优美。

图6–1–39 嘉定孔庙明伦堂前厅牌科

① 姚承祖：《营造法原》，中国建筑工业出版社，1959年，第28页。

四、提栈

提栈，宋刊《营造法式》称“举折”，清工部《工程做法》谓之“举架”。房屋界深一致时，两桁高度自下而上，按一定的规制逐渐加高，因之屋面坡度愈来愈高，形成曲线形屋面，此种方法称“提栈”①。这是中国传统建筑屋顶形成曲面、确定曲度的规定方法，精细入微。

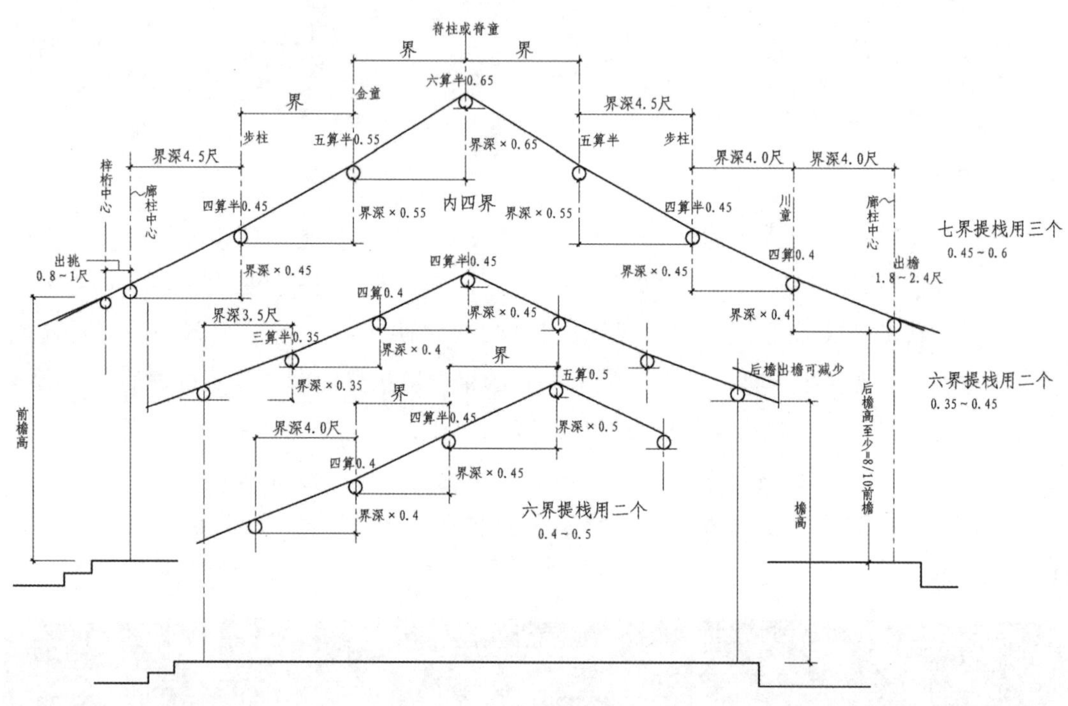

图6–1–40 提栈图（据《营造法原》改绘）

江南水乡的提栈，实为简化了的举折与举架，并兼具二者之优点。

举折，是宋刊《营造法式》中记录的方法，分举屋之法与折屋之法。举屋之法是计算总举高的方法，折屋之法是计算分举高的方法。计算时先定屋架的整体大框架，即（举屋）先定整体进深及举高，然后再定分举高（折屋）。

《营造法原》中记录的提栈系数计算方法，与宋刊《营造法式》中的举折法基本相同，即主要吸取了举折的先整体后局部的做法。首先，定界深及起算与脊桁的提栈系数，据此可以确定廊桁至脊桁的举高。在此基础上，再斟酌确定中间的步桁及金桁的提栈系数，采用的是模糊的经验值②。

其中，不论是脊桁还是其他各桁标高的计算方法，又与清工部《工程做法》中举架③的折算法相似，即根据界深乘以此界的提栈系数，使得各桁檩标高的定位较宋刊《营造法

① 姚承祖：《营造法原》，中国建筑工业出版社，1959年，第24页。

② “界数多时，其起算及脊桁提栈确定后，其中间几界提栈之算法，每皆先绘侧样，审度屋面曲势，酌情确定。而有‘囊金叠步翘瓦头’之谚，言其金柱处不妨稍低，步柱处稍予叠高，檐头则须翘起之”。见姚承祖原著、张至刚增编、刘敦桢校阅：《营造法原（第2版）》，中国建筑工业出版社，1986年，第12页。

③ [清]清工部：《工程做法》先定步架值，再根据规定逐次计算每步分举高，其总和为总举高，分举高=步架×举架值。

式》中的折屋之法简便。具体方法如下（见图6–1–40）：

1. 根据进深，定界深尺寸。

2. 定第一界提栈系数。自廊桁至脊桁，第一界（步柱）提栈系数为1/10界深。

3. 定脊柱提栈系数。脊柱的提栈系数，在步骤2的基础上来定，并且与“用几个”有关。

依歌诀：“民房六界用二个，厅堂圆堂用前轩，七界提栈用三个，殿宇八界用四个，依照界深即是算，厅堂殿宇递加深。”[①]

如：用二个，脊柱提栈系数：1/10界深（步柱提栈系数）+1/10

用三个，脊柱提栈系数：1/10界深（步柱提栈系数）+2/10

用四个，脊柱提栈系数：1/10界深（步柱提栈系数）+3/10

……

4. 定其余各柱提栈系数。依经验[②]，根据建筑规模、进深大小、等级，以及主人喜好、匠作师承等而定。此时不妨“囊金叠步翘瓦头”。

5. 定提栈高度。各柱提栈高度=界深×此柱的提栈系数。总提栈高度为各柱提栈高之和。

五、屋顶

江南水乡传统建筑单体常见的屋顶形式有四合舍、歇山、悬山、硬山、攒尖等几种，其所代表的建筑等级次第降低。对衙署祠堂、寺庙道观、会馆公所等公共建筑群而言，组成群体的各单体之间，屋顶等级次序井然。由此，单体在群体平面中所处的位置及其体量大小，是确定其屋顶形式的主要依据。

对于传统宅第建筑而言，因等级所限，大多采用硬山顶，封火山墙、观音兜等则是其进一步发挥。而园林建筑屋顶形式多样，没有太多等级约束，除四合舍外，余下的屋顶形式，不论单、重檐，恣意使用。加之园林建筑相对体量较小，平面自由、灵活，由此并不拘泥规整，派生出多种“组合式”的变体屋顶，极为生动活泼。

（一）四合舍

《营造法原》曰：“其屋前后左右，四面落水，正旁五面相合成仰角，其上筑脊，成四坡五脊者，称为四合舍。”[③]

因之，四合舍即庑殿顶，为屋顶等级最高者，分重檐、单檐，以重檐为更高[④]。江南

① 姚承祖原著、张至刚增编、刘敦桢校阅：《营造法原（第2版）》，中国建筑工业出版社，1986年，第12页。

② 传统秘诀：“廊架起屋为起算，步金随屋逐提起，至脊亦提再硬起”，“四算不飞檐，五算不发戗。”过汉泉编著：《古建筑木工》，中国建筑工业出版社，2004年，第44页。

③ 姚承祖：《营造法原》，中国建筑工业出版社，1959年，第48页。

④ 当然，重檐屋顶，并非出现很早。研究成果表明，应在唐以后。见马晓：《重檐建筑考》，《华中建筑》2007年第4期第124–129页；王宇佳、周学鹰：《中国古代建筑屋顶等级制度研究（一）》，《中国建筑文化遗产》，2020年第26期第64–75页；王宇佳、周学鹰：《中国古代建筑屋顶等级制度研究（二）》，《中国建筑文化遗产》，2020年第27期第118–125页。

水乡现存木构古代建筑实例仅苏州文庙大成殿为四合舍重檐殿庭建筑以合“至圣先师”的至尊地位。

图6-1-41 虎丘二山门歇山顶之木博风

图6-1-42 寄啸山庄“凤吹牡丹”砖雕山花

图6-1-43 拙政园远香堂砖细博风

（二）歇山

《营造法原》云：“其前后落水，两旁作落翼，山墙位于落翼之后，缩进建造者，称为歇山。”①歇山顶在江南水乡颇为常见，与清官式歇山顶形式雷同，然做法有别。

《营造法原》一书中数次言及“落翼”。例如，“正中间亦称正间，其余称次间，再边两端之一间，除硬山时可称边间之外，称为落翼；故吴中称五开间为三间两落翼……”②“歇山拔落翼，恒以落翼之宽，等于廊柱与步间柱之深。譬如三开间，前后深四界，作双步。其落翼之宽，等于双步之长，拔落翼于川童之上，而于桁条之上设梁架以承屋面。”③“鸳鸯厅、船厅之用于园囿者，宽三间五间不等，四周绕以廊轩，以资凭眺……两旁廊轩上架屋面，上端毗连山墙，称为落翼。而山尖位于落翼之后，称为歇山”④等，最终归其为“稍间”⑤。其实，由上述几处引文可知，“落翼”含义较多，或半间、或廊步、或屋面及戗角等，与歇山转角构造密切相关。

歇山顶是江南水乡殿庭建筑最常见的屋顶形式，以苏州玄妙观三清殿规模最大。因其造型活泼大方，也为园林建筑常用。其山面做法，可分为木博风、砖博风两种。

① 姚承祖：《营造法原》，中国建筑工业出版社，1959年，第48页。
② 姚承祖：《营造法原》，中国建筑工业出版社，1959年，第47页。
③ 姚承祖：《营造法原》，中国建筑工业出版社，1959年，第48页。
④ 姚承祖：《营造法原》，中国建筑工业出版社，1959年，第40页。
⑤ 姚承祖：《营造法原》，中国建筑工业出版社，1959年，第121页。

木博风：采用木质博风板（又称“博山板”）、悬鱼（一般无惹草）等。屋顶距离山面较大，博风板上屋顶勾头筒瓦横铺排山（见图6–1–41）。一般采用于体量较大的殿庭。

砖博风：即砖砌山花。其一，“采步金”[①]上砌一皮薄砖墙。其二，山花属山墙一部，即所谓“三间两落翼”，砖外粉刷，面饰各样灰塑或采用砖雕装饰（见图6–1–42）。多用于小型殿庭、园林、戏台建筑。也有民宅厅堂或祠堂采用歇山顶，如常熟严讷宅厅堂、宜兴徐大宗祠等。

另有砖细博风，即利用精致的磨砖做出的博风板的式样。例如拙政园远香堂（见图6–1–43）。

（三）悬山

悬山顶，“为前后落水，其桁端挑出山墙之外，护以木板为博风，或用砖博风，使山尖悬空于外，故名悬山。悬山一式，南方已不多得矣”[②]。

此种屋顶，江南水乡确不多见，或认为这与明代以后砖的大量使用有关。首先，悬山顶可保护山墙免受雨水冲刷，在砖墙不多、维护墙采用泥墙（夯土、土坯）时，山墙难经雨水（大部为屋面汇水），故需悬山保护（但砖墙无碍）。其次，木博风悬山顶不耐久。再次，悬山顶多占空间、不利防火等，使得悬山顶日渐式微。

实例如苏州全晋会馆原正殿屋顶为筒瓦悬山，近来新建的无锡梅村泰伯庙大门为悬山顶，采用木博风。

“砖博风”可视为木博风悬山顶的余韵。笔者考察苏州西山，发现尚存一些出挑较大的砖博风建筑。此后，随着砖博风出挑逐减，变为山面的装饰，就转化为硬山顶了。在一些水乡砖细门楼上，尚可见到悬山建筑的遗痕。

（四）硬山

屋顶“仅前后作坡落，两旁山墙，高仅齐屋面者，称为硬山”[③]，是最常用的形式，广泛应用于厅堂、平房之中，也见于殿庭。

江南水乡硬山山面的收头做法，一般有做砖博风、不做砖博风两种。砖博风多为等级较高建筑采用，其法主要是由水做纸筋灰粉出博风，上做飞砖，联系山墙与屋面，例如拙政园三十六鸳鸯馆之山面。硬山顶不做砖博风，出挑望砖数皮，颇为常用，随处可见。

封火山墙多位于分户墙之上，在地狭人众、建筑密集的城镇，采用封火山墙能够起到一定的防火功用。而高大的山墙，又可帮衬主体建筑的气势。研究表明，起初作为徽州文化符号马头墙，产生于明代中期的徽州，是我国防火理论、硬山顶建筑的普及、地方官府政令，以及徽州自身地域因素相结合的产物。并因徽商兴盛，马头墙随徽商扩张流及全国各地，尤以皖苏浙等经济发达地域为多，并被徽商赋予了装饰美化、宣扬思想等多方面功能[④]。

---

① 江南水乡木构“枝梁”相当于清“采步金”这一构件，参见本书附录相关内容。

② 姚承祖：《营造法原》，中国建筑工业出版社，1959年，第48页。

③ 同上注。

④ 宋尧、周学鹰：《徽州马头墙文化及其价值》，《江淮论坛》2021年第1期第106–111页。

江南水乡封火山墙一般有两种：其一屏风墙；其二观音兜。“位于房屋之两端，依边贴而筑者，称山墙。平房山墙顶覆瓦。厅堂山墙依提栈之斜度，有作高起若屏风者，称屏风墙。有三山屏风墙及五山屏风墙两种。山墙由下檐成曲线至脊，耸起若观音兜状者称观音兜。”[①]还有更简单的半观音兜（仅脊檩及其周围成曲线高起）。

（五）尖顶

“方亭外观，分歇山、尖顶二式。尖顶式其四面屋顶会合成尖形。”[②]可见，称攒尖顶为“尖顶”。在江南水乡中，一般应用于园林建筑，尤以亭式建筑为多。

（六）回顶

“唯回顶无正脊，仅用黄瓜环瓦以代之，覆于盖底之上，瓦穹似黄瓜形，亦有盖底之分，故前后屋面相合处呈凹凸起伏之状。”[③]因之，回顶采用黄瓜环瓦而不做正脊，《营造法原原图》名之“黄瓜环脊”[④]。其屋顶做圆，颇类清式卷棚顶。

另“船厅又名回顶，多面水而筑。深凡五界，称五界回顶。有深三界者，则称三界回顶。中间之界，称为顶界。顶界较浅，为平界四分之三，亦有前后均分者。梁架结构……南方回顶建筑，异于北方之卷棚建筑，在北方卷棚则于顶椽之上覆瓦，南方回顶，则于顶椽之上设枕头木，安草脊桁，再列椽布瓦。其结构称为鳖壳，又名抄界。其屋脊则用黄瓜环瓦，望之颇似北方之卷棚”[⑤]。可见，此处“回顶”实际将“船厅”木构造法与屋顶形式，笼而统之，分类不一。

江南水乡大量存在的回顶做法，与建筑等级似乎关系不大，要旨在于殿庭、厅堂等减少顶部风压，或园林建筑以显其小巧。

---

① 姚承祖：《营造法原》，中国建筑工业出版社，1959年，第64页。

② 姚承祖：《营造法原》，中国建筑工业出版社，1959年，第92页。

③ 姚承祖：《营造法原》，中国建筑工业出版社，1959年，第67页。

④ 陈从周整理：《姚承祖营造法原图》营造之中旱船厅式，同济大学建筑系刊行1979年10月版。

⑤ 姚承祖：《营造法原》，中国建筑工业出版社，1959年，第38页。

第二节　江南水乡建筑风水与禁忌

风水，又名堪舆、卜宅、相宅、图宅、青乌、青囊、形法、地理、阴阳、山水之术等，与术数之学等，息息相关。历代相沿，有关风水术的典籍文献较多，而近现代研究者日众，无论中外[①]。

风水一词，一般认为语出晋代郭璞《葬经》："气乘风则散，界水则止。古人聚之使不散，行之使有止，故谓之风水。风水之法，得水为上，藏风次之。"[②]其渊源久长，早在商周时期的"卜宅之文"或更早就已出现，遗留文献如《尚书》《诗经》等若干篇章[③]。相关的殷商时期考古资料，多有发现。

有研究者认为，"风水之义，由其典出及上述释义，可大略窥知，盖为考察山川地理环境，包括地质水文、生态、小气候及环境景观等，然后择其吉，而营筑城廓室舍及陵墓等，实为古代的一门实用学术"[④]。由此，风水可谓是对自然包含着一定合理成分的直观经验认识，"风水=山水+人文"。

或认为："建筑学=风水学+园林学，便成为中国传统建筑文化的基本特色了"，风水学与园林学，是胎生于"天人合一"文化特质的同一母体，相辅相成，"你中有我，我中有你"，不了解风水、园林，便不了解中国建筑；不懂风水、园林，便不懂中国建筑文化，它们是中国建筑之根、文化之魂[⑤]。"古堪舆、营造学和造园学是构成我国古代建筑的三大支柱。"[⑥]又"我国传统民居秉受中国传统文化的影响，在建房立基、层次布局、结构置景乃至木、石、瓦作上，儒、释、道，理玄学，阴阳五行，八卦方术等无不渗透其中"[⑦]等。

更多人从现代科学的角度研究风水。例如，或认为符合风水的环境有利防雷[⑧]；广东雷州半岛和海南岛等地村落，环村种植竹林谓之"风水竹"，利于防风[⑨]；或将风水理论与现代建筑、规划相结合，创造生态环境景观[⑩]；或景观建筑学、生态建筑学与风水理论[⑪]等。

---

① 国内建筑学家研究风水者众多，已有成果甚丰。国外，如日本、韩国及东南亚诸国等亦有不少著述，且深入民间。

② 顾颉：《堪舆集成》，重庆出版社，1994年，第340页。

③ 王其亨主编：《风水理论研究》，天津大学出版社，1992年，第3页。

④ 王其亨主编：《风水理论研究》，天津大学出版社，1992年，第12页。

⑤ 韩一城：《建筑是文化现象，建筑是艺术创造——中国文化与中国建筑文化本原论》，《古建园林技术》1998年第3期第57–59页。

⑥ 王国政、金小中：《广西恭城古建园林的造型风格》，《古建园林技术》1992年第4期第52–58页。

⑦ 王维军：《莫氏庄园大门位置辨析》，《古建园林技术》1999年第3期第39–40页。

⑧ 高策、杨型健：《风水理论在古建筑防雷中的作用》，《古建园林技术》1993年第4期第23–25+53页。

⑨ 郑力鹏：《中国古代建筑防风的经验与措施（一）》，《古建园林技术》1991年第3期第46–49+68页。

⑩ 王其亨主编：《风水理论研究》，天津大学出版社，1992年，第212页。石芹斋：《建筑风水理论与实务资料集》，《古建园林技术》1995年第3期第53页。

⑪ 王其亨主编：《风水理论研究》，天津大学出版社，1992年，第240页。

但因认识的所限、缺乏科学、逻辑认知，古人误其有趋吉避凶、安生荫后等特殊效能，并影响到当时实际生活中几乎所有的方面。因此，研究风水术，可谓是解读古人思想文化、哲学观念，理解其所作所为等的钥匙或窗口，意义重大。

一、营造始终

自古以来，人们认为建房造屋与修坟造墓一样，都是关乎子孙后代的大计，阳宅与阴宅同样重视。江南水乡本就“信鬼神，好淫祀”①，故历代以降的营建活动，受其影响颇深。在建房居住、筑坟葬墓等诸多环节，存在着诸多禁忌。

例如，春申君“黄堂，郡国志云：今太守所居屋，即春申君之子假君之殿也。因数失火，故涂以雌黄，故曰黄堂”②，可见其希冀借助于超自然力的思想。有学者认为，“激起民俗学者注意的……不是桥梁或住屋的建筑式，而是造桥造屋时所行的祭礼及其使用者之社会生活”③。因之，这些可归于民俗学、人类学的研究范畴。

江南水乡建房造屋一般顺序是：相址、祀神（破土安神）、上（安）梁布彩、抛梁（馒头、包子、粽子、糕、糖），做屋脊，进宅等。如苏州市建房三择、破土（红纸包土、梁梢），平磉置钱（喻太平），堂墙挂厌胜（刀、尺、镜、秤、筛），上梁布彩，把酒浇梁，接宝抛梁（馒头寓意圆满），做屋脊，进宅等④，均深受风水影响。

相址：江南水乡在建房前，要延请风水（阴阳）先生相宅，选房址定朝向。

风水相地术曰：“东高西低，生气隆基；东低西高，不富且豪；前高后低，寡妇孤儿，门户必败；后高前低，主多牛马”等。讲究左青龙、右白虎、前朱雀、后玄武，即左有流水，右有长道，前有池塘，后有丘陵，以为最吉。宅地东有流水达江海者为上吉。

若北有大路，主人凶险；东有大路主贫，南有大路则富贵⑤。右边有池，为白虎开口；前有双池，为“哭”字当头等，皆不吉。而前高后低的房基，最为禁忌。

大门朝向，以东为上，谓之“紫气东来”，位于左首，称之“龙首”⑥。如在右首，则是白虎，不吉⑦。

祀神：房基选定后，要择吉日祭祀安神，进行墙脚放样，俗称“排墙脚”。先备一根方形木桩，其上对面书写丹朱符篆，顶端包裹红纸。然后，将木桩插入宅基中堂后的正中位置，此即风水中的“点穴”。并在宅基四周淋鸡血，燃放爆竹，点香燃烛，祭拜土地。此时，风水先生或泥瓦匠，手持焚烧的黄纸，绕着宅基边走边唱《踏地歌》，其词曰：“吉日良辰，天地开张。凶神太岁，退避远方。焚香燃烛，祭拜土地。新造华（高）堂，万古流芳。日出东方又转西，东家择得好地基。前面门对好朝山，后边生得正来龙。左边有个金银库，右边有个聚宝堂。祖师尊神来恭贺，日头出来坐中堂。东家造起高楼台，鲁

① ［宋］范成大撰：《吴郡志·风俗》，陆振岳点校，江苏古籍出版社，1999年，第8页。
② ［宋］乐史撰：《太平寰宇记》卷91，武汉大学光盘版文渊阁本《四库全书》第224卷第18册第49页。
③ 杨堃：《关于民俗学的几个问题》，《社会科学辑刊》1982年第2期第80–86页。
④ 苏州市地方志编纂委员会：《苏州市志》，江苏人民出版社，1995年，第1172–1174页。
⑤ 顾颉：《堪舆集成·阳宅十书》（第2册），重庆出版社，1994年，第191页。
⑥ 张荷：《吴越文化》，辽宁教育出版社，1991年，第118页。
⑦ 刘克宗、孙仪主编：《江南风俗（长江文明丛书）》，江苏人民出版社，1991年，第138页。

班先师下凡来。前边造起青龙出海，后边造起丹凤朝阳。左边造起腾龙跃虎，右边造起狮象把门。世世发福，代代名扬。”①

有些地方祭祀的对象不是土地，而是太岁。房主以三牲、香火祭拜，晚上款待泥水匠、木匠。置太岁纸马及祭品于地基上，点香燃烛，阖家跪拜。非如此，便“不敢在太岁头上动土”②。

开工：祭神后，主人向泥水匠、木匠发喜钱，即可破土开工。泥水匠要将第一铲土、木工要将第一锯木梢，分别用红纸包好，交给主家置之灶上。

开工酒，开工第一晚吃。泥水匠、木匠先要祭鲁班先师及四方神灵，由房主陪同掌墨师傅行三跪九叩礼，同时木匠唱《敬鲁班神歌》，并向神敬酒。酒后，掌墨匠师将量木料的杖（度）杆（在江南水乡广泛采用的鲁班尺，可谓是水乡建房造屋中的风水基石。其尺“乃有曲尺一尺四寸四分，其尺间有八寸，一寸准曲尺一寸八分。内有财、病、离、义、官、劫、害、吉……”③。“门光尺不仅流行于民间，且直接影响了皇家建筑。”④有关门光尺研究者较多），及搁木料的三叉木凳（俗称“作马”），送出村外焚毁。此时，掌墨师傅执木槌、绕火走，同时诵唱《送度杆歌》，以示赶走凶神恶煞。至此，开工仪式方完⑤。

上梁、安梁：为建房高潮，仪式最隆。上梁时需择吉日良辰，一般定在“月圆”“涨潮”之时，取阖家团圆、钱财如潮涌之意⑥。木工选栋梁之材，要祭祀树神，并唱《叫梁歌》。栋梁完工后，先置三岔路口，架于三脚马上，禁跨越、忌恶言，主人敬香烛、叩拜。然后，木匠贺喜，锯下多余木梢，用红纸包好，交主人拿回敬在灶上。上梁前，主人取回，交木工师傅用斧劈开，称为“劈墩”，同时贺喜。

劈墩后进行浇梁。梁前供猪头三牲，主人焚香点烛，磕头礼拜，燃放爆竹，木工师傅以酒浇梁，同时唱《浇梁歌》。

血祭金梁：或有地方浇梁后还要血祭，木工大师左手鸡、右手斧，斩落鸡头，以血浇梁，唱《血祭金梁歌》。

布采：浇祭梁前后，主人将备好的吉祥饰物、字幅等，贴挂在明间主梁（脊檩）中间，称为“布采”。木匠将红绸包裹的数枚银元或铜钱，钉在正梁上。梁上还张贴横批“上梁大吉”“福星高照”“旭日东升”或“姜太公在此”等，两边栋柱上书写“上梁欣逢黄道日，立柱巧遇紫微星”；“三阳日照平安宅，五福星临吉庆门”之类的对联⑦。

---

① 姜彬主编：《吴越民间信仰民俗》，上海文艺出版社，1992年，第275–276页。

② 太岁星即木星，在民间被认为是凶神，轻易不去招惹。俗言“不敢在太岁头上动土”，故民间土木营建要躲过太岁星所在的方位。见安捷主编：《太原市志·第7册》，山西古籍出版社，2005年，第239页。

③ [明]午荣编、李峰整理：《新刊京版工师雕斫正式鲁班经匠家镜》，海南出版社，2003年，第39–62页。

④ [明]午荣编、李峰整理：《新刊京版工师雕斫正式鲁班经匠家镜》，海南出版社，2003年，第43页。

⑤ 文可仁主编：《中国民间传统文化宝典》，延边人民出版社，2000年，第399–401页。

⑥ 刘克宗、孙仪主编：《江南风俗（长江文明丛书）》，江苏人民出版社，1991年，第139页。

⑦ 许伯明主编：《吴文化概观（江苏区域文化丛书）》，南京师范大学出版社，1997年，第201页。

这些仪式完毕后，开始上正梁，这是建房中最隆重的仪式，因之过程十分繁复，主要有祭酒、上供、放炮、悬镜、挂剪等，与此同时唱《上梁歌》，内容为祝吉祈祥之词。如苏州一带的《上梁歌》一般唱词云："立柱恰逢黄道日，上梁正遇紫微星。太白金星来恭贺，金绳银索两边分；东边一朵紫云来，西边一朵紫云来，两朵紫云齐驾起，八仙高擎栋梁来。"①

宁波地区则曰："浇梁浇到青龙头，下代子孙会翻头；浇头浇到青龙中，下代子孙当总统；浇头浇到青龙足，下代子孙会发迹；团团浇转一盆花，宁波要算第一家。"站在栋柱两边的工匠将正梁拉上梁顶，东首工匠要高于西首，因东为"青龙座"，西首为"白虎座"②。

登高：主梁定位后，木工师傅头顶盘、脚登梯，唱登高仪式歌，即"登高"。

接宝：登高后，大师傅以红线扎好的仙桃、包袱、米馍元宝、铜如意等，自上丢下，主人夫妇展开大红毡毯承接，叫"接宝"，瓦、木师傅同时或分别唱"接宝歌"。

抛梁：大师傅将馒头、定胜糕等向下抛洒，众人蜂拥而接，同时大师傅唱《抛梁歌》。馒头又称"兴隆"，定胜糕又谓"升高"，食之者以为大吉，屋主则取其吉利。据说唱了《上梁歌》和《抛梁歌》，房屋主人今后就大吉大利、兴旺发达。

过新房：当晚，新屋内摆上梁酒，祭鲁班、犒工匠，唱《过新房》。整个过程隆重、热闹、繁杂。

江南水乡各地建房仪式、程序也略有区别。如杭州建屋上梁，木匠师傅先唱《上梁歌》，再唱《酒浇梁歌》，之后唱《抛梁歌》，迁居称"暖房"③。

我们曾有机会调查苏中里下河地区溱潼镇瓦作世家周居山老匠师（已逝），其长子周桂华师傅（2022年8月28日已逝），二子周国华师傅，三子周明华师傅，四子周荣华师傅（已逝）等。据家谱其先祖来自苏州，清咸丰年间避乱于此，距今170余年，已传八代。周师傅介绍当地建房顺序是：相址——祀神——平磉——竖柱——砌墙——上梁——做屋面——做屋脊（闭龙口）等，每一步均有贺词。

平磉贺词：磉鼓生得四角方，太平钱安在正中央；太平钱显出蛤蟆来，蛤蟆嘴里吐金钱，富贵荣华发万年。

或：磉鼓生得四角齐，磉鼓石安在正中央；中间现出凤凰来，飞走又飞来，添福添寿添喜又添财。

或：一对金磉两边排，中间跳出蛤蟆来，蛤蟆嘴里吐金钱，富贵荣华万万年。

一般上梁顺序可分为：暖梁——照梁——贴福字——浇梁——系梁——上梁——接宝。

暖梁：木梁底下放生铁火盆，用木材块小火烘烤（形式而已），从傍晚一直至第二天上梁吉时。

照梁：网筛、中间贴红纸剪成的圆形的直径约二十公分、后面绑上三根箬帚苗子。提前一天晚上做好。

① 蔡丰明编：《吴地歌谣·第3辑（吴文化知识丛书）》，南京大学出版社，1997年，第36页。

② 刘克宗、孙仪主编：《江南风俗（长江文明丛书）》，江苏人民出版社，1991年，第139–140页。

③ 杭州市地方志编纂委员会：《杭州市志》（第2卷），中华书局，1997年，第266页。

贴福字：方块红纸上黑墨“福”字，正贴在梁中央。

立神位：其形式如图6–2–1所示。

供　阴　刘　十二宫辰添延寿
敕封赏管　李三位公侯之神位
奉　阳　周　二十八宿保平安

图6–2–1 神位示意图

上梁人员：主人夫妇，2个木匠、2个瓦匠，一般4—6个帮忙人员（要求夫妻双全，单身汉不宜），共8—10人。

浇梁贺词：（酒瓶放在梁中央）恭喜太爷（老板）、恭喜太太（老板奶奶）。天上金鸡叫，地下草鸡鸣；刘海仙人云中过，正逢敬酒浇梁时。一对苏烛照满堂，现出祥光亮八方。三颗金香炉内装，香烟袅袅到天堂。

五谷丰登砌华堂，钱粮能请天神将。主家赐我聚宝瓶，上打金花和宝盖，下打五子托金瓶。手执银壶亮堂堂，银壶灌得美酒浆。此酒不是凡人造，杜康造成壶内藏。主人未曾喝，匠人未有尝。我替主人来敬酒。一杯酒敬天，二杯酒敬地，三杯酒敬刘李周三位公侯。高擎一杯，一品当朝；二杯酒，二仙传道。三杯酒，三元及第；四杯酒，事事如意；五杯酒，五子登科；六杯酒，福禄双全；七杯酒，七星北斗；八杯酒，八仙过海（八仙神通）；九杯酒，九世同居；十杯酒，十分财气。

十分财气满心意，九世同居张公义，八仙过海浪滔滔，七星北斗紫微星，福禄双全在门庭，五子登科献宝来，事事如意把门开，三元及第舒心怀，二仙传道和睦在，一品当朝宰相堂。敬酒已毕，再来浇梁。

我对木龙打一躬，你根生土长苗国中；日着雨淋夜罩霜，青枝绿叶往上长。看山童儿手段强，粗石磨砺细石镗，手执板斧亮堂堂。头戴笠帽，身穿蓑衣，脚蹬布鞋，进了山岗，四面观望，虎豹豺狼，苗人满岗，好厉害啊！立即退回，禀报李驸马：“山主，大事不好，山上厉害，虎豹豺狼，苗人满岗。”山主回答：“不要害怕，我到集市请戏班，高台唱戏来许愿。”整猪整羊大香烛，冲天爆竹无其数。李驸马来到木山上，香烛纸马拜上苍。看山童儿，二上山岗，眼观四面又八方，虎豹豺狼、苗人一概无处藏。

伐木梓人，盘缠充裕，身带干粮。特大巨材，四面板斧；次之木材，三面作开；再次木材，四面三斧；再次木材，四面二斧。梓人动手，没有空闲，条条木材，根下打眼。盘成綦排，待到秋天，发下山水，淌入长江，来到宜陵三阻坝，名满天下大木行。

东家建房，转请木匠，来到木行，精选良材，盘成木排，运到场上。木作瓦作齐动手，手拿丈杆造华堂。木匠顺料选，大木做中梁，二等作中柱，弯木做大膀。天选正梁，不短不长，铁斧一砸，紫金霞光；刨子一刨，闪光铮亮。

主家赐我一对瓶，瓶内注满美酒浆。时辰已到，我来浇梁。（木匠、瓦匠二人各捧一把酒壶，两人一起对木龙三叩首，异口同声）酒浇木龙头，文官拜相，武官封侯；酒浇木龙角，东家做官，八抬八宅；酒浇木龙眼，府上做官八把珍珠伞；酒浇木龙颈，相公做官戴纱帽穿圆领；酒浇木龙腰，蟒袍玉带数十条；酒浇木龙尾，代代做官清如水。浇上三浇，必保当朝；滴上三滴，连升三级。银壶高高举起，木听匠人言，富贵万万年。正梁浇好，高高请起（此时，木瓦匠登高上梯，东边木匠，西边瓦匠，交替发言）：

瓦匠

何仙姑手捧莲花，请上；

蓝采和手拿花篮，请上；

韩湘子手握竹笛，请上；

铁拐李手扶拐杖，请上。

木匠

吕纯阳手拿云帚，请上；

曹国舅手执玉板，请上；

张果老倒骑毛驴，请上；

汉钟离握芭蕉扇，请上。

爬梯贺词：脚踏楼梯步步高，八洞神仙把手招；我问八仙招什么，今天直奔主人宫。

系梁贺词：系梁系到半腰空，摇头摆尾是金龙；请问金龙何处去，我来奔向主人宫。就在此处安金梁，四个金柱安四角，中间又安紫金梁。恭喜主人，今日今时上金梁，子子孙孙状元郎。

上梁贺词：日出东方喜洋洋，平坦地上起华堂；四根金柱按四角，中间（央）又上紫金梁，紫金梁上插金花，富贵荣华发主家。

或：日出东方喜洋洋，平坦地方起华堂，两头起的逍遥府，中间起的金谷仓，逍遥府、金谷仓，子子孙孙状元郎。

木、瓦二位师傅将红绿布展开曰洒红（即挂红，悬挂亲戚送的绸缎，或将金钱包挂下来），贺词曰：恭喜亲戚，恭喜太爷（老板）、恭喜太太（老板奶奶）。一边绫罗一边纱，苏杭二州带回家，一头织的（吉祥）灵芝草，一头织的（富贵）牡丹花。灵芝草、牡丹花，富贵荣华发主家。

一边绫罗一边绸，一对狮子盘绣球。盘到前檐生贵子，盘到后檐出诸侯。生贵子、出诸侯，富贵荣华发两头。

或：一边绫罗一边绸，一对狮子盘绣球。盘到前檐龙摆尾，盘到后檐凤摇头。龙摆尾、凤摇头，富贵荣华发两头。

或：一边绫罗一边绸，洒到前檐，满天和平鸽；洒到后檐，贵方开了胜利花，和平鸽、胜利花，富贵荣华发两家。

插金花：一对金花两面排，中央显出蛤蟆来，蛤蟆嘴里吐金钱，富贵荣华万万年。

或：新起华堂（楼房），坐在宝地，喜事洋洋，抬头一看，灯烛辉煌，今日今时上紫金梁，紫金梁上插金花，富贵荣华发两家。

接宝：恭喜太爷（老板）、恭喜太太（老板奶奶）。

双接宝如表6–2–1所示。

表6–2–1 双接宝

<table>
<tr><th>内容</th><th>瓦匠</th><th>木匠</th><th>备注</th></tr>
<tr><td rowspan="2">贺词</td><td rowspan="2">太太（老板奶奶）来接我的宝，太太（老板奶奶）笑嚯嚯，八副罗裙着地拖，拖去又拖来，赛过山西王泰来</td><td>太爷（老板）来接我的宝，蟒袍玉带兜起来，兜到我的宝，子子孙孙仲阁老</td><td></td></tr>
<tr><td>霹雳一声天门开，天上降下宝贝来，此宝不是凡间有，五路财神送下来，老板来接宝，请把龙袍抖起来，子子孙孙都发财</td><td></td></tr>
</table>

（续表）

内容	瓦匠	木匠	备注
方位	西边	东边	
对象	太太（老板奶奶）	太爷（老板）	
回宝	接宝去回宝来，恭喜主家发大财，回宝还比接宝大，主家发财买风车		用红绿布包起来往上提

单接宝：老板、老板奶奶笑嚯嚯，蟒袍玉带着地拖，拖去又拖来，赛过山西王泰来（和沈万三齐名的富翁，认为沈万三为人差一些，故不提），恭喜恭喜。

图6-2-2 苏州东山人民街225号门上的小罗筛、镜子、三股叉

然后，主家安排先吃果茶，后吃圆子。后者寓意圆圆发发，故更为重要。

闭龙口贺词：恭喜恭喜主家。新筑华堂一样高，凤凰飞来飞去又打照，飞去又飞来，主家添福添寿添喜又添财。

或：圈住屋脊两头高，凤凰飞来又打照，飞去又飞来，添福添寿添喜又添财。

图6-2-3 苏州西山涵村民居风水挂物

在房屋建筑过程中，忌讳出血“见红”。如万一手破皮出血等，一般瓦匠不宜将血迹碰到墙体上，木匠不宜碰到木料上。

此外，新房建好后，在装门、砌灶、安梯、进宅等中，都要置酒菜、点香烛、祀祖神等，各有讲究。如忌墙头冲门、大树当门、门前垂杨、院中种杏等①。

江南民间建房习俗，还反映在建筑细部装饰上。例如，不少人家对外大门的门楣上，多有小罗筛、镜子、三股叉、艾草等风水镇物摆设（见图6–2–2、图6–2–3）。苏州西山明月湾某宅照壁上的八卦图（见图6–2–4），保护着宅园入口大门。也有在住宅左侧墙角立一块“泰山石敢当”“山海镇”石碑（见图6–2–5、图6–2–6、图6–2–7、图6–2–8）等，这种传统建筑中的风水遗存，还受到一些新建筑的追随（见图6–2–9、图6–2–10）。

图6-2-4 苏州西山明月湾民居照壁上的八卦图

① 曹金华编著：《吴地民风演变·第3辑（吴文化知识丛书）》，南京大学出版社，1997年，第124–126页。

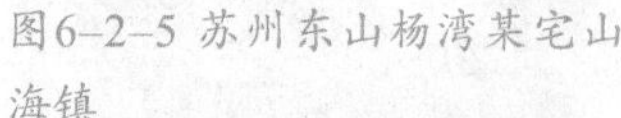

图6–2–5 苏州东山杨湾某宅山海镇

图6–2–6 常州焦溪村路口石敢当

图6–2–7 常州焦溪村墙身石敢当

图6–2–8 苏州东山陆巷惠和堂外的“山海镇”

图6–2–9 无锡前洲村宅门上的八卦图、镜子

图6–2–10 无锡惠山某宅大门神符

宁波地区则在门框上挂八卦图、镜子，或书写“姜太公在此，百无禁忌”。

浙江地区屋脊塑绘土偶、凤角，屋脊正中塑一尊形象威武、骑马挽弓的武士，传为蚩尤，因教人结庐居住，而成为屋神，人曰可以祛魔、镇宅、护房等[①]。可见，这些装饰，其意都在辟邪、镇宅。

类似于江南水乡建筑营造过程中的风水、禁忌，我国各地均有流传。例如，福建客家民居的围龙屋和五凤楼中，“均有一处称为‘胎土’（或称‘化胎’‘花脸’‘花头’）的所在，其位置在中轴线上的祖堂之后，形如半月，高于祖堂地平。若其后无围龙屋，则呈土丘状；若后有围龙屋，则呈龟背状。据1927年《兴宁东门罗族族谱》云：化胎，即在‘龙厅以下，祖堂之上，填其地为斜坡状，意谓地势至此，变化而有胎息。’在祖宗的神龛下方或祖公厅后面的花胎上，都安有龙神，让其与祖宗一样，享受长年香火。‘胎土’乃客家民居的‘龙脉’和风水要点。”[②]

而受到我国古代建筑文化深刻影响的日本，连屋面上的兽面鬼瓦，都“有雄雌之分，造型不同，在屋面上安放的位置也不同。鬼瓦的安放，据说是根据中国的阴阳学说确定的，总的原则是雌鬼为阴，雄鬼为阳，在屋面上阳的方位（东南方）据阴鬼，阴的方位（西北方）据阳鬼。同时从建筑物的正面观看时，雌雄必须左右相对，不能相同”[③]。

这样的营造风水与禁忌，历代演变，至今有迹可循。

二、宅园一体

风水的主要内容统管阴宅（墓葬建筑）、阳宅（居住建筑等）。对阳宅而言，上至帝王宫殿、国都，下至贫苦百姓栖身之所，古语皆曰“宅”“（居）室”“第”等。如“（成）王至于丰，惟太保先周公相宅。……太保朝至于洛，卜宅”[④]。“大夫卜宅与葬日。”[⑤]“卜宅寝室。”[⑥]“凡居民，量地以制宜，度地以居民，地宜民居，必参相得也。”[⑦]类似记载很多，不必赘述。

因此，作为第宅建筑一部之园林，受风水之深刻影响，理所应当。有关此点，已有学者进行过一定的探讨。如李先逵先生认为，由《易经》所反映出经老庄邹衍所成熟完善的阴阳学说，“奠定了中华民族传统文化的思想基础，深刻地影响了从民族心理结构到社会生活的各个方面。……园林环境是人们生活中的‘精神场所’，也就更多地表现人们对于自然宇宙，社会人生的思想认识和思维观念。因此它必然受着中国古典哲学阴阳观的深刻影响。也正是这种影响，才造成独树一帜的中国自然式园林体系”[⑧]。

---

① 刘克宗、孙仪主编：《江南风俗（长江文明丛书）》，江苏人民出版社，1991年，第141页。

② 吴庆洲：《从客家民居胎土谈生殖崇拜文化》，《古建园林技术》1998年第1期第8–15页。

③ 郭建桥：《日本古代寺院建筑瓦屋面及与我国唐代屋面作法的联系》，《古建园林技术》1997年第4期第29页。

④ 《四书五经·尚书·召诰》，陈戍国校点，岳麓书社，1991年，第257页。

⑤ 《四书五经·礼记·杂记上》，陈戍国校点，岳麓书社，1991年，第577页。

⑥ 《四书五经·礼记·表记》，陈戍国校点，岳麓书社，1991年，第643页。

⑦ 《四书五经·礼记·王制》，陈戍国校点，岳麓书社，1991年，第480页。

⑧ 李先逵：《中国园林阴阳观》，《古建园林技术》1990年第2期第19–25页。

有研究者认为“由古代园林借用‘相地’‘卜筑’等风水用词这一客观事实，足可说明我国古代园林与风水之渊源关系。事实上，清代档案显示，世代从事皇家建筑规划设计事务的样式雷，每遇宫苑规划设计任务，均要与钦命风水大臣同赴实地相度风水（即相地），并绘制专门的风水形势图呈献皇上”①。2005年，在颐和园大修工程中，主殿后配殿的屋脊正中间部位的“镇物”，多已被发现②。实际上，颐和园中的镇水大铁牛，早已经将此默默地表明。

又如清雍正二年（1724），由潼关王卫廪膳生员张尚忠所呈的风水启，基本上可看作是雍正时期圆明园扩建的总体规划③。还有学者，针对私家园林中的宗教现象进行研究，认为道教神仙思想、佛教禅宗义理等，均有“隐性”的表现④。不一而足。

（一）《园冶》中的风水及其他

明代造园家计成，世居江南水乡同里，其所著《园冶》一书，就有关于风水的内容。

如《园冶·相地》（卷1）首篇：“园基不拘方向，地势自有高低；涉门成趣，得景随形，或傍山林，欲通河沼，探奇近郭，远来往之通衢；选胜落村，藉参差之深树。村庄眺野，城市便家。新筑易乎开基，祇可栽杨移竹；旧园妙于翻造，自然古木繁华。如方如圆，似扁似曲，如长弯而环壁，似扁阔以铺云。高方欲就亭台，低凹可开池沼；卜筑贵从水面，立基先究源头，疏源之去由，察水之来历。……多年树木，碍筑檐垣；让一步可以立根，斫数桠不妨封顶。斯谓雕栋飞楹构易，荫槐挺玉成难。相地合宜，构园得体。”⑤《园冶》开篇为“相地”，“相地”本就是风水术语。

《园冶·立基》云：“凡园圃立基，定厅堂为主。先乎取景，妙在朝南。……选向非拘宅相，安门须合厅方。”⑥研究者认为《园冶》“凡园圃立基，定厅堂为主”的做法，与风水之“州郡以公厅为正穴，宅舍以中深圳为正穴”的点穴立基程序，基本一致；而“先乎取景，妙在朝南”，又类似于风水中尊贵建筑，须“负阴抱阳”即坐北朝南⑦。

又《园冶·掇山》云：“假如一块中竖而为主石，两条傍插而呼劈峰，独立端严，次相辅弼，势如排列，状若趋承。”⑧这里，主峰与两旁护峰之关系，直引风水名词“辅弼”“趋承”。一般主山两旁，必有左右护砂（侍砂、卫砂、迎砂、朝砂⑨，或龙虎砂山、

---

① 万艳华：《我国古代园林的风水情结》，《古建园林技术》2000年第3期第41–44页。

② 杨玉峰撰文：《颐和园“镇物”首次亮相·谜团待解》，《北京晨报》2005年4月14日。华夏文化网等转载。

③ 赵春兰、潘灏源：《从“圆明园风水启”说开去——皇家园林与风水初探》，《规划师》1997年第1期第106–112页。

④ 居阅时：《私家园林中的宗教现象探究》，《世界宗教研究》1997年第2期第125–132页。

⑤ [明]计成：《园冶注释》（第2版），陈植注释，杨伯超校订，陈从周校阅，中国建筑工业出版社，1988年，第56页。

⑥ [明]计成：《园冶注释》（第2版），陈植注释，杨伯超校订，陈从周校阅，中国建筑工业出版社，1988年，第71页。

⑦ 万艳华：《我国古代园林的风水情结》，《古建园林技术》2000年第3期第41–44页。

⑧ [明]计成：《园冶注释》（第2版），陈植注释，杨伯超校订，陈从周校阅，中国建筑工业出版社，1988年，第206页。

⑨ 顾颉：《堪舆集成》，重庆出版社，1994年，第26页。

左辅右弼[①]），二者如《元女青囊海角经》云："龙（主山）为君道，砂为臣道，君必居乎上，臣必伏乎下"[②]等。

再如《园冶·借景》云："构园无格，借景有因。切要四时，何关八宅。"[③]或许，这正说明有人注重八宅（犹言八方，阳宅按八卦方位有东四宅、西四宅之分。《释名》："宅，择也。择吉处而营之也"[④]）。因之，不是不讲风水，只是文人避而不语。园林中的理水虽有来龙去脉，如苏州网师园者，但"子不语"。

受我国文化深刻影响的日本，其遗留的古代造园专著《作庭记》里，相关风水内容更多。有研究者认为，该"书中常有'宋人云'，用宋人的话来自注解园林名称和岛上建筑"[⑤]。或许，我们可以较为深入地研究《作庭记》与中国文化、地域之关系。

例如，水体。"遣水事：拟先定水源之方位。经云：水由东往南、向西流者为顺流；以由西向东流者为逆流（这与我国古代天文认识顺序一致，'天文以东行为顺，西行为逆'[⑥]，笔者注）。因之，庭上遣水，以东水西流为常用。另，东来之水穿舍屋下，泄于未申方者最吉，所谓青龙水泄诸恶气于白虎道之故也。其家主不染疫气恶疮，身心安康，寿命久长"[⑦]。"择四神相应地，即合于天象星座时，以水自左流出为青龙之地。故庭上遣水也应源自殿舍或寝殿之东，往南而流向西方。"[⑧]"经云，遣水将屈曲环抱处拟龙腹。居者以龙腹为吉，龙背则凶。"[⑨]"另有北水南流之说。北为水，南为火，此为以阴会阳和合之仪，正如动植物雌雄调和之故。北水南流之说，似不无道理。"[⑩]"水向东流之例，如天王寺龟井之水。圣德太子传言：青龙常守之灵水向东流。依此，即便由西向东逆流之，若于东方，亦成吉相。"[⑪]

"弘法大师入高野山，寻胜地，遇一老翁（丹生大明神也），大师问：'此山中有否建立寺院之佳处？'老翁答：'我领地中，有白昼紫云缭绕、夜晚灵光闪烁之五叶松，更有诸水东流，殆建国立城之地也。'但亦有诸水东流者，表佛法东渐之相之说也。依此，则佛寺地相，似不必拘泥于宅地吉相（此与我国风水有关内容，颇为类似，笔者加注）。"[⑫]

"某云作庭、立石之事，意味深远。土为帝王，水为臣下，则土让水进，土阻水止。或云以山为帝王，以水作臣，又石为辅佐之臣。故，水以山为依靠，沿山而行。然山弱之

① 王其亨主编：《风水理论研究》，天津大学出版社，1992年，第139页。

② 广州出版社编：《地理汇宗·上部：元女青囊海角经篇》，广州出版社，1995年，第85页。

③ [明]计成：《园冶注释》（第2版），陈植注释，杨伯超校订，陈从周校阅，中国建筑工业出版社，1988年，第243页。

④ [明]计成：《园冶注释》（第2版），陈植注释，杨伯超校订，陈从周校阅，中国建筑工业出版社，1988年，第245页。

⑤ 杨宏烈：《园苑探源拾零》，《古建园林技术》1998年第4期第54–56页。

⑥ 《二十五史·汉书·天文志》，浙江古籍出版社，1998年百衲本，第376页。

⑦ [日]斋藤胜雄：《图解作庭记》，技报堂出版株式会社，1966年，第63页。

⑧ [日]斋藤胜雄：《图解作庭记》，技报堂出版株式会社，1966年，第64页。

⑨ [日]斋藤胜雄：《图解作庭记》，技报堂出版株式会社，1966年，第64–65页。

⑩ [日]斋藤胜雄：《图解作庭记》，技报堂出版株式会社，1966年，第65–66页。

⑪ [日]斋藤胜雄：《图解作庭记》，技报堂出版株式会社，1966年，第66页。

⑫ [日]斋藤胜雄：《图解作庭记》，技报堂出版株式会社，1966年，第66–67页。

时，必受水崩，是表臣下对帝王之犯。所谓山弱者，乃山无石支持也；所谓帝弱者，乃帝无辅佐之臣也。故云，山依石支而全，帝由臣辅可保”[①]等。

山石。“作庭立石，多有禁忌。据云，偶犯其一，则家主常病，终至丧命，破家荒废，成为鬼神栖所。”[②]“其所谓禁忌者：忌将原有之立石倒卧，或将原先之卧石竖立。否则，其石必有灵作祟。将原先伏卧之平石竖立，不问高低何处，若冲对家屋，则不论远近，皆成灵作祟。高四、五尺之石，不可立于丑寅方。犯之，或成灵石，或为恶魔入来之由，以至其处人家难以久居。但若于申方，向之迎立三尊佛石，则可去祟消灾，恶魔不入。家室近旁，不可立高出家屋缘侧之石。犯之，凶事不绝，家主亦难久居。但堂社则无此忌惮”[③]等。

植物。“树事。宅第之四方，须植树，以为四神具足之地。经云，居家以东流水为青龙，若无，植柳九棵以代之。西有大道为白虎，若无，植楸七棵以代之。以南（前）有水池为朱雀，若无，植桂九棵以代之。以北（后）有小丘为玄武，若无，植桧三棵以代之。如此，则为四神相应之地。居者官位福禄皆全，无病长寿”[④]等。

当然，《作庭记》里有大量的风水，而《园冶》相对较少的原因，也许在于士人主观上遵从“子不语怪、力、乱、神”[⑤]，而民间则不然，可谓士庶之分，此可谓信仰的层次性。中国文化自古是士文化与庶民文化的有机结合。

冯友兰先生对此早有精辟的论述。“《礼论》中还说：‘祭者，志意思慕之情也，忠信爱敬之至矣，礼节文貌之盛矣，苟非圣人，莫之能知也。圣人明知之，士君子安行之，官人以为守，百姓以成俗。其在君子，以为人道也；其在百姓，以为鬼事也。……事死如事生，事亡如事存，状乎无形影，然而成文。’照这样解释，丧礼、祭礼的意义都完全是诗的，而不是宗教的”[⑥]。

又“荀子《天论》有一段说：‘雩而雨，何也？曰：无何也，犹不雩而雨也。日月食而救之，天旱而雩，卜筮然后决大事。非以为得求也，以文之也。故君子以为文，而百姓以为神。以为文则吉、以为神则凶也’”[⑦]。可见，其所作所为只是为感情的满足，而不是真的信神。在孔子时为“子不语”，对荀子而言则是“我不信”了。

至宋代苏轼，对君王亦不相信：“我岂犬马哉，从君求盖帷，杀身固有道，大节要不亏。君为社稷死，我则同其归；顾命有治乱，臣子得从违。魏颗真孝爱，三良安足希。”[⑧]表达出从心而安的思想，体现出真正的独立人格。由此，“壶中天地”“拳山勺水”日渐盛行。因之，秦汉的苑囿到明清园林，实是一个由外而内的过程，处处烙上人的印迹。

---

① [日]斋藤胜雄：《图解作庭记》，技报堂出版株式会社，1966年，第67–68页。

② [日]斋藤胜雄：《图解作庭记》，技报堂出版株式会社，1966年，第96页。

③ [日]斋藤胜雄：《图解作庭记》，技报堂出版株式会社，1966年，第97–98页。

④ [日]斋藤胜雄：《图解作庭记》，技报堂出版株式会社，1966年，第108页。

⑤ 《四书五经·论语·述而》，陈戍国校点，岳麓书社，1991年，第29页。

⑥ 冯友兰：《中国哲学简史》（第13章），涂又光译，北京大学出版社，1985年，第178–179页。

⑦ 冯友兰：《中国哲学简史》（第13章），涂又光译，北京大学出版社，1985年，第179页。

⑧ [宋]苏轼撰：《苏东坡全集·和咏三良》（卷32），武汉大学光盘版文渊阁本《四库全书》第405卷第14册第46页。

台湾著名建筑学者汉宝德先生敏锐地意识到："中国的庭园艺术，除了使用自然的材料，如石、如水、如植物之外，有多少'自然'在内？我们可以说中国的庭园对自然的人工化，较之西洋的几何庭园实有过之无不及。所不同者，西人只役用植物，我们则模拟山川而已。这样的庭园比较接近艺术，距离自然甚远"①，令人深思。

（二）园林中的风水举例

晋代谢灵运在《山居赋》中，记载其会稽园林，"左湖右江，往渚还汀"。环境景观层次："会以双流，紫以三洲"，"巨海延纳"，"面山背阜，东阻西倾"；"近西则杨、宾接峰，唐皇连纵"；"远东则天台、桐柏、方石、太平、二韭、四明、五奥、三菁"。可见十分注意园林选址与周围峰峦间的衔接与过渡，充分注意自然山水形胜在园林景观中的价值②。

山西绛州隋代绛守居园池，名闻遐迩。虽不处江南，然其风水概念亦可资参考。其"西南有门曰虎豹，左画虎搏力（注曰：左以寅主东方，故东垣画虎，若有所击而起立③），底发。彘匽地，努肩脑口牙快抗。右胡人鬅，……白豹玄斑（释虎豹记云豹主西方，故志西壁④）"⑤。古代虎即龙，虽然，此与所谓传统风水之青龙、白虎方位有不同之处，实质一致。园池有风水，不言而喻。

"玄武踞，守居割有北（注曰：玄武，宋时讳玄，故曰真武。俗说此州不利太守，故真武庙厌之。至今城北谓之玄武岗）。自甲辛苞大池泓（正曰：甲东辛西中包大池也），横硖旁（《说文解字》云：横，栏木也。硖石，以木石甃其池）。潭中癸此，木腔瀑三丈余，涎玉沫珠……"⑥。可见隋代已有人造瀑布。岸池护以木石，现今日本园林尚类此。

"正东曰苍塘，蹲濒西漭望"，"正西曰白滨，荟深"⑦。我们认为，苍塘、白滨不应是亭名，而是此处的池沼，因为苍塘漭漭，白滨荟深。东方青（苍）龙、西方白虎，此方位名词为池沼取名之由来。

又如，北宋仁宗时，范仲淹守苏，"二年，奏请立学。得南园之巽隅，以定其址"⑧。巽，八卦之一，为木，为风⑨。巽地，吉地也。

北宋宣和四年（1122），徽宗赵佶在国都汴京（今河南开封）的东北角，大兴土役，

---

① 汉宝德：《中国的人文与自然》，东亚建筑文化国际研讨会会议论文集，南京，2004年，第12页。

② 王毅：《园林与中国文化》，上海人民出版社，1990年，第92页。

③ [唐]樊宗师撰、[元]赵仁举注：《绛守居园池记》，武汉大学光盘版文渊阁本《四库全书》第402卷第1册第14页。

④ [唐]樊宗师撰、[元]赵仁举注：《绛守居园池记》，武汉大学光盘版文渊阁本《四库全书》第402卷第1册第16页。

⑤ [唐]樊宗师撰、[元]赵仁举注：《绛守居园池记》，武汉大学光盘版文渊阁本《四库全书》第402卷第1册第4页。

⑥ [唐]樊宗师撰、[元]赵仁举注：《绛守居园池记》，武汉大学光盘版文渊阁本《四库全书》第402卷第1册第11页。

⑦ [唐]樊宗师撰、[元]赵仁举注：《绛守居园池记》，武汉大学光盘版文渊阁本《四库全书》第402卷第1册第5页。

⑧ [宋]范成大撰：《吴郡志·学校》，陆振岳点校，江苏古籍出版社，1999年，第28页。

⑨ 《四书五经·易·说卦》，陈戍国校点，岳麓书社，1991年，第207页。

推土筑山，号“万寿艮岳”[①]，其建造与风水息息相关。宋“徽宗登极之初，皇嗣未广，有方士言：‘京城东北隅，地协堪舆，但形势稍下，倘少增高之，则皇嗣繁衍矣。’上遂命工培其冈阜，使稍加于旧，已而果有多男之应”[②]。这样的事情，在正史中当然是只言片字，“徽宗自为《艮岳记》，以为山在国之艮，故名艮岳”[③]。可见，北宋最著名皇家园林之建造缘起、名称都因风水而来，受其影响理所应当。

浙江平湖莫氏庄园，位于平湖市南河头东隅，“具有江南民居特色，小巧玲珑，布局紧凑”。其大门，避开中轴线，偏于东南侧。有研究者从阴阳五行学说分析之，认为这与风水存在着因果关系[④]。

一般而言，我国古建筑因受封建宗法制度的束缚和儒家中庸信条的制约，布局上通常按照主轴线，即中轴线展开。莫氏庄园亦不例外。在东西轴线之间，中轴线贯穿庄园南北，其南、北方位，恰是五行中的火位、水位。因为，在木、金、火、水、土五行之中，以木为东，金为西，火为南，水为北，土为中。南为火，属阳；北为水，属阴。故中轴线乃纯阴纯阳位。

实际上，一般江南水乡民居建筑的大门往往多偏于一侧。究其原因，如清代吴鼎《阳宅撮要·二十四山门路定局》云：“纯阴纯阳，门路主不生育。”其《看法》又云：“看宅，以门向为重，此最要诀。向与门相生比和为吉，相克为凶。纯阴纯阳为庵观寺院，而非氓庶之宅。凡住宅纯阳主男大不娶；纯阴，主女大不嫁。”至此，莫氏庄园大门偏于中轴线一侧之因，已不言自明。诚如肖加在《中国民居》中所言：“对泥土占卜的迷信，使人们去考虑房子周围的风水……迫使房子的主人去寻求与自然的和谐。这一切尤其体现在江浙民居住宅与庭院的建筑之中”。我们考察云南沙溪、安徽皖南等地民居，其大门一般同样让开中轴线。

再以堪舆风水术中的“七政大游年”之说，与此对照。《阳宅撮要·门路》云：“门有五种，大门、中门、总门、便门、房门是也。大门者，合宅之外大门也，最为紧要，宜开本宅之上吉方。……大门吉，则全宅皆吉矣！……宅无吉凶，则门路为吉凶。盖在坐山及宅主本命之生天延三吉方，则吉气人宅，而人之出入，步步吉路，自然获福矣！”可见，极其重要的大门方位唯生天延三吉方是定[⑤]。

莫氏庄园坐坎朝离，按大游年歌中“坎五天生延绝祸六”之说，坎宅大门应选“震”“巽”“离”三方为吉。又据“九星五行”云：生气贪狼木（上吉），天医巨门土（次吉），延年武曲金（次吉）。可知生天延三吉方，又以生方为上吉，而坎宅生方恰是八卦中的巽位，故坎宅离向开巽门为大吉。此法与“外巽之位，宜作园池”[⑥]异曲同工。

---

① 中国人民政治协商会议浙江省杭州市委员会办公室：《南宋京城杭州》，杭州西湖印刷厂，1985年，第115页。

② 陈植，张公弛选注：《中国历代名园记选注》，陈从周校阅，安徽科学技术出版社，1983年，第57页。

③ 《二十五史·宋史·地理志一》，浙江古籍出版社，1998年百衲本，第246页。

④ 王维军：《莫氏庄园大门位置辨析》，《古建园林技术》1999年第3期第39–40页。

⑤ 同上注。

⑥ 顾颉：《堪舆集成 黄帝宅经》（第1卷），重庆出版社，1994年，第6页。

由此，莫宅大门避中就巽之疑释然①。由此，或可认为我国传统文化，通过各种形态的流变，影响着园林建筑的创作及构成模式。

此外，广西恭城茶江园林，负阴抱阳。远在宋代，岭南监察御史周谓，游恭城《叠秀山》诗云："平生赋性爱观澜，今日登临叠秀山；天赐卦爻分象外，地将圭笏出人间。昭州水远孤城小，五岭山高众垤难；极目紫宸何处是，碧云深处佩珊珊。"可见，作者用八卦象爻等来纵观山水②。类似事例，相信各地多有。

园林本就是住宅之一部，宅园一体，只不过附属的园林寄托了园主更多的游赏、遣怀功能。

三、城市选址

典籍记载表明，远在春秋时期，江南水乡城市选址就与风水相连。

例如，吴王阖闾问计于武子胥："安君治民，其术奈何？"子胥曰："凡欲安君治民，兴霸成王，从近制远者，必先立城郭，设守备，实仓廪，治兵库，斯则其术也。"阖闾曰："善。夫筑城郭，立仓库，因地制宜，岂有天气之数以威邻国者乎？"子胥曰："有。"阖闾曰："寡人委计于子。"子胥乃使相土尝水，象天法地，造筑大城，周回四十七里。陆门八，以象天八风。水门八，以法地八聪。筑小城，周十里，陵门三。不开东面者，欲以绝越明也。立阊门者，以象天门，通阊阖风也。《史记·律书》："阊阖风居西方。"阊者，倡也。阖者，藏也。立蛇门者，以象地户也。巳为地户。阖闾欲西破楚，楚在西北，故立阊门以通天气，因复名之破楚门。欲东并大越，越在东南，故立蛇门以制敌国。吴在辰，其位龙也，故小城南门上反羽为两鲵，以象龙角。越在巳地，其位蛇也，故南大门上有木蛇，北向首内，示越属于吴也③……。可见，其受风水术影响之深。

唐代人记载江南"斗牛之位列，婺女星之分野"④。宋人云："古吴、越及东南百越之国，皆星纪分也"⑤等，更将整个江南水乡的自然地理方位，与天文星宿等结合了起来。

南宋都城临安（今属杭州），风水形胜较佳。田汝成《西湖游览志》记载明正德三年（1508）郡守杨孟瑛云："杭州地脉，发自天目，群山飞翥，驻于钱塘。江湖夹挹之间，山停水聚，元气融结……南跨吴山，北兜武林，左带长江，右临湖曲，所以全形势而周脉络，钟灵毓秀于其中。"⑥

南宋时期，杭州城门取名艮山，颇有来由。艮，为八卦之一，是"东北之卦"，象征山，可引申为"东北方"之义。志书载当时杭州城的东北角有一小山，为"南山之尽脉也，高不逾寻丈"，名艮山，城门近艮山因以名门。艮山之名还与北宋徽宗赵佶在国都汴

---

① 王维军：《莫氏庄园大门位置辨析》，《古建园林技术》1999年第3期第39–40页。

② 王国政、金小中：《广西恭城古建园林的造型风格》，《古建园林技术》1992年第4期第52–53页。

③ [汉]赵晔撰，[元]徐天佑音注：《吴越春秋·阖闾内传》，苗麓校点，辛正审订，江苏古籍出版社，1999年，第31页。

④ [唐]陆广微撰：《吴地记》，曹林娣校注，江苏古籍出版社，1999年，第1页。

⑤ [宋]范成大撰：《吴郡志·分野》，陆振岳点校，江苏古籍出版社，1999年，第5页。

⑥ [明]田汝成：《西湖游览志·西湖总叙》，武汉大学光盘版文渊阁本《四库全书》第235卷第1册第23–24页。王玉德：《神秘的风水——传统相地术研究》，广西人民出版社，1991年，第259页。

京的东北角推筑的“万寿艮岳”有关①。

李思聪《堪舆杂著》论杭城曰：“干龙自天目起，祖远不能述。从黄山大岭过峡后，一枝起南高峰，从石屋过钱粮司岭，起九曜山，越王山，过慈云岭。起御教场、胜果山、凤凰山，过万松岭，起吴山入城。一枝起北高峰，从桃园岭青芝坞跌断，起岳坟后乌石山，从智果山保俶塔入城，来龙沿江而下，皆自剥星峦遮护，隔江诸峰，远映护龙，直从萧山至海门。生天弧天角星，从别子门石骨渡江，起皋亭诸山，作下砂兜转。右界水自严州桐庐流入钱塘江；左界水自余杭西溪流入官河，惜两界分流未合，城中诸河塞阻秽浊，脉络不清。”②

明代田汝成论及杭城曰：“南山之脉，分为数道，贯于城中……在宋则为大内，德寿、宗阳、佑圣诸宫，隐隐赈赈，皆王气所钟。而其外逻则自龙山，沿江而东，环沙河而包括，露骨于茅山、艮山，皆其护沙也……”③。“江湖夹抱之间，山停水聚，元气融结，故堪舆之书有云……若西湖占塞，则形胜破损，生殖不繁”④等。

综上所述，可以认为，风水意识、禁忌观念等渗透入江南水乡人们生活、工作中的方方面面，各地亦然。

第三节 江南水乡建筑主要论著与匠师

南宋六部之中有工部，“谓之东官，掌工役程式，及天下屯田、文武官职田、京都衢关苑囿、山泽草木、畋猎渔捕、运漕碾硙之事”⑤。

宋代以降，伴随着江南水乡经济的巨大发展，奢靡、享乐社会风气的蔓延等，兴造深宅大院之风盛行。大量的建筑实践，吸引了众多文人画家参与其中。他们运用绘画理论指导、总结建筑创作实践，又作了理论上的归纳，使得我国古典建筑技艺逐步成熟，渐成体系。

目前，遗留的江南水乡建筑论著，主要有《鲁班营造正式》（《营造正式》）《鲁班经》《园冶》《长物志》《营造法原》等，而《闲情偶寄·居室部》《髹饰录》等中也有部分建筑方面的内容。

宋代南方人喻皓的《木经》早已亡佚，仅部分内容散见于沈括《梦溪笔谈》⑥。明代宋应星《天工开物》中介绍了少量的建筑材料加工，如造砖、瓦的程序，建筑工具斤、斧、刨、凿的制作⑦等。

① 中国人民政治协商会议浙江省杭州市委员会办公室：《南宋京城杭州》，杭州西湖印刷厂，1985年，第115页。

② 王玉德：《神秘的风水——传统相地术研究》，广西人民出版社，1991年，第260页。

③ [明]田汝成辑撰：《西湖游览志》，尹晓宁点校，上海古籍出版社，1998年，第1页。

④ [明]田汝成辑撰：《西湖游览志》，尹晓宁点校，上海古籍出版社，1998年，第5页。

⑤ [宋]吴自牧撰：《梦粱录》，傅林祥注，山东友谊出版社，2001年，第115页。

⑥ [宋]沈括：《梦溪笔谈》，时代文艺出版社，2001年，第167页。

⑦ 造砖、瓦，见[明]宋应星：《天工开物·陶埏第七》，中国社会出版社，2004年，第203–213页。制斤、斧、刨、凿等，见[明]宋应星：《天工开物·锤锻第十》，中国社会出版社，2004年，第285–290页。

其他如《吴兴园林记》《游金陵诸园记》《扬州画舫录》《履园丛话》等，多属游记性质，后二者有部分关于营造的内容。现摘要论述如下。

一、论著

（一）《鲁班经匠家境》

明代以后江南沿海诸省民间工匠的业书，是一部传流至今的南方民间建筑术书，也是研究明清时期民间建筑的宝贵资料。其前身是宁波天一阁所藏明成化、弘治年间刊行的《鲁班营造正式》，著录于明焦竑《国史经籍志》（简称《营造正式》）。

这是一本技术性的著作。其内容包括一般房舍、楼阁建造方法，以及一些特殊建筑如钟楼、宝塔、畜厩等。书中先叙述水平垂直的工具，一般房舍的地盘样及梁架剖面图，然后是特种建筑和建筑细部如驼峰、悬鱼等。书中附有大量插图，保存的某些做法与宋元时期颇为相近。特别是"请设三界地主鲁班先师文"一段文字中，保留着元代各级地方行政建制的名称——路、县、乡、里、社。因此，此书最早的编写年代应可上溯至元末明初①。

明代万历间出版的《鲁班经匠家境》（简称《鲁班经》，增加了不少制作生活用具、家具等内容。崇祯版本又增添了手推车、水车、算盘等，增补了"秘诀仙机"（包括"鲁班秘书""灵驱解法洞明真言秘书"）一类风水、迷信篇幅，"是一部与人民生活联系较密切的技术著作"②。此后各地刊行的《鲁班经》，都是从上述万历本、崇祯本衍化而来，大同小异。

《鲁班经匠家境》，全书共四卷，文三卷，图一卷。主要内容为：一、木匠行规、制度及仪式；二、屋舍的施工步骤，方位、时间选择之法；三、鲁班（真）尺的用法；四、日常生活用具、家具和农具的做法；五、常用房屋构架形式，建筑构成、名称；六、施工注意事项，如祭祀鲁班先师的祈祷词、各工序的吉日良辰、门的尺度、建筑构件和家具的尺度、风水、厌镇禳解的符咒与镇物等。

崇祯本《鲁班经》卷首，存有编集者的姓名："北京提督工部御匠司司正午荣汇编，局匠所把总章严全集，南京御匠司司丞周言较正。"但是，所谓"御匠司""局匠所"这两个机构，未见于史书。因之，推断此书的若干内容，应是由当时流布于民间匠师之间的一些业书、抄本、口诀等，加以采集汇编而成。

《鲁班经》主要流布于安徽、江苏、浙江、福建、广东一带。现存的各种版本，多为上述地区刊印发行（天一阁本是建阳麻沙版，万历本刻于杭州）；此区现存的明清木构，以及室内装修、家具等，多与《鲁班经》的做法相符，这一现象的地域与《鲁班经》的流布范围一致，确非偶然③。已故著名建筑史学家郭湖生先生，生前对《鲁班经》论述深入④。

① 王弗：《鲁班志·〈鲁班经〉评述》，中国科学技术出版社，1994年，第72页。

② 刘敦桢：《鲁班营造正式》，《文物》1962年第2期第9–11+7–8页。

③ 张驭寰、郭湖生：《中国古代建筑技术史》，台湾博远出版有限公司，1993年，第946页。

④ 郭湖生：《关于〈鲁班营造正式〉和〈鲁班经〉》。载建筑史专辑编辑委员会编《科技史文集·第7辑·建筑史专辑3》，上海科学技术出版社，1981年，第98–105页。

（二）《园冶》

明代末期造园家计成著。这是目前所知的我国历史上第一部最完整的造园学专著，在造园史上具有极其重要的地位。

《园冶》蜚声中外，然关于《园冶》与计成的资料却近乎阙如。除正文外，书首有崇祯七年（1634）阮大铖在开篇所写的《冶叙》；崇祯四年（1631）计成写的“自序”，以及书尾的类似“跋”的文字（崇祯七年，1634）；崇祯八年（1635）郑元勋的“题词”。加以书末的两个印记，即“安庆阮衙藏版，如有翻刻千里必治”与“扈冶堂图书记”等[①]。

计成在为汪士衡建造寤园之时（约崇祯四年，1631），开始撰写是书，初名《园牧》。时江南名人曹元甫看后赞曰：“斯千古未闻见者，何以云‘牧’？斯乃君之开辟，改之曰‘冶’可矣”，改书名《园冶》[②]。

然而，该书晚至崇祯七年（1634），才由安庆阮大铖刻版印行。明代末期的阮大铖，为魏忠贤余党，声名狼藉。因此与阮大铖关系亲密的计成和《园冶》，自成书300年里一直不为世人所重[③]。但《园冶》传入日本后，却反响巨大而深刻，被赞誉为“夺天工”之作。20世纪初，经朱启钤、陶兰泉、阚铎等的努力，《园冶》始在国内重新刊印，声誉日隆。

《园冶》全书总计万字余，分三卷共十篇，插图二百多幅。第一卷：“兴造论”“园说”；第二卷：栏杆及其造型图式；第三卷：门窗、墙垣、铺地、叠山、选石、借景等诸法。全书采用“骈四俪六”式的骈体文，连篇用典，讲究对偶和辞藻丰富，读来兴致盎然。全书主要内容如下：

兴造论：首先，说明“世之兴造，专主鸠匠，独不闻三分匠，七分主人之谚乎？非主人也，能主之人也”，突出设计之重要。接着，指出在设计和营建中，要坚持“巧于因借、精在体宜”的指导思想。最后，交代写作目的，唯恐造园法“浸失其源”“故为好事者公矣”。

园说：是全书的总论。计成提出“虽由人作，宛自天开”，有力地概括了我国园林艺术境界，并将园林的意境，与艺术意境相联。

相地：即选址，因“相地合宜，构园得体”。分析、总结山林地、城市地、村庄地、郊野地、傍宅地、江湖地等的环境特点，和园林的各自风格特征，认为“园林惟山林最胜，有高有凹、有曲有深、有峻而悬、有平而坦，自成天然之趣，不烦人事之工”等。

立基：园林建筑设计原则。一般宅园以“定厅堂为主，先乎取景，妙在朝南”。因之，首先考虑厅堂的选址、取景和朝向等；其余建筑则可“格式随宜”，即根据不同的功能要求，因地制宜布置。分别列出厅堂基、楼阁基、门楼基、书房基、亭榭基、廊房基等，设计方法、位置的选择，以及各自的特征。

屋宇：关于单体建筑的营建，属“大木作”。书中首先指出园林建筑之特异处，“惟

① 张驭寰、郭湖生：《中国古代建筑技术史》，台湾博远出版有限公司，1993年，第951页。

② [明]计成：《园冶注释》（第2版），陈植注释，杨伯超校订，陈从周校阅，中国建筑工业出版社，1981年，第37页。

③ 张驭寰、郭湖生：《中国古代建筑技术史》，台湾博远出版有限公司，1993年，第952页。

园林书屋，一室半室，按时景为精”等，讨论了建筑与自然景观的协调、融合。接着，对各类园林建筑名词，如门楼、堂、斋、室、房、馆、楼、台、阁亭、榭、轩、卷、广、廊等进行了解释。然后，列出园林建筑的构架方法，包括五架梁、七架梁、九架梁、草架、重椽、磨角和地图等，从中可见古代木构建筑的灵活性。其图示梁架八式，与现存江南建筑穿斗式梁架，颇为吻合。最后为园林建筑的平面图式——“地图”。

装折：指可安装或拆卸的木制门窗等，分为屏门、仰尘、户槅、风窗等，属小木作，用于分隔空间。还论述了长槅平版与棂格的比例等，“端方中须寻曲折，到曲折处还定端方，相间得宜，错综为妙”等原则，透露了明代建筑的美学风尚。

门窗与墙垣：主要指砖墙上的磨砖框框，墙垣则包括实墙和漏明墙等，均属瓦作。以“从雅尊时，令人欣赏”为原则，即因景制宜、式样雅致。介绍了白粉墙、磨砖墙、漏砖墙（漏明墙）、乱石墙等的施工工艺，及其图式。

铺地：介绍了乱石路、鹅子地（卵石铺地）、冰裂地、诸砖地等各种铺地做法，利用“废瓦片也有行时”“破方砖可留大用”。

掇山与选石：讨论山石的选择、布置及堆叠，介绍了山石施工特点及方法等。

借景：中国园林之传统手法，“林园之最要也”，对借景加以系统总结。如“远借、邻借、仰借、俯借、应时而借”等，“构园无格，借景有因”①。

就《园冶》造园成就而论，最主要体现于“巧于因借，精在体宜”“虽由人作、宛自天开”两句，是其精髓，也是对江南文人写意园的高度概括，震古烁今。

（三）《长物志》

明末书画家文震亨所著，是一部关于居住环境、器用玩好的著作，对研究明代住宅、园林、家具、室内陈设等，特别是江南文人园林具有相当重要的价值。

《长物志》的命名，源于《世说新语》“王恭平生无长物”，含身外余物之意②。全书共十二卷：室庐、花木、水石、禽鱼、书画、几榻、器具、衣饰、舟车、位置、蔬果、香茗。直接涉及建筑与园林的是：室庐、花木、水石、禽鱼、几榻、位置、蔬果七卷，其余为室内器物和生活用品。具体内容概述如下：

室庐：论述住所的位置、式样选择，功能要求以及室内外布局原则。提出“居山水间者为上、村居次之、郊区又次之”等。并阐述住所的各种局部，如门、阶、窗、栏杆、照壁（即屏门）、堂、山斋、丈室、佛堂、桥、茶寮、琴室、浴室、街径庭除、楼阁、台、室外铺面等，主张“宁古无时，宁朴无巧，宁俭无俗”，反映了江南文人旨趣。

花木：论及花木的品种、形态、特性、栽培养护，及其搭配方式，涉及品种达四十余。

水石：“石令人古，水令人远，园林水石，最不可无”，将水、石与人生感悟相联，富于哲理。作者分析了园林中各种水池、瀑布，以及山石的形态与布置。水池，着重于比例、大小、色彩、动静等，及其层次，即“凿池自亩以及顷，愈广愈胜，最广者中可置台

① 张驭寰、郭湖生：《中国古代建筑技术史》，台湾博远出版有限公司，1993年，第951–955页。
② 转引自《王仲瞿诗》，中华书局，1941年，第18页。

榭之属，或长堤横隔，汀蒲岸苇，杂植其中，一望无际，乃称巨浸……池旁植垂柳，忌桃杏间种，中畜鸟雁”。

禽鱼：介绍了禽鱼的特性、饲养技术，以及禽鱼与配景的处理，见解独到。

书画：阐述了创作、判别画品之优劣原则，介绍了历代名家及书画之收藏、装裱技艺等。

几榻和器具：园林中的家具处理，论述各种文具、陈设及实用品的做法，讨论了材料、尺度、色彩和装饰等。

衣饰、舟车：前者涉及包括道服、禅衣在内的各种衣饰的风格式样，后者则主要列举出巾车、篮舆、舟、小船等，四种游览工具。

位置：指园林中的堂、榭等建筑，及家具陈设等的布置，及其原则。

蔬果：以食用为目的，分析各种蔬果的栽培法，同时又强调其美观功用。

香茗：指香与茶为文人雅士不可少之物，因茶具清心悦神、辟睡、排寂、除烦等功效。介绍了各种类茗茶，细述了洗茶、候汤、涤器、茶具，以及煮水和饮茶的方式、步骤等。如再结合“室庐”卷内的茶寮，足见此时茶道之盛。

因之，《长物志》包罗内容广泛，涉及今建筑学、植物学、观赏树木学、观赏动物学、绘画、书法、历史等。探论了与室内装饰设计息息相关的家具、陈设、器具等的布置及其艺术风格，是一部较全面地反映明代宅第、造园、家具、绘画、书法、生活习惯等的著作①。

（四）《营造法原》

姚承祖原著、张至刚增编、刘敦桢校阅，是一部记述江南水乡地区，特别是苏州地区传统做法的专书。此书初稿，由姚氏本其祖所著《梓业遗书》，家藏秘籍、图册等，结合自身经验整理而成，是姚先生在“苏州工专建筑工程系所编的讲稿，是南方中国建筑之唯一宝典”②。著述相当全面、深入，堪称目前为止有关我国民间地域传统建筑最权威之作，值得深入探究。

《营造法原》一书中，“所述大小木、土、石、水诸作，虽文辞质直，并杂以歌诀，然皆当地匠工习用之做法，较《鲁班经》远为详密。不仅由此可窥明以降江南民间建筑之演变，即清官式建筑名词因音同字近，辗转讹夺，不悉其源流者，往往于此书中得其踪迹”③。

全书经张至刚编著整理、加注、润色而成，共十六章，文字约十三万五千字，插图一百二十八幅，图版五十一幅。并有附录三，其一为“量木制度”。姚承祖先生所绘《营造法原》原图，经陈从周先生整理后出版④。

---

① ［明］文震亨：《长物志校注》，陈植校注，江苏科学技术出版社，1984年，自序第2–9页。

② 姚承祖原著、张至刚增编、刘敦桢校阅：《营造法原》（第2版），中国建筑工业出版社，1986年，自序第3页。

③ 刘敦桢：《刘敦桢文集》（第3辑），中国建筑工业出版社，1987年，第446–447页。

④ 陈从周整理、同济大学建筑系刊行：《姚承祖营造法原图》，同济大学印刷厂，1979年10月。

（五）《闲情偶寄·居室部》

这是李渔所著关于造园、建筑的专篇。李渔，明末清初文学家、戏曲家。字笠鸿、谪凡，号笠翁，初名仙侣，兰溪（今属浙江）人。此部分内容对建筑中功能、美观、经济、内外空间处理与景物配置等，均作细致阐解，反映作者建筑创作思想和设计手法。所涉范围虽欠宽广，且有夹杂，但颇有见解①。他不仅善于鉴赏，而且擅长于亲自动手②。

因之，李渔有很高的艺术素养，又有丰富的建造园亭实践经验，他的园林理论有不少独到的美学见解③。林语堂先生云："李笠翁的著作中，有一个重要部分，是专门研究生活情趣，是中国人艺术生活的袖珍指南……"④。

二、匠师

北宋营造业快速发展，使官手工业达到空前规模，将作监下有十个部门。其中，东西八作司领有八作：泥作，赤白作，桐油作，石作，瓦作，竹作，砖作，井作。《宋会要辑稿·职官》记载与土木工程有关者总二十一作：大木作，锯匠作，小木作，皮作，大炉作，小炉作，麻作，石作，砖作，泥作，井作，赤白作，桶作，瓦作，竹作，猛火油作，钉铰作，火药作，金火作，青窑作，窟子作⑤。

南宋六部之中有工部，"谓之东官，掌工役程式，及天下屯田、文武官职田、京都衢关苑囿、山泽草木、畋猎渔捕、运漕碾硙之事"⑥。设有将作监，"在保民坊，设监少、丞、簿，掌计料监造官司营房舍屋皆隶焉。盖汉制，将作大匠沿袭秦官，亦少皞氏以五雉为五工正，以利器用，唐虞共工，《周官·考工》之职也"⑦。且有其他工役之人，"或名为'作分'者，如碾玉作、钻卷作、篦刀作、腰带作、金银打锻作、裹贴作、铺翠作、裱褙作、装銮作、油作、木作、砖瓦作、泥水作、石作、竹作、漆作、钉铰作、箍桶作、裁缝作、修香浇烛作、打纸作、冥器等作分"⑧。

江南水乡历代建筑哲匠辈出。随着江南经济的蓬勃发展，建筑名匠的人数也越来越多。明清时期，江南水乡建筑、假山、园艺、工艺等各方面的能工巧匠层出不穷，其中苏州的"香山帮"匠人，以及邻近的东阳、皖南等地匠师，更是驰誉全国。水乡匠师流派众多，如苏派、海派、徽派、香山派等⑨，几大流派交互影响。戚德耀先生认为，大体而言，盛泽、南浔一带为江浙交融处；太仓昆山一线为海派与香山派融汇处；宜兴一带为苏派与徽派交汇处，呈现出相互融合的技艺特征。

本著挂一漏万，择其要者，聊作说明。

---

① 夏征农、陈至立主编，徐建融等编著：《大辞海·美术卷》，上海辞书出版社，2012年，第546页。
② 徐保卫：《李渔传》，百花文艺出版社，2011年，第257页。
③ 肖荣：《肖荣文集》，浙江文艺出版社，2017年，第70页。
④ 赵海霞：《李渔》，陕西师范大学出版总社，2017年，第81–82页。
⑤ 郭黛姮：《中国古代建筑史》（第3卷），中国建筑工业出版社，2003年，第611页。
⑥ [宋]吴自牧撰：《梦粱录》，傅林祥注，山东友谊出版社，2001年，第115页。
⑦ [宋]吴自牧撰：《梦粱录》，傅林祥注，山东友谊出版社，2001年，第118页。
⑧ [宋]吴自牧撰：《梦粱录》，傅林祥注，山东友谊出版社，2001年，第176页。
⑨ 过汉泉：《古建筑木工》，中国建筑工业出版社，2004年，第3页。

（一）喻皓（生卒年不详）

杭州人，五代末北宋初著名匠师。已故著名建筑史学家郭湖生先生论曰：喻皓一生中最重要的两件事迹，一是设计并主持建造了宏伟的开宝寺塔，促进了建筑技术的多方交融；二是撰写了《木经》一书。《木经》虽早已失传，但从一鳞半爪中遗留下的记载中，仍然可见到其高超水平①。

“喻皓是民间匠师，精于木工技术而尤其是造木塔的技术，成为工程主持人——都料匠，人们称他为‘喻都料’。以优秀匠师而亲自撰写建筑技术专著，这样的人物，在中国古代历史上是仅见的。”②

（二）蒯祥（1398—1481）

吴县香山胥口乡渔帆村人，生于明洪武三十一年（1398），成化十七年（1481）卒，享年83岁，官至工部侍郎③。蒯祥的祖父蒯思明、父亲蒯福，都是技艺高超的匠师，他幼受熏陶，后承家传。

图6-3-1 明宫城图局部（《天安门》内封面）

据史料载：明成祖永乐十五年（1417），蒯祥随父应征北京紫禁城建设，初为营缮匠，继为营缮所丞，后为统率工匠的“木工首”④。

明宣德十年（1435），营造景陵的棱恩门、棱恩殿、棂星门、暖阁、明楼。

明正统元年（1436），蒯祥设计、施工，重建奉天、华盖、谨身三殿（即现故宫太和、中和、保和三殿），同时增建坤宁宫⑤。正统七年（1442），营造五府六部和文武诸司衙署。因之，“自正统以降，凡百营造，祥无不予”。

明景泰三年（1452），营造北京隆福寺。

明天顺三年至八年（1459—1464），营造皇城内东华门东南的小南城；北京西苑（即现北海、中海、南海）；明朱祁钰帝陵——裕陵。

明成化元年（1465），重建承天门（即天安门，它“宏伟壮丽、端庄方正、中正平和、金碧辉煌、华美尊贵”⑥，举世闻名）⑦，设计、相址、主持了一系列明代宫殿、陵寝、寺观、园囿等皇室重大工程。

---

① [宋]沈括：《梦溪笔谈·技艺·木经》，时代文艺出版社，2001年，第167页。

② 郭湖生：《喻皓》，《建筑师》1980年第3期第182–184+201页。

③ 庄汉新、郭居园编纂：《中国古今名人大辞典》，警官教育出版社，1991年，第744页。

④ 张驭寰、郭湖生：《中国古代建筑技术史》，台湾博远出版有限公司，1993年，第1020页。

⑤ 吴县政协文史资料委员会编：《蒯祥与香山帮建筑（扬子江文库）》，天津科学技术出版社，1993年，第2页。

⑥ 路秉杰：《天安门》，同济大学出版社，1999年，第98页。

⑦ 潘新新：《雕花楼香山帮古建筑艺术》，哈尔滨出版社，2001年，第2页。

《吴县志》载："凡殿阁楼榭，以至回廊曲宇，（蒯祥）随手图之无不中上意者。每修缮，持尺准度，若不经意，既成不失毫厘，有蒯鲁班之称。"蒯祥不仅精通建筑设计，亦擅彩绘。《苏州府志》云："（蒯祥）能以双手画双龙，合之如一。"

因蒯祥技艺高超，深得明代帝王赏识。明成祖称他为"蒯鲁班"。明代宗朱祁钰，封蒯祥为工部侍郎，官居二品，享一品俸禄。明天顺二年（1458），明英宗赐蒯祥祖父蒯思明、祖母顾氏夫人"奉天诰命碑"，可见尊崇。蒯祥任北京故宫建筑群的总设计，贡献极大，感动了永乐帝，绘其像于《明宫城图》（见图6–3–1），而流芳百世。

蒯祥得到的地位、荣誉，胜如状元及第，使其香山家乡人充分认识到匠人的无比价值。从此，香山人执业重建筑，逐步形成了木作、水作、砖雕、木雕、石雕等多工种的群体——香山帮，确立蒯祥在我国传统建筑业的领袖地位，历来被称"香山帮"工匠之祖①。

或认为蒯祥是对我国古典"建筑文化的继承和发展，有突出贡献的建筑泰斗"②。今人在太湖北岸专修"蒯鲁班园"，以资纪念（见图6–3–2、图6–3–3）。

图6–3–2 蒯祥墓前享堂（左）
图6–3–3 蒯祥墓（右）

（三）陆贤、陆祥兄弟（生卒年不详）

明直隶无锡县（今属江苏无锡）人，石工，其先人曾在元朝任"可兀兰"，即将作大匠，负责营缮工程③。

明洪武初年，朱元璋营造南京、临濠中都宫殿，陆氏兄弟应召入京，担任工官。据《万历野获编》卷19《工部》载："宣德初有石匠陆祥者，直隶无锡人。以郑王之国选工副以出，后升营缮所丞，擢工部主事以至工部左侍郎。祥有母老病至，命光禄寺日给酒

① 孙鹄：《北京故宫建筑的奠基人——蒯祥》，《古建园林技术》1993年第4期第45+63页。

② 潘新新：《雕花楼香山帮古建筑艺术》，哈尔滨出版社，2001年，第1页。

③ 姜舜源编著：《故宫建筑揭秘》，紫禁城出版社，1995年，第149页。

馔，且赐钞为养，尤为异数。”[①]陆祥后位工部侍郎，带衔太仆少卿，历五朝[②]。其子侄四人分别被封官，成为明初建筑世家[③]。

（四）蔡信（生卒年不详）

明直隶武进阳湖（今属常州）人，幼习建筑技艺。明初，曾参与北京故宫及景陵等工程[④]。任工部营缮司营缮所所正（正九品），后升工部营缮司主事（正七品），再官至工部侍郎（清光绪《武进阳湖县志》）。

永乐四年（1406），成祖迁都，营建北京，提督调度营建工程。宣德年（1426—1435），为景陵营建工程的主持者之一[⑤]。

（五）杨青（生卒年不详）

明金山卫（今属上海）人，泥瓦工。杨青之名为明成祖朱棣所赐。永乐初以瓦工代役京师。擅长工程估算及调配工料、人力[⑥]。后任营建宫殿（当是北京宫殿）“都知”，又升任工部侍郎。

据《松江府志》载：“杨青，金山卫人，幼名阿孙。永乐初以瓦工役京师，内府屏墙始垩有蜗牛遗迹，若异彩。明成祖（朱棣）顾视而问阿孙，阿孙告知以实情。为此，明成祖嘉奖了他……并授冠带赐营缮所官。一日，供皇帝消闲的宫殿落成，帝以金银互颁赏各工匠，金银悉散于地，帝令自取。众工匠竞往而拾，青独后，以是心重。青后营建宫阙，使为督工。青善心计，凡制度崇广，材用大小，悉让上司满意。事竣，迁工部左侍郎。其子亦善父业，官至工部郎中。”[⑦]

图6–3–4 同里计成故居

（六）计成（生卒年不详）

字无否，号否道人，籍贯松陵（今属苏州，见图6–3–4），我国明代杰出的造园叠山家、理论家。

① 沈德潜：《万历野获编》卷19《工部》，见《笔记小说大观》第15编，台湾新兴书局有限公司，1984年，第484页。

② [清]康熙《无锡县志·人物·方技》。转引自喻学才《中国历代名匠志》，湖北教育出版社，2006年，第233页。

③ 姜舜源编著：《故宫史话》，中国大百科全书出版社，2000年，第74–75页。

④ 任道斌等编：《简明中国古代文化史词典》，书目文献出版社，1990年，第385页。

⑤ 严云受主编：《中华艺术文化辞典》，安徽文艺出版社，1995年，第477页。

⑥ 田自秉、华觉明主编：《历代工艺名家》，大象出版社，2008年，第110页。

⑦ 《明英宗实录》康熙《松江府志·艺术传》。转引自王弗主编：《鲁班志》中国科学技术出版社，1994年，第169页。

计成幼习画，“最喜关仝、荆浩笔意”；又工诗文，其诗如秋兰吐芳、清新隽永。惜均无传。

成年后的计成，“游燕及楚”，中年归吴，择居润州（今属镇江）。偶尔运用绘画技法为人叠山，时称“俨然佳山也”，遂闻名远近。因之，旋操造园叠山业。

计成的造园作品较多。如常州吴玄的东第园、仪征为汪士衡修建的“寤园”、南京为阮大铖修建的“石巢园”，扬州为郑元勋改建的“影园”等。

因之，计成积累了相当的造园经验，利用闲暇，整理成文，名曰《园牧》，即《园冶》，至崇祯七年，才得于安庆刊版发行。

明代末期时局动乱、飘零，计成逝于何时、何地，难以详考。

（七）张南阳（约1517—1596年后）①

明末江南著名造园叠山技艺家②。始号小溪子，更号卧石生，又号张山人，或称“卧石山人”。因父亲为画家，张南阳自幼便工绘事，故叠山造园，能以绘画原理作指导，随地赋形，以达层峦叠嶂之效③。

著名作品有：上海豫园、日涉园，太仓弇山园等。运用大量堆叠黄石，辅以少量散置山石，成为石包（土）山，颇具真山姿，规模相对较大，可称为假山中的大手笔，与后世清代张涟、张然父子所筑平岗小坂，迥然有别。

上海豫园假山，便以大量黄石堆叠而著称。虽然，此山高仅10米左右，但人行其中，宛若踏足真山。

张南阳八十寿辰时，陈所蕴为其作《张山人传》：“维时吴中潘方伯以豫园胜，太仓王司寇以弇园胜，百里相望，为东南名园冠，则皆出山人之手。两公皆礼山人为重客，折节下之。山人岳岳两公间，义不取苟容，无所附丽也。”④

（八）张南垣（1587—1671）⑤、张然父子

张南垣，名涟，以善叠假山“游于公卿间，人颇礼遇之”⑥。当时的大诗人吴梅村为之作传：“其垒石最工，在他人为之莫能及也……”⑦。

张南垣“少学画。好写人像，兼通山水。遂以其意垒石”⑧，“每创手之日，乱石林立。或卧或倚，君踌躇四顾，正势侧峰，横支竖理皆默识在心。借成众手，常高坐一室，与客谈笑，呼役夫曰：某树下某石可置某处，目不转视，手不再指，若金在冶，不假斧

---

① 徐昌酩主编，《上海文化艺术志》编纂委员会、《上海美术志》编纂委员会编：《上海美术志》，上海书画出版社，2004年，第359页。

② 夏征农、陈至立主编，徐建融等编著：《大辞海·美术卷》，上海辞书出版社，2012年，第303页。

③ 沈柔坚名誉主编，邵洛羊总主编：《中国美术大辞典》，上海辞书出版社，2002年，第459页。

④ 陈所蕴：《竹素堂集》卷19。转引自陈从周《园林丛谈》，台湾明文书局，1983年，第119页。

⑤ 施宣圆等主编：《中国文化辞典》，上海社会科学院出版社，1987年，第605页。

⑥ [清]钱泳撰：《履园丛话·下》，孟裴校点，上海古籍出版社，2012年，第370页。

⑦ 吴梅村：《梅村家藏稿·张南垣传》卷52。转引自汪泰陵编注《清文选》，贵州教育出版社，2002年，第34页。

⑧ 林慧如编：《明代轶闻》，中华书局，1919年，第169页。

凿，甚至施竿结顶，悬而下缒，尺寸勿爽，观者以此服其能矣”。

张涟共有四子，皆承父业，又以仲子张然为最[①]。张然，字铨侯，号陶庵。陆燕《张陶庵传》说，张涟父子早年修建一座宅园时，“南垣治其高而大者，陶庵治其卑而小者”，密切配合，分工协作。张涟去世后，张然继续服务于内务府，前后近30年，并且子孙“世业百余年未替”，人称“山石张”“山子张”[②]。

三百年后，其后人“山子张”，仍操持家法，精于理石，并有创新，惜无文字流传[③]。

（九）姚承祖（1866—1938）

字汉亭，别字补云，又号养性居士[④]，吴县胥口乡墅里村人。自清嘉庆、道光以降，姚氏世袭营造，累叶相承。1912年，姚承祖晚年任苏州鲁班会会长，为当地木工匠师之首领，是继蒯祥之后又一香山帮名师[⑤]。

姚承祖自小习文，十六岁辍学从梓，勤学苦练，不到二十岁即成为出类拔萃的木匠，享“秀才”之誉。姚承祖在建筑界大有建树，成一代宗匠。苏州工专校长邓邦逖特聘其教授建筑学，《营造法原》一书即当时所编教材。晚年寓居苏州，葺“补云小筑”（见图6–3–5），朱启钤先生曾经题识。

姚承祖毕生从事梓业，设计建筑的厅堂馆所、亭台楼阁、寺院庙宇等不下千数，惜乎无载，今可确定者仅四处：苏州怡园藕香榭、吴县光福香雪海梅花亭、灵岩山寺大雄宝殿、木渎严家花园[⑥]。

（十）戈裕良（1764—1830）[⑦]

常州人，字立山，是清嘉庆、道光年间的名家。其堆法尤胜于诸家[⑧]。他祖居武进洛阳尚湖墩，出生于县城东门季子庙后。他修筑的假山，别具风格，浑然一体，巧夺天工，不需借助于牵罗攀藤，掩饰点缀，而逼肖真山，因此人称“花园子”[⑨]。

他一生所造之园、所叠之石约有八处：常州洪亮吉“西圃”、苏州虎丘“一榭园”、扬州秦恩复“意园”之“小盘谷”、如皋汪为霖“文园”“绿净园”、苏州孙均家书厅前山子（环秀山庄）、南京孙星衍“五松园”“五亩园”、仪征巴光诰“朴园”、常熟“燕园”之“燕谷”[⑩]。

---

① 王思治主编，清史编委会编：《清代人物传稿·上编·第5卷》，中华书局，1988年，第372页。

② 张宝章：《京华通览·畅春园》，北京出版社，2018年，第24页。

③ 蔡荣：《忆山子张》，《读书》2002年第9期第127–132页。

④ 李洲芳、马祖铭：《一代宗匠姚承祖》，《古建园林技术》1986年第2期第63–64页。

⑤ 吴县政协文史资料委员会编：《蒯祥与香山帮建筑（扬子江文库）》，天津科学技术出版社，1993年，第35页。

⑥ 吴县政协文史资料委员会编：《蒯祥与香山帮建筑（扬子江文库）》，天津科学技术出版社，1993年，第36页。

⑦ 严云受主编：《中华艺术文化辞典》，安徽文艺出版社，1995年，第530页。

⑧ 喻学才：《中国历代名匠志》，湖北教育出版社，2006年，第301页。

⑨ 虞新华主编：《武进掌故·上》，中国文史出版社，2000年，第21页。

⑩ 苏州市传统文化研究会编：《传统文化研究·第13辑》，群言出版社，2005年，第218–219页。

此外，其他江南水乡历代名匠为数众多，如文震亨、周秉忠等。限于篇幅，不一一列举。

图6-3-5 补云小筑图（《姚承祖营造法原图》）

第四节 江南水乡建筑文化教育

我国现代建筑文化教育起步较晚。虽然，清政府在光绪二十八年（1902）出台的《钦定京师大学堂章程》中，首次提出了设置建筑学科的设想“工艺科之目八：一曰土木工学，二曰机器工学，三曰造船学，四曰造兵器学，五曰电气工学，六曰建筑学，七曰应用化学，八曰采矿冶金学”[1]。但其时不具备实施条件，特别是缺乏相应的建筑学人才，并未开办起来。宣统元年（1909），更因经费不足取消建筑科。张锳绪在日本留学期间，“稍治建筑之学”，于宣统二年（1910）十月出版《建筑新法》一书介绍建筑课程[2]。此为有关我国建筑文化教育的最早记载[3]。

图6–4–1 苏工校门（《苏州工业专科学校建校九十周年纪念册》）

民国时期，中国建筑市场有较大发展，但多为外国人垄断，建筑教育更属空白。1912年10月，教育部颁布大学令，制定了壬子癸丑学制，设建筑学门[4]，但仍无实际行动。

直至1923年，苏州工业专门学校设立建筑学科，不但开现代江南水乡高等建筑文化教育之先，也为我国高等建筑学科最早之创举：创立了我国最早的建筑系。

中国最早的有系统、有规模、持续办学时间较长的建筑系应该说是江苏省立苏州工业专门学校（以下简称“苏工”）建筑科[5]。

一、苏工精神、沧浪情怀——我国高等教育建筑学科诞生地

1923年9月，经两年筹划，柳士英、刘士能（刘敦桢）、朱士圭（号称苏工建筑“三士”[6]）等，在苏工创立建筑科，这是中国近现代建筑文化教育史上的首创[7]，“是我国

① 舒新城编：《中国近代教育史资料》，人民教育出版社，1981年，第546页。

② 杨永生主编：《中国建筑师》，当代世界出版社，1999年，第2页。

③ 纪午生：《建筑教育发源地与一流师资》，载《苏州工业专科学校建校九十周年纪念册》，第59页。

④ 徐苏斌：《中国近代建筑教育的起始和苏州工专建筑科》，《南方建筑》1994年第3期第15–18页。

⑤ 赖德霖：《中国现代建筑教育的先行者——江苏省立苏州工业专科学校建校建筑科》，载杨鸿勋、刘托主编，中国建筑学会建筑史学分会编《建筑历史与理论·第5辑》，中国建筑工业出版社，1997年，第71页。

⑥ 刘传贤：《苏工建筑科——我国高等教育最早设置的建筑学科》，载《苏州工业专科学校建校九十周年纪念册》，第61页。

⑦ 施用：《苏工校史述略》，载《苏州工业专科学校建校九十周年纪念册》，第1页。

建筑教育中第一个专科性质的学校”[①]，更“是我国高等教育最早设置的建筑学科，开创了我国近代建筑教育的先河”[②]。其时苏工校址位于苏州三元巷（见图6–4–1）。

苏工建筑科几位创始人，都是留学日本的学生。此后，陆续延聘留德的贝寿同先生[③]、留日的黄祖淼先生[④]及高炯先生[⑤]、留美的沈慕曾先生[⑥]、留英的钱宝琮先生[⑦]等，礼聘当地建筑名师姚承祖[⑧]、陈伽仙先生[⑨]等，到校任教，师资力量极为雄厚。

科主任柳士英先生（1893年10月26日—1973年7月）[⑩]，苏州人，字雄飞[⑪]，“是最早期接受日本建筑教育的留学生之一”[⑫]，堪称我国近代建筑文化教育的创始人[⑬]，又是有着重要贡献的杰出的建筑师[⑭]。

---

① 刘叙杰：《创业者的脚印（上）——记建筑学家刘敦桢的一生》，《古建园林技术》1997年第3期第8–9页。

② 刘传贤：《苏工建筑科——我国高等教育最早设置的建筑学科》，载《苏州工业专科学校建校九十周年纪念册》，第61页。

③ 据现有资料，我国第一位建筑师当属贝季眉（字寿同）。见杨永生：《建筑百家轶事》，中国建筑工业出版社，2000年，第76页。

④ 黄祖淼，1901年出生于梁弄镇。16岁在正蒙小学毕业后，考入浙江甲种工业学校（浙江大学前身）。1919年与同学共同参加“五四运动”，并东渡日本留学。次年，考入东京高等工业学校建筑系，获得奖学金。1925年学成回国，在苏州工业专科学校任教。见余姚市政协文史资料委员会、余姚市政协梁弄委员小组合编：《浙江省历史文化名镇•梁弄》，余姚：余姚文史资料第12辑，1994年，第116页。

⑤ 高炯（1891—1972），字士光，贵州贵阳人。1915年毕业于日本东京高等工业学校电机科。历任湖北官铜矿电机工程师、富池铜厂电机部主任。曾先后执教于南京工专、苏州工专、贵阳工专、贵阳工学院。1935年任苏工机械科主任。见施用：《我国高等建筑教育的发源地——苏工创办建筑科史料补遗》，《南方建筑》2000年第1期第63–66页。

⑥ 沈慕曾（1888—1939），字宾颜，浙江绍兴人。美国康奈尔大学土木硕士。历任烟台海坝工程委员会副工程司、江苏土地局局长、交通部技正、江西工专土木科主任、上海南洋路矿学校教务长。1914年后任苏工土木科主任、教务主任、建筑科教授。见施用：《我国高等建筑教育的发源地——苏工创办建筑科史料补遗》，《南方建筑》2000年第1期第63–66页。

⑦ 钱宝琮（1892—1974），字琢如，浙江嘉兴人。英国伯明翰大学土木工科理学士。1921年回国后，先后执教于中央大学、浙江大学等。1956—1974年间任中科院自然科学史研究室一级研究员，是我国著名数学史家、天文史家和教育家。见施用：《我国高等建筑教育的发源地——苏工创办建筑科史料补遗》，《南方建筑》2000年第1期第63–66页。

⑧ 姚承祖（1866—1938），字汉亭，号补云，又号养性居士。吴县胥口乡墅里村人。他是继明朝工部侍郎蒯祥之后的又一名香山帮建筑大师。见吴县政协文史资料委员会：《蒯祥与香山帮建筑（扬子江文库）》，天津科学技术出版社，1993年，第35页。

⑨ 陈伽仙（生卒年不详），名摩，号伽庵，吴江名画家陆廉夫的高足。擅花卉、山水，又能水彩画，熔中西画法于一炉；书法学北魏。曾任苏州江苏省立第一师范、第二工专学校美术教师。见江苏省政协文史资料委员会等编：《江苏文史资料 • 第56辑 • 常熟掌故》，江苏文史资料编辑部，1992年，第106页。

⑩ 柳道平：《纪念父亲——在纪念柳士英先生诞辰百周年会上的发言》，《南方建筑》1994年第3期第24–27页。

⑪ 陈泳：《柳士英与苏州近代城建规划》，《新建筑》2005年第6期第57–60页。

⑫ 徐苏斌：《东京高等工业学校与柳士英》，《南方建筑》1994年第3期第10–13页。

⑬ 刘传贤：《苏工建筑科——我国高等教育最早设置的建筑学科》，载《苏州工业专科学校建校九十周年纪念册》，第61页。

⑭ 柳肃：《柳士英设计风格的发展演变》，《南方建筑》1994年第3期第35–38页。

清光绪三十三年（1907），柳士英考入公费的江南陆军学堂。1914年，柳先生入东京高等工业学校建筑科，1920年毕业回到上海①。

1922年，柳士英先生与留日同学刘敦桢、王克生、朱士圭等诸先生一起创办了“华海建筑事务所”。1923年，柳先生始治建筑文化教育业，在“苏州工业专门学校创办建筑科，这是中国第一个建筑系”。1924年，柳士英先生提出“盖一国之建筑，实表现一国之国民性……欲增进吾国在世界之地位，当从事与艺术运动，生活改良”等深刻主张②。

1927年，苏工建筑科由刘敦桢先生带队，整体迁往南京并入中央大学工学院，以此为基础成立建筑系③。柳士英先生因继承亡兄柳伯英（字成烈）之遗志，“还要为苏州民众做事”④，参与苏州市政筹建工作，而留在了苏州。

抗战期间的1934年，柳先生受聘赴湘，设帐于湖南大学土木系，后又创办湖南大学建筑系⑤。在从事建筑教育的同时，他还设计了大量各类建筑精品⑥。因地制宜、注重环境、平立面特色鲜明⑦，曾有学生对其设计风格进行过归纳⑧。

柳先生为人正直，治学严谨，诲人不倦，安于操守，深受师生们爱戴⑨。他“敬老尊贤，团结同志”⑩。强调“学以致用，一贯重视理论联系实际，反对空谈。譬如治建筑史，则力求联系古代社会背景，探索建筑风格演变源流，并从历史经验中吸取教益，以为今用。这种务实的治学态度，是极为可贵的”⑪。或认为柳先生与美国著名建筑家路易斯·康之间，具有着惊人的巧合⑫。

刘敦桢先生，字士能，号大壮室主人，1897年9月19日（清光绪二十三年）生于湖南省新宁县⑬。1913年留学日本，1916年入东京高等工业学校机械科，次年转建筑科，1922年回国。1923年秋，参与创办并执教于苏工建筑学科⑭。刘先生治学严谨，课余调研姑苏古建筑，事必躬亲，或冒屋塌之险，或登脊梁查始建之年月，或攀朽木探构造之精奇。寒暑

① 闵玉林、石逸：《柳士英创建苏州工业专门学校建筑科》，《南方建筑》1994年第3期第19页。
② 赖德霖：《从一篇报导看柳士英的早期建筑思想——纪念柳士英先生诞辰100周年》，《南方建筑》1994年第3期第23–24页。
③ 闵玉林、石逸：《柳士英创建苏州工业专门学校建筑科》，《南方建筑》1994年第3期第19页。
④ 柳道平：《纪念父亲——在纪念柳士英先生诞辰百周年会上的发言》，《南方建筑》1994年第3期第24–27页。
⑤ 湖南大学建筑系：《柳士英先生生平简介》，《南方建筑》1994年第3期第1页。
⑥ 柳道平：《柳士英建筑设计作品目录（部分）》，《南方建筑》1994年第3期第49–50页。
⑦ 蔡道馨：《寓意于居——柳士英先生宿舍设计评介》，《南方建筑》1994年第3期第39–40页。
⑧ 黄善言：《深切怀念柳士英老师》，《南方建筑》1994年第3期第33–34页。
⑨ 杨大慰：《缅怀恩师柳士英先生》，《南方建筑》1994年第3期第30–31页。
⑩ 严理宽：《宗师风范忆犹新——纪念柳士英老师一百周年诞辰文摘》，《南方建筑》1994年第3期第44–49页。
⑪ 贺业矩：《忆柳士英先生》，《南方建筑》1994年第3期第32页。
⑫ [美]布莱恩·帕西瓦尔Brian·Percival文、张卫译：《从柳士英想到路易斯·康》，《南方建筑》1994年第3期第28页。
⑬ 刘叙杰：《刘敦桢先生传略》，《古建园林技术》1997年第3期第24页。
⑭ 刘叙杰：《创业者的脚印（上）——记建筑学家刘敦桢的一生》，《古建园林技术》1997年第3期第8–9页。

无阻，惜时如金。测绘古代建筑时，对不甚尽责之生，必正言厉色以训教[①]。而对学生之生活、工作条件，又备极关注，亲自安排，诚不可多得之严师与宽厚长者[②]。刘先生是中科院院士，是我国建筑史学科的两位开拓者——“南刘北梁”之一[③]。“前辈朱启钤、梁思成、刘敦桢等及其同事都是中国建筑研究的拓荒者、播种者、奠基者和大厦的构筑者，其功不可没，永垂青史。”[④]

姚承祖先生，字汉亭，号补云，又号养性居士。苏州市吴县胥口乡墅里村人，生于1866年3月18日（清同治五年），卒于1939年5月21日[⑤]。世袭营造，技艺超群，经验丰富，一生设计建筑的厅堂馆所、亭台楼阁、寺院庙宇，不下千舍。在苏工任教时，提供许多家藏秘籍、图册，编写讲稿，如享誉海内外的《营造法原》，其时就为教材之一（详见本章第三节有关内容）[⑥]。

1927年9月，苏州工专与国立东南大学、江苏工科大学、上海商科大学、江苏法政大学、江苏医科大学、南京工业专门学校、上海商业专门学校、南京农业学校等九院校，合并为国立第四中山大学[⑦]。刘敦桢等带领部分教师、全部学生与设备等，来到南京。以苏工建筑科为基础，在工学院内设建筑科[⑧]。1928年2月改称为江苏大学，同年5月，又改名为中央大学[⑨]。建筑科归中央大学工学院，即为解放后的南京大学工学院，后为南京工学院建筑系，现东南大学建筑学院。

图6–4–2 曾为苏工校园的沧浪亭

1947年秋，经邓邦逖校长与蒋骥、刘敦桢、胡粹中等先生共同谋划，苏州工专终于复办建筑科[⑩]。学制五年，以苏州名园沧浪亭（见图6–4–2、图6–4–3）、可园为校址，置身历史环境，予人以特殊之教育[⑪]。

---

① 刘传贤：《苏工建筑科——我国高等教育最早设置的建筑学科》，载《苏州工业专科学校建校九十周年纪念册》，第62页。

② 蒋孟厚：《记几位建筑科前辈老师》，载《苏州工业专科学校建校九十周年纪念册》，第75页。

③ 梅宏：《建筑大师刘敦桢》，《古建园林技术》1997年第3期第21–23页。

④ 吴良镛：《关于中国古建筑理论研究的几个问题》，《建筑学报》1994年第4期第38–40页。

⑤ 李洲芳、马祖铭：《一代宗匠姚承祖》，《古建园林技术》1986年第2期第63–64页。

⑥ 施用：《我国高等建筑教育的发源地——苏工创办建筑科史料补遗》，《南方建筑》2000年第1期第63–66页。

⑦ 中共南京市委党史工作办公室、中共南京市委宣传部编：《南京百年风云·1840–1949》，南京出版社，1997年，第342页。

⑧ 林挺、刘维荣：《名人相册 刘敦桢》，《档案与建设》2001年第2期第30–31页。

⑨ 南京师范大学校史编写组编：《南京师范大学大事记》，南京大学出版社，1992年，第1页。

⑩ 施用：《建筑教育史上光辉的一页——1947年复办后的苏工建筑科》，《南方建筑》1999年第4期第63–66页。

⑪ 蒋孟厚：《记几位建筑科前辈老师》，载《苏州工业专科学校建校九十周年纪念册》，第75页。

图6-4-3 沧浪亭旁的罗马大楼，曾作为苏工校舍

1956年苏州工专土木、建筑两科师生，与东北大学等四院校土建系一起，合并成西安冶金建筑工程学院（今西安建筑科技大学）。

1956年，苏工校本部与西北工学院、青岛工学院有关院系组建西安动力学院，次年并入交通大学西安部分（今西安交通大学）。从此，苏工完成了它的历史使命①。

二、薪火始传、功绩永驻——苏州工专建筑学科的历史地位

创设于1923年的苏州工专建筑学科，沿用了日本的建筑教学体系，课程设置与日本东京高等工业学校基本相同，以建筑学为主，适当增设其他课程。专业课程有建筑意匠（建筑设计）、建筑史、中西营造法（建筑构造）、结构、测量与美术课等，此期学制3年。学校延聘名师作专职、兼职教师，且经常延请著名专家、学者，来校作专题讲座②。

苏州工专建筑学科，取得了相当高的教学质量，并孕育了鲜明的“苏工精神”③。有研究者认为：以“勤、勇、忠、信”为校训的“苏工精神”，与“胸怀大局、无私奉献、弘扬传统、艰苦创业”的西迁精神，有着同样的校园文化底蕴。屡建屡拆分，四度重建的苏工，是国内多所著名高校（南京大学、东南大学、中国纺织大学、山东大学、西安建筑科技大学等）品牌院系的发源地之一，令人惊叹④。或认为其实质“与苏州园林一样，在于小而精”⑤。

① 施用：《苏工校史述略》，载《苏州工业专科学校建校九十周年纪念册》，第2页。
② 纪午生：《建筑教育发源地与一流师资》，载《苏州工业专科学校建校九十周年纪念册》，第60页。
③ 吴德门：《苏工精神》，载《苏州工业专科学校建校九十周年纪念册》，第72页。
④ 刘丹、施建平：《苏南工业专科学校的西迁》，《档案与建设》2020年第10期第90–93页。
⑤ 陈从周：《我与苏南工专》，载《苏州工业专科学校建校九十周年纪念册》，第37页。

苏工建筑学科的培养目标是培养全面懂得建筑工程的人才，能担负整个工程从设计到施工的全部工作。教学理论与实践相结合，以工程为主，技术与艺术并重①，或认为是苏州工专长期坚持开门办学的指导思想。在办学过程中，依据地方社会发展需要设置科目，积极兴办实习工场，培养学生动手能力；广延名师，有效提升人才培养质量，被誉称为“办教育的历史典范”②。

苏州工专创于苏州一地，颇值得深究。有人认为这是时代使然，“当时的江苏已是我国经济十分发达的地区，急需建筑专业人才”；加以苏工校长刘勋麟作为教育家的远见卓识；同时苏工具有数十年土木工程专业和曾经开设中等建筑科的基础，以及创办人柳士英先生的建筑实践体会的必要性与迫切性等③，是多方因素的综合之果。

还有研究者认为，除苏州是柳士英先生的故乡，其兄柳伯英的办学行为对柳士英的影响等主观方面因素外，还有柳先生本人留学日本东京高等工业学校，具备近代建筑科学知识，以及刘敦桢、朱士圭等志同道合的同学等客观因素④。

当然，依近上海这一大都市，可谓是一重要原因。近代中国，建筑界成立的两个职业团体，一为中国建筑师学会，一为上海市建筑协会，全都起源于沪上⑤，可为佐证。

自此以后，我国各地高等建筑文化教育蔚为兴起。例如：

东北大学工学院建筑系（1928）；

北平大学艺术学院建筑系（1928）；

广东省立工业专门学校建筑工程系（1932年，次年改名广东勷勤大学，1937年并入中山大学）；

上海私立雷士德工学院建筑科（1934）；

上海沪江大学商学院建筑系（1934年，开放大学）；

天津工商学院建筑系（1937年，1949年改名津沽大学）；

重庆大学建筑系（1937年设建筑专业，1940年成立建筑系）；

杭州私立之江大学建筑系（1940）；

北京大学工学院建筑系（1938）；

湖南省立克强学院建筑系（1941）；

上海圣约翰大学建筑系（1942）；

清华大学建筑系（1946）；

国立唐山工学院建筑系（1946）等。

因之，大体上形成了包括国立、省立、私立、教会以及开放大学等，多渠道的建筑文

---

① 刘传贤：《苏工建筑科——我国高等教育最早设置的建筑学科》，载《苏州工业专科学校建校九十周年纪念册》，第61页。

② 刘丹、吴佩华：《“苏工专”开门办学简论》，《职业技术教育》2020年第33期第77–80页。

③ 施用：《我国高等建筑教育的发源地——苏工创办建筑科史料补遗》，《南方建筑》2000年第1期第63–66页。

④ 徐苏斌：《中国近代建筑教育的起始和苏州工专建筑科》，《南方建筑》1994年第3期第15–18页。

⑤ 中国建筑史编写组：《中国建筑史》（第3版），中国建筑工业出版社，1993年，第293页。

化教育网络[①]。其中，植根于江南水乡者竟达4所，由此可见一斑。

粗略以为，或得益于此：一是苏州丰富的物质、文化底蕴；二是苏州传统营造技术先进，杰出匠师众多；三是临近上海这一国际性大都市，享受开放文化之先；四是苏南，以及整个江南的经济、政治、文化中心地位等催生之花，结出之果。

苏工建筑学科创业维艰。此时国内尚无一所开办建筑专业的工科院校，且当时北洋军阀统治着江浙，战乱不止[②]。因之，苏工建筑学科为我国高等建筑教育最早的学府，为教育史上的里程碑[③]，其筚路蓝缕地开拓，培养了我国第一批29名建筑师[④]，教育质量很高。它不仅为我国高等建筑学科的发展作出了历史性的贡献，更开创了我国近代高等建筑教育学科的先河：它实现了晚清以降中国人一直想创设自己的建筑学科的理想，从章程向实践迈出了重要的一步；把日本的建筑文化教育体系和中国实际相结合，作出了不懈努力；尽管以往有人曾开设过有关建筑学课程，但是成体系的引进则为首例；它是中国建筑学科教育的摇篮，也是中央大学建筑系创立的基础。从此，中国的高等建筑文化教育事业，逐渐成长起来[⑤]。

诚如已故著名园林学家、古建筑专家陈从周先生言："苏南（州）工专这所学校，治我国教育史者，不能健忘它，应该说是既有悠久历史，又有名学者教授，培养了大批工程人才，是摇篮，是温室，人们将永远记着它。"[⑥]

---

① 中国建筑史编写组：《中国建筑史》（第3版），中国建筑工业出版社，1993年，第289页。

② 许康：《史料拾零及背景管窥——柳士英对建筑学界开拓性贡献偶识》，《南方建筑》1994年第3期第5–7页。

③ 施用：《我国高等建筑教育的发源地——苏工创办建筑科史料补遗》，《南方建筑》2000年第1期第63–66页。

④ 苏工建筑科创办后，共有1923—1926级四届学生，其中后两届，即1925和1926级学生并到中央大学后于1930和1931年春毕业，成为中央大学建筑科第1、2届毕业生。全部毕业生为29人，名单如下：1923级（1926年在苏工毕业）的有吴文华、汪克柔、汪原曦、汪遵宪、宋麟生、周英、周曾柞、姚赓夔、徐传钧、刘炜、刘寿铸、卢泳沂、淮齐材、薛惟翰、龚景纶等15人；1924级（1927年在苏工毕业）的有吴乃铭、吴保益、李寿年等3人；1925级（1930年春于中大毕业）的有姚祖范、滕熙、刘宝廉、杨光煦、顾久衍、钱聘寿等6人；1926级（1931年春于中大毕业）的有沈政修、郑定邦、钱树鼎、张铺森、赵善徐等5人。根据《苏工校友录》（1947）记载。1925级尚有殷竟、刘宝铭2人，现按在中大实际毕业名单。见施用：《我国高等建筑教育的发源地——苏工创办建筑科史料补遗》，《南方建筑》2000年第1期第63–66页。

⑤ 徐苏斌：《中国近代建筑教育的起始和苏州工专建筑科》，《南方建筑》1994年第3期第15–18页。纪午生：《建筑教育发源地与一流师资》，载《苏州工业专科学校建校九十周年纪念册》，第59页。

⑥ 陈从周：《我与苏南工专》，载《苏州工业专科学校建校九十周年纪念册》，第37页。

第七章

江南水乡建筑装饰文化

装饰，或曰装修，《园冶》称“装折”，归属于小木作，此相对于承重梁架的大木作而言。

我国传统木建筑采用木构架承重体系，建筑内外装饰灵活，承重构件与装饰构件多合一，技术、艺术巧妙结合。所采用的砖、瓦、木、石等建筑材料，相互间往往是有机联系的整体，建筑整体与细部融合、统一。虽然，单个建筑体量相对较小，但群体组合效果显著，故远观近赏皆宜。

各地域建筑装饰，均有自身的特点。如藏族民居装饰讲究工整、华丽、亮堂①，色彩浓烈、凝重；福建、皖南等地奇技淫巧、满目雕饰；江南水乡秀外慧中、淡抹浓妆总相宜等。当然，同一地域内的建筑装饰风格，也会有差异，例如江南水乡各地的建筑装饰也有些许区别。

原江苏省古建筑专家组组长戚德耀先生认为，如以苏州地区为中心，则沪西、皖南、浙北等交错地带的建筑风格相互融合，值得深究。

伴随着江南水乡建筑的发展，江南水乡建筑装饰题材类型与手法，经历了由简单到丰富、由单一到多样，技术水平由低到高的发展过程。

第一节　江南水乡建筑装饰史略

目前，有关江南建筑装饰的最早文献，见于《楚辞》：“翡帷翠帐，饰高堂些。红壁沙版，玄玉梁些。仰观刻桷，画龙蛇些。坐堂伏槛，临曲池些。芙蓉始发，杂芰荷些。紫茎屏风，文缘波些。文异豹饰，侍陂陁些。轩辌既低，步骑罗些。兰薄户树，琼木篱些。”②

而有关江南水乡建筑装饰的最早文献，约在春秋。吴王夫差好治宫室，勾践乃选越国境内，“天生神木一双，大二十围，长五十寻，阳为文梓，阴为楩楠。巧工施校，制以规绳，雕治圆转，刻削磨砻，分以丹青，错画文章，婴以白璧，镂以黄金，状类龙蛇，文采生光。乃使大夫文种献之于吴王”③，足见雕饰之华美，木装饰水平之高超。

吴王“馆娃阁，铜沟玉槛”④。

吴王夫差修筑姑苏台，“三年乃成，周旋诘曲，横亘五里，崇饰土木，殚耗人力，宫妓千人，上别立春宵宫。为长夜饮，造千石酒钟。又作大池，池中造青龙舟，舟中盛陈妓乐，日与西施为水嬉。吴王于宫中作海灵馆、馆娃阁，铜铺玉槛，宫之栏楯，皆珠玉饰

① 陈秉智、次多：《青藏建筑与民俗》，百花文艺出版社，2004年，第257页。

② [汉]王逸撰：《楚辞·招魂》卷9，武汉大学光盘版文渊阁本《四库全书》第401卷第3册第26页。

③ [汉]赵晔撰，[元]徐天佑音注：《吴越春秋·勾践阴谋外传》，苗麓校点，辛正审订，江苏古籍出版社，1999年，第140页。

④ [宋]范成大撰：《吴郡志·古迹》，陆振岳点校，江苏古籍出版社，1999年，第104页。

之”[①]。可见其规模之宏伟、建筑装饰之华丽，“虽楚之‘章华’未足比也”[②]。因之，后人记曰：“吴都佳丽，自昔所闻。”[③]

都七里溪，有“吴王射堂，堂之柱础，皆如伏龟。袁宏宫赋曰：海龟之础也”[④]。苏州“盘门，古作蟠门。尝刻木作蟠龙，镇此以厌越”[⑤]。

史载春申君之“黄堂，《郡国志》：在鸡陂之侧，春申君子假君之殿也。……涂以雌黄，故名黄堂，即今太守正厅是也。今天下郡治，皆名黄堂，仿此”[⑥]。“今太守舍者，春申君所造。后壁屋以为桃夏宫。”[⑦]“春申君都吴宫，因加巧饰。”[⑧]以至武帝元鼎元年（前116），司马迁“适楚，观春申君故城，宫室盛矣哉！”[⑨]

秦汉时期，江南经济持续发展，建筑装饰艺术理应更有进展。可惜的是，有关古籍记载却相对较少。

三国孙权时，“风拔高树三千余株……吴城两门瓦飞落”[⑩]。江南水乡民歌云：“宫门柱，日当朽，吴当复在三十年后。”[⑪]可见，城门屋顶有覆瓦。东吴后主“二年春六月，起新宫于太初之东，制度尤广，二千石以下皆自入山督摄伐木。又攘诸营地，大开苑囿。起土山，作楼观，加饰珠玉，制以奇石……又开城北渠，引后湖水激流入宫内，巡绕堂殿，穷极技巧，工费万倍”[⑫]。

东晋太和、宁康年间（366—375），无锡画家顾恺之为江宁（今属南京）瓦棺寺北小殿绘制维摩诘像，当众点睛，满壁生辉[⑬]，可见建筑壁画技法之高超。

《吴都赋》曾述及：“……起寝庙于武昌，作离宫于建业。阐阖闾之所营，采夫差之遗法。抗神龙之华殿，施荣楯而捷猎……虽兹宅之夸丽，曾未足以少宁。思比屋于倾宫，毕结瑶而构琼”[⑭]，可见此时宫室装饰之富丽。

史载，南朝建康作新宫，“画花于梁上，以表瑞焉。又起朱雀门重楼，皆绣栭藻井，门开三道，上重名朱雀观。观下门上有两铜雀悬楣上，刻木为龙虎，左右对”[⑮]。此时的

---

① [梁]任昉：《述异记》（卷上），武汉大学光盘版文渊阁本《四库全书》第336卷第1册第12页。
② [宋]朱长文撰：《吴郡图经续记》，金菊林校点，江苏古籍出版社，1999年，第42页。
③ [宋]范成大撰：《吴郡志・官宇》，陆振岳点校，江苏古籍出版社，1999年，第51页。
④ [梁]任昉：《述异记》（卷上），武汉大学光盘版文渊阁本《四库全书》第336卷第1册第13页。
⑤ [唐]陆广微撰：《吴地记》，曹林娣校注，江苏古籍出版社，1999年，第21页。
⑥ [宋]范成大撰：《吴郡志・官宇》，陆振岳点校，江苏古籍出版社，1999年，第52页。
⑦ [东汉]袁康、吴平辑录：《越绝书・越绝外传记吴地传》，乐祖谋点校，上海古籍出版社，1985年，第17页。
⑧ [唐]陆广微撰：《吴地记》，曹林娣校注，江苏古籍出版社，1999年，第167页。
⑨ 《二十五史・史记・春申君列传》，浙江古籍出版社，1998年百衲本，第207页。
⑩ [唐]许嵩撰：《建康实录・吴中・太祖下》，孟昭庚等点校，上海古籍出版社，1987年，第45页。
⑪ 蔡丰明：《吴地歌谣》，南京大学出版社，1997年，第20页。
⑫ [唐]许嵩撰：《建康实录・后主》，孟昭庚等点校，上海古籍出版社，1987年，第70页。
⑬ 邓子美：《江南古代佛教文化散论》，载高燮初主编《吴文化资源研究与开发》，苏州大学出版社，1995年，第517页。
⑭ [晋]左思：《吴都赋》。转引自王培元主编《中国文化精华文库・诗骚与辞赋・下》，山东文艺出版社，1992年，第75-76页。
⑮ [唐]许嵩撰：《建康实录・孝武帝纪》，孟昭庚等点校，上海古籍出版社，1987年，第200页。

建康同泰寺和郢州晋安寺内墙面，都涂抹红色[①]。迄至南齐末年，建筑屋顶不仅有“青掍瓦”，且已使用琉璃瓦。齐东昏帝曰：“武帝不朽，何不纯用琉璃？”[②]可为确证。其时东昏帝于“后宫起仙华、神仙、玉寿诸殿，尽用雕彩，以麝杂香涂壁。时世祖于光楼上施青漆，世谓之‘青楼’”[③]。可见，建筑装饰极其富丽。

魏晋南北朝的墓葬建筑装饰，可借以一窥。南朝墓室中，在墓壁上砌出的烛台上，使用直棂窗形象[④]。六朝墓葬中还出土各种画像砖（见图7–1–1），或墓室壁上装饰有“竹林七贤”等题材的画像砖，即大型砖印壁画，也有人称其为“砖刻”[⑤]。

图7–1–1 六朝画像砖

南齐文惠太子“与竟陵王子良俱好释氏，立六疾馆以养穷民。风韵甚和而性颇奢丽，宫内殿堂，皆雕饰精绮，过于上宫”[⑥]。

古籍记载有椽头贴饰壁珰的做法。梁王僧孺《中寺碑》曰：“绣棁玉题，分光争映。”[⑦]梁元帝《郢州晋安寺碑》云：“绮井飞栋，华榱壁珰。”[⑧]

---

① 《大法颂》：“红壁玄梁。”见[清]严可均校辑：《全上古三代秦汉三国六朝文·全梁文》，中华书局，1965年，第3022页。《郢州晋安寺碑》：“螭桷丹墙。”见[清]严可均校辑：《全上古三代秦汉三国六朝文·全梁文》，中华书局，1965年，第3056页。

② [唐]许嵩撰：《建康实录·齐东昏侯纪》，孟昭庚等点校，上海古籍出版社，1987年，第412页。

③ 同上注。

④ 南京博物院、南京市文物保管委员会：《南京西善桥南朝墓及其砖刻壁画》，《文物》1960年第8–9期第37–42页。

⑤ 南京博物院：《江苏丹阳胡桥南朝大墓及砖刻壁画》，《文物》1974年第2期第44–56页；也有称其为“砖印”，见南京博物院：《试谈“竹林七贤及荣启期”砖印壁画问题》，《文物》1980年第2期第18–23+36页；亦有称“拼镶砖画”，见《东晋、南朝拼镶砖画的源流及演变》，载文物出版社编辑部编：《文物与考古论集》，文物出版社，1987年。第217–227页

⑥ 《二十五史·南齐书·文惠太子传》，浙江古籍出版社，1998年百衲本，第610页。

⑦ [清]严可均校辑：《全上古三代秦汉三国六朝文·全梁文》，中华书局，1965年，第3251页。

⑧ [清]严可均校辑：《全上古三代秦汉三国六朝文·全梁文》，中华书局，1965年，第3056页。

南朝梁赋中，有“紫柱”之称[①]，其色或深于丹朱，皇家建筑中还有铜柱。“（西晋泰始二年，266）营太庙，致荆山之木，采华山之石；铸铜柱十二，涂以黄金，镂以百物，缀以明珠。”[②]还出现“龙柱，昆山慧聚寺柱也。梁张僧繇画龙其上……”[③]。

建筑用斗栱的表面，也进行雕镂与彩绘，例《吴都赋》云：“雕栾镂楶，青锁丹楹。图以云气，画以仙灵。”[④]

梁赋中屡见地面装饰。如梁简文帝《七励》：“金墀玉律。”[⑤]萧统《殿赋》曰：“造金墀于前庑”[⑥]等。

隋唐时期，伴随着江南水乡经济中心地位的逐步形成，建筑装饰日益豪奢。

五代时期，江南水乡战乱较少，钱氏诸王均好修宫室，此社会风气有增无减。

南宋偏安江南，经济、文化发达，其时社会风气奢靡，“工商亦为本业”，士商渗透和官商融合渐成风气，商业相当活跃[⑦]。都城临安，宫室雕饰极其精美。如天庆观，“重作两廊。画灵宝度人经变相，召画史工山林、人物、楼橹、花木各专一技者，分任其事，极其工致”[⑧]，类似记载，比比皆是。由此，建筑装饰逐渐普及，也更为富丽多彩。

再如南宋临安“大内正门曰丽正，其门有三，皆金钉朱户，画栋雕甍，覆以铜瓦，镌镂龙凤飞骧之状，巍峨壮丽，光耀溢日”[⑨]。“殿堂梁栋窗户间为涌壁，作诸色故事，龙凤噀水，蜿蜒如生。”[⑩]“殿西庑皆列法驾、卤簿、仪仗，龙墀立青凉伞十把。”[⑪]“闻道彤庭森宝仗，霜风逐雨驱云。”[⑫]南宋有木帷寝殿，如“勤政即木帷寝殿也”[⑬]。“阊阖门下，方启龙阃”[⑭]，装饰有龙头形状铺首的瓮城门。

当时临安的建筑，“雕梁燕语，绮槛莺啼，静院明轩，溶溶泄泄，对景行乐”[⑮]。城内的面食店，尚“一带近里门面窗牖，皆朱绿五彩装饰，谓之‘欢门’”[⑯]；“亭馆园圃桥道，油饰装画一新。”[⑰]酒肆“店门首彩画欢门，设红绿杈子……”[⑱]。演戏道具，“用明金彩画架子，双垂流苏”[⑲]。

---

① “紫柱珊瑚地，神幢明月珰。”见[明]张溥编，[清]吴汝纶选：《中华传世文选・汉魏六朝百三家集选》，吉林人民出版社，1998年，第464页。

② [唐]房玄龄：《晋书・武帝纪》卷3，中华书局，1974年，第54页。

③ [宋]范成大撰：《吴郡志・古迹》，陆振岳点校，江苏古籍出版社，1999年，第112页。

④ 任继愈主编：《昭明文选》，吉林人民出版社，2007年，第82页。

⑤ [清]严可均校辑：《全上古三代秦汉三国六朝文・全梁文》，中华书局，1965年，第3104页。

⑥ [清]严可均校辑：《全上古三代秦汉三国六朝文・全梁文》，中华书局，1965年，第3059页。

⑦ 刘托：《宋代市井建筑》，《古建园林技术》1993年第1期第17–21页。

⑧ [宋]范成大撰：《吴郡志・宫观》，陆振岳点校，江苏古籍出版社，1999年，第461页。

⑨ [宋]吴自牧撰：《梦粱录》，傅林祥注，山东友谊出版社，2001年，第95页。

⑩ [宋]周密撰：《武林旧事・元夕》，傅林祥注，山东友谊出版社，2001年，第36页。

⑪ [宋]吴自牧撰：《梦粱录》，傅林祥注，山东友谊出版社，2001年，第2页。

⑫ [宋]周密撰：《武林旧事・乾淳奉亲》，傅林祥注，山东友谊出版社，2001年，第140页。

⑬ [宋]吴自牧撰：《梦粱录》，傅林祥注，山东友谊出版社，2001年，第96页。

⑭ [宋]吴自牧撰：《梦粱录》，傅林祥注，山东友谊出版社，2001年，第2页。

⑮ [宋]吴自牧撰：《梦粱录》，傅林祥注，山东友谊出版社，2001年，第26页。

⑯ [宋]吴自牧撰：《梦粱录・面食店》，傅林祥注，山东友谊出版社，2001年，第217页。

⑰ [宋]吴自牧撰：《梦粱录》，傅林祥注，山东友谊出版社，2001年，第13页。

⑱ [宋]吴自牧撰：《梦粱录》，傅林祥注，山东友谊出版社，2001年，第211页。

⑲ [宋]吴自牧撰：《梦粱录》，傅林祥注，山东友谊出版社，2001年，第30页。

此时，与建筑有关的楹联、题字、诗词刻石等所在皆是。就是酒肆中装饰的素屏，也要“书《风入松》一词于上”[①]。玉石桥，“四畔雕镂阑槛，莹彻可爱”[②]。“堤上亭馆园圃桥道，油饰装画一新，栽种百花，映掩湖光景色，以便都人游玩。”[③]“堂内左右各列三层，雕花彩槛，护以彩色牡丹画衣，间列碾玉水晶金壶及大食玻璃官窑等瓶。”[④]“增建水阁六楹，又纵为堂四楹，以达于阁。环之栏槛，辟以户牖，盖迩延远挹，尽纳千山万景”[⑤]，类似记载，俯拾皆是。

此时寺观建筑兴盛。“天庆观，在长州县西南，即唐开元观也。……绍兴十六年，郡守王唤重作两廊。画灵宝度人经变相，召画史工山林、人物、楼橹、花木各专一技者，分任其事，极其工致。”[⑥]“福臻禅院……有米芾大书诗两壁，字画奇逸，至今存焉。”[⑦]“崇真宫，在能仁寺西。……门有青石桥扶栏，雕刻之工，细如丝发，为吴中桥栏之最。”[⑧]“扇盖初临楼槛外，卷帘敞坐正临轩，要令祭泽该方国，先示尧民肆罪恩”[⑨]等。

明、清两代，随着江南水乡商品经济的高度发展，手工技术的进步，地域文化的昌盛，建筑装饰工艺达到技术上的巅峰，具有了相当的艺术水平。其时，建筑装饰类型极为多样、各具特色，有些木质装饰还与金、玉、大理石、螺钿、珐琅、雕漆等工艺相结合，更显富丽典雅（见图7–1–2）。史籍所载，不胜枚举。

其时，上等妓馆往往屋宇宽敞，陈设华丽[⑩]。“房中陈设俨若王侯，床榻几案非云石即楠木，罗帘纱幕以外，着衣镜、书画灯、百灵台、玻罩花、翡翠画、珠胎钟、高脚盘、银烟筒，红灯影里，烂然闪目，大有金迷纸醉之慨。”[⑪]下等妓馆烟花间，陈设简陋，“小一盏设帘门，窄窄扶梯当户悬；堪笑红签门首帖，直书楼上有花烟”[⑫]。烟馆同样装饰华丽，租界中“著名者，南诚信以高敞胜，眠云阁以清雅胜”，“入其中者，

图7–1–2 苏州留园林泉耆硕之馆（鸳鸯厅）

① [宋]周密撰：《武林旧事・西湖・游幸》，傅林祥注，山东友谊出版社，2001年，第46页。
② [宋]周密撰：《武林旧事・乾淳奉亲》，傅林祥注，山东友谊出版社，2001年，第142页。
③ [宋]吴自牧撰：《梦粱录》，傅林祥注，山东友谊出版社，2001年，第13页。
④ [宋]周密撰：《武林旧事・赏花》，傅林祥注，山东友谊出版社，2001年，第44页。
⑤ [宋]吴自牧撰：《梦粱录・西湖》，傅林祥注，山东友谊出版社，2001年，第157页。
⑥ [宋]范成大撰：《吴郡志・宫观》，陆振岳点校，江苏古籍出版社，1999年，第460页。
⑦ [宋]范成大撰：《吴郡志・郭外寺》，陆振岳点校，江苏古籍出版社，1999年，第501页。
⑧ [宋]范成大撰：《吴郡志・宫观》，陆振岳点校，江苏古籍出版社，1999年，第462页。
⑨ [宋]吴自牧撰：《梦粱录》，傅林祥注，山东友谊出版社，2001年，第65页。
⑩ 李长莉：《晚清上海社会的变迁：生活与伦理的近代化》，天津人民出版社，2002年，第326页。
⑪ 池志徵：《上海滩与上海人・沪游梦影》，上海古籍出版社，1989年，第163页。
⑫ 慈湖小隐稿：《续沪北竹枝词》，《申报》1872年8月12日。

觉画栋雕梁，枕榻几案、灯盘茗碗，无不华丽精工。而复庭设中外之芳菲，室列名人之字画。夏则遍张风幔，不知火伞之当空；冬则遍设火筒，不知冰霜之著地。每一榻中各嵌大镜一面，夜则电灯初上，以镜照镜，以灯映灯，镜镜相临，灯灯相映，几如入玻璃世界、珠宝乾坤，令人目闪心炫”①。

著名的大茶楼“阆苑第一楼”，“四面皆玻璃窗，青天白日，如坐水晶宫，真觉一空障翳”，三层楼房具多种娱乐用房，如烟室、弹子房，可容千余人②。

有竹枝词描述大戏园之装潢：“群英共集画楼中，异样装潢夺画工。银烛满筵灯满座，浑疑身在广寒宫。”③除这些装饰豪华的大娱乐场外，其他大小不等的茶室、烟馆、饭馆、妓馆等不计其数，以适应社会众生④。

江南水乡建筑装饰题材，往往与历史故事、传统伦理、祥瑞思想、祈福避祸、喜庆欢乐、吉祥如意等，紧密结合在一起，构成了人们喜闻乐见的生动图画。

第二节　江南水乡建筑装饰

建筑装饰是对建筑本身的一种美化，其造型能使观者油然而生巨大的精神力量，唤起人们的审美情感，慰藉心灵，传递文化。因之，在制作上人们往往对此不遗余力、穷极工巧。建筑装饰在内容上多采用人们喜闻乐见的吉祥图案，主题鲜明、寓意隽永，寄寓祈福迎祥的美好愿望。

江南水乡建筑装饰，以轻便灵巧、构图优美、雕刻精致、吉祥富丽为特色，集中了民间雕刻艺术的精华。其内容丰富、方式多样，如梁架、裙板、门窗、栏杆、挂落、纱桶、罩、铺地等，在木雕、砖雕、石雕、金雕等方面均有出色的成就。大体而言，室内以木雕为主，室外以砖雕为主，石雕、金雕则内外兼具。

一、木装饰

（一）木结构装饰

不少江南水乡建筑采用彻上露明造（即不用天花）的构架方法，因此木结构装饰是江南水乡建筑装饰文化极重要的方面。

明代及之前的江南水乡古建筑之金柱多为圆作，两端稍有收分，柱子轮廓优美，略呈上下均有收分的梭形——梭柱，如苏州轩辕宫、文庙、虎丘二山门，宁波保国寺大殿等（当然，明清梭柱也有，如金华卢宅肃雍堂、南京甘熙故居友恭堂等）。明代柱头常有覆盆形卷杀，上施栌斗、丁头栱。

① 池志徵：《上海滩与上海人·沪游梦影》，上海古籍出版社，1989年，第160页。

② 黄式权：《上海滩与上海人·淞南梦影录》卷1，上海古籍出版社，1989年，第109页。

③ 晟溪养浩主人稿：《戏园竹枝词》，1872年7月9日《申报》。

④ 李长莉：《晚清上海社会的变迁：生活与伦理的近代化》，天津人民出版社，2002年，第240页。

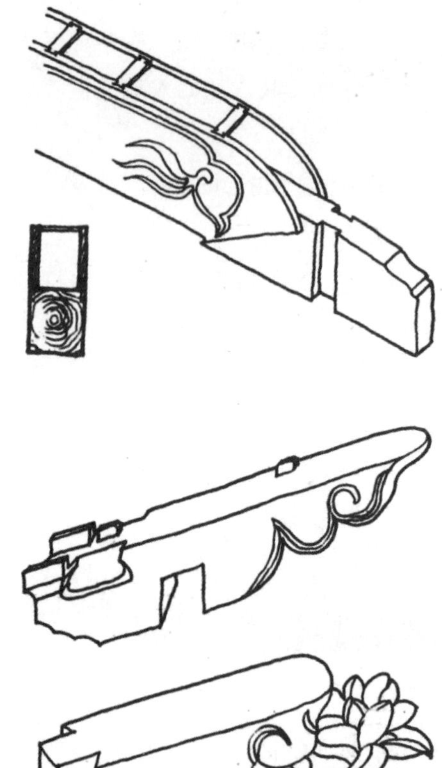

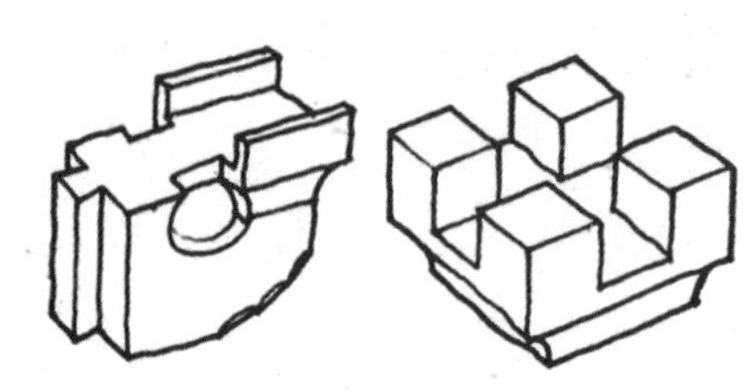

图7–2–1 扁作梁详图（《苏州民居》）

江南水乡厅堂类古建筑，往往饰有纱帽式的棹木，称为“纱（官）帽厅”。正间多用抬梁、扁作（见图7–2–1）梁背呈弓形，月梁造，多素面无纹，仅两端饰“斜项”（俗称“月楣”）。抬梁与山架梁之间，明代少用矮柱，垫以斗栱、荷叶墩，清代多用矮柱支承。山架梁上施斗栱、替木，以承脊檩（俗称“正梁”），其间嵌以“山雾云”，与“抱梁云”一起，形成脊檩两端优美的装饰造型。厅堂类古建次、稍间，多采用穿斗做法。由此，依据功能、礼制等所需，正间抬梁式、次梢间穿斗式混合使用，整体建筑可称为混合式构架方式，经济、合理，又利于使用，合于礼制。

清代建筑，梁枋面彩画渐少而木雕纹饰较多，雕刻各种各样的吉祥图案，如“福禄寿”三星，“凤穿牡丹”“暗八仙”，以及历史故事等。江西婺源或在二方连续纹样的海浪上，蝙蝠一字排开，寓意“福如东海”等①。如苏州东山“亲德堂”，其大承重（即宋刊《营造法式》四椽栿，《园冶》中的大驼梁②）、双步梁、荷包梁、轩梁、梁垫、接口、夹堂板、抱梁云和挂落、插角、窗棂、隔扇等之上，无不施以木雕刻花③。

苏州东山雕花楼“亲德堂”大承重和轩梁之上，雕刻着全套的“西厢记”故事，人物栩栩如生④（见图7–2–2、图7–2–3、图7–2–4、图7–2–5）。同里崇本堂门窗隔扇小木作上，也雕刻一套完整的《西厢记》。嘉荫堂房顶梁栋、上海陈桂春宅、东山雕花楼等，刻画了《三国演义》的有关情节⑤。各具特色。

还有木雕文字。除古代格言、警句外，另有长形喜字、长形寿字、方形福字、圆形禧字、圆形万字、圆形福字等⑥。行草隶篆各体书法齐全，刻字笔画挺秀，或浑融飘逸，或深厚安详，或峻利沉着，或古朴典雅，一笔一画，极富文化韵味。

---

① 陈爱中：《婺源古建筑述略》，《东南文化》1994年第4期第99–102页。

② ［明］计成：《园冶注释》，陈植注释，杨伯超校订，陈从周校阅，中国建筑工业出版社，1988年，第99页。

③ 周彬主编：《会展概论》，立信会计出版社，2004年，第585页。

④ 潘新新：《雕花楼香山帮古建筑艺术》，哈尔滨出版社，2001年，第101页。

⑤ 李洲芳、李正：《古建艺术瑰宝——雕花楼》，《古建园林技术》1985年第1期第31–32页。

⑥ 吴县政协文史资料委员会：《蒯祥与香山帮建筑（扬子江文库）》，天津科学技术出版社，1993年，第59页。

此外，江南水乡农村流行着认寄父母的习俗，新生儿父母带着孩子到寄爷、寄娘家送彩色花布缝制的六角形布袋——“香袋”，内装孩子的生辰八字条，一枚铜钱，一束万年青叶子和安息香等物品，悬挂在堂屋木梁上，以示寄名于此，直至结婚前方“拔袋”取回。如此，从悬挂香袋的数量可知孩子的多少，甚者多至十几个，这可谓一种民俗装饰①，反映了浓郁的地缘亲情。

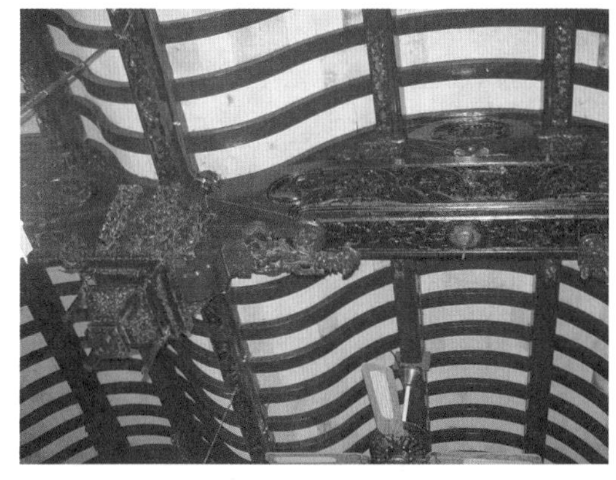

图7-2-2 东山雕花楼花篮厅木雕（左）
图7-2-3 东山雕花楼轩梁木雕（右）

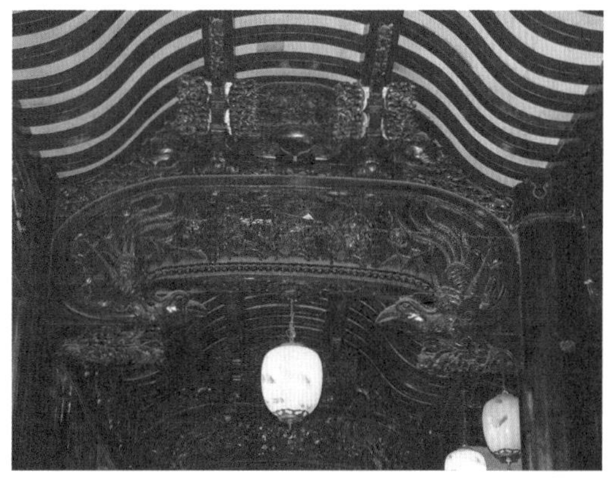

图7-2-4 东山雕花楼故事木雕（左）
图7-2-5 东山雕花楼轩梁近景，梁垫处饰以凤雕（右）

（二）木结构表面装饰——苏式彩画

古建筑除木结构本身具有一定的雕饰外，其表面有时也绘饰彩画。目前，尚有较多遗留有彩画的江南水乡建筑，遍布各地，具有较高的研究价值。特别是浙江宁波保国寺大殿遗留的宋代彩绘，可印证《营造法式》记载的“七朱八白”做法②（见图7-2-6），尤显珍贵。

① 魏采苹、屠思华：《苏南水乡生命礼俗（三）（四）》，《东南文化》1995年第2期第104–105页。
② 郭黛姮、宁波保国寺文物保管所编著：《东来第一山——保国寺》，文物出版社，2003年，第113页。

图7–2–6 保国寺大殿“七朱八白”彩画

图7–2–7 无锡薛福成故居大梁雕刻与彩绘

图7–2–8 黎里柳亚子故居轩桁彩画

苏式彩画是江南水乡建筑艺匠的杰作，地域特色明显。千百年来，它不但广泛运用于水乡各地，还发展成为清代三大类彩画（即和玺、旋子、苏式）中的一种。不过“苏州彩画传到北方，至清代中期在总体构图上已经被官式彩画所改造，完全官式化，北方化了”①。清代北方苏式彩画一般施用于宅园中，其“箍头多用联珠、卍字、回纹等。藻头画由如意头演变来的卡子（又分软、硬两种）。枋心称为包袱，常绘历史人物故事、山水风景、博古器物等”②。

江南水乡还一直保留着苏式彩画的传统样式。它们大都以梁枋、桁机等建筑构件为单位，按其全长分为三段，左右两段叫包（箍）头，对称画金线如意，或画书条嵌星。中段叫锦袱（枋心），极类包起来的丝织品——锦纹。锦袱可分为直线、圆弧两种，锦袱尖角向上者称正包袱，尖角向下者为反包袱③（见图7–2–7）。锦袱的尺寸大小没有定格，均随被施彩画的建筑构件体量而定。一个锦袱就是一幅画，锦纹相互贯穿，纵横交织，图案错综复杂。每一锦袱都有一个具体的名称，由所绘画的内容而定，如人物袱、景物袱、锦纹袱等，苏式彩画的主要特色体现在锦袱上（见图7–2–8）。画锦纹的衬托面称锦地，不施彩色的衬托面叫素地。考究的锦地里，画折枝花、香草和各式锦纹，普通者仅简单刷一层青绿④。或认为苏州民居现存的彩画是江南明代彩画的一个流派，以包袱锦为主要表现形式，这既是对汉代木梁架上悬挂和包裹绫锦传统的

① 王仲杰：《清代中期官式苏画》，《古建园林技术》1988年第4期第20–21页。

② 中国建筑史编写组：《中国建筑史》，中国建筑工业出版社，1986年，第208页。

③ 章采烈编著：《中国园林艺术通论》，上海科学技术出版社，2004年，第141页。

④ 马祖铭、李洲芳：《吴县东、西洞庭山的苏式彩画》。见中国人民政治协商会议江苏省吴县委员会文史资料委员会：《吴县文史资料 · 第7辑》，1990年，第134–136页。

继承，也和江南地区盛产丝绸锦缎有着密切的关系①，而这样的装饰法还影响到砖石作上，如黎里柳亚子故居砖雕门楼门楣的万字格花包袱装饰、柱础（见图7–2–40、图7–2–59）。

苏式彩画锦袱中所绘题材，多山水、花卉、翎毛、鱼龙、走兽、人物、古钱、兵器、妆奁、毛笔、博古、锦纹之类，以古钱、兵器、工具、妆奁、毛笔、博古、锦纹等为多。其衬边往往极为讲究，常以花点缀，有席纹、回纹、鱼纹、云纹、套八角、素地杂花等多种花样。一幅彩画内两个衬边里的花纹，须式样一致，体量对等②。

苏式彩画常用浅蓝、浅黄、浅红诸色作画，色调柔和、风格淡雅，高洁耐看③。太湖东山的凝德堂、念勤堂、明善堂（见图7–2–9）、春在楼的彩画，都在锦纹上作平式装工。太湖西山徐家祠堂、东山遂高堂的彩画，常熟彩衣堂、无锡昭嗣堂等，更为考究，做沥粉装金，看上去金光闪烁，富丽堂皇（见图7–2–10、图7–2–11）。苏式彩画的平式装金有两种，一种是金花五彩地，另一种是金地五彩花，前一种应用较多。

1996年公布为全国重点文物的常熟彩衣堂内，梁、枋、檩、斗栱等大木构件上的彩画众多，共116幅，约150平方米，可分为纯包袱、全构图包袱及仿官式彩画等三大类④，极为珍贵（见图7–2–12）。

图7–2–9 东山杨湾明善堂大梁彩画

图7–2–10 东山遂高堂檩条彩画

图7–2–11 无锡昭嗣堂檩条彩绘

---

① 徐民苏等编著：《苏州民居》，中国建筑工业出版社，1991年，第132页。

② 李洲芳：《苏式彩画》。见吴县政协文史资料委员会编：《蒯祥与香山帮建筑（扬子江文库）》，天津科学技术出版社，1993年，第61–64页。

③ 吴县地方志编纂委员会编：《吴县志》，上海古籍出版社，1994年，第449页。

④ 龚德才等：《常熟彩衣堂彩绘保护研究》，《东南文化》2001年第10期第80–83页。

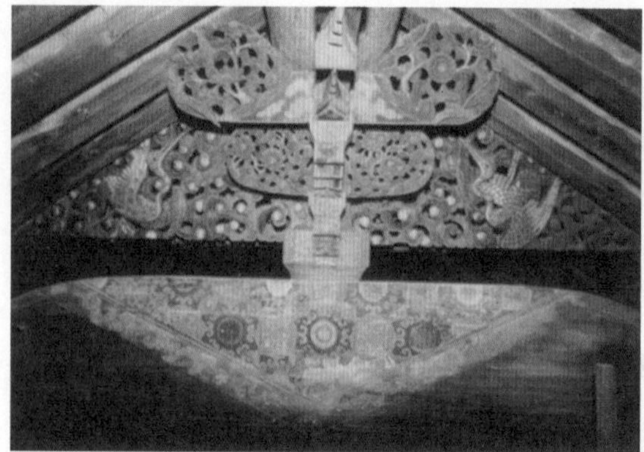

图7–2–12 常熟彩衣堂斗栱、月梁彩绘（《东南文化》2001年第10期）

江苏宜兴徐大宗祠全构图包袱彩画，除梁、檩的箍头、藻头、枋心重点装饰外，童柱、角背、山墙等均满铺彩画。特别是在藻头和无锦袱处，采用了较为写实的旋子纹样，似与明清北方图案化的旋子有一定渊源（拟另专文探讨）。徐大宗祠保留下来如此完整的彩画精品，在江南已不多见（见图7–2–13、图7–2–14）。

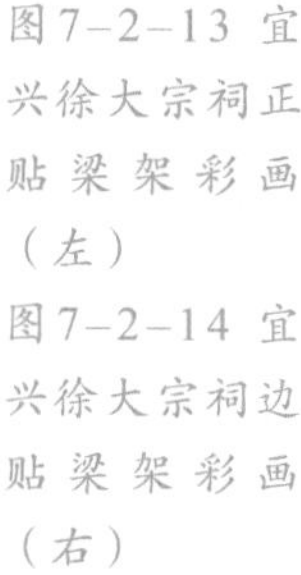

图7–2–13 宜兴徐大宗祠正贴梁架彩画（左）

图7–2–14 宜兴徐大宗祠边贴梁架彩画（右）

苏锡常地域保存彩画较多，尤以苏州为最（见图7–2–15、图7–2–16、图7–2–17）。太湖东、西两山的明清民居中，尚能见到三百余幅苏式彩画。如笔者在东山就多有发现，除上文所述，还有春晖堂、楠木厅、紫金庵后大殿、雕花楼、惠和堂等，年代从明代初叶至民国早期，前后五百多年，均可见到江南水乡之苏式彩画。以清嘉庆前的作品艺术性为上乘，嘉庆后相对较为草率，民国后日益衰落。

图7–2–15 苏州太平天国忠王府正贴彩画

图7–2–16 苏州太平天国忠王府边贴彩画

图7–2–17 苏州太平天国忠王府卷轩彩画

其中，东山春在楼（雕花楼）内的彩画，可谓苏式彩画之代表之一，显示出苏式彩画色调柔和悦目、风格清新素雅的艺术风格。二楼明间大梁上的彩绘，中间部分为菱形状图案，旁边还有匀称的长方形图案及蝙蝠，色彩秀丽含蓄，灿若织锦，为锦袱正包袱式。大楼三层脊檩彩绘一支笔一只锭，寓意“必定高升”。春在楼西明厅大梁上的彩绘，在菱形和长方形图案的组合中，有如意及古钱币，主色调由咖啡色、淡绿色和淡黄色组成，淡雅朴素[①]。

苏式彩画是以木代纸、水色当墨的建筑装饰画，运用着色、晕染等方法，表现明暗，从而创造立体感。将喜闻乐见的传统绘画，与追求富贵长寿的意识糅合在一起，如“金钱双斧”喻为富贵双全，“瓶插三戟”喻为平升三级，“笔、锭、如意”三物喻为必定如意……不胜枚举（见表7–2–1），使观者产生感情上的共鸣，符合明、清的时代精神，成为明、清两代苏州地方建筑装饰的代表性艺术，体现了文化、历史价值[②]。

表7–2–1 江南水乡建筑常见彩画图案内容及其寓意表

（编制表格部分参照并整理了《蒯祥与香山帮建筑（扬子江文库）》之内容）

序号	名称	图案	寓意
1	聚宝盆	有双龙聚宝盆、龙凤呈祥聚宝盆、福寿双全聚宝盆等	象征新的一年大吉大利，财源广盛
2	福、禄、寿	（1）蝙蝠、铜钱、绶带； （2）蝙蝠、鹿、桃三物	（1）寓意福禄寿，绵长无尽； （2）表示对幸福、富有、长寿之向往
3	金玉满堂	红木架子上放一只缸，缸里几尾金鱼	鱼的形象作装饰纹样，早已见于原始社会的彩陶盆上。商周时的玉佩、青铜器上亦多有鱼形。金鱼，亦称“金鲫鱼”。鱼与“余”同音，隐喻富裕、有余。年画多喜这个题材。“金玉满堂”，言财富极多。另《老子》：“金玉满堂，莫之能守。”亦可用以称赞才学过人
4	四季常春	四合如意形为轮廓，内置枝叶繁茂的月季花	借四合如意的四季月季花的季象征四季长春，前程似锦，永远昌盛之意
5	四季平安	月季花或四季花卉插入瓶中	寓一年四季，平安幸福
6	四季欢乐	月季花和喜鹊	寓喜事降临，四季欢愉
7	神仙富贵	水仙和牡丹	寓神明保佑，一生富贵
8	富贵万代	牡丹及蔓草卷组成	藤蔓表万代绵延之意，即富贵万代，绵延不止
9	凤穿牡丹	凤凰和牡丹	寓富贵吉祥
10	松柏常青	松树与柏树	比喻多福多寿
11	松鹤长春	仙鹤与松树	比喻多福多寿
12	福如寿山	太湖石、灵芝、蝙蝠三物	比喻多福多寿，天长地久。亦可称为“寿山福海”
13	状元祝寿	桂圆树、竹子、绶带鸟	寓意福禄双全，绵长不尽

① 潘新新：《雕花楼香山帮古建筑艺术》，哈尔滨出版社，2001年，第97页。

② 潘新新：《雕花楼香山帮古建筑艺术》，哈尔滨出版社，2001年，第31–34页。

（续表）

序号	名称	图案	寓意
14	福寿双全	两只蝙蝠、两只桃子、两枚铜钱	两枚古钱，喻“双全”。蝙蝠喻“福”，寿星、寿桃代表长寿
15	双喜临门	两只喜鹊双飞	寓好事成双而来，喜上加喜
16	喜在眼前	两只喜鹊和一枚铜钱	寓喜事降临，即在眼前
17	喜上眉梢	喜鹊登梅树	寓喜事降临，春风得意
18	喜报三元	喜鹊和三个桂圆所组成	喻科举连中，喜事降临
19	翎顶辉煌	瓶中插三根孔雀毛	寓加官晋爵，连连高升
20	冠带传流	五个孩子玩弄帽子和绶带或小船上承载石榴	寓后世子孙代代传官
21	太师少师	大小两头狮子	太师少师为古代官名，以此寓意世代高官厚禄
22	万象更新	象背上放一盆万年青	意指万事万物，一切如新
23	和合如意	盒子、荷花、灵芝	盒、荷喻“和合二圣”，灵芝喻如意。意指人事和睦，事业兴旺，繁荣昌盛，祝颂吉祥者也。荷、盒与“和合”同音，多比喻夫妻和谐，鱼水相得
24	和合万年	百合花和万年青	意指世世代代人事和睦，则自然事业兴旺，繁荣昌盛
25	天仙寿芝	天竹、水仙、灵芝、太湖石（寿石）	天竹、即南天竺，借“天”字。水仙，借“仙”字。寿石，即太湖石。用天竹、水仙、灵芝和寿石组成图案喻“天仙祝寿”。祝颂生日寿诞
26	椿萱并茂	椿树和萱草	寓意父母康健
27	白头富贵	白头翁鸟和牡丹	指夫妻和谐，生活美满，两相厮守到老
28	早生贵子	挂满果子的枣树和桂圆树	祝颂新婚佳偶能早生贵子
29	五子登科	一只雄鸡与五只雏鸡在巢里玩耍图	巢字又书“窠”，与科同音。寓意五子高升，教子有方
30	榴开百子	连株石榴	寓意子孙兴旺，开枝散叶
31	棠棣花开	有花的郁李	寓意兄弟和睦
32	竹报平安	两个孩子放炮仗	寓意驱除邪恶，祈祷安康
33	岁岁平安	花瓶上挂小炮仗 麦穗汇成结状	意在祈求岁岁年年阖家平安，生活幸福，四季顺遂
34	平平安安	花瓶和鹌鹑	意指阖家平安，四季顺遂
35	万事大吉	柿子和橘子	意指万事万物，大吉大利
36	吉庆有余	盘和鱼	希望年年幸福、富足及喜乐
37	丹凤朝阳	凤凰、梧桐配旭日	寓意天下太平，普天吉祥

（续表）

序号	名称	图案	寓意
38	杂宝图	珠、钱、盘、书、画、鼎、祥云、万胜、红叶、艾叶、灵芝、元宝、犀角杯等	寓意多福多寿，富贵吉祥
39	百禄图	由百只梅花鹿组成	百乐图（福禄满园），寓意福寿双全，高官厚禄
40	百寿图	一百个形体各异的寿字	祝贺长寿绵延

（三）门、窗、挂落、栏杆、斜撑

屏门：装在第宅的轿厅或大厅正中柱间的室内门（有的大厅正中两侧也装屏门）[①]。屏门全部开启时，由门厅向里观望，有“庭院深深深几许”之感。由四至八扇门组成的平整板壁，平时不开，由两侧出入，只在婚丧嫁娶或有贵客临门时才临时开启。

鸳鸯厅则在当心间脊柱设屏，两次间用罩，将内部空间分隔成两部，形成前后两厅。中央屏门是装饰的重点，镌以雕刻、图画或文字。如留园林泉耆硕之馆可谓典型，屏门前后刻有《冠云峰赞有序》和《冠云峰图》[②]。

窗：可分为长窗、半窗半墙、地坪窗、横风窗、和合窗等，图案、花纹多式多样。

长窗：通常为落地窗，把门扇和窗扇的作用结合，布置在厅堂的明间或全部开间（见图7–2–18）。上半部约占全扇的十分之六，为空透的窗格，利于采光，纹样很多，图案美丽。或有窗格装蛎壳（即明瓦，部分绍兴乌篷船也采用），十分雅致（见图7–2–19）。长窗下半部为夹堂和裙板（见图7–2–20、图7–2–21）。雕饰如意、花卉或静物，或在裙板上雕刻戏剧情节，一扇窗就是一节故事。也有长窗上下均用空透窗格，称落地明罩，多用于四面厅，便于赏景，如拙政园远香堂。

① 陈从周等主编：《中国厅堂——江南篇》，上海画报出版社，1994年，第287页。

② 罗哲文、陈从周主编：《世界文化遗产：苏州古典园林》，古吴轩出版社，1999年，第19页。

图7-2-18 长窗心仔花纹图（《苏州民居》

图7–2–20 乌镇民居长窗下半部夹堂和裙板雕饰举例

图7–2–19 苏州留园明瑟楼明瓦

图7–2–21 乌镇民居长窗夹堂板举例

半窗半墙：常用于厅堂的次间。半窗高度约为长窗的一半，下部装在矮墙上。

地坪窗：则是半窗装在木栏杆上。栏杆木板可从侧面装卸，装上能挡风雨，卸下可内外通风，颇为常见，栏杆样式多样，美观大方。

横风窗：建筑较高时使用，扁长方形，装在长窗或半窗之上。其窗格花纹与其下的窗基本一致。

和合窗：北方称支摘窗。多用于较小的次间，或用于舫、榭。为上、中、下三扇，各呈横长方形，上下两扇固定，中间一扇用摘钩支撑，外开。

挂落：细木条连接组合成框，悬装在走廊柱间木之下（见图7–2–22）。其花纹有卍川、藤茎和冰纹三式，以卍川较为常见。卍川是以卍字为单元，据开间的长度，组合成规则的图案，挂落中间和两端略为突出，对称中显出变化。卍川有宫式、葵式两种，宫式挂落为直条，葵式挂落条端部作钩状弯起，显得精致。藤茎，挂落条断面为形似藤茎的圆形或椭圆形，且挂落条交接处，呈藤茎相交的形式，构图灵活。冰纹，一般花格尺寸较小，用短直条组合成不规则的三角形或多边形①。目前资料研究表明，清代始出现冰纹。挂落的使用，极大地丰富、柔化了传统建筑形象。

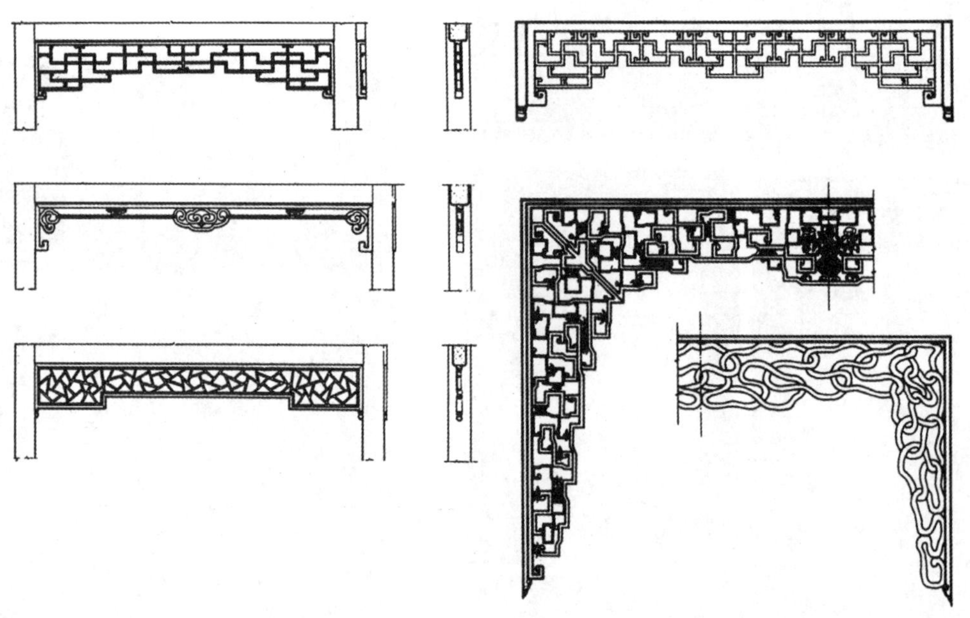

图7–2–22 挂落、飞罩形式图（《苏州民居》）

栏杆：常装在厅堂前后，廊柱与廊柱之间，也有装在地坪窗、和合窗之下（见图7–2–23）。栏杆有高有低，低者可坐憩，多为木质，也有水磨砖，或用铸铁。也有上层挑出楼裙，飞挑檐、飞檐箱、飞栏杆之类，为争取上层使用空间的重要手段，也为储存用具、避免太阳辐射提供了条件。同时，出挑手法也为建筑的外观造型增添了不少的变化与风趣②。

① 徐民苏等：《苏州民居》，中国建筑工业出版社，1991年，第120页。

② 中国建筑技术发展中心建筑历史研究所：《浙江民居》，中国建筑工业出版社，1984年，第185页。

图7–2–23 木栏杆形式图（《苏州民居》）

临水的亭、榭、楼、阁，或面街的廊檐等，往往在窗外设置栏杆及靠背。供人倚靠的椅背形小护栏，因弯曲似鹅颈而得名“鹅颈椅”。传说本是吴王夫差为美女西施所设，故又名吴王靠、美人靠[①]。

此外，住宅、寺院、钟鼓楼等主要建筑檐下，常有雕花精美的斜撑（见图7–2–24）。而楼房则常将支撑楼板面之承重木构件，挑出屋外二尺许，绕以栏杆，做成阳台，谓之硬挑头。或有在木构之端头立方柱，以短川连于正步柱，其上覆屋顶，成为雀宿檐（见图7–2–25、图7–2–26）。如以短枋连于楼面，支以各种装饰精美的斜撑，上覆屋盖，则称为软挑头，承重效果较硬挑头为弱，唯用料规格可低一些。

图7–2–24 乌镇民居部分雕花斜撑

① 陈从周等主编：《中国厅堂——江南篇》，上海画报出版社，1994年，第286页。

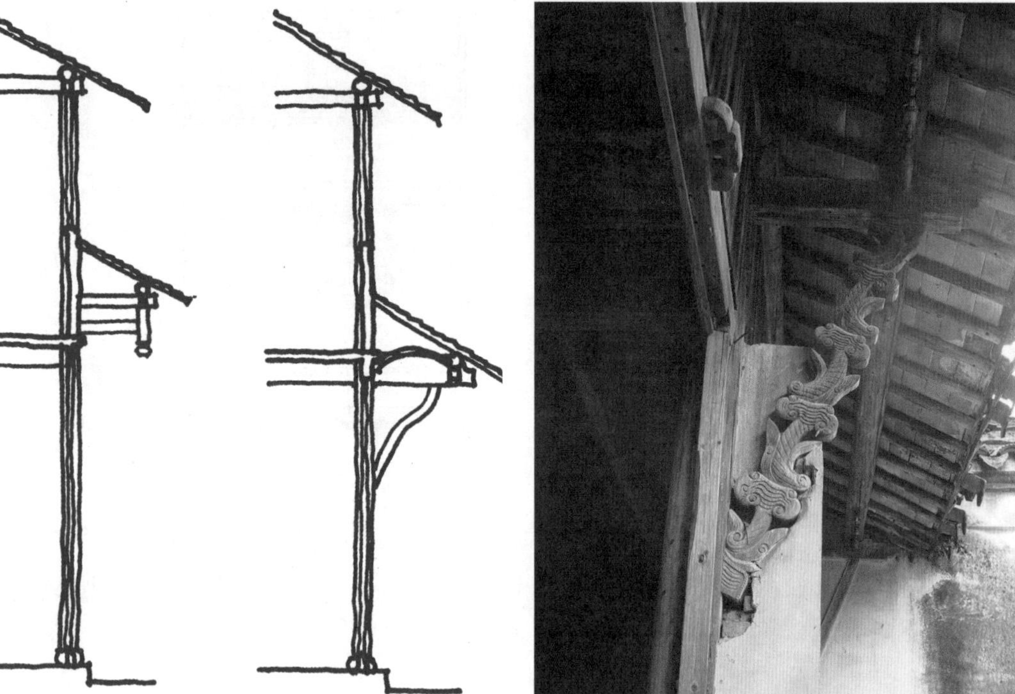

图7-2-25 雀宿檐图（《苏州民居》）（左）
图7-2-26 苏州西山明月寺雕花斜撑（右）

（四）纱槅、罩、博古架

纱槅：俗称槅扇、围屏纱窗，用来划分室内空间，多用于将厅堂分隔为前后部分，或分隔为正中的主要部分与两侧的次要部分，烘托出厅堂内部空间的典雅。其安装方便，逢喜庆宴会等需要较大空间的活动时，可全部拆下，事后再装。式样似长窗，六扇或八扇为一堂①。

有时需隔断视线及隔音，故将纱槅内心镶板，其背面或钉纱绢，或钉木板，上裱字画。或在板上装裱字画，如网师园看松读画轩的纱槅；或在板上装裱博古拓片，如留园五峰仙馆的纱槅；或在板上镌以字画，如留园林泉耆硕之馆的纱槅；或布以丝绢。纱槅可单独使用，更多的是与博古架、罩组合在一起，形式多变。有时纱槅还和罩组合成一个小的空间，形成“厅中厅”，网师园住宅的花厅正间后、留园揖峰轩内东端，就是这种处理的实例，以及《红楼梦》中提到的“碧纱橱”之类②。

罩：分为飞罩、落地罩两大类，是用细木条组成空格花纹。飞罩与挂落相似，比挂落稍长者称挂落飞罩③，两端向下突出较长者称飞罩，或有两端下垂，轮廓似拱券门，这种形式多用整块木料透雕而成，拙政园留听阁的雀梅飞罩，为首屈一指的珍品。罩的使用，使得空间似分又合，其花纹有藤茎、雀梅、松鼠合桃、喜桃、整纹、乱纹等多种形式④。

---

① 邵忠编著：《苏州古典园林艺术》，中国林业出版社，2001年，第206页。

② 罗哲文、陈从周主编：《世界文化遗产：苏州古典园林》，古吴轩出版社，1999年，第19–20页。

③ 姚承祖原著、张至刚增编、刘敦桢校阅：《营造法原》（第2版），中国建筑工业出版社，1986年，第45页。

④ 陈从周等主编：《中国厅堂——江南篇》，上海画报出版社，1994年，第287页。

飞罩两端落地者为落地罩。落地罩，有自由式、纱槅式与洞门式。自由式，内轮廓线呈不规则形式，图案多为花木、禽鱼之类，寓意喜庆或风雅的题材，如狮子林古五松园之芭蕉落地罩。纱槅式，即两侧各装一扇纱槅，上置横披，形成一种规则的落地罩；或再于纱槅之间、横披之下安装飞罩，如留园五峰仙馆之纱槅式落地罩。洞门式，是落地罩的进一步发展，即落地两侧合围，使中部构成洞门形式，洞门有八方、长八方、圆月各式，洞门式以圆月形为代表，一般称之为圆月罩或圆光罩，如留园林泉耆硕之馆及狮子林立雪堂之圆光罩①。

博古架：是与家具结合的隔断，多为两面透空，便于观赏，即用木板在框架内组成纵横、大小不一、形状多样的格子，其内放置各种陈列品。

（五）轩、天花、藻井

轩：《园冶》中称卷，“卷者，厅堂前欲宽展，所以添设也”②。轩在江南水乡极为盛行，广泛应用于宅第、佛寺、祠堂等建筑中，皖南、浙东③、苏北等地也多见。轩遮蔽屋盖结构，前身应为复水椽（即重椽），实类天花，只是采用木椽、望砖（板）为材料构成，仰视犹如屋顶的椽望。至于一般书斋、小轩等建筑，追求小巧亲切，则不用轩，而直接运采用平木板作天花，不用棋盘方格。

现今江南水乡建筑中，轩的样式繁多，有船篷轩、鹤颈轩、一支香轩、弓形轩、菱角轩、茶壶档轩（见图7–2–27、图7–2–28），及其各种变体。吴县洞庭东、西山第宅中，轩之式样尤为丰富。

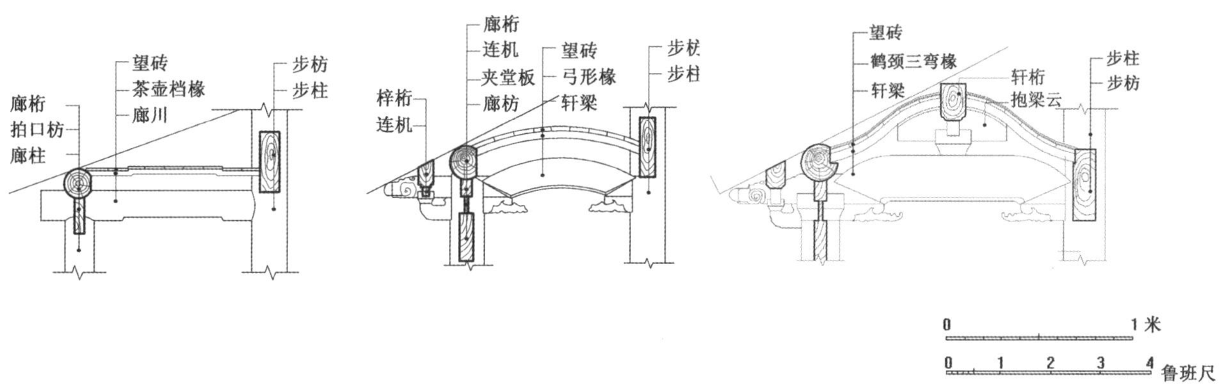

图7–2–27 各种轩法——茶壶档轩、弓形轩、一枝香轩（据《营造法原》改绘）

① 罗哲文、陈从周主编：《世界文化遗产：苏州古典园林》，古吴轩出版社，1999年，第20页。

② ［明］计成：《园冶注释》（第2版），陈植注释，杨伯超校订，陈从周校阅，中国建筑工业出版社，1988年，第90页。

③ 尤以东阳地域更为精彩，轩之样式、用料、雕工等均令人叹为观止。

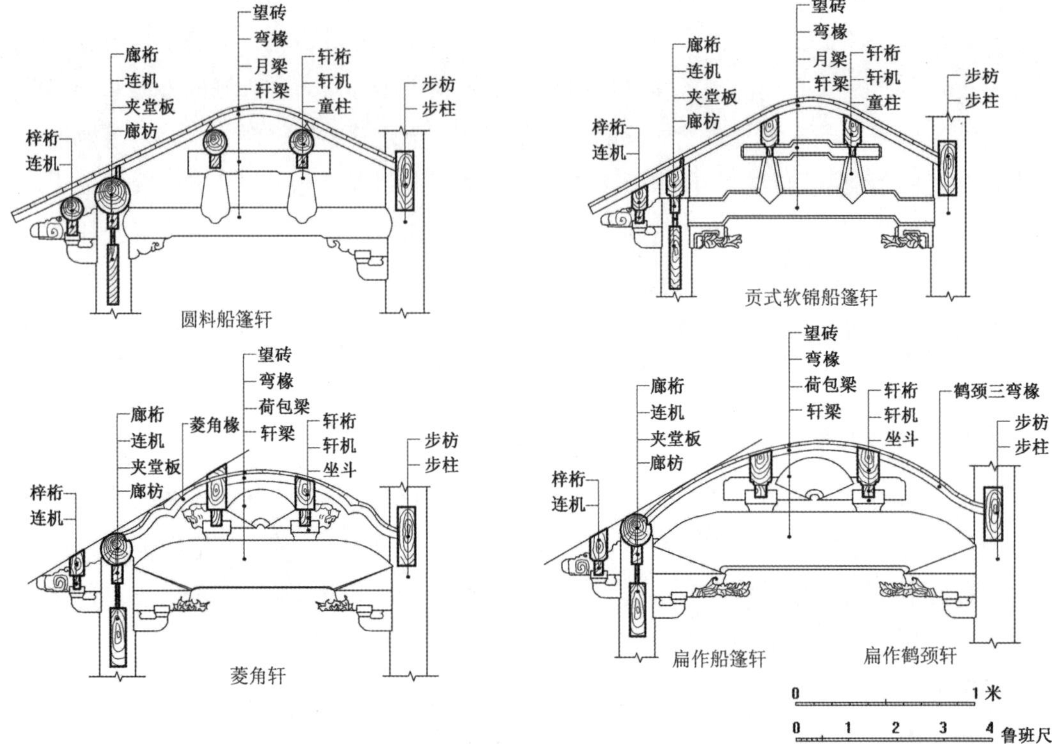

图7-2-28 各种轩法——圆料船篷轩、贡式软锦船篷轩、菱角轩、扁作船篷轩（据《营造法原》改绘）

轩最常见的应用，是在厅堂楼阁的前后廊上，以求美观。进深较大的厅堂，高大的室内上部较为阴暗，为避免产生压抑之感，通常用轩或重椽以降低室内空间；或分成前后对等之两部，即成鸳鸯厅（见图7–2–29、图7–2–30）；或分成连续相等的四轩，成为“满轩”（见图7–2–31、图7–2–32）；也有作成前后不等的三部等。总之，可视实际需要，加以变通。当然，如楼厅的层高较大，也可用轩①。

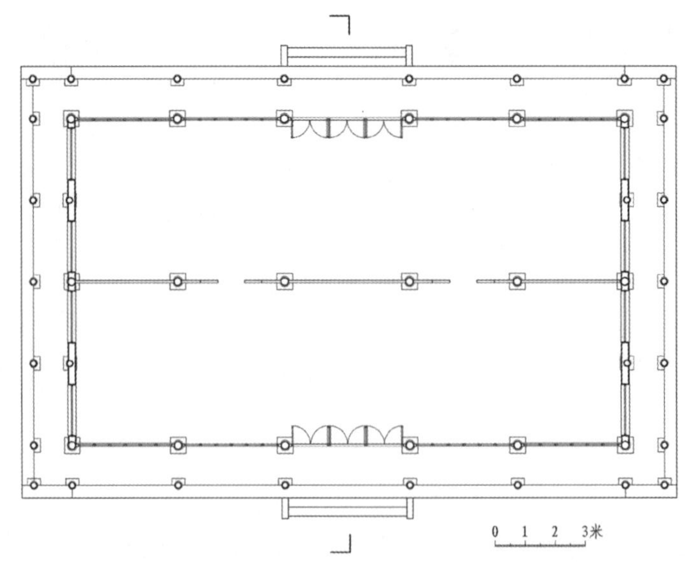

图7–2–29 鸳鸯厅平面图（留园林泉耆硕之馆）

① 潘谷西编著：《江南理景艺术》，东南大学出版社，2001年，第437页。

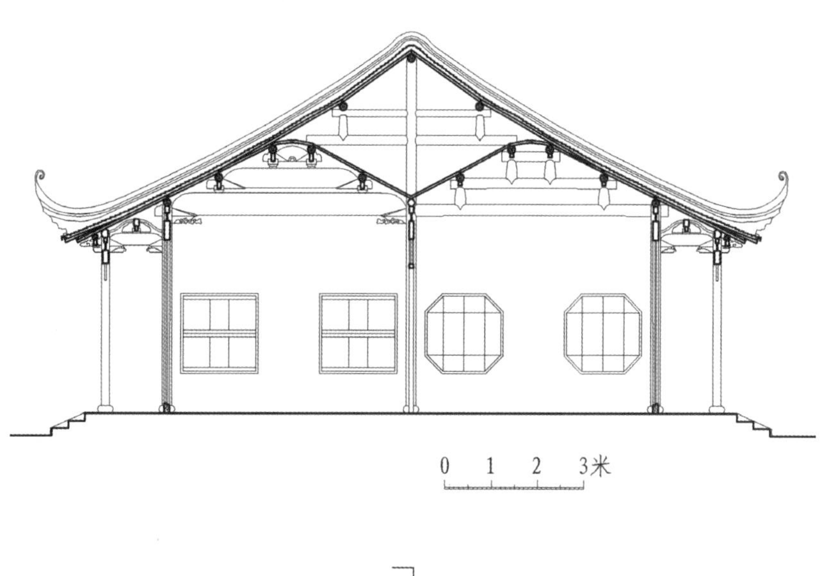

图7-2-30 鸳鸯厅剖面图（留园林泉耆硕之馆）

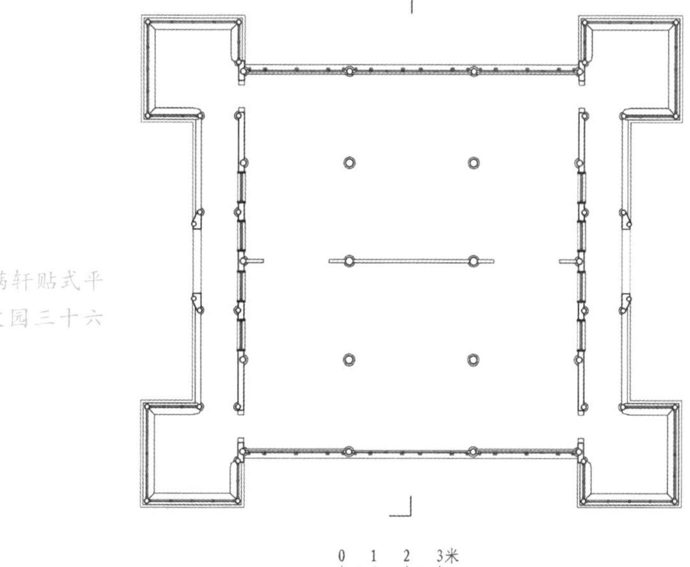

图7-2-31 满轩贴式平面图（拙政园三十六鸳鸯馆）

0　1　2　3米

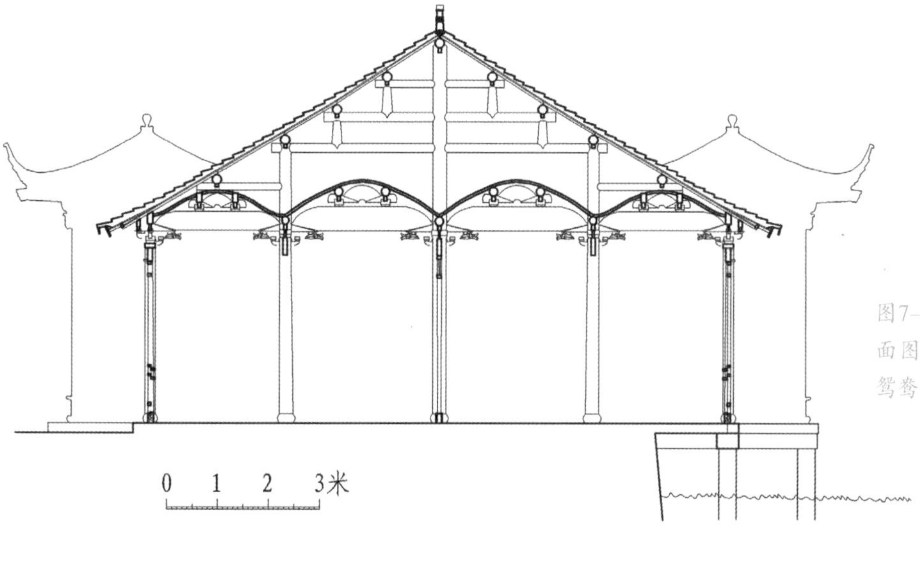

图7-2-32 满轩贴式剖面图（拙政园三十六鸳鸯馆）

天花：《园冶》中之仰尘，“即古天花板也。多于棋盘方空画禽卉者类俗，一概平仰为佳，或画木纹，或锦，或糊纸，惟楼下不可少”①。

另外，《营造法原》所谓“卷篷”，为一种天花做法：“南方所谓卷篷之结构同回顶，唯为圆料。……其异于回顶处，在桁下幔②钉木板，不露桁条，作卷篷状，或髹油漆，或糊白纸，颇为雅致。”③其做法是以杉木条为龙骨（一般截面尺寸100毫米×10毫米），以薄杉木板起拱，实例可见无锡薛福成故居④。卷篷形式多样，起拱方向有沿桁条方向与垂直桁条方向两种，其起拱形式又有船篷、鹤颈等几种。

藻井：第宅建筑很少采用藻井，唯寺庙建筑用之。如宁波保国寺大殿，在前槽天花板上安置了三个镂空藻井，满足装饰、通风、音响效果等的需要，鬼斧神工，极为精致。

在江南水乡建筑中，苏州留园林泉耆硕之馆可谓装饰的范例。馆为鸳鸯厅形式，南北正间为屏门，两侧次间为圆光罩。罩左右对称，花纹以树藤为主体，枝条、叶片从中伸出，间有葫芦悬吊其间，构图疏密相宜。馆的边间用纱槅分隔，上裱字画。屏门、落地罩、纱槅三种主要装饰相组合，富于变化，又融为有机的整体。馆前后正间为长窗，两侧为地坪窗，南北山墙均有花窗，花纹一简一繁，也表现出南北两厅不同的特色，充分表现出中国古代建筑在室内空间的处理上，达到了非凡的成就⑤。此外，狮子林的燕誉堂、怡园的藕香榭等堪称鸳鸯厅精品⑥。

江南水乡建筑木雕图案风格，活泼秀丽，章法整齐，富有生机，且一草一木都有深刻的含义，寓意于物，以物比德（见表7–2–2）。一般，如宅主人文化层次较高，其建筑木雕图案、内涵，相应也较为高雅，如以“梅花和仙鹤”寓意“梅妻鹤子”等。使人见松柏感其刚毅，睹翠竹思其气节，见梅花感其高傲，睹莲花思其玉洁……在人物刻画上，既讲究细节，又注重揭示其内心世界。一般惯用衣冠表现人物的职业、身份，以及所处的时代。人物面部表情丰富，故事场面逼真，背景深远，层次分明，引人入胜，百看不厌。其杰出者，如东山雕花楼的“三国演义”“西厢记”“二十八贤”等木雕⑦。

江南水乡建筑木雕构图上重点突出，主次分明。背景处理独到，并有一定的程式，如往往杏在屋角墙头，梅在疏篱竹坞，榴在粉墙绿窗，松在悬崖绝壁。故以低衬高，主体更显雄伟；以短衬长，大小对比强烈；以静衬动，动者更速。具有近大远小的透视法，形成画面的纵深感⑧。

---

① [明]计成：《园冶注释》（第2版），陈植注释，杨伯超校订，陈从周校阅，中国建筑工业出版社，1988年，第113页。

② 苏州方言幔、满同音。

③ 姚承祖原著、张至刚增编、刘敦桢校阅：《营造法原》（第2版），中国建筑工业出版社，1986年，第27页。

④ 实际上，这种做法在南京、苏州大户人家中颇为常见，尤其是南京老城南的深宅大院中，占据比较较大。

⑤ 陈从周等主编：《中国厅堂——江南篇》，上海画报出版社，1994年，第287页。

⑥ 陈益撰文，张锡昌等摄：《江南古亭（梦中江南系列）》，上海书店出版社，2004年，第6页。

⑦ 潘新新：《雕花楼香山帮古建筑艺术》，哈尔滨出版社，2001年，第19页。

⑧ 吴县政协文史资料委员会编：《蒯祥与香山帮建筑（扬子江文库）》，天津科学技术出版社，1993年，第60页。

深入了解江南水乡建筑木雕艺术，还有助于我们鉴定建筑年代。如“五伦图”，是凤凰、仙鹤、鸳鸯、鹡鸰、黄莺五种禽鸟，比喻“五常”，即“君臣有义、父子有亲、夫妇有别、兄弟有序、朋友有信”，此为明代才形成的雕刻题材。青石柱基上安放木质柱础，一般是江南水乡明代房屋建筑的一种特征。

表7–2–2 江南水乡建筑木雕图案内容及其寓意表

（编制表格部分参照并整理了《蒯祥与香山帮建筑（扬子江文库）》之内容）

序号	名称	图案	寓意
1	梅妻鹤子	梅花和仙鹤	清高孤洁的隐士风范
2	浔阳送客	白居易和琵琶歌女	同是天涯沦落人，相逢何必曾相识——《琵琶行》
3	吹箫引凤	凤凰和萧史、弄玉两位神仙	寓夫妻如神仙眷侣般幸福美满
4	虎丘塔影	高高的山顶上一座斜塔	海风吹幻影，颠倒落方诸。衬托出江南名胜的地方特色
5	英雄独立	高高的太湖石上一只鹰	鹰与英同音，象征英雄气概，如孤鹰傲立
6	英雄斗志	（1）两只雄鸡昂头伸颈，相对而立； （2）一鹰一熊作争斗状	《本草纲目》：“虎鹰翼广丈余，能搏虎。”《诗经·小雅·斯干》：“维熊维罴，男子之祥。”鹰与英、熊与雄同音。猛禽凶兽相斗，二勇相争，智者胜。喻英雄争锋，豪气干云、壮志不已的情怀
7	华封三祝	（1）童子手捧佛手、石榴及仙桃； （2）南天竺、兰花、牡丹	（1）佛手寓多福，仙桃寓多寿，石榴寓多子孙。《庄子·天地》提到，唐尧巡游至华地，封守者前来迎接，故有此说； （2）南天竺，竹为祝之谐音，同其他两种吉祥花草或珍禽瑞兽共称三祝。寓意吉祥幸福
8	君子之交	太湖石和兰花	寓意为高风亮节的君子雅士
9	兰桂齐芳	兰花、桂花	兰花喻繁荣昌盛、节操，桂花喻富贵，寓意为富贵德泽绵长，历久不衰
10	玉树临风	玉兰花	玉兰，早春开花，花大芳香，常以此花喻春天。玉树，槐树也，又指珊瑚、珠宝制成之树。寓意才貌双全
11	杏林春燕	杏树、柳树、燕子	（1）杏花又名及第花，旧时考进士正值二月杏花盛开之际。燕子，益鸟，春天的象征，代表早春报喜。寓科举中第之意； （2）相传，三国时吴人董奉为人治病，不收报酬，对治愈的病人，只求为其种杏树几株。数年后蔚然成林。后世常用“杏林春燕（或满）”“誉满杏林”等语称颂医家。也是对多行好义、道德学问高尚的人的赞扬

（续表）

序号	名称	图案	寓意
12	一品清廉	莲花、荷花	“莲”与“廉”同音，“一品清廉”寓意居高位而不贪，公正廉洁，这是旧时老百姓对清官的赞颂之词
13	二甲传胪	有甲壳的螃蟹和芦苇纹样	古时科考，一甲前三名称状元、榜眼及探花。二甲第一名通称传胪，按规定由他唱名，即宣布名次之意。寓科举中第之意
14	岁寒三友	松、竹、梅	松为百木之长，作为长寿的象征；梅寒而秀，竹瘦而寿，松竹梅在寒冬仍能屹立繁茂，展现其生机勃勃的精神。另可比喻为文人雅士之清高、孤洁之意
15	四君子	梅、兰、竹、菊	傲骨清高、品格纯洁、志节虚心、超凡脱俗
16	五客图	白鹇、白鹭、白鹤、孔雀、鹦鹉	白鹇为闲客、白鹭为雪客、白鹤为仙客、孔雀为南客、鹦鹉为西客，这五种鸟合称为“五客”
17	五伦图	凤凰、仙鹤、鸳鸯、鹡鸰、黄莺	《孟子·滕文公》：君臣、父子、夫妇、长幼、朋友。父子有亲、君臣有义、夫妇有别、长幼有序、朋友有信，五伦即五常。后人画花鸟，常以凤凰、仙鹤、鸳鸯、鹡鸰、黄莺为五伦图。晋张华《禽经》载：“鸟之属三百六十，凤为之长，飞则群鸟从，出则王政平，国有道。”《易经》：“鸣鹤在阴，其子和之。”张华《禽经》：“鸳鸯匹鸟也，朝倚而暮偶，爱其类也。”《诗经》：“鹡鸰在原，兄弟急难。”“莺其鸣矣，求其友声。”故将这五种鸟称为“五伦”或“伦叙”
18	麒麟图	一兽，头上一角，狮面、牛身，尾带鳞片，脚下生火，其状如鹿	麒麟，古代传说中的动物，古称之为“仁兽”，多作吉祥的象征。汉代的麒麟图案与马和鹿的样子相似，汉后逐渐完善了麒麟的形象。因麒麟是瑞兽，又借喻杰出之人，麒麟送子、麒吐玉书皆有杰出人士降生的寓意
19	三国图	借东风，华容道，长坂坡，战官渡，定四州，反长安，定军山，反西凉，空城计，斩马谡，走麦城，桃园结义，三顾茅庐，舌战群儒，赤壁大战，董卓进京，三战吕布，蒋干盗书，孔明装神，水淹七军，马跃檀溪，七擒孟获，刘备	三国英雄传颂千古的故事集，多期许将豪气干云、意气风发的英雄气概的佳话及情谊，能够流芳百世，勉励后人

（续表）

序号	名称	图案	寓意
		招亲，火烧新野，击鼓骂曹，姜维避祸，临江赴宴，煮酒论英雄，截江夺阿斗，千里走单骑，张飞战马超，张绣大战宛城，三国归晋等	
20	二十四孝图	虞舜“孝感动天”、曾参“咬指心痛”、闵损“单衣顺母”、老莱子“戏彩娱亲”、郯子“鹿乳奉亲”、姜诗“涌泉跃鲤”、仲由“负米养亲”、董永“卖身葬父”、丁兰“刻木事亲”、蔡顺“拾椹供亲”、陆绩“怀橘遗亲”、江革“行佣供母”、黄香“扇枕温衾”、孟宗“哭竹生笋”、王裒“闻雷泣墓”、杨香“扼虎救父”、刘恒“亲尝汤药”、王祥“卧冰求鲤”、崔南山“乳姑不怠”、庾黔娄“尝粪忧心”、黄庭坚“涤亲溺器”、吴猛“恣蚊饱血”、朱寿昌“弃官寻母”等	中国儒家孝悌持家的故事集，意喻勉励后世子孙多能效其“百善孝为先”的传统精神与美德
21	昭君出塞图	王昭君出塞和亲的故事	寓意敦亲和睦
22	渔翁得利	鹤蚌相争状，旁立渔翁	《战国策·燕策二》：“赵且伐燕，苏代为燕谓惠王曰：‘今者臣来过易水，蚌方出屋，而鹤啄其肉，蚌合而箝其喙。’鹤曰：‘今日不雨，明日不雨，即有死蚌。’蚌亦谓鹤曰：‘今日不出，明日不出，即有死鹤。’两者不肯相舍，渔者得而并禽之。”比喻双方相持不下，第三者因而得利
23	嫦娥奔月	一仙女飞奔至月宫状	嫦娥，神话中后羿之妻，后羿从西王母处得到不死之药，嫦娥窃吃后，遂奔月宫

（续表）

序号	名称	图案	寓意
24	天女散花	一仙女提花篮作撒花状	佛经故事。《维摩经·观众生品》载，维摩室中有一天女以天花散诸菩萨身，即皆坠落，至大弟子，便着不坠。天女说："结习未尽，花着身耳。"谓以天女散花试菩萨和声闻弟子的道行。宋之问《设斋叹佛文》："天女散花，缀山林之草树。"故取其"春满人间"之意
25	踏雪寻梅	风雪中一老人头戴浩然巾，骑驴过桥，手持梅花	孟浩然《留别王维》诗云："寂寂竟何待？朝朝空自归。欲寻芳草去，惜与故人违。当路谁相假？知音世所稀。只应守寂寞，还掩故园扉。"孟浩然骑驴，过桥，踏雪寻梅，已成为千古传唱的佳话

二、砖装饰

《大清会典》58工部云："自明永乐中始，造砖于苏州，盖明代宫殿，用砖多取之于苏州。"[①]可见当时苏州砖的质量已达到很高的水平。现苏州西北的陆墓，清代因盛产各种装饰用砖而被誉为御窑[②]。砖作为建筑材料的大量使用，必然带来、促进砖饰技术的发展（砖雕与木雕、石雕存在着一定的区别，见表7–2–3）。

表7–2–3 砖雕、木雕、石雕比较表

内容	砖雕	木雕	石雕
雕刻方法	圆雕、浮雕、透雕、阴刻	圆雕、浮雕、透雕、阴刻	圆雕、高浮雕、浅浮雕、减地平面阴刻、凹面刻、阴线刻、素平
工具	刨、凿、铲、锯等	刨、凿、铲、锯、各种刀	锤、凿
材料	砖	杉木、银杏木、黄杨木	花岗石、石灰石、武康石、汉白玉
位置	门楼、墙门、垛头、抛枋、照壁、裙肩、门景、月洞、地穴、塞口墙和厅堂山墙的内部贴面	梁、枋、柱础、雀替、棹木、束腰、蒲鞋头、插角、抱梁云、山云雾、垫栱板、琵琶撑、门簪、门罩、门楣、门窗的裙板、夹堂板、字额	柱、枋、础、石质、门楣、门枕、门槛、栏杆、御路、阶石、地坪石、贴面、华表、石幢、牌坊、纪念碑
题材	花卉、鸟兽、山水、人物、几何形图案	花卉、鸟兽、山水、人物、几何形图案	

① 李岳荣：《东山明代砖装修（上）》，《古建园林技术》1983年第2期第18–22页。
② 江洪等主编：《苏州词典》，苏州大学出版社，1999年，第254页。

（续表）

内容	砖雕	木雕	石雕
纹饰	卍字纹、回纹、云纹、如意纹、纹头纹、水浪纹、雷纹	黻纹、回纹、龟背纹、卍字纹、瑞珠纹、卷草纹、万福纹、宝相花纹、连心云纹、拐子龙纹、卷草龙纹、风头卷草纹、同心如意纹、牡丹连云纹、连心硬草纹、上相卷草纹。缠枝花纹多种多样，常见的有缠枝牡丹、缠枝芙蓉、缠枝桃花、缠枝菊花、缠枝莲花。图案款式有相同的双枝花卉环组合、相同的四枝花卉对称组合、相异的多种花卉缠绕组合	回纹、弦纹、叫纹、卍字纹、象鼻纹、夔龙纹、云雷纹、日雷纹、卷云纹、乳钉纹、水波纹、窃曲纹、菱格花纹、斜方格花纹

（一）洞门、漏窗、砖框花窗

洞门：《园冶》云："门窗磨空，制式时裁，不惟屋宇翻新，斯谓林园遵雅。"①因此，洞门大都用清水砖作边框，苏州称之为"门景"，形状变化丰富，常用鹤卵、蕉叶、汉瓶、海棠、如意、葫芦、桃形等。

漏窗：或称漏砖墙②、花墙洞③，图案千姿百态（见图7–2–33）。如十字、人字、六方、八方、菱花、卍字、笔管、绦环、套方、锦葵、波纹、梅花、海棠、冰片、莲瓣等，或有塑成透雕式的。

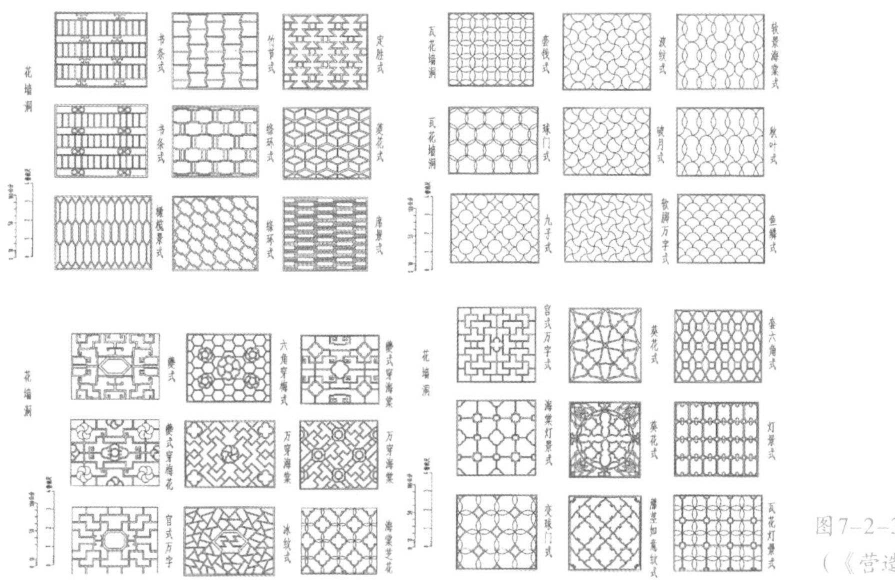

图7–2–33 花墙洞（《营造法原》）

① [明]计成：《园冶注释》（第2版），陈植注释，杨伯超校订，陈从周校阅，中国建筑工业出版社，1988年，第171页。

② [明]计成：《园冶注释》（第2版），陈植注释，杨伯超校订，陈从周校阅，中国建筑工业出版社，1988年，第188页。

③ 姚承祖原著、张至刚增编、刘敦桢校阅：《营造法原》（第2版），中国建筑工业出版社，1986年，第83页。

漏窗的使用，使得相邻空间似分又合。就苏州而言，漏窗大致有三种：一是用筒板瓦做成，图案均呈弧线，如鱼鳞、波浪、套钱、球纹等。二是用薄砖筑成，均呈直线构图，如六角景、卍字、菱花、竹节、绦环、书条等；其间亦可掺以筒瓦、板瓦，构成较复杂的图案，如六角穿梅花、卍字穿海棠等。三是用铁丝为骨，以麻丝纸筋灰裹塑，而成各种动植物式样，如梅、兰、竹、菊、松柏、芭蕉、牡丹、石榴、狮虎、云龙、松鹤、柏鹿等；后期甚或有人物故事、戏文场景。所筑漏窗，均以白灰刷饰，光影变化丰富。扬州多用磨砖漏窗，质朴素雅。浙江、皖南等盛产石材之地，则因地制宜，常用石雕漏窗①。

漏窗图案题材多取象征吉祥的动、植物，也有以文字、文房四宝、人物故事为题材。如苏州沧浪亭有各式漏窗百余式②，留园多达二百余式，无一雷同，各具匠心。

砖框花门窗：用在山墙上。砖框采用水磨砖拼接，形状多样（见图7-2-34）。较大的花窗还用水磨砖砌窗罩，上覆小青瓦，贴墙设脊，既可遮雨，又作为装修。

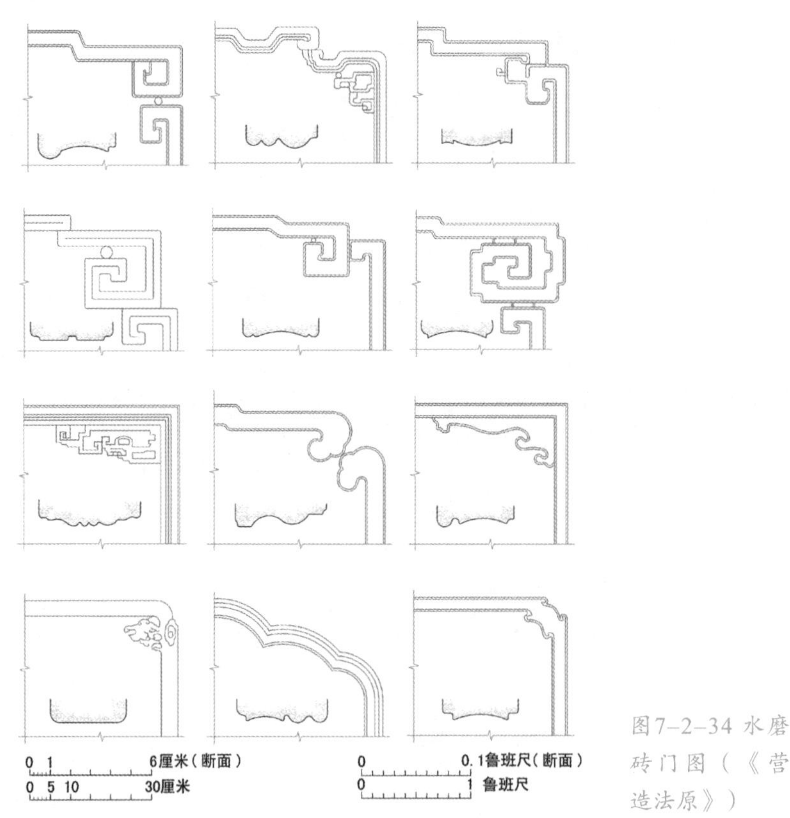

图7-2-34 水磨砖门图（《营造法原》）

（二）铺地、墙面

江南水乡雨量充沛，由此室内外往往需要铺地，以利交通。

室外铺地：大都采用石、缸（或瓷）片、砖、瓦等硬质材料，铺贴方法多样，花纹、图案众多，以使用位置、造型、色彩等协调为佳，并与景观主题相联系（见图7-2-35）。如拙政园中的海棠春坞，以观赏海棠为主，其铺地也为海棠花形。南京、无锡等地或用方石，尤以南京为多。

---

① 潘谷西编著：《江南理景艺术》，东南大学出版社，2001年，第441页。

② 滕明道编写：《中国古代建筑》，中国青年出版社，1985年，第75页。

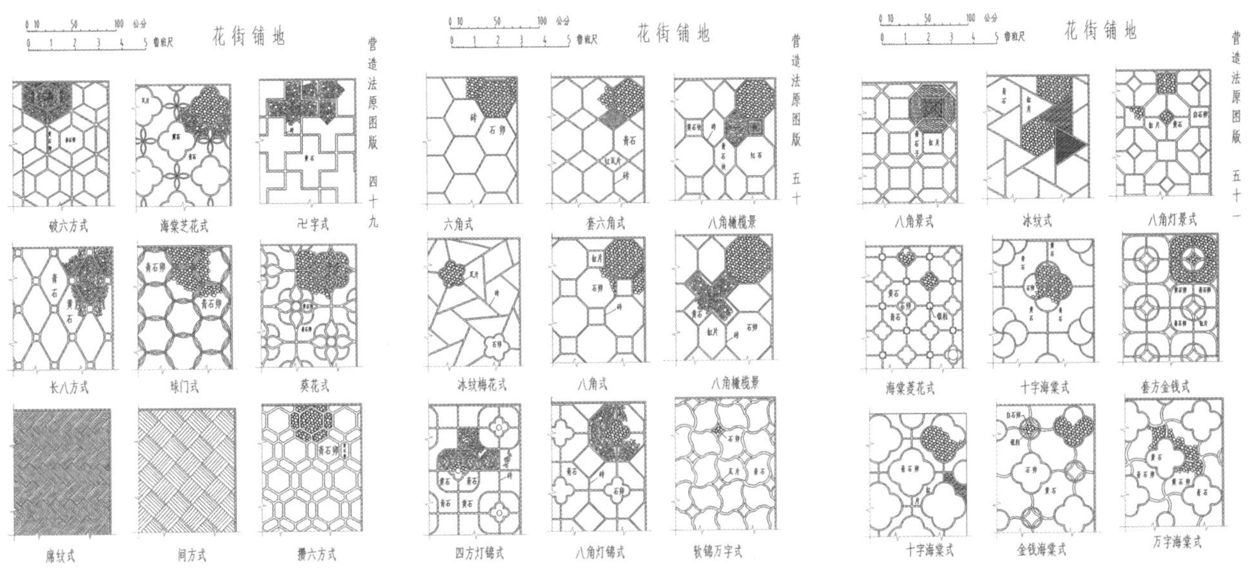

图7–2–35 花街铺地（《营造法原》）

一般来讲，“堂前空庭，须砖砌，取其平坦。园林曲径，不妨乱石，取其雅致”①。因之，主体建筑中轴线上的交通道，往往采用大块规整的砖或石铺地，两侧庭院则相对较为自由。其他院落或园林中，多采用花街铺地。其法多布瓦成架，竖砖作骨，填石为心，组成图案精美、色彩协调、寓意深刻的地画。室外铺地，在水乡建筑中应用广泛，形成了独特的艺术效果。名著《园冶》中记录了明代末期江南一带丰富的铺地做法，如用乱石铺砌弯曲的小径，用仄砖在庭中铺成方胜、叠胜、步步胜、人字纹、席纹、斗纹，亭边台上用乱石铺成冰裂纹，用砖瓦为骨构成锦纹图案再用卵石铺填等，并有附图②。

图7–2–36 东山雕花楼入口地面

至近代，锦纹卵石铺地广泛应用于园路及庭际，图案也更为多样。如东山雕花楼入口地面，由一只花瓶内插三支戟和两只元宝组成花街铺地，寓意“平升三级”（见图7–2–36），以及“五福捧寿”图铺地。再如苏州留园、狮子林所铺之鹤、鹿、鱼、莲，网师园内扇面形铺地，扬州何园东花厅松鹿图铺地，小苑春深所铺之松树等③均为锦纹卵石铺地。

室内铺地：一般铺贴方砖，方砖四周侧边及止面刨光，棱角整齐，拼砌合缝，给人以精致、光洁、素雅之感。

① 姚承祖原著、张至刚增编、刘敦桢校阅：《营造法原》（第2版），中国建筑工业出版社，1986年，第83页。

② [明]计成：《园冶注释·铺地》（第2版），陈植注释，杨伯超校订，陈从周校阅，中国建筑工业出版社，1988年，第195–205页。

③ 潘谷西编著：《江南理景艺术》，东南大学出版社，2001年，第440页。

位于苏州古城东北的御窑村（原陆墓，现锦溪），因所产之砖细腻坚硬，“敲之有声，断之无孔”[①]，被永乐帝封为“御窑”，成为明清时期专为皇家建筑烧制“金砖”之地，而名闻天下。《金砖墁地》云：“专为皇宫烧制的细料方砖，颗粒细腻，质地密实，敲之作金石之声，称‘金砖’；又因砖运北京‘京仓’，供皇宫专用，称之‘京砖’，后逐步演化称‘金砖’。”[②]现北京故宫太和殿、中和殿、保和殿和十三陵之一的定陵内铺墁的方砖（金砖墁地）上，尚有明永乐、正德，清乾隆等年号，以及“苏州府督造”等印章字样，是规格为二尺二、二尺、一尺七见方的大方砖[③]。

室内外墙垣处理方式多样。室外墙垣的形式，主要有云墙（波形墙）、梯形墙、漏明墙、平墙等[④]。如上海豫园内的龙墙；再如东山雕花楼小花园的东隅墙壁上，镶嵌着一圆形的精细砖雕曰：停云陇，为探首状蛟龙，在云水中翻腾，极为生动。为避免单调，园林中墙面上多开洞门、空窗、漏窗等，使得园景互相渗透，也增加了景观层次。宅第内墙往往矮小活泼，形式多样，用以分隔空间，创造景观，构成院落或创造园中园。宅院之间分隔的界墙一般较为高大，以分门别户。

江南水乡建筑多采用砖细，即“做细清水砖作”，用砖料经刨光，加施雕刻，打磨后做成装饰。其运用广泛，如“门楼、墙门、垛头、包檐墙之抛枋、门景、地穴、月洞等处”[⑤]。砖细所用之砖料，须质地细密、均匀、色质白亮、无空隙，以便运刨或雕镂。室外所用之砖细，以含铁少者为佳，则津水不易发锈变色。磨砖墙之类也作砖细，在“隐门、照墙、厅堂面墙，皆可用磨或方砖吊角，或方砖裁成八角嵌小方；或砖一块间半块，破花砌如锦样”[⑥]。常州青果巷86号，现遗存明万历间唐荆川宅大厅内，勒脚为砖细制作；东山雕花楼前厅南北墙面的砖细阳刻等。

（三）垛头、门楼、屋面脊饰、瓦件、山墙

垛头：“山墙伸出于檐柱以外的部分”[⑦]，是硬山建筑特有的构造，北方称其为“墀头”。江南水乡建筑中之垛头，可分为清水与混水两种。清水垛头的墙身部分与山墙做法一致，但上部挑出四五皮砖，其用来承托檐口部分的式样众多，如飞砖式、纹头式、书卷式、吞金式、朝板式等。挑砖之下，再贴雕画方砖作装饰，苏州称为“兜肚”，如北方硬山建筑墀头上的戗檐砖。混水与清水式样相同，但不用砖细，而用石灰（现用水泥）粉面。明代多用曲线造型，清式多采用方回纹形（见图7-2-37）[⑧]。

---

① 《明神宗实录》卷154。转引自熊寥主编《中国陶瓷古籍集成·注释本》，江西科学技术出版社，2000年，第164页。

② 胡金楠：《御窑及其金砖》，《砖瓦》1989年第5期第40–41页。

③ 《国家及非物质文化遗产大观》编写组编著：《国家级非物质文化遗产大观》，北京工业大学出版社，2006年，第305页。

④ 赵兵主编：《园林工程学》，东南大学出版社，2003年，第55页。

⑤ 姚承祖原著、张至刚增编、刘敦桢校阅：《营造法原》（第2版），中国建筑工业出版社，1986年，第72页。

⑥ [明]计成：《园冶注释》（第2版），陈植注释，杨伯超校订，陈从周校阅，中国建筑工业出版社，1988年，第187页。

⑦ 姚承祖原著、张至刚增编、刘敦桢校阅：《营造法原》（第2版），中国建筑工业出版社，1986年，第53页。

⑧ 李岳荣：《东山明代砖装修（下）》，《古建园林技术》1984年第4期第22–26+46页。

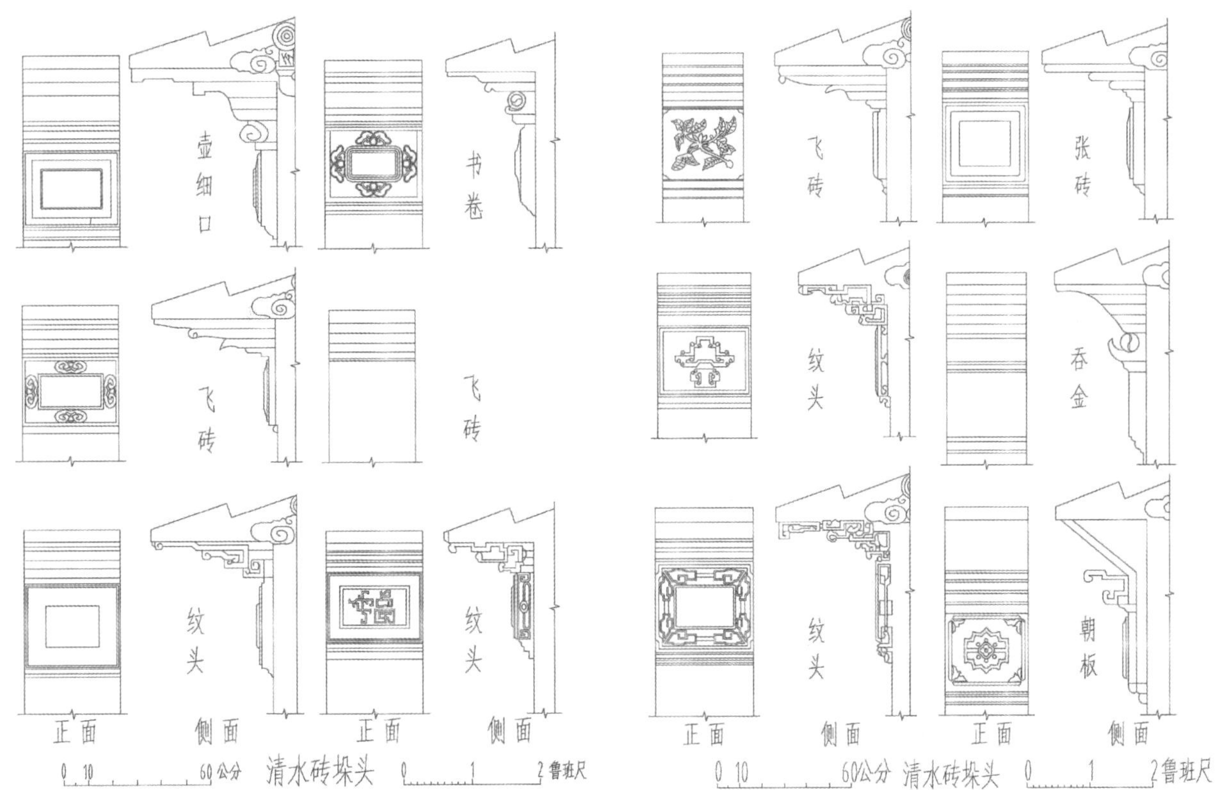

图7–2–37 清水砖垛头（《苏州民居》）

门楼：砖雕门楼模仿木构，一般系水磨青砖拼贴镶嵌而成，门扇亦为贴面砖，下以单坡板瓦顶的花岗岩做成石库门框，规模宏大，结构坚固，雕刻精美。门楼朝外的一面，正中往往有砖额吉祥语句、成语典故之类。较大的住宅，一般在每进房屋后墙中轴线上建门楼或墙门（屋顶高出两旁墙脊为门楼，低者为墙门）。其中，多以大厅前门楼形制最高、装饰富丽（见图7–2–38、图7–2–39），其他则较简洁。

图7–2–38 东山杨湾明善堂门楼砖饰

图7–2–39 黎里柳亚子故居门楼细部

门楼大体可分为上、中、下三部。下部：门洞两旁凸出墙面的砖墩，称垛头，下为勒脚，较小的门楼（或墙门）则无砖墩，两旁为方砖贴面呈细柱形的流柱，有的上下呈纹头形，变化较多。砖墩或流柱内侧墙面呈八字形，其角度大小随砖墩或墙的厚度而定，两扇门扇，每扇宽约70—80厘米，用厚约5厘米的木板拼接，用扁铁呈十字形加固。门扇向外的一面贴方砖，每块方砖在四角用铜（铁）钉固定，既具有装饰性，又能起一定的防火作用。无砖墩的门关闭时用直撑，有砖墩的门关闭时用横闩，利用两旁砖墩内预留的深洞，构造巧妙。

图7–2–40 黎里柳亚子故居门楼下枋的卍字格花包袱装饰

图7–2–41 东山雕花楼砖雕门楼上部

中部：门洞上为下枋（见图7–2–40）、中枋和上枋，枋之间有半圆形线脚的浑面和缩进的束编细作过渡处理，中枋比上下枋略高，是题字和雕饰的重点。上枋两端有吊柱称荷花柱，柱头多为花篮形。上枋上为定盘枋，其上有斗栱承托屋面的称牌科门楼，斗栱多为一斗三升式，一斗六升式较少。无斗栱的称“三飞砖门楼”或“墙门”。

上部：屋顶多为硬山顶，两侧有砖博风。较大的门楼多为哺鸡脊，一般为纹头脊，檐下出檐椽和飞椽呈水平挑出状。门楼的简繁主要区别在中部雕饰构件的处理上。一般住宅门楼的下枋和上枋四边起线，两端作云头等花纹，中枋四周镶边起线，两端为近方形的兜肚，中间凸起作回纹或云纹等雕饰，中枋中段四周镶雕花纹，正中题字。有些门楼枋上满布雕饰，如花卉、山水、人物等，中枋的兜肚常用立雕式的戏文故事，是将整块方砖层层雕空，有很强的立体感。下枋上束腰处安装设下悬吊柱和挂落的阳台，构件形制比例精确，雕镂细巧，工艺水平极高，显得端庄华丽，成为宅第内装饰的重点。明代的门楼较浑厚，清代较秀丽①。

门楼和墙门，是江南水乡苏州东山明代住宅中砖饰最集中最精华的部位②，后世亦然。如网师园门楼匾额“藻耀高翔”，镌“文王访贤”“郭子仪拜寿”故事，为清代宋宗元建，誉为“江南第一门楼”③（见图5–2–21）。雕花楼为“天锡纯嘏”（见图7–2–41），取《诗经•鲁颂》“天锡公纯嘏”句④。其门楼上枋、中枋、下枋，均饰有“画像砖雕”，上有阳刻线条，阴刻平面，以及浮雕、圆雕、透雕相结合的“花砖”，雕刻灵芝、牡丹、石榴、佛手、菊花、兰花等。左右兜肚上雕戏剧故事（古城释疑，古城相会）。

① 徐民苏等：《苏州民居》，中国建筑工业出版社，1991年，第127–128页。

② 李岳荣：《东山明代砖装修（上）》，《古建园林技术》1984年第3期第18–22页。

③ 罗哲文、陈从周主编：《世界文化遗产：苏州古典园林》，古吴轩出版社，1999年，第124页。

④ 《四书五经》，陈戍国校点，岳麓书社，1991年，第422页。

门楼朝里的一面为单檐，翼角飞翘、斗栱重昂，精细别致，以各种自然物象的寓意谐音或附加文字，示意吉祥。正脊居中为一植万年青的古瓷盆，寓意“永远昌盛”。两端塑蝙蝠，喻为“洪福齐天”。正脊中央的内侧塑“独占鳌头”，意即“状元及第”。两条重脊塑“天官赐福”“恭喜发财”，戗角吞头塑“鲤鱼跳龙门”。垫栱板上有五个透雕圆形图案，正中为“喜”，两旁的“如意”及两端的“绳袋”，寓意“双喜临门”“如意传代”[①]。上枋横幅圆雕“八仙庆寿”，中枋“鹿十景”，中间是幅云镶边的砖额“聿修厥德”，意即主人平日修行积德，与外面的砖雕“天锡纯嘏”相应。左侧兜肚圆雕“尧舜禅让”，以喻“德”；右侧兜肚圆雕“文王访贤”，以喻“贤”。额下平台望柱上为圆雕“福、禄、寿”人像，寓意“三星高照”。下枋“郭子仪拜寿”，以喻多子多福。雕花楼内的其他砖雕，还有前后厅边门的“居仁”“由义”“迎风”“循德”匾额，以及小花园的“听雨”“安居”匾额；藏宝阁的砖雕望窗；前楼二楼东西厢房的砖雕水池等。所有雕刻，无不栩栩如生、形神兼备[②]。

因此，每一组砖雕寓意吉祥，每一幅图画耐人寻味（参见表7–2–4）。和谐统一、题材宽广、雕刻精细、风格秀逸，具有江南水乡建筑艺术的独特风格。

表7–2–4 江南水乡建筑常见砖雕图案内容及其寓意表

（编制表格部分参照并整理了《蒯祥与香山帮建筑（扬子江文库）》之内容）

序号	名称	图案	寓意
1	吉庆有余	一条山涧小溪，溪中有鱼，溪边有橘	希望年年幸福、富足及喜乐
2	连年有余	小孩子一手执鱼，一手捧莲	比喻生活富裕，到年节之时，家境殷实。这表达了古代人们追求年年幸福富裕生活的良好愿望。在中国，无论城乡，把这愿望形之于图画的习惯，至今未颓。过新年的时候，家家挂一张儿童抱鲤鱼的年画，既表达欢庆之情，又图来年吉利
3	天仙寿芝	天竹、水仙、灵芝、寿石	天竹，即南天竺，借“天”字。水仙，借“仙”字。寿石，即太湖石。用天竹、水仙、灵芝和寿石组成图案喻“天仙祝寿”。祝颂生日寿诞
4	群仙拱寿	数丛水仙、松树	表祝贺长生不老，生命永驻
5	松竹犹存（松竹延年）	绿竹配以古松	寓意人生虽坎坷多舛，仍自保其高尚之品格与不屈不挠之精神也。也泛指健康长寿

① 江洪等主编：《苏州词典》，苏州大学出版社，1999年，第1161页。

② 潘新新：《雕花楼香山帮古建筑艺术》，哈尔滨出版社，2001年，第86页。

（续表）

序号	名称	图案	寓意
6	齐眉祝寿	太湖石、梅花、绶带鸟、竹	齐眉，《后汉书•梁鸿传》：“（鸿）为人赁舂，每归，妻为具食，不敢于鸿前仰视，举案齐眉。”“案”，有脚的托盘。“眉”与“梅”同音。世称夫妇相敬如宾，谓“举案齐眉”。“齐眉祝寿”，比喻夫妻互敬互爱，健康长寿
7	天官赐福	蝙蝠，加以圆形文字或天官图像	上元为天官赐福之辰，天官赐福可谓神人。寓福自天上来，多福多寿之意
8	纳福迎祥	一孩童将蝙蝠放于容器内	寓意洪福吉祥，相继而来
9	吉祥如意	童子手执灵芝骑象图	骑象与“吉祥”谐音。“吉祥如意”，喜庆吉利之词。如同古时人们互道“万福”一样，互致“吉祥如意”，祈祷阖家安康，福禄长久。“吉祥”“万象”“吉庆”“如意”等词为中国古代具有代表性的祝颂之词
10	事事如意	柿子和灵芝联系在一起	宋代罗愿撰《尔雅翼》：“柿有七绝，一寿，二多阴，三无鸟巢，五霜叶可玩，六佳实可啖，七落叶肥大可以临书。”“柿”与“事”同音，加之如意，寓意“事事如意”或“百事如意”“万事如意”
11	长生不老	果实累累的花生	民间喻为子孙不断或长生不老
12	辈辈封侯	大猴背小猴	寓家族世代加官晋爵，立即升腾的愿望
13	挂印封侯	猴子抓住挂在松树上的一方印	比喻立即升腾，加官封赏的愿望
14	马上封侯	一马上有一蜂一猴	寓立即升腾、飞黄腾达之意
15	喜得连科	喜鹊驻足莲蓬	指喜事连连，成绩优异
16	功名富贵	雄鸡配以牡丹	雄鸡即公鸡。李贺名句：“雄鸡一声天下白。”鸡鸣将旦，光明到来。“公”与“功”，“鸣”与“名”同音喻功名。牡丹、雄鸡组成图案叫“功名富贵”，寓意仕途康庄，富贵逼人而来
17	玉堂富贵	玉兰花、海棠、牡丹	古时玉堂为翰林院雅称，牡丹表富贵，寓意赞颂府第辉煌、荣华富贵
18	状元及第	一手执灵芝的青年男子骑在飞龙背上	冠，帽子也，冠与“官”同音。童子戴冠，长辈期望孩子长大有出息，科举成功，高中状元。骑龙，如同鲤鱼跳龙门而成龙一般，出人头地也。“状元及第”，即考中且高居榜首。一年一度廷试，万中取一，自是了不起的大事，故有“天上麒麟子，人间状元郎”之誉

（续表）

序号	名称	图案	寓意
19	春风得意	小孩子骑在牛背上放风筝	后人用“春风得意”称进士及第，也泛指功成名就，踌躇满志
20	加官进禄	高官配以瑞鹿	寓意仕途康庄，富贵逼人
21	本固枝荣	丛生的莲	本，草木的根或茎，如草本、木本之谓。也指事物的根源、根基。用莲花的根叶繁茂比喻“本固枝荣”，寓意事业根基牢固，兴旺发达
22	安居乐业	鹌鹑配以菊花	寓意举家平安，和乐融融
23	长春白头	白头翁在月季花丛中飞舞	喻和谐幸福，同偕白首
24	和合二圣	和合二仙手执灵芝	和合二圣，即寒山与拾得。古时结婚供奉二仙，祝愿阖家团圆，夫妻和睦，迎福纳寿之意
25	欢天喜地	喜鹊和獾	指喜事连连，快乐无比
26	竹梅双喜	两只喜鹊在竹丛和梅林中飞舞	竹、梅，比喻“青梅竹马”。李白诗：“郎骑竹马来，绕床弄青梅。”两只喜鹊喻“双喜”。“竹梅双喜”，即两小无猜，结为伴侣，夫妻恩爱，婚姻美满幸福
27	喜从天降	一蛛由网上下垂	为喜事临门，互相贺喜之意
28	同喜	喜鹊在梧桐树林内起舞	梧桐，取“桐”“同”同音。与喜鹊组成图案曰“同喜”。为喜事临门，众人同庆，或年节，互相贺喜之意
29	报喜图	豹和喜鹊	寓意捷报频传，喜事降临
30	蟠桃宴	八仙向西王母娘娘祝寿图	八仙献寿，代表祝贺长寿绵延
31	麻姑献寿	一女郎手捧桃子，脚踏云朵	麻姑是古代神话中的仙女，相传王母娘娘寿诞之际，麻姑在绛珠河畔以灵芝酿酒，为王母祝寿。祝贺福寿绵延
32	西厢记	崔莺莺和张生的爱情故事，从头至尾，一共40幅	美丽动人的爱情故事，希望爱情美满及婚姻幸福
33	文王访贤	骑马的周文王走访钓鱼的姜太公	比喻权高位重，仍能谦怀求教，礼贤下士
34	渔樵耕读	渔夫、樵夫、农夫、书生	比喻术有专攻，各司其职，百业和乐
35	商山四皓	东园公、绮里季、夏黄公、甪里先生四隐士	寓意高雅脱俗，品格敦睦
36	紫气东来	身穿道袍的老子和身穿官服的尹喜	寓意吉祥喜气的降临
37	九如图	九支如意配上吉祥鸟	寓意天时地利人和，万事如意

（续表）

序号	名称	图案	寓意
38	十全图	刻有“一本万利”“二人同心”“三元及第”“四季平安”“五谷丰登”“六合同春”“七子团圆”“八仙上寿”“九世同堂”“十全富贵”等吉语的古钱	寓意万事如意，十全十美
39	十二生肖	即子鼠、丑牛、寅虎、卯兔、辰龙、巳蛇、午马、未羊、申猴、酉鸡、戌狗、亥猪等生肖图	寓意为周而复始，绵延不断，永葆长久
40	十二花神	南朝宋武帝之女寿阳公主、唐朝的贵妃杨玉环、西周的息侯之妻息夫人、汉武帝的宫人丽娟、宋朝的民间美女卫氏、春秋末年吴王夫差的宠妃西施、汉代音乐家李延年之妹李夫人、后汉的宫人徐贤妃、北朝的美女左贵嫔、后蜀费氏花蕊夫人、汉代明妃王昭君、古帝伏羲之女洛神	她们分别被视为一月梅花神、二月杏花神、三月桃花神、四月牡丹花神、五月石榴花神、六月荷花神、七月葵花神、八月桂花神、九月菊花神、十月芙蓉花神、十一月茶花神、十二月水仙花神。表示天命运行不悖，四季兴旺发达

屋面脊饰：江南民居屋脊一般分两类：一是以筒瓦覆盖成浑圆形，俗称“鳗鱼脊”，两端饰以瓦哺鸡或“扁担头”。这多属明代做法。二是清代或其后之法，多以板瓦立排，中间往往留空隙，植“千年运”或“龙头葱”之类，以示吉祥。两端饰以“纹头”“回纹”“甘蔗”“哺鸡”“鸡毛”等各种图案，屋面活泼自然[①]。而寺宇之殿（厅）多用哺鸡、哺龙甚或龙吻（见图7–2–42至图7–2–46）。

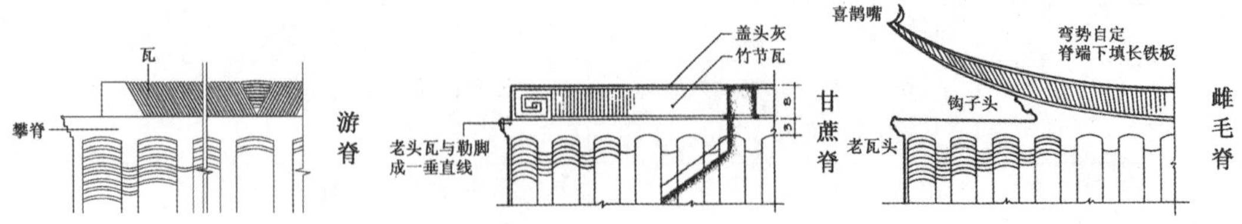

图7–2–42 游脊、甘蔗脊、雌毛脊

① 徐苏民等：《苏州民居》，中国建筑工业出版社，1991年，第101页。

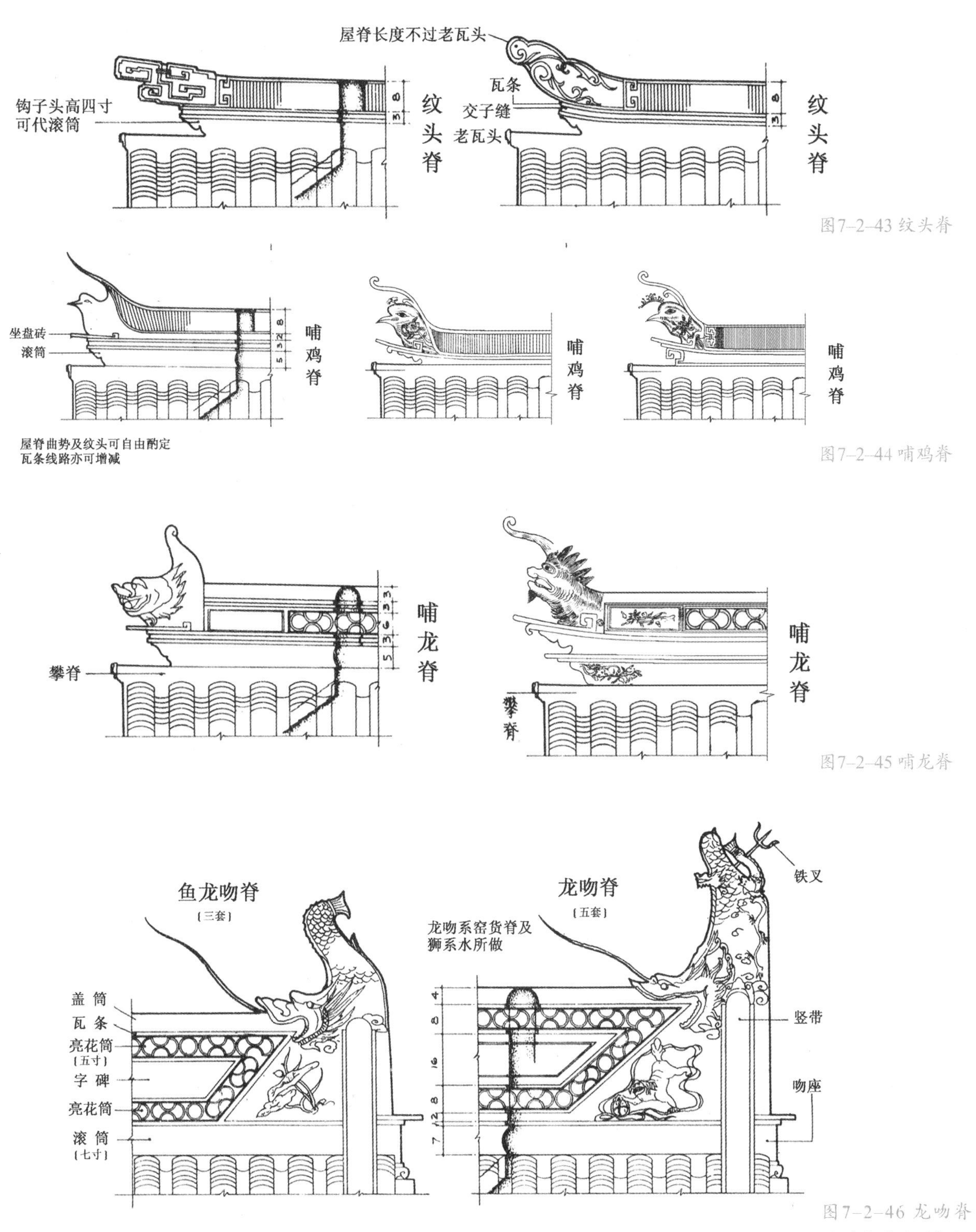

图7–2–43 纹头脊

图7–2–44 哺鸡脊

图7–2–45 哺龙脊

图7–2–46 龙吻脊
（《营造法原》）

游脊：其攀脊较低，攀脊面离屋面盖瓦面6—10厘米，上部的瓦自脊中向两端对称地斜铺，端部常用花边瓦稍挑出作结束处理。游脊等级最低，不宜用于厅堂的正房。

甘蔗脊：攀脊也较低，上部瓦直立砌筑，两端粉刷成回纹。多用于普通平房。

图7–2–47 木渎榜眼府第脊饰

图7–2–48 上海朱家角城隍庙大殿脊饰

图7–2–49 苏州光福铁观音寺脊饰

雌毛脊：多用在一般房屋上，也有少数厅堂用之。它的特点是两端为形式轻盈的鸱尾形状，是利用钉在脊桁上的铁板挑出而成。

纹头脊：正脊在缩进山墙约40厘米处，将攀脊抬高，下作勾子头，使脊向两端微微翘起，攀脊上用望砖砌一、二路瓦条，上部瓦直立砌筑，两端为挑出的纹头或卷草形，端庄中显出轻巧。

哺鸡脊：这是民居屋脊中等级最高的形式，用在厅堂屋顶上①。为同高大的厅堂相协调，攀脊高度较高，用筒瓦左右对合砌成滚筒，中间空隙用灰砂和碎砖瓦填实。滚筒上砌望砖片二、三路瓦条，其上直立铺瓦，粉灰砂压顶，脊两端为窑制的成品哺鸡。哺龙脊用于寺庙建筑中，做法实与之相类，唯脊两端套置烧制的龙首。

内四界为回顶的屋顶，其上无草架时，多用特制的黄瓜环瓦覆盖在房屋两坡的交接处，形成简洁柔和的轮廓线②。

硬山、歇山顶正脊由盖筒瓦条、亮花筒组成，正脊正中多为雕饰（见图7–2–47）。如朱家角城隍庙山门屋脊雕饰为暗八仙，中间是双鹤。上海城隍庙城隍殿正脊中央饰三仙人和瓶升三戟图案。正脊两端用鱼龙吻脊、龙吻脊，正脊也由上下盖筒、瓦条、亮花筒组成，亮花筒瓦花有套钱式等，字碑嵌字，如朱家角城隍庙嵌“风调雨顺，国泰民安”（见图7–2–48），上海城隍庙嵌“时和飞泰”等。歇山顶戗脊设戗根及水戗，竖带下设吞头，多置天王、广汉（见图7–2–49），博风多不装饰③。

瓦件：江南水乡建筑屋面一般均铺蝴蝶（小青）瓦，仅少数大殿、亭子用筒瓦（俗称“竹节瓦”）。戗角端部随势出挑，线条圆和而富弹性，以一只勾头筒瓦结束，曲线轮廓以铁条作骨，用灰泥塑出外形，极为轻盈玲珑。摘檐板上的勾头、滴水，多用花饰。建筑屋面，相对北方为轻，用料较少，但又较福建、广州等地直接在木椽上铺瓦的屋面稍重④。

① 中国建筑中心建筑历史研究所编著：《中国江南古建筑装修装饰图典·上》，中国工人出版社，1994年，第43页。

② 徐民苏等：《苏州民居》，中国建筑工业出版社，1991年，第101页。

③ 刘茜：《上海地区城隍庙建筑及相关研究》，硕士学位论文，同济大学，2003年，第45页。

④ 当然这样的做法江南水乡也有，笔者考察发现苏州西山东蔡村东里46号宅屋面，木椽上直接铺瓦，据主人讲是祖上建屋时就如此，颇为有趣。南京老城南亦有所见，据云其祖上来自福建，应为追忆家乡的做法。

山墙：江南水乡建筑山墙外一般不作处理，苏州东山、西山民居，多在山尖处用砖砌成凸出墙面的博风，高度从脊尖向前后檐口呈人字形逐减，博风两端有的长至檐口，有的缩进，或一端长至檐口、一端缩进，不拘定制，山墙两端作垛头。但也有山面采用灰塑（见图7–2–50）。

图7–2–50 木渎榜眼府第山尖灰塑

山墙高出屋顶，做成数段屏风式，有对称的三山屏风墙、五山屏风墙，也有随房屋前后檐高低不同，采用不对称式。自檐口起随屋面呈曲线升起的山墙，称观音兜（如仅在金桁处升起，为半观音兜）。屏风墙和观音兜俗称封火山墙，不但起一定防火的作用，也装饰山墙，丰富了建筑外形[①]（见图7–2–51）。

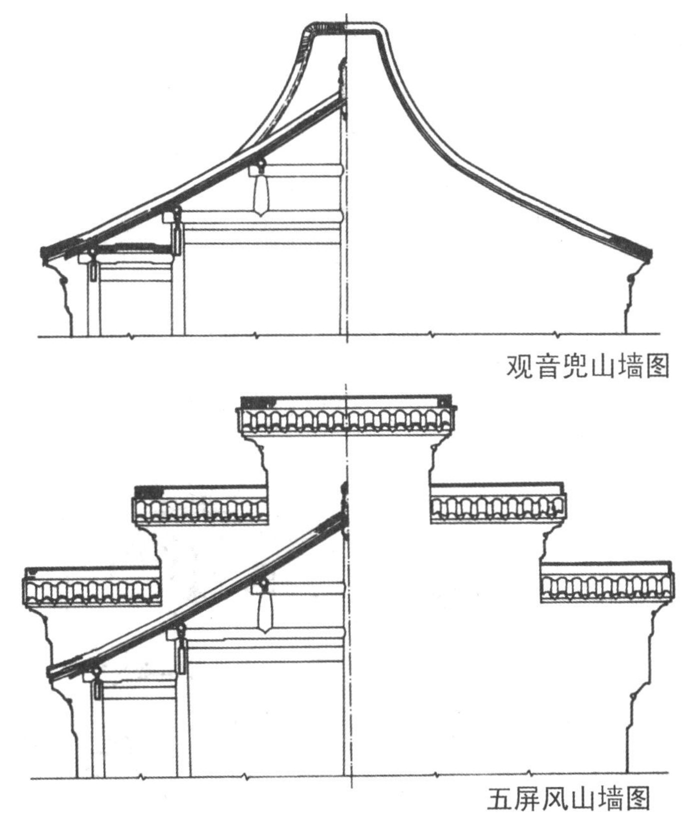

图7–2–51 山墙图（《苏州民居》）

还在山墙上挑砌2—3块砖，上铺小青瓦，形成装饰性墙面效果。如网师园东部住宅的大厅和花厅的西侧山墙临接花园，体形高大单调。因此，两厅间院墙的墙脊贯通前后两厅的山墙，把两座房屋有机地连成为整体，也将山墙分成上小下大的两部，显出变化。此外，还有在山墙上点缀假窗，打破了大片墙面的单调，匠心独具[②]。

① 其中，马头墙产生于明代中期，是我国防火理论、硬山顶建筑的普及、地方官府政令，以及徽州自身地域因素相结合的产物。见宋尧、周学鹰：《徽州马头墙文化及其价值》，《江淮论坛》2021年第1期第106–111页。

② 徐民苏等：《苏州民居》，中国建筑工业出版社，1991年，第125–127页。

三、石装饰

江南水乡气候潮湿，又文化昌盛，物阜民丰，以及一贯奢侈的习俗，故建筑用石偏多，石雕艺术久盛不衰。厅堂殿宇的地上部分，石质构件，随处可见。

江南水乡建筑石雕应用广泛，表现形式多样。大者有石屋、石塔、石舫、石桥、石幢、华表、石亭、石牌坊、纪念碑等。小者如柱、枋、柱础、门楣、门枕、门槛、勾栏、御路、阶石（垂带石）、地坪石、贴面石及井栏、井口石等（见图7–2–52至图7–2–56）。

图7–2–52 角直保圣寺旗杆石（宋）

图7–2–53 杭州灵隐寺石塔细部（宋）

图7–2–54 苏州新桥巷内古井

图7-2-55 东山陆巷瑞明堂门当麒麟

石雕雕刻用石有花岗石、石灰石、武康石、汉白玉四种。花岗石，俗称金山石，因产自吴县木渎金山而名之。此石质地坚硬、纹理细密、微白带青，其中带小黑点的“芝麻石”，列为上品①。石灰石，严格讲是石灰岩的商品名称，俗呼青石，纹理细致，较花岗石柔润②。武康石（正长斑岩），产于浙江北部，有灰、深灰、浅红三色，性脆，易雕刻③。汉白玉是大理石之一种，纹理细、色如雪，易于雕刻，是上等的建筑材料与名贵的雕刻石料④。

图7-2-56 苏州东山褚公井亭

① 吴县政协文史资料委员会：《蒯祥与香山帮建筑（扬子江文库）》，天津科学技术出版社，1993年，第44页。

② 傅师汉编译：《非金属矿产品应用指南》，中国建筑工业出版社，1986年，第107页。

③ 朱建明：《武康石的建筑与艺术》，西泠印社，2005年，第7页。

④ 《简明自然科学词典》编委会编：《简明自然科学词典》，山东大学出版社，1988年，第218页。

宋代《营造法式·石作制度》云："其雕镌制度有四等：一曰剔地起突；二曰压地隐起华；三曰减地平钑；四曰素平。"[①]江南水乡建筑石雕技法，更为细致，有圆雕、高浮雕、浅浮雕、减地平面阴刻、凹面刻、阴线刻、素平等七种。实际中，往往几种技法混合运用。江南水乡建筑的石雕用料，有明显的时代特征，明代以前往往多用武康石和石灰石。清代以后花岗石一统天下，石灰石的作品甚少，武康石则几乎销声匿迹[②]。

石雕图案题材可分单幅式、组合式两种。单幅式，即一个构件雕一种纹饰，如象征大富大贵的缠枝牡丹，此外无他。组合式是一个构件雕两种以上的实物，如暗八仙、佛八宝、八宝图、八音图等。

（一）柱础

柱础，因大都采用圆鼓形柱础，故又称"鼓磴"，柱础还有樌形和方形。这三种形式的柱础在样式、比例，以及细部处理上变化多端，使柱础形式千变万化，有鼓形、瓜形、覆钵、覆莲、覆斗、八角等（见图7–2–57）。一般民居中使用的柱础有筒形、瓶形、斗形、抹角形、八角等，在墩形的造型基础上，以多种中心对称的几何形体组合拼接，创造了丰富、多变的构图[③]。

柱础用料有木和石。木柱础多用于明末清初的建筑上[④]，其高度较低，有的高仅10厘米左右，呈扁圆鼓形（见图7–2–58）。如东山某宅的木柱础直接立于磉石上，木柱下端周围削去约1厘米厚度，外面紧贴两段圆鼓形木料，形似完整的圆柱础，做法别致。

石柱础因具有抗压、防潮和不易磨损等优点，使用普遍。其高度多为柱径的十分之七左右，表面一般不施雕饰。规模较大宅第则不然，往往雕饰，且形式多样。

如吴县（今属苏州）东山某宅，海棠花型的青石柱础，高20厘米、直径56厘米。础身采用圆雕，分作四等分，成十字形四片花瓣，花瓣上浮雕灵芝、牡丹等图案。东山雕花楼前厅天井荷花缸的石雕缸垫，用浮雕技法，通体雕刻佛珠图案。东山某宅的柱础面上下各为一圈珠形花纹，形式简洁。西山某宅柱础面中部为宽2厘米的光面，并雕阴线三路，其余部分錾成毛面，形成对比。

常熟翁宅大厅柱础面，雕有包袱锦形式的图案，与梁架上的包袱锦彩画上下呼应；另一柱础面上是和明代长窗门心板相似的各种花草图案。黎里柳亚子故居柱础也同样有包袱锦雕纹（见图7–2–59）。

樌形柱础的高度大于柱础上端的直径，显得挺拔有力。以石质樌形柱础较多。例如：苏州玄妙观三清殿、双塔寺遗留的宋代樌形柱等；常熟赵宅装饰柱下方形柱础，形似四块木板相叠，较为特殊。

---

① 梁思成：《梁思成全集》（第7卷），中国建筑工业出版社，2001年，第48页。王其亨：《宋〈营造法式〉石作制度辨析》，《古建园林技术》1993年第2期第16–23+14页。

② 吴县政协文史资料委员会：《蒯祥与香山帮建筑（扬子江文库）》，天津科学技术出版社，1993年，第45–48页。

③ 中国建筑技术发展中心建筑历史研究所：《浙江民居》，中国建筑工业出版社，1984年，第212页。

④ 当然，东山轩辕宫、明初苏州文庙、明嘉靖七年无锡硕放昭嗣堂也采用木础。个别地域民国建筑上亦大量采用，如江苏南通。

一般柱础上端中心处，凿有深和直径各为3—4厘米的卯洞，木柱底部则作榫头，便于木柱安装定位，也加强连结。或有木柱下端有宽、深各约3—4厘米的十字槽，能够通气，具有一定的防潮作用①。

此外，采用石质柱子也较常见，尤其是南向前檐较多采用，利于抵御风雨。有些雕饰相当精美。如绍兴舜王庙大殿，四根石柱，中间两根为云龙柱，两侧两根为舞凤柱②。

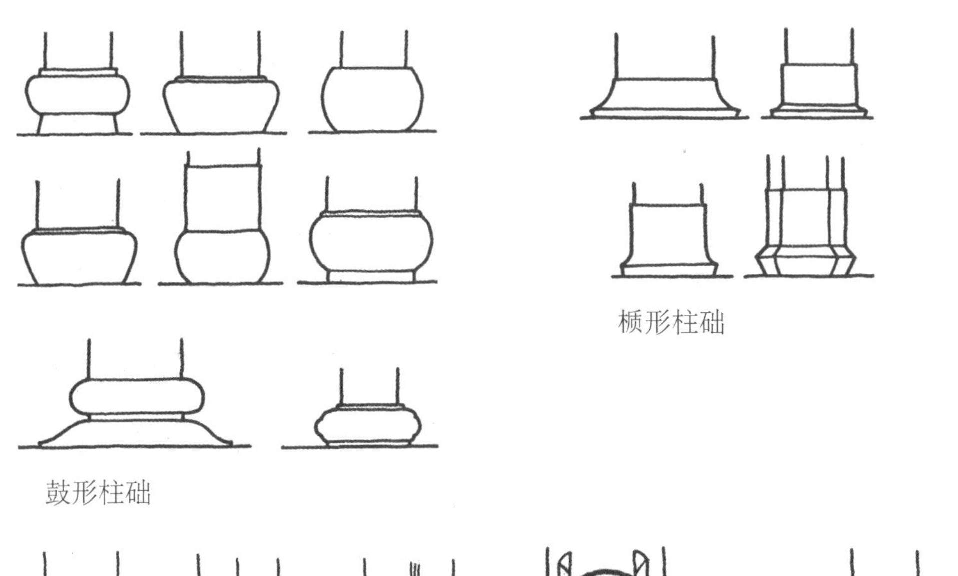

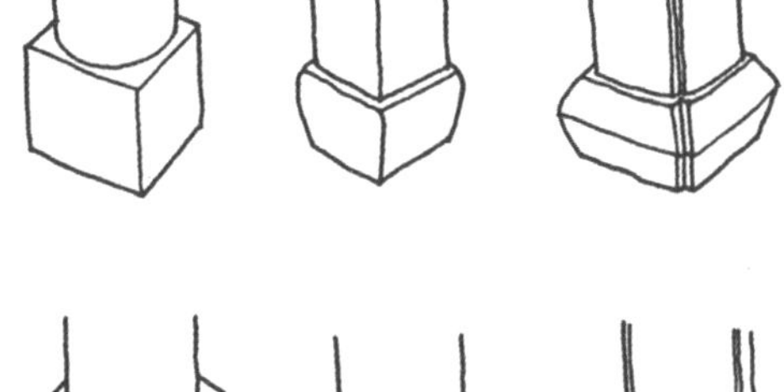

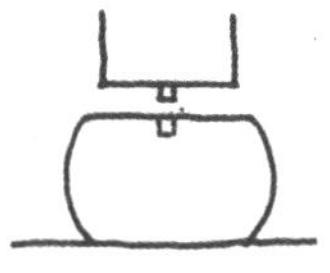

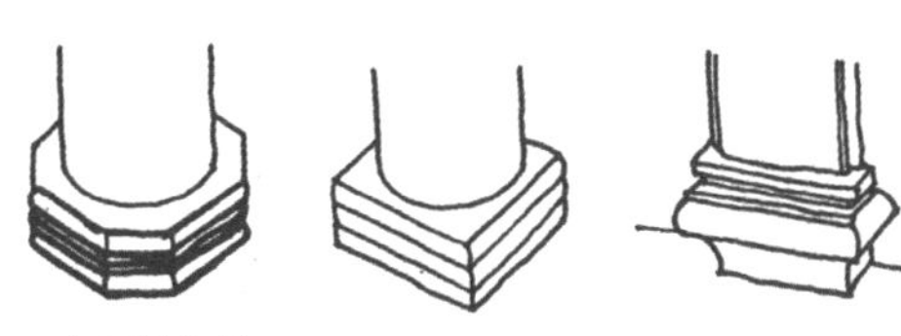

图7-2-57 各种柱础（《苏州民居》）

图7-2-58 周庄张厅木柱础（下为柱顶石）（左）
图7-2-59 黎里柳亚子故居柱础（右）

① 徐民苏等：《苏州民居》，中国建筑工业出版社，1991年，第83–85页。

② 罗哲文等著：《中国名祠》，百花文艺出版社，2002年，第36页。

（二）抱鼓石、台基（栏杆）

江南水乡建筑，因等级的要求，门厅开间有所限制，然门厅作为对外显示的“门脸”，往往竭力装饰，故素雅中又透出富丽。

抱鼓石：一般使用于江南水乡规模较大的第宅门厅，成对安放在将军门扇两旁，又称“砷石”，俗称“户对”。砷石下部是呈须弥座形式的基座，长方形；砷石上部为圆鼓形，雕饰各种花纹、狮子等①。门扇下为可拆卸的门槛，又称门挡（档、当），一般高约70厘米②。它与砷石一起，合称“门当户对”。

门扇额枋上有圆柱形门簪，称“阀阅”③，前端雕成葵花形，其上置匾额。脊桁下的两扇大门，称为将军门④。

村镇一般民居也喜用将军门形式，但尺度较小。其砷石上部多为方形，略加雕饰。

台基：东山雕花楼内的金山石台阶上，雕凿有多种吉祥图案，如万年青、蝙蝠、寿字等。楼内其他石雕小品，还有高3余米、宽1.5米砖雕门楼的石门框；前天井里靠墙的一对金山石长条搁几，长达2.5米，高约1米，搁几边缘雕花草、底座雕如意回纹及古钱币图案等。

苏州玄妙观三清殿殿基南面与月台周围有石雕栏杆，属单勾栏，有“姑苏第一名栏杆”之誉。栏板和台基上浮雕人物和飞禽走兽，虽经后代重修，但西南面还存留宋代遗作。或认为三清殿前的“丁丁石栏杆”，始建于五代，由38根莲花柱、30块镂空扶栏石、东西12块浮雕石坐栏、6道斜形扶栏砷石组成，取材于色彩素雅、青白相间的江南青石，与黄墙黛瓦、赭漆门楣的三清大殿相互辉映，浑然天成⑤。苏州文庙大成门、大成殿前东西台阶之间丹陛道上均浮雕团龙，大成殿前有宽敞的月台，宏伟壮观。此外，阶（台）基采用石雕较多，利于承重、防水（见图7–2–60至图7–2–66）。

---

① 坤石大小，多与房主身份地位相关；所雕饰图案，亦然。可对照明清官员的补服图案，加以考察。

② 当然，门挡（档、当）之高矮，亦与房主身份地位相关，地位越高门槛越高。故民间吵架，有云：“你们家门槛高”者，即暗含讽刺也。

③ 阀阅既可标志身份，又有支撑匾额之用，亦与房主身份地位息息相关，所谓“门阀（阀阅）世家”者也。

④ 将军门本专指显贵门第中，正间脊桁之下的大木门，它比一般门的体积大，门扇也为框档门结构，在门扇两边还做有固定扇板，《营造法原》称为“垫板”和“束腰”。门扇之上，在额枋上做有门簪，《营造法原》称为“阀阅”，供挂匾额之用，甚是气派。见田永复编著：《中国园林建筑工程预算》，中国建筑工业出版社，2003年，第229页。

⑤ 郁永龙：《苏州玄妙观金石遗迹》，《中国道教》1997年第4期第59–62页。

图7–2–60 常州文笔塔（自南向北摄，陈磊 摄）

图7–2–61 常州文笔塔须弥座局部（元，陈磊 摄）

图7–2–62 常州文笔塔须弥座入口局部（元，陈磊 摄）

图7–2–63 苏州盘门瑞光塔

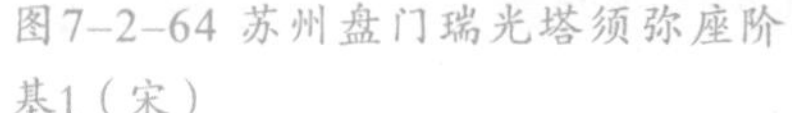

图7–2–64 苏州盘门瑞光塔须弥座阶基1（宋）

图7–2–65 苏州盘门瑞光塔须弥座阶基2（宋）

图7–2–66 苏州盘门瑞光塔须弥座阶基3（宋）

江南水乡石雕艺术，以纤细秀美见长，融技巧与艺术于一体，和谐统一（见图7–2–67至图7–2–71）。雕狮子、老虎、游龙、金凤等瑞兽，取温顺柔媚之态，花鸟取娇妩之姿，树木作临风之景。在整体构图与形象刻画上，具有生命的活力与和谐的韵律。因此石雕构建或建筑整体，能给人举重若轻之感。如大型的石拱桥，平地突起，拱若半月。桥身上镶以造型优美的图案，嵌以书法精彩的对联，无论远观近赏，都给人以轻巧柔丽的美感。石雕构图上，往往以吉祥图案为核心，几何纹饰为边。题材都是求福、求寿、求禄、求仕等，通过借喻、比拟、双关、象征、谐音等，表达人们的美好理想①（见表7–2–5）。

值得注意的是，在江南水乡石雕作品中，尚未见诸如“五谷丰登”“喜庆丰收”“人畜兴旺”等，有关农业方面的题材，而好儒求禄的图案占绝大多数，淋漓尽致地表现出，轻农重仕、炫耀富贵的社会心态②。

图7–2–67 苏州双塔寺罗汉院柱、础1（宋）（左）
图7–2–68 苏州双塔寺罗汉院柱、础2（宋）（中）
图7–2–69 苏州双塔寺罗汉院柱、础3（宋）（右）

① 吴县政协文史资料委员会：《蒯祥与香山帮建筑（扬子江文库）》，天津科学技术出版社，1993年，第48–49页。

② 潘新新：《雕花楼香山帮古建筑艺术》，哈尔滨出版社，2001年，第29页。

图7-2-70 甪直保圣寺覆盆础（宋）（左）
图7-2-71 甪直保圣寺宝装莲花础（宋）（右）

表7-2-5 江南水乡建筑常见石雕图案内容及其寓意表

（编制表格部分参照并整理了《蒯祥与香山帮建筑（扬子江文库）》之内容）

序号	名称	图案	寓意
1	一路连科	芦苇、荷花、鹭鸶	指升官晋爵，顺利发达
2	一路富贵	一枝芦苇或一只白鹭、一枝牡丹	指富贵绵长，无穷无尽
3	一路荣华	一枝芙蓉、一枝白鹭	指富贵荣华，享之不尽
4	三星高照	蝙蝠、梅花鹿和老寿星	表达对幸福、富裕、长寿之向往
5	三多九如	蝙蝠、寿桃、石榴、如意	《诗经·小雅·天保》："如山如阜，如风如陵，如川之方至，以莫不增……如月之恒，如日之升，如南山之寿，不骞不崩，如松柏之茂，无不尔或承。"篇中连用九个"如"字，有祝贺福寿延绵不绝之意
6	必定如意	毛笔、银锭、如意	寓意吉祥如意
7	万象如意	象、如意、万年青、宝瓶及鱼纹	比喻幸福美满，一切顺利，万事皆吉
8	流云百福	蝙蝠、桃子、百吉、云朵	福寿吉祥，绵延不尽
9	五福捧寿	五只蝙蝠和一个圆形寿字	五福：一曰寿，二曰富，三曰康宁，四曰攸好德，五曰考终命。寓意多福多寿
10	福寿万代	两个五福捧寿图案连续排列	寓意多福多寿，福寿绵长
11	眉开双乐	梅树配以双鹿	寓意喜事降临，欢乐无限
12	平升三级	花瓶中插三支戟，加上笙	花瓶取"瓶"字同"平"字音。笙，簧管乐器，与"升"同音。戟，与"级"同音。意指官运亨通，祝愿连升三级之意

（续表）

序号	名称	图案	寓意
13	连中三元	荔枝、桂圆、核桃三种果子	荔枝、桂圆及核桃皆为圆形，指一种希望和向往升腾的图案，寓意升官进爵，一路发达
14	功名富贵	雄鸡配以牡丹	寓意仕途康庄，富贵逼人
15	富贵耄耋	猫、蝶及牡丹	耄耋即长寿。寓意长寿、富贵及健康
16	加官进禄	高官配以瑞鹿	寓意仕途康庄，富贵逼人
17	本固枝荣	丛生的莲	本，草木的根或茎，如草本、木本之谓。也指事物的根源、根基。用莲花的根叶繁茂比喻“本固枝荣”寓意事业根基牢固，兴旺发达
18	松竹犹存（松竹延年）	绿竹配以古松	寓意人生虽坎坷多舛，仍自保其高尚之品格与不屈不挠之精神也。也泛指健康长寿
19	安居乐业	鹌鹑配以菊花	寓意举家平安，和乐融融
20	欢天喜地	喜鹊和獾	指喜事连连，快乐无比
21	高士双喜	两只喜鹊在竹林中飞舞	意指喜在林梢，喜事连连
22	丹凤朝阳	凤凰、梧桐配旭日	寓意天下太平，普天吉祥
23	龙凤呈祥	祥龙和瑞凤	龙代表男性，凤代表女性，喻为婚姻美满幸福象征高贵、华丽、祥瑞、喜庆
24	龙飞凤舞	飞舞的云龙和凤凰	比喻官家“德才兼备，人才难得”
25	二龙戏珠（双龙抢珠）	两条云龙、一颗火珠	《通雅》中有“龙珠在颔”的说法，龙珠被认为是一种宝珠，可避水火。有二龙戏珠也有群龙戏珠，还有云龙捧寿，都是表示吉祥安泰和祝颂平安与长寿之意
26	彩凤双飞（鸾凤和鸣）	两只飞舞的凤凰	寓家业兴旺，子孙繁盛，夫妻恩爱等吉祥之意
27	双狮戏珠	两只狮子和一颗戏珠	表示欢乐喜庆的吉祥象征
28	代代寿仙	绶带鸟、寿石、水仙	寓家族世代长寿延年
29	四神图	青龙、白虎、朱雀、玄武或龙、凤、龟、麒麟四神兽图	代表高贵、吉祥、长寿、祥瑞等
30	五老图	北宋时期杜祁公告老隐居河南商丘，与王涣、毕世长、朱贯、冯平一起称为“五老会”	五老年皆八十余，身体健康。寓意健康长寿，福德绵长

（续表）

序号	名称	图案	寓意
31	五清图	松、竹、梅、月、水为五清	寓意有清爽、清白之意
32	八宝图	和合、玉鱼、鼓板、石盘、龙门、灵芝、松树、仙鹤八种东西	寓福禄寿喜、大吉大利
33	佛八宝图	法螺、法轮、宝伞、白盖、莲花、宝瓶、金鱼、盘长八种器物	寺院里的石雕图案，象征尊佛吉祥、趋吉避凶之意
34	道八宝图	干、坤、震、巽、坎、离、民、兑八种符号组成八卦图案	八种自然现象，天、地、雷、风、水、火、山、泽。意指生生不息
35	暗八仙图	扇子、荷花、鱼鼓、花篮、笛子、宝剑、葫芦、阴阳板八件宝器	非释非道的仙家神庙之法器，暗意众先神的保佑以趋吉避凶
36	八音图	钟、盘、琴、箫、笙、埙、鼓、祝八种中国古代乐器	不仅象征欢快、富庶，还含有子孙晚辈娱敬祖宗的孝意
37	八骏图	八种姿态不一的骏马	传说周穆王有八匹骏马，名称说法不一。《穆天子传》卷一：“天子之骏，赤骥、盗骊、白义、逾轮、山子、渠黄、华骝、绿耳。”《拾遗记·周穆王》：“王驭八龙之骏：一名绝地，足不践土；二名翻羽，行越飞禽；三名奔宵，夜行万里；四名超影，逐日而行；五名逾辉，毛色炳耀；六名超光，一形十影；七名腾雾，乘云而奔；八名扶翼，身有肉翅。”其他传说均由此而派生
38	太极八卦图	太极图形及八卦图	意喻趋吉避凶
39	九重春色	春天开放的九瓣桃花和太平鸟所组成	九重指的是上天。象征天下太平，春光无限好，万象皆欣荣的气息
40	九世同堂	同居一窝的九只鸟雀	象征九代祖孙共享天伦之乐的景象

四、金属装饰

江南水乡建筑雕饰，除砖雕（泥塑）、木雕（彩画）、石雕等，还有许多铜、铁、锡等各式金属雕饰。古人称银为白金，铜为紫金，铁为黑金，故金属雕饰可谓之金雕。其图案可分阴、阳两种，古朴典雅，造型别致。一般来讲，细腻精美的金雕饰物，在江南水乡大型宅第中较为常见。

图7-2-72 苏州山塘街玉涵堂门楼门扇（左）
图7-2-73 镇江丹徒辛丰镇黄墟老街（冷遹纪念馆旁）（右上）
图7-2-74 东山雕花楼门槛上的铜蝙蝠（右下）

铺首衔环，即通常所谓的门环，使用最多（见图7-2-72、图7-2-73）。如走进东山雕花楼门楼，可见到厚重的黑漆大门上，一对立体的青铜雕饰，突兀注目。它由“菊花瓣”“如意”、六枚“古钱币”组成，直径为25厘米、厚度为10厘米，青铜圆拉手直径为10厘米。

穿过天井入主楼大厅，门槛上嵌有青铜雕饰的“蝙蝠”（见图7-2-74），寓“福”；门窗插销上端为“寿桃”，寓“寿”，两者一起，寓意“福寿双全”，或“脚踏有福”。大厅前门窗上的雕饰拉手，均为古钱币，意为“伸手有钱”，这些一起组合为“抬头有寿，脚踏有福，伸手有钱”[①]。后门窗上的雕饰，为“百吉”。

主厅左右边门上，各有一对造型古朴、雕饰精美的青铜拉手。圆形的金雕底板上，一兽突出，名“饕”。“饕”乃传说中的一种神兽，虽面目狰狞，然心地善良，看门护户，忠于职守。圆形的底板上还有九只雕饰精细的小饕。

主楼天井两边厢房的门窗拉手为“花篮”，房内壁橱上拉手为“神仙葫芦”。且左右厢房各不相同，右厢房为阳葫芦雕饰，左厢房为阴葫芦雕饰。还有许多镶嵌在厅梁，及天花板上的各种青铜挂钩，均为“如意”“花办”等。小花园六角亭上下的灯笼吊钩则是直径达20厘米，厚度为5厘米的铜制莲花形雕饰。

雕花楼二楼回廊及走马楼上的栏杆，为生铁雕饰，由中心太极图案、四角蝙蝠相拥，内嵌圆形篆书“延年益寿”，汇成“百兽捧寿”，图案纤巧秀美，构图繁丽。楼上门窗雕饰拉手有的是“葫芦”，有的是“菊花”等，相当精巧[②]。

---

① 何本方等主编：《中国古代生活辞典》，沈阳出版社，2003年，第575页。
② 潘新新：《雕花楼香山帮古建筑艺术》，哈尔滨出版社，2001年，第91页。

第三节　江南水乡建筑陈设

建筑陈设主要包括家具、灯具、屏风、盆景、古玩、骨董、字画、匾额、楹联、文房四宝等。建筑陈设，不仅是生活的需要，也烘托出建筑的氛围，给人更完美的享受。它反映出当时的社会生活，以及宅第主人的经济状况、审美情趣，甚至思想文化等①。

江南水乡建筑造型优美、空间组合灵活，不仅建筑装饰繁多、富丽，而且辅以与之结合紧密的陈设，精美别致，室内外和谐、统一。

图7–3–1 东山雕花楼室内陈设（左）

图7–3–2 木渎严家花园尚贤堂（右）

江南水乡第宅建筑，中轴线上主要厅堂内的陈设，一般较整齐、贵重、典雅，并按照一定的等级、礼仪、品位及习俗等规制布置，显示主人的身份、地位、财富，以及文化品位（见图7–3–1、图7–3–2）。其他建筑内的陈设，相对较为简单，与建筑物的体量大小、功能要求等相适应。而花厅、书斋内的陈设，往往注重意境，小巧精致，物我相谐，从而获得深刻的审美享受，体验“韵外之致”“象外之意”的妙境。

本著仅就书条石、碑刻、楹联、书画及家具等，约略涉及。其他有关碑刻、楹联，尤其是书画、明清家具等的研究论著汗牛充栋，难以赘述。

一、书条石 碑刻 楹联

书条石：在江南园林中半廊墙壁上，既不开设漏窗，又不宜于悬挂字画，书条石刻则成为美化壁面的建筑装饰，形式多样②。大都是宅第主人收藏的历代法帖，或其拓本，俱延请高手摹刻，誉称“双绝”。如留园的“二王”法帖，怡园的王羲之、怀素、米芾等法

① 罗哲文、陈从周主编：《世界文化遗产：苏州古典园林》，古吴轩出版社，1999年，第20页。

② 中国建筑中心建筑历史研究所编著：《中国江南古建筑装修装饰图典·上册》，中国工人出版社，1994年，第39–40页。

书，狮子林的颜真卿《访张长史请笔法自述帖》，都是珍稀的墨宝①。

江南水乡建筑中的书条石，不仅荟萃名家书法，也是有关水乡建筑兴废变幻的历史回顾。

碑刻：有碑记、文跋等，以沧浪亭为最，尤以图碑为著②。另有清康熙、乾隆御书碑碣，如沧浪亭、狮子林、虎丘、天平山等，都有御碑亭。

图7–3–3 无锡薛福成故居务本堂

匾额楹联：多采古典文学精华，或取美景之神韵，二者相得益彰。江南水乡建筑的意境，往往通过匾额、楹联等，得到工艺与人文的融合（见图7–3–3）。

江南水乡建筑中的匾额、楹联，是诗意、书艺、审美的综合，它们装饰建筑，点睛景观，又是第宅主人心灵的流露，反映了造园者的文化追求、思想感情。因此，文学、历史、哲学等，融汇于建筑艺术之中，激发人们的联想，意境深刻。

二、字画 家具

字画：江南水乡建筑中很讲究字画的运用，如匾额、楹联、砖刻、挂屏、拓片、画轴等，既是雅致的装修，又是景色的概括与提炼，妙笔生花，文气扑面，令人回味。

家具：不但划分不同的室内空间，既分又合，且随着使用功能安排相应的家具。如小型轩馆，家具宜少而精，古朴淡雅，小巧别致，韵味悠长，以求“虚中生静，静中生趣”。

江南水乡主要建筑，如厅堂之中的家具，往往用料上乘，如紫檀、楠木、红木、乌木等。明代家具选材考究，造型简洁大方，构件断面多作圆形，构架严谨，榫卯精密，线条流畅，图案简约，古朴自然，是我国家具发展史上的最高峰。清代家具用料粗重，装修繁琐，注重髹饰，渐趋华奢，雍容富丽，风格与明代家具大异，文化品位差距显明。

江南水乡现存家具大部为清代苏州制作（以下简称“苏作”），少有明代家具。惜乎世事更迭，布置多非原貌，但不乏珍品。以上海豫园为例，其和煦堂的一套方桌、茶几、扶手椅，均采用南方榕树根制作，融天然古朴与精美工艺于一体，颇具观赏价值。玉华堂全套明式书房家具，典雅脱俗，韵致动人。西侧画案、东侧书案，旁边藤面扶手椅，小阁内一对躺椅等，均为难得之珍品。躺椅两侧有黄花梨木琴桌、红木书几，案边桌上有清代景德镇粉彩开光象耳尊、青泉六角画插，以及文房四宝等，家具陈设与书斋内涵极其和谐。大厅正中靠墙置红木翘头长几，长几上放大理石插屏和清代粉彩大花瓶，中间陈设一

① 罗哲文、陈从周主编：《世界文化遗产：苏州古典园林》，古吴轩出版社，1999年，第21页。

② 谢孝思主编：《苏州园林品赏录》，上海文艺出版社，1998年，第124–126页。

套红木嵌大理石竹节扶手椅和茶几，以及红木螭龙纹饰半桌，制作精致，装饰华美[①]。

明代家具保留至今者主要有凳椅类、桌案类、橱柜类、榻类、几架类以及屏障、围屏之类[②]。由此，江南水乡建筑家具，按使用功能可分六类[③]：

一是凳椅类。有凳、椅、墩三型。凳有方凳（又称“杌凳”“杌子”）、长方凳、圆凳、条凳、异形凳（如狮子林问梅阁的梅花凳）。椅有靠背椅、梳背椅、灯挂椅、屏靠椅、玫瑰椅、四出头官帽椅、南官帽椅（文椅）、圈椅、太师椅（独坐）等[④]。其中，太师椅是最尊贵的坐具，椅背常嵌云石，与天然几、供桌、方桌、茶几等配成一堂家具，为清末江南流行风格。墩有红木墩、瓷墩、石墩等。

二是桌案类。桌有榻桌、方桌、圆桌、月牙桌、条桌、供桌、琴桌、书桌。留园揖峰轩有七拼桌，由三角形、方形和菱形七张小桌，既可拼成长方形，又可分成两小方桌，红木制作，云石桌面，水纹踏脚，构思巧妙。案有平头案、翘头案、画案、架几案等。天然几置于厅堂中央屏门前，几上设英石、古瓷及插屏等（见图7–3–4）。

图7–3–4 常熟翁同龢故居彩衣堂

① 陈从周等主编：《中国厅堂——江南篇》，上海画报出版社，1994年，第283页。
② 施宣圆等主编：《中国文化辞典》，上海社会科学院出版社，1987年，第807页。
③ 陈从周等主编：《中国厅堂——江南篇》，上海画报出版社，1994年，第283–284页。
④ 廉晓春、许平：《中国民间工艺》，浙江教育出版社，1990年，第80页。

三是几架类。有茶几、花几、花盆架、石座、铜鼓座等。传统中常在厅堂陈列奇石，石座由此而生。网师园看松读画轩有石座，万卷堂陈列铜鼓（又称“诸葛鼓”），配有架座。

四是橱柜类，有书橱、什锦橱、衣橱、架格等。网师园殿春簃套间内有红木书橱，做工极为精细。

五是榻类。有屏风榻、罗汉榻、贵妃榻（美人榻）等。留园林泉耆硕之馆，南厅有杞梓木制作的七屏云石大榻，为明代遗物，属榻中珍品。

六是屏类。有座屏、挂屏、砚屏等。留园揖峰轩，有名为“仁者寿”的挂屏，共嵌四十块各式云石，正中一块石纹似老者作揖拜状，故名[①]。

家具上的陈设，通常在几案上摆设若干古玩，有瓷器、陶器、玉器、景泰蓝、供石、盆景等，既可观赏，又是有品格的文物。

明清两代，涉及家具及其陈设文献专著、词话、散文等，浩如烟海。如明文震亨所著《长物志》、朱舜水所著《谈绮》、清代李渔所著《笠翁一家言》、李斗所著《扬州画舫录》等。李渔主张家具器玩陈设，“忌排偶，贵活变”[②]。

江南水乡第宅中琳琅满目、水准脱俗、灵活多变的书条石、碑刻、楹联、书画、家具等陈设，清新雅致，仿佛处处墨香扑鼻，令人耳目一新。

---

① 陈从周等主编：《中国厅堂——江南篇》，上海画报出版社，1994年，第283–284页。

② [清]李渔：《闲情偶寄》，民辉译，岳麓书社，2000年，第458–460页。

第八章

何去何从？
——江南水乡建筑文化之未来

第一节　建筑遗产、建筑文化遗产保护

建筑遗产“泛指现存的各类有历史价值的建筑物、构筑物、街区、村落、城市的旧城区乃至整个古城”[①]，均为有形要素。

而建筑文化遗产，除上述物质建筑遗产外，还涵盖了与其相关的思想观念、生活情态、民风民俗等非物质遗产，一些对人类具有普遍价值的无形要素。实际上，物质遗产往往与非物质遗产应是“皮与毛”的关系，两者彼此交融。据此，建筑文化遗产是物质与非物质遗产的交叉融汇。

一、建筑遗产保护

传统的江南水乡，在漫长的农业社会时处于连续、稳定发展的状态下。虽然，明清以来商品经济发展较快，其社会生产、生活形态的演变总体上还应是渐进的。因之，江南水乡建筑文化的嬗变，也是有序的。

但是，自20世纪50年代以来，在破旧立新及“不破不立、大破大立”观念指导下的建设方针，对江南水乡建筑遗产保护的影响甚剧。

图8–1–1 宁波市景鸟瞰（左）
图8–1–2 嘉兴汽车站（右）

至20世纪80年代，各地建筑遗产更面临着经济快速发展的严峻挑战，有学者称之为尚在延续中的“第三次劫难”[②]。尤以处于全国经济发展中心地带，富裕、发达的江南水乡为甚（见图8–1–1、图8–1–2）。以河网水系为主的交通、生活方式，三合院、四合院等低层居住形式，市河、石板街、店铺等商贸经销模式，逐渐消失（见图8–1–3、图8–1–4）。便捷的陆路交通，水、电、气等设施齐全的多层、高层住宅，新型商业、娱乐等现代化设施，以及现代生活方式的影响遍及城乡，使得江南水乡聚落环境发生着急剧的变化，可谓“翻天覆地”。

① 叶如棠：《城市的发展与建筑遗产的保护》，《求是》2002年第7期第45–47页。
② 邵龙飞：《历史街区保护与整治规划研究》，《规划师》2003年第1期第48–51页。

图8–1–3 嘉兴城区（左）
图8–1–4 绍兴柯桥新乡村（右）

与此同时，水乡各地有形的建筑遗产不断地被蚕食。虽然，众多有识之士对此情况早已提出过忠告、建议，各地政府部门也在积极制定保护规划、措施等，而实际情况却不容乐观。

例如，在江南水乡众多城市中，苏州是唯一要求全面保护的古城。苏州总体规划要求全面保护古城风貌，但其规划的城市干道（干将路）却从古城区“穿堂”而过，极大破坏了古城原有的历史风貌、尺度、格局。苏州老城墙更是几乎荡然无存；水巷所剩无几，水网变成了四通八达的路网，残余的水体污染严重、灵气荡然①。苏州城内桐芳巷改造，也几乎是将旧建筑全部拆除，再重新建设。

最近部分修复的苏州市山塘街历史街区，虽然花大力气、斥巨资对保留下来的明清古建筑群进行整治，取得了一定的成效。但是，过于浓烈的商业气息使得事态的发展值得商榷，个别做法甚或本末倒置。例如，其中保存完整的明清玉涵堂古建筑群，开发后的结果是进入参观只能走旁门，因为位于主轴线上的市级重点文物、明代厅堂玉涵堂及其后楼阁建筑进行了过度的装修，玉涵堂竟然成为了现代化的会议（舞）厅（见图8–1–5），其后楼变成为高级酒吧（见图8–1–6）。

即便如此，客观而言，放眼中国，苏州老城保护效果还是远远走在国内其他类似城市的前列，仍有众多可圈可点之处。因此，全国其他地域之情况，不言自明。

江南水乡其他城市也是如此。如绍兴（见图8–1–7）、无锡等地，在历史建筑周边修建的大路、高楼大厦，把“古城的空间尺度、历史风貌环境全盘改变了”②。

杭州对仅有历史街区的保护利用也是过于偏重商业化，街区内的历史建筑保留、整修后，以拍卖、出租的形式另作他用，原住居民大多外迁。1999年，杭州几乎拆除了市内唯一剩下的历史街区——河坊街内的老建筑，“失去了文化遗产的原真性和历史的可读

① 黄耀志、王雨村：《世界文化遗产保护与苏州古城发展策略》，《苏州科技学院学报（社会科学版）》2003年第2期第7–12页。

② 阮仪三：《谈城市历史保护规划的误区》，《规划师》2001年第3期第9–11页。

性”。而原真性，是定义、评估和监控文化遗产的一项基本因素[①]。“杭州的发展，是苏州古城保护的一面反面教材……到1999年底，杭州的古建筑、历史街区几乎被拆空毁尽”[②]。

宁波市，“原有6个历史街区，现已改造4个半，都基本上以失败告终”[③]，本就寥寥可数的建筑遗产，一去不返。嘉兴改造，也已人去房空（见图8–1–8），难以预见其未来命运如何。类似这样的事例，可谓比比皆是，令人扼腕。

图8–1–5 苏州山塘街玉涵堂室内

图8–1–6 苏州山塘街玉涵堂后楼室内

图8–1–7 绍兴城市广场

图8–1–8 嘉兴老城区

① 阮仪三、林林：《文化遗产保护的原真性原则》，《同济大学学报（社会科学版）》2003年第2期第1–5页。

② 黄耀志、王雨村：《世界文化遗产保护与苏州古城发展策略》，《苏州科技学院学报（社会科学版）》2003年第2期第9–10页。

③ 邵龙飞：《历史街区保护与整治规划研究》，《规划师》2003年第1期第48–51页。

水乡古镇、村落等，同样如此。20世纪80年代初，杭嘉湖地区，“小桥、流水、人家”的水乡古镇，星罗棋布、遍地可寻，如今是残缺不全、屈指可数，古村镇保护确实令人担忧①。无疑，这样的“建设性破坏”绝不可取。

当然，消极的保护也非善策。例如，历史文化名城镇江，前些年发展过分注重新城、忽视老城，城西老城区日益衰败，环境质量下降，曾经繁华的大西路商业街，门可罗雀，在中国战无不胜的“肯德基”不得不面对关门的尴尬②。

陶宗震先生早在1977年就已指出，为保护而保护，实际上是保不住的③。因为，改善、更新城乡居民生活环境，完善配套设施，是历史发展的必然要求，也是改善原住民需求、满足其现代化生活的客观需要，无可厚非。关键是要提前研究，科学规划，有针对性地提出可操作性的各项具体措施，引领老城完善与进步，真正科学、合理地保护与传承，“活化”老城。在此方面，与我国一衣带水的日本、韩国等，就可以提供不少有益的经验与既往的教训，值得我们深入学习与借鉴。

近年来，国内外都对建筑遗产日益重视，各国保护的力度、范围不断扩大，保护理论日臻完善，历史街区、老城保护、线性遗产、文化景观等均提上了日程。尤其是当前我国各界，对文化遗产的重视、保护力度空前。例如，镇江西津渡地区的开发，取得了较好的成效，改变了部分居民的生存环境，并促进了旅游业的发展。不过，水道的自然、人为变迁，使得曾经的渡口远离河岸，成为了历史的回忆。西津渡地区尚有大量历史地段的人们生活依旧。我们进行第一次调研时，人们热情较高，盼望尽早改善生存状况。然而第二次，第三次……后，人们疲惫了，甚至拒绝配合……那些期盼与怨恨交织的眼光，令我们为之心酸。

笔者20世纪90年代在同济大学建筑系读书时，曾与其他老师一起，带领同济大学建筑学本科生，到浙江桐乡乌镇进行古建筑测绘实习。21世纪初旧地重游时，相隔短短6年，要去东、西、南、北四栅中古建筑保存最好、价值最大的西栅时，竟无当地常用的代步工具——三轮车，且据说是当地有关部门不让他们去营生，颇为疑虑（据资料，目前乌镇有“乌镇古镇保护与旅游开发管理委员会，作为市政府派出机构，由市长助理任管委会主任，负责对乌镇古镇保护与旅游开发的统一规划、协调和管理。同时，采用交叉兼职的办法，理顺管委会与当地党委、政府的关系，构建统一协调的管理体制”④）。

我们困惑之下，只得徒步至西栅，问询当地百姓，原来如此：几年来有关部门要开发，但支付给居民的费用较低（笔者初步了解如下：每平方米门面房仅有区区几百块；又没有妥善安置原住民，动迁后他们就将失去生活来源等），没有达成协议。乌镇的“本地居民与政府在开发动迁、经商与管理等方面存在较大矛盾”⑤。

---

① 周乾松：《古城镇历史文化遗产保护的思考——以浙江为例》，《中共杭州市委党校学报》2003年第1期第33–38页。

② 黄耀志、王雨村：《世界文化遗产保护与苏州古城发展策略》，《苏州科技学院学报（社会科学版）》2003年第2期第7–12页。

③ 陶宗震：《应充分重视保护和利用中国传统建筑遗产》，《南方建筑》2001年第2期第25–28页。

④ 周玲强、朱海伦：《江南水乡古镇旅游开发经营模式与案例研究——以乌镇为例》，《浙江统计》2004年第5期第28–29页。

⑤ 周乾松：《古城镇历史文化遗产保护的思考——以浙江为例》，《中共杭州市委党校学报》2003年第1期第33–38页。

故而，有关部门与西栅的原住民展开“持久战”，采取阻断交通、减少游客，使得原住民经济收入减少……常有人讲，改革的难点是群众的理解、配合与支持。但是，如果按照“门户开放，利益均沾”的原则，处理问题想必不难，佛家尚曰“利和同均”。这样极端的做法，无疑不可取。

前几年，浙江定海古城改造，旧街区绝大部分老建筑被推倒铲平，被“改造”了的“旧城”超过了一半。在《人民日报》等众多媒体呼吁、上级部门的干预下，才得以停止[①]。

与此类似，西瀛里、青果巷“是常州最负盛名的古街巷”[②]，临近明城墙（刚修复）一带有清末民初的大片建筑群。如能与明城墙始终共生在一起，无疑相得益彰，可以更好地体现出历史文化名城常州的古城风貌，品味历史意境、深厚底蕴。可惜，在开发的名义下，也几乎被全部推倒重来，仅剩下少数老市民在坚守。

以上种种现象的产生，有主、客观两方面的原因，有多方面的诉求，存在着错综复杂的利益纠葛。主观方面多或是人们对“现代化”的片面理解、相关部门要求政绩、开发商利益为上、老百姓维护权益等。客观上，古城镇旧民居多较破旧，一是没有卫生设施，老百姓想拆迁；二是房管所经常修，开支大想动迁[③]；管理者想立竿见影、快出政绩；甚或个别贪官污吏、不法分子妄想趁机浑水摸鱼等。联合国教科文组织相关官员认为，这可能是因为民间建筑难以得到国家资助，是破坏的首当其冲者[④]。

林林总总，建筑遗产保护理论与实践探索，一直都是科研机构专家学者，各方面利益代表、各色人等探讨的焦点、热点。

二、建筑文化遗产保护

上述所论的建筑遗产保护大都停留在物质层面上，此为建筑文化遗产中的一部。要想从根本上解决建筑遗产保护的难题，我们或许还需放阔视野，多方探讨。

我国著名建筑遗产保护专家、同济大学建筑城规学院阮仪三教授，针对江南水乡各地“推倒重来”的建设方式，早已深刻指出：“这种现象蕴含着一个深刻的问题：对一种生存环境和生活方式的肯定和否定。古镇的格局是人性化的，但生活设施相对落后。它是否只是一种逝去的生活方式缠绵地留在我们的记忆中？……我们的祖先在这片沃土上创造了独具特色的生存环境——精致而富有诗意。这种创造是基于对自然环境的充分认识，是‘与自然相和谐’的中国人的自然观和生活哲学的产物，千百年来它得到了实践的认可。我们认为应该保存的是这种实质。科学的生活环境的选择是民族性、地域性、历史性的综合，从而必然形成鲜明的城镇特色，这亦理应成为营建现代城镇的重要原则。所以将

---

① 王文洪、林信康：《城市化进程中文化遗产保护研究——以浙江定海为例》，《中共杭州市委党校学报》2003年第1期第28–32页。

② 沙春元、朱兆丽、韦亚平：《谈江南水乡历史地段的特色与保护——以常州市青果巷历史文化保护区为例》，《城市规划》1998年第3期第46–47+50页。

③ 周乾松：《古城镇历史文化遗产保护的思考——以浙江为例》，《中共杭州市委党校学报》2003年第1期第33–38页。

④ 朱光亚：《古村镇保护规划若干问题讨论》，《小城镇建设》2002年第2期第66–70页。

传统建筑、历史环境纳入到现代和将来的生活中去，成为城镇生活的一部分，新与旧有机地融合，创造一个既使江南古镇那种富有特色的人居环境和历史性文脉得以延续，又能符合现代化发展的需要和现代人物质、精神生活的需要古镇的居住环境，是我们的目标。”① 他的论述高屋建瓴又简明扼要，理论与实践意义兼具，真正掷地有声、振聋发聩。

“人们的社会观念，来源于现实生产生活的需要。生产方式和生活方式是决定人们观念的基本元素。”②而生活方式、文化观念等的改变，必然导致建筑空间、形式的变化。人口数量的急剧增长，传统的单（不论大、小）家庭的居住模式下的三合院、四合院，而今要解决几户、十几户，甚至几十户共住家庭的居住问题，其难度可想而知，也不切实际。

大量的古民宅是传统聚落风貌的基核，它们直接与居民的生活休戚相关。民居的更新与改建，关系着聚落保护、“活化”工作的成败。一座传统院落再大，过去也仅供一户（大）家庭使用，私有空间的要求相对要少得多。阮仪三先生“提出了在现有条件下的改建方案：将宅院分为两部分，前后进入，或侧向进入，以天井联系每户，同时，天井兼有解决日照、通风的功能，为居民尤其是老人和孩子提供户外活动的场地”③。当然，这也仅为满足一定数量住户条件下的权宜方案，无法容纳所有住户。

同时，生活节奏加快、建筑体量增大，交通快速、通讯便捷等，使得人们的时、空观念发生了深刻的变化。这些均与江南水乡聚落原有的时空环境，存在着巨大的落差。要寻觅“小桥、流水、人家”的分寸感，可谓难上加难！

元代马致远的名曲《天净沙·秋思》中的“小桥、流水、人家”④，一般引用者多以此代表江南水乡。或许，我们还应多引一句——“枯藤、老树、昏鸦”，或许这才是现今绝大多数江南水乡古市镇、古村落的真实写照。这样的古镇、村落“博物馆”中，日常生活于此的大多是孩童、看护他（她）们的老人（见图8–1–9、图8–1–10）。年轻人，或移居城市，或定居古镇新区，老区则呈现出明显的衰落气象。昔日人头攒动

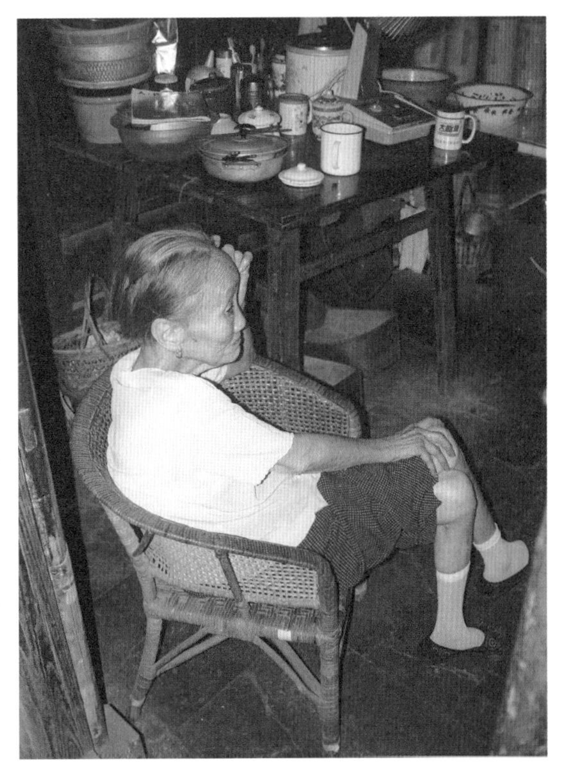

图8–1–9 周庄老人

① 阮仪三主编：《江南古镇》，上海画报出版社，2000年，第283页。

② 李长莉：《以上海为例看晚清时期社会生活方式及观念的变迁》，《史学月刊》2004年第5期第105–112页。

③ 阮仪三主编：《江南古镇》，上海画报出版社，2000年，第287页。

④ 王昶：《诗词曲名句赏析》，商务印书馆，2015年，第473页。实际上，“小桥流水人家”一句，出现在唐代韦元旦《雪梅》诗：“古水寒鸦山遥，小桥流水人家。昨天前村深雪，阳春又到梅花。”见赵传仁主编：《诗词曲名句辞典》，山东教育出版社，1988年，第85页。

的街巷两边，多变为纯粹的民居；熙熙攘攘的店铺，早成为往日的追忆。斑驳的夕阳下，年久失修的石板路上稀落的行人，呈现出一幅昏黄的图画……如果，我们着力改造时，又采用粗放式的开发手段，再过几年，可能连“枯藤、老树、昏鸦”都不存在了，“水泥、污水、废气”会不会成为江南水乡的又一“新景”呢？

图8-1-10 同里人物

上述错综复杂的难题，如原住民、建设者与保护者的矛盾（早期设计者、建造者及使用者是三位一体，因此并无太大矛盾），现代生活方式与传统生存习惯的矛盾等，均仅是一些表象。对于江南水乡建筑文化而言，最根本的原因或许在于：一是有限的地域实体空间与长期历史物质积淀所需空间的矛盾——即存纳众多人口的现代生存空间与原有生存空间的冲突。二是人类有限的记忆空间与漫长历史遗产内容的矛盾，即现代强势文化与传统文化的冲突。三是多方面利益的纠葛，而这恐怕才是最根本的原因。

第二节　江南水乡建筑文化遗产保护

保护建筑文化遗产、改善人居环境，是当前面临的迫切性、现实性难题。对于江南水乡建筑文化遗产保护的理论、措施与实践，众多专家、学者投身其中，成果迭出。可称八仙过海、各显神通。

一、仁者见仁、智者见智的保护观

（一）物质形态的保护

有识者认为，乡村式的滨水民居构成了江南水乡城镇的画境、情趣，失去水或滨水民居，就丧失了水乡城镇的基本特征。作为水乡城镇的要素之一，其内外河网水域、农田村落组成的自然风景，是其城镇、建筑存在的重要条件。河道延伸之处，应为一派田园风光。建筑、城镇、自然风光三位一体，完整地构成了城镇特色内涵①。“城市田园化应成为今后城市建设的主体。”②破坏乡土建筑聚落的自然生态环境，也就是破坏乡土建筑遗产③。

对大城市而言，研究者认为在大力开发新区的同时，要搞好古城建设与保护。例如，苏州“长期以降，由于城市建设滞后，市区基础设施欠账太多，古城区人口密集、交通拥挤、住房狭小、绿地过少、水环境污染、卫生设施不配套，综合服务功能日渐萎缩等，一直制约着城市现代化进程。为彻底改变落后状态，苏州市从重新界定、逐步完善市区现代功能入手，认真贯彻重点保护和有机更新相结合的方针，在重点保护古城、古园、古街、古寺、古河的同时，以市政基础设施、公用事业、住宅建设和环境综合整治为重点，有计划、有步骤地进行更新改造，并在近年来取得明显成绩。……在人居环境方面，以兴建住宅小区、改善居民居住条件为重点，市区‘八五’期间兴建48个面积为5万平方米住宅小区，实有住宅面积比1990年增加35万平方米，人均居住面积增长47.4%，98%以上特困户住房难问题已经解决，13万平方米国家安居工程也已上马，从而缓解了城市改造中古城区居民搬迁难的矛盾，进而缓解了古城区人口压力和密度，也为广大市民创造了一个整洁、文明、安全、方便的居住环境。在环境综合整治方面，以整治水环境污染为重点，古城供水低压区和低洼易涝区改造工程取得较大进展，严重污染的干将河得到彻底整治，古城区10千米河道得以疏浚。经过严格考核，苏州在1994年全国重点城市环境综合整治定量考核中名列第一。与此同时，和市区功能不相适应的工厂正陆续从古城搬迁，古城区用地和建筑密度得以控制，古典园林、文物古迹、古城道路得到保护，市区环境质量进一步提高。所有这一切，都为现代城市功能重构和历史名城再度辉煌，奠定了扎实基础……”④。果如此，真可谓改头换面了的苏州啊！

苏州桐芳巷设计者认识到，“苏州传统民居体量不大、造型轻巧、粉墙黛瓦，布局因地制宜，建筑空间收放灵活多变，显得自由、朴实”⑤。因此，采用“化整为零”“化大为小”的手法，以尽量接近传统尺度；对历史价值高、质量较好的房屋进行重点保护，其

① 周俭、张恺：《建筑、城镇、自然风景——关于城市历史文化遗产保护规划的目标、对象与措施》，《城市规划汇刊》2001年第4期第58–59页。

② 宋国献：《试论城市建设与水土保持生态环境建设的关系》，《水土保持科技情报》2003年第2期第11–13页。

③ 孙丽平、张殿松：《谈乡土建筑遗产的保护》，《山西建筑》2003年第6期第7–8页。

④ 周海乐、周德欣：《苏锡常发展特色研究》，人民日报出版社，1996年，第271页。

⑤ 桐芳巷小区设计组：《探索古城风貌、重塑桐芳巷风采——苏州桐芳巷试点小区规划设计简介》，《建筑学报》1997年第7期第20–24页。

余全部拆除等，希望形成具有“古城风貌，条件优美，条件舒适”的街坊①。

还有研究者通过对街坊内建筑质量、年代、产权、建筑风貌等综合评定，将保护更新方式分为：保护、保留、改善、改造四种。认为成片开发不妥，单元式多层住宅与传统风貌不符、低层院落式住宅可以一试②。还有学者针对单体建筑设计，采用大跨度预应力叠合板大开间砖混楼房③等。

操作层面上，以阮仪三先生的研究为最有代表性，成就最大。阮先生在深入研究江南水乡传统城镇的基础上，针对江南古镇的实际，总结出三种保护与更新的模式：完全保护型、局部保护型和整体更新型。

完全保护型：这是专门针对综合价值评价较高，有较强历史文化内涵，环境形态完整性高的古镇。必须完整保护其生活环境、景观环境、规划布局结构、造型及色彩形象等，完全保护型城镇可谓是“活的博物馆”，数量极有限。对江南水乡城市而言，仅苏州（见图8–2–1）一城；就古镇而言，目前仅周庄（见图8–2–2）、同里、西塘三镇。

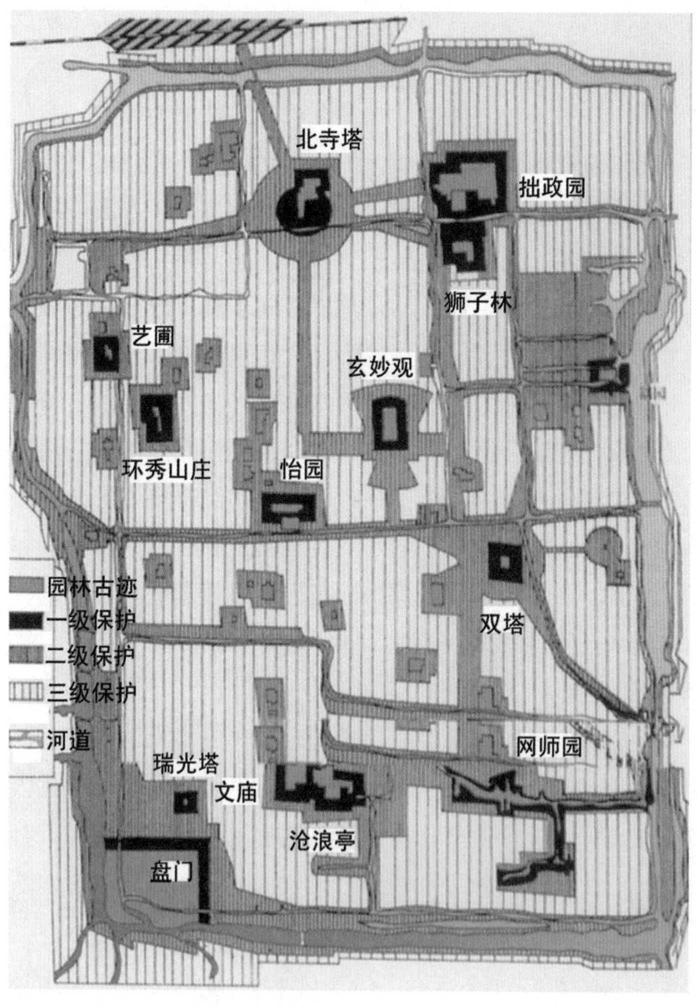

图8–2–1 苏州古城区保护规划（《护城踪录》）

局部保护型：此种类型城镇分布面较广，情况复杂，往往有一定数量、质量的有价值单体，并有比较明显的地方特色。但古镇中有价值单体建筑多分散而不成气候，这些古镇新旧关联的问题突出，除形象、结构、空间上的新旧关联外，使用功能更具现实意义。例如历史巨镇：南浔、乌镇、震泽、千灯、陈墓等。

整体更新型：一般城镇环境形态破坏较重，或历史价值不高、年代不长、风格欠突出，但规划、设计仍应保持其地处江南水乡城镇体系中的基本特色。由此，研究本地域城镇空间布局手法，造型、技术工艺、细部装饰手段，色彩肌理等，即对传统建筑语言符号的提炼、运用，与现代科技结

① 桐芳巷小区设计组：《探索古城风貌、重塑桐芳巷风采——苏州桐芳巷试点小区规划设计简介》，《建筑学报》1997年第7期第20–24页。

② 沈德熙、熊国平：《苏州古城41号街坊控规的做法和思考》，《城市规划》1998年第5期第33–35页。

③ 蒋庆祺：《苏州桐芳巷大开间“空壳子”砖混结构住宅》，《施工技术》1997年第8期第18–19页。

合，创造既有地域传统特色，又适合现代人居的理想城镇环境①。阮仪三先生的诸多精辟论述，对江南水乡建筑文化遗产保护具有普遍的指导意义。

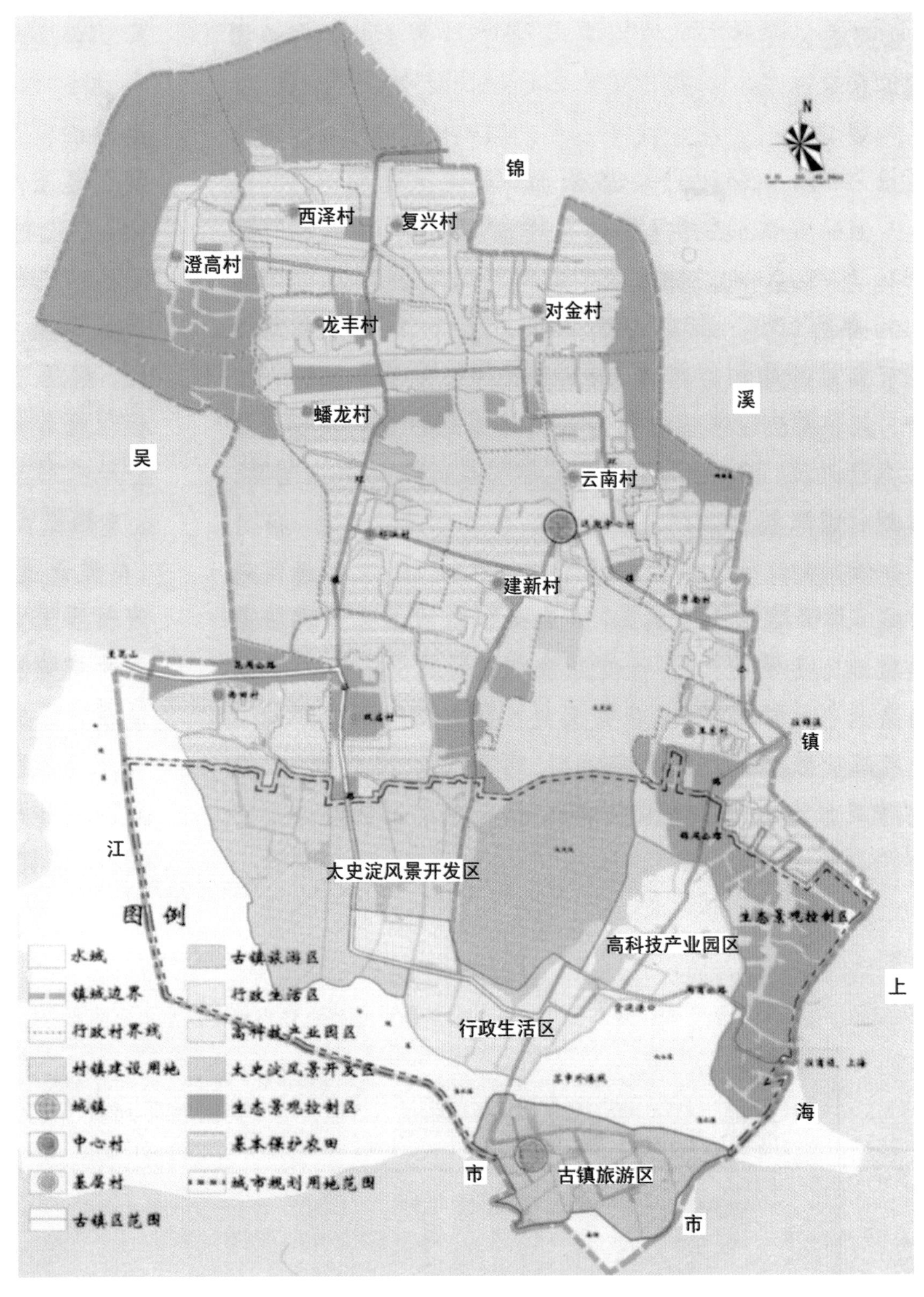

图8-2-2 周庄镇域村镇规划图（《护城踪录》）

① 阮仪三：《江南古镇》，上海画报出版社，2000年，第284–287页。

（二）与经济发展相联系的保护观

有研究者认为应加强小城镇历史遗产保护与旅游资源的结合，适度开发、大处着眼、小处着手、区域联动等，历史街区主客体同步保护，提出将历史街区保护、文脉挖掘与旅游资源开发、第三产业相结合，历史街区与新区建设相互独立等措施[①]。

阮仪三先生认为，可以取得遗产保护与旅游的“双赢”。必须以保护遗产为基础、前提，旅游发展并行的原则，制定科学合理的规划，进行适当引导，寻求遗产保护、旅游发展等各方利益的平衡点[②]。

目前，全国各地方兴未艾的文旅融合，切实佐证上述洞见具有相当的前瞻性。

（三）从管理层面着手

有学者提出历史文化遗产保护的多级层次性，其一至三级依次为：各级重点文物保护、历史文化保护区[③]、历史文化名城[④]。

有识者论曰“对于大自然的价值，当地群众会比在会议上发议论的人更了解”。建筑遗产保护的最好办法，就是动员当地群众将自己的家园管好[⑤]。由此，规划的制定、执行等，都要吸收当地居民参与其中[⑥]。文化遗产要走出“小众”，走向“大众”[⑦]。而文化遗产管理者的自身定位，将直接影响到保护的最终效果[⑧]。甚至还有学者认为，“在现行体制下，没有一揽子当权者的觉悟，我们将一事无成”“财政金融的管理是治国理政的核心。也是行政体制改革的重中之重。能不能改得动，就看当权者的觉悟和决心”[⑨]。

又有学者认为：“制定中国新的、适应时代要求的文化遗产保护的准则，已成为提高中国整体文化遗产保护水平所必须面对的任务”，并提出了一些相应的措施[⑩]。

还有研究者引进西式方法，对建筑遗产进行定量评估，“走过了一个学习西方经验、了解中国国情、设计评估方案的过程，步入了实践检验、调整完善的阶段”。实践中，从评估目的、价值客体（评估项目）、评估主体（评估人）三方面，对提高评估的合理性进行探索[⑪]等。

综上所述，可谓仁者见仁、智者见智。从物质、空间环境，到人文、政治制度，从定性到定量等，涉及自然科学、社会科学的众多方面。

我们不愿、也无能力、亦不可能具体指出那种建筑规划保护理论，就一定代表了未来江南水乡建筑发展的方向；或那类建筑规划实践堪称是代表江南水乡建筑未来的典范之

① 张东山：《加强小城镇历史遗产保护与旅游资源相结合》，《小城镇建设》2000年第8期第67–68页。
② 阮仪三：《寻求遗产保护和旅游发展的“双赢”之路》，《规划师》2003年第6期第86–90页。
③ 陈志华：《由关于乡土建筑遗产的宪章引起的话》，《时代建筑》2000年第3期第20–24页。
④ 王景慧：《论历史文化遗产保护的层次》，《规划师》2002年第6期第9–13页。
⑤ 纳迪亚·库里、达格尔：《保护遗产要与促进发展并存》，《科技潮》2000年第1期第91–92页。
⑥ 朱光亚：《古村镇保护规划若干问题讨论》，《小城镇建设》2002年第2期第66–70页。
⑦ 姜睿：《旅游与遗产保护》，《商业研究》2001年第7期第173–174页。
⑧ 陈芳：《文化遗产保护与利用，我们与别人的差距在哪里？》，《环境导报》2003年第17期第2页。
⑨ 陈春逢：《为官理政“三要术”》，河北人民出版社，2012年，第258页。
⑩ 吕舟：《面向新世纪的中国文化遗产保护》，《建筑学报》2001年第3期第58–60页。
⑪ 朱光亚等：《建筑遗产评估的一次探索》，《新建筑》1998年第2期第22–24页。

作。但如能将工作做细致些，摸清建筑文化遗产的家底，总是首要、必须的一步，或许会另有所获。例如，宁波在月湖地区进行城市绿化建设时，没有轻易地“推倒重来”。而是深入调查，发现那儿竟有北宋时的“高丽使馆”遗址等几座极具价值的建筑遗存①（见图8–2–3、图8–2–4）。

图8–2–3 宁波五一广场

图8–2–4 宁波月湖公园西侧保存的古民居

我们只想强调以下两种基础工作要加强，它们应是所有相关保护工作的基石，也是未来江南水乡建筑文化发展的立足点。“皮之不存，毛将焉附”②，只有把基础工作做好了，我们才能真正科学合理、更好地制定保护与发展的具体措施。

二、基础工作

众所周知，江南先民创造了灿烂辉煌的马家浜、崧泽、良渚文化等。其中，以良渚文化成就最大、最辉煌。但是，良渚文化消失的人为因素不容忽视。“大量砂、砾、草、木

① 叶如棠：《城市的发展与建筑遗产的保护》，《上海房地》2002年第6期第67–69页。

② 《左传·僖公十四年》。转引自南充师范学院中文系《成语故事选·第1辑·上》，南充印刷厂，1979年11月版，第161–162页。

的消耗，使得良渚居民住地生态环境遭到破坏。河床因为砾石、砂子的大量减少而降低了抗冲性；山坡土壤因为缺乏枯枝落叶而降低持水量，暴雨时地表径流速度增加。林木砍伐使得土壤失去植被根系的固结，抗冲性大为降低”，这使得良渚先民的生存环境质量大为降低，适应环境变迁的能力萎缩。当“自然条件的变化不超出人类同时期所能适应和改造自然的能力极限，人类和自然可以和睦相处，平衡而和谐。当然这种极限是弹性的：当人类有计划地利用自然，并同时注意保护自然，则这种极限较高；良渚末期的前车之鉴，值得人们深思”①。

唐宋经济文化重心南移，得益于江南优越的气候、水文、植被、土壤等自然环境。但是，随着经济发展，至现代，人口对土地的压力及生存环境的恶化也日益严重。目前，采用新技术、新策略虽可缓和这样的矛盾，但要做到可持续发展，任务还相当艰巨。我们认为以下两点基础工作尤显切要。

（一）保护水乡的物质基础（这也是人类生存最基础的物质条件）——土地、水网

农业社会，人们手工劳作，是有节制、可持续的发展，即便他们的工作、生活节奏稍快于大自然的脉动，但还不至于威胁到人类自身的发展。

工业革命以降，实际是在有限的资源中追求着无限的增长，并成为普遍认可的增长方式。而人类可利用的资源（土地、水、空气等）总是有限的，加之人类社会本身、自然界平衡调节机制的双重失衡，增长的后劲、后果，令人担忧。

具体到江南水乡历代保存下来的建筑遗产，作为空间实体，本就占用着大量的土地与空间资源，如对它们运用得当，某种程度而言可限制城镇规模的过度发展。但是，如若利用不当，则成为开发新区、占用更多土地与空间资源的一个借口，这正是当今各级各类风景区内的建设潮遍受非议的根本原因。从这种角度来看，保护古城（镇、村）、另辟新区要慎之又慎、多方权衡。否则，将可能要消耗、浪费更多的土地、植被、水体等自然资源。如果没有最基本的自然环境的保护，谈何古城（镇、村）的保护呢！没有最基本的物质形态的存留，建筑遗产的载体无存，建筑文化遗产便成为博物馆里的文化，其命运岂能久长！

我们尊重、保护前人的优秀遗产，但不能完全以牺牲后人的生存空间作代价。因此，我们首先要保护土地资源（包括耕地、水体等），适当延续“稻作文化”，要“合理保护农地资源尤其是耕地资源”②。耕地是最重要的生产要素，更“是人类生存的基础。它不仅具有经济价值，还具有生态效益和社会效益”③。

基于中国经济发达、发展活跃的长江三角洲地区背景下的江南水乡，地狭人稠的特点，早在唐代就开始显现，现代有过之而无不及，这对房屋建筑有着深刻的影响。例如，水乡房屋“天井深度，尚能合日照原理。唯现在吴地筑屋限于地位，常觉湫溢异常”④。现在

① 张立等：《中国江南先秦时期人类活动与环境变化》，《地理学报》2000年第6期第664–667页。

② 周青等：《区域农地利用变化强度及其驱动机制研究——以原锡山市为例》，《长江流域资源与环境》2003年第6期第535–540页。

③ 戴锦芳：《长江三角洲土地资源遥感动态分析》，《地球信息科学》2002年第4期第69–74页。

④ 姚承祖原著、张至刚增补、刘敦桢校阅：《营造法原》（第2版），中国建筑工业出版社，1986年，第11页。

的水乡更是大小城镇密布成群，人地矛盾较以往更甚。“江苏省是典型人多地少地区，长期以来用占全国1%的土地面积养活着占全国6%的人口，容纳着占全国10%的经济（GDP占全国的10%）”①。而“浙江省实际上走的是一条以粗放经营为特征、以牺牲环境为代价的反集聚效应的农村工业化道路。这与西方以城市为中心的工业化发展道路有显著不同”②。

基于上述人地矛盾，如今被保护的历史城镇，其发展多采取扩大土地面积的外延式扩张途径，即采用比较省事的另建新区的办法。这一方面更加忽略和限制老区的发展，使得老区丧失活力，渐为空巢，成为旅游布景、生意场。另一方面也造成土地的大量占用，这一点，对人多耕地少的中国来说都是一个潜在的危险，更不用说本就矛盾突出的江南水乡，这应该引起足够的重视。

因之，我们应处理好前人的空间与后代人的空间关系。地球就这么大，自古以降，历史空间是垂直叠加的。就中国而言，人口恶性膨胀数量庞大，原先居住空间远不够，故充斥其他自然空间。例如，无锡市1984—1998年间，城镇用地共增加了78. 45平方千米，其中40. 78%是耕地，31. 16%是林地③。整个江苏耕地数量锐减，“1955—1995年40年间全省共减少了146. 67万平方千米，相当于现有耕地的1/3”④。众多的人口，使自然生态调节系统无一丝喘息之机，破坏严重，偏远地区亦然。

当人们暂时无法摆脱“现代化”生活方式的诱惑时，对现有的土地我们只能采用集约的利用方式。也就是发挥上海、南京、杭州等大城市的聚集效应，稳步发展中等城市，调整小城镇布局，促进小城镇、乡村的适当集中，以减少基础设施、服务设施等的重复设置。

同时，江南水乡更应注重保护以水为中心的环境。水资源是一种有价值的有限资源，具不可替代性⑤。水资源同土地一样都是关系到一个国家、一个民族能否持续地健康生存和发展的大问题。

江南水乡湖泊纵横，为农业发展打下了基础。发达的经济，催生出分工有序的市镇，又具有高度发达的工商业。如早在南宋时，“绍兴城镇网络已基本形成”⑥。而发达的经济基础，又培育出昌盛的文风。因之，士、工、农、商彼此互补、和谐，可谓相得益彰，并据此孕育出完美的江南水乡市镇、村落景观。

水是江南水乡环境的母体、血脉。“江南水乡因水而生，因水而发展。”⑦“人类具

① 曲福田：《可持续发展战略下的江苏省耕地保护问题》，《中国人口·资源与环境》1999年第3期第44–49页。

② 周树新：《城市化浙江省推进经济与环境“双赢”的战略选择》，《中国人口·资源与环境》2003年第1期第59–64页。

③ 杨山、汤君友：《无锡市空间扩展的生态环境质量综合评价研究》，《中国人口·资源与环境》2003年第1期第65–69页。

④ 曲福田：《可持续发展战略下的江苏省耕地保护问题》，《中国人口·资源与环境》1999年第3期第44–49页。

⑤ 刘金星、吴小刚、张士乔、邵卫云：《江南水乡区域合理水价模式探讨——以浙江省为例》，《水资源保护》2004年第5期第20–22+28–70页。

⑥ 姚培锋：《宋代绍兴城镇发展简论》，《绍兴文理学院学报》2003年第2期第74–79页。

⑦ 阮仪三、邵甬、林林：《江南水乡城镇的特色、价值及保护》，《城市规划汇刊》2002年第1期第1–4+79–84页。

有与生俱来的亲水性。江南水乡就是因水而成的，从古至今，水乡人民的生产与生活就与水结下了不解之缘。其水系构成影响城镇布局和道路结构，如街巷、桥、驳岸与水埠、色彩以及住宅单体等，其各自的表现方式都与水有着密切的联系。从整体到局部，水已经成为水乡景色的控制性因素，无处不见，无所不在。水是江南水乡的命脉”[①]。水体是传统水乡城镇景观的最基本的要素[②]。但是，自然淤塞，更由于人为填埋、污染破坏，使得江南水乡的大多数地区缺水。“水资源污染严重，水质日趋恶化，是长江三角洲大部分地区产生水荒的主要原因。”[③]例如：

无锡随着城市人口的增加和工农业生产发展，“目前无锡市水资源的现状：一是本地水资源量不足，过境水丰富；二是水质严重污染；三是地下水资源严重超采，可利用的水资源不足。母亲湖——太湖在呻吟，母亲河——古运河在哭泣”[④]。“据统计，2001年苏州市全市废污水排放量达778亿立方米，并在逐年增加；十大骨干河道有机污染都较严重。”[⑤]

城市如此，乡镇亦然。以同里镇的主要部分“二堂三桥”地段为例，“实际上，沿河民居的生活污水都是未经处理直接排入河中的。水质监测与调查表明，与20世纪70年代相比，随着人口的不断增长，同里河段的水质已大不如从前，而且部分河段在枯水期已濒临富营养化的边缘”[⑥]。本书作者之一的家乡无锡荡口镇，位于苏州、无锡、上虞三地交界处，在老一辈记忆中，这里曾是河塘交错、水网稠密、水质优良之区，盛产水稻、小麦、水产等。乘船由太湖入望虞河进鹅湖，一路波光水影，两岸麦黄稻绿。进入镇区，满目水乡美景。

然而，在1958年的大规模“造田”中，人们填埋了镇里的主要河流。20世纪60年代，又拆除了大批古民居。原有的前仓河、后仓河和四房桥河已成为现今的胜利路、五星路、进步路……20世纪80年代乡镇经济大发展，荡口镇成为“彩印之乡”，更加深了仅存河道的污染。由此，明清时曾闻名遐迩的江南第一大水镇，已完全不见昔日的容颜。

尤其值得提出的是，目前，荡口镇在地图上已不见其名（见图8–2–5至图8–2–9），取而代之的是鹅湖镇，由原甘露镇、荡口镇合并而成，可能是想通过行政区划的手段来推进城市化。过几年，当我们看到“钱穆先生诞生于江苏省无锡县荡口镇”时，会不知其所。又如昆山的陈墓镇改名为锦溪镇，南京的娄子巷改为三牌楼大街等，均使得地名文脉难以延续。某种程度而言，保护地名文化就是保护传统文化的最重要根脉之一，意义重大。

---

① 孙洪刚：《江南水乡魅力探源》，《时代建筑》1994年第2期第52–56页。

② 甄明霞：《江南水乡城镇传统和现代文化景观分析及其对传统文化景观的回复》，《小城镇建设》2000年第12期第38–39页。

③ 董增川：《对长江三角洲地区城市化进程水问题及对策思考》，《中国水利》2004年第10期第14–15页。

④ 刘建益、金丽霞：《江南水乡，何以缺水》，《江南论坛》2002年第1期第35–36页。

⑤ 马安成、晏桂娥：《苏州的城市化发展与水环境保护》，《水资源保护》2004年第2期第60–61页。

⑥ 吕伟娅：《江南水乡生活污水的收集与处理研究》，《江苏建筑》1999年第4期第86–88页。

图8-2-5 无锡荡口镇正在整治的古河道（左）
图8-2-6 无锡荡口镇修缮后1（右）

图8-2-7 无锡荡口镇修缮后2

图8-2-8 无锡荡口镇修缮后3（左）
图8-2-9 无锡荡口镇修缮后4（右）

目前，江南水乡的中小河流（全国亦如此），由于人为破坏已处于灭绝之境。“近20年来，乡村毛细管河流的疏浚工作，不但处于无人过问的状态，而且已被作为倾倒各种废物的天然垃圾箱。致使这些河从量变到质变，从清澈到黑臭，最后被消灭为止。这种状况如再不引起各级领导和有关部门的高度重视，后果将不堪设想。”①

浙江省“受流域污染影响，地表中可用水资源短缺，是我国水质型缺水地区”②，水资源紧缺的趋势是不争的事实③。

① 熊云旦：《救救江南水乡的中小河流》，《中国环境管理》1997年第3期第44–45页。

② 刘金星：《江南水乡区域合理水价模式探讨——以浙江省为例》，《水资源保护》2004年第5期第20–22+28–70页。

③ 蔡戈鸣等：《浙江省水乡区域水资源可持续利用机制初探》，《水资源保护》2002年第4期第7–9+65页。

在1991年至2004年江苏"经济飞速发展的13年间，江苏湖泊面积减少七成；与1969年相比，湖泊面积仅剩下原来的十六分之一"[①]……自然河道排水除涝的能力大大下降，洪水肆虐。

加之城市地面封闭，即"人为构造物使地表处于阻断水汽循环、破坏生态环境的状态。城市化进程中，大量地面从植被或土壤覆盖变为不透水的水泥或石板材路面、屋顶面，这种改变最直接的影响是大量城市水面消失并造成了城市缺水，而且这种改变也直接减少了蒸发量。在大量地面被建筑物、路面占据的情况下，大气降水不能渗透到土壤层包气带，因此地表和地下可供蒸发的蓄水都急剧减少"[②]。城市中不能渗水面积急速扩增。"城市又建有良好的集水、下水道系统，因此下雨时，降落于城市的雨水不能有效地透过地面下渗补充地下水，大多以污水形式进入下水道。"[③]

同时，地下水被大量抽取，又得不到及时补充，导致地层塌陷、地下水位降低。例如，"以上海为中心的城市群也出现了地面沉降，苏州、无锡、常州的地面沉降量都在1米以上，上海多年累计地面沉降也达到2米"[④]。而全球气候变暖引起的海平面上升问题，"在国际上已越来越予以关注。对于地面高程仅为3—5米的苏锡常地区，所面临的状况是十分严峻。长江入海口（吴淞口）目前汛期最高潮位已达5. 99米（2000年，已超出地面1. 5—2. 0米），沿江和滨海地区主要依靠堤岸工程阻挡海潮的侵袭。那么，50—100年后，在地面沉降和海平面上升的双重作用下，防汛设施是否还能继续阻挡潮水的入侵……镇江、无锡等地早年不乏名泉，由于超采地下水，现在有的泉眼只有在汛期的特定时间，才能见到少量泉水喷涌的现象，有的几乎枯竭，个别的也已徒有虚名"[⑤]……这些都严重地改变了江南水乡的生存状态，必须引起高度重视。

因此，在保护现有水环境的基础上，我们认为应逐步部分恢复水乡原有的水网系统，保持原有水系的自然形态结构和水网的调蓄功能。保持适度的水面率及地面透水率，使得大地及水体可以吐故纳新。这不仅是承泄洪涝、保护水土资源的需要，更重要的是可改善江南水乡的水环境、增加生物多样性、调节小气候、美化人居环境等，以便传承江南水乡建筑文化。

（二）文化自觉

保护水乡的物质基础土地、水网等，是我们保护、传承江南水乡建筑文化的根本保障。

当然，前文所述的采用增强城市中心功能，紧凑利用土地的方式，并非是最完善的。这种方式与法国建筑学家勒·柯布西埃（Le. Corbusier）的城市集中论相一致，具有理想

① 李兆汝：《江南水乡·风景旧曾谙？》，《城乡建设》2004年第8期第77–78页。
② 宋新山等：《我国城市化进程中的水资源环境问题》，《科技导报》2002年第2期第29–32页。
③ 魏立强：《城市化带来的环境问题》，《长春大学学报》2003年第6期第30页。
④ 宋新山、王朝生、汪永辉：《我国城市化进程中的水资源环境问题》，《科技导报》2002年第2期第29–32页。
⑤ 陈国栋：《苏锡常地区城市化进程中的环境地质问题》，《资源调查与环境》2004年第25卷第2期第111–115页。

主义的一面，其负面效应也很多，且不说可能影响到人们的生活质量，更重要的它会逼迫人们统一观念、统一生活方式……它只是为满足“现代化”生活方式的权宜之计。

因为作为“现代化”的人，无法以独立的个体存在。为符合社会需求，人们的居住、办公、娱乐不得不分离。由此，人们需要更多的活动空间及相应的人力、物力和辅助空间等，这许多空间在大多时间都是空置的。而传统的农耕社会，包括江南水乡，其生活、生产、娱乐等空间基本是合一的，表面上看起来非常分散，但本质上却是集约的。因此，当我们尚不能充分确定未来的发展方向之时，应承认并保护不同的生活方式。

著者曾在贵州江侗寨，遇见一些出外短暂打工后又回到寨子里的年轻人，问他们为何回来，他们反问道赚钱是为了什么呢？是啊，这里青山绿水、自由自在，文化、习俗认同，交通、通讯也较为便捷，“寨”泰民安，生活安宁。那么，为什么“现代城市”的生活方式，就是最优的呢？我们应提倡多元的生活态度，在坚守人类基本价值观的基础上，容许集聚与扩散的聚落并存。我们要以人类整体的发展与进步为目标，采取相应的措施以及制度上的保障，让人们去寻找适合自己的生存方式。那么，古村古镇的振兴和保护就会成为内在的自觉。在具体实施时，我们必须让本地民众积极地直接参与进来，真正唤起他们的主人翁意识，“特别是动迁、拆迁和规划景点、商店、旅游服务的布局与人员安排等问题……只有全民参与才能确保古城镇保护的生命力和持久性”①。

因此，文化自觉，要求我们在保护江南水乡建筑文化遗产的基础上，还要保留一些人性中的善。人的欲望恶性膨胀同样会影响到人类自身的生存，“因而调解人与自然关系的善也就必然产生，而这已是人类生产力发展到一定程度的产物”②。

中国经济文化重心南移以来，特别是明清之际，江南水乡的道德伦理观念、宗族血缘关系、风水堪舆学说等都可谓独树一帜，江南水乡文化呈现出一种多元文化的集合状态，涵盖了看似对立的多个方面。例如，商与儒、富与贫、雅与俗等。我们拟以与江南水乡建筑文化中的雅文化与俗文化密切相关的宅园为例，聊作说明：

士大夫阶层之宅园最能代表趋雅避俗的情趣。文震亨对“雅”与“俗”极留意，“随方制象，各有所宜，宁古无时，宁朴无巧，宁俭无俗。至于萧疏雅洁，又本性生，非强作解事者所得轻议矣……”③。但是其雅俗之分的标准并不一致，既可根据使用人的地位而确定雅俗，即儒雅之士与市井小人之分④；也可根据情理的深浅、形式的文野、制作的精糙、使用的寡众等进行划分。这样的判断多是以其个人或这一类人、这一阶层人的价值标准进行的。而实际宅园的建造，却是适时而设，应景而立，雅俗并举。

例如，苏州名园网师园本为官宦退隐之处。其园林布局自由灵活，山水高低错落。宅

---

① 周乾松：《古城镇历史文化遗产保护的思考——以浙江为例》，《中共杭州市委党校学报》2003年第1期第33–38页。

② 易小名：《差异与善的起源》，《宁夏社会科学》1994年第3期第17–21页。

③ [明]文震亨：《长物志校注·室庐》，陈植校注，江苏科学技术出版社，1984年，第37页。

④ “临水亭榭，可用蓝绢为幔，以蔽日色；紫绢为帐，以蔽风雪，外此俱不可用。尤忌用布，以类酒船及市药设帐也。小室忌中隔，若有北窗者，则分为二室，忌纸糊，忌作雪洞，此与混堂无异，而俗子绝好之，俱不可解。”　[明]文震亨：《长物志校注》，陈植校注，江苏科学技术出版社，1984年，第36页。

第布局，则中轴对称，等第有序，内外有别。宅园建筑小巧别致，清新素雅，而厅堂建筑则高敞崇奢，其“江南第一门楼”极尽雕饰之能巧（见图5–2–21）。这样两种所谓雅、俗不同的审美情趣能在同一宅园中共存，相得益彰，说明其建筑文化具有很大的包容性。海纳百川、兼收并蓄、雅俗共赏、宽容大度等，这些本是优秀文化所共通的特质。

“凡家宅住房，五间三间，循次第而造；惟园林书屋，一室半室，按时景为情。方向随宜，鸠工合见；家居必论，野筑惟因。”[①]可见，《园冶》也谈到囿于传统儒家礼制常纲的住宅，与园林中建筑布局上的区别，两者相互结合。值得注意的是，《园冶》中仅在叠山一部涉及到有限的理水内容，是何原因，尚待深究。

事实上，雅文化与俗文化均为江南水乡建筑文化体系自身结构和运转中必不可缺的一部，并非彼此排斥。而是在看似对立中，追求一种适度的动态平衡状态，既保存了天理又满足了人欲。

再如风水、术数之类。历史上，曾有众多的学士文人对风水作过批驳，尤以王充的《论衡》、王符的《潜夫论》、嵇康的《宅无吉凶论》，以及吕才、司马光禁绝风水的主张和解缙对风水先生的讽刺等，都成为人们批判风水的绝好素材。

但是，江南堪舆风水学说（全国各地，乃至东北亚、南亚不少国家，甚或美欧等）至今不衰，是何原因？传统聚落环境确实优美，又是为何？不错，风水不是科学，用现代科学观来批判它，当然字字在理，如“风水（是）在古代特定条件下创造出来的许多实绩，今天仍可作为历史经验供我们借鉴；而它所依据的理论和手段则早已失去现实意义，即使合乎科学原理的成分，也因远远落后于现代地质学、水文学、气象学、规划学和建筑学而无须再去应用（例如，今天再也不会弃经纬仪而用风水罗盘去为建筑物确定方位）”[②]。

那么，是否合乎科学的，就是唯一的评价标准呢？是否不符合科学的，就全部一无是处呢……这当然不是。风水是原始的万物有灵论在后期的反映，其价值并不仅在于它所说的是否灵验，更在于它是一种不自觉的精神力量，在于它对一些存在物的敬畏。某种程度而言，它是一种较原始的人类控制自我膨胀的工具。在技术与工具至上的时代，人与人、人与社会、人与自然之间满布竞争，这些竞争与人的过度攫取所带来的负面效应，已经引起了全人类的重视、反思。对于先民这种不自觉的精神力量，我们要在更广的高度、更大的格局等来认识它，从一种不自觉的混沌状态进入到自觉的精神领域，即明白人与众生是平等的，要善待万物；我们的索取是有度的，我们的回报是尽力的。

因之，保护文化如同保护生态环境一样，首先要从心态方面入手，使人们的保护行为成为自觉，变成一种善待生命的需要和习惯。同时，也需结合各学科进行制度创新和变革。

人口问题，从没有像今天这样引起人们的关注，人口理应有合理的规划、限制。发展要可持续，对自然资源就不能无止境地掠夺。科技进步只能是逐渐的，所谓突破性的成果，也仅是对某一领域的某一点而言。这些均提示我们，人类追求美好生活的愿望，也应

① ［明］计成：《园冶注释》（第2版），陈植注释，杨伯超校订，陈从周校阅，中国建筑工业出版社，1988年，第79页。

② 潘谷西主编：《中国建筑史》，中国建筑工业出版社，2004年，第10–11页。

是可持续的。我们要可持续发展，就不能不适当控制我们的愿（欲）望；我们要追求绿色的生态世界，就不能不时常反思我们的人生观、世界观、价值观。

在今天基本生存已无多大压力的情况下，能否多一点陶冶生命、娱情养性的时间、空间，少一些纯物质的追求？能否真正地提高一点生活质量，而不是成为高负荷运转的高级机器人？

与现代城乡环境相比，江南水乡传统城镇更多了一份人情、几许人性。这是因为，在水乡传统城镇的生长过程中，人们朴素的环境营造观起了决定性的作用。而文人雅士的直接参与，使水乡环境多了些文化气质与书卷气，更产生一批被后人所欣赏的文人建筑、私家宅园，如同里的退思园、南浔的小莲庄等。而文人雅士及各类建筑匠师的创作旨趣，以及他们本就生活其中，又直接影响老百姓的建造活动，使普通民居占绝大多数的水乡城镇具有了更多的人情味、文化味，也就更显魅力无穷了。

传统的江南水乡无疑是我国最富饶的地区之一。“但其建筑却没有南方沿海民居那种极尽炫耀的商人气、世俗气，而是那种温文尔雅、清淡秀丽。加之水乡居民多是文人秀士，皆敏诗好文，擅画能歌，常借诗文额联点缀或题咏水乡景观，因而往往使人在体验建筑环境的同时，也感悟到一种文化的意境与熏陶。即使在今天，对着断墙残垣、脏桥污水、破败衰落的水乡村镇，人们依然对它有一种特殊的情感，徜徉其间，会自然而然地感受到家的温馨，感受到超越时空的中华古老文化的存在，也许这才是江南水乡潜在的、根本的魅力所在吧。因此，从建筑与文化的角度，探讨江南水乡书卷气氛围的形成，将是更好地保护和发展水乡的重要课题。”①

总之，保护不仅是对过去时代的追念，对不同生活方式、价值观念的容纳，还是一种适度的限制行为，即对追求无限增长的适度限制。

如果，我们能够承认占有财富的多少，只表明支配资源的能力大小，并不说明拥有浪费这些资源的绝对权力。同样，我们就可以理解，科学技术的发达与否，仅表明我们支配自然的能力大小，并不代表我们完全拥有改造自然的绝对权力。

请让我们站在平坦、开阔的江南水乡平原，放眼四周，去思考曾经有过的得失，籍以把握江南水乡建筑文化的未来吧。

第三节　江南水乡建筑文化之未来展望

众所周知，地理环境、气候条件等一直以来都是左右人们生产、生活的重要因素。据此，某种程度而言，江南水乡环境决定了该地的生产、生活方式。随着原有的原住民文化与不断南渐的汉文化、东移的楚文化等交汇融合，本地域经济、文化的持续发展等，都对江南水乡建筑文化产生巨大影响，形成了异于他域的建筑形式、艺术风格及民风民俗等；又在与其他地区建筑文化的交融中不断得到完善与发展。

① 孙洪刚等：《江南水乡文化意境浅析》，《华中建筑》1996年第2期第26–30页。

随着历史长河的流淌，江南水乡建筑文化不断发生变化（见图8–2–3至图8–2–9）。后世的人，怎能够完全恢复到所谓的历史环境（或可称为幻境、幻景）中，去品味那已不存的历史真实？就是唯一得到全面保护的苏州，一样处于不断地规划、改建、建设之中。

或许建筑文化遗产以及组成它们的环境，可以原封不动地保存下来。但生活在其中的人，却无法长生不老。何况，就同一人而言，不同际遇中的思想感情尚非一致。如此，又怎么能够将他（她）们现在的思想、感情等，完整地克隆于未来！

宋代以降，江南水乡的经济文化一直领先于全国，并处在影响全国各地文化的输出地位。因之，江南水乡的现代化发展模式（很大程度上照搬西方国家），也在时时影响，甚或间接改变着西部、西南等相对“落后”地区。例如西宁这样一个山地为主的城市也建设了巨大的中心广场，庞大的船帆式建筑压在了山顶上。实际上，这些相对暂时“落后”地区的资源、环境等令人陶醉，但其“开发”不应采用英美式攫取资源的方式，开发西部也不应照搬东部现有的发展模式。否则，将是对西部的又一次生态、文化灾难。也许我们应输入的是江南水乡建筑文化中的人与环境因地制宜、和谐共处的思想。

生活在江南水乡中的人们，在逝去的岁月中创造出独具特色的江南水乡建筑文化，吸引了古往今来无数中外人士的称赞、向往，也成就了当今当地的旅游，是寻梦天堂。但是，生活变了，生活在水乡的人也变了。因此，当今水乡中的人们正在建设新家园，也在不断进行着尝试、探索，有相当成功的经验，亦有痛心的失败教训。

虽然，本书对江南水乡建筑文化的历史发展作了初步论述，但身处于当今社会日新月异的建设浪潮中，对未来的选择，我们难以给出唯一而明确的答案，或许答案本身也并不是唯一的。我们只想说明，过去生活在水乡大地的人们，确实曾经找到了一种诗意的人居（规划、建筑）形式，这样的形式与江南水乡的自然地理环境、经济、文化，以及人们的日常生活相当切合，慰藉了他们的心灵，得到了广泛的采用，并称颂至今。

未来的江南水乡建筑同样应切合人们未来的生活，成为生活的一部分，抚慰他们的心灵。这样的江南水乡建筑新形式应该存在，也必然存在。当然，生活节奏的变化是如此之快，期望水乡地区的人们都采用某一种建筑风格、格调，这种可能性也不大。未来的地域建筑文化，应是多元、多彩的。由此，能够兼具保护自然资源、绿色生态、可持续发展等的建筑形式，都会被采用。

例如，属于吴越文化孕育下的上海，自20世纪初以来，就形成了特色鲜明的“海派文化”。与原有的地域文化相比变化甚巨，其建筑文化遗产同样别具一格而令人瞩目。根据《2005年城市竞争力蓝皮书》，与2003年和2004年相比较，长三角城市的竞争力提升加快。位列前10名的城市依次是：上海、深圳、广州、北京、杭州、宁波、苏州、无锡、厦门、天津，其中一半位于江南水乡，这足以说明包括人才、科技、文化、制度、管理等在内，江南水乡地区的综合实力。有研究者认为近代传统文化的命运如何，取决于它对近代社会的发展，也就是对中国近代化、现代化所起的作用如何[①]。建筑文化遗产，同样如此。

① 茅家琦：《吴文化与吴地区社会》，载高燮初主编《吴文化资源研究与开发》，江苏人民出版社，1994年，第55页。

自然气候、经济环境等方面的变化，是外在的因素；人口的快速增长，人们心理、心态、价值观、世界观等的一系列变革，才是人类聚落环境改变的内在动力。只有实现精神上的传承，才有望自觉地保护物质形态。形式上的保护不会长久，也容易变味。怀古思今，发扬江南水乡地域文化中的优秀成分，如善良、勤劳、果敢等，其实质是一种有信仰的生活、生存的气节。或许，只有保存了这些，才可能局部保存、展现历史，留下生动的历史教材。当今的首要问题是保留得太少、太少。

由于附会叶圣陶先生的文章《多收了三五斗》，角直镇恢复旧式的“万盛米行”，再现了叶老笔下的情景（见图8–3–1）。其实，历史上并无“万盛米行”；现在的角直镇，也不存在这样规模的米行……此情此景，也无法完全恢复旧时镇上米行的全貌。这是现代人对叶老文章的解读，或由此进而对当时历史的演绎。这些都不可避免地要打上时代的烙印。但是，这样的规划设计方法，和身处古镇这一难得的背景，毕竟能引起后世人的回忆，激发他们的感受、思考，其意义不言自明。

图8–3–1 附会的角直万盛米行

环境原初的概念仅指物质环境，包括自然环境与人工构筑环境。随着对“人”的重视，以及相关的哲学、心理学、社会学等的综合研究，人—环境关系、环境—行动关系渐成热点。人们认识到环境具有社会文化属性，环境形成后一定程度上会形成人与环境的互动①。归根结底，人能够创造环境，人又是环境的产物，环境与文化紧密相联。特定的环境，与生活于其中具体的人，他（她）的一切，必将或多或少地引起整个环境的改变（见图8–3–2、图8–3–3、图8–3–4、图8–3–5）。

一切都可能在变，唯有我们赖以生存的最基本的物质基础不会大变，人性中的那份诚真与良善不能变！人类对自身所处的环境，从没有像今天这样得到重视，这是明智之举，但重视的范围更应扩大，不仅是环境本身，还应涉及人类的政治、经济、文化等所有方面，甚至人类文明体系，终究是回到“人”自身。未来的社会是合作的，环境是共有的，利益是一致的，通过我们共同的努力，人类共生的理想家园是存在的。

---

① 佟晓红：《论环境的意义——以江南水乡传统城镇为例》，《造船工业建设》2004年第2期第9–13页。

图8–3–2 苏州北寺塔鸟瞰（左）
图8–3–3 苏州古城胥门景区附近（右上）
图8–3–4 无锡阿炳故居（修缮后）（右中）
图8–3–5 无锡工业遗产博物馆（原茂新面粉厂旧址）内景（右下）

江南水乡文化生长于水乡肥沃而滋润的土地上，在漫长的历程中永远留下了前进的轨辙。论议昨天，是为今天；研究过去，着眼将来①。因此，我们研究江南水乡建筑文化之根本目的，不仅为还原历史建筑遗产，更要透过江南水乡建筑文化的发展、演化，厘清其发展、变化的内因，了解其规律，为江南水乡建筑文化之未来，提供一点有说服力的线索；为处身其中的人们，添一份借鉴，多一点诗意地栖居。

因此，本著如能引起您的一点点思考，就将使我们觉得此项研究没有白做，而深感无上之欣慰。②

① 陆振岳：《吴文化的区域界定》，载高燮初主编《吴文化资源研究与开发》，江苏人民出版社，1994年，第85–86页。

② 本章暂未做修订，内容与2005年湖北教育出版社出版的《中国江南水乡建筑文化》一致。

附录：

宋式、清式和苏南地区建筑主要名称对照表

戚德耀 编著

目　录

前　言

我国古建筑历来沿用的名词和施工术语，由于类型多样，构件复杂，加以时间、地区和官式、民间的不同，其称呼也多不一致，使了解和修缮古建筑产生了一定的难度，在有关文章中有时甚至造成概念混乱。故极需要这方面的对照资料，供开展文物普查和文物古建修缮时参考。

本附录在古代建筑名词陈述时，前后时期的划分按传统惯例，明代以前的建筑名称均按李诫所编《营造法式》所提到的名词为准；明清时期的建筑均照清工部《工程做法》为准则；以姚承祖《营造法原》一书中所提述的建筑名称，来代表江南水乡苏南地区工匠技艺为民间术语。这样，既有前后时代之区别，又有官式与民间之对照。但有些构件为某时代所特有，所以在其他时代中只能空缺，无法对照；也有少数条目目前尚未搜集或未了解则暂付阙如，容后补充。关于名词说明，有的按原书抄录，也有是编者加以概括的。

非常感谢著名古建筑专家戚德耀先生，同意将《宋式、清式和苏南地区建筑主要名称对照表》作为本书的附录。戚德耀先生正在将全国各地的地方做法、名称，逐一进行对照、整理。我们殷切期待着戚德耀先生的大著尽早面世①。

宋式、清式和苏南地区建筑主要名称对照表

一、平面

宋式名称	清式名词	苏南地区名词	说明
地盘	平面	地面	建筑物水平剖视图
	面阔 通面阔 （总面阔）	开间 共开间	（1）建筑物平面之长度；（2）建筑物正面檐柱间之距离；（3）建筑物总长度称“通面阔”或“共开间”
	进深 通进深（总进深）	进深 共进深	建筑物由前到后的深度，总深度称“总进深”“共进深”
间	间	间	房屋宽深之面积，为计算房屋的单位
当心间	明间	正间	房屋正中之一间
次间	次间	次间	房屋正间两旁之间
梢间	梢间	再次间 （边间、落翼）	房屋次间两端之间。苏地又称“落翼”，但用在硬山屋顶建筑时，可称“边间”
	尽间	落翼	房屋两极端之间
		腮肩 （左腮右肩）	如面阔三到五间的正房，前两侧置厢房，使正房的两边房屋大部分受厢房侧面所遮，余者外露处称“腮肩”

① 可惜，戚德耀先生已经于2023年2月5日去世，享年102岁。

（续表）

宋式名称	清式名词	苏南地区名词	说明
副阶	廊子	廊、外廊、一界	建筑物之狭而长，用以通行者，分有“明廊、内廊、走廊、曲廊、通廊”等，苏地称“一界”
副阶周匝	周围廊	围廊、骑廊和骑廊轩	殿身、塔底层四周外围，加有回廊构成重檐之下层檐屋以供通行； 用于楼厅上檐柱之下端，架于楼下檐枋与老檐柱间之梁上，其屋架形式称“骑廊”，做成轩形式的称“骑廊轩”
月台	平台、露台	露台	殿堂建筑前之四方形平台，低于台阶
	下檐出	台口	台基四周在柱中线以外的部分
	似倒座	对照厅	前后两进房屋之间不设界墙分隔，两屋正面相对之厅
	后侧屋	拉脚平房	正房后附属之平房
挟屋	似耳房	侧殿（房）或配殿（侧室）	殿堂、左右两侧置有较小的殿堂，一般与主体殿堂不相连单独成立之殿屋，而宅第中多相连，仅小于主体建筑
	弄	备（避）弄、弄、更道	次要的交通道
		内四界	屋内金柱之间深五架，两柱上所承的木梁简称，等于清式的五架梁长度
金厢斗底槽			由二组矩形列柱套框组成的平面布置
前后槽			前后金柱分划为大小不等的前后二部分的平面布置
分心槽	显二间		置中柱等分前后二部分的平面布置
满堂柱			在柱网各纵横交点上都置柱的平面布置，现称它为“满堂柱”
移柱法			若干内柱移到柱网交点以外的位置，今称它为“移柱”
减柱法			在柱网纵横交点上、减少一些柱点的布置，今称“减柱”

二、大木作

（一）斗栱

宋式名词	清式名词	苏南地区名词	说明
铺作	斗栱	牌科	古代木框架结构中，立柱与横梁交接处和柱头上加一层层逐渐挑出的弓形短木，称作“栱”。两层栱之间的斗形方木块称“斗”。这种栱和斗拼成的综合构件叫作“斗栱”
铺作	踊、踩（彩）	参、级	铺作有两种意义：（1）指每朵斗栱分布在各个部位的名称；（2）斗栱出跳的次序，即跳数
柱头铺作	柱头科	柱头牌科	用在柱头上前面跳出承屋檐，后面承托梁架的斗栱
补间铺作	平身科	外檐桁间牌科	用于两柱之间枋子上的斗栱
转角铺作	角科	角栱、转角牌科	用于转角地方的角柱上的斗栱
襻间铺作	隔架科	桁间牌科	用于房屋内部的檩枋梁架之间，来承托上层檩枋梁架
平坐铺作	平坐斗科（栱）	阳台牌科	用于楼阁建筑，缠腰部分承托跳出“平台”的楼板
出跳（出抄）	出踩（出彩、出踩）	出参	斗栱逐层跳出以承屋檐和梁架，在檐柱外的谓“外跳”，清称“外拽”，苏地称“外出参”。向内跳，清式称“里拽”，苏地称“内出参”
外跳	外拽	外出参	
内跳（里跳）	里拽	内出参	
	一拽架	一级	踩与踩中心线间的水平距离。清代规定每跳三斗口谓之一拽架
朵	攒	座	斗栱结合成一组之总名称
材、契单材	斗口（料头口份）	斗口	是宋代和清代木构架基本量度单位，即斗之开口处
足材	单材	栱料（亮栱） 实栱 实材料	宋代计算材料时，凡木料断面为15×10分°，即为“一材”（栱身的高度）称“单材”，上面加高6分°、厚4分°的契谓“足材”，共高21分°。材按建筑等级分八等。清代的斗口，单材的高宽比为14∶10，足材为20∶10，也按建筑等级分斗口为十一级。苏地不以斗口计算材料，而用斗高为准数

（续表）

宋式名词	清式名词	苏南地区名词	说明
	外檐斗栱	前檐牌料 桁间牌料	用于外檐柱头之上各部位的斗栱总称
	内檐斗栱	里檐牌科或轩步梁牌科	用于内槽金柱之上的各部位斗栱的总称
计心造与偷心造			逐跳栱或昂上，每一跳上均置有横栱的称“计心造”。凡有一跳不安横栱而仅有单方向的栱出跳称“偷心造”。二者皆是斗栱组合方法之一
单栱	一斗三升	斗三升	在大斗或内外跳头上仅置一层栱
重栱	一斗六升	斗六升	在大斗或内外跳头上置二层栱。苏地总称“桁间牌科”
把头交项作	相当于“一斗三升”交蚂蚱头	相当于“斗三升”正出耍头	梁与“一斗三升”斗栱正交，梁头穿过大斗，故正面不出栱，而改做“耍头”的斗栱形制
斗口跳		（似）斗三升跳梓桁	大斗正中置一层栱，正前出华栱一跳，栱头承枋子的斗栱形制
卷头造			出跳木做昂，仅用华栱的斗栱形制
四铺作	三踩（彩）	三出参	华栱（清称“翘”）或昂自大斗出一跳（苏地三至十一出参均以里外各出同等数而定称的）
五铺作	五踩（彩）	五出参	华栱（翘）或昂自大斗出二跳
六铺作	七踩（彩）	七出参	华栱（翘）或昂自大斗出三跳
七铺作	九踩（彩）	九出参	华栱（翘）或昂自大斗出四跳
八铺作	十一踩（彩）	十一出参	华栱（翘）或昂自大斗出五跳
四铺作外插昂	三踩单昂	丁字牌科	斗栱之一种形制，仅一面出跳，又称“丁字科”
单斗支替			柱顶大斗前后出跳不作栱，而仅安“替木”
	溜金斗栱	琵琶科	后尾起挑杆之斗栱，又称“溜金斗”
	如意斗栱	网形科	在平面上除互成正角之翘昂与栱外，在其角内45°线上另加翘昂
	品字斗栱	十字科	斗栱之一种，其内外出跳相同，不用昂只用翘，多用于殿里柱头上，其两侧可以承天花，在老檐柱或金柱上，又称“步十字科”或“金十字科”，因它仰视，小斗如“品”字，因而得名
缝	中心线	中线	一般多用于垂直向的中线

（续表）

宋式名词	清式名词	苏南地区名词	说明
子荫	槽（浅槽）	槽口	插相交斗栱构件的浅槽
隐出			线刻或挑出很少的意思
相闪			指位置相隔交差
栌斗	坐斗（大斗）	坐斗（大斗）	斗栱最下之斗，为全攒斗栱重量集中之点。宋代有圆栌斗称“圜栌斗”，“方形栌斗四隅做小圆形的讹角斗”。苏式斗栱以坐斗的宽高定各部件比例，如“五、七”式，即斗高五寸、宽七寸，斗底宽也为五寸，另有“四、六”式和“双四六”式二种
圜栌斗			
讹角斗			
交互斗	十八斗	升	斗栱翘头或昂头上承上一层栱与翘或昂的形似斗之小方木
齐心斗		升	斗栱中心栱上的斗，又称“心斗”
柱头枋上之散斗和齐心斗	槽升子	升	正心栱缝上的升
散斗	三才升	升	位于栱两端承上一层栱或枋之斗
连珠斗			两斗重叠
平盘斗	贴升耳、平盘斗	无腰斗、无腰升	无斗耳的斗或升
斗耳	耳	上斗腰	斗分耳、平、欹三段，苏地也将上斗腰、下斗腰合称“斗腰”，升也同样，分上升腰、下升腰和升底
斗平	腰、升腰	下斗腰	斗、升之中部
斗欹、斗底	底、升底	斗底	斗、升之下部倾斜部分
欹䫜			斗、升之欹凹入的曲线，清式无䫜，为直线
包耳		五分胆、留胆	包耳又有“隔口包耳”之称。在大斗开口里边留高宽寸余之木榫而与栱下面凿去寸余的卯口相吻合，使其不致移动
开口	卯口	缺口	斗、升上开挖槽口镶纳纵横的栱、材，按位不同分有顺、横、斜、十字、丁字、开口等名称
泥道栱	正心瓜栱	斗三升栱	坐斗左右位于枋上的第一层横栱
慢栱（泥道慢栱）	正心万栱	斗六升栱	坐斗左右位于枋上的第二层横栱
瓜子栱	里（外）拽瓜栱（单材瓜栱）	斗三升栱 简称“栱”	位于翘头或昂头上第一层横栱

（续表）

宋式名词	清式名词	苏南地区名词	说明
单材慢栱	里（外）拽万栱（单材万栱）	斗六升栱、简称“长栱”	位于翘头或昂头上第二层横栱
华栱或卷头	翘	十字栱	坐斗上内外出跳之栱
重抄	重翘	十字栱二级	斗栱出跳用两层华栱谓重抄（翘）
令栱	厢栱	桁向栱	位于翘头或昂头上最外出之栱
斜栱	斜栱	斜栱（纲形斜栱）	由坐斗上内外出跳35°或45°的华栱
丁华抹颏栱			脊檩下与叉手缠交形似“耍头”状的栱
鸳鸯交手栱	把臂厢栱		左右相连的栱
翼形栱			做成翼形的栱，栱头不加小斗，以代横向栱
丁头栱	半截栱、丁头栱	实栱，蒲鞋头、丁字栱	不用大斗，由栱身直接出跳半截华栱来承托梁枋
角华栱	斜头翘	斜栱	斜置在转角位置呈45°出跳的华栱
	搭角闹翘把臂栱或搭角闹二翘		角科上由正面伸出至侧面之翘与昂
扶壁栱	正心瓜栱		正心瓜栱，万栱与壁体附贴一起的单层或双层栱
		枫栱（风潭）	南方特有之栱。为长方形木板其形一端稍高，向外倾斜，板身雕镌各种纹样，以代横向栱
		寒梢栱	梁端置梁垫不作蜂头，另一端作栱以承梁端，有一斗三升及一斗六升之分
		亮栱 鞋麻板	栱背与升底相平，两栱相叠或与连机相叠中成空隙者称“亮栱”。该处嵌木板称“鞋麻板”
栱眼	栱眼	栱眼	栱上部三才升分位与十八斗之间弯下之部分
栱眼壁板	栱垫板	垫栱板	正心枋以下平板枋上两攒斗栱间之板
卷杀	栱弯	卷杀、折角	栱之两端下部之折线或圆弯部分
瓣	瓣	板	栱翘头为求曲线而斫成之短面。宋式规定令栱卷杀五瓣，其他均四瓣，清式规定万栱三瓣，翘、瓜栱四瓣，厢栱五瓣
昂	昂	昂	斗栱中斜置的构件，起斜撑或杠杆作用，有“上昂、下昂”之分，两层或以上昂称“重昂”
上昂			用于殿堂、厅堂、塔内昂身杆向上斜跳来承托天花梁，浙江楠溪江地区也有用在牌楼、门楼等

（续表）

宋式名词	清式名词	苏南地区名词	说明
插昂			不起斜撑作用单作装饰的昂，故又称“假昂”
	象鼻昂	象鼻昂、凤头昂	纯为装饰性的昂，形如象鼻向上卷
角昂	角昂（斜昂）	斜昂	位于转角的45° 斜置的昂
由昂	由昂	上层斜昂	在角斜45° 斜线上架在角昂之上的昂
琴面昂	昂	靴脚昂	昂咀背面凹作琴面
批竹昂			昂咀背面作斜直线
昂身	昂身	昂根	昂咀以上均称“昂身”
昂尖	昂嘴	昂尖	昂之斜垂向下伸出之尖形部分
鹊台	凤凰台		昂咀上一部分
昂尾、挑斡	挑杆	琵琶料、琶琵撑	昂后杆斜撑部分，苏地将琵琶料后端之栱延长成斜撑部分称“琵琶撑”
耍头	蚂蚱头、耍头	耍头	翘、昂头上雕砍成折角形的装饰法之一种
华头子			斗栱中，下层出跳材与上层昂底斜面下的填托构件
靴楔	菊花头	眉插子	昂杆后尾雕饰法之一种
衬枋头（切几头）	撑头木（撑头）	水平枋	斗栱前后中线耍头以上桁椀以下之木枋。衬枋头在转角上称“切几头”
	三伏云（三福云）	似山雾云	斗栱出跳、跳头不架横向栱改作刻有云、雾装饰的构件
	六分头	似云头	木材头饰之一种
	麻叶头		翘、昂后尾雕饰法之一种
	博缝头		翘、昂后尾雕饰法之一种
头	（似）霸王拳		翘昂后尾雕饰法之一种
角神	相当于宝瓶	相当于宝瓶	斗栱由昂之上承托老角梁下之构件，宋代多做“力士”，后期改置瓶形或木块垫托
遮椽板	盖斗板	盖板	斗栱上部每拽间似天花作用之板

（二）梁架

宋式名词	清式名词	苏南地区名词	说明
大木作	大木殿式（大式）	大式殿庭	有斗栱或带纪念性之建筑形式
大木作	小式大木	大式厅堂	无斗栱或不带纪念性建筑形式
小木作	小木作	小木作	做装饰的木工种总称

（续表）

宋式名词	清式名词	苏南地区名词	说明
庑（无）殿、吴殿、四注、四阿顶（殿）	庑（无）殿、五脊殿	四合舍	是四面五脊之顶为古建筑殿堂中最尊贵的屋顶形式
曹殿、九脊殿，厦两头造	歇山	歇山	悬山与庑殿相交所成之屋顶结构。为一道正脊四道垂脊和四道戗脊组成，故为九脊顶（殿）
不厦两头造	悬山、挑山	悬山	前后两坡人字顶，并将桁头伸出至两尺间之外，以支悬出的屋檐
	硬山	硬山	山墙直上至于屋顶前、后两坡之结构
撮尖（斗尖）	攒尖	攒尖（尖顶）	几道垂脊交合于顶部，上覆宝顶
抱厦（屋）龟头屋	似雨搭	似外坡屋或带廊	殿、堂出入口正中前方的附加似“门厅”式凸出于正殿堂外的建筑物，山面向前
	勾连搭		为了扩大建筑物的进深，遂将两座以上的屋架直接联系在一起的结构形式
	卷棚、元宝顶、过陇脊	回顶	屋顶做圆弧不起脊的屋顶形式
腰檐	重檐、三重檐廊檐	重檐，双滴水、三滴水	多层建筑，下上层有外廊复以付檐（腰檐）成上下数层檐。按建筑层数，分付檐、重檐、三重檐等（苏地称“三滴水”）
檐出	出檐	出檐	檐顶伸出至建筑之外墙或外柱以外
出际、华厦	支出部分	边贴挑出	房屋两山屋檐悬跳部分
屋山	山尖	山尖	房屋山面的上身与屋架坡成的三角形部位
	推山	推山	庑殿正脊加长向两山推出的做法
	排山	排山	硬山、悬山或歇山山部之骨干构架
	收山	收山	歇山山顶在两山的正心桁中线上向里退回一桁径（清式），即缩短正脊的长距
干阑	干阑		地下立短柱网上部盖造屋宇，让底下空着的悬架建筑，又称“阁阑”
	井干		房屋的屋架和围墙均用原木实叠而成
	抬梁	抬梁式	用两柱架过梁，梁普通长五至七架，其下不加用立柱支撑的结构形式
	穿斗式（穿逗架）	穿斗	一般每檩下置立柱落地，柱间只有枋（川）不用梁的结构

（续表）

宋式名词	清式名词	苏南地区名词	说明
方木（材梁）	敦木、方木、收料	扁作	用矩形木料做房屋的称“扁作”
圆	圆	圆料（堂）	房屋构造木材，有加工过的圆木。未加工的“原木”，用料又有独木、实叠、虚拼三种
屋厅、屋堂	厅堂	厅堂	厅堂比普通平房构造复杂而华丽，按苏地构造材料用扁方者称为“扁作厅”，用圆料者则称“圆堂”。因其地位性质等不同而称大厅、正厅、茶厅、对照厅、女厅、轿厅、门厅、船厅、花厅、鸳鸯厅、四面厅、花篮厅、贡式厅等
平座（坐）	平台	阳台	楼阁、塔多层建筑，二层以上的外廊
叉柱造（插柱造）			将上层柱底叉立在下层的斗栱中或梁枋上
缠柱造			平面上加一根45°递角梁，上层之柱置于此梁上 （我们认为缠柱造更有可能是通柱造的一种，笔者注）①
永定柱			见大木作，柱项
举折	架举	提栈侧样	举折是取得屋盖斜坡曲线的方法，“举”是脊檩比檐檩举高的程度，“折”是各步架升高的比例不同，求得屋面坡度不在一条直线，而是若干折线组成曲线

（三）梁枋、垫板

宋式名词	清式名词	苏南地区名词	说明
槽（分槽）			槽是殿堂内身，内柱排列及铺作所分割出来的殿内空间，其组合形式见平面项
×间缝	×缝（品）	贴式，×贴（正贴、边贴）	苏地称明间的梁架为正贴，次间称边贴。建筑物之构架，梁、柱、枋等组成一组，其构架式样统称“贴式”（见附图）
架椽或椽	步架（步）	界	梁架上檩间之水平总距离（见附图）
彻上明造	梁架	梁架	殿（厅）堂内不按置天花，而梁架暴露在外，构件表面加工过的称呼

① 马晓：《中国古代楼阁架构研究》，博士学位论文，东南大学，2004年，第146页。

（续表）

宋式名词	清式名词	苏南地区名词	说明
草架	草架	草架	宋式殿堂内安平綦（天花）者，其天花以上的梁架称“草架”，梁称“草栿”，苏地在天花以上的构件名称，其上都加一个“草”字（见附图）
明栿	梁	梁	天花以下的表面加工较细的梁称“明栿”
	天花梁、帽儿梁、天花板、垫板		见天花项
椽栿	梁架、叠梁、柁梁	梁架	架于两柱上之横木，上用短柱短墩加较短的梁，再上支重叠的木架，最下一根梁称“大柁”，其上较短之梁称“二柁”，再上之梁称“三柁”
	柁头	梁头 金上起脊	柁梁外端悬搁于檐柱外之梁头；厅堂作草架，天花之上草脊适对五架梁之金桁上
月梁 琴面	月梁、顶梁	似荷包梁、 骆驼梁	月梁为形如孤虹状的梁，梁两面向外侧微膨称“琴面”。清式和苏地对卷棚结构其顶屋的梁也称“月梁”，与宋代月梁形制略有不同
斜项、项		剥腮 （拔亥）	月梁之两端将梁厚度两侧各包去五分之一成斜三角，使梁端减薄易于架置坐斗或柱身，两者厚薄交接处成斜线称“斜项”，三角形尖头称“腮嘴”，宋式称“项首”
平梁（栿）	三架梁、太平梁	山界梁、二界梁	两步架上共承三桁之梁。位于“山尖”的三架梁庑殿两侧清式称“太平梁”
三椽栿	三步梁 （三穿梁）	三界梁、三界轩梁	深三步架，一端梁头上有桁，另一端无桁而安在柱上之梁，或用于卷棚顶月梁下的梁
四椽栿	五架梁 （四步梁）	四界大梁（内界大梁、大承重）	深四步架之梁栿
五椽栿	五步梁	五界梁	深五步架之梁栿
六椽栿	七步梁	六界梁	深六步架之梁栿
七椽栿	七步梁	七界梁	深七步架之梁栿
八椽栿	儿架梁	八界梁	深八步架之梁栿
札牵	单步梁 （抱头梁）	单步梁、廊川、短川、眉川	位在檐柱与金柱之间的乳栿（双步梁）之上，一般做成月梁形式，深约一步

（续表）

宋式名词	清式名词	苏南地区名词	说明
乳栿	双步梁	双步梁 （双步、二界梁）	梁首放在外檐铺作上，梁尾一般插入内柱柱身，其长两椽
	桃尖梁 抱尖梁	廊川、川	大式大木，柱头科上与金柱间联系之梁。小式中称“抱头梁”，由梁头出跳作成耍头和撑头形，称“桃尖求梁头”
	桃尖随梁 穿插枋	夹底（枋）	在桃尖梁或抱头梁下有一条平行的辅助桃尖梁的小梁，称桃尖随梁，小式称穿插枋，苏地有川夹底，及双步夹底之别
		轩梁	见小木作，天花项
		鳖壳（抄界）	回顶建筑顶椽上安置脊桁，椽部分之结构形式
丁栿梁	顺扒梁、顺爬梁、顺梁		顺梁，与主梁架成正角之梁，两端或一端放在桁或梁上，而非直接放于柱上之梁
头栿	采步金	枝梁	歇山大木，在梢间顺梁上，与其他梁架平行，与第二层梁同高，以承歇山部分结构之梁，作假桁头与下金桁交放在金墩上
抹角梁 （栿） （金）	抹角梁	搭角梁	在建筑物转角处，内角与斜角线成正角之梁。宋代较少，金代、元代后大量应用
递角栿	递角梁	山面×界梁、 门限梁	由角檐柱上至角金柱上之梁
角梁、大角梁、阳马	角梁、老角梁	角梁、老戗	正侧屋架斜度相交处最下一架在斜角线上伸出角柱以外之骨干构架
子角梁	仔角梁、小角梁	嫩戗	仔角梁置于老角梁以上，其断面方向与老角梁同
隐角梁	似小角梁后半段	角梁	仔角梁以上，续角梁之间的角梁
续角梁	由戗	担檐角梁	庑殿正侧面屋架斜坡相交处之骨干构架
簇角梁	六角或八角亭上之由戗	角梁	用于亭上屋架，按位分上、中、下折簇梁三种，下折簇梁似苏式嫩戗、老戗间之斜曲木“菱角木”和“扁担木”
		猢狲面	嫩戗头作斜面，形似猢狲面孔而得名
翼角升起	翼角起翘	发戗	房屋于转角处，配设老角梁、仔角梁，使屋角翘起之结构制度

（续表）

宋式名词	清式名词	苏南地区名词	说明
檐角生出	翼角斜出	放叉	翼角出檐较正面出檐挑出成曲线形，向外叉出部分
顺栿串（顺身串）	随梁枋	随梁枋（抬梁枋）	贯穿前后两内柱间的起联络作用的木枋
襻间枋	相当于老檐枋、金枋	四平枋或水平枋	是内柱间与各架槫平行以联系各缝梁架相交关系之长木条
	金枋	步枋	步柱上之枋，金枋按位分上、中、下金枋
	老檐枋	廊枋	位于老檐桁下金柱柱头间与建筑物外檐平行之联络材
	脊枋、门头枋	过脊枋	脊桁之下与之平行，两端在脊瓜柱上之枋，过脊枋功能不一，用于门厅分心柱正中最上之枋
普拍枋	平板枋	斗盘枋	在阑额之上承托斗栱之枋
阑额	大额枋 檐枋	廊枋或步枋	大式大额枋又称“檐枋”，是檐柱间的联络枋材，并承平身科斗栱
由额	小额枋		柱头间大额枋下平行辅助材
柱头枋（素枋）	正心枋（正心桁）	廊桁	斗栱左右中线上正心栱以上之枋或桁
罗汉枋	拽枋（桁）	牌条	华栱里外挑头之上的枋
撩檐枋（撩风槫）	挑檐檩（挑檐枋）	梓桁（托檐枋）	挑檐檩清大式又称“挑檐枋”，斗栱外拽厢栱之上枋或檩
平棊枋（算程枋）	井口枋与机枋	牌条	里拽厢栱之上，承托天花之枋，和里拽厢栱所承之枋称“机枋”
压槽枋		水平枋	用于大型殿堂斗栱之上以承草栿之枋
叉手		斜撑木	叉手在平梁上顺着梁身的方向把住蜀柱（或“脊檩”），不让它向前或向后倾斜
托脚			支撑平槫的斜撑
	采步金枋		采步金下与之平行的木枋，和采步梁下的辅助木枋
承椽枋	承椽枋	承椽枋（半爿桁条）	重檐上檐之小额枋，但上有孔以承下檐之椽尾
承椽串			相当于额枋位置承受副阶椽子的枋子
	燕尾枋		悬山伸出桁头下之辅材

（续表）

宋式名词	清式名词	苏南地区名词	说明
		软、硬挑头和雀缩檐	以梁式承重之一端挑出承上层阳台或雨搭称“硬挑头”。以短材连于柱上，下撑斜撑承跳出之构件为软挑头，其中承屋面，附于楼房者称“雀缩檐”
	承重	大承重	承托楼板重量之横梁
钋版枋	楞木（龙骨木）	搁栅	承托楼板的枋子
	博脊枋		楼房下檐博脊所倚之枋
柱脚枋			高层建筑“缠柱造”中上层檐柱间下段横木
搭头木			平座永定柱间的阑额
缴背	似拼梁	（似）叠轩料	凡梁的材料小，不够应用的高度，可以在梁上面紧贴着加一条木料
	扶脊木	帮脊木	脊桁上通长木条，与桁平行，以助桁之负重
	脊椿		扶脊木上竖立之木椿穿入正脊之内，以防止脊移动
生头木	枕头木、衬头木	戗山木	屋角檐桁上将椽子垫托使椽高与角梁背相平之三角形木材
		平水	（1）梁头在桁以下，檐枋以上之高度；（2）脊瓜柱上端举架外另加高度
	交金墩		下金顺扒梁上，正面侧面下金桁下之柁墩
驼峰与侏儒柱（矮柱、蜀柱）	柁墩与瓜柱	童柱	在梁或顺梁上将上一层垫起使达到需要的高度的木块，其本身高度小于本身之长宽者为“柁墩”，大于本身之长宽者为“瓜柱”，“蜀柱”是矮柱的通称
角替	雀替（角替）		置于阑额之下与柱相交处，是柱中伸出承托阑额的构造，用以加强额与柱的接触点
绰幕枋	替木	（似）连机	位于枋下的辅助木枋，相等于通长替木
替木	替木	（似）机	位于桁与斗栱联系处之短木枋，苏地称“机”，按部位形状分有短机、金机、川胆机、分水浪机、幅云机、花机、滚机等，长木条者又称“连机”

（续表）

宋式名词	清式名词	苏南地区名词	说明
合沓	角背		交撑童柱下端，两侧的木构件
		棹木	架于大梁底两旁蒲鞋头（无跳栱）上之雕花木板，微倾斜，似“抱梁云”，俗称“纱帽”，位在外檐斗栱上称“枫栱”
小连檐	大连檐	眠檐	飞椽头上之联络材，其上安瓦口，苏地有的不安里口木，改用“遮雨板”
大连檐	小连檐	里口木	位于出檐椽与飞椽间之木条，以补椽间之空隙者。用于立脚飞椽下者名“高里口木”，椽头上之联络材称“连檐”
燕颔版	瓦口板	瓦口	在飞檐椽头上挖成瓦弧形，以按瓦陇的木板
飞魁	闸挡板	勒望	钉于界椽上，以防望砖下泻之通长木条，形同眠檐
雁翅板	滴珠板		楼阁上平坐四周保护斗栱之板
博风版	博缝板	博缝板	悬山、歇山屋顶两山沿屋顶斜坡钉在桁头上之板
照壁版	走马板	垫板	大门上槛或博脊枋以下中槛以上的板
		襄里	每界（步）之间用木板分隔之称
	山花、山花板	山花、山花板	歇山两山顶之三角形部分称“山花”，山尖外钉之板称“山花板”
垂鱼和惹草		垂鱼	歇（悬）山两山博缝板上之装饰
地面板	楼板	楼地板	楼层之地面木板
皿板		斗垫板	斗栱大斗下的垫木
	垫板	楣板	川或双步与夹底间所镶之木板
	垫板	夹堂板	桁与枋间之板，按位置分有脊垫板，老檐垫板，上、中、下金垫板，有额垫板等
平闇版或平棊版	天花板	天花板	见小木作，天花项
	摘风板	滴檐板、遮雨板	檐口瓦下钉于飞椽上之木板
	椽挡板	椽稳板与闸椽、闸挡板	椽与桁间隙处所钉之通长木板，间断的木板称“闸椽”“闸挡板”

（四）檩、椽

宋式名词	清式名词	苏南地区名词	说明
	桁椀与椽椀	开刻	斗栱撑头木之上承托桁檩之木称“桁椀”，桁上置木开口承椽，谓“椽椀”
槫	檩（桁）	桁（栋）	置于梁端或柱端，承载屋面荷重的重要构件，清式大式称“桁”，小式称“檩”
上、中、下平槫	上、中、下金檩（桁）	上、中、下金桁（栋）	置在金柱上的檩子，因上下位置不同分上、中、下三种
搭角槫	搭角桁	叉角桁	角梁后端架于正侧二桁直角交接之桁
牛脊枋（槫）	似正心桁	廊桁	置在柱头枋中心上的桁
挑檐枋（檩）	挑山檩	梓桁	跳出廊柱中心外位于斗栱出跳、跳头上的桁条
		草架桁条	安置天花板以上成草架的桁或檩
	两山金桁	两山步桁	悬山、歇山大木两山伸出至山墙或排山之外的檩
	轩桁	轩桁	卷棚（轩）月梁（荷包梁）上的桁
	假檩头		在歇山两山采步金上皮与下金桁上皮平，两头与桁底做成桁的样子
椽	花架椽	花架椽	两端皆由金桁承托之椽，清式花架椽有上、中、下之分
椽	檐椽	出檐椽	最下出跳之椽，楼阁上层称“上出檐椽”
	哑叭椽	回顶椽	歇山大木在采步金以外、塌脚以内之椽
	蝼蝈椽（顶椽）	顶椽、弯椽	卷棚顶用各式弯椽，苏地分有鹤颈三弯、菱角、船蓬、弓形、茶壶档、贡字、一枝香等数种，轩的形式，按此而得名
（似）支条	峻脚椽	（似）复水椽	副阶（廊）的下部一架椽向外挑出为檐，上一架的下端放在副阶的下平上，上端由额承托，这上一架椽称“峻脚”。室内起天花作用，作成斜度假椽子，称“复水椽”
飞子	飞檐椽	飞椽	出檐椽之上，椽端伸出稍翘起，以增加屋檐伸出之长度

（续表）

宋式名词	清式名词	苏南地区名词	说明
（似）转角布椽	翼角檐椽（角椽翘椽）	摔网椽（戗椽）	出檐及飞椽，至翼角处，其上端以步柱为中心，下端依次分布，逐根伸长成曲弧与戗端相平者似摔网而得名，在角翘头起的飞椽称“翘飞椽”
（似）檐角生出	翘飞椽	立脚飞椽	戗角处之飞椽作摔网状，其上端逐渐翘立起，与嫩戗之端相平
椽当	椽当	椽豁	两椽间之距离

（五）柱子

宋式名词	清式名词	苏南地区名词	说明
副阶柱或檐柱	檐柱	廊柱	柱用于廊下或副阶前列，承支屋檐，在楼阁中有上、下檐柱之分
内柱	金柱 通柱	步柱、金柱 通柱	在檐柱（廊柱）一周以内即廊柱后一步之柱，楼房柱可直通上层为上层的檐柱称“通柱”，按柱位不同分有上、下、前、中、后、内、外金柱
	廊柱	轩步柱	廊柱与金柱间因界数增加，因作翻轩而加的立柱
永定柱			（1）楼房内通上下二层；（2）自地面立柱架托平台平座的柱子（我们理解的永定柱，笔者注①）
分心柱	中柱、脊柱、山柱	中柱、脊柱	在建筑物纵轴中线上的内部之柱
平柱	直柱	直柱	不升高之柱，是与其他平列柱比较而言
	上金交瓜柱	童柱	跨置于横梁上之短柱，按置位不同，名称也不一。在上金顺、扒梁上，正面及山面上金桁相交之瓜柱，称“上金交瓜柱”；在金桁下的称“金瓜柱”；在脊桁下的称“脊瓜柱”
角柱	角柱	角柱	在建筑物角上之柱
	草架柱子		歇山山花之内立在榻脚木上支托挑出桁头之柱
枨杆	雷公柱	灯心木	（1）庑殿推出太平梁上承托桁头并正吻之柱；（2）攒尖亭榭正中之悬柱

① 马晓：《中国古代楼阁架构研究》，博士学位论文，东南大学，2004年，第146页。

（续表）

宋式名词	清式名词	苏南地区名词	说明
梭柱			有收分之柱，可分二种。柱分三段：上段有收杀（收分），中下为直柱；另一种上、下两段均有收杀，中段直柱，形成“梭子”形之柱
瓜楞柱（花瓣柱）		花瓣柱	平面为半圆拼合成花瓣形的柱
倚柱	间柱	漏柱	依附在壁体凸出半片的立柱
合柱	拼柱	段柱	由二至四根小料拼合成一大料的柱
侧脚			外檐柱上端在正面和背面向内倾斜
生起			檐柱的高度由当心间逐渐向二端升起，形成缓和曲线，因此，自次间柱开始相应提高
	擎檐柱（方柱）	撑檐角柱	楼阁式建筑外檐下四角以支远挑檐角之柱
	垂莲柱	垂莲花柱、荷莲柱	一般是步柱不落地，代之以悬挂之短柱。另，墙门上枋子之两端作垂莲悬挂之短柱
		攒金、金童落地	苏式内四界梁（五架梁）金瓜柱下再置柱子落地，称“金童落地”
矮柱、蜀柱	瓜柱	童柱	见大木作，梁枋项

三、小木作

（一）外檐装修——门窗

宋式名词	清式名词	苏南地区名词	说明
小木作	外檐装修	装折	装修是小木作总称，外檐装修就是露在房屋外面的间隔物。在外檐柱之间的清代称“檐里安装”，在廊子里面金柱之间的称“金里安装”
小木作	内檐装修	装折	是建筑物内部的间隔物，如隔断等
版门	板门	木板门	用木材作框镶钉木板之门，分有棋盘门、框档门、鱼鳃门（苏地称“塞板”或“排束板”）
实拼门	拼门	实轿门	用几块木枋拼成之门，也有门后加横木联系如“镜面板门”
断砌门	断砌门（大门）	将军门	用高门限（槛）可以自由启落并能通车马之门屋

（续表）

宋式名词	清式名词	苏南地区名词	说明
	垂花门	似门楼	通常作中门使用，椽檩下不做立柱，而改置倒挂的莲花垂柱。其屋顶由前为“清水脊”后带“元宝脊”的形式组合而成
	大门、门罩、门楼	墙门、库门、门楼	门头上施数重砖砌仿木结构的砖雕，有梁、枋、斗栱等装饰，上复屋面，其高度低于墙者称“库门”，高于墙者称“门楼”
		门景	凡门户框宕之边，满嵌清水砖壁都称“门景”
乌头门、棂星门	棂星门	棂星门	二立柱一横枋，上面不加屋顶，柱头露出在门上
软门			四边作门框，中用横料（腰串），框与腰串间均装木板的门
	屏门	屏门	门形体类同格门，在框架上装置木板门，表面光平如镜，装于大门后，檐柱之间。苏地在殿堂里金柱间置一排似格扇式的门也称“屏门”
	栅栏门	木栅门	安装在祠庙、府第的最外层的门
	园洞门、月亮门	园洞门	一般用于寺庙，宅第中分隔院落，做正园砖砌外框门，一般不装门，也有装两扇格门或板门
	（似）风门	矮挞	为矮框门之一种，其上部镂空以木条镶配花纹棂子
	框槛、槛框（门框）	宕子（门宕）	柱之间安置上下横枋、左右立枋成木框，其内安装门窗，安门称“框槛”（门宕子），安窗者称“窗框”（窗宕子）。有的柱间面宽大，须抱框以内再加“门框”
额或腰串	上槛（替桩）	上槛（门额）	额又称“楣”“衡”，是门框上之横木
门楣（门额）	中槛（挂空槛、门头枋）	中槛（额枋）	一般用于大门上，下槛距离太大，中间加一横木枋为中槛
地栿	下槛、门槛、地脚枋	下槛、门槛、门限	门框下边之横木，古代称“地栿”或“地柣”
立颊（搏立颊）	抱框（抱柱枋）	抱柱（门当户对）	门框左右竖立的木枋，古代称“帐”，苏地在将军门上称“门当户对”
搏肘（肘）	转轴	摇梗	门窗的转轴

（续表）

宋式名词	清式名词	苏南地区名词	说明
门关（卧关）	横关	门闩	关门之通长横闩木
立（门关）	栓杆	竖闩	关闭门的竖立闩
手拴（伏兔）	插关	闩	短木做的门闩
桯	大边（边挺）	边挺	门左右之竖木枋，用于窗上称“窗挺”
	腰枋	门档	门框与抱框间的横木
门簪	门簪	阀阅	大门中槛上将连楹擊于槛上之材
肘板（通肘板）	门板	门板	门间之木板，通常实拼板门很厚，其里边那块上下做出门轴，称“上下全纂”，又对肘板外边的那块叫“付肘板”
身口版	门心板	门板	实拼板门中间之板，或框门形式的大边与抹头内之板
楅（幌子）	穿带	光子	大门左右大边间之次要横材。苏地对木板隔断，在木板的中间钉横料者称“光子”
挟门柱			用于乌头门两边立柱，柱下端插入地下，上施乌头帽
门砧	门枕、荷叶墩	门臼、地方	承大门之转轴的构件，苏地有用铁制的称“地方”
	抱鼓石	砷石	门前所置的一对石鼓，亦用于牌坊及栏杆望柱前。有的前为鼓石后为门枕二者合一。也有前改作“上马石”
立柣		似金刚腿	在门下槛两端做榫以装卸下槛（门槛），苏地做靴腿状的带榫木块
泥道板	馀塞板	垫板	大门门框腰枋间用来遮住空挡的木板
障日板	走马板、门头板	高垫板	大门中槛与上槛之间用来遮住空挡的木板
辅首	门钹、兽面	门环	做有装饰性的金属拉门，清式有“铂钑兽面”之称
镮	仰月千年锦	门环	做有装饰性的金属拉门环
	角叶		门窗纵横木框相接处起加固作用并带装饰性的金属件，以防门扇角松脱或歪斜。如带钩花钮头圈子“梭叶”“人字叶”等
鸡栖木	连楹（门楹）	连楹（门楹、门龙）	大门中槛上安放转轴（即上纂）枋，前由门簪系连之横材

（续表）

宋式名词	清式名词	苏南地区名词	说明
	栓斗		用于格扇门上安放转轴的木料，有作如荷叶形者称“荷叶栓斗”
护缝版和牙头护缝	护板条	似雨挞板、支条	障水板与腰串上下相接处之缝上，加一条起防风作用之木，宋代称“牙头护缝”
格子门	格扇、格门（隔扇）	长窗	柱与柱间用木材做成隔断，周围有框架，横向用横木（抹头），上下分划数道，为花心、绦环板、裙板等，花心（格心）是透光通气部分
两明格子	夹实纱（夹堂）	纱槅（纱窗）	形与长窗相似，但内心仔钉以青纱或书画装于内部，作为分隔内外之用。宋式上下均做双层，清式仅格心做双层，余皆单层
桯、腰串	抹头	横头料	门窗木框之横木，在外称“桯”，在里称“腰串”
双腰串	四抹头、三抹头		按抹头用数，一般分三到六根。宋式双腰串等于清式四抹头，宋式单腰串等于清式三抹头
单腰串			于清式四抹头，宋式单腰串等于清式三抹头
上桯（串）	上抹头	横头料	门窗木框上部之横料
下桯（串）	下抹头	横头料	门窗木框下部之横料
子桯（难子）	仔边（仔替）	边条	格扇内棂子边木
条絟（棂子）	棂子（条）	心仔	格扇内棂子边条
格眼	隔心（花心）	内心仔	格扇上部之中心部分，用木条搭交成各种形式的空档以供采光
腰华版	绦环板	夹堂板	格扇下部之小心板，明代称“束腰”
障水版	裙板	裙板	格扇下部主要之心板，明代称“平板”
难子	引条	楹条（隐条）	门窗裙板四周所虚隙处钉一小木条使其坚固
毬文	碗花或菱花		门窗格子做法之一种，清式分有双交四椀菱花、三交六椀，两交四椀，三交满天星等。宋式有桃白毬文、四斜四直毬文等

（续表）

宋式名词	清式名词	苏南地区名词	说明
直棂窗与破子棂窗、卧棂造	栅栏窗	直棂窗	木断面为三角形的直窗栅称“破子棂窗”，四方形断面的棂木称“直棂窗”，但二者习惯上统称“棂窗”。棂条横置者称“卧棂造”
板棂窗	（似）“一码三箭”或马蜂腰	木栅窗	用条板作屏藩，但板与板间有空隙，仍通光线明代称“柳条式”
隔间坐造	槛窗	地坪窗或半窗	窗下有矮墙（称“槛墙”，南方有木板或石板）托塌板，可以里外启闭之窗。宋式在直棂窗下，槛墙位改用障水板称“隔减坐造”
	支摘窗	和合窗	上部可以支起，下部可以摘下之窗
	横披	横风窗	窗装于上槛与中槛之间，成扁长方形窗可以向上、下开
	抱框、抱柱	边栨	柱旁安装窗牖用之框，用于和合窗上，苏地将抱框称“边栨”
柱	间柱	矮柱、窗间柱、中栨	支摘窗中柱
	榻板	（似）捺槛	平放槛墙面上之板，上置窗格
桯	风槛	横头料	槛窗之下槛
出线	线条	起线	门窗框木表面做出各种线脚，宋式分通混压边、素通混枭线、通混出双线、四混中心出双线，方直破瓣；清式有洇、亚、浑、斌面；苏地另有木角、合跳等
	（似）双榫实肩大割角	合角	门窗横直条交接方法之一
		实叉虚交	门窗横直条交接方法之一
		合把啃	门窗横直条交接方法之一
		平肩头	门窗横直条交接方法之一

（二）内檐装修

1. 隔断

宋式名词	清式名词	苏南地区名词	说明
	格门（碧纱橱）	（似）纱槅、屏门	内檐装饰隔断之一，形似外檐格子门，但做工细巧，格心改用裱糊书画
	罩（地帐）	落地罩（地帐）	罩是拢罩的意思，为古代“地帐”演变来的屋内起分隔作用的装饰。分落地罩、飞罩、月洞式落地罩（苏地称“园光罩”）、几腿罩、栏杆罩、花罩等

（续表）

宋式名词	清式名词	苏南地区名词	说明
	几腿罩	挂落	用木条相搭成各种纹样的装饰，悬装在廊柱或金柱间
	花牙子	透空雀替	内檐装饰之一，形似雀替，但用镂空刻花板做成
	倒挂楣子	挂落、楣子	挂落的一种形式

2. 天花

宋式名词	清式名词	苏南地区名词	说明
平棊	天花、顶棚、承尘	天花、棋盘顶	屋内上部用木条交叉为方格，放木板，板下施彩绘或彩纸，称天花，亦有称“藻井”
平闇	天花	天花	天花之一种，作密而小透空的方格
藻井与斗八	藻井	鸡笼顶	将天花做成复杂且华丽的层叠式，成穹隆状或八边形（称“斗八”，斗八又有大、小之分）、方形的顶棚
背版	天花板	天花板	建筑物内上部，用木条交叉为方格称“井”，井内铺板为“天花板”，以遮蔽梁以上之部分
难子（护缝）与桯	板条	支条	贴于天花空隙处用木条遮蔽小木条，用于四边较宽厚的木条称“桯”
贴	（似）贴梁		贴在桯身上安天花板之木料
楅	（似）穿带	（似）脚手木	为天花板背上的半圆形木料
明栿	天花梁	天花梁	在大梁及随梁枋之下，前后金柱间安放天花之梁
	天花枋	枋或串	在左右金柱间，老檐枋之上，与天花梁同高放天花之枋
	天花垫板		老檐枋之下，天花枋之上，两枋间之垫板
	井口枋		里拽厢栱之上，承托天花之枋
	帽几梁		天花井支条之上，安于左右梁架上以挂天花之圆木
方井	井与井口、井口天花	方井	天花支条按面阔进深列成方格，每个方格称“井”，方形称“方井”，八角形称“八角井”，井内装天花板，并绘彩画。其最外一周部分称“井口”，又称“井口天花”或“明镜”
角			天花梁抹角部分三角形装饰

（续表）

宋式名词	清式名词	苏南地区名词	说明
明镜	明镜		藻井正中的圆形或多边形的顶
随瓣方			斗八藻井中位在压厦板上45° 抹角之枋子，上承斗栱及斗槽板
压厦版			位在八角井斜形盖顶
斗槽版			在算程方斗栱朵与朵间之木板
背版			阳马间之顶板
阳马			藻井转角处弧弯形顶板
		轩梁	在轩梁深一步或二步，其二柱之间的底层横梁
	轩（卷棚）	轩、卷棚、回顶	轩为厅堂里外廊，其屋顶架重椽（天花）作假屋面，使内部对称，因位置不同分下轩、骑廊轩、副檐轩、满轩等，其形式见“弯椽”项
		磕头轩	轩之形式之一，轩梁底低于五架大梁底者
		抬头轩	轩之形式之一，轩梁之底与五架大梁底相平的组合形式
		半抬头轩	轩之形式之一，五架大梁比轩梁高，而二者不同在一屋面斜形线的屋面上，称“半抬头轩”
		付檐轩	楼房之下层廊柱与金柱之间翻轩，上复屋面、附于楼房者

（三）扶梯

宋式名词	清式名词	苏南地区名词	说明
胡梯	楼梯	楼梯	用踏步供垂直上下的构件
望梯	扶梯柱	楼梯柱	安扶手木的短立柱
促踏版	踏步	踏步	楼梯的阶级
踏版	踏步	拔步	楼梯阶级之水平部分
促版	起步（晒版）	脚板（起步）	楼梯阶级之垂直部分
颊	大料	梯大料	安梯档搁促踏版的通长大料
榥		横料（串）、光子	颊边之横木
两盘、三盘告	折	二折、三折	梯中置平座（平台）转折二至三折而上的扶梯

四、土石作

（一）基础（二）台阶

宋式名词	清式名词	苏南地区名词	说明
筑基（屋基）	地脚（地基）	基础	房屋基础的地下部分，把房屋本身及其他一切荷重传给土层地基上
开基（址）	刨槽（基槽、土槽）	开脚	房屋基础掘土筑槽
布土	填箱	填土	房屋台基内的填土
	栏土		在台基之下，柱的礎墩间砌的短墙，栏土按位有“砌栏土”“金栏土”“檐栏土”等称
	豆渣石、糙石	领夯石	基础最下层三角石，以夯实的基石，其上砌块石，苏地称“一领二叠石，一领三叠石”等
	豆渣石	纹脚石	叠石以上乱绞砌的块条石，又称“乱纹绞脚石”
地丁	桩丁	桩	用木打入地内以增加土的荷载量，木径大者称“桩”，“径小而短者”为“丁”
筑基（屋基）	地脚（地基）	基础	房屋基础的地下部分，把房屋本身及其他一切荷重传给土层地基上
土衬石	土衬	土衬石	基础部分之一，糙塘石以上露出地面之石
压栏石、地面石、子口石	阶条	阶沿石（锁壳石）	台基四周外椽露面之石条
角柱	角柱石（好头石）		台基角上或墀头上半立置之石
台（阶基）	台明（台基）	阶台	砖、石砌成之平台状之建筑物
须弥座	须弥座	金刚座（细眉、露台）	露台上下均有凹凸线脚的台基或坛座，苏地在内檐装修罩下之座称“细眉座”
地栿（圭角）	圭脚（龟脚）	地坪枋	须弥座最下层枋子，四角镌有三角形纹饰，称“圭角”
下罨牙砧	（似）下枋	拖泥部分或仰浑（下荷花瓣）	须弥座下枋以上部分
束腰	束腰	宿腰（肤）	须弥座上下叠涩线脚之间（正中）部分
上罨涩砧	（似）上枭	托浑（上荷花瓣）	上枭位在须弥座束腰之上枋
角柱	（似）八达马	（似）荷花柱	须弥座转角处雕有纹样的短柱
合莲砧（通浑）或下罨牙砖	（似）下枭或带复莲	托浑（下荷花瓣）	须弥座束腰以下之枋

（续表）

宋式名词	清式名词	苏南地区名词	说明
方涩平砧	上枋或地栿	台口（台口石）	台阶口之石
	栏杆	台周围	栏置杆、踏跺、见栏杆、踏跺条

（三）石础

宋式名词	清式名词	苏南地区名词	说明
柱础（石碇）	柱顶石、础石	磉石	石鼓磴下所填方形石，与阶檐石平，来承托柱下之石。苏地按磉位分有步磉，半磉，前、后廊磉，半边游磉等
覆盆	磉墩	磉窠（磴）	柱下之石础形式之一，形如倒复之盆形
	古镜（今）		柱下之石础形式之一，圆形石础周边起鼫形
（鼓）	石鼓	石鼓墩或木墩	柱下石或木础之一种

（四）石刻与石料加工

宋式名词	清式名词	苏南地区名词	说明
壶门		欢门	门首做枭混弧线的门，其意义是一尊贵的入口
叠涩	叠涩		用砖石层层向内外出跳的结构
螭首	螭首	角兽	须弥座转角和望柱外椽下，镌成龙兽形出水用的装饰构件
出混	枭混	枭浑	上凹下凸的嵌线。枭是凸面嵌线，混是凹面嵌线，圆角的称“混棱”，方折角称“棱”
剔地起突	（似）混雕	地（底）面起突	石、木雕镌中高浮雕，去地（底）
压地隐起	（似）半混雕	铲地起阳	石、木雕镌中低浮雕，去地（底）
减地平钑	线雕	阴纹	石、木雕镌中线刻
素平	素平	素平	石、木雕镌中无花纹
混作	混雕（全雕）	圆作	石作雕镌中圆雕方法，清式又称“全形”
平钑	（似）影（隐）雕	起阴纹花饰	石作雕镌中不去地（底）的线刻
实雕	实雕		石作雕镌中去地（底）的高或低浮雕
	采铲地雕		石、木作雕饰物在表面、地部雕有花饰，来突出主题的一种雕法
打剥	（似）做粗	双细	造石次序之一，石胚加剥凿去其棱角

（续表）

宋式名词	清式名词	苏南地区名词	说明
粗博	（似）做粗	市双细	造石次序之一，石料经剥凿再加一次凿平，使表面大致平坦
细	（似）做细	凿细	造石次序之一，经双细后再上錾凿，使其平面均匀密整之工作，使石面基本平整
褊棱	（似）凿褊	勒口	造石次序之一，石料经做细后在表面边缘斩出轮廓线的光口
斫作	（似）占斧	督细	造石次序之一，石经勒口等工序，再加凿，使表面进一步平整
磨砻	褊光		造石次序之一，石材表面和雕物经最后加工磨砂，使其光滑
抹角	小圆角	（似）篾篇混	底侧转角（折角处）做成小圆形或小斜面
		泼水	构件上部向外倾斜所成之斜度
	海棠纹	木角线	构件转角凿成或刨成两小圆相连之凹线
	券石	栱券石	见城墙项

五、栏杆

（一）木栏杆 （二）石栏杆

宋式名词	清式名词	苏南地区名词	说明
钩栏	栏杆	栏杆	台、坛、楼或廊边上防人或物下坠之障碍物，宋式分“重台钩栏”与“单钩栏”二类
鹅项	靠背栏杆（鹅颈椅）	吴王靠（美人靠）	可以坐的半栏，在外缘附加曲形靠背
	朝天栏杆		临街商店门面平顶上之栏杆
	坐凳栏杆	坐栏	用木、石、砧做墩子，搁横斜的低栏，也可供坐凳之栏
卧棂		横栏杆	用横向木料分栏的形式，长栏板部分
拒马叉子	纤子栏杆	木栅	只有望柱，立柱不围栏板，仅用横木与地栿的栏杆
华版（大小华板）	栏板	栏杆（栏板）	位于地栿，扶手间的版状构件，有木、石、砖三种，镌刻花纹的称“华板”
寻杖	扶手、寻杖	扶手（木）	栏杆及扶梯上供人上下扶拉用的通长材料
撮项	瘿项	花瓶撑	石栏杆中部凿空，存留花瓶状之撑头

（续表）

宋式名词	清式名词	苏南地区名词	说明
云栱（瘿项）	净瓶荷叶云子	花瓶撑、三伏云撑	石栏杆中部凿空，存留花瓶状一部分
盆唇		栏杆	压栏板之横枋
地栿	地栿	（似）拖泥	临地面最下一层木或石枋子
	平头土衬		踏步象眼之下，与砚窝石、土衬石平之石
踏道	踏跺	阶沿（踏步）	由一高度达另一高度之阶级，正面及左右皆可升降之踏跺，清式称“如意踏跺”。殿堂左右各做一踏道，宋式称“东西阶”
踏	级石	踏步（副阶沾）	踏跺组成部分之一，每级可踏以升降之石
促面	踢	影身	阶级竖立部分
	如意石（燕窝石）	副阶沿石	踏跺之最下一级之石，较地面微高一、二寸
墁道	礓磜（马道）	礓磜	用斜面做成锯齿形之升降道
副子	垂带石	垂带石	踏跺两旁由台基至地上斜置之石
陛	御路	御道	宫殿台基前，踏跺之中，不作阶级而雕龙凤等花纹斜铺之石
	抱鼓石	砷石	垂带栏杆下端多用抱鼓石或类似的石构件将柱扶住
象眼	象眼	菱角石	清式对建筑物上直角三角形部分之统称。另踏跺垂带石下三角形部分

六、屋顶

宋式名词	清式名词	苏南地区名词	说明
	瓦顶	瓦面	瓦顶盖瓦形式有：灰顶、仰瓦顶、棋盘心、仰瓦灰梗等
	灰顶	灰泥顶	青灰涂墁之屋顶
青灰瓦	青瓦，布瓦，阴、阳合瓦	蝴蝶瓦、小青瓦	灰色无釉之瓦，又称“片瓦”
版瓦	板瓦	板瓦	横断面作小于半圆弯凹状之弧形瓦
筒瓦	筒瓦	筒瓦	断面作半圆形之瓦，有上釉和不上釉二种
合瓦	合瓦、蓋瓦、盖瓦	盖瓦（复瓦）	俯置之瓦多于两片
仰版瓦	仰瓦	底瓦	瓦之仰置、叠连接成的瓦陇
	罗锅筒瓦	黄瓜环瓦	盖于回顶建筑，无正脊即卷棚顶之脊瓦

（续表）

宋式名词	清式名词	苏南地区名词	说明
	沟	豁	两楞瓦之距离填于底瓦
陇	陇	楞	屋面盖瓦一排称“楞”
	当沟	沟中	正脊之下瓦陇之间之瓦称“正当沟”，吻座下称“吻下当沟”，在戗脊之下瓦陇间称“斜当沟”
剪边	剪边	镶边	围屋面四周或左右二侧铺筒瓦、青瓦，其他做灰顶、青瓦也有
正脊	正脊	正脊	屋顶前后两斜坡相交而成之脊，有砧瓦叠砌，有预制的，形式很多。苏地有“清水脊”，两端做有“甘蔗”、雌毛、纹头、哺鸡、哺龙等脊形
	清水脊	清水脊	
	叠瓦脊	游脊	两瓦顶合角处，以瓦斜平铺，简陋之正脊
		亮花筒	屋脊中部用砧瓦叠砌各种镂空纹样
戗脊	戗脊、岔脊	戗、水戗	用于歇山顶与垂脊在平面上成45°的脊
垂脊	垂脊	竖带、竖带戗	自正脊处沿屋面下垂之脊
	角脊	戗	重檐副檐（腰檐）四角屋顶之成45°的脊
	博脊	起宕脊	一面斜坡之屋顶与建筑物垂直之部分相交处之脊
	花边瓦	花边	小式瓦陇最下翻起有边之瓦，边做曲折花纹
华头筒瓦	勾头	钩头瓦	勾头与滴水通称“檐边之瓦”
		钩头狮	殿堂建筑水戗尖端连于钩头筒上之饰物
重唇版瓦与垂头华头版瓦	滴水	滴水（花边）	檐端之滴水瓦
华废	排山勾滴	排山	硬山、悬山的两山博缝上之勾头与滴水
滴当火珠	钉帽	搭人（帽钉、钉帽子）	屋面出檐头、盖瓦上有瓦人或其他装饰
柴栈（版栈）	苫背	（似）大帘	苇、竹编席做屋面垫层，即椽上铺望板或苇箔、胶泥、灰泥、煤渣做成
鸱尾	正吻	吻	正脊两端具龙头形翘起的雕饰，苏地有鱼吻、龙吻之分
兽头	合角吻（垂兽、角兽）	（似）人物（天王、广汉）	垂脊下端之兽头形的雕饰

（续表）

宋式名词	清式名词	苏南地区名词	说明
	戗兽	戗兽（吞头）	戗脊（飞戗）端之兽头形雕饰
蹲兽	走兽	走狮或坐狮	垂脊下端上仙人背后排列的兽形雕饰，按清式走兽顺序：龙、凤、狮、麒麟、天马、海马、鱼、獬、吼、猴十种
嫔伽	仙人		放在戗脊端的装饰
套兽	套兽	兽头	仔角梁梁头上之瓦质雕饰
	背兽		正吻背上兽头形之雕饰
	吻座	吻座	正吻背下之承托物

七、墙壁与城墙

宋式名词	清式名词	苏南地区名词	说明
墙垣	墙（墙壁）	墙垣	我国古建筑中各部墙壁的名称，多依地位、功能、用材、时间的不同而异，大体分两类，城壁（清式称“城墙”）、露墙（清式称“转围院墙”），露墙又可分为：围墙、院墙、影壁、屋墙（似抽纴墙）、山墙、檐墙、槛墙、隔断墙、扇面墙等
土墙（版筑）	夯土墙（版筑）	土墙	用木板做模，其中置土，以杵分层捣实的墙故名“版筑”“椿土墙”
土墼	土坯	土坯	将泥和稻草或麦秆置模中压实，晒干成矩形土块，它叠砌的墙称土坯墙
版壁	本墙壁或原木墙	板壁	用木板分隔室内空间的墙称版壁，用原木实叠之墙为“原木墙”，通常用于“井干屋”结构的外墙
隔截编道	竹夹泥墙（编条夹泥墙）	竹筋泥墙	用竹为横直主筋，内外涂刷灰泥之墙，一般多用于室内作间隔墙
栱眼壁			用于二朵正心缝斗栱空隙之壁
露墙	围墙（院墙）	围墙	房屋外围划分空间的墙，在住宅园林中往往在墙身中做透空的漏窗或花墙。围墙是宋式露墙之一种
	山墙	山尖墙（屏风墙）	房屋左右两山之墙。其超出屋面起防火和装饰作用的有五花、花山墙（苏地称“三山”“五山屏风墙”“观音兜”等）
（似）抽纴墙	檐墙（露檐墙、封檐墙）	出檐墙或包檐墙、塞口墙	墙位于檐柱出檐处，高及枋底，其椽头挑出墙外为“出檐墙”，墙顶封护椽头称“包檐墙”或“塞口墙”

（续表）

宋式名词	清式名词	苏南地区名词	说明
	大枋子	抛枋	墙顶部曲线条称“壶细口”和托浑凸出墙面的枋子称“抛枋”
	槛墙	半墙或月（玉）兔墙	槛窗下的矮墙，将军门下槛之下的半墙
护险墙		墙墩（丁头墙）	城墙墙身附支墙
	扇面墙	隔墙	室内左右金柱间的墙
露墙之一	花墙	花墙	花墙多数应用在园林中，墙上叠砌各种透空纹样的墙
露墙之一	影壁（箫墙）	照壁、照墙	通常位于大门正前的单立墙，有八字照墙、过河照墙等
	群肩（下肩）、碱	（似）勒脚（下脚）	地面以上，墙的下部称“群肩”，清式多用石砖叠砌而成，转角有“角柱石”，肩面用“腰线石”与压砖板，以下再砌墙身（墙的中部）
	上身	墙身	山墙身，群肩之上的壁体
	墙肩（签尖）	（似）山尖	墙身顶部向上斜收成坡形称“墙肩”
	墀头	垛头	山墙伸出至檐柱外之部分，墀头上有挑檐石梢子、荷叶墩、博缝、盘头、戗檐砖等
	封护檐	包檐	墙不出屋面，而且保住屋架檩、椽，用“拨檐、博缝”来出挑（其形式有冰盘、抽屉、菱角、圆珠混等）
菱角牙与板檐砧	菱角	菱角（齿形砧）和飞砧	用砖叠涩出跳方法之一。采用一层平铺另一层斜铺，上下重叠，再在出跳外露成锯齿形成菱角牙（子），另一层即板檐砖
女儿墙	城跺	栏	城墙上的矮墙
	垛口		防御敌人的高低凹凸之矮墙
	瞭望口与射孔	望孔、射孔	在垛口上面开一洞孔来观察敌情或供射击用之小孔
	墙台		每隔若干距离做一凸面城墙身，扩大城面以供作战活动
	敌楼（灯火台）		在墙台面上用筑屋，供监视敌情
	闸楼	闸楼	在城台面上复盖闸门的建筑物
缴背	伏		砧圈或石券（发圈）中一皮按圜形卧铺之砧或石
门卷石	券石	栱券石	加工成折扇扇面形石块

（续表）

宋式名词	清式名词	苏南地区名词	说明
卷輂	石券（圈）	石栱券	由若干块折扇扇面形的栱石拼合而成圆弧栱。其砌置方法有两种：一是并列砌置，二是纵联砌置

八、彩画

宋式名词	清式名词	苏南地区名词	说明
	大式（殿式）	宫式	清宫式建筑彩画
	苏式	彩画	江南地方彩画
	地底	底色	彩画背底
	枋心		梁枋彩画之中心部分
	箍头		梁头彩画两端部分，有：狗丝咬，一整二破，一整二破加一路、二路，喜相逢等
	藻头（找头）		彩画箍头与枋心间部分
	搭栿子	包栿	苏式彩画将檐、桁垫板檐、枋心联合成半圆形为主题之彩画
	和玺		最高等级之彩画，以“Σ”形线划分为三部分，内绘金龙
	旋子（学子、蜈蚣圈）		梁枋上以切线圆形为主题之彩画，它分六种：金琢墨石碾玉，烟琢墨石碾玉，金线大点金，金线小点金，墨线大点金，雅乌墨等
	盒子		彩画箍头内略似方形之部分
	花心		旋子彩画旋子之中心
	空心枋		枋心之内无画题之彩画
	退晕		彩画内同颜色逐渐加深或逐渐减浅之画法
	沥粉贴金		用胶、灰土等组成膏状可塑物粘出纹样来突出彩画轮廓线，再贴金
	披麻捉灰（地仗）		在木构件的表面用油灰与麻布层叠包裹，由一麻三灰到三麻二布七灰共十几种的油漆或彩绘打底方法
五彩遍装			多用于梁、斗栱上，用青绿“迭晕”为轮廓线内五彩花纹的彩画
碾玉饰			以青绿“迭晕”棱间装以青绿为主的彩画
解绿装			以刷土朱暖色为主的彩画，包括“解绿结华装”和“丹粉刷饰”

（续表）

宋式名词	清式名词	苏南地区名词	说明
杂间装			将两种彩画交错配置，如“五彩间碾玉”“青绿三晕间碾玉”等
七朱八白（八白）			在枋子上浅刻矩形块，再涂朱、白二色，为土朱刷饰之一种

九、牌坊、牌楼

宋式名词	清式名词	苏南地区名词	说明
	牌坊	牌坊	用华表（清式称“冲天柱”）加横梁（额枋），其上不起楼，不用斗栱及屋檐，下可通行之纪念性建筑物
	牌楼	带楼牌坊	柱间横梁上有斗栱，托屋檐并起翘，下可通行之纪念性建筑物，也有用冲天柱的
	牌坊门	门楼	牌坊上安门扇的大门，古称“衡门”
乌头	毗卢帽		乌头门的冲天柱出头处刻的雕饰
	云罐	云冠	乌头门的冲天柱出头处刻的雕饰
	火焰珠	火焰	石牌坊上枋正中安置的似火焰状之装饰
	管脚榫		柱下凸出以防柱脚移动之榫
	日月牌	日月牌版	石牌坊额枋之两端所镌刻的日、月形装饰物
	梓框	（似）矮柱、抱柱	仿木牌楼枋柱的做法
	花板	夹堂	石牌坊上枋与下枋间垫板上雕出的透空花饰
	明楼（正楼）	中楼	牌楼明间上之楼
	次楼	下牌楼	三间或五间牌楼等，在次间上之楼
	边楼		牌楼上两边之楼
	夹楼		牌楼在一间上之中安一楼，旁安二小楼，二小楼即夹楼
	摺柱	短柱	上、下枋或花枋间的短支柱
	龙门枋	定盘枋	正间有楼的横枋为龙门枋，次间为“大额枋”，上层横枋为“单额枋”
	小额枋	下枋	龙门枋或大额枋下的横枋
	单额枋	上枋	枋柱头与檐柱头之间无小额枋
		花枋	石牌坊下枋上面之一条石枋，在中枋上之石枋则名上花枋

（续表）

宋式名词	清式名词	苏南地区名词	说明
	戗木	斜戗木	戗支立柱以防倾斜之木
	戗风斗		支柱戗木的构件
	云墩		承受雀替之座
	云板	三伏云板	雕有流云版的雕饰
	斗板		琉璃牌楼和琉璃坊贴面之花版
	高架柱		牌楼上层柱立在龙门枋或大额枋上的柱子
	木杆石		夹边柱、中柱脚下部的石构件，又称“夹杆石”
华表	冲天柱		牌楼、坊的出头柱。柱头做云罐等纹饰
	中柱与边柱		明间两边的立柱称中柱，次间两边立柱称“边柱”
	灯笼榫		牌楼柱上伸起以安斗栱之长榫
		角昂	石牌坊转角斗栱上作平铺石檐、屋面之石板
		脊板	石牌楼中用石板作脊
	石地栿	石槛	石制之门限

十、塔幢

宋式名词	清式名词	苏南地区名词	说明
佛塔	塔	塔	塔原是佛陀的建筑物，起源于印度，故释名斯突帕、屠堵婆、浮图、塔婆、兜婆等，按性质分佛塔、舍利塔、经塔、墓塔，按形制分单层塔、楼阁式塔、密檐式塔、喇嘛塔、金刚宝座塔、花塔、过街塔、光塔等
舍利	舍利	舍利	埋藏佛的骨化称“舍利”，也称“法身生舍利”。埋藏佛教徒纪念物称“法身舍利”
支提			石窟洞内的塔形石柱
	塔庙	塔身	以塔、庙连称的佛教建筑
	塔身		塔本身部分，如楼阁式塔，包括平座、腰檐、内廊、穿廊、塔室、塔壁等
	塔基	塔基或塔座	塔台基，也可以包括地面以下的建筑物
	塔室	塔室	塔内正间的空间，平面有多角形、矩形、圆形三种

（续表）

宋式名词	清式名词	苏南地区名词	说明
	回廊（迴廊）	内走廊	塔内回绕塔心之走廊
	塔壁	塔体	塔砖砌墙体，规模较大之塔分内、外壁两部
	塔顶	塔顶	塔屋盖，包括支承屋面的梁架、屋面、瓦饰等
	天地宫	地宫 天宫	塔基下的暗室，为埋藏“舍利”等珍贵文物而建，又称“龙宫”“海眼”“地宫”，在塔身上作暗室或塔刹部者称“天宫”
刹	塔刹	刹（塔顶）	塔顶正中套层层的金属构件，单体称“刹件”
刹	刹木杆	塔心木（刹桩）	从塔内正中串出塔顶面承套各金属刹件的大立柱
	刹座	塔顶座	位于塔顶屋面正中，承载刹件最下复钵的台座
	复钵	合缸	金属刹件之一，形如倒置之钵而得名，又名“复莲”“荷盖顶”等
相轮（金盘）	相轮	蒸笼圈	金属刹件之一，相轮一般为奇数，五至九个串套在木刹上
	套筒	膝裤通	金属刹件之一，刹件间串套在木刹杆上的套管
	仰莲	莲蓬缸	金属刹件之一，钵形大口向上，四面刻有莲花的刹件
	火焰	火焰	金属刹件之一，做成火焰状的装饰品
	露盘	露盘	金属刹件之一
	宝盖	风盖	金属刹件之一，形如镂空伞骨复在相轮上
	宝珠（宝球）	球珠	金属刹件之一，圆球形的构件
	葫芦（宝瓶）	上顶葫芦	金属刹件之一，做成葫芦形的刹件
	圆光与仰月	（似）天王版	金属刹件之一，版面铸有各种镂空纹样，圆形的称“圆光”，有天王武士的称“天工版”
	葫芦（宝瓶）	上顶球葫芦	金属刹件之一，做成葫芦形的刹件
	垂链	旺链	金属刹件之一，上由宝盖周边的风形头开始，下垂至屋顶戗脊端的铁制链条
铎	铎	檐下之铃	挂于屋角外椽的金属钟
大柁	承重	千斤承重大料	承搁塔心木的横木

（续表）

宋式名词	清式名词	苏南地区名词	说明
副阶周匝	外廊	塔衣	围绕塔身底层的外廊
	山华蕉叶		塔刹刹件之一，复钵上植物叶形的装饰品
	塔肚子		喇嘛塔之实心塔身
	十三天		喇嘛塔的刹件之一，即“相轮”
	流苏		喇嘛塔宝盖周围的装饰品
	塔脖子	幢	喇嘛塔塔肚子与宝盖间的部分
幢	陀罗尼经幢	幢	佛教刻经的石建筑
	道德经经幢	幢	道教刻经的石建筑
	屋盖		幢身的盖顶
	土观石		幢的基石

附图：苏南地区扁作厅抬头轩大厅透剖图

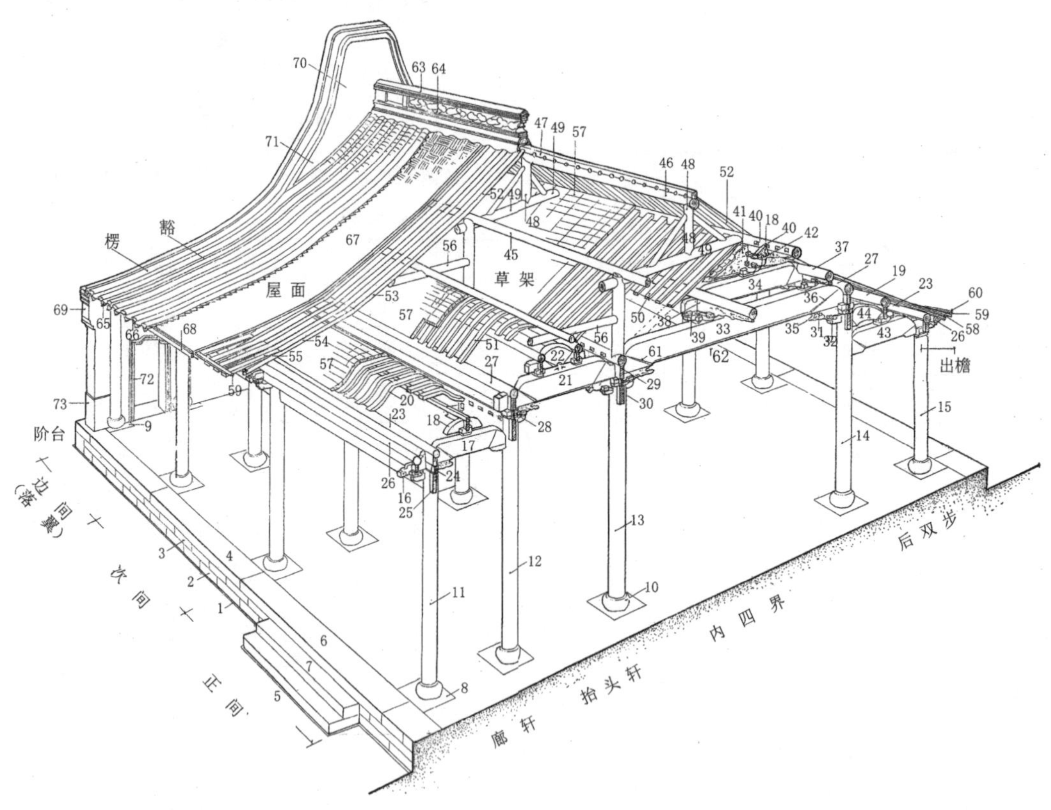

1. 绞角石　2. 土衬石　3. 侧塘石　4. 阶沿石　5. 踏步　6. 尽间阶沿石
7. 副阶沿石　8. 磉石　9. 半磉　10. 磉磴　11. 前廊柱　12. 轩步柱

13. 前步柱　14. 后步柱　15. 后廊柱　16. 硬挑头　17. 轩梁　18. 抱梁云
19. 轩桁　20. 鹤颈轩　21. 轩梁　22. 荷包梁　23. 廊桁　24. 夹堂板
25. 廊枋　26. 梓桁　27. 步桁　28. 柱头斗　29. 连机　30. 步枋
31. 梁垫　32. 蒲鞋头　33. 大梁　34. 三架梁　35. 峰头　36. 拔亥
37. 金桁　38. 金机　39. 寒梢栱　40. 脊桁　41. 山雾云　42. 脊机
43. 后双步　44. 眉川　45. 草金桁　46. 草脊桁　47. 帮脊木　48. 脊童柱
49. 小驼梁　50. 复水椽　51. 船篷三弯椽　52. 头停椽　53. 下花架椽
54. 檐椽　55. 飞椽　56. 草川　57. 望砧　58. 里口木　59. 眠檐
60. 瓦口板　61. 剥鳃　62. 挖底　63. 正脊　64. 亮花筒　65. 滴水
66. 勾头瓦　67. 垫层　68. 遮雨板　69. 垛头　70. 观音兜　71. 山墙
72. 砧门宕　73. 勒脚

参考文献

一、典籍

1. 二十五史（百衲本）[M]. 杭州：浙江古籍出版社，1998.
2. [汉]许慎著，[清]段玉裁注. 说文解字注[M]. 杭州：浙江古籍出版社，1998.
3. [汉]赵晔撰，[元]徐天佑音注. 吴越春秋[M]. 南京：江苏古籍出版社，1999.
4. [唐]陆广微撰. 吴地记[M]. 南京：江苏古籍出版社，1999.
5. [宋]吴自牧，周密撰，傅林祥注. 梦粱录 武林旧事[M]. 济南：山东友谊出版社，2001.
6. [宋]朱长文撰. 吴郡图经续记[M]. 南京：江苏古籍出版社，1999.
7. [宋]范成大撰. 吴郡志[M]. 南京：江苏古籍出版社，1999.
8. [元]俞希鲁撰. 至顺镇江志[M]. 南京：江苏古籍出版社，1999.
9. [明]文震亨撰，陈植校注. 长物志校注[M]. 南京：江苏科学技术出版社，1984.
10. [明]孙承泽撰. 春明梦馀录[M]. 古香斋袖珍十种本. 北京：北京古籍出版社，1992.
11. [明]张岱撰. 陶庵梦忆[M]. 上海：上海古籍出版社，1982.
12. [明]张岱撰. 西湖梦寻[M]. 上海：上海古籍出版社，1982.
13. [明]田汝成辑撰. 西湖游览志[M]. 上海：上海古籍出版社，1998.
14. [明]田汝成辑撰. 西湖游览志馀[M]. 上海：上海古籍出版社，1998.
15. [明]宋应星撰. 天工开物[M]. 成都：巴蜀出版社，1989.
16. [明]徐溥等奉敕撰，李东阳等重修. 明会典[M]. 武汉：武汉大学光盘版文渊阁影印本.
17. [明]李时珍撰. 本草纲目[M]. 北京：人民卫生出版社，1982.
18. [明]王鏊等撰. 姑苏志[M]. 台北：台湾商务印书馆影印文渊阁《四库全书》本. 1983.
19. [明]胡广等撰. 明实录[M]. 扬州：广陵书社。2017.
20. [明]王鏊修，[明]蔡昇辑，陈其弟校注. 震泽编[M]. 苏州：古吴轩出版社，2014.
21. 佚名. 甫里志稿[M]. 南京：江苏古籍出版社，1992.
22. [明]李昭祥. 龙江船厂志[M]. 南京：江苏古籍出版社，1999.
23. [清]丁丙编纂. 武林坊巷志[M]. 杭州：浙江人民出版社，1990.
24. [清]张承先著，[清]程攸熙订，朱瑞熙校点. 南翔镇志[M]. 上海：上海古籍出版社，2003.
25. [清]顾传金辑. 蒲溪小志[M]. 上海：上海古籍出版社，2003.
26. [清]顾炎武撰. 天下郡国利病书[M]. 济南：齐鲁书社，1997.
27. [清]钱泳撰. 履园丛话[M]. 北京：中华书局，1979.
28. 江苏省地方志编纂委员会办公室组织整理，程章灿主编. 江南通志[M]. 南京：凤凰出版社，2019.

29. [清]冯梦龙编. 醒世恒言[M]. 北京：华夏出版社，1995.
30. [清]冯梦龙编. 喻世明言[M]. 北京：华夏出版社，1995.
31. [清]冯梦龙编. 警世通言[M]. 北京：华夏出版社，1995.
32. [清]吴敬梓撰. 儒林外史[M]. 北京：人民文学出版社，1992.
33. [清]梁诗正，沈德潜，傅王露等通撰. 西湖志纂[M]. 上海：上海古籍出版社，1993.
34. [清]袁景澜撰. 吴郡岁华纪丽[M]. 南京：江苏古籍出版社，1998.
35. [清]焦循，江藩撰. 扬州图经[M]. 南京：江苏古籍出版社，1998.
36. [清]金友理撰. 太湖备考[M]. 南京：江苏古籍出版社，1998.
37. [清]徐崧等撰. 百城烟水[M]. 南京：江苏古籍出版社，1999.
38. [清]顾公燮等撰. 丹午笔记・吴城日记・五石脂[M]. 南京：江苏古籍出版社，1999.
39. [清]黄宗锡，顾炎武撰. 南明史料[M]. 南京：江苏古籍出版社，1999.
40. [清]顾震涛撰. 吴门表隐[M]. 南京：江苏古籍出版社，1999.
41. [清]姚承绪撰. 吴趋访古录[M]. 南京：江苏古籍出版社，1999.
42. [清]顾禄撰. 清嘉录[M]. 南京：江苏古籍出版社，1999.
43. [清]顾文彬撰，[民国]顾麟士. 过云楼书画记・续记[M]. 南京：江苏古籍出版社，1999.
44. [民国]叶昌炽撰. 寒山寺志[M]. 南京：江苏古籍出版社，1999.
45. 王謇撰. 宋平江城坊考[M]. 南京：江苏古籍出版社，1999.
46. 顾颉刚等编. 吴歌・吴歌小史[M]. 南京：江苏古籍出版社，1999.
47. 顾颉刚编. 吴歌甲集[M]. 上海：上海文艺出版社，1990.
48. 陈戍国校注. 四书五经[M]. 长沙：岳麓书社，1991.
49. 何清谷校注. 三辅黄图校注[M]. 西安：三秦出版社，1995.
50. 杨帆，邱效瑾注译. 山海经[M]. 合肥：安徽人民出版社，1999.
51. 迟文浚，王玉华编著. 尔雅音义通检[M]. 沈阳：辽宁大学出版社，1997.
52. 龙文彬. 明会要[M]. 北京：中华书局，1956铅印本.
53. 傅椿等修，王峻等纂. 苏州府志[M]. 刻本. 南京：南京图书馆藏，1748（清乾隆十三年）.
54. 郑洛书修，高企纂. 上海县志[M]. 民国二十一年影印嘉靖本.
55. 应宝时等修，俞樾等纂. 上海县志[M]. 同治十一年刻本.
56. 魏球修，诸嗣郢等纂. 青浦县志[M]. 康熙八年刻本.
57. 杨旦修，浦南金纂. 嘉定县志[M]. 南京图书馆存残本.
58. 翁澍. 具区志[M]. 四库全书存目丛书史部第223册.
59. 郭廷弼修，周建鼎纂. 松江府志[M]. 康熙二年刻本.
60. 陆立. 真如里志[M]. 1962年铅印本.
61. 陶煦. 周庄镇志[M]. 光绪八年刻本.
62. 仲廷机. 盛湖志[M]. 民国十四年刻本.
63. 徐达源. 黎里志[M]. 嘉庆十年刻本.

64. 翁广平. 平望志[M]. 道光二十年刻本.
65. 黄兆柽. 平望续志[M]. 光绪十三年刻本.

二、论著

1. [英]阿诺德·汤因比. 历史研究[M]. 刘北成，郭小凌，译. 上海：上海人民出版社，2000.
2. 王春瑜. 明清史散论[M]. 上海：东方出版中心，1996.
3. 陈桥驿. 陈桥驿方志论集[M]. 杭州：杭州大学出版社，1997.
4. 陈桥驿. 吴越文化论丛[M]. 北京：中华书局，1999.
5. 刘克宗，孙仪编著. 江南风俗[M]. 南京：江苏人民出版社，1991.
6. 徐迟. 江南小镇[M]. 北京：作家出版社，1993.
7. 陈正祥. 中国文化地理[M]. 北京：生活•读书•新知三联书店，1983.
8. 张弛. 长江中下游地区史前聚落研究[M]. 北京：文物出版社，2003.
9. 吴功正. 六朝美学史[M]. 南京：江苏美术出版社，1994.
10. 许辉，邱敏，胡阿祥主编. 六朝文化[M]. 南京：江苏古籍出版社，2001.
11. 黄盛璋. 中外交通与交流史研究[M]. 合肥：安徽教育出版社，2002.
12. 黄今言主编. 秦汉江南经济述略[M]. 南昌：江西人民出版社，1999.
13. 何勇强. 钱氏吴越国史论稿[M]. 杭州：浙江大学出版社，2002.
14. 蔡丰明. 江南民间社戏[M]. 上海：百家出版社，1995.
15. 蒋炳钊等编著. 百越民族文化[M]. 上海：学林出版社，1988.
16. 曹金华编著. 吴地民风演变[M]. 南京：南京大学出版社，1997.
17. 沈道初编著. 吴地状元[M]. 南京：南京大学出版社，1997.
18. 张怀久，刘崇义编著. 吴地方言小说[M]. 南京：南京大学出版社，1997.
19. 孙小力编著. 吴地园林文化[M]. 南京：南京大学出版社，1997.
20. 薛葆鼎编著. 吴地经济学家[M]. 南京：南京大学出版社，1997.
21. 孙佩兰编著. 吴地刺绣文化[M]. 南京：南京大学出版社，1997.
22. 蔡丰明编著. 吴地歌谣[M]. 南京：南京大学出版社，1997.
23. 许豪炯编著. 吴地山水传说[M]. 南京：南京大学出版社，1997.
24. 冯普仁编著. 吴地交通文化[M]. 南京：南京大学出版社，1997.
25. 沙无垢著. 无锡风物百景漫笔[M]. 南京：江苏文史资料编辑部，1998.
26. 惠淇源编注. 婉约词[M]. 合肥：安徽文艺出版社，1989.
27. 小田. 江南乡镇社会的近代转型[M]. 北京：中国商业出版社，1997.
28. 余英时. 士与中国文化[M]. 上海：上海人民出版社，2003.
29. 聂鑫森. 触摸古建筑[M]. 长沙：湖南美术出版社，2002.
30. 张墀山等编著. 苏州风物志[M]. 南京：江苏人民出版社，1982.
31. 晏昌贵编著. 中国古代地域文明纵横谈[M]. 武汉：湖北人民出版社，2000.

32. 吴文化研究促进会编. 勾吴史集[M]. 南京：江苏古籍出版社，1998.
33. 董建成，王维友. 水乡夕拾[M]. 杭州：浙江摄影出版社，2001.
34. 黄建国，高跃新. 中国古代藏书楼研究[M]. 北京：中华书局，1999.
35. 王尔敏. 明清时代庶民文化生活[M]. 长沙：岳麓书社，2002.
36. [美]施坚雅. 中华帝国晚期的城市[M]. 叶光庭，等译. 北京：中华书局，2000.
37. 任美锷主编. 中国自然地理纲要[M]. 北京：商务印书馆，1999.
38. 李伯重. 江南的早期工业化[M]. 北京：社会科学文献出版社，2000.
39. 张海林. 苏州早期城市工业化研究[M]. 南京：南京大学出版社，1999.
40. 许伯明主编. 江苏区域文化丛书：吴文化概观[M]. 南京：南京师范大学出版社，1997.
41. 严耀中. 江南[M]. 上海：上海人民出版社，2000.
42. 王振忠. 明清徽商与淮扬社会变迁[M]. 北京：生活・读书・新知三联书店，1996.
43. 钟克钊. 禅宗史话[M]. 重庆：四川人民出版社，1998.
44. 冯骥才. 抢救老街[M]. 北京：西苑出版社，2000.
45. 李康化. 明清之际江南词学思想研究[M]. 成都：巴蜀书社，2001.
46. 茅家琦等著. 横看成岭侧成峰——长江下游城市现代化的轨迹[M]. 南京：江苏人民出版社，1993.
47. 黄宗智. 长江三角洲小农家庭与乡村发展[M]. 北京：中华书局，2000.
48. 何炳棣. 明初以降人口及其相关问题[M]. 北京：生活・读书・新知三联书店，2000.
49. 吴琴等. 苏州文化[M]. 苏州：苏州大学出版社，2000.
50. 张佩国. 近代江南乡村地权的历史人类学研究[M]. 上海：上海人民出版社，2002.
51. 吴恩培. 文化的争夺[M]. 天津：百花文艺出版社，2001.
52. 赵新时等主编. 锡山藏珍[M]. 南京：南京出版社，2001.
53. 齐康等. 江南水乡一个点[M]. 南京：江苏科学技术出版社，1990.
54. 王稼句编. 姑苏斜阳[M]. 天津：百花文艺出版社，2001.
55. 赵世瑜. 狂欢与日常——明清以来的庙会与民间社会[M]. 北京：生活・读书・新知三联书店，2002.
56. 茅以升科技教育基金会选编. 茅以升话桥[M]. 成都：西南交通大学出版社，1997.
57. 姚元龙编. 江南名城镇江[M]. 南京：江苏人民出版社，2002.
58. 张紫晨. 中国民俗[M]. 石家庄：河北人民出版社，1995.
59. 陶尔夫，刘敬圻. 南宋词史[M]. 哈尔滨：黑龙江人民出版社，1992.
60. 范金民，金文. 江南丝绸史研究[M]. 北京：农业出版社，1993.
61. 范金民. 江南商业的发展[M]. 南京：南京大学出版社，1998.
62. 严耀中. 江南佛教史[M]. 上海：上海人民出版社，2000.
63. 高燮初主编. 吴文化资源研究与开发[M]. 南京：江苏人民出版社，1994.
64. 高燮初主编. 吴文化资源研究与开发[M]. 苏州：苏州大学出版社，1995.
65. 高燮初主编. 吴文化资源研究与开发[M]. 上海：同济大学出版社，1997.

66. 赵振武，丁承朴. 普陀山古建筑[M]. 北京：中国建筑工业出版社，1997.
67. 张互助. 中国古代山水绿色文化[M]. 长沙：湖南大学出版社，2001.
68. 欧阳洪. 京杭运河工程史考[M]. 南京：江苏省航海学会，1988.
69. 林玲. 城市化与经济发展[M]. 武汉：湖北人民出版社，1995.
70. 魏千志. 明清史概论[M]. 北京：中国社会科学出版社，1998.
71. 吴仁安. 明清江南望族与社会经济文化[M]. 上海：上海人民出版社，2001.
72. 中国航海学会等编. 泉州港与海上丝绸之路[M]. 北京：中国社会科学出版社，2002.
73. 刘瑾胜等编. 江苏碑刻[M]. 北京：中国世界语出版社，1994.
74. 程遂营. 唐宋开封生态环境研究[M]. 北京：中国社会科学出版社，2002.
75. 王弗编. 鲁班志[M]. 北京：中国科学技术出版社，1994.
76. 吴宇江编. 中国名园导游指南[M]. 北京：中国建筑工业出版社，1999.
77. [日]斯波义信. 宋代江南经济史研究[M]. 方健，何忠礼，译. 南京：江苏人民出版社，2001.
78. [美]明恩溥. 中国乡村生活[M]. 午晴，唐军，译. 北京：时事出版社，1998.
79. 冯贤亮. 明清江南地区的环境变动与社会控制[M]. 上海：上海人民出版社，2002.
80. 郑学檬. 中国古代经济重心南移和唐宋江南经济研究[M]. 长沙：岳麓书社，2003.
81. 吴存存. 明清社会性爱风气[M]. 北京：人民文学出版社，2000.
82. 王少华. 吴越文化论——东夷文化之光[M]. 北京：北京大学出版社，2009.
83. 吴佳佳主编. 无锡名胜[M]. 西安：陕西旅游出版社，2000.
84. 中共江苏省委研究室编. 江苏文物[M]. 南京：江苏古籍出版社，1987.
85. 洪焕椿编著. 明清江苏农村经济资料[M]. 南京：江苏古籍出版社，1988.
86. 丁长清等著. 中国农业现代化之路[M]. 北京：商务印书馆，2000.
87. 王立新. 美国传教士与晚清中国现代化[M]. 天津：天津人民出版社，1997.
88. 石琪主编. 吴文化与苏州[M]. 上海：同济大学出版社，1992.
89. 钱公麟等著. 苏州考古[M]. 苏州：苏州大学出版社，2000.
90. 任平. 时尚与冲突——城市文化结构与功能新论[M]. 南京：东南大学出版社，2000.
91. 蔡靖泉. 楚文化流变史[M]. 武汉：湖北人民出版社，2001.
92. 周海乐，周德欣主编. 苏锡常发展特色研究[M]. 北京：人民日报出版社，1996.
93. 贺忠贤编. 常州名人故居汇编[M]. 常州：常州市房产管理处产权监理处，2001.
94. 江苏省太湖风景区建设委员会办公室编. 太湖风景名胜区景区景点资料汇编（草稿）（未刊稿），1983.
95. 尹文. 江南祠堂[M]. 上海：上海书店出版社，2004.
96. 陈益撰文，张锡昌摄. 江南古亭：梦中江南系列[M]. 上海：上海书店出版社，2004.
97. 陈秉智，次多. 青藏建筑与民俗[M]. 天津：百花文艺出版社，2004.
98. 李长莉. 晚清上海社会的变迁[M]. 天津：天津人民出版社，2002.
99. 李浩. 唐代园林别业考[M]. 西安：西北大学出版社，1996.
100. 徐采石主编. 吴文化论丛：1999年卷[M]. 北京：中央民族大学出版社，1999.

101. 周峰主编. 吴越首府杭州：修订版[M]. 杭州：浙江人民出版社，1997.

三、学位论文

1. 马晓. 城市印迹——地域文化孕育下的南京城市景观[D]. 南京：东南大学，2002.
2. 马晓. 中国古代木楼阁架构研究[D]. 南京：东南大学，2004.
3. 邵勇. 江南水乡传统城镇研究[D]. 上海：同济大学，1996.
4. 刘茜. 上海地区城隍庙建筑及相关研究[D]. 上海：同济大学，2003.
5. 姚之瑜. 江南水乡传统居住环境演变机制与发展对策[D]. 上海：同济大学，1997.
6. 高磊. 江南城镇滨水公共空间研究[D]. 上海：同济大学，1997.
7. 何建中. 东山明代住宅[D]. 南京：南京工学院，1982.
8. 刘正平. 典型水乡城镇的特色与改造初探[D]. 南京：南京工学院，1984.
9. 孟建民. 苏南地区小城镇的物质形态初探[D]. 南京：南京工学院，1985.
10. 张宏伟. 从江阴县看苏南地区的城镇化及聚落物质环境演化[D]. 南京：南京工学院，1986.
11. 曹文清. 传统江南民居中的行为场所及其组成[D]. 南京：东南大学，1989.
12. 陆檬. 江南邑郊理景[D]. 南京：东南大学，1990.
13. 陈肃华. 小城镇街道景观及其设计[D]. 南京：东南大学，1999.
14. 陈洁. 蓝色空间——建筑与水的共生[D]. 南京：东南大学，1999.
15. 赵榕. 江南地区建筑生态设计初探[D]. 南京：东南大学，2000.
16. 张春华. 城市滨水空间景观研究[D]. 南京：东南大学，2001.
17. 王辉. 《营造法式》与江南建筑——《营造法式》中江南木构技术因素探析[D]. 南京：东南大学，2001.
18. 李立. 江南地区乡村聚居形态的演变[D]. 南京：东南大学，2002.
19. 卢山. 宋代以前的东南港市[D]. 南京：东南大学，2002.

四、建筑学科论著

1. 梁思成. 梁思成全集[M]. 北京：中国建筑工业出版社，2001.
2. 刘敦桢. 刘敦桢文集：第1辑[M]. 北京：中国建筑工业出版社，1982.
3. 刘敦桢. 刘敦桢文集：第2辑[M]. 北京：中国建筑工业出版社，1984.
4. 刘敦桢. 刘敦桢文集：第3辑[M]. 北京：中国建筑工业出版社，1987.
5. 刘敦桢. 刘敦桢文集：第4辑[M]. 北京：中国建筑工业出版社，1992.
6. 刘敦桢主编. 中国古代建筑史[M]. 北京：中国建筑工业出版社，1984.
7. 姚承祖原著，张至刚增编，刘敦桢校阅. 营造法原[M]. 北京：中国建筑工业出版社，1986.
8. 龙庆忠. 中国建筑与中华民族[M]. 广州：华南理工大学出版社，1992.
9. 陈从周. 书带集[M]. 广州：花城出版社，1982.
10. 陈从周编著. 扬州园林[M]. 上海：上海科学技术出版社，1983.

11. 陈从周. 说园[M]. 上海：同济大学出版社，1984.
12. 陈从周. 春苔集[M]. 广州：花城出版社，1985.
13. 陈从周. 山湖处处——陈从周诗词集[M]. 杭州：浙江人民出版社，1985.
14. 陈从周. 簾青集[M]. 上海：同济大学出版社，1987.
15. 陈从周. 世缘集[M]. 上海：同济大学出版社，1993.
16. 陈从周主编. 中国园林鉴赏词典[M]. 上海：华东师范大学出版社，2001.
17. 童寯. 江南园林志[M]. 北京：中国建筑工业出版社，1984.
18. 陈明达. 陈明达古建筑与雕塑史论[M]. 北京：文物出版社，1998.
19. 陈明达. 应县木塔[M]. 第2版. 北京：文物出版社，1980.
20. 陈明达. 营造法式大木作制度研究[M]. 北京：文物出版社，1981.
21. 陈明达. 中国古代木结构建筑技术：战国——北宋[M]. 北京：文物出版社，1990.
22. 刘致平. 中国建筑类型与结构[M]. 北京：中国建筑工业出版社，1987.
23. 刘致平，王其明增补. 中国居住建筑简史[M]. 北京：中国建筑工业出版社，1990.
24. 郭湖生主编. 东方建筑研究[M]. 天津：天津大学出版社，1992.
25. 郭湖生. 中华古都[M]. 台北：台湾空间出版社，1997.
26. 张驭寰，郭湖生主编. 中国古代建筑技术史[M]. 北京：科学出版社，1985.
27. 张驭寰，郭湖生主编. 中国古代建筑技术史[M]. 台北：台湾博远出版有限公司，1993.
28. 张驭寰，郭湖生主编. 中华古建筑[M]. 北京：中国科学技术出版社，1990.
29. 傅熹年. 傅熹年建筑史论文集[M]. 北京：文物出版社，1998.
30. 傅熹年. 傅熹年书画鉴定集[M]. 郑州：河南美术出版社，1999.
31. 傅熹年主编. 中国古代建筑史：第2卷[M]. 北京：中国建筑工业出版社，2001.
32. 傅熹年. 中国古代城市规划建筑群布局及建筑设计方法研究[M]. 北京：中国建筑工业出版社，2001.
33. 杨鸿勋. 建筑考古学论文集[M]. 北京：文物出版社，1987.
34. 杨鸿勋. 宫殿考古通论[M]. 北京：紫禁城出版社，2001.
35. 杨鸿勋主编. 营造：第1辑[M]. 北京：北京出版社，文津出版社，2001.
36. 阮仪三. 旧城新录[M]. 上海：同济大学出版社，1988.
37. 阮仪三. 江南古镇[M]. 上海：上海画报出版社，2000.
38. 阮仪三. 护城踪录[M]. 上海：同济大学出版社，2001.
39. 阮仪三. 江南六镇[M]. 石家庄：河北教育出版社，2002.
40. 刘叙杰主编. 中国古代建筑史：第1卷[M]. 北京：中国建筑工业出版社，2003.
41. 萧默. 敦煌建筑研究[M]. 北京：文物出版社，1989.
42. 萧默. 萧默建筑艺术论集[M]. 北京：机械工业出版社，2003.
43. 郭黛姮主编. 中国古代建筑史：第3卷[M]. 北京：中国建筑工业出版社，2003.
44. 孙大章主编. 中国古代建筑史：第5卷[M]. 北京：中国建筑工业出版社，2002.
45. 王璞子. 工程做法注释[M]. 北京：中国建筑工业出版社，1995.
46. 王世仁. 王世仁古建筑与雕塑史论[M]. 北京：文物出版社，1998.

47. 王世仁. 理性与浪漫的交织[M]. 北京：中国建筑工业出版社，1987.
48. 王世仁. 王世仁建筑历史理论文集[M]. 北京：中国建筑工业出版社，2001.
49. 王其亨主编. 风水理论研究[M]. 天津：天津大学出版社，1992.
50. 马炳坚. 中国古建筑木作营造技术[M]. 北京：科学出版社，1997.
51. 罗哲文. 罗哲文古建筑文集[M]. 北京：文物出版社，1998.
52. 罗哲文，刘文渊，刘春英编著. 中国名祠[M]. 天津：百花文艺出版社，2002.
53. 柴泽俊. 柴泽俊古建筑文集[M]. 北京：文物出版社，1998.
54. 侯幼彬. 中国建筑美学[M]. 哈尔滨：黑龙江科学技术出版社，1997.
55. 刘大可. 中国古建筑瓦石营法[M]. 北京：中国建筑工业出版社，1993.
56. 路秉杰编. 天安门[M]. 上海：同济大学出版社，1999.
57. 程国政编注. 中国古代建筑文献集要[M]. 上海：同济大学出版社，2016.
58. 陆元鼎主编. 中国客家民居与文化[M]. 广州：华南理工大学出版社，2001.
59. 王绍周主编. 中国民族建筑[M]. 南京：江苏科学技术出版社，1999.
60. 周维权. 中国古典园林史[M]. 北京：清华大学出版社，1999.
61. 常青编. 建筑志[M]. 上海：上海人民出版社，1998.
62. 王鲁民. 中国古典建筑文化探源[M]. 上海：同济大学出版社，1997.
63. 王贵祥. 东西方建筑空间[M]. 北京：中国建筑工业出版社，1998.
64. 汉宝德. 明清建筑二论[M]. 台北：台湾明文书局，1988.
65. 汉宝德. 斗栱的起源与发展[M]. 台北：台湾明文书局，1988.
66. 张良皋. 匠学七说[M]. 北京：中国建筑工业出版社，2002.
67. 王天. 古代大木作静力初探[M]. 北京：文物出版社，1992.
68. 于倬云. 中国宫殿建筑论文集[M]. 北京：紫禁城出版社，2002.
69. 徐宗威. 西藏传统建筑导则[M]. 北京：中国建筑工业出版社，2004.
70. 潘谷西主编. 中国古代建筑史：第4卷[M]. 北京：中国建筑工业出版社，2001.
71. 周学鹰. 徐州汉墓建筑[M]. 北京：中国建筑工业出版社，2001.
72. 姜波. 汉唐都城礼制建筑研究[M]. 北京：文物出版社，2003.
73. 徐卫民，呼林贵. 秦建筑文化[M]. 西安：陕西人民教育出版社，1994.
74. 朱良文，木庚锡. 丽江纳西族民居[M]. 昆明：云南科技出版社，1988.
75. 中国建筑史编写组. 中国建筑史[M]. 北京：中国建筑工业出版社，1993.
76. 董鉴泓主编. 中国城市建设史[M]. 北京：中国建筑工业出版社，1989.
77. 茅以升主编. 中国古桥技术史[M]. 北京：北京出版社，1986.
78. 同济大学建筑工程系建筑研究室编. 苏州旧住宅图录[M]. 上海：同济大学教材科，1958.
79. 张仲一等合著. 徽州明代住宅[M]. 北京：建筑工程出版社，1957.
80. 陈志华. 诸葛村[M]. 石家庄：河北教育出版社，2003.
81. 陈志华. 楠溪江中游古村落[M]. 北京：生活•读书•新知三联书店，1999.

82. 陈志华. 乡土中国：福宝场[M]. 北京：生活・读书・新知三联书店，2003.
83. 张良皋. 乡土中国：武陵土家[M]. 北京：生活・读书・新知三联书店，2001.
84. 黄汉民. 福建土楼：中国传统民居的瑰宝[M]. 北京：生活・读书・新知三联书店，2003.
85. 李玉祥等编. 老房子[M]. 南京：江苏美术出版社，2000.
86. 王明居等. 徽派建筑艺术[M]. 合肥：安徽科学技术出版社，2000.
87. 李秋香. 中国村居[M]. 天津：百花文艺出版社，2002.
88. 李秋香. 石桥村[M]. 邯郸：河北教育出版社，2002.
89. 王振忠. 乡土中国：徽州[M]. 北京：生活・读书・新知三联书店，2000.
90. 沈福熙. 乡土中国：水乡绍兴[M]. 北京：生活・读书・新知三联书店，2001.
91. 刘杰. 乡土中国：泰顺[M]. 北京：生活・读书・新知三联书店，2001.
92. 王先明. 乡土中国：晋中大院[M]. 北京：生活・读书・新知三联书店，2002.
93. 王乾荣. 江村故事[M]. 北京：群言出版社，2001.
94. 方李莉. 瓷都旧事[M]. 北京：群言出版社，2001.
95. 董建成，王维友. 水乡夕拾——绍兴古桥・老屋[M]. 杭州：浙江摄影出版社，2001.
96. 汪双武. 中国皖南古村落[M]. 合肥：安徽大学徽学研究中心，2000.
97. 陆志钢. 江南水乡历史城镇保护与发展[M]. 南京：东南大学出版社，2001.
98. 吴县政协文史资料委员会编. 扬子江文库：蒯祥与香山帮建筑[M]. 天津：天津科学技术出版社，1993.
99. 潘新新编著. 雕花楼香山帮古建筑艺术[M]. 哈尔滨：哈尔滨出版社，2001.
100. 罗英，唐寰澄. 中国石栱桥研究[M]. 北京：人民交通出版社，1993.
101. 天津大学建筑工程系编著. 清代内廷宫苑[M]. 天津：天津大学出版社，1986.
102. 张复合主编. 建筑史论文集[M]. 北京：清华大学出版社.
103. 中国建筑学会建筑史学分会. 建筑历史与理论[M]. 北京：中国建筑工业出版社.

五、其他

1. 辽宁省博物馆等. 盛世滋生图[M]. 北京：文物出版社，1986.
2. 王冠倬编著. 中国古船图谱[M]. 北京：生活・读书・新知三联书店，2000.
3. 顾颉主编. 堪舆集成[M]. 重庆：重庆出版社，1994.
4. 魏嘉瓒编著. 苏州历代园林录[M]. 北京：燕山出版社，1992.
5. 徐文涛主编. 苏州园林纵览[M]. 上海：上海文化出版社，2002.
6. 邵忠编著. 江南名园录[M]. 北京：中国林业出版社，2004.
7. 刘秋霖，刘健编著. 中华吉祥物图典[M]. 天津：百花文艺出版社，2000.
8. 徐维，徐林晞编著. 中国传统吉祥寓意图案：一[M]. 天津：天津杨柳青画社，1994.
9. 徐维，徐林晞编著. 中国传统吉祥寓意图案：二[M]. 天津：天津杨柳青画社，2004.
10. 中国社会科学院考古研究所. 考古200期总目索引：1955. 1–1984. 5[M]. 北京：科学出版社，1984.

11. 中国社会科学院考古研究所. 中国考古学文献目录：1971–1982[M]. 北京：文物出版社，1998.
12. 《文物》编辑部编. 文物500期总目索引：1950. 1–1998. 1[M]. 北京：文物出版社，1998.
13. 《考古与文物》编辑部. 考古与文物100期总目索引：1980. 1–1997. 2[M]. 西安：考古与文物出版社，1998.
14. 《考古与文物》编辑部增刊. 考古与文物100期总目索引（1980. 1–1997. 2）. 1998.
15. 中国考古学会. 中国考古学年鉴. 历年刊物.
16. 中国社会科学院考古研究所. 考古学报. 历年杂志.
17. 南京博物院. 南京博物院集刊. 历年杂志.
18. 《文物》编辑委员会. 文物. 历年杂志.
19. 《考古》编辑委员会. 考古. 历年杂志.
20. 《中原文物》编辑委员会. 中原文物. 历年杂志.
21. 《考古与文物》编辑部. 考古与文物. 历年杂志.
22. 《东南文化》编辑部. 东南文化. 历年杂志.
23. 《建筑师》编辑部. 建筑师. 历年杂志.
24. 《古建园林技术》编辑部. 古建园林技术. 历年杂志.
25. 《华中建筑》编辑部. 华中建筑. 历年杂志.

图版目录[①]

绪论

第二章

① 本著照片、图片，除明确标注来源外，其余未注明者均为著者拍摄、绘制。

第三章

第四章

第五章

图5–2–18　苏州拙政园香洲东立面图　刘敦桢：《苏州古典园林》，北京：中国建筑工业出版社，1979年版，图版5–62

图5–2–19　苏州拙政园香洲大样图　潘谷西编著：《江南理景艺术》，南京：东南大学出版社，2001年4月版，第401页

图5–2–20　苏州网师园平面图　刘敦桢：《苏州古典园林》，北京：中国建筑工业出版社，1979年11月版，第401页

图5–2–21　苏州网师园万卷堂前“江南第一门楼”

图5–2–22　苏州网师园小山丛桂轩庭院　潘谷西编著：《江南理景艺术》，南京：东南大学出版社，2001年4月版，第88页

图5–2–23　网师园小山丛桂轩庭院西视剖面图　潘谷西编著：《江南理景艺术》，南京：东南大学出版社，2001年4月版，第89页

图5–2–24　网师园濯缨水阁与云冈（杭磊 摄）

图5–2–25　网师园云冈假山（杭磊 摄）

图5–2–26　网师园濯缨水阁（杭磊 摄）

图5–2–27　网师园月到风来亭（杭磊 摄）

图5–2–28　网师园月到风来亭

图5–2–29　网师园竹外一枝轩与射鸭廊（杭磊 摄）

图5–2–30　网师园竹外一枝轩（杭磊 摄）

图5–2–31　网师园看松读画轩室内

图5–2–32　苏州留园平面图　中国建筑史编写组：《中国建筑史》，北京：中国建筑工业出版社，1993年11月版，第168页

图5–2–33　留园门厅（杭磊 摄）

图5–2–34　留园幽狭的入口

图5–2–35　留园古木柯庭园（杭磊 摄）

图5–2–36　留园绿荫、古木交柯（杭磊 摄）

图5–2–37　留园明瑟楼、涵碧山房（杭磊 摄）

图5–2–38　留园明瑟楼（杭磊 摄）

图5–2–39　留园开敞的园池

图5–2–40　留园爬山廊

图5–2–41　留园五峰仙馆（杭磊 摄）

图5–2–42　留园揖峰轩（杭磊 摄）

图5–2–43　苏州留园冠云峰庭院平面图　刘敦桢：《苏州古典园林》，中国建筑工业出版社，1979年10月版，第369页

图5–2–44　留园林泉耆硕之馆1（杭磊 摄）

图5–2–45　留园林泉耆硕之馆2（杭磊 摄）

图5–2–46　留园冠云峰（杭磊 摄）

图5–2–47　苏州留园冠云峰庭院鸟瞰图　潘谷西编著：《江南理景艺术》，南京：东南大学出版社，2001年4月版，第87页

第六章

图6-1-23　武义县延福寺总平面图　陈从周：《浙江武义县延福寺元构大殿》，《文物》，1966年第4期，第37页图五
图6-1-24　武义延福寺大殿外观
图6-1-25　武义延福寺大殿内景
图6-1-26　武义延福寺大殿梭柱及櫍形础
图6-1-27　《园冶》七架列五柱著地　［明］计成著，陈植注释：《园冶注释》，北京：中国建筑工业出版社，1981年10月版，第106页
图6-1-28　梁架组合形式图　徐民苏等编：《苏州民居》，北京：中国建筑工业出版社，1991年3月版，第87页
图6-1-29　花篮厅剖面示意图及构造　徐民苏等编：《苏州民居》，北京：中国建筑工业出版社，1991年3月版，第90页
图6-1-30　浙江诸暨发祥居厅堂梁架
图6-1-31　浙江诸暨下新居厅堂梁架
图6-1-32　扁作厅抬头轩正贴式　姚承祖：《营造法原》，北京：中国建筑工业出版社，1959年7月版，第172页图版2
图6-1-33　圆堂船篷轩正贴式　姚承祖：《营造法原》，北京：中国建筑工业出版社，1959年7月版，第173页图版3
图6-1-34　无锡薛福成故居扁作月梁、枫栱
图6-1-35　山雾云　姚承祖：《营造法原》，北京：中国建筑工业出版社，1959年7月版，第183页图版12
图6-1-36　骑廊轩楼厅平面图（苏州留园盛氏祠堂）
图6-1-37　骑廊轩楼厅剖面图（苏州留园盛氏祠堂）
图6-1-38　牌科图　姚承祖：《营造法原》，北京：中国建筑工业出版社，1959年7月版，第16页
图6-1-39　嘉定孔庙明伦堂前厅牌科
图6-1-40　提栈图　姚承祖：《营造法原》，北京：中国建筑工业出版社，1959年7月版，第13页图改绘
图6-1-41　虎丘二山门歇山顶之木博风
图6-1-42　寄啸山庄“凤吹牡丹”砖雕山花
图6-1-43　拙政园远香堂砖细博风
图6-2-1　神位示意图
图6-2-2　苏州东山人民街225号门上的小罗筛、镜子、三股叉
图6-2-3　苏州西山涵村民居风水挂物
图6-2-4　苏州西山明月湾民居照壁上的八卦图
图6-2-5　苏州东山杨湾某宅山海镇
图6-2-6　常州焦溪村路口石敢当
图6-2-7　常州焦溪村墙身石敢当

第七章

图7–2–17　苏州太平天国忠王府卷轩彩画
图7–2–18　长窗心仔花纹图　徐民苏等编：《苏州民居》，北京：中国建筑工业出版社，1991年3月版，第116–117页
图7–2–19　苏州留园明瑟楼明瓦
图7–2–20　乌镇民居长窗下半部为夹堂和裙板雕饰举例
图7–2–21　乌镇民居长窗夹堂板举例
图7–2–22　挂落、飞罩形式图　徐民苏等编：《苏州民居》，北京：中国建筑工业出版社，1991年3月版，第121–122页
图7–2–23　木栏杆形式图　徐民苏等编：《苏州民居》，北京：中国建筑工业出版社，1991年3月版，第122页
图7–2–24　乌镇民居部分雕花斜撑
图7–2–25　雀宿檐图　徐民苏等编：《苏州民居》，北京：中国建筑工业出版社，1991年3月版，第103页
图7–2–26　苏州西山明月寺雕花斜撑
图7–2–27　各种轩法——茶壶档轩、弓形轩、一枝香轩　据《营造法原》图版13改绘
图7–2–28　各种轩法——圆料船篷轩、贡式软锦船篷轩、菱角轩、扁作船篷轩　据《营造法原》图版13改绘
图7–2–29　鸳鸯厅平面图（留园林泉耆硕之馆）
图7–2–30　鸳鸯厅剖面图（留园林泉耆硕之馆）
图7–2–31　满轩贴式平面图（拙政园三十六鸳鸯馆）
图7–2–32　满轩贴式剖面图（拙政园三十六鸳鸯馆）
图7–2–33　花墙洞　姚承祖：《营造法原》，北京：中国建筑工业出版社，1959年7月版，第217–220页图版15至18
图7–2–34　水磨砖门图　姚承祖：《营造法原》，北京：中国建筑工业出版社，1959年7月版，第26页图版14
图7–2–35　花街铺地　姚承祖：《营造法原》，北京：中国建筑工业出版社，1959年7月版，第221–223页图版49至51
图7–2–36　东山雕花楼入口地面
图7–2–37　清水砖垛头　徐民苏等编：《苏州民居》，北京：中国建筑工业出版社，1991年3月版，第110–111页
图7–2–38　东山杨湾明善堂门楼砖饰
图7–2–39　黎里柳亚子故居门楼细部
图7–2–40　黎里柳亚子故居门楼下枋的卍字格花包袱装饰
图7–2–41　东山雕花楼砖雕门楼上部
图7–2–42　游脊、甘蔗脊、雌毛脊
图7–2–43　纹头脊
图7–2–44　哺鸡脊

第八章

图8–1–1　宁波市景鸟瞰
图8–1–2　嘉兴汽车站
图8–1–3　嘉兴城区
图8–1–4　绍兴柯桥新乡村
图8–1–5　苏州山塘街玉涵堂室内
图8–1–6　苏州山塘街玉涵堂后楼室内
图8–1–7　绍兴城市广场
图8–1–8　嘉兴老城区
图8–1–9　周庄老人
图8–1–10　同里人物
图8–2–1　苏州古城区保护规划　阮仪三：《护城踪录》，上海：同济大学出版社，2001年3月版，第13页
图8–2–2　周庄镇域村镇规划图　阮仪三：《护城踪录》，上海：同济大学出版社，2001年3月版，第165页
图8–2–3　宁波五一广场
图8–2–4　宁波月湖公园西侧保存的古民居
图8–2–5　无锡市荡口镇正在整治的古河道
图8–2–6　无锡市荡口镇修缮后1
图8–2–7　无锡市荡口镇修缮后2
图8–2–8　无锡市荡口镇修缮后3
图8–2–9　无锡市荡口镇修缮后4
图8–3–1　附会的甪直万盛米行
图8–3–2　苏州北寺塔鸟瞰
图8–3–3　苏州古城胥门景区附近
图8–3–4　无锡阿炳故居（修缮后）
图8–3–5　无锡工业遗产博物馆（原茂新面粉厂旧址）内景

后　记[①]

中国江南水乡建筑文化研究内容众多，史料、论著庞杂。其内容，就聚落言，如城市、市镇、村落等；就类型论，有第宅园林、寺庙道观、祠堂会馆等。又着重不一，如自然、人文、经济等，仅就建筑学科，又可分文化、技术、构造等。由此窥见，江南水乡建筑未被研究、思考之问题，众矣！更何论梁思成、刘敦桢诸先生开创的建筑历史学科呢！

有关中国江南水乡建筑，前人所著较多。他（她）们的卓越成果，对本书的完成起到了至关重要的作用。可以说，没有前辈学者们的心血、汗水，也就不可能有本书的问世，这是要特别提出来的。其中，著名历史文化名城保护专家、同济大学建筑与城市规划学院阮仪三教授的有关论著，更使本著增色不少。

此外，原南京工学院与华东建筑公司合办的中国建筑研究室成员之一，江苏省文管会古建筑专家戚德耀先生提供了相当丰富的资料，同意将其整理的《宋式、清式和苏南地区建筑主要名称对照表》作为本书的附录，并推荐我们修复设计了全国重点文物保护单位——无锡薛福成故居后花园、东花园，这一难得的江南水乡园林的实践机会。

著名学者高介华教授多次督促、精心指点，并尽可能地帮助收集有关资料，长者风范，令人动容。同济大学建筑与城市规划学院建筑系常青教授、朱宇辉博士等，均提供了相关资料。

我国最早的高等建筑学科——苏州工业专科学校校友、前辈学者马志瑾先生，撰写了有关内容初稿。

与此同时，笔者的学生陈磊、王异禀（中国台湾）、郭玉菱，笔者侄女翟乃薇、原昆明理工大学建筑学硕士生刘阳等，都帮助收集了不少资料。衷心感谢众多文物保护部门的热心支持与帮助，如苏州虎丘、拙政园、留园、网师园等。其中，留园管理处孙志勤主任对考察、测绘，助益尤多！

衷心感谢南京大学历史学院、建筑与城市规划学院领导和同志们的关心与支持！如陈谦平教授、朱瀛泉教授、陈祖洲教授、黄建秋教授、水涛教授等。感谢南京大学历史系考古资料室程立宪老师、李文老师提供的诸多便利。

特别要说明的是，本书得以完成，自始至终是在路秉杰先生、郭湖生先生[②]指导下进行的。路、郭两位先生德艺双馨、卓然不群，体现出真正的学者风范，必将是我们受用不尽之财富。本书的研究内容，从属于郭湖生先生主持的东方建筑。本书如有寸进，则归因于路秉杰先生、郭湖生先生的点拨；存在的不妥，则是我们学力不够所致。

---

① 此文大体上为第一版后记，文末对本次参订情况作了一些交代。

② 先师郭湖生先生，不幸于2008年4月27日下午14时50分辞世，享年77岁。

蒙高介华先生、杨唐轩先生等人不弃，我们自2001年初接手本书约稿，越今四载余。拿在手里的这本书稿，仍觉如刚接任务时一样的惶恐不安，很多研究专题才刚刚涉猎，时间紧迫、内容繁多、水平有限，成书存在着众多的缺憾。

蒙华东师范大学出版社厚爱，认为原书尚有可取之处：如对高等院校、科研院所有专业性的借鉴作用；对从事古建筑学习、建筑遗产保护与研究及文化遗产领域的广大文物工作者，也有一定的参考价值；对我国江南水乡建筑文化的进一步探究，甚或水乡名镇正在进行中的申遗工作等均有某些价值，建议再版。

我们甚为感谢。然在科研重压之下，受时间、精力所限，本次修订只能暂告一段落。再版主要增添考古文物、建筑史学等方面的新成果，修改部分语句，增添必要注释等。尤其要提出的是，幸赖好友杭磊兄、施春煜兄等在2020年二三月间，拍摄到人迹罕至的苏州园林照片，那份空灵的美，使得本书再版增色不少，特向他们表示由衷的感谢。

恳请专家、学者及热心的读者们，多多批评指教。

著者识于南京大学

2023年8月26日